Übungsbuch Analysis II

Niklas Hebestreit

Übungsbuch Analysis II

Klausurrelevante Aufgaben mit
ausführlichen Lösungen

 Springer Spektrum

Niklas Hebestreit
Halle (Saale), Deutschland

ISBN 978-3-662-65831-4   ISBN 978-3-662-65832-1   (eBook)
https://doi.org/10.1007/978-3-662-65832-1

Die Deutsche Nationalbibliothek verzeichnet diese Publikation in der Deutschen Nationalbibliografie; detaillierte bibliografische Daten sind im Internet über http://dnb.d-nb.de abrufbar.

Planung/Lektorat: Andreas Ruedinger
Springer Spektrum ist ein Imprint der eingetragenen Gesellschaft Springer-Verlag GmbH, DE und ist ein Teil von Springer Nature.
Die Anschrift der Gesellschaft ist: Heidelberger Platz 3, 14197 Berlin, Germany

Vorwort

The only way to learn mathematics is to do mathematics.

P. R. Almos

Das vorliegende Buch stellt den zweiten Teil zum Übungsbuch Analysis I [3] dar. Es enthält rund 450 Teilaufgaben aus verschiedenen Bereichen der Analysis II, die der Leserin/dem Leser dieses Buches beim Selbststudium, der häuslichen Nacharbeit des Vorlesungsstoffes und der Klausurvorbereitung helfen sollen. Zudem ermöglicht das Buch das Üben und Vertiefen verschiedener Definitionen, Resultate und mathematischer Begriffe. Die Reihenfolge der Themen orientiert sich dabei grob an den gängigen Vorlesungen und Standardwerken zur Analysis II.

Dieses Buch ist als ein Begleitwerkzeug zu verstehen, das die eifrige Leserin/ den eifrigen Leser beim eigenständigen Entwickeln von Lösungen durch gezielte Hinweise und verständliche Lösungen unterstützen soll. Daher besteht das Buch aus insgesamt vier Teilen: Übungsaufgaben, Lösungshinweisen, Lösungen und Übungsklausuren. Selbstverständlich sind einige Aufgaben komplizierter oder aufwändiger in der Bearbeitung und Lösung als andere Aufgaben. Sollte die Leserin/ der Leser bei der Bearbeitung dieser auf Probleme stoßen, so kann diese/dieser einen entsprechenden Lösungshinweis im zweiten Kapitel nachschlagen und damit bestimmt eigenständig eine Lösung entwickeln und so die Aufgabe lösen. Es versteht sich dabei von selbst, dass man sich zuerst intensiv mit einer Aufgabe beschäftigen und erst dann den Hinweis oder die Lösung zu Rate ziehen sollte. Die Hinweise setzen voraus, dass die notwendigen grundlegenden Definitionen und Begriffe nachgeschlagen wurden. Die Lösungen in diesem Buch, die sich stets auf den entsprechenden Lösungshinweis beziehen, sind verständlich und detailliert geschrieben und dienen zum Abgleich mit der eigens entwickelten Lösung der Leserin/des Lesers.

Das erste Kapitel im Teil Übungsaufgaben enthält verschiedene Aufgaben zur eindimensionalen Integralrechnung. Die Leserin/der Leser kann sich unter anderem in der Berechnung verschiedener eindimensionaler Integrale üben (partielle Integration, Partialbruchzerlegung, Substitutionsmethode und andere) oder mit Hilfe von Parameterintegralen komplizierte Integrale berechnen und wichtige Identitäten beweisen. Das nächste Kapitel behandelt metrische Räume und deren topologischen Eigenschaften. Das Kapitel Banachräume und Hilberträume enthält Übungsaufgaben zu Normen, vollständigen Räumen und Funktionenräumen. Dem Fixpunktsatz von Banach ist dabei ein eigener Abschnitt mit interessanten Aufgaben gewidmet. Des Weiteren gibt es noch zwei Abschnitte zu linearen und stetigen Operatoren zwischen normierten Räumen und Hilberträumen. Im Kapitel Stetigkeit kann sich die Leserin/der Leser im Nachweis und in der Überprüfung verschiedener Funktionen (ein-, zwei- oder mehrdimensionale Funktionen, Potenzreihen, Metriken, Normen oder Integraloperatoren) auf Stetigkeit üben und Eigenschaften gleichmäßig stetiger, Lipschitzstetiger und Hölder-stetiger Funktionen beweisen. Das fünfte Kapitel enthält verschiedene Problemstellungen rund um kompakte, zusammenhängende und wegzusammenhängende Mengen sowie Eigenschaften dieser. Das Kapitel mehrdimensionale Differentialrechnung besteht aus den folgenden Abschnitten: Differenzierbare Funktionen, partiell differenzierbare Funktionen, Eigenschaften differenzierbarer Funktionen, Kettenregel, Mittelwertsatz, Taylorpolynome, lokale und globale Extrema mehrdimensionaler Funktionen, lokale Extrema unter Nebenbedingungen und implizite Funktionen. Im siebten Kapitel werden verschiedene Aufgaben zu Kurven, Kurvenintegralen 1. und 2. Art sowie Eigenschaften dieser vorgestellt. Der Hauptsatz der Kurventheorie kann dabei anhand mehrerer Aufgaben geübt und verifiziert werden. Das darauf folgende Kapitel behandelt einige Aspekte der Lebesgue-Theorie sowie die Integralsätze von Green, Stokes und Gauß. Dazu gehören Aufgabenstellungen zu Riemann- und Lebesgueintegrierbaren Funktionen, zum Satz von Fubini, zum Prinzip von Cavalieri sowie Aufgaben zum Transformationssatz. Im letzten Kapitel des ersten Teils gibt es mehrere Aufgaben zu Differentialgleichungen und Anfangswertproblemen. Dabei ist dem Existenzsatz von Picard-Lindelöf ein eigener Abschnitt mit verschiedenen Fragestellungen gewidmet.

Der zweite Teil des Buches enthält die Lösungshinweise der Übungsaufgaben. Zu jeder Aufgabe in diesem Buch gibt es mindestens einen detaillierten Lösungshinweis, der die Leserin/den Leser bei der Bearbeitung der Aufgabe unterstützen und eine eigens entwickelte Lösung ermöglichen soll. Einige Hinweise sind dabei sehr direkt, das heißt, sie geben bereits eine konkrete Idee eines möglichen Beweises an. Andere hingegen sind eher vage formuliert, da andernfalls bereits der gesamte Beweis preisgegeben wäre.

Im dritten Teil befinden sich die Lösungen zu den Übungsaufgaben. Diese nehmen stets direkten Bezug auf den entsprechenden Lösungshinweis und sollen der Leserin/dem Leser zur Verifizierung der eigens entwickelten Lösungen dienen. Wie üblich gibt es für eine Aufgabe in der Regel mehrere Lösungsmöglichkeiten – die Lösungen in diesem Buch und deren Alternativen sind daher nicht als alleingültige Musterlösungen zu verstehen.

Der vierte und letzte Teil dieses Buches enthält fünf Übungsklausuren zur Analysis II. Dabei sind der Umfang, der Schwierigkeitsgrad und der Fokus auf einzelne Resultate und Methoden aus der Analysis II sehr unterschiedlich. Bei den Klausuren handelt es sich nicht um *echte* Klausuren – sie sollen lediglich als Orientierungs- und Vorbereitungsmöglichkeit dienen. Einen Überblick über alle Klausuren und deren Inhalte findet man auf Seite 388.

Da die Vorlesung Analysis II von Universität zu Universität mit teilweise sehr unterschiedlichen Schwerpunkten gehalten wird, ist es denkbar, dass einige Themenbereich, die in diesem Buch behandelt werden, eher in die Analysis III oder in ein anderes Fach eingeordnet werden können. Dieses Buch könnte damit also auch für Leserinnen und Leser von Interesse sein, die gerade die Vorlesung Vektoranalysis, Maß- und Integrationstheorie, Funktionalanalysis oder gewöhnliche Differentialgleichungen besuchen.

Dieses Buch wurde mehrfach und sorgfältig Korrektur gelesen. Die Erfahrung zeigt jedoch, dass sich trotzdem Fehler oder Unstimmigkeiten einschleichen. Sollten Sie solche finden oder Verbesserungsvorschläge für dieses Buch haben, so teilen Sie mir diese bitte mit (**math.niklas.hebestreit@gmail.com**).

Ich wünsche Ihnen viel Erfolg und Vergnügen bei der Verwendung dieses Übungsbuches und hoffe, dass Sie durch die Bearbeitung der verschiedenen Aufgaben Ihren mathematischen Horizont und Ihre Kreativität beim Problemlösen erweitern können.

Halle (Saale)   Dr. Niklas Hebestreit
2022

Inhaltsverzeichnis

Symbolverzeichnis

(!)	Hinweis auf verwendete Voraussetzung oder Resultat
$\mathbb{N}$	Menge der natürlichen Zahlen
$\mathbb{N}_0$	$\mathbb{N}_0 = \mathbb{N} \cup \{0\} = \{0, 1, 2, 3, \ldots\}$
$\mathbb{Z}$	Menge der ganzen Zahlen
$\mathbb{Q}$	Menge der rationalen Zahlen
$\mathbb{R}$	Menge der reellen Zahlen
$\mathbb{C}$	Menge der komplexen Zahlen
$\mathbb{K}$	$\mathbb{K} \in \{\mathbb{R}, \mathbb{C}\}$
$\mathbb{K}^d$	Koordinatenraum der Dimension d über $\mathbb{K}$
$\mathbf{0}$	Nullvektor im $\mathbb{K}^d$
x^T	transponierter Zeilenvektor zum Spaltenvektor $x \in \mathbb{K}^d$
$x \times y$	Kreuzprodukt der Vektoren $x, y \in \mathbb{K}^3$
$\langle x, y \rangle$	Euklidisches Skalarprodukt der Vektoren $x, y \in \mathbb{K}^d$; eine alternative Schreibweise lautet $x^\mathsf{T} y$
S^{d-1}	Einheitssphäre im $\mathbb{K}^d$
$\mathbb{K}^{d \times k}$	Raum der $(d \times k)$–Matrizen über $\mathbb{K}$
A^T	Transponierte Matrix zur Matrix A
A^{-1}	Inverse der Matrix A
$0_{d \times k}$	Nullmatrix im $\mathbb{K}^{d \times k}$
$E_{d \times d}$	Einheitsmatrix im $\mathbb{K}^{d \times d}$
X	linearer Raum (Vektorraum) über $\mathbb{K}$
0_X	Nullelement in X
$\mathcal{L}(X, Y)$	Raum der linearen und stetigen Abbildungen von X nach Y
$n!$	Fakultät
$|\cdot|$	Betragsfunktion (Betrag)
sign	Vorzeichenfunktion (Signumfunktion)
det	Determinantenfunktion (Determinante)
$\emptyset$	leere Menge
$|A|$	Mächtigkeit (Kardinalität) der Menge A
$A = B$	Gleichheit der Mengen A und B
$A \subseteq B$	Teilmenge, A ist Teilmenge der Menge B
$A \cup B$	Vereinigung der Mengen A und B
$A \cap B$	Durchschnitt der Mengen A und B
$A \setminus B$	Differenz der Mengen A und B

$A \times B$	kartesisches Produkt der Mengen A und B
$A + B$	Minkowski-Summe der Mengen A und B
$\mathcal{P}(A)$	Potenzmenge der Menge A
$\overline{xy}$	Verbindungsstrecke der Vektoren $x, y \in \mathbb{K}^d$
$\{1, \ldots, n\}$	endliche Indexmenge
(a, b)	offenes Intervall
$(a, b]$	linksoffenes Intervall
$[a, b)$	rechtsoffenes Intervall
$[a, b]$	abgeschlossenes Intervall
$[\boldsymbol{a}, \boldsymbol{b}]$	abgeschlossener Quader im $\mathbb{R}^d$
$\inf(A)$	Infimum der Menge A
$\mathrm{sub}(A)$	Supremum der Menge A
$\min(A)$	Minimum der Menge A
$\max(A)$	Maximum der Menge A
$(x_n)_n$	Folge in $\mathbb{K}$
$\left(x_{n_j}\right)_j$	Teilfolge der Folge $(x_n)_n$
$(x^n)_n$	mehrdimensionale Folge im $\mathbb{K}^d$
$\lim_{n \to +\infty} x_n$	Grenzwert der Folge $(x_n)_n$
$\lim_{n \to +\infty} x_n$	Grenzwert der mehrdimensionalen Folge $(x^n)_n$
$\sum_{n=1}^{+\infty} x_n$	Reihe mit Werten in $\mathbb{K}$
f	Funktion (Abbildung)
$f\vert_A$	Einschränkung der Funktion f auf die Teilmenge A des Definitionsbereichs
$f(x)$	Funktionswert der Funktion f an der Stelle x des Definitionsbereichs
$f(A)$	Bild von A unter der Funktion f
$f \circ g$	Hintereinanderausführung (Verknüpfung, Komposition) von f mit der Funktion g
f^{-1}	Urbildfunktion der Funktion f
f^{-1}	Umkehrfunktion der Funktion f
$\inf_{x \in A} f(x)$	Infimum der Funktion f über der Menge A
$\sup_{x \in A} f(x)$	Supremum der Funktion f über der Menge A
$\min_{x \in A} f(x)$	Minimum der Funktion f über der Menge A
$\max_{x \in A} f(x)$	Maximum der Funktion f über der Menge A
$\lim_{x \to a^-} f(x)$	Grenzwert von f für x gegen $a \in \mathbb{R} \cup \{-\infty\} \cup \{+\infty\}$
$\lim_{x \to a^-} f(x)$	linksseitiger Grenzwert von f für x gegen $a \in \mathbb{R}$
$\lim_{x \to a^+} f(x)$	rechtsseitiger Grenzwert von f für x gegen $a \in \mathbb{R}$
(X, τ_X)	topologischer Raum
τ_d	diskrete Topologie
(M, d)	metrischer Raum
d_1	Manhattan-Metrik

d_2	Euklidische Metrik
d_∞	Maximum-Metrik
ρ	Betragsmetrik (Standardmetrik) auf $\mathbb{R}$
$B_r(x)$	offene Kugel
$\overline{B}_r(x)$	abgeschlossene Kugel
$U(x)$	Umgebung
$(A_\lambda)_{\lambda \in \Lambda}$	offene Überdeckung
$\mathrm{int}(A)$	Inneres der Menge A
∂A	Rand der Menge A
$\overline{A}$	Abschluss der Menge A
$(X, \|\cdot\|_X)$	normierter Raum
$\|\cdot\|_A$	Graphennorm zum Operator (Abbildung) A
$\|\cdot\|_{\mathrm{op}}$	Operatornorm
$\|\cdot\|$	beliebige Norm im $\mathbb{R}^d$
$\|\cdot\|_1$	Betragssummennorm (Summennorm, 1-Norm) im $\mathbb{R}^d$
$\|\cdot\|_2$	Euklidische Norm im $\mathbb{R}^d$
$\|\cdot\|_\infty$	Maximumsnorm (Tschebyschew-Norm) Norm im $\mathbb{R}^d$
$\|\cdot\|_2$	Spektralnorm im $\mathbb{R}^{d \times k}$
$C([a,b], \mathbb{R})$	Raum der stetigen Funktionen auf $[a, b]$
$C^1([a,b], \mathbb{R})$	Raum der stetig differenzierbaren Funktionen auf $[a, b]$
$\|\cdot\|_\infty$	Supremumsnorm in $C([a,b], \mathbb{R})$
f', f'', f'''	erste, zweite und dritte Ableitung der Funktion $f : \mathbb{R} \to \mathbb{R}$
$\partial_{x_j} f$	partielle Ableitung erster Ordnung der Funktion $f : \mathbb{R}^d \to \mathbb{R}$
$\partial_v f$	Richtungsableitung der Funktion f in Richtung $v \in \mathbb{R}^d$
∇f	Gradient der Funktion f
$\partial_{x_j} \partial_{x_k} f$	partielle Ableitung zweiter Ordnung der Funktion f
H_f	Hesse-Matrix der Funktion f
Δf	Laplace-Operator der Funktion f
$\partial^\alpha f$	partielle Ableitung der Funktion f der Ordnung $|\alpha|$
D_f	Ableitungsfunktion (Ableitungsmatrix) der Funktion $f :$ $\mathbb{R}^d \to \mathbb{R}^k$
$D_1 f$	erste Teilmatrix der Ableitungs-Matrix der Funktion f
$D_2 f$	zweite Teilmatrix der Ableitungs-Matrix der Funktion f
J_f	Jakobi-Matrix der Funktion f
$\mathrm{rot}(F)$	Rotation der Funktion $F : \mathbb{R}^3 \to \mathbb{R}^3$
$\mathrm{div}(F)$	Divergenz der Funktion $F : \mathbb{R}^d \to \mathbb{R}^d$
L	Lagrange-Funktion
T_n	mehrdimensionales Taylorpolynom der Ordnung n
γ	Kurve im $\mathbb{R}^d$
$\dot{\gamma}$	Ableitungsfunktion (Ableitungsmatrix) der Kurve γ
$L(\gamma)$	Bogenlänge der Kurve γ
λ^d	d-dimensionales Lebesgue-Maß
χ_A	charakteristische Funktion der Menge A

$\mathcal{B}(A)$ Borelsche σ-Algebra über der Menge A

$\int_a^b f(x)\mathrm{d}x$ eindimensionales Riemann-Integral

$\iint_A f(x,y)\mathrm{d}(x,y)$ zweidimensionales Riemann-Integral

$\int_A f(x)\mathrm{d}\lambda^d(x)$ d-dimensionales Lebesgue-Integral

$\int_\gamma f\ \mathrm{d}s$ Kurvenintegral 1. Art

$\int_\gamma F\cdot \mathrm{d}s$ Kurvenintegral 2. Art (Arbeitsintegral)

$\iint_A \langle F, N\rangle \mathrm{d}S_2$ vektorielles Oberflächenintegral

Abbildungsverzeichnis

Teil I
Aufgaben

Eindimensionale Integralrechnung

1

Dieses Kapitel enthält mehrere Aufgaben aus dem Bereich der eindimensionalen Integralrechnung. Die Leserin beziehungsweise der Leser kann anhand dieser verschiedene Integrationstechniken (partielle Integration, Integration durch Substitution oder Partialbruchzerlegung) und Konvergenzkriterien für Riemann-Integrale üben. Des Weiteren gibt es einen Abschnitt mit Aufgabenstellungen zu Parameterintegralen, die es ermöglichen geschlossene Formen komplizierter Integrale zu beweisen, die für mehrere Aufgaben dieses Buches von großem Nutzen sein werden.

1.1 Integrationstechniken und Konvergenzkriterien

Aufgabe 1 Bestimmen Sie, sofern notwendig, mit Hilfe von partieller Integration die folgenden Integrale:

(a) $\displaystyle\int_0^1 x\cos(\pi x)\,dx,$

(b) $\displaystyle\int \frac{\ln(x)}{x}\,dx,$

(c) $\displaystyle\int_{-1}^1 \arcsin(x)\,dx,$

(d) $\displaystyle\int \exp(x)\cos(x)\,dx.$

Aufgabe 2 Bestimmen Sie die folgenden Integrale mit Hilfe einer geeigneten Substitution:

(a) $\displaystyle\int \frac{x^2}{\sqrt{9-x^3}}\,dx,$

(b) $\displaystyle\int x(x+2)^{999}\,dx,$

(c) $\displaystyle\int_1^3 \frac{\sqrt[3]{1+\sqrt[4]{x}}}{\sqrt{x}}\,dx,$

(d) $\displaystyle\int \frac{\sin(\tan(x))}{\cos^2(x)}\,dx.$

© Der/die Autor(en), exklusiv lizenziert an Springer-Verlag GmbH, DE, ein Teil von Springer Nature 2022
N. Hebestreit, *Übungsbuch Analysis II*, https://doi.org/10.1007/978-3-662-65832-1_1

Aufgabe 3 Verwenden Sie die Methode der Partialbruchzerlegung um die folgenden Integrale zu bestimmen:

(a) $\displaystyle\int \frac{1}{x^2 - 1}\,dx,$

(b) $\displaystyle\int_0^{\frac{1}{2}} \frac{1 + x + x^2}{(x - 1)^3}\,dx,$

(c) $\displaystyle\int_{-1}^1 \frac{1 - 3x^2}{(x^2 + 1)(x^2 + 3)}\,dx,$

(d) $\displaystyle\int \frac{1 + x + 2x^2}{(x^2 + 1)^2}\,dx.$

Aufgabe 4 Bestimmen Sie die folgenden Integrale mit einer geeigneten Integrationsmethode:

(a) $\displaystyle\int 1 - x^e + e^x - e^e\,dx,$

(b) $\displaystyle\int_0^1 \sqrt{x} + \sin(2x)\,dx,$

(c) $\displaystyle\int \frac{1}{x \ln(x)}\,dx,$

(d) $\displaystyle\int \frac{2x^2 + x + 3}{x^3 - x}\,dx,$

(e) $\displaystyle\int_1^3 \frac{\sin(\sqrt{x})}{\sqrt{x}}\,dx,$

(f) $\displaystyle\int \frac{1}{x^2 - x + 1}\,dx.$

Aufgabe 5 Zeigen Sie

$$\int_0^{+\infty} \frac{1}{(1 + x)(\pi^2 + \ln^2(x))}\,dx = \frac{1}{2}.$$

Untersuchen Sie dazu die beiden Funktionen $F, G : (0, +\infty) \to \mathbb{R}$ mit

$$F(\lambda) = \int_0^{+\infty} \frac{1}{(\lambda + x)(\pi^2 + \ln^2(x))}\,dx \quad \text{und} \quad G(\lambda) = \int_0^{+\infty} \frac{1}{(\lambda + e^x)(\pi^2 + x^2)}\,dx.$$

Aufgabe 6 (Natürlicher Logarithmus als Stammfunktion) Die natürliche Logarithmusfunktion $\ln : (0, +\infty) \to \mathbb{R}$ kann beispielsweise durch

$$\ln(x) = \int_1^x \frac{1}{t}\,dt$$

definiert werden.

(a) Begründen Sie, dass der natürliche Logarithmus wohldefiniert ist und $\ln'(x) = 1/x$ für $x > 0$ gilt.

(b) Beweisen Sie mit Hilfe der obigen Definition für alle $x, y > 0$ die beiden Logarithmengesetze

$$\ln(x) + \ln(y) = \ln(xy),$$

$$\ln\left(\frac{1}{x}\right) = -\ln(x).$$

Aufgabe 7 Untersuchen Sie, welches der beiden folgenden Integrale konvergiert beziehungsweise divergiert:

$$\text{(a)} \int_0^{+\infty} |x^2 + 2x - 1| \, dx, \qquad \text{(b)} \int_{-2}^{+\infty} \frac{1}{2x^2 + 5x + 2} \, dx.$$

Aufgabe 8 Untersuchen Sie das uneigentliche Integral

$$\int_0^{+\infty} \frac{1}{x^p + \sqrt[p]{x}} \, dx$$

in Abhängigkeit des Parameters $p \in \mathbb{R} \setminus \{0\}$ auf Konvergenz.

1.2 Parameterintegrale

Aufgabe 9 Berechnen Sie die Ableitung der Funktion $F : \mathbb{R} \to \mathbb{R}$ mit

$$F(x) = \int_{2+\sin^2(x)}^{\exp(x^2)} \ln(1 + x^2 y^2) \, dy.$$

Aufgabe 10 Beweisen Sie die bekannte Identität

$$\int_0^{+\infty} \frac{\sin(x)}{x} \, dx = \frac{\pi}{2}.$$

Betrachten Sie dazu das Parameterintegral $F : \mathbb{R} \to \mathbb{R}$ mit

$$F(\lambda) = \int_0^{+\infty} \exp(-\lambda x) \frac{\sin(x)}{x} \, dx.$$

Bestimmen Sie dann mit Hilfe der Leibnizregel für Parameterintegrale die Ableitung F' und leiten Sie damit eine Darstellung von F her. Berechnen Sie schließlich $F(0)$ (vgl. Abb. 1.1).

Aufgabe 11 Beweisen Sie

$$\int_0^1 \frac{\ln(1 + x)}{1 + x^2} \, dx = \frac{\pi}{8} \ln(2),$$

indem Sie ähnlich wie in Aufgabe 10 vorgehen. Betrachten Sie dazu das Parameterintegral $F : \mathbb{R} \to \mathbb{R}$ mit

$$F(\lambda) = \int_0^1 \frac{\ln(1 + \lambda x)}{1 + x^2} \, dx.$$

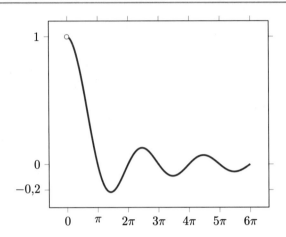

Abb. 1.1 Darstellung der Funktion $f : (0, +\infty) \to \mathbb{R}$ mit $f(x) = \sin(x)/x$

Aufgabe 12 Bestimmen Sie für $x \in \mathbb{R}$ das Integral

$$F(x) = \int_0^{+\infty} \exp(-t^2)\cos(2xt)\,\mathrm{d}t.$$

Gehen Sie dabei wie folgt vor:

(a) Berechnen Sie mit der Leibnizregel für Parameterintegrale die Ableitung F' und zeigen Sie dann mit Hilfe von partieller Integration, dass die Funktion F der gewöhnlichen Differentialgleichung

$$F'(x) = -2x\,F(x)$$

für $x \in \mathbb{R}$ genügt.

(b) Bestimmen Sie schließlich eine allgemeine Lösung der obigen Differentialgleichung und finden Sie eine geschlossene Darstellung für F. Verwenden Sie dazu die nützliche Identität aus Aufgabe 196.

Aufgabe 13 Beweisen Sie die Identität

$$\int_0^1 \frac{\arctan(x)}{\sqrt{1-x^2}}\,\mathrm{d}x = \frac{\pi^2}{8} - \frac{1}{2}\ln^2(1 + \sqrt{2}).$$

Gehen Sie dazu wie folgt vor:

(a) Betrachten Sie die Funktionen $g : (1, +\infty) \to \mathbb{R}$ und $F : (1, +\infty) \to \mathbb{R}$ mit $g(\lambda) = \sqrt{1 - 1/\lambda^2}$ und

$$F(\lambda) = \int_{g(\lambda)}^1 \frac{\arctan(\lambda x)}{\sqrt{1-x^2}}\,\mathrm{d}x.$$

Zeigen Sie dann mit der Leibnizregel für Parameterintegrale aus Aufgabe 144

$$F'(\lambda) = \int_{g(\lambda)}^{1} \frac{x}{(1+\lambda^2 x^2)\sqrt{1-x^2}} \, dx - \frac{\arctan(\sqrt{\lambda^2-1})}{\lambda\sqrt{\lambda^2-1}}$$

für $\lambda \in (1, +\infty)$.

(b) Untersuchen Sie nun die Funktion $G : (1, +\infty) \to \mathbb{R}$ mit

$$G(\lambda) = \int_{g(\lambda)}^{1} \frac{x}{(1+\lambda^2 x^2)\sqrt{1-x^2}} \, dx$$

und beweisen Sie mit einer geeigneten Substitution

$$G(\lambda) = \frac{1}{2\lambda\sqrt{\lambda^2+1}} \ln\left(\frac{\sqrt{\lambda^2+1}+1}{\sqrt{\lambda^2+1}-1}\right)$$

für $\lambda \in (1, +\infty)$.

(c) Berechnen Sie dann mit Hilfe von partieller Integration die beiden Integrale

$$\int G(\lambda) \, d\lambda \quad \text{und} \quad \int \frac{\arctan(\sqrt{\lambda^2-1})}{\lambda\sqrt{\lambda^2-1}} \, d\lambda$$

um für jedes $\lambda \in (1, +\infty)$ die Darstellung

$$F(\lambda) = -\frac{1}{8}\left(\ln\left(\frac{\sqrt{\lambda^2+1}+1}{\sqrt{\lambda^2+1}-1}\right)\right)^2 - \frac{1}{2}\left(\arctan(\sqrt{\lambda^2-1})\right)^2 + c$$

nachzuweisen, wobei $c \in \mathbb{R}$ eine beliebige Integrationskonstante ist.

(d) Überlegen Sie sich, dass $c = \pi^2/8$ gilt, indem Sie mit der Darstellung aus Teil (c) $\lim_{\lambda \to +\infty} F(\lambda) = 0$ zeigen. Nutzen Sie schließlich

$$F(1) = \int_{0}^{1} \frac{\arctan(x)}{\sqrt{1-x^2}} \, dx$$

um den Wert des Integrals zu berechnen.

Metrische Räume

In diesem Kapitel werden verschiedene Aufgaben zu metrischen Räumen und deren topologischen Eigenschaften vorgestellt. Dabei kann die Leserin beziehungsweise der Leser eine gegebene Abbildung auf die drei Metrik-Axiome überprüfen, eigens eine Metrik auf einer Menge konstruieren, die Vollständigkeit eines metrischen Raumes beweisen oder widerlegen sowie Folgen in metrischen Räumen untersuchen. Des Weiteren gibt es Aufgabenstellungen zu topologischen Eigenschaften der diskreten und Euklidischen Metrik und vieles mehr.

2.1 Metriken und Vollständigkeit

Aufgabe 14 Gegeben seien die Metriken $d_1, d_2, d_\infty : \mathbb{R}^2 \times \mathbb{R}^2 \to \mathbb{R}$ mit

$$d_1(x, y) = |x_1 - y_1| + |x_2 - y_2| \quad \text{(Manhattan-Metrik)},$$
$$d_2(x, y) = \sqrt{|x_1 - y_1| + |x_2 - y_2|} \quad \text{(Euklidische Metrik)},$$
$$d_\infty(x, y) = \max\{|x_1 - y_1|, |x_2 - y_2|\} \quad \text{(Maximum-Metrik)}.$$

(a) Berechnen Sie die drei Abstände

$$d_1((1, 0)^\mathsf{T}, (4, -4)^\mathsf{T}), \quad d_2((2, -1)^\mathsf{T}, (4, -7)^\mathsf{T}) \quad \text{und} \quad d_\infty((2, 3)^\mathsf{T}, (2, 10)^\mathsf{T}).$$

(b) Zeichnen Sie für $x = (1, 1)^\mathsf{T}$ und $y = (4, 3)^\mathsf{T}$ die Abstände $d_1(x, y), d_2(x, y)$ und $d_\infty(x, y)$ in ein gemeinsames Koordinatensystem.

Aufgabe 15 Verifizieren Sie, ob die Abbildung $d : \mathbb{R} \times \mathbb{R} \to \mathbb{R}$ mit

$$d(x, y) = \arctan(|x - y|)$$

eine Metrik auf $\mathbb{R}$ definiert.

N. Hebestreit, *Übungsbuch Analysis II*, https://doi.org/10.1007/978-3-662-65832-1_2

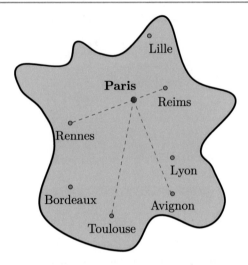

Abb. 2.1 Illustration der französischen Eisenbahnmetrik im ($\mathbb{R}^2$, $\|\cdot\|_2$), die sich von dem äußerst zentralisiert angelegten Eisenbahnnetz des 19. Jahrhunderts ableiten lässt, bei der die meisten Bahnverbindungen über die Stadt Paris gingen. Dabei konnte man mit dem Zug ohne Umweg von Rennes nach Reims fahren (blau) während man beispielsweise von Toulouse nach Avignon einen Umweg über die Hauptstadt Paris fahren muss (rot)

Aufgabe 16 (Französische Eisenbahnmetrik) Gegeben sei der normierte Raum $(V, \|\cdot\|_V)$. Zeigen Sie, dass $d : V \times V \to \mathbb{R}$ mit

$$d(x, y) = \begin{cases} \|x - y\|_V, & \text{es gibt } \lambda \in \mathbb{C} \text{ mit } x = \lambda y \\ \|x\|_V + \|y\|_V, & \text{sonst} \end{cases}$$

eine Metrik auf V ist (vgl. Abb. 2.1).

Aufgabe 17 Untersuchen Sie, welche der beiden Funktionen $d, d' : \mathbb{R}^2 \times \mathbb{R}^2 \to \mathbb{R}$ den $\mathbb{R}^2$ zu einem metrischen Raum macht:

$$d(x, y) = \frac{|x_1 - y_1|}{1 + |x_1 - y_1|} + \frac{|x_2 - y_2|}{1 + |x_2 - y_2|}, \qquad d'(x, y) = |x_1 - y_1||x_2 - y_2|.$$

Aufgabe 18 Sei (M, d) ein metrischer Raum. Untersuchen Sie, ob die Funktion $D : M' \times M' \to \mathbb{R}$ mit

$$D(A, B) = \inf_{\substack{a \in A \\ b \in B}} d(a, b)$$

eine Metrik auf $M' = \mathcal{P}(M) \setminus \{\emptyset\}$ definiert, wobei $\mathcal{P}(M)$ die Potenzmenge von M bezeichnet.

Aufgabe 19 Konstruieren Sie eine Metrik $d : M \times M \to \mathbb{R}$ auf der Menge

$$M = \{0, 1\}^d = \left\{ (x_1, \dots, x_d)^\mathsf{T} \in \mathbb{R}^d \mid x_j \in \{0, 1\} \text{ für } j \in \{1, \dots, d\} \right\}.$$

Aufgabe 20 Sei (M, d) ein metrischer Raum. Beweisen Sie, dass jede konvergente Folge in M eine Cauchy-Folge ist.

Aufgabe 21 (Eindeutigkeit des Grenzwerts) Sei (M, d) ein metrischer Raum. Beweisen Sie, dass der Grenzwert jeder konvergenten Folge in M eindeutig ist.

Aufgabe 22 Beweisen Sie, dass der metrische Raum $(\mathbb{R}, d)$ nicht vollständig ist, wobei die Metrik $d : \mathbb{R} \times \mathbb{R} \to \mathbb{R}$ durch

$$d(x, y) = |\arctan(x) - \arctan(y)|$$

definiert ist.

Aufgabe 23 (Raum der beschränkten Funktionen) Seien A eine nichtleere Menge und (M, d) ein vollständiger metrischer Raum. Beweisen Sie, dass der (metrische) Raum der beschränkten Funktionen $(B(A, M), d_\infty)$ ebenfalls vollständig ist, wobei

$$B(A, M) = \{f : A \to M \mid f \text{ ist beschränkt}\}$$

und die Metrik $d_\infty : B(A, M) \times B(A, M) \to \mathbb{R}$ (Supremumsmetrik) durch

$$d_\infty(f, g) = \sup_{x \in A} d(f(x), g(x))$$

definiert ist.

2.2   Topologische Eigenschaften metrischer Räume

Aufgabe 24 Seien (M, d) ein metrischer Raum, $r > 0$ und $x, y \in M$ beliebig gewählt. Beweisen Sie, dass $x \in B_r(y)$ genau dann gilt, wenn $y \in B_r(x)$ gilt.

Aufgabe 25 (Hausdorff-Raum) Beweisen Sie, dass jeder metrische Raum ein Hausdorff-Raum ist.

Aufgabe 26 (Topologische Eigenschaften der diskreten Metrik) Sei M eine nichtleere Menge.

(a) Begründen Sie kurz, dass die diskrete Metrik $d : M \times M \to \mathbb{R}$ mit

$$d(x, y) = \begin{cases} 0, & x = y \\ 1, & \text{sonst} \end{cases}$$

eine Metrik auf M definiert.

(b) Bestimmen Sie für $r > 0$ und $x_0 \in M$ die abgeschlossene Kugel $\overline{B}_r(x_0) = \{x \in M \mid d(x, x_0) \leq r\}$.

(c) Zeigen Sie, dass alle Teilmengen von M bezüglich der diskreten Metrik sowohl offen als auch abgeschlossen sind.

(d) Berechnen Sie $\mathrm{dist}(x, A) = \inf_{y \in A} d(x, y)$ für $x \in M$ und $A \subseteq M$ mit $A \neq \emptyset$.

(e) Entscheiden Sie (mit Begründung), ob der metrische Raum (M, d) vollständig ist.

(f) Sei nun $M = \mathbb{R}$. Bestimmen Sie, sofern existent, den Grenzwert der drei reellen Folgen $(x_n)_n$, $(y_n)_n$ und $(z_n)_n$ mit $x_n = 1/n$, $y_n = n$ sowie $z_1 = 3$, $z_2 = 2$ und $z_n = 1$ für $n \in \mathbb{N}$ mit $n \geq 3$ im metrischen Raum $(\mathbb{R}, d)$.

(g) Sei (M', d') ein weiterer metrischer Raum. Zeigen Sie, dass jede Abbildung $f : M \to M'$ stetig ist. Dabei sei M wieder mit der diskreten Metrik ausgestattet.

Aufgabe 27 Seien (M, d) ein metrischer Raum, $x_0 \in M$ ein beliebiges Element sowie $r > 0$. Zeigen Sie, dass die Menge

$$A_r(x_0) = \{x \in M \mid d(x, x_0) > r\}$$

in M offen ist.

Aufgabe 28 Sei (M, d) ein metrischer Raum. Beweisen Sie, dass jede endliche Menge $A \subseteq M$ abgeschlossen ist.

Aufgabe 29 Bestimmen Sie (ohne Beweis) das Innere, den Abschluss und den Rand der folgenden Teilmengen von $\mathbb{R}$, ausgestattet mit der Betragsmetrik $\rho : \mathbb{R} \times \mathbb{R} \to \mathbb{R}$ mit $\rho(x, y) = |x - y|$.

(a) $A_1 = [0, 1]$,   (b) $A_2 = (0, 1)$,   (c) $A_3 = \mathbb{Z}$,   (d) $A_4 = \mathbb{Q}$,   (e) $A_5 = \mathbb{R}$.

Aufgabe 30 Gegeben sei die zweidimensionale Menge

$$A = (0, 1) \times [0, 1] \cup \{a^0, a^1\},$$

wobei $a^0 = (0, 0)^\mathsf{T}$ und $a^1 = (2, 1)^\mathsf{T}$. Für die folgenden Teilaufgaben wird angenommen, dass der Euklidische Raum $\mathbb{R}^2$ mit der Euklidischen Metrik (vgl. Aufgabe 14) ausgestattet ist.

(a) Skizzieren Sie die Menge A.

(b) Zeigen Sie, dass a^1 ein isolierter Punkt von A ist.

(c) Finden Sie alle Häufungspunkte von A.

(d) Bestimmen Sie den Abschluss $\overline{A}$ der Menge A im $\mathbb{R}^2$.

(e) Verifizieren Sie $\partial A = \{(x_1, x_2)^\mathsf{T} \in \mathbb{R}^2 \mid x_1, x_2 \in \{0, 1\}\}$ (Rand von A).

(f) Bestimmen Sie $\mathrm{int}(A)$ (Inneres von A).

Aufgabe 31 Seien (M, d) ein metrischer Raum sowie $A, B \subseteq M$ zwei Teilmengen von M.

(a) Beweisen Sie

$$\operatorname{int}(A \cap B) = \operatorname{int}(A) \cap \operatorname{int}(B).$$

(b) Sei nun $(A_n)_n$ eine Folge von Teilmengen von M. Untersuchen Sie, ob dann auch die verallgemeinerte Gleichung

$$\operatorname{int}\left(\bigcap_{n \in \mathbb{N}} A_n\right) = \bigcap_{n \in \mathbb{N}} \operatorname{int}(A_n)$$

gilt.

Aufgabe 32 (Eigenschaften des Abschlusses) Seien (M, d) ein metrischer Raum sowie A eine Teilmenge von M. Beweisen Sie die folgenden Aussagen:

(a) Der Abschluss $\overline{A}$ ist die kleinste abgeschlossene Teilmenge von M, die A enthält, das heißt, für jede abgeschlossene Menge $B \subseteq M$ mit $A \subseteq B$ folgt $\overline{A} \subseteq B$.
(b) Ist $B \subseteq M$ eine weitere Menge mit $A \subseteq B$, so folgt $\overline{A} \subseteq \overline{B}$.
(c) Es gilt stets

$$\overline{A} = A \cup \partial A = \operatorname{int}(A) \cup \partial A,$$

wobei ∂A den Rand und $\operatorname{int}(A)$ das Innere der Menge A bezeichnet.

Banachräume und Hilberträume

3

Dieses Kapitel enthält rund 30 Aufgaben zu Normen (Betragssummennorm, Euklidische Norm, Maximumsnorm, Graphennorm, Supremumsnorm), vollständigen Räumen, Folgen in normierten Räumen, Funktionenräumen, Hilberträumen, dem Fixpunktsatz von Banach sowie linearen und stetigen Operatoren zwischen normierten Räumen.

3.1 Normen und Vollständigkeit

Aufgabe 33 Gegeben seien die dreidimensionalen Vektoren $x, y, z \in \mathbb{R}^3$ mit $x = (1, 2, 0)^\mathsf{T}$, $y = (3, 2, 4)^\mathsf{T}$ und $z = (5, 0, 7)^\mathsf{T}$. Berechnen Sie die folgenden Ausdrücke:

(a) $x + y$, $y - z$, $2z - x$,
(b) $\langle x, y \rangle$, $x \times y$, $(x \times z) \times y$,
(c) $\|x\|_1$, $\|x - y\|_2$, $\|x \times y\|_\infty$.

Aufgabe 34 (Einheitskugeln im $\mathbb{R}^2$) Zeichnen Sie die zweidimensionale abgeschlossene Einheitskugel

$$\overline{B}_1^{\|\cdot\|_p}(\mathbf{0}) = \{x \in \mathbb{R}^2 \mid \|x\|_p \leq 1\}$$

mit Mittelpunkt $\mathbf{0} = (0, 0)^\mathsf{T}$ und Radius $r = 1$ für jeden Parameter $p \in \{1, 2, +\infty\}$.

Aufgabe 35 (Betragssummennorm) Zeigen Sie, dass $\|\cdot\|_1 : \mathbb{R}^d \to \mathbb{R}$ mit $\|x\|_1 = \sum_{j=1}^{d} |x_j|$ eine Norm auf $\mathbb{R}^d$ definiert.

Aufgabe 36 (Graphennorm) Seien $(V, \|\cdot\|_V)$ und $(W, \|\cdot\|_W)$ normierte Räume sowie $A : V \to W$ eine lineare Abbildung. Beweisen Sie, dass die sogenannte

© Der/die Autor(en), exklusiv lizenziert an Springer-Verlag GmbH, DE, ein Teil von
Springer Nature 2022
N. Hebestreit, *Übungsbuch Analysis II*, https://doi.org/10.1007/978-3-662-65832-1_3

Graphennorm $\| \cdot \|_A : V \to \mathbb{R}$ mit $\|x\|_A = \|x\|_V + \|Ax\|_W$ eine Norm auf V definiert.

Aufgabe 37 (Raum der stetigen Funktionen) Zeigen Sie, dass der Raum der stetigen Funktionen

$$C([a,b], \mathbb{R}) = \{f : [a,b] \to \mathbb{R} \mid f \text{ ist stetig}\},$$

ausgestattet mit $\| \cdot \|_\infty : C([a,b], \mathbb{R}) \to \mathbb{R}, \|f\|_\infty = \sup_{x \in [a,b]} |f(x)|$ ein normierter Raum ist.

Aufgabe 38 (Äquivalenz von Normen im $\mathbb{R}^d$) Beweisen Sie, dass im $\mathbb{R}^d$ jede p-Norm $\| \cdot \|_p$ äquivalent zur Maximumsnorm $\| \cdot \|_\infty$ ist. Zeigen Sie dazu die Abschätzung

$$\|x\|_\infty \le \|x\|_p \le d^{\frac{1}{p}} \|x\|_\infty$$

für $x \in \mathbb{R}^d$ und $p \ge 1$.

Aufgabe 39 Zeigen Sie für $x \in \mathbb{R}^d$ die Grenzwertbeziehung

$$\lim_{p \to +\infty} \|x\|_p = \|x\|_\infty.$$

Aufgabe 40 Sei wieder $C([0,1], \mathbb{R})$ der Vektorraum der stetigen Funktionen von $[0,1]$ nach $\mathbb{R}$. Zeigen Sie, dass die beiden Normen $\| \cdot \|_\infty, \| \cdot \|_* : C([0,1], \mathbb{R}) \to \mathbb{R}$ mit

$$\|f\|_\infty = \sup_{x \in [0,1]} |f(x)| \quad \text{und} \quad \|f\|_* = \int_0^1 |f(x)| \, \mathrm{d}x$$

nicht äquivalent sind.

Aufgabe 41 Sei $(V, \| \cdot \|_V)$ ein normierter Raum. Zeigen Sie, dass die Summe von zwei in V konvergenten Folgen wieder konvergent ist.

Aufgabe 42 Beweisen Sie, dass der normierte Raum $(\mathbb{C}^d, \| \cdot \|_\infty)$ vollständig und somit ein Banachraum ist.

Aufgabe 43 (Raum der stetig differenzierbaren Funktionen) Beweisen Sie, dass der Raum der stetig differenzierbaren Funktionen

$$C^1([a,b], \mathbb{R}) = \{f : [a,b] \to \mathbb{R} \mid f \text{ ist stetig differenzierbar}\},$$

ausgestattet mit der Norm $\|\|\cdot\|\| : C^1([a, b], \mathbb{R}) \to \mathbb{R}$ mit

$$\|\|f\|\| = \sup_{x \in [a,b]} \max\{|f(x)|, |f'(x)|\} = \max\{\|f\|_\infty, \|f'\|_\infty\},$$

ein Banachraum ist.

Aufgabe 44 Überlegen Sie sich, dass $(C^1([a, b], \mathbb{R}), \|\cdot\|_\infty)$ kein abgeschlossener Untervektorraum von $(C([a, b], \mathbb{R}), \|\cdot\|_\infty)$ ist.

3.2 Fixpunktsatz von Banach

Aufgabe 45 Bestimmen Sie alle Fixpunkte der Funktion $f : \mathbb{R} \setminus \{-1/2\} \to \mathbb{R}$ mit $f(x) = 1/(1 + 2x)$.

Aufgabe 46 (Fixpunktsatz von Banach) Beweisen Sie den Banachschen Fixpunktsatz in der folgenden Form: Gegeben seien eine nichtleere und abgeschlossene Teilmenge M des Banachraums $(X, \|\cdot\|_X)$ sowie ein Operator $T : M \to M$ mit

$$\|T(x) - T(y)\|_X \le \tau \|x - y\|_X$$

für $x, y \in M$, wobei $\tau \in [0, 1)$. Dann gelten die folgenden Aussagen:

(a) T besitzt einen eindeutigen Fixpunkt $x \in M$ mit $T(x) = x$.
(b) Die rekursive Folge $(x_n)_n \subseteq M$ mit $x_{n+1} = T(x_n)$ für $n \in \mathbb{N}_0$ konvergiert für jeden beliebigen Startwert $x_0 \in M$ gegen den eindeutigen Fixpunkt von T.

Aufgabe 47 (A-priori- und a-posteriori-Fehlerabschätzung) Zeigen Sie unter den Voraussetzungen des Banachschen Fixpunktsatzes aus Aufgabe 46, dass die Iterationsvorschrift $x_{n+1} = T(x_n)$ für $n \in \mathbb{N}_0$ mit $x_0 \in M$ beliebig den folgenden Fehlerabschätzungen genügt, wobei $x \in M$ den Fixpunkt des Operators $T : M \to M$ bezeichnet:

(a) Für alle $n \in \mathbb{N}$ gilt die a-priori-Fehlerabschätzung

$$\|x_n - x\|_X \le \frac{\tau^n}{1 - \tau} \|x_1 - x_0\|_X.$$

(b) Für jede natürliche Zahl $n \in \mathbb{N}$ gilt die a-posteriori-Fehlerabschätzung

$$\|x_{n+1} - x\|_X \le \frac{\tau}{1 - \tau} \|x_{n+1} - x_n\|_X.$$

Aufgabe 48 Zeigen Sie mit dem Fixpunktsatz von Banach, dass die Funktion f : $[0, +\infty) \rightarrow [0, +\infty)$ mit

$$f(x) = \frac{x + 1/2}{x + 1}$$

einen Fixpunkt besitzt. Illustrieren Sie dann die ersten Iterationsschritte der Iterationsfolge $x_{n+1} = f(x_n)$ für $n \in \mathbb{N}_0$ mit $x_0 = 3/10$ sowie den Fixpunkt in einer Grafik.

Aufgabe 49 (Integralgleichung) Beweisen Sie mit dem Banachschen Fixpunktsatz, dass die Integralgleichung

$$x(t) = 1 + \int_0^t s x(s) \, ds$$

für $t \in [-1, 1]$ eine eindeutige und stetige Lösung $x \in C([-1, 1], \mathbb{R})$ besitzt.

Aufgabe 50 (Integralgleichung) Gegeben sei die Integralgleichung

$$x(t) = \alpha \int_a^b \sin(x(s)) \, ds + f(t)$$

für $t \in [a, b]$, wobei $\alpha \in \mathbb{R}$ mit $|\alpha|(b - a) < 1$ und $f \in C([a, b], \mathbb{R})$. Zeigen Sie, dass die Gleichung eine eindeutige Lösung in $C([a, b], \mathbb{R})$ besitzt, indem Sie den Fixpunktsatz von Banach auf den Fixpunktoperator

$$T : C([a, b], \mathbb{R}) \rightarrow C([a, b], \mathbb{R}) \quad \text{mit} \quad (T(x))(t) = \alpha \int_a^b \sin(x(s)) \, ds + f(t)$$

anwenden.

3.3   Lineare und stetige Operatoren zwischen normierten Räumen

Aufgabe 51 (Charakterisierung linearer und stetiger Operatoren) Seien $(X, \| \cdot \|_X)$ und $(Y, \| \cdot \|_Y)$ zwei normierte Räume sowie $A : X \rightarrow Y$ ein linearer Operator zwischen diesen. Beweisen Sie, dass die folgenden Aussagen äquivalent sind:

(a) Der Operator A ist in ganz X stetig.
(b) A ist im Nullpunkt 0_X stetig.
(c) A ist Lipschitz-stetig.
(d) Der Operator A ist beschränkt.

Aufgabe 52 Sei $(C([0, 1], \mathbb{R}), \|\cdot\|_\infty)$ der normierte Raum der stetigen Funktionen von $[0, 1]$ nach $\mathbb{R}$, ausgestattet mit der Supremumsnorm $\|x\|_\infty = \sup_{t \in [0,1]} |x(t)|$ für $x \in C([0, 1], \mathbb{R})$. Untersuchen Sie die Operatoren $A, B : C([0, 1], \mathbb{R}) \to \mathbb{R}$ mit

$$A(x) = \int_0^1 x(t)\, dt \quad \text{und} \quad B(x) = \int_0^1 x^2(t)\, dt$$

auf Linearität und Stetigkeit.

Aufgabe 53 Es bezeichne $(C^1([0, 1], \mathbb{R}), \|\cdot\|_\infty)$ den Raum der stetig differenzierbaren Funktionen von $[0, 1]$ nach $\mathbb{R}$ und $\|\cdot\|_\infty$ sei die Supremumsnorm. Zeigen Sie, dass der Ableitungsoperator

$$A : (C^1([0, 1], \mathbb{R}), \|\cdot\|_\infty) \to (C([0, 1], \mathbb{R}), \|\cdot\|_\infty) \quad \text{mit} \quad A(x) = x'$$

linear aber unstetig ist.

Aufgabe 54 Zeigen Sie, dass der Operator $A : C([0, 1], \mathbb{R}) \to C([0, 1], \mathbb{R})$ mit

$$(A(x))(t) = \int_0^t s x(s)\, ds$$

linear und beschränkt (stetig) ist, falls der Raum $C([0, 1], \mathbb{R})$ mit der

(a) Supremumsnorm $\|x\|_\infty = \sup\limits_{t \in [0,1]} |x(t)|$,

(b) 2-Norm $\|x\|_2 = \left(\int_0^1 x^2(t)\, dt \right)^{\frac{1}{2}}$,

für $x \in C([0, 1], \mathbb{R})$ ausgestattet wird. Bestimmen Sie zusätzlich in Teil (a) die Operatornorm $\|A\|_{\text{op}}$.

3.4 Hilberträume

Aufgabe 55 (Standardskalarprodukt im $\mathbb{R}^2$) Zeigen Sie, dass die Funktion

$$\langle \cdot, \cdot \rangle : \mathbb{R}^2 \times \mathbb{R}^2 \to \mathbb{R} \quad \text{mit} \quad \langle x, y \rangle = x_1 y_1 + x_2 y_2$$

ein Skalarprodukt im $\mathbb{R}^2$ definiert.

Aufgabe 56 Sei $V = C([a, b], \mathbb{R})$ der Raum der stetigen Abbildungen von $[a, b]$ nach $\mathbb{R}$. Zeigen Sie, dass die Abbildung $\langle \cdot, \cdot \rangle : V \times V \to \mathbb{R}$ mit

$$\langle f, g \rangle = \int_a^b f(x)g(x)\,\mathrm{d}x$$

ein Skalarprodukt auf V definiert.

Aufgabe 57 (Orthogonalitätsbedingung für Geraden im $\mathbb{R}^2$) Seien $g_1, g_2 : \mathbb{R} \to \mathbb{R}$ zwei Geraden mit $g_1(x) = ax + b$ und $g_2(x) = cx + d$, wobei $a, b, c, d \in \mathbb{R}, a \neq 0$ und $c \neq 0$. Beweisen Sie, dass die Geraden genau dann zu einander orthogonal stehen, falls $ac = -1$ gilt.

Aufgabe 58 (Cauchy-Schwarz-Ungleichung) Sei $(V, \langle \cdot, \cdot \rangle)$ ein beliebiger Prähilbertraum über $\mathbb{R}$. Beweisen Sie die sogenannte Cauchy-Schwarz-Ungleichung

$$|\langle x, y \rangle| \leq \|x\|_V \|y\|_V,$$

wobei $\|x\|_V = \sqrt{\langle x, x \rangle}$ für $x \in V$ die durch $\langle \cdot, \cdot \rangle$ induzierte Norm in V bezeichnet.

Stetigkeit

4

Dieses Kapitel behandelt den Begriff Stetigkeit in allen Facetten. Die Leserin beziehungsweise der Leser kann verschiedene Funktionen – zwei- und mehrdimensionale Funktionen, Potenzreihen, Metriken, Normen, Parameterintegrale oder Integraloperatoren – auf Stetigkeit prüfen und nützliche Charakterisierungen und Eigenschaften nachweisen. Weiter gibt es noch Abschnitte mit Aufgaben zu gleichmäßig stetigen, Lipschitz-stetigen und Hölder-stetigen Funktionen und deren Eigenschaften.

4.1 Stetige Funktionen

Aufgabe 59 Beweisen Sie, dass die Funktion $f : \mathbb{R}^2 \to \mathbb{R}$ mit $f(x_1, x_2) = x_1 + x_1 x_2 + x_2$ in jedem Punkt des $\mathbb{R}^2$ stetig ist (vgl. Abb. 4.1).

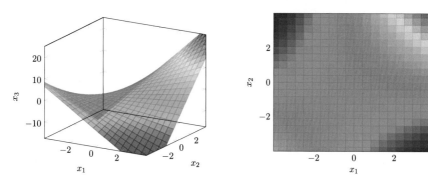

Abb. 4.1 Graph der Funktion $f : \mathbb{R}^2 \to \mathbb{R}$ mit $f(x_1, x_2) = x_1 + x_1 x_2 + x_2$ (links) und Konturdiagramm in der x_1-x_2-Ebene (rechts)

© Der/die Autor(en), exklusiv lizenziert an Springer-Verlag GmbH, DE, ein Teil von Springer Nature 2022
N. Hebestreit, *Übungsbuch Analysis II*, https://doi.org/10.1007/978-3-662-65832-1_4

Aufgabe 60 Zeigen Sie, dass die Funktion $f : \mathbb{R}^2 \to \mathbb{R}$ mit

$$f(x_1, x_2) = \begin{cases} \frac{x_1 x_2}{x_1^2 + x_2^2}, & (x_1, x_2)^\mathsf{T} \neq (0, 0)^\mathsf{T} \\ 0, & (x_1, x_2)^\mathsf{T} = (0, 0)^\mathsf{T} \end{cases}$$

im Nullpunkt unstetig ist.

Aufgabe 61 Untersuchen Sie die Abbildung $f : \mathbb{R}^3 \to \mathbb{R}^2$ mit

$$f(x_1, x_2, x_3) = \begin{pmatrix} x_1 x_2 \exp(x_3) \\ 1 + \frac{\sin(x_1 x_2)}{1 + |x_3|} \end{pmatrix}$$

auf Stetigkeit.

Aufgabe 62 (Stetigkeit der Potenzreihe) Seien $R \in (0, +\infty]$, $z_0 \in \mathbb{C}$, $A = \{z \in \mathbb{C} \mid |z - z_0| < R\}$ sowie $(a_n)_n \subseteq \mathbb{C}$ eine Folge komplexer Zahlen. Beweisen Sie, dass die Potenzreihe $f : A \to \mathbb{C}$ mit

$$f(z) = \sum_{n=0}^{+\infty} a_n (z - z_0)^n$$

und Konvergenzradius R in jedem Punkt aus A stetig ist.

Aufgabe 63 (Stetigkeit der Metrik) Sei (M, d) ein metrischer Raum. Zeigen Sie, dass die Metrik $d : M \times M \to \mathbb{R}$ auf $M \times M$ stetig ist.

Aufgabe 64 (Stetigkeit der Norm) Gegeben sei der normierte Raum $(V, \| \cdot \|_V)$. Beweisen Sie zunächst die sogenannte umgekehrte Dreiecksungleichung

$$\big| \|x\|_V - \|y\|_V \big| \leq \|x - y\|_V$$

für alle $x, y \in V$ und folgern Sie damit, dass die Norm $\| \cdot \|_V : V \to \mathbb{R}$ eine stetige Funktion von V nach $\mathbb{R}$ ist.

Aufgabe 65 Zeigen Sie, dass das Parameterintegral $F : [0, 1] \to \mathbb{R}$ mit

$$F(x) = \int_0^2 f(x, y) \, \mathrm{d}y$$

stetig ist, wobei die Funktion $f : [0, 1] \times [0, 2] \to \mathbb{R}$ definiert sei als $f(x, y) = 1/(1 + y^2 \cos(xy))$. Bestimmen Sie anschließend den Grenzwert

$$\lim_{x \to 0} \int_0^2 \frac{1}{1 + y^2 \cos(xy)} \, \mathrm{d}y.$$

Aufgabe 66 Untersuchen Sie den Einsetzungsoperator

$$T : C([0, 1], \mathbb{R}) \to \mathbb{R} \quad \text{mit} \quad T(x) = x(0)$$

auf Stetigkeit.

4.2 Eigenschaften stetiger Funktionen

Aufgabe 67 Zeigen Sie mit Hilfe des Zwischenwertsatzes für stetige Funktionen, dass die Gleichung

$$x \in \mathbb{R} : \quad x^3 - 15x = 1$$

drei Lösungen besitzt.

Aufgabe 68 (Borsuk-Ulam Theorem) Beweisen Sie die folgende eindimensionale Version des Borsuk-Ulam Theorems: Ist $r > 0$ beliebig und $f : (-r, r) \to \mathbb{R}$ eine stetige und ungerade Funktion, so gibt es $\xi \in (-r, r)$ mit $f(\xi) = 0$.

Aufgabe 69 Beweisen Sie, dass es keine stetige Funktion $f : \mathbb{R} \to \mathbb{R}$ mit

$$|\{x \in \mathbb{R} \mid f(x) = y\}| = 2$$

für alle $y \in \mathbb{R}$ geben kann, das heißt, jedes Element aus $\mathbb{R}$ besitzt genau zwei Urbilder.

Aufgabe 70 (Zwischenwertsatz von Darboux) Sei $f : [a, b] \to \mathbb{R}$ eine differenzierbare Funktion mit $f'(a) < f'(b)$. Beweisen Sie, dass die Ableitungsfunktion der Zwischenwerteigenschaft genügt, das heißt, zu jedem $c \in (f'(a), f'(b))$ existiert eine Stelle $\xi \in [a, b]$ mit $f'(\xi) = c$.

Aufgabe 71 Sei $f : [a, b] \times [c, d] \to \mathbb{R}$ eine stetige Funktion. Beweisen Sie

$$\sup_{(x,y)^\mathsf{T} \in (a,b) \times (c,d)} f(x, y) = \sup_{(x,y)^\mathsf{T} \in [a,b] \times [c,d]} f(x, y).$$

Aufgabe 72 Seien $d \in \mathbb{N}$ mit $d \geq 2$, $f : \mathbb{R}^d \to \mathbb{R}$ eine beliebige Funktion und $x \in \mathbb{R}^d$ beliebig aber fest. Dann lässt sich für jedes $j \in \{1, \ldots, d\}$ die eindimensionale Funktion $f_j : \mathbb{R} \to \mathbb{R}$ durch

$$f_j(t) = f(x_1, \ldots, x_{j-1}, t, x_{j+1}, \ldots, x_d)$$

definieren. Beweisen oder widerlegen Sie die folgenden Aussagen:

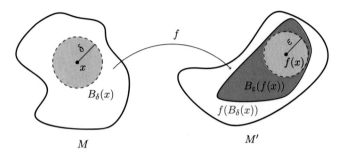

Abb. 4.2 Darstellung einer stetigen Funktion $f : M \to M'$, die kleine Kugeln aus M auf kleine Kugeln in M' abbildet

(a) Ist die Funktion f in $x \in \mathbb{R}^d$ stetig, so ist auch f_j für jedes $j \in \{1, \ldots, d\}$ in $x_j \in \mathbb{R}$ stetig.

(b) Ist für alle $j \in \{1, \ldots, d\}$ die Funktion f_j im Punkt $x_j \in \mathbb{R}$ stetig, dann ist auch f in $x \in \mathbb{R}^d$ stetig.

Aufgabe 73 (Charakterisierung der Stetigkeit durch offene Kugeln) Seien (M, d) und (M', d') zwei metrische Räume. Erklären Sie kurz, dass eine Funktion $f : M \to M'$ genau dann in einem Punkt $x \in M$ stetig ist, wenn es zu jedem $\varepsilon > 0$ eine Zahl $\delta > 0$ mit

$$f(B_\delta(x)) \subseteq B_\varepsilon(f(x))$$

gibt (vgl. Abb. 4.2).

Aufgabe 74 (Topologische Charakterisierung der Stetigkeit) Seien (M, d) und (M', d') zwei metrische Räume. Beweisen Sie, dass eine Funktion $f : M \to M'$ genau dann stetig ist, wenn für jede offene Menge $A' \subseteq M'$ das Urbild $f^{-1}(A')$ in M offen ist.

Aufgabe 75 Finden Sie eine stetige Funktion $f : \mathbb{R} \to \mathbb{R}$ und eine offene Menge $A \subseteq \mathbb{R}$, für die das Bild $f(A)$ nicht offen ist.

Aufgabe 76 Sei $f : X \to Y$ eine stetige Funktion zwischen den topologischen Räumen (X, τ_X) und (Y, τ_Y). Beweisen oder widerlegen Sie, dass

$$f^{-1}(\overline{A}) = \overline{f^{-1}(A)}$$

für jede Teilmenge $A \subseteq Y$ gilt.

Aufgabe 77 Seien (M, d) und (M', d') zwei metrische Räume sowie $f : M \to M'$ eine stetige Funktion. Beweisen Sie, dass die Bildmenge $f(M)$ kompakt in M' ist, falls M kompakt ist.

Aufgabe 78 Zeigen Sie, dass die metrischen Räume (M, ρ) und (M', ρ'), wobei $M = \mathbb{R}$, $M' = (-1, 1)$ und $\rho : M \times M \to \mathbb{R}$ beziehungsweise $\rho' : M' \times M' \to \mathbb{R}$ die Standardmetrik bezeichnet, homöomorph sind.

Aufgabe 79 Seien $(V, \| \cdot \|_V)$ und $(W, \| \cdot \|_W)$ zwei normierte Räume. Zeigen Sie, dass jede lineare Abbildung $A : V \to W$ stetig ist, falls V endlichdimensional ist.

4.3   Gleichmäßig stetige Funktionen

Aufgabe 80 Zeigen Sie, dass die Funktion $f : \mathbb{R}^d \to \mathbb{R}$ mit $f(x) = 1/(1 + \|x\|_2^2)$ gleichmäßig stetig ist.

Aufgabe 81 Sei $(C([0, 1], \mathbb{R}), \| \cdot \|_\infty)$ der Banachraum der stetigen Funktionen von $[0, 1]$ nach $\mathbb{R}$, ausgestattet mit der Supremumsnorm. Beweisen Sie, dass der Operator

$$T : C([0, 1], \mathbb{R}) \to C([0, 1], \mathbb{R}) \quad \text{mit} \quad (T(x))(t) = \frac{t}{2} - \int_0^t s^2 x(s) \, ds$$

wohldefiniert und gleichmäßig stetig ist.

Aufgabe 82 Sei $(V, \| \cdot \|_V)$ ein halbnormierter Raum über $\mathbb{C}$. Der Produktraum $V \times V$ sei weiter ausgestattet mit der Metrik $d : (V \times V) \times (V \times V) \to \mathbb{R}$ mit

$$d((v, w), (x, y)) = \max \left\{ \|v - x\|_V, \|w - y\|_V \right\}.$$

Zeigen Sie, dass die Addition in V, das heißt, die Funktion add $: V \times V \to V$ mit add$(v, w) = v + w$ gleichmäßig stetig ist.

Aufgabe 83 Beweisen Sie, dass die Funktion $f : \mathbb{R}^d \setminus \{0\} \to \mathbb{R}^d$ mit

$$f(x) = \frac{x}{\|x\|_2^2}$$

stetig aber nicht gleichmäßig stetig ist.

4.4   Lipschitz-stetige Funktionen

Aufgabe 84 Seien $I \subseteq \mathbb{R}$ eine nichtleere Menge und die Funktion $f : I \to \mathbb{R}$ durch $f(x) = x^2$ definiert. Beweisen Sie die folgenden Aussagen:

(a) Die Funktion f ist Lipschitz-stetig, falls $I = [a, b]$ gilt.
(b) Die Funktion ist nicht Lipschitz-stetig, falls $I = \mathbb{R}$ gilt.

Aufgabe 85 Seien (M, d) ein metrischer Raum und $A \subseteq M$ eine nichtleere Menge. Beweisen Sie, dass die Abstandsfunktion $\mathrm{dist}(\cdot, A) : M \to \mathbb{R}$ mit

$$\mathrm{dist}(x, A) = \inf_{y \in A} d(x, y)$$

Lipschitz-stetig mit Lipschitz-Konstanten $L = 1$ ist.

Aufgabe 86 Zeigen Sie, dass die Funktion $f : \mathbb{R}^d \to \mathbb{R}$ mit

$$f(x) = \sum_{j=1}^{d-1} x_j^2 + d x_d^2$$

nicht Lipschitz-stetig ist.

4.5   Hölder-stetige Funktionen

Aufgabe 87 Zeigen Sie, dass die Funktion $f : [0, +\infty) \to \mathbb{R}$ mit $f(x) = x^\alpha$ und $\alpha \in (0, 1]$ Hölder-stetig ist (vgl. Abb. 4.3).

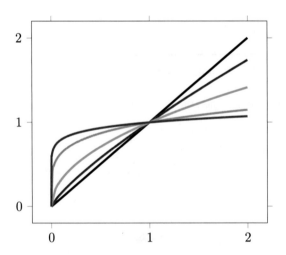

Abb. 4.3 Darstellung der Funktion $f : [0, +\infty) \to \mathbb{R}$ mit $f(x) = x^\alpha$ für verschiedene Werte $\alpha \in (0, 1]$

Aufgabe 88 Weisen Sie nach, dass die Funktion $f : [0, 1/2] \to \mathbb{R}$ mit

$$f(x) = \begin{cases} \frac{1}{\ln(x)}, & 0 < x \leq \frac{1}{2} \\ 0, & x = 0 \end{cases}$$

gleichmäßig stetig, aber nicht Hölder-stetig ist.

Aufgabe 89 Beweisen Sie, dass jede Hölder-stetige Funktion $f : [a, b] \to \mathbb{R}$ mit Hölder-Exponenten $\alpha > 1$ konstant ist.

Aufgabe 90 Sei $f : \mathbb{R} \to \mathbb{R}$ eine stetige Funktion derart, dass $|f|$ Hölder-stetig mit Hölder-Exponenten $\alpha \in (0, 1]$ ist. Untersuchen Sie, ob dann auch die Funktion f Hölder-stetig ist.

Aufgabe 91 Seien (M, d) und (M', d') zwei metrische Räume. Zeigen Sie, dass jede Hölder-stetige Funktion $f : M \to M'$ gleichmäßig stetig ist.

Kompaktheit und Zusammenhang

5

Dieses Kapitel befasst sich mit den zentralen Themen Kompaktheit und Zusammenhang. Die Leserin beziehungsweise der Leser kann verschiedene Teilmengen Euklidischer, topologischer, metrischer oder normierter Räume auf Kompaktheit untersuchen und den Satz von Weierstraß (Satz über Minimum und Maximum) beweisen. In Aufgabe 101 kann die Leserin beziehungsweise der Leser zeigen, dass der Satz von Heine-Borel zur Charakterisierung kompakter Mengen lediglich in endlichdimensionalen Euklidischen Räumen gültig ist. Weiter gibt es noch zwei Abschnitte mit verschiedenen Aufgaben zu zusammenhängenden, wegzusammenhängenden und sternförmigen Mengen und deren Eigenschaften.

5.1   Kompakte Mengen

Aufgabe 92 Sei $(a_n)_n \subseteq \mathbb{C}$ eine komplexe Folge mit $\lim_n a_n = a$. Beweisen Sie, dass

$$A = \{a_n \in \mathbb{C} \mid n \in \mathbb{N}\} \cup \{a\}$$

eine kompakte Teilmenge von $\mathbb{C}$ ist.

Aufgabe 93 Zeigen Sie, dass jedes abgeschlossene Intervall $[a, b] \subseteq \mathbb{R}$ kompakt ist.

Aufgabe 94

(a) Beweisen Sie, dass

$$M_1 = \left\{ x \in \mathbb{R}^3 \mid x_1^6 + 3x_2^2 + 2x_3^4 \leq 1 \right\}$$

eine kompakte Teilmenge des $\mathbb{R}^3$ ist.

N. Hebestreit, *Übungsbuch Analysis II*, https://doi.org/10.1007/978-3-662-65832-1_5

(b) Zeigen Sie, dass die beiden Mengen

$$M_2 = \left\{ x \in \mathbb{R}^3 \mid 2(x_2^3 + x_3^3) \le x_1^2 \right\}$$

und

$$M_3 = \left\{ x \in \mathbb{R}^3 \mid -1 \le x_1, \ x_2 < 2, \ \|x\|_2^2 \le \sqrt{11} \right\}$$

nicht kompakt sind.

Aufgabe 95 Sei $d \in \mathbb{N}$ beliebig. Untersuchen Sie, welche der folgenden drei Teilmengen des $\mathbb{R}^d$ kompakt sind:

(a) $M_1 = \left\{ x \in \mathbb{R}^d \mid \prod_{j=1}^{d} x_j = 1 \right\}$,   (b) $M_2 = \left\{ x \in \mathbb{R}^d \mid \|x\|_2^{-1} \in \mathbb{N} \right\}$,

(c) $M_3 = \left\{ x \in \mathbb{R}^d \mid \|x\|_2 = 1 \right\}$.

Aufgabe 96 (Kofinite Topologie) Weisen Sie nach, dass der topologische Raum (X, τ), wobei

$$\tau = \{ A \subseteq X \mid A = \emptyset \text{ oder } X \setminus A \text{ ist endlich} \}$$

die sogenannte kofinite Topologie bezeichnet, kompakt ist.

Aufgabe 97 Sei (M, d) ein metrischer Raum. Begründen Sie kurz, dass die leere Menge eine kompakte Menge ist.

Aufgabe 98 Sei M eine nichtleere Menge, ausgestattet mit der diskreten Metrik $d : M \times M \to \mathbb{R}$ mit $d(x, y) = 0$ für $x = y$ und $d(x, y) = 1$ sonst (vgl. Aufgabe 26). Bestimmen Sie alle kompakten Teilmengen von M.

Aufgabe 99 Seien (M, d) ein kompakter metrischer Raum und $a, b \in M$ zwei Elemente mit $d(a, b) < 1$. Zeigen Sie, dass dann

$$A = \{ x \in M \mid d(x, a) + d(b, x) \le 1 \}$$

eine nichtleere und kompakte Teilmenge von M ist.

Aufgabe 100 Seien $(X, \|\cdot\|_X)$ ein normierter Raum und $A \subseteq X$ eine endliche Menge. Beweisen Sie, dass A kompakt ist.

Aufgabe 101 (Einheitskugel in $C([0, 1], \mathbb{R})$) Beweisen Sie die folgenden Aussagen über die abgeschlossene Einheitskugel

$$\overline{B}_1(\mathbf{0}) = \left\{ f \in C([0, 1], \mathbb{R}) \mid \|f\|_\infty \le 1 \right\}$$

im Raum der stetigen Funktionen von $[0, 1]$ nach $\mathbb{R}$:

(a) Die Kugel $\overline{B}_1(\mathbf{0})$ ist beschränkt und abgeschlossen.

(b) Die Einheitskugel ist nicht kompakt.

5.2 Eigenschaften kompakter Mengen

Aufgabe 102 Beweisen Sie, dass eine Funktion $f : [a, b] \to \mathbb{R}$ genau dann stetig ist, wenn ihr Graph

$$G_f = \left\{ (x, f(x))^\mathsf{T} \in \mathbb{R}^2 \mid x \in [a, b] \right\}$$

eine kompakte Teilmenge des $\mathbb{R}^2$ ist.

Aufgabe 103 Seien $n \in \mathbb{N}$ sowie $C_1, \ldots, C_n$ kompakte Teilmengen des $\mathbb{R}^d$. Zeigen Sie, dass dann auch die Vereinigung

$$C = \bigcup_{j=1}^{n} C_j$$

eine kompakte Teilmenge des $\mathbb{R}^d$ ist.

Aufgabe 104 Seien (X, τ_X) ein kompakter topologischer Raum und (Y, τ_Y) ein Hausdorff-Raum. Beweisen Sie, dass jede stetige Funktion $f : X \to Y$ abgeschlossen ist.

Aufgabe 105 (Cantorsches Durchschnittsprinzip) Seien (M, d) ein metrischer Raum und $(C_n)_n$ eine Folge nichtleerer und kompakter Teilmengen von M mit

$$C_1 \supseteq C_2 \supseteq C_3 \supseteq \ldots \supseteq C_n \supseteq C_{n+1} \supseteq C_{n+2} \supseteq \ldots$$

für $n \in \mathbb{N}$. Beweisen Sie

$$\bigcap_{n \in \mathbb{N}} C_n \neq \emptyset.$$

Aufgabe 106 Zeigen Sie, dass jeder kompakte metrische Raum (M, d) vollständig ist.

Aufgabe 107 (Satz von Weierstraß, Satz über Minimum und Maximum) Beweisen Sie die folgende Version des Satzes von Weierstraß: Sind (M, d) ein kompakter metrischer Raum und $f : M \to \mathbb{R}$ eine stetige Funktion, so ist das Bild $f(M)$

beschränkt und die Funktion nimmt ihr Minimum und Maximum auf M an, das heißt, es existieren zwei Elemente $\underline{x}, \overline{x} \in M$ mit

$$f(\underline{x}) \leq f(x) \leq f(\overline{x})$$

für alle $x \in M$.

Aufgabe 108 Zeigen Sie, dass die Vereinigung beliebig vieler kompakter Teilmengen eines metrischen Raumes im Allgemeinen nicht kompakt ist.

5.3   Zusammenhängende und wegzusammenhängende Mengen

Aufgabe 109 (Einheitssphäre im $\mathbb{R}^d$) Weisen Sie nach, dass die Einheitssphäre

$$S^{d-1} = \left\{ x \in \mathbb{R}^d \mid \|x\|_2 = 1 \right\}$$

für $d \geq 2$ wegzusammenhängend ist (vgl. Abb. 5.1).

Aufgabe 110 Sei $(X, \|\cdot\|_X)$ ein normierter Raum. Beweisen Sie, dass jede sternförmige Teilmenge von X wegzusammenhängend ist.

Aufgabe 111 Bestimmen Sie (mit Begründung) alle zusammenhängenden Teilmengen von $\mathbb{Q}$.

Aufgabe 112 Untersuchen Sie, welche der folgenden drei Teilmengen des $\mathbb{R}^2$ zusammenhängend beziehungsweise wegzusammenhängend sind:

(a) $A_1 = \left\{ x \in \mathbb{R}^2 \mid 1 \leq x_1^2 + x_2^2 \leq 3 \right\}$, (b) $A_2 = \left\{ x \in \mathbb{R}^2 \mid x_1 \in \mathbb{Q} \text{ oder } x_2 \in \mathbb{Q} \right\}$,
(c) $A_3 = \left\{ x \in \mathbb{R}^2 \mid x_1 \in \mathbb{Q} \text{ und } x_2 \in \mathbb{Q} \right\}$.

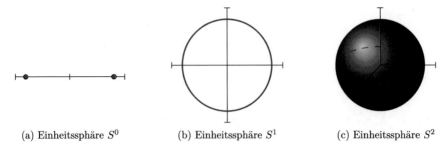

(a) Einheitssphäre S^0 (b) Einheitssphäre S^1 (c) Einheitssphäre S^2

Abb. 5.1 Darstellung der drei Einheitssphären S^0, S^1 und S^2 in rot

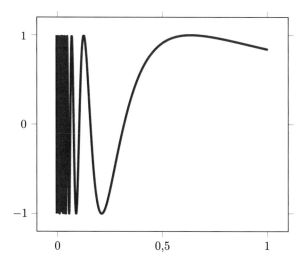

Abb. 5.2 Darstellung der Mengen A (rot) und B (blau)

Aufgabe 113 (Topologische Sinuskurve) In dieser Aufgabe soll gezeigt werden, dass die sogenannte topologische Sinuskurve $S = A \cup B$ (vgl. Abb. 5.2), wobei

$$A = \left\{ (x, y)^{\mathsf{T}} \in \mathbb{R}^2 \mid 0 < x \leq 1, \ y = \sin(1/x) \right\}, \qquad B = \left\{ (x, y)^{\mathsf{T}} \in \mathbb{R}^2 \mid x = 0, \ y \in [-1, 1] \right\},$$

zusammenhängend, aber nicht wegzusammenhängend ist. Beweisen Sie dazu nacheinander die folgenden Aussagen:

(a) Die Menge A ist wegzusammenhängend.
(b) Es gilt $\overline{A} = S$.
(c) Die Menge S ist zusammenhängend.
(d) Die Menge S ist nicht wegzusammenhängend.

5.4 Eigenschaften zusammenhängender und wegzusammenhängender Mengen

Aufgabe 114 (Charakterisierung für Zusammenhang) Beweisen Sie, dass ein topologischer Raum (X, τ) genau dann zusammenhängend ist, wenn jede stetige Funktion $f : X \to \{0, 1\}$ konstant ist, wobei die Menge $\{0, 1\}$ mit der diskreten Topologie $\tau_d = \mathcal{P}(\{0, 1\})$ ausgestattet wird.

Aufgabe 115 Zeigen Sie, dass es für $d \geq 2$ keine bijektive und stetige Abbildung $f : \mathbb{R}^d \to \mathbb{R}$ geben kann.

Aufgabe 116 Seien $G \subseteq \mathbb{R}^d$ ein Gebiet und $f : G \to \mathbb{R}^d$ eine stetig differenzierbare Funktion. Beweisen Sie, dass das Bild $f(G)$ ebenfalls ein Gebiet ist, falls die Jakobi-Matrix $J_f(x)$ für jedes $x \in G$ invertierbar ist.

Mehrdimensionale Differentialrechnung

6

Dieses Kapitel enthält verschiedene Aufgaben zur mehrdimensionalen Differential-rechnung. Dazu gehören Aufgaben aus den Bereichen differenzierbare Funktionen, partiell differenzierbare Funktionen, Eigenschaften differenzierbarer Funktionen, mehrdimensionale Kettenregel, mehrdimensionaler Mittelwertsatz, mehrdimensionale Taylorpolynome, lokale und globale Extrema, lokale Extrema unter Nebenbedingungen und implizite Funktionen.

6.1 Differenzierbare Funktionen

Aufgabe 117 Gegeben sei die Funktion $f : \mathbb{R}^2 \to \mathbb{R}^2$ mit $f(x_1, x_2) = (x_1 + x_2, x_1 x_2)^\mathsf{T}$. Zeigen Sie mit Hilfe von Aufgabe 130, dass die Funktion f im Punkt $(\overline{x}_1, \overline{x}_2)^\mathsf{T} = (1, 2)^\mathsf{T}$ differenzierbar ist und die Ableitungsmatrix durch $D_f(\overline{x}_1, \overline{x}_2) = \left(\begin{smallmatrix} 1 & 1 \\ \overline{x}_2 & \overline{x}_1 \end{smallmatrix} \right)$ gegeben ist.

Aufgabe 118 Beweisen Sie, dass die Funktion $f : \mathbb{R}^d \to \mathbb{R}$ mit $f(x) = \langle x, y \rangle$, wobei $y \in \mathbb{R}^d$ beliebig aber fest ist und $\langle \cdot, \cdot \rangle$ das Standardskalarprodukt im $\mathbb{R}^d$ bezeichnet, differenzierbar ist. Geben Sie explizit die Ableitungsfunktion $D_f : \mathbb{R}^d \to \mathcal{L}(\mathbb{R}^d, \mathbb{R})$ an.

Aufgabe 119 Seien $A \in \mathbb{R}^{d \times d}$ eine symmetrische Matrix und die Funktion $f : \mathbb{R}^d \to \mathbb{R}$ gegeben durch $f(x) = \langle x, Ax \rangle$. Beweisen Sie, dass die Ableitungsfunktion $D_f : \mathbb{R}^d \to \mathcal{L}(\mathbb{R}^d, \mathbb{R})$ für alle $x, y \in \mathbb{R}^d$ durch $(D_f(x))(y) = 2\langle Ax, y \rangle$ gegeben ist (vgl. Abb. 6.1).

Aufgabe 120 (Differenzierbarkeit linearer Abbildungen) Seien $(V, \| \cdot \|_V)$ und $(W, \| \cdot \|_W)$ zwei normierte Räume sowie $A : V \to W$ eine lineare Abbil-

N. Hebestreit, *Übungsbuch Analysis II*, https://doi.org/10.1007/978-3-662-65832-1_6

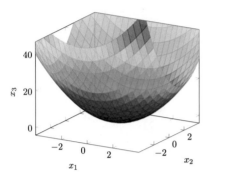
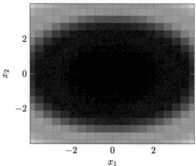

Abb. 6.1 Graph der Funktion $f : \mathbb{R}^2 \to \mathbb{R}$ mit $f(x) = \langle x, Ax \rangle = x_1^2 + 2x_2^2$ und $A = \left(\begin{smallmatrix} 1 & 0 \\ 0 & 2 \end{smallmatrix} \right)$ (links) sowie Konturdiagramm in der x_1-x_2-Ebene (rechts)

dung. Beweisen Sie, dass A differenzierbar ist und bestimmen Sie die Ableitung $D_A : V \to \mathcal{L}(V, W)$.

Aufgabe 121 Weisen Sie nach, dass die Funktion $f : \mathbb{R}^2 \to \mathbb{R}$ mit

$$f(x, y) = \begin{cases} \dfrac{x|y|}{\sqrt{x^2 + y^2}}, & (x, y)^\mathsf{T} \neq (0, 0)^\mathsf{T} \\ 0, & (x, y)^\mathsf{T} = (0, 0)^\mathsf{T} \end{cases}$$

nicht im Nullpunkt $(0, 0)^\mathsf{T}$ differenzierbar ist.

6.2   Partiell differenzierbare Funktionen

Aufgabe 122 Bestimmen Sie für jeden Vektor $(x_1, x_2, x_3)^\mathsf{T} \in \mathbb{R}^3$ die partiellen Ableitungen

$$\partial_{x_1} f(x_1, x_2, x_3), \qquad \partial_{x_1} \partial_{x_3} f(x_1, x_2, x_3), \qquad \partial_{x_1} \partial_{x_1} \partial_{x_3} f(x_1, x_2, x_3)$$

der Funktion $f : \mathbb{R}^3 \to \mathbb{R}$ mit

$$f(x_1, x_2, x_3) = x_1^2 + x_1 x_2 x_3 + \exp(x_1 \sin(x_2)) \cos(x_3).$$

Aufgabe 123 (Kugelkoordinaten) Berechnen Sie die Determinante der Jakobi-Matrix der Kugelkoordinaten-Funktion $\Psi : (0, +\infty) \times (0, \pi) \times (0, 2\pi) \to \mathbb{R}^3$ mit

$$\Psi(r, \theta, \varphi) = \begin{pmatrix} \Psi_1(r, \theta, \varphi) \\ \Psi_2(r, \theta, \varphi) \\ \Psi_3(r, \theta, \varphi) \end{pmatrix} = \begin{pmatrix} r \sin(\theta) \cos(\varphi) \\ r \sin(\theta) \sin(\varphi) \\ r \cos(\theta) \end{pmatrix}.$$

Aufgabe 124 Gegeben sei die Funktion $f : \mathbb{R}^2 \to \mathbb{R}$ mit

$$f(x_1, x_2) = \begin{cases} \dfrac{x_1^3}{x_1^2 + x_2^2}, & (x_1, x_2)^\mathsf{T} \neq (0,0)^\mathsf{T} \\ 0, & (x_1, x_2)^\mathsf{T} = (0,0)^\mathsf{T}. \end{cases}$$

Beweisen Sie die folgenden Aussagen:

(a) Die Funktion f ist stetig.
(b) Die Funktion f ist in $\mathbb{R}^2$ partiell und in $\mathbb{R}^2 \setminus \{(0,0)^\mathsf{T}\}$ stetig partiell differenzierbar.

Aufgabe 125 Verifizieren Sie den Satz von Schwarz anhand der Funktion $f : \mathbb{R}^2 \to \mathbb{R}$ mit $f(x_1, x_2) = x_1 \exp(x_2) + \sin(x_1 x_2)$.

Aufgabe 126 Berechnen Sie für die Funktion $f : \mathbb{R}^2 \to \mathbb{R}$ mit

$$f(x_1, x_2) = \begin{cases} x_1 x_2 \dfrac{x_1^2 - x_2^2}{x_1^2 + x_2^2}, & x_1^2 + x_2^2 > 0 \\ 0, & (x_1, x_2)^\mathsf{T} = (0,0)^\mathsf{T}, \end{cases}$$

falls sie existieren, die partiellen Ableitungen erster Ordnung sowie

$$\partial_{x_1} f(0,0), \qquad \partial_{x_2} f(0,0), \qquad \partial_{x_1} \partial_{x_2} f(0,0), \qquad \partial_{x_2} \partial_{x_1} f(0,0).$$

Begründen Sie dann kurz, ob die zweiten partiellen Ableitungsfunktionen $\partial_{x_1} \partial_{x_2} f, \partial_{x_2} \partial_{x_1} f : \mathbb{R}^2 \to \mathbb{R}$ stetig sind.

Aufgabe 127 Bestimmen Sie die Richtungsableitung der Funktion $f : \mathbb{R}^3 \to \mathbb{R}$ mit $f(x, y, z) = x + y^2 z$ an der Stelle $(x_0, y_0, z_0)^\mathsf{T} = (3, 2, 1)^\mathsf{T}$ in Richtung $(u, v, w)^\mathsf{T} = (1, 1, 0)^\mathsf{T}$.

Aufgabe 128 Gegeben sei die Funktion $f : \mathbb{R}^2 \to \mathbb{R}$ mit

$$f(x_1, x_2) = \begin{cases} \dfrac{x_1 x_2^2}{x_1^2 + x_2^4}, & (x_1, x_2)^\mathsf{T} \neq (0,0)^\mathsf{T} \\ 0, & (x_1, x_2)^\mathsf{T} = (0,0)^\mathsf{T}. \end{cases}$$

(a) Überlegen Sie sich, dass die Funktion f im Nullpunkt $(0,0)^\mathsf{T}$ unstetig ist.
(b) Erklären Sie, warum die Funktion im Nullpunkt nicht differenzierbar sein kann.
(c) Zeigen Sie weiter, dass f in $(0,0)^\mathsf{T}$ in jeder Richtung $v \in \mathbb{R}^2$ differenzierbar ist.

Aufgabe 129 Untersuchen Sie die Funktion $f : \mathbb{R}^2 \to \mathbb{R}$ mit

$$f(x, y) = \begin{cases} \dfrac{xy}{\sqrt{x^2+y^2}}, & (x, y)^{\mathsf{T}} \neq (0, 0)^{\mathsf{T}} \\ 0, & (x, y)^{\mathsf{T}} = (0, 0)^{\mathsf{T}} \end{cases}$$

auf Stetigkeit und Differenzierbarkeit. Berechnen Sie dann die Richtungsableitung $\partial_v f(0, 0)$ von f in Richtung $v = (\cos(\varphi), \sin(\varphi))^{\mathsf{T}}$ für $\varphi \in [0, 2\pi)$, sofern diese existiert.

6.3   Eigenschaften differenzierbarer Funktionen

Aufgabe 130 (Charakterisierung der Differenzierbarkeit) Seien $G \subseteq \mathbb{R}^d$ eine offene Teilmenge, $x_0 \in G$, $f : G \to \mathbb{R}^k$ eine Funktion und $\|\cdot\|$ eine beliebige Norm im $\mathbb{R}^d$. Beweisen Sie die Äquivalenz der folgenden vier Aussagen:

(a) Die Funktion f ist in x_0 differenzierbar, das heißt, es gibt eine (lineare) Abbildung $A \in \mathcal{L}(\mathbb{R}^d, \mathbb{R}^k)$ mit der Eigenschaft

$$\lim_{x \to x_0} \frac{f(x) - f(x_0) - A(x - x_0)}{\|x - x_0\|} = \mathbf{0}.$$

(b) Es gibt eine Abbildung $A \in \mathcal{L}(\mathbb{R}^d, \mathbb{R}^k)$ mit der Eigenschaft

$$\lim_{x \to x_0} \frac{\|f(x) - f(x_0) - A(x - x_0)\|}{\|x - x_0\|} = 0.$$

(c) Es gibt eine Abbildung $A \in \mathcal{L}(\mathbb{R}^d, \mathbb{R}^k)$ und eine in x_0 stetige Funktion $r : G \to \mathbb{R}^k$ mit $r(x_0) = \mathbf{0}$ und

$$f(x) = f(x_0) + A(x - x_0) + r(x)\|x - x_0\|$$

für alle $x \in G$.

(d) Es gibt eine Abbildung $A \in \mathcal{L}(\mathbb{R}^d, \mathbb{R}^k)$ so, dass

$$f(x) = f(x_0) + A(x - x_0) + \varphi(x - x_0)$$

für alle $x \in G$ gilt. Dabei ist $\varphi : G \to \mathbb{R}^k$ eine Funktion mit den Eigenschaften $\varphi(\mathbf{0}) = \mathbf{0}$ und

$$\lim_{x \to x_0} \frac{\varphi(x - x_0)}{\|x - x_0\|} = \lim_{h \to \mathbf{0}} \frac{\varphi(h)}{\|h\|} = \mathbf{0}.$$

Aufgabe 131 Zeigen Sie, dass jede differenzierbare Funktion $f : \mathbb{R}^d \to \mathbb{R}^k$ stetig ist.

Aufgabe 132 Sei $g : \mathbb{R} \to \mathbb{R}$ eine in 0 stetige Funktion und $f : \mathbb{R}^2 \to \mathbb{R}$ definiert durch $f(x, y) = yg(x)$. Beweisen Sie, dass die Funktion f in $(0, 0)^\mathsf{T}$ differenzierbar ist.

Aufgabe 133 Seien $G \subseteq \mathbb{R}^d$ eine offene Umgebung des Nullpunkts sowie $f : G \to \mathbb{R}^k$ eine beliebige Funktion mit

$$\|f(x)\|_2 \leq \ln\left(1 + \|x\|_2^2\right) \tag{133}$$

für alle $x \in G$. Weisen Sie nach, dass die Funktion f im Nullpunkt differenzierbar ist mit Ableitung $D_f(\mathbf{0}) = \mathbf{0}_{d \times k}$. Dabei bezeichnet $\mathbf{0}_{d \times k}$ die Nullmatrix in $\mathbb{R}^{d \times k}$.

Aufgabe 134 Seien $G \subseteq \mathbb{R}^d$ ein Gebiet und $f : \mathbb{R}^d \to \mathbb{R}^m$ eine in $x_0 \in G$ differenzierbare Funktion. Beweisen Sie, dass f dann in x_0 in alle Richtungen $v \in \mathbb{R}^d$ differenzierbar ist und

$$D_v f(x_0) = (D_f(x_0))(v)$$

gilt.

Aufgabe 135 (Kriterium für globale Umkehrbarkeit) Seien $G \subseteq \mathbb{R}^d$ ein konvexes Gebiet und $f : G \to \mathbb{R}^d$ eine stetig differenzierbare Funktion. Beweisen Sie, dass die Funktion f injektiv ist, falls eine der folgenden Bedingungen erfüllt ist:

(a) Für alle $x \in G$ gilt $\|J_f(x) - E_{d \times d}\|_2 < 1/2$, wobei $E_{d \times d}$ die Einheitsmatrix im $\mathbb{R}^{d \times d}$ ist und $\| \cdot \|_2$ die durch die Euklidische Norm induzierte Matrixnorm (Spektralnorm) in $\mathbb{R}^{d \times d}$ bezeichnet.

(b) Für alle $g^1, \ldots, g^d \in G$ gilt

$$\det \begin{pmatrix} \partial_{x_1} f_1(g^1) & \ldots & \partial_{x_d} f_1(g^1) \\ \vdots & & \vdots \\ \partial_{x_1} f_d(g^d) & \ldots & \partial_{x_d} f_d(g^d) \end{pmatrix} \neq 0.$$

Aufgabe 136 (Newton-Potential) Beweisen Sie, dass die Funktion $f : \mathbb{R}^d \to \mathbb{R}$ mit $f(x) = \|x\|_2^{2-d}$ für $d \in \mathbb{N}$, $d \geq 3$, harmonisch ist.

Aufgabe 137 Gegeben sei die Funktion $V : \mathbb{R}^3 \setminus \{\mathbf{0}\} \to \mathbb{R}$ mit

$$V(x_1, x_2, x_3) = \frac{1}{\|(x_1, x_2, x_3)^\mathsf{T}\|_2} = \frac{1}{\sqrt{x_1^2 + x_2^2 + x_3^2}}.$$

(a) Verifizieren Sie für $(x_1, x_2, x_3)^\mathsf{T} \in \mathbb{R}^3 \setminus \{\mathbf{0}\}$ die Identität

$$\langle (x_1, x_2, x_3)^\mathsf{T}, \nabla V(x_1, x_2, x_3) \rangle = -V(x_1, x_2, x_3).$$

Dabei bezeichnet $\langle \cdot, \cdot \rangle$ das Euklidische Skalarprodukt im $\mathbb{R}^3$.

(b) (Dreidimensional Laplace-Gleichung). Verifizieren Sie in $\mathbb{R}^3 \setminus \{\mathbf{0}\}$ die Gleichung

$$\Delta V = \partial_{x_1} \partial_{x_1} V + \partial_{x_2} \partial_{x_2} V + \partial_{x_3} \partial_{x_3} V = 0.$$

Aufgabe 138 (Wärmeleitungsgleichung) Zeigen Sie, dass der sogenannte Wärme-leitungskern $f : (0, +\infty) \times \mathbb{R}^d \to \mathbb{R}$ mit

$$f(t, x) = \frac{1}{(4\pi t)^{\frac{d}{2}}} \exp\left(-\frac{\|x\|_2^2}{4t} \right)$$

eine Lösung der sogenannten Wärmeleitungsgleichung

$$\partial_t f(t, x) = \Delta f(t, x) = \sum_{j=1}^{d} \partial_{x_j} \partial_{x_j} f(t, x)$$

für $(t, x)^\mathsf{T} \in (0, +\infty) \times \mathbb{R}^d$ ist.

6.4   Mehrdimensionale Kettenregel

Aufgabe 139 Gegeben seien die Funktionen $f : \mathbb{R}^3 \to \mathbb{R}$ und $g : \mathbb{R}^2 \to \mathbb{R}^3$ mit

$$f(x_1, x_2, x_3) = x_1 x_2 + x_2 x_3 - x_1 x_3 \quad \text{und} \quad g(x_1, x_2) = (x_1 + x_2, x_1 + x_2^2, x_1 - x_2)^\mathsf{T}.$$

(a) Bilden Sie die zusammengesetzte Funktion $f \circ g : \mathbb{R}^2 \to \mathbb{R}$ und bestimmen Sie dann die Jakobi-Matrix $J_{f \circ g}$.

(b) Verifizieren Sie das Ergebnis aus dem ersten Teil, indem Sie die mehrdimen-sionale Kettenregel verwenden. Bestimmen Sie dazu J_f und J_g und zeigen Sie dann

$$J_{f \circ g}(x) = J_f(g(x)) J_g(x)$$

für alle $x \in \mathbb{R}^2$.

Aufgabe 140 (Polarkoordinaten) Gegeben seien die Menge

$$A = \left\{ (r, \varphi)^\mathsf{T} \in \mathbb{R}^2 \mid r > 0, \ \varphi \in (0, 2\pi) \right\},$$

die Funktion $\Psi : A \to \mathbb{R}^2$ mit $\Psi(r, \varphi) = (r \cos(\varphi), r \sin(\varphi))^\mathsf{T}$ sowie eine weitere Funktion $f \in C^2(\mathbb{R}^2, \mathbb{R})$. Berechnen Sie mit der mehrdimensionalen Kettenregel den Gradienten der zusammengesetzten Funktion $f \circ \Psi : A \to \mathbb{R}$.

Aufgabe 141 (Eindimensionale Produktregel) Seien $f, g : \mathbb{R} \to \mathbb{R}$ zwei differenzierbare Funktionen. Beweisen Sie mit Hilfe der mehrdimensionalen Kettenregel die (eindimensionale) Produktregel

$$(fg)' = f'g + fg'$$

für reellwertige Funktionen.

Aufgabe 142 Seien $f : \mathbb{R}^d \to \mathbb{R}$ und $g : \mathbb{R} \to \mathbb{R}^d$ differenzierbare Funktionen. Zeigen Sie, dass die Ableitung der verknüpften Funktion $h : \mathbb{R} \to \mathbb{R}$ mit $h = f \circ g$ für jedes $x \in \mathbb{R}$ durch

$$h'(x) = \sum_{j=1}^{d} \partial_{x_j} f(g(x)) g_j'(x)$$

gegeben ist.

Aufgabe 143 Gegeben sei eine Funktion $f : \mathbb{R}^d \to \mathbb{R}$ mit $f \in C^2(\mathbb{R}^d, \mathbb{R})$, die homogen vom Grad 2 ist, das heißt, es gilt $f(tx) = t^2 f(x)$ für alle $x \in \mathbb{R}^d$ und $t \in \mathbb{R}$. Zeigen Sie, dass die Funktion f von der Gestalt

$$f(x) = \frac{1}{2} \langle x, H_f(0) x \rangle$$

für $x \in \mathbb{R}^d$ ist.

Aufgabe 144 (Leibnizregel für Parameterintegrale) Seien $I = (a, b)$ und $J = (c, d)$ zwei Intervalle, $g, h : I \to J$ differenzierbare Funktionen und $f : I \times J \to \mathbb{R}$ eine stetige Funktion, die bezüglich der ersten Variable partiell differenzierbar ist mit stetig partieller Ableitung. Bestimmen Sie mit Hilfe der mehrdimensionalen Kettenregel die Ableitung des Parameterintegrals $F : I \to \mathbb{R}$ mit

$$F(x) = \int_{g(x)}^{h(x)} f(x, t) \, dt.$$

Führen Sie dazu die Funktionen $G : I \to \mathbb{R}^3$ und $H : J \times J \times I \to \mathbb{R}$ mit $G(x) = (g(x), h(x), x)^\mathsf{T}$ und $H(x, y, z) = \int_x^y f(z, t) \, dt$ ein und beachten Sie, dass $F = H \circ G$ in I gilt.

6.5   Mehrdimensionaler Mittelwertsatz

Aufgabe 145 (Mehrdimensionaler Mittelwertsatz) Beweisen Sie die folgende Version des mehrdimensionalen Mittelwertsatzes: Seien $G \subseteq \mathbb{R}^d$ eine offene und konvexe Menge, $f : G \to \mathbb{R}$ eine differenzierbare Funktion und $x, y \in G$ mit $x \neq y$. Dann existiert ein Vektor $z \in \{x + t(y - x) \in \mathbb{R}^d \mid t \in (0, 1)\}$ mit

$$f(y) - f(x) = \langle \nabla f(z), y - x \rangle.$$

Aufgabe 146 Verifizieren Sie den mehrdimensionalen Mittelwertsatz anhand der Funktion $f : \mathbb{R}^2 \to \mathbb{R}$ mit $f(x_1, x_2) = x_1^2 + 2x_2$. Finden Sie dazu einen zweidimensionalen Vektor $z \in \{a + t(b - a) \in \mathbb{R}^2 \mid t \in (0, 1)\}$ mit

$$f(b) - f(a) = \langle \nabla f(z), b - a \rangle, \tag{146}$$

wobei $a = (0, 1)^\mathsf{T}$ und $b = (1, 2)^\mathsf{T}$.

Aufgabe 147 Gegeben sei die Funktion $f : \mathbb{R}^3 \to \mathbb{R}$ mit $f(x, y, z) = xyz + x^2 + y^2 + z^2$. Zeigen Sie, dass es eine Zahl $\xi \in (0, 1)$ mit

$$f(1, 1, 1) - f(0, 0, 0) = \partial_x f(\xi, \xi, \xi) + \partial_y f(\xi, \xi, \xi) + \partial_z f(\xi, \xi, \xi)$$

gibt.

Aufgabe 148 (Konstanzkriterium) Seien $G \subseteq \mathbb{R}^d$ ein konvexes Gebiet sowie $f : G \to \mathbb{R}$ differenzierbar mit $\nabla f = \mathbf{0}$ in G. Beweisen Sie mit dem mehrdimensionalen Mittelwertsatz, dass f eine konstante Funktion ist.

6.6   Mehrdimensionale Taylorpolynome

Aufgabe 149 Gegeben sei die Funktion $f : \mathbb{R}^4 \to \mathbb{R}$ mit

$$f(x_1, x_2, x_3, x_4) = x_1 x_2 \exp(x_2 x_3 x_4) - \sin(x_1) \cos(x_2).$$

Bestimmen Sie die Ableitung

$$\partial^\alpha f(x_1, x_2, x_3, x_4) = (\partial_{x_1})^{\alpha_1} (\partial_{x_2})^{\alpha_2} (\partial_{x_3})^{\alpha_3} (\partial_{x_4})^{\alpha_4} f(x_1, x_2, x_3, x_4),$$

wobei der Multiindex $\alpha \in \mathbb{N}_0^4$ gegeben ist durch $\alpha = (\alpha_1, \alpha_2, \alpha_3, \alpha_4)^\mathsf{T} = (1, 2, 0, 0)^\mathsf{T}$.

Aufgabe 150 (Taylorpolynom der Ordnung 2) Seien $G \subseteq \mathbb{R}^d$ offen und $f \in C^2(G, \mathbb{R})$. Verifizieren Sie, dass für das Taylorpolynom zweiter Ordnung an einer Stelle $x^0 \in G$ für jedes $x \in G$

$$T_2(x) = f(x^0) + \langle \nabla f(x^0), x - x^0 \rangle + \frac{1}{2} \langle x - x^0, H_f(x^0)(x - x^0) \rangle$$

gilt.

Aufgabe 151 Gegeben sei die Funktion $f : \mathbb{R}^2 \times (0, +\infty) \to \mathbb{R}$ mit $f(x, y, z) = xy \ln(z)$. Bestimmen Sie das Taylorpolynom der Ordnung 1 von f an der Stelle $(x_0, y_0, z_0)^\mathsf{T} = (1, 2, 3)^\mathsf{T}$.

Aufgabe 152 Bestimmen Sie das Taylorpolynom der Ordnung 2 der Funktion $f : \mathbb{R}^2 \to \mathbb{R}$ mit $f(x, y) = x \sin(xy)$ im Punkt $(x_0, y_0)^\mathsf{T} = (1, 0)^\mathsf{T}$.

Aufgabe 153 Geben Sie eine Darstellung für die Tangentialebene an den Graphen der Funktion $f : (0, +\infty) \times (0, +\infty) \to \mathbb{R}$ mit

$$f(x, y) = \arctan\left(\frac{y}{x}\right)$$

im Punkt $(2, 1)^\mathsf{T}$ an. Bestimmen Sie weiter einen Normaleneinheitsvektor dieser Tangentialebene.

Aufgabe 154 (Hinreichende Bedingungen für lokale Extrema) Seien $G \subseteq \mathbb{R}^d$ offen und $x_0 \in G$ ein kritischer Punkt der Funktion $f \in C^2(G, \mathbb{R})$. Beweisen Sie die beiden folgenden nützlichen Aussage mit Hilfe der Taylorschen Formel:

(a) Ist die Hesse-Matrix $H_f(x_0)$ positiv definit, so besitzt die Funktion f in x_0 ein isoliertes lokales Minimum.
(b) Ist die Hesse-Matrix $H_f(x_0)$ hingegen negativ definit, so besitzt die Funktion f in x_0 ein isoliertes lokales Maximum.

Aufgabe 155 Seien $d, m \in \mathbb{N}$ mit $m \geq 2$. Bestimmen Sie für die Polynomfunktion $f : \mathbb{R}^d \to \mathbb{R}$ mit $f(x) = (x_1 + \ldots + x_d)^m$ das Taylorpolynom vom Grad m im Nullpunkt.

Aufgabe 156 Bestimmen Sie die Taylorreihe der Funktion $f : \mathbb{R}^2 \to \mathbb{R}$ mit $f(x) = \sin(xy^3)$.

6.7   Lokale und globale Extrema

Aufgabe 157 Gegeben sei die Funktion $f : \mathbb{R}^2 \to \mathbb{R}$ mit

$$f(x_1, x_2) = (2x_1^2 + 3x_2^2)\exp(3x_1^2 + 2x_2^2).$$

(a) Bestimmen Sie $\nabla f(x_1, x_2)$ für $(x_1, x_2)^\mathsf{T} \in \mathbb{R}^2$ und zeigen Sie, dass die Funktion f höchstens in $(0, 0)^\mathsf{T}$ ein lokales Minimum besitzen kann.
(b) Argumentieren Sie kurz, dass die Funktion f weder ein lokales noch ein globales Maximum besitzt.
(c) Bestimmen Sie die Hesse-Matrix $H_f(0, 0)$ und zeigen Sie, dass die Funktion f in $(0, 0)^\mathsf{T}$ ein lokales Minimum besitzt. Zeigen Sie weiter, dass in $(0, 0)^\mathsf{T}$ sogar ein globales Minimum vorliegt (vgl. Abb. 6.2).

Aufgabe 158 Klassifizieren Sie in Abhängigkeit des reellen Parameters $\alpha \in \mathbb{R}$ die kritischen Punkte der Funktion $f : \mathbb{R}^2 \to \mathbb{R}$ mit $f(x, y) = x^3 + y^3 - 3\alpha xy$ nach Minima, Maxima und Sattelpunkten.

Aufgabe 159 Gegeben sei die Funktion $f : \mathbb{R}^2 \to \mathbb{R}$ mit $f(x, y) = (y - x^2)(y - 2x^2)$.

(a) Zeigen Sie, dass $(0, 0)^\mathsf{T}$ ein kritischer Punkt der Funktion f ist.
(b) Weisen Sie nach, dass die Hesse-Matrix $H_f(0, 0)$ positiv semidefinit ist und in $(0, 0)^\mathsf{T}$ weder ein lokales Minimum noch ein lokales Maximum vorliegt.
(c) Beweisen Sie, dass die Funktion $g : \mathbb{R} \to \mathbb{R}$ mit $g(t) = f(tx_0, ty_0)$ für jedes $(x_0, y_0)^\mathsf{T} \in \mathbb{R}^2$ mit $(x_0, y_0)^\mathsf{T} \neq (0, 0)^\mathsf{T}$ im Nullpunkt ein isoliertes lokales Minimum besitzt.

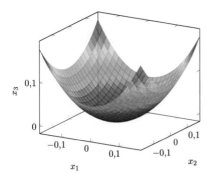 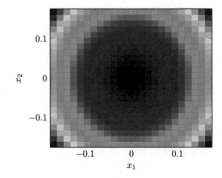

Abb. 6.2 Graph der Funktion $f : \mathbb{R}^2 \to \mathbb{R}$ mit $f(x_1, x_2) = (2x_1^2 + 3x_2^2)\exp(3x_1^2 + 2x_2^2)$ (links) sowie Konturdiagramm in der x_1-x_2-Ebene (rechts)

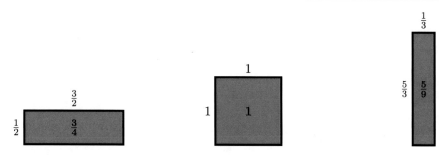

Abb. 6.3 Darstellung von drei verschiedenen Rechtecken mit Umfang 4 und Flächeninhalten 3/4, 1 beziehungsweise 5/9

Aufgabe 160 Gegeben sei eine stetige Funktion $f : \mathbb{R} \to \mathbb{R}$ mit

$$\lim_{x \to -\infty} f(x) = 0 \quad \text{und} \quad \lim_{x \to +\infty} f(x) = 0.$$

Beweisen Sie, dass die Funktion $|f|$ ein globales Maximum besitzt.

Aufgabe 161 Sei $f : \mathbb{R}^d \to (0, +\infty)$ eine stetige Funktion mit

$$f(x) \leq \frac{1}{\|x\|_2}$$

für $x \in \mathbb{R}^d \setminus \{0\}$. Beweisen Sie, dass die Funktion f auf $\mathbb{R}^d$ ein globales Maximum annimmt.

6.8   Lokale Extrema unter Nebenbedingungen

Aufgabe 162 Bestimmen Sie das Maximum der Funktion $f : \mathbb{R}^2 \to \mathbb{R}$ mit $f(x_1, x_2) = x_1 + x_2$ unter der Nebenbedingung $N = \{(x_1, x_2)^\mathsf{T} \in \mathbb{R}^2 \mid x_1^2 + x_2^2 = 8\}$, indem Sie

(a) die Niveaulinien von f und die Menge N in ein gemeinsames Koordinatensystem einzeichnen und dann geometrisch argumentieren,
(b) die Lagrangesche Multiplikatorenregel verwenden.

Aufgabe 163 Bestimmen Sie mit Hilfe der Lagrangeschen Multiplikatorenregel den größtmöglichen Flächeninhalt eines Rechtecks mit fest vorgegebenem Umfang (vgl. Abb. 6.3).

Aufgabe 164 Gegeben sei die Funktion $f : \mathbb{R}^d \to \mathbb{R}$ mit $f(x) = \sum_{j=1}^{d} a_j x_j$, wobei $a_1, \ldots, a_d \in \mathbb{R}$ fest vorgegeben seien. Bestimmen Sie das Maximum von f unter der Nebenbedingung $x \in \mathbb{R}^d : \sum_{j=1}^{d} x_j^2 = 1$ mit Hilfe

(a) der Lagrangeschen Multiplikatorenregel,
(b) der Ungleichung von Cauchy-Schwarz.

Aufgabe 165 (Prinzip der maximalen Entropie) Sei $d \in \mathbb{N}$ mit $d \geq 2$ beliebig. Bestimmen Sie die diskrete Wahrscheinlichkeitsverteilung von d verschiedenen Punkten mit der maximalen Entropie. Ermitteln Sie dazu das Maximum der sogenannten Shannon-Entropie $f : (0, +\infty)^d \to \mathbb{R}$ mit

$$f(x) = -\sum_{j=1}^{d} x_j \log_2(x_j)$$

unter der Nebenbedingung $x \in \mathbb{R}^d : \sum_{j=1}^{d} x_j = 1$. Sie dürfen dabei annehmen, dass das Maximum existiert.

Aufgabe 166 Bestimmen Sie mit der Multiplikatorenregel von Lagrange das Minimum und Maximum der Funktion $f : \mathbb{R}^3 \to \mathbb{R}$ mit $f(x, y, z) = x^2 + y^2 + z^2$ unter den beiden Nebenbedingungen

$$(x, y, z)^\mathsf{T} \in \mathbb{R}^3 : x^2 + y^2 = 1 \quad \text{und} \quad (x, y, z)^\mathsf{T} \in \mathbb{R}^3 : x + y + z = 1.$$

6.9 Implizite Funktionen

Aufgabe 167 Gegeben sei die Funktion $f : \mathbb{R}^3 \to \mathbb{R}^2$ mit

$$f(x, y, z) = \begin{pmatrix} x^2 + y + \sin(z), \\ x + y^2 - y\cos(z) \end{pmatrix}.$$

(a) Berechnen Sie die Jakobi-Matrix der Funktion f.
(b) Zeigen Sie mit dem Satz über implizite Funktionen, dass sich das Gleichungssystem

$$x^2 + y + \sin(z) = 0,$$
$$x + y^2 - y\cos(z) = 0$$

in einer Umgebung des Nullpunktes $(0, 0, 0)^\mathsf{T}$ nach stetig differenzierbaren Funktionen $y, z : \mathbb{R} \to \mathbb{R}$ mit $y(0) = z(0) = 0$ auflösen lässt. Berechnen Sie weiter $y'(0)$ und $z'(0)$.

Aufgabe 168 Zeigen Sie mit dem Satz über implizite Funktionen, dass das Gleichungssystem

$$2\cos(xyz) + yz - x = 0,$$
$$(xyz)^2 + z = 0$$

in einer Umgebung des Punktes $(1, 0, 1)^\mathsf{T}$ eine eindeutige stetig differenzierbare Auflösung $g : \mathbb{R} \to \mathbb{R}^2$ mit $g(x) = (y(x), z(x))^\mathsf{T}$ besitzt. Bestimmen Sie $y'(1)$ und $z'(1)$.

Aufgabe 169 Beweisen Sie, dass das Gleichungssystem

$$x + 2y^2 + 3z^3 = 0, \qquad e^x + e^{2y} + e^{3z} = 3$$

lokal in einer Umgebung des Nullpunktes nach x und y als Funktionen in z aufgelöst werden kann. Berechnen Sie dann die Ableitungen von x und y in Null.

Aufgabe 170 Seien $G \subseteq \mathbb{R}^d$ eine offene Menge sowie $f \in C^1(G, \mathbb{R}^d)$ eine Funktion mit $\det(J_f(x)) \neq 0$ für alle $x \in G$. Beweisen Sie, dass dann f eine offene Abbildung ist, das heißt, das Bild $f(A)$ jeder offenen Teilmenge $A \subseteq G$ ist wieder offen.

Aufgabe 171 (Stetige Abhängigkeit von Koeffizienten und Nullstellen) Gegeben sei die Funktion $P : \mathbb{R}^4 \to \mathbb{R}$ mit

$$P(x, a_0, a_1, a_2) = x^3 + a_2 x^2 + a_1 x + a_0.$$

Zeigen Sie, dass P für $(a_0, a_1, a_2)^\mathsf{T} = (-2, 5, -4)^\mathsf{T}$ in $x(a_0, a_1, a_2) = 2$ eine einfache Nullstelle besitzt. Begründen Sie weiter, dass P eine eindeutig bestimmte und einfache Nullstelle $x(\tilde{a}_0, \tilde{a}_1, \tilde{a}_2)$ nahe bei 2 besitzt, falls $(\tilde{a}_0, \tilde{a}_1, \tilde{a}_2)^\mathsf{T}$ nur nahe genug bei $(-2, 5, -4)^\mathsf{T}$ liegt. Berechnen Sie zur Verdeutlichung der Aussage zusätzlich die Nullstelle $x \in [7/4, 9/4]$ des Polynoms $\tilde{P}(x) = x^3 - 3{,}99x^2 + 5{,}02x - 2{,}01$.

Kurventheorie

7

Der zentrale Bestandteil dieses Kapitels ist die Theorie der Kurven im $\mathbb{R}^d$. Neben grundlegenden Eigenschaften und Darstellungen von Kurven kann die Leserin beziehungsweise der Leser die Bogenlänge verschiedener Kurven bestimmen, Kurvenintegrale 1. und 2. Art berechnen und den Hauptsatz der Kurventheorie anhand einiger Aufgaben nachvollziehen und verifizieren.

7.1   Kurven

Aufgabe 172 (Kreiskurve) Sei $r > 0$ ein beliebiger Radius. Begründen Sie, dass $\gamma : [0, 2\pi] \to \mathbb{R}^2$ mit $\gamma(t) = (r\cos(t), r\sin(t))^{\mathsf{T}}$ ein geschlossener, regulärer und stetig differenzierbarer Weg ist.

Aufgabe 173 Ordnen Sie jeder der in Abb. 7.1 dargestellten Kurven jeweils einen der folgenden Wege zu:

(α) $\gamma_1 : [0, 2\pi] \to \mathbb{R}^2$ mit $\gamma_1(t) = (\cos^3(t), \sin^3(t))^{\mathsf{T}}$,

(β) $\gamma_2 : [0, 2\pi] \to \mathbb{R}^2$ mit $\gamma_2(t) = (1 + 2/3\cos(t), 1 + \sin(t))^{\mathsf{T}}$,

(γ) $\gamma_3 : [0, 6\pi] \to \mathbb{R}^2$ mit $\gamma_3(t) = (t\cos(t), t\sin(t))^{\mathsf{T}}$,

(δ) $\gamma_4 : [0, 2\pi] \to \mathbb{R}^2$ mit $\gamma_4(t) = (\cos(t)\cos(5t), \sin(t)\sin(5t))^{\mathsf{T}}$,

(ε) $\gamma_5 : [0, 2\pi] \to \mathbb{R}^2$ mit $\gamma_5(t) = (3 + \cos(t), 2 + \sin(t))^{\mathsf{T}}$,

(ζ) $\gamma_6 : [0, 2\pi] \to \mathbb{R}^2$ mit $\gamma_6(t) = (\cos(t)\cos(2t), \sin(t)\cos(2t))^{\mathsf{T}}$.

Aufgabe 174 Gegeben sei der Weg $\gamma : \mathbb{R} \to \mathbb{R}^2$ mit

$$\gamma(t) = (\sqrt{2}(t^2 - 1), t^3 - t)^{\mathsf{T}}.$$

© Der/die Autor(en), exklusiv lizenziert an Springer-Verlag GmbH, DE, ein Teil von
Springer Nature 2022
N. Hebestreit, *Übungsbuch Analysis II*, https://doi.org/10.1007/978-3-662-65832-1_7

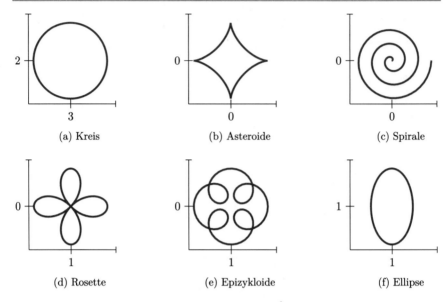

(a) Kreis   (b) Asteroide   (c) Spirale

(d) Rosette   (e) Epizykloide   (f) Ellipse

Abb. 7.1 Darstellung von sechs verschiedenen Kurven im $\mathbb{R}^2$

Skizzieren Sie die Kurve γ. Begründen Sie dann, dass γ einen Doppelpunkt in $(0,0)^\mathsf{T}$ besitzt und berechnen Sie den Schnittwinkel der Kurve mit sich selbst in diesem Punkt.

Aufgabe 175 Seien $a, b, r > 0$ beliebig aber fest. Bestimmen Sie die Bogenlänge der folgenden drei Kurven:

(a) $\gamma_1 : [0, 2\pi] \to \mathbb{R}^2$ mit $\gamma_1(t) = (r\cos(t), r\sin(t))^\mathsf{T}$ (Kreis),
(b) $\gamma_2 : [-b, b] \to \mathbb{R}^2$ mit $\gamma_2(t) = (t, a\cosh(t/a))^\mathsf{T}$ (Katenoide),
(c) $\gamma_3 : [0, 2\pi] \to \mathbb{R}^2$ mit $\gamma_3(t) = (r(t - \sin(t)), r(1 - \cos(t)))^\mathsf{T}$ (Zykloide, vgl. Abb. 7.2).

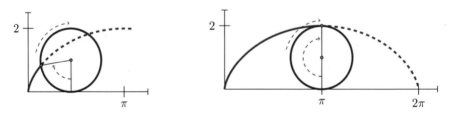

Abb. 7.2 Schematische Herleitung der Zykloide: Ein Kreis (blau) mit Fixpunkt wird auf einer Geraden abgerollt und erzeugt die Zykloide (rot)

Aufgabe 176 Sei $\gamma : [a, b] \to \mathbb{R}^d$ eine Lipschitz-stetige Kurve mit Lipschitz-Konstante $\lambda > 0$. Zeigen Sie, dass die Kurve γ rektifizierbar ist und

$$L(\gamma) \leq \lambda(b - a)$$

gilt.

Aufgabe 177 Beweisen Sie, dass die stetige Kurve $\gamma : [0, 1] \to \mathbb{R}^2$ mit

$$\gamma(t) = \begin{cases} (t, t\cos(\pi/t))^\mathsf{T}, & t \in (0, 1] \\ (0, 0)^\mathsf{T}, & t = 0 \end{cases}$$

nicht rektifizierbar ist.

7.2 Eigenschafen von Kurven

Aufgabe 178 (Länge eines Funktionsgraphen) Sei $f : [a, b] \to \mathbb{R}$ eine stetig differenzierbare Funktion. Zeigen Sie kurz, dass sich die Länge des Funktionsgraphen von f zwischen den Punkten $(a, f(a))^\mathsf{T}$ und $(b, f(b))^\mathsf{T}$ durch

$$L(a, b) = \int_a^b \sqrt{1 + (f'(x))^2} \, dx$$

berechnen lässt. Verwenden Sie dann die obige Formel, um den Umfang eines Kreises mit Radius $r > 0$ zu bestimmen.

Aufgabe 179 (Parametrisierung nach der Bogenlänge) Sei $\gamma : [a, b] \to \mathbb{R}^2$ eine reguläre Kurve. Beweisen Sie, dass es ein kompaktes Intervall $J \subseteq \mathbb{R}$ sowie eine Umparametrisierung $\varphi : J \to [a, b]$ mit $\|(\gamma \circ \varphi)'\|_2 = 1$ gibt.

7.3 Kurvenintegrale 1. und 2. Art

Aufgabe 180 (Kurvenintegrale 1. Art) Bestimmen Sie das folgende Kurvenintegral 1. Art

$$\int_\gamma f \, ds = \int_a^b f(\gamma(t)) \|\dot{\gamma}(t)\|_2 \, dt,$$

wobei die Funktion $f : \mathbb{R}^d \to \mathbb{R}$ und der (stückweise) stetig differenzierbare Weg $\gamma : [a, b] \to \mathbb{R}^d$ gegeben sind durch

(a) $f(x_1, x_2) = x_1 x_2$ für $(x_1, x_2)^\mathsf{T} \in \mathbb{R}^2$ und $\gamma(t) = (t, t^2)^\mathsf{T}$ für $t \in [0, 1]$,

(b) $f(x_1, x_2) = 1$ für $(x_1, x_2)^\mathsf{T} \in \mathbb{R}^2$ und γ beschreibt den Rand des Rechtecks mit den gegenüberliegenden Eckpunkten $(0, 0)^\mathsf{T}$ und $(3, 2)^\mathsf{T}$,

(c) $f(x_1, x_2, x_3) = x_1^2 + x_2^2 + x_3^2$ für $(x_1, x_2, x_3)^\mathsf{T} \in \mathbb{R}^3$ und $\gamma(t) = (\cos(t), \sin(t), t)^\mathsf{T}$ für $t \in [0, 1]$.

Aufgabe 181 (Kurvenintegrale 2. Art) Bestimmen Sie das Kurvenintegral 2. Art

$$\int_\gamma F \cdot \mathrm{d}s = \int_a^b \langle F(\gamma(t)), \dot{\gamma}(t) \rangle \, \mathrm{d}t,$$

wobei die Funktion $F : \mathbb{R}^d \to \mathbb{R}^d$ und der (stückweise) stetig differenzierbare Weg $\gamma : [a, b] \to \mathbb{R}^d$ gegeben sind durch

(a) $F(x_1, x_2, x_3) = 1/(1+x_1^2+x_2^2)(-x_2, x_1, 0)^\mathsf{T}$ für $(x_1, x_2, x_3)^\mathsf{T} \in \mathbb{R}^3$ und $\gamma(t) = (r\cos(t), r\sin(t), 0)^\mathsf{T}$ für $t \in [0, 2\pi]$, $r > 0$,

(b) $F(x_1, x_2, x_3) = (x_2, -x_1, 1)^\mathsf{T}$ für $(x_1, x_2, x_3)^\mathsf{T} \in \mathbb{R}^3$ und $\gamma(t) = (\cos(t), \sin(t), t)^\mathsf{T}$ für $t \in [0, 2\pi]$,

(c) $F(x_1, x_2, x_3) = (x_2, x_3, -x_1)^\mathsf{T}$ für $(x_1, x_2, x_3)^\mathsf{T} \in \mathbb{R}^3$ und γ ist die Verbindungsstrecke der beiden Punkte $(1, 0, 1)^\mathsf{T}$ und $(1, 0, 2\pi)^\mathsf{T}$.

Aufgabe 182 Gegeben sei der Weg $\gamma : [0, 1] \to \mathbb{R}^2$ mit $\gamma(t) = (t, (e^t + e^{-t})/2)^\mathsf{T}$.

(a) Bestimmen Sie die Länge der Kurve $\gamma([0, 1])$.

(b) Berechnen Sie $\int_\gamma F \cdot \mathrm{d}s$ (Kurvenintegral 2. Art), wobei die Funktion $F : \mathbb{R}^2 \to \mathbb{R}^2$ gegeben ist durch $F(x_1, x_2) = (x_1, x_2)^\mathsf{T}$.

Aufgabe 183 Gegeben sei das Vektorfeld $F : \mathbb{R}^3 \to \mathbb{R}^3$ mit

$$F(x_1, x_2, x_3) = (3x_1^2 x_2, x_1^3 + x_3, x_2 + 1)^\mathsf{T}.$$

(a) Untersuchen Sie ob F ein Gradientenfeld (konservatives Vektorfeld) ist und berechnen Sie gegebenenfalls das zugehörige Potential.

(b) Bestimmen Sie den Wert des Kurvenintegrals 2. Art $\int_\gamma F \cdot \mathrm{d}s$, wobei $\gamma : [0, 2\pi] \to \mathbb{R}^3$ eine Kreiskurve auf einer Kugel mit Radius $r > 0$ ist.

Aufgabe 184 Gegeben sei das Vektorfeld $F : \mathbb{R}^2 \setminus \{(0, 0)^\mathsf{T}\} \to \mathbb{R}^2$ mit

$$F(x_1, x_2) = \left(-\frac{x_2}{x_1^2 + x_2^2}, \frac{x_1}{x_1^2 + x_2^2} \right)^\mathsf{T}.$$

(a) Zeigen Sie, dass die Integrabilitätsbedingungen

$$\partial_{x_j} F_k(x_1, x_2) = \partial_{x_k} F_j(x_1, x_2)$$

für alle $(x_1, x_2)^\mathsf{T} \in \mathbb{R}^2 \setminus \{(0, 0)^\mathsf{T}\}$ und $j, k \in \{1, 2\}$ erfüllt sind.

(b) Überlegen Sie sich, dass es dennoch keine stetig differenzierbare Potentialfunktion $V : \mathbb{R}^2 \setminus \{(0, 0)^\mathsf{T}\} \to \mathbb{R}$ mit $\nabla V = F$ gibt.

Aufgabe 185 Entlang der Kurve $\gamma : [0, 2\pi] \to \mathbb{R}^2$ mit $\gamma(t) = (t \cos(t), t)^\mathsf{T}$ wird ein Massepunkt von $(0, 0)^\mathsf{T}$ zu $(2\pi, 2\pi)^\mathsf{T}$ durch das Kraftfeld $F : \mathbb{R}^2 \to \mathbb{R}^2$ mit $F(x, y) = (2xy, x^2 + 3y^2)^\mathsf{T}$ bewegt.

(a) Überlegen Sie sich, ob die verrichtete Arbeit $W = \int_\gamma F \cdot \mathrm{d}s$ vom Weg unabhängig ist.

(b) Bestimmen Sie dann, sofern möglich, ein Potential von F.

(c) Berechnen Sie schließlich die verrichtete Arbeit.

Integrationstheorie und Integralsätze

8

Zentraler Bestandteil dieses Kapitels sind Ausschnitte der Lebesgue-Theorie und der klassischen Integralsätze im $\mathbb{R}^2$ beziehungsweise $\mathbb{R}^3$. Das Kapitel enthält verschiedene Aufgaben zu mehrdimensionalen Riemann-integrierbaren und Lebesgue-integrierbaren Funktionen sowie Eigenschaften dieser. Dem Satz von Fubini zur Vertauschung der Integrationsreihenfolge, dem Prinzip von Cavalieri, dem Transformationssatz und den Integralsätzen von Green, Stokes und Gauß sind jeweils eigene Abschnitte mit vielen interessanten Aufgaben gewidmet.

8.1 Riemann-integrierbare Funktionen

Aufgabe 186 Bestimmen Sie mittels Riemann-Summen (Unterintegral und Oberintegral) das zweidimensionale Riemann-Integral

$$\iint_{[0,1]^2} x y \, \mathrm{d}(x, y).$$

Aufgabe 187 Begründen Sie, dass die Funktionen $f, g : [0, 1]^2 \to \mathbb{R}$ mit

$$f(x, y) = \begin{cases} 1, & (x, y)^{\mathsf{T}} \neq (0, 0)^{\mathsf{T}} \\ 0, & \text{sonst} \end{cases} \quad \text{und} \quad g(x, y) = \ln(1 + |xy|)$$

Riemann-integrierbar sind.

Aufgabe 188 Beweisen Sie, dass die Funktion $f : [0, 1]^2 \to \mathbb{R}$ mit

$$f(x, y) = \begin{cases} 0, & y \in \mathbb{Q} \\ x, & y \in \mathbb{R} \setminus \mathbb{Q} \end{cases}$$

N. Hebestreit, *Übungsbuch Analysis II*, https://doi.org/10.1007/978-3-662-65832-1_8

nicht über $[0, 1]^2$ Riemann-integrierbar ist.

Aufgabe 189 (Charakterisierung Riemann-integrierbarer Funktionen) Sei $[a, b] \subseteq \mathbb{R}^d$ ein d-dimensionales Quader. Beweisen Sie, dass jede stetige Funktion $f : [a, b] \to \mathbb{R}$ Riemann-integrierbar ist.

8.2   Lebesgue-integrierbare Funktionen

Aufgabe 190 Beweisen Sie, dass die Funktion $f : [0, 1] \to \mathbb{R}$ mit $f(x) = x^{-1/2}$ für $x \in (0, 1]$ und $f(0) = 0$ messbar und auf $[0, 1]$ Lebesgue-integrierbar ist.

Aufgabe 191 Gegeben sei die Funktion $f : [0, +\infty) \to \mathbb{R}$ mit

$$f(x) = \begin{cases} \frac{\sin(x)}{x}, & x > 0 \\ 1, & x = 0. \end{cases}$$

Zeigen Sie, dass f auf $[0, +\infty)$ Lebesgue-integrierbar ist. Ist die Funktion $|f|$ ebenfalls auf $[0, +\infty)$ Lebesgue-integrierbar?

Aufgabe 192 (Dirichlet-Funktion) Begründen Sie, dass die Dirichlet-Funktion $f : [0, 1] \to \mathbb{R}$ mit

$$f(x) = \begin{cases} 1, & x \in [0, 1] \cap \mathbb{Q} \\ 0, & x \in [0, 1] \cap (\mathbb{R} \setminus \mathbb{Q}), \end{cases}$$

die bekanntlich nicht Riemann-integrierbar ist, Lebesgue-integrierbar ist und bestimmen Sie dann das eindimensionale Lebesgue-Integral

$$\int_{[0,1]} f(x) \, d\lambda(x).$$

Aufgabe 193 Zeigen Sie, dass jede beschränkte Riemann-integrierbare Funktion $f : [a, b] \to \mathbb{R}$ Lebesgue-integrierbar ist und

$$\int_a^b f(x) \, dx = \int_{[a,b]} f(x) \, d\lambda(x)$$

gilt. Dabei bezeichnet die linke Seite der obigen Gleichung das Riemann- und die rechte Seite das Lebesgue-Integral der Funktion f über $[a, b]$.

8.3   Satz von Fubini

Aufgabe 194 Berechnen Sie mit Hilfe des Satzes von Fubini die beiden Integrale

$$\iint_{[1,3]\times[0,1]} 2x - 7y^2 \, d\lambda^2(x, y),$$

und

$$\iiint_{[1,2]\times[0,1]\times[3,4]} \frac{z^3}{(x+5y)^2} \, d\lambda^3(x, y, z).$$

Aufgabe 195 (Volumen eines Tetraeders) Berechnen Sie mit dem Satz von Fubini das dreidimensionale Integral

$$\lambda^3(T) = \iiint_T 1 \, d\lambda^3(x, y, z),$$

wobei das Tetraeder $T \subseteq \mathbb{R}^3$ in Abb. 8.1 dargestellt ist.

Aufgabe 196 Berechnen Sie das iterierte Integral

$$\int_0^{+\infty} \left(\int_0^{+\infty} y e^{-(1+x^2)y^2} \, d\lambda(x) \right) \, d\lambda(y).$$

Untersuchen Sie dann weiter

$$\int_0^{+\infty} \left(\int_0^{+\infty} y e^{-(1+x^2)y^2} \, d\lambda(y) \right) \, d\lambda(x)$$

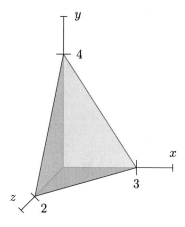

Abb. 8.1 Tetraeder T mit den Eckpunkten $A = (3, 0, 0)^\mathsf{T}$, $B = (0, 4, 0)^\mathsf{T}$, $C = (0, 0, 2)^\mathsf{T}$ und $D = (0, 0, 0)^\mathsf{T}$

um geschickt mit Hilfe des Satzes von Fubini die bekannte Identität

$$\int_0^{+\infty} e^{-x^2} \, d\lambda(x) = \frac{\sqrt{\pi}}{2}$$

zu beweisen.

Aufgabe 197 Gegeben sei die Funktion $f : [0, 1]^2 \to \mathbb{R}$ mit

$$f(x_1, x_2) = \begin{cases} \frac{x_1^2 - x_2^2}{(x_1^2 + x_2^2)^2}, & (x_1, x_2)^\mathsf{T} \neq (0, 0)^\mathsf{T} \\ 0, & \text{sonst.} \end{cases}$$

Bestimmen Sie die beiden iterierten Riemann-Integrale

$$\int_0^1 \left(\int_0^1 f(x_1, x_2) \, dx_1 \right) dx_2 \quad \text{und} \quad \int_0^1 \left(\int_0^1 f(x_1, x_2) \, dx_2 \right) dx_1$$

und diskutieren Sie Ihr Ergebnis im Bezug auf den Satz von Fubini für stetige Funktionen.

Aufgabe 198 Gegeben sei die Funktion $f : \mathbb{R}^2 \to \mathbb{R}$ mit

$$f(x, y) = \begin{cases} \frac{1}{y^2}, & 0 < x < y < 1 \\ -\frac{1}{x^2}, & 0 < y < x < 1 \\ 0, & \text{sonst.} \end{cases}$$

Weisen Sie nach, dass

$$\int_{-\infty}^{+\infty} \left(\int_{-\infty}^{+\infty} f(x, y) \, d\lambda(x) \right) d\lambda(y) \neq \int_{-\infty}^{+\infty} \left(\int_{-\infty}^{+\infty} f(x, y) \, d\lambda(y) \right) d\lambda(x)$$

gilt und überlegen Sie sich dann, ob die Funktion über dem $\mathbb{R}^2$ Lebesgue-integrierbar ist.

8.4   Prinzip von Cavalieri

Aufgabe 199 (Prinzip von Cavalieri) Beweisen Sie die folgende Version des Prinzips von Cavalieri: Sei $A \subseteq \mathbb{R}^{p+q}$ eine λ^{p+q}-messbare Menge und für $y \in \mathbb{R}^q$ sei

$$A_y = A \cap (\mathbb{R}^p \times \{y\}) = \left\{ x \in \mathbb{R}^p \mid (x, y)^\mathsf{T} \in A \right\}$$

definiert. Dann ist A_y eine λ^p-messbare Menge, $\mathbb{R}^q \to \overline{\mathbb{R}}$ mit $y \mapsto \lambda^p(A_y)$ eine $\mathcal{B}(\mathbb{R}^q)$-$\mathcal{B}(\overline{\mathbb{R}})$-messbare Funktion und es gilt

$$\lambda^{p+q}(A) = \int_{\mathbb{R}^q} \lambda^p(A_y) \, d\lambda^q(y).$$

Aufgabe 200 Bestimmen Sie mit Hilfe des Prinzips von Cavalieri aus Aufgabe 199 den Flächeninhalt der Menge

$$A = \left\{ (x, y)^\mathsf{T} \in \mathbb{R}^2 \mid y^2 \le x \le 2 - y, \ y \ge 0 \right\}$$

beziehungsweise das Volumen von

$$B = \left\{ (x, y, z)^\mathsf{T} \in \mathbb{R}^3 \mid 2\sqrt{x^2 + y^2} \le 1 - z, \ 0 \le 2z \le 1 \right\}.$$

Aufgabe 201 (Rotationskörper) Sei $f : [a, b] \to [0, +\infty)$ eine stetige Funktion. Beweisen Sie, dass dann das Volumen des Rotationskörpers, der durch Rotation des Graphens von f im Intervall $[a, b]$ um die x-Achse entsteht, gerade

$$V_{\text{rot}}(f) = \pi \int_a^b (f(x))^2 \, dx$$

beträgt.

Aufgabe 202 (Volumen d-dimensionaler Euklidischer Einheitskugeln) Bestimmen Sie mit dem Prinzip von Cavalieri das Volumen $V_d = \lambda^d(\overline{B}_1^d(\mathbf{0}))$ der d-dimensionalen Euklidischen Einheitskugel

$$\overline{B}_1^d(\mathbf{0}) = \left\{ x \in \mathbb{R}^d \mid \|x\|_2 \le 1 \right\}.$$

8.5 Transformationssatz

Aufgabe 203 (Polarkoordinaten)

(a) Beweisen Sie, dass die Abbildung

$$\Psi : (0, +\infty) \times (-\pi, \pi) \to \mathbb{R}^2 \setminus \left\{ (x, y)^\mathsf{T} \in \mathbb{R}^2 \mid x \le 0, \ y = 0 \right\}$$

mit $\Psi(r, \varphi) = (r \cos(\varphi), r \sin(\varphi))^\mathsf{T}$ ein C^1-Diffeomorphismus ist.

(b) Bestimmen Sie mit dem Transformationssatz und dem Satz von Fubini das zwei-dimensionale Integral

$$\iint_A x^2 + xy + y^2 \, d\lambda^2(x, y)$$

über der offenen Kreisscheibe $A = \{(x, y)^\mathsf{T} \in \mathbb{R}^2 \mid x^2 + y^2 < 9\}$.

Aufgabe 204 Bestimmen Sie das Integral

$$\iint_A \frac{x^2}{2y^3} \, d\lambda^2(x, y)$$

über der zweidimensionalen Menge

$$A = \left\{ (x, y)^\mathsf{T} \in \mathbb{R}^2 \setminus \{(0, 0)^\mathsf{T}\} \mid y \leq 2x, \ x \leq y, \ y \leq 2x^2, \ x^2 \leq y \right\}.$$

Verwenden Sie dazu die Substitutionen $u = y/x$ und $v = y/x^2$.

Aufgabe 205 (Euler-Poisson Integral) Beweisen Sie die Identität

$$I = \int_0^{+\infty} e^{-x^2} \, dx = \frac{\sqrt{\pi}}{2},$$

indem Sie genau erklären, warum die folgenden fünf Schritte gerechtfertigt sind:

$$I^2 \overset{(\alpha)}{=} \left(\int_0^{+\infty} e^{-x^2} \, dx \right) \left(\int_0^{+\infty} e^{-y^2} \, dy \right)$$

$$\overset{(\beta)}{=} \int_0^{+\infty} e^{-x^2} \left(\int_0^{+\infty} e^{-y^2} \, dy \right) dx$$

$$\overset{(\gamma)}{=} \iint_{[0,+\infty) \times [0,+\infty)} e^{-(x^2+y^2)} \, d(x, y)$$

$$\overset{(\delta)}{=} \int_0^{\frac{\pi}{2}} \left(\int_0^{+\infty} r e^{-r^2} \, dr \right) d\varphi$$

$$\overset{(\varepsilon)}{=} \frac{\pi}{4}.$$

Aufgabe 206

(a) Bestimmen Sie das Integral

$$\iint_A xy^3 \, d\lambda^2(x, y)$$

über der zweidimensionalen Menge $A = \{(x, y)^\mathsf{T} \in \mathbb{R}^2 \mid 1 \leq x^2 + 2y^2, \ x^2 + y^2 \leq 1\}$.

(b) Bestimmen Sie das zweidimensionale Integral

$$\iint_A x - y \, d\lambda^2(x, y).$$

Dabei ist $A \subseteq \mathbb{R}^2$ ein Parallelogramm mit den Eckpunkten $a^1 = (1, 1)^\mathsf{T}$, $a^2 = (3, 3)^\mathsf{T}$, $a^3 = (4, 2)^\mathsf{T}$ und $a^4 = (6, 4)^\mathsf{T}$.

(c) Berechnen Sie das Integral

$$\iint_A x + y \, d\lambda^2(x, y),$$

wobei die Menge $A \subseteq \mathbb{R}^2$ durch die drei Geraden $y = x/2$, $y = 2x$ und $y = 2 - x$ eingeschlossen wird.

(d) Bestimmen Sie das Volumen der dreidimensionalen Euklidischen Kugel mit Mittelpunkt $(1, 2, 0)^\mathsf{T}$ und Radius $r = 2$.

8.6 Satz von Green

Aufgabe 207 Bestimmen Sie das Kurvenintegral

$$\oint_{\partial A} F \cdot d\mathbf{s}$$

über den Bereich $A = \{(x, y)^\mathsf{T} \in \mathbb{R}^2 \mid x^2 + y^2 \leq 1\}$ mit geschlossenem positiv parametrisierten Rand ∂A, wobei das Vektorfeld $F : \mathbb{R}^2 \to \mathbb{R}^2$ durch $F(x, y) = (xy, x - y)^\mathsf{T}$ gegeben ist.

(a) Berechnen Sie dazu das Kurvenintegral 2. Art per Hand.

(b) Wenden Sie den Satz von Green an.

Aufgabe 208 Bestimmen Sie mit dem Satz von Green das geschlossene Kurvenintegral

$$\oint_{\gamma} F \cdot d\mathbf{s}.$$

Dabei ist das Vektorfeld $F : \mathbb{R}^2 \to \mathbb{R}^2$ durch $F(x, y) = (y^2, y^2 - x^2)^\mathsf{T}$ gegeben und $\gamma : [0, 1] \to \mathbb{R}^2$ beschreibt den Rand des Quadrats mit Eckpunkten $a^1 = (0, 2)^\mathsf{T}$, $a^2 = (2, 0)^\mathsf{T}$, $a^3 = (0, -2)^\mathsf{T}$ und $a^4 = (-2, 0)^\mathsf{T}$, der in mathematisch positivem Sinne durchlaufen wird.

Aufgabe 209 (Sektorformel von Leibniz) Sei $A \subseteq \mathbb{R}^2$ ein Gebiet, dessen Rand ∂A nur aus einer einzigen einfach geschlossenen und stückweise glatten Kurve besteht (Jordan-Gebiet). Beweisen Sie, dass dann für den Flächeninhalt

$$\lambda^2(A) = \frac{1}{2} \int_{\partial A} x \, \mathrm{d}y - y \, \mathrm{d}x$$

gilt. Das Integral auf der rechten Seite der Gleichung ist eine andere Schreibweise für das Kurvenintegral $\int_{\partial A} F \cdot \mathrm{ds}$, wobei $F : \mathbb{R}^2 \to \mathbb{R}^2$ mit $F(x, y) = (-y, x)^\mathsf{T}$.

Aufgabe 210 Berechnen Sie den Flächeninhalt der zweidimensionalen Menge

$$A = \left\{ (x, y)^\mathsf{T} \in \mathbb{R}^2 \mid 0 < x < 1, \ x^4 < y < x \right\}$$

mit Hilfe der Sektorformel von Leibniz.

8.7   Rotationssatz von Stokes

Aufgabe 211 Berechnen Sie das Integral

$$\oint_{\partial A} F \cdot \mathrm{ds},$$

(a) indem Sie die Definition für Kurvenintegrale 2. Art verwenden,
(b) indem Sie den Integralsatz von Stokes verwenden.

Dabei ist das Vektorfeld $F : \mathbb{R}^3 \to \mathbb{R}^3$ durch $F(x, y, z) = (3y^2, -x^2z, yz)^\mathsf{T}$ gegeben und die Fläche

$$A = \left\{ (x, y, z)^\mathsf{T} \in \mathbb{R}^3 \mid x^2 + y^2 = 2z, \ z \leq 2 \right\}$$

beschreibt ein elliptisches Paraboloid, dessen Rand ∂A den nach außen weisenden Normalenvektor der Fläche in mathematisch positivem Sinne durchläuft.

Aufgabe 212 Sei $R > 0$ beliebig. Bestimmen Sie mit dem Stokesschen Integralsatz den Wert des orientierten Oberflächenintegrals

$$I(R) = \oiint_{A_R} \langle \mathrm{rot}(F), N \rangle \, \mathrm{d}S_2.$$

Dabei ist das Vektorfeld $F : \mathbb{R}^3 \to \mathbb{R}^3$ definiert als $F(x, y, z) = (4y, 2x, -z^2)^\mathsf{T}$ und $A_R = \overline{B}_R(\mathbf{0}) \cap \mathbb{R} \times \mathbb{R} \times [0, +\infty)$ ist die obere abgeschlossene Halbkugel im $\mathbb{R}^3$.

Aufgabe 213 Welche Arbeit wird verrichtet, wenn sich ein Massepunkt längs des Randes der Fläche

$$A = \left\{ (x, y, z)^{\mathsf{T}} \in \mathbb{R}^3 \mid x + y + z = 1, \ x \geq 0, \ y \geq 0, \ z \geq 0 \right\}$$

im Kraftfeld $F : \mathbb{R}^3 \to \mathbb{R}^3$ mit

$$F(x, y, z) = \left(x^3 + \frac{yz^2}{2}, \frac{xz^2}{2} + y^2, xyz \right)^{\mathsf{T}}$$

bewegt?

8.8 Gaußscher Divergenzsatz

Aufgabe 214 Berechnen Sie mit dem Satz von Gauß das Integral

$$\oiint_{\partial A} \langle F, N \rangle \, dS_2,$$

wobei $F : \mathbb{R}^3 \to \mathbb{R}^3$ das Vektorfeld $F(x, y, z) = (2xz, xyz, -z^2)^{\mathsf{T}}$ und ∂A die Oberfläche des dreidimensionalen Einheitswürfels $A = [0, 1]^3$ ist.

Aufgabe 215 Gegeben sei das Vektorfeld $F : \mathbb{R}^3 \to \mathbb{R}^3$ mit $F(x_1, x_2, x_3) = (x_1 + x_2, x_2 + x_3, x_1 + x_3)^{\mathsf{T}}$ sowie die Menge

$$A = \left\{ (x_1, x_2, x_3)^{\mathsf{T}} \in \mathbb{R}^3 \mid x_1^2 + x_2^2 \leq 9, \ 0 \leq x_3 \leq 9 - x_1^2 - x_2^2 \right\}.$$

Berechnen Sie die beiden Integrale

$$\oiint_{\partial A} \langle F, N \rangle \, dS_2 \quad \text{und} \quad \iiint_A \operatorname{div}(F) \, d\lambda^3$$

und vergleichen Sie Ihre Ergebnisse.

Aufgabe 216 Gegeben sei der Zylinder

$$A = \left\{ (x, y, z)^{\mathsf{T}} \in \mathbb{R}^3 \mid x^2 + y^2 \leq 16, \ 0 \leq z \leq 8 \right\}.$$

Berechnen Sie den Fluss des Vektorfeldes $F : \mathbb{R}^3 \to \mathbb{R}^3$ mit $F(x, y, z) = (x, xy, z^2)^{\mathsf{T}}$ durch die Oberfläche von A mit Hilfe des Satzes von Gauß (vgl. Abb. 8.2).

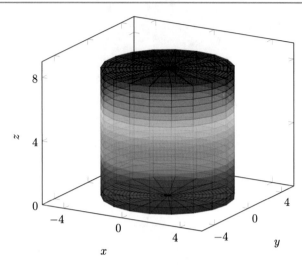

Abb. 8.2 Darstellung des Zylinders $A = \{(x, y, z)^\mathsf{T} \in \mathbb{R}^3 \mid x^2 + y^2 \leq 16,\ 0 \leq z \leq 8\}$

Aufgabe 217 Seien $a, b, c > 0$ beliebig. Berechnen Sie das Integral

$$I(a, b, c) = \oiint_{\partial E(a,b,c)} \langle F, N \rangle \, dS_2,$$

wobei $\partial E(a, b, c)$ die Oberfläche des Ellipsoiden

$$E(a, b, c) = \left\{ (x, y, z)^\mathsf{T} \in \mathbb{R}^3 \mid \left(\frac{x}{a}\right)^2 + \left(\frac{y}{b}\right)^2 + \left(\frac{z}{c}\right)^2 \leq 1 \right\}$$

mit Halbachsen a, b, c bezeichnet und das Vektorfeld $F : \mathbb{R}^3 \rightarrow \mathbb{R}^3$ durch $F(x, y, z) = (x, y, z)^\mathsf{T}$ gegeben ist, direkt beziehungsweise unter Zuhilfenahme des Gaußschen Divergenzsatzes.

Gewöhnliche Differentialgleichungen · 9

Dieses Kapitel bietet der Leserin beziehungsweise dem Leser dieses Buches einen kleinen Einblick in das Gebiet der gewöhnlichen Differentialgleichungen. Anhand von 12 Aufgaben können elementare Lösungsmethoden für autonome, separable und lineare Differentialgleichungen erster Ordnung bewiesen und geübt werden. Dem Existenzsatz von Picard-Lindelöf und dem dazugehörigen Iterationsverfahren zur sukzessiven Berechnung der Lösung eines Anfangswertproblems sind dabei ein eigener Abschnitt mit interessanten Aufgaben gewidmet.

9.1 Klassische Lösungsmethoden

Aufgabe 218 (Logistische Differentialgleichung) Zeigen Sie, dass die Funktion $y : \mathbb{R} \to \mathbb{R}$ mit

$$y(x) = \frac{1}{\frac{b}{a} + \left(\frac{1}{y_0} - \frac{b}{a}\right) e^{-ax}}$$

eine Lösung der logistischen Differentialgleichung

$$y'(x) = ay(x) - by^2(x), \quad x \in \mathbb{R}, \qquad y(0) = y_0$$

ist, wobei $a, b, y_0 \in \mathbb{R}$ Konstanten mit $a, b, y_0 > 0$ und $a > by_0$ sind.

Aufgabe 219 Geben Sie eine Differentialgleichung an, die von der Funktion $y : \mathbb{R} \to \mathbb{R}$ mit $y(x) = \arctan(\sin(x))$ gelöst wird.

Aufgabe 220 (Existenzsatz für autonome Differentialgleichung) Beweisen Sie den folgenden Existenzsatz: Sind $f : [a, b] \to \mathbb{R}$ eine stetige Funktion sowie $x_0 \in [a, b]$

© Der/die Autor(en), exklusiv lizenziert an Springer-Verlag GmbH, DE, ein Teil von Springer Nature 2022
N. Hebestreit, *Übungsbuch Analysis II*, https://doi.org/10.1007/978-3-662-65832-1_9

und $y_0 \in \mathbb{R}$ beliebig, so besitzt das Anfangswertproblem

$$y'(x) = f(x), \ x \in [a, b], \qquad y(x_0) = y_0$$

die eindeutige Lösung $y : [a, b] \to \mathbb{R}$ mit

$$y(x) = y_0 + \int_{x_0}^{x} f(t) \, dt.$$

Aufgabe 221 (Trennung der Variablen) Bestimmen Sie alle Lösungen der folgenden Differentialgleichungen und Anfangswertprobleme mit Hilfe von Trennung der Variablen (Separationsmethode):

(a) $y'(x) = y(x)/(1 + x^2), x \in \mathbb{R}, y(1) = 2,$ (b) $y'(x) - y(x) = 0, x \in \mathbb{R}, y(0) = 2,$

(c) $y'(x) = \sqrt{1 - y^2(x)},$ (d) $y'(x) = xy^2(x) + x.$

Zeigen Sie mit dem Satz über die Trennung der Variablen, dass das Anfangswertproblem in (a) eine eindeutige Lösung besitzt.

Aufgabe 222 (Modellierung einer Differentialgleichung) Ein Tank enthalte 1000 L Wasser, in denen 80 kg Salz gelöst sind. Jede Minute werden genau 8 L Frischwasser (ohne gelöstes Salz) in den Tank gepumpt, die sich gleichmäßig mit dem im Tank befindlichen Wasser vermischen. Gleichzeitig werden jede Minute 5 L des Wassers im Tank abgelassen.

(a) Wie viel Kilogramm Salz sind nach drei Stunden im Wasser gelöst?
(b) Wann hat sich der Salzgehalt im Tank halbiert (vgl. Abb. 9.1)?

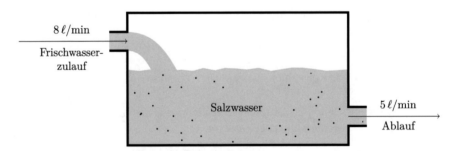

Abb. 9.1 Schematische Darstellung des Wassertanks mit Zu- und Ablauf

Aufgabe 223 (Existenzsatz für homogene Differentialgleichung)

(a) Beweisen Sie den folgenden Existenzsatz für homogene Differentialgleichungen: Seien $J \subseteq \mathbb{R}$ ein Intervall und $f : J \to \mathbb{R}$ eine stetige Funktion. Sind weiter $x_0 \in \mathbb{R} \setminus \{0\}$ und $y_0 \in \mathbb{R}$ so, dass $y_0/x_0 \in J$ und $f(y_0/x_0) \neq y_0/x_0$ gelten, dann besitzt das Anfangswertproblem

$$y'(x) = f\left(\frac{y(x)}{x}\right), \quad x \in I, \qquad y(x_0) = y_0, \tag{9.1}$$

auf einem geeigneten Intervall $I \subseteq \mathbb{R} \setminus \{0\}$ mit $x_0 \in I$ eine eindeutige Lösung $\varphi : I \to \mathbb{R}$. Zudem gilt $\varphi(x) = x\phi(x)$ für $x \in I$, wobei $\phi : I \to \mathbb{R}$ die Lösung des Anfangswertproblems

$$z'(x) = \frac{f(z(x)) - z(x)}{x}, \quad x \in I, \qquad z(x_0) = \frac{y_0}{x_0} \tag{9.2}$$

mit separierten Variablen ist. Umgekehrt erzeugt jede Lösung $\varphi : I \to \mathbb{R}$ von Problem (9.1) durch $\phi : I \to \mathbb{R}$ mit $\phi(x) = \phi(x)/x$ auch eine Lösung von Problem (9.2).

(b) Bestimmen Sie mit Hilfe des Resultats aus Teil (a) dieser Aufgabe die eindeutige Lösung des Anfangswertproblems

$$y'(x) = \frac{y(x)}{x} + \exp\left(-\frac{y(x)}{x}\right), \quad x \in \mathbb{R} \setminus \{0\}, \qquad y(1) = 0.$$

Aufgabe 224 (Substitutionsmethode) Bestimmen Sie mit Hilfe einer geeigneten Substitution eine Lösung der folgenden Differentialgleichungen:

(a) $y'(x) = (1 + x + y(x))^2$,   (b) $2y'(x)y(x) = y^2(x) + x - 1$.

Aufgabe 225 (Variation der Konstanten) Bestimmen Sie die Lösungen der folgenden linearen Differentialgleichung beziehungsweise Anfangswertproblems mit Hilfe der Methode der Variation der Konstanten (Superpositionsprinzip):

(a) $y'(x) + 2y(x) = e^{-x}, x \in \mathbb{R}, y(0) = 4$, (b) $y'(x) + y(x)/x = \cos(x)$.

Aufgabe 226 Zeigen Sie, dass die Differentialgleichung

$$2xy^3(x) + 3x^2y^2(x)y'(x) = 0, \quad x \in \mathbb{R}$$

exakt ist und $y(x) = cx^{-2/3}$ für $x \in \mathbb{R}$, wobei $c \in \mathbb{R}$ fest ist, eine Lösung ist.

9.2   Satz von Picard-Lindelöf

Aufgabe 227 (Picard-Lindelöf) Beweisen Sie mit dem Satz von Picard-Lindelöf (globale Version), dass das Anfangswertproblem

$$y'(x) = 1 + \frac{\sin(\cos(1 + y(x)))}{1 + x^2}, \; x \in [0, 2], \qquad y(1) = 0$$

eine eindeutige Lösung besitzt.

Aufgabe 228 Zeigen Sie mit Hilfe von Trennung der Variablen, dass das Anfangswertproblem

$$y'(x) = \sqrt{|y(x)|}, \; x \in \mathbb{R}, \qquad y(0) = 0$$

keine eindeutige Lösung besitzt. Diskutieren Sie, warum dies kein Widerspruch zum Satz von Picard-Lindelöf darstellt.

Aufgabe 229 (Picard-Lindelöfsches Iterationsverfahren) Sei $\lambda > 0$ beliebig gewählt. Bestimmen Sie die ersten drei Schritte des Picard-Lindelöfschen Iterationsverfahrens (Picard-Iteration) für das Anfangswertproblem

$$y'(x) = \lambda x y(x), \; x \in [-1, 1], \qquad y(0) = 1.$$

Ermitteln Sie damit die eindeutige Lösung des obigen Anfangswertproblems.

Teil II
Lösungshinweise

Lösungshinweise Eindimensionale Integralrechnung

Lösungshinweis Aufgabe 1 Nutzen Sie für diese Aufgabe die folgende Regel [2, 5.4 Satz] der partiellen Integration: Sind $f, g : [a, b] \to \mathbb{R}$ stetig differenzierbare Funktionen, dann gilt

$$\int_a^b f'(x)g(x)\,\mathrm{d}x = f(x)g(x)\Big|_a^b - \int_a^b f(x)g'(x)\,\mathrm{d}x.$$

(a) Setzen Sie $f'(x) = \cos(\pi x)$ und $g(x) = x$ für $x \in [0, 1]$.

(b) Setzen Sie $f'(x) = 1/x$ und $g(x) = \ln(x)$ für $x > 0$.

(c) Das Integral lässt sich ohne partielle Integration bestimmen. Beachten Sie, dass der Arkussinus eine ungerade Funktion ist, das heißt, für alle $x \in [-1, 1]$ gilt $\arcsin(x) = -\arcsin(-x)$. Verwenden Sie also die Substitution (vgl. auch Aufgabe 2) $y(x) = -x$ für $x \in [-1, 1]$ mit $\mathrm{d}y = -\mathrm{d}x$ und zeigen Sie damit, dass der Wert des Integrals Null ist.

(d) Integrieren Sie zweimal partiell. Beachten Sie dabei, dass das gesuchte Integral einmal auf der linken und rechten Seite auftaucht.

Lösungshinweis Aufgabe 2 Verwenden Sie für diese Aufgabe die folgende [2, 5.1 Theorem] Substitutionsregel: Sind $I \subseteq \mathbb{R}$ ein Intervall, $f : I \to \mathbb{R}$ eine stetige Funktion sowie $\varphi : [a, b] \to I$ stetig differenzierbar, so gilt

$$\int_a^b f(\varphi(x))\,\varphi'(x)\,\mathrm{d}x = \int_{\varphi(a)}^{\varphi(b)} f(y)\,\mathrm{d}y.$$

© Der/die Autor(en), exklusiv lizenziert an Springer-Verlag GmbH, DE, ein Teil von Springer Nature 2022
N. Hebestreit, *Übungsbuch Analysis II*, https://doi.org/10.1007/978-3-662-65832-1_10

Mit Hilfe von Differentialen kann man die Substitutionsregel aber auch wie folgt schreiben:

$$\int_a^b f \circ \varphi \, \mathrm{d}\varphi = \int_{\varphi(a)}^{\varphi(b)} f \, \mathrm{d}y.$$

(a) Verwenden Sie die Substitution $y(x) = 9 - x^3$ für $x < \sqrt[3]{9}$ mit $\mathrm{d}y = -3x^2 \, \mathrm{d}x$.

(b) Substituieren Sie zunächst $y(x) = x + 2$ für $x \in \mathbb{R}$ mit $\mathrm{d}y = \mathrm{d}x$. Zerlegen Sie dann das resultierende Integral in zwei Integrale. Beachten Sie dabei, dass $(y - 2)y^{999} = y^{1000} - 2y^{999}$ für $y \in \mathbb{R}$ gilt.

(c) Substituieren Sie den Radikanden des Wurzelausdrucks im Zähler.

(d) Berechnen Sie zuerst die Ableitung des Tangens und finden Sie damit eine geeignete Substitution.

Lösungshinweis Aufgabe 3

(a) Verwenden Sie den Ansatz

$$\frac{1}{x^2 - 1} = \frac{A}{x - 1} + \frac{B}{x + 1}$$

und bestimmen Sie dann die zunächst unbekannten Parameter $A, B \in \mathbb{R}$, indem Sie die beiden Brüche der rechten Seite auf den Nenner der linken Seite bringen und einen Koeffizientenvergleich machen.

(b) Machen Sie (mit Begründung) den Ansatz

$$\frac{1 + x + x^2}{(x - 1)^3} = \frac{A}{x - 1} + \frac{B}{(x - 1)^2} + \frac{C}{(x - 1)^3}$$

und bestimmen Sie dann die unbekannten Parameter $A, B, C \in \mathbb{R}$ mit einem Koeffizientenvergleich (lineares Gleichungssystem aufstellen).

(c) Überlegen Sie sich, dass Sie einen Ansatz der Form

$$\frac{1 - 3x^2}{(x^2 + 1)(x^2 + 3)} = \frac{Ax + B}{x^2 + 1} + \frac{Cx + D}{x^2 + 3},$$

machen müssen und bestimmen Sie dann $A, B, C, D \in \mathbb{R}$. Das bei der Integration auftretende Integral

$$\int \frac{1}{x^2 + 3} \, \mathrm{d}x = \frac{1}{3} \int \frac{1}{\left(x/\sqrt{3}\right)^2 + 1} \, \mathrm{d}x$$

lässt sich beispielsweise mit der Substitution $y(x) = x/\sqrt{3}$ für $x \in \mathbb{R}$ mit $\mathrm{d}y = 1/\sqrt{3} \, \mathrm{d}x$ berechnen.

(d) Verwenden Sie (mit Begründung) den Ansatz

$$\frac{1 + x + 2x^2}{(x^2 + 1)^2} = \frac{Ax + B}{x^2 + 1} + \frac{Cx + D}{(x^2 + 1)^2}$$

und bestimmen Sie dann die Parameter $A, B, C, D \in \mathbb{R}$ mit Hilfe eines linearen Gleichungssystems (Koeffizientenvergleich). Verwenden Sie für die Berechnung der Stammfunktion der gebrochenrationalen Funktion geschickt

$$\int \frac{x - 1}{(x^2 + 1)^2}\, dx = \int \frac{x}{(x^2 + 1)^2}\, dx - \int \frac{1}{(x^2 + 1)^2}\, dx.$$

Lösungshinweis Aufgabe 4

(a) Beachten Sie, dass es sich bei 1 und e^e lediglich um Konstanten handelt.
(b) Schreiben Sie zunächst

$$\int_0^1 \sqrt{x} + \sin(2x)\, dx = \int_0^1 \sqrt{x}\, dx + \int_0^1 \sin(2x)\, dx.$$

Verwenden Sie für das zweite Integral die Substitution $y(x) = 2x$ für $x \in [0, 1]$ mit $dy = 2\, dx$.
(c) Substituieren Sie den natürlichen Logarithmus.
(d) Berechnen Sie das Integral mit Hilfe einer Partialbruchzerlegung (vgl. Aufgabe 3). Machen Sie dazu (mit Begründung) den Ansatz

$$\frac{2x^2 + x + 3}{x^3 - x} = \frac{A}{x} + \frac{B}{x - 1} + \frac{C}{x + 1}$$

und bestimmen Sie dann die drei unbekannten Koeffizienten $A, B, C \in \mathbb{R}$ mit einem Koeffizientenvergleich.
(e) Verwenden Sie die Substitution $y(x) = \sqrt{x}$ für $x \in [1, 3]$ mit $dy = 1/(2\sqrt{x})\, dx$.
(f) Verifizieren Sie kurz

$$\frac{1}{x^2 - x + 1} = \frac{1}{(x - 1/2)^2 + 3/4} = \frac{4}{3} \frac{1}{((2x - 1)/\sqrt{3})^2 + 1}$$

für $x \in \mathbb{R}$ und verwenden Sie dann die rechte Seite um sich eine geeignete Substitution zu überlegen. Alternativ können Sie aber auch das Resultat aus [3, Aufgabe 201] verwenden.

Lösungshinweis Aufgabe 5 Das Integral lässt sich mit einem kleinen Trick berechnen. Die Idee ist es dieses mit Hilfe von zwei Funktionen F und G umzuschreiben und dann verschiedene Darstellungen und Beziehungen dieser herzuleiten. Gehen

Sie also bei der Lösung dieser Aufgabe wie folgt vor: Betrachten Sie zunächst die Funktionen $F, G : (0, +\infty) \to \mathbb{R}$ mit

$$F(\lambda) = \int_0^{+\infty} \frac{1}{(\lambda + x)(\pi^2 + \ln^2(x))} \, dx \quad \text{und} \quad G(\lambda) = \int_0^{+\infty} \frac{1}{(\lambda + e^x)(\pi^2 + x^2)} \, dx.$$

Finden Sie dann eine geeignete Substitution, um für jedes $\lambda > 0$

$$F(\lambda) = \int_{-\infty}^{+\infty} \frac{e^y}{(\lambda + e^y)(\pi^2 + y^2)} \, dy \tag{10.1}$$

nachzuweisen. Schreiben Sie dann

$$F(\lambda) = \int_{-\infty}^{+\infty} \frac{\lambda + e^y}{(\lambda + e^y)(\pi^2 + y^2)} \, dy - \int_{-\infty}^{+\infty} \frac{\lambda}{(\lambda + e^y)(\pi^2 + y^2)} \, dy$$

und berechnen Sie das erste Integral auf der rechten Seite. Folgern Sie damit

$$F(\lambda) = 1 - \lambda G(\lambda).$$

Zeigen Sie schließlich mit der Substitution $z(y) = -y$ für $y \in \mathbb{R}$ mit $dz = -dy$ im Ausdruck (10.1) für $\lambda > 0$ die Gleichung

$$F(\lambda) = \frac{1}{\lambda} G\left(\frac{1}{\lambda}\right).$$

Folgern Sie zum Schluss mit Hilfe der beiden obigen Gleichungen $F(1) = G(1) = 1/2$.

Lösungshinweis Aufgabe 6

(a) Verwenden Sie den Hauptsatz der Differential- und Integralrechnung.
(b) Schreiben Sie für $x, y > 0$

$$\ln(x) + \ln(y) = \int_1^x \frac{1}{t} \, dt + \int_1^y \frac{1}{t} \, dt$$

und substituieren Sie dann im zweiten Integral $s(t) = xt$ für $t \geq 1$ mit $ds = x \, dt$. Nutzen Sie die gleiche Substitution um die zweite Identität zu beweisen.

Lösungshinweis Aufgabe 7

(a) Überlegen Sie sich, in welchen Bereichen die Funktion $f : \mathbb{R} \to \mathbb{R}$ mit $f(x) = x^2 + 2x - 1$ positiv beziehungsweise negativ ist um das Integral geschickt zu zerlegen und den Betrag entsprechend umzuschreiben. Verwenden Sie dann das Minorantenkriterium um nachzuweisen, dass das Ausgangsintegral divergiert.

(b) Das Integral ist gemäß dem Majorantenkriterium konvergent. Verifizieren Sie dazu für jedes $x \in \mathbb{R}$ mit $x \geq 2$ die Ungleichung

$$\frac{1}{2x^2 + 5x + 2} \leq \frac{1}{2(x^2 + 1)}.$$

Lösungshinweis Aufgabe 8 Betrachten Sie für $p \in \mathbb{R} \setminus \{0\}$ das Integral

$$I(p) = \int_0^{+\infty} \frac{1}{x^p + \sqrt[p]{x}} \, dx.$$

Untersuchen Sie dann die folgenden vier Fälle : (a) $p < 0$, (b) $p \in (0, 1)$, (c) $p = 1$ und (d) $p > 1$. Zeigen Sie dann mit dem Minoranten- beziehungsweise Majorantenkriterium für Integrale, dass $I(p)$ genau dann konvergent ist, wenn $p > 1$ gilt.

Lösungshinweis Aufgabe 9 Führen Sie zunächst die Hilfsfunktionen $g, h : \mathbb{R} \to \mathbb{R}$ mit $g(x) = 2 + \sin^2(x)$ und $h(x) = \exp(x^2)$ sowie $f : \mathbb{R}^2 \to \mathbb{R}$ mit $f(x, y) = \ln(1 + x^2 y^2)$ ein und berechnen Sie dann mit der Leibnizregel für Parameterintegrale (vgl. die Lösung von Aufgabe 144)

$$F'(x) = f(x, h(x))h'(x) - f(x, g(x))g'(x) + \int_{g(x)}^{h(x)} \partial_x f(x, t) \, dt$$

für $x \in \mathbb{R}$.

Lösungshinweis Aufgabe 10 Betrachten Sie die Funktion $F : \mathbb{R} \to \mathbb{R}$ mit

$$F(\lambda) = \int_0^{+\infty} \exp(-\lambda x) \frac{\sin(x)}{x} \, dx$$

und gehen Sie dann wie folgt vor:

(a) Zeigen Sie zunächst mit der Leibnizregel für Parameterintegrale

$$F'(\lambda) = -\int_0^{+\infty} \exp(-\lambda x) \sin(x) \, dx$$

für $\lambda \in \mathbb{R}$.

(b) Beweisen Sie mit Hilfe von partieller Integration

$$-\int \exp(-\lambda x) \sin(x) \, dx = \frac{1}{1 + \lambda^2} \exp(-\lambda x)(\lambda \sin(x) + \cos(x)) + c,$$

wobei $c \in \mathbb{R}$ eine beliebige Integrationskonstante ist, und folgern Sie damit

$$F'(\lambda) = \frac{1}{1+\lambda^2} \exp(-\lambda x)(\lambda \sin(x) + \cos(x)) \Big|_0^{+\infty} = -\frac{1}{1+\lambda^2}$$

für alle $\lambda \in \mathbb{R}$.

(c) Zeigen Sie schließlich mit dem Ergebnis aus Teil (b), dass $F(\lambda) = -\arctan(\lambda) + c$ für $\lambda \in \mathbb{R}$ gilt und folgern Sie $c = \pi/2$. Berechnen Sie dann $F(0)$.

Lösungshinweis Aufgabe 11 Untersuchen Sie das Parameterintegral $F : \mathbb{R} \to \mathbb{R}$ mit

$$F(\lambda) = \int_0^1 \frac{\ln(1+\lambda x)}{1+x^2} \, dx$$

und gehen Sie dann wie folgt vor:

(a) Zeigen Sie zunächst (Leibnizregel für Parameterintegrale verwenden)

$$F'(\lambda) = \int_0^1 \frac{x}{(1+\lambda x)(1+x^2)} \, dx$$

für $\lambda \in \mathbb{R}$.

(b) Berechnen Sie dann mit einer Partialbruchzerlegung das Integral auf der rechten Seite. Verwenden Sie dazu den Ansatz (vgl. die Lösung von Aufgabe 3 (c))

$$\frac{x}{(1+\lambda x)(1+x^2)} = \frac{A}{1+\lambda x} + \frac{Bx+C}{1+x^2}.$$

Ermitteln Sie dann die unbekannten Koeffizienten $A, B, C \in \mathbb{R}$ mit einem Koeffizientenvergleich. Bei der Berechnung des Integrals (logarithmisches Integral, [3, Aufgabe 194 (g)])

$$\frac{1}{1+\lambda^2} \int_0^1 \frac{x}{1+x^2} \, dx = \frac{1}{2(1+\lambda^2)} \int_0^1 \frac{2x}{1+x^2} \, dx$$

sollten Sie sich überlegen, in welchem Verhältnis Nenner und Zähler des Integranden stehen und damit eine geeignete Substitution finden.

(c) Beweisen Sie abschließend

$$F(\lambda) = \int_0^\lambda \frac{2\ln(2) + \lambda\pi}{4(1+t^2)} - \frac{\ln(1+t)}{1+t^2} \, dt$$

$$= \frac{\ln(2)}{2} \arctan(\lambda) + \frac{\pi}{8} \ln(1+\lambda^2) - \int_0^\lambda \frac{\ln(1+x)}{1+x^2} \, dx$$

für $\lambda \in \mathbb{R}$ und berechnen Sie dann den Integralwert $F(1)$.

Lösungshinweis Aufgabe 12 Betrachten Sie das Parameterintegral $F : \mathbb{R} \to \mathbb{R}$ mit

$$F(x) = \int_0^{+\infty} \exp(-t^2) \cos(2xt) \, dt.$$

Gehen Sie dann wie folgt vor:

(a) Zeigen Sie mit der Leibnizregel für Parameterintegrale $F'(x) = -2xF(x)$ für $x \in \mathbb{R}$.

(b) Berechnen Sie dann eine allgemeine Lösung der obigen Differentialgleichung.

(c) Verwenden Sie anschließend das Resultat aus Aufgabe 196 um die Darstellung $F(x) = \sqrt{\pi}/2 \exp(-x^2)$ für $x \in \mathbb{R}$ zu beweisen.

Lösungshinweis Aufgabe 13 Betrachten Sie zunächst die drei Funktionen $f : (0, +\infty) \times (-1, 1) \to \mathbb{R}$, $g : (0, +\infty) \to \mathbb{R}$ und $F : (0, +\infty) \to \mathbb{R}$ mit

$$f(\lambda, x) = \frac{\arctan(\lambda x)}{\sqrt{1 - x^2}}, \qquad g(\lambda) = \sqrt{1 - \frac{1}{\lambda^2}} \qquad \text{und} \qquad F(\lambda) = \int_{g(\lambda)}^1 \frac{\arctan(\lambda x)}{\sqrt{1 - x^2}} \, dx.$$

Gehen Sie dann bei der Lösung dieser Aufgabe wie folgt vor:

(a) Beweisen Sie für alle $\lambda > 0$ mit der Leibnizregel für Parameterintegrale

$$F'(\lambda) = \int_{g(\lambda)}^1 \frac{x}{(1 + \lambda^2 x^2)\sqrt{1 - x^2}} \, dx - \frac{\arctan\left(\sqrt{\lambda^2 - 1}\right)}{\lambda\sqrt{\lambda^2 - 1}}.$$

(b) Betrachten Sie dann die Funktion $G : (0, +\infty) \to \mathbb{R}$ mit

$$G(\lambda) = \int_{g(\lambda)}^1 \frac{x}{(1 + \lambda^2 x^2)\sqrt{1 - x^2}} \, dx$$

und zeigen Sie mit einer geeigneten Substitution (!) und einer Partialbruchzerlegung (!!), dass

$$G(\lambda) \overset{(!)}{=} \int_0^{\frac{1}{\lambda}} \frac{1}{\lambda^2(1 - y^2) + 1} \, dy \overset{(!!)}{=} \frac{1}{2\lambda\sqrt{\lambda^2 + 1}} \ln\left(\frac{\sqrt{\lambda^2 + 1} + 1}{\sqrt{\lambda^2 + 1} - 1}\right)$$

für alle $\lambda > 0$ gilt.

(c) Beweisen Sie dann mit dem Trick in der Lösung von Aufgabe 1 (b)

$$\int G(\lambda) \, d\lambda = -\frac{1}{8} \ln^2\left(\frac{\sqrt{\lambda^2 + 1} + 1}{\sqrt{\lambda^2 + 1} - 1}\right) + c$$

und

$$\int \frac{\arctan\left(\sqrt{\lambda^2 - 1}\right)}{\lambda\sqrt{\lambda^2 - 1}} \, d\lambda = \frac{1}{2}\arctan^2\left(\sqrt{\lambda^2 - 1}\right) + c$$

für eine Integrationskonstante $c \in \mathbb{R}$.

(d) Setzen Sie die Ergebnisse der vorherigen Schritte zusammen und folgern Sie

$$F(\lambda) = -\frac{1}{8}\ln^2\left(\frac{\sqrt{\lambda^2 + 1} + 1}{\sqrt{\lambda^2 + 1} - 1}\right) - \frac{1}{2}\arctan^2\left(\sqrt{\lambda^2 - 1}\right) + \frac{\pi^2}{8}$$

um schließlich $F(1)$ zu berechnen.

Lösungshinweise Metrische Räume

Lösungshinweis Aufgabe 14

(a) Die Definitionen der Manhattan-Metrik, Maximum-Metrik und Euklidischen Metrik sind in der Aufgabe gegeben.

(b) Zeichnen Sie zuerst die beiden Punkte $x = (1, 1)^\mathsf{T}$ und $y = (4, 3)^\mathsf{T}$ in ein gemeinsames Koordinatensystem und überlegen Sie sich dann, wie sich die drei Metriken geometrisch interpretieren lassen.

Lösungshinweis Aufgabe 15 Zeigen Sie, dass die Funktion $d : \mathbb{R} \times \mathbb{R} \to \mathbb{R}$ mit $d(x, y) = \arctan(|x - y|)$ den folgenden drei Axiomen genügt: positive Definitheit, Symmetrie und Dreiecksungleichung. Für den Nachweis der Dreiecksungleichung können Sie (ohne Beweis) verwenden, dass der Arkustangens monoton wachsend und subadditiv ist. Die Subadditivität bedeutet gerade

$$\arctan(x + y) \leq \arctan(x) + \arctan(y)$$

für alle $x, y \in \mathbb{R}$.

Lösungshinweis Aufgabe 16 Gehen Sie ähnlich wie in Aufgabe 15 vor. Überlegen Sie sich dazu, dass die Eisenbahnmetrik $d : V \times V \to \mathbb{R}$ mit $d(x, y) = \|x - y\|_V$ falls es $\lambda \in \mathbb{C}$ mit $x = \lambda y$ gibt und $d(x, y) = \|x\|_V + \|y\|_V$ sonst den drei Metrik-Axiomen genügt. Der Nachweis der positiven Definitheit und der Symmetrie ist dabei nicht sonderlich schwer und ergibt sich aus den Eigenschaften der Norm $\| \cdot \|_V : V \to \mathbb{R}$. Betrachten Sie für die Dreiecksungleichung drei Elemente $x, y, z \in V$ und unterscheiden Sie die folgenden Fälle:

© Der/die Autor(en), exklusiv lizenziert an Springer-Verlag GmbH, DE, ein Teil von Springer Nature 2022
N. Hebestreit, *Übungsbuch Analysis II*, https://doi.org/10.1007/978-3-662-65832-1_11

(α) Die drei Vektoren sind linear abhängig, das heißt, es gibt komplexe Zahlen
$\lambda, \mu \in \mathbb{C}$ mit $x = \lambda y = \mu z$.

(β) Die Vektoren x und z sind linear abhängig, während y linear unabhängig zu
beiden Vektoren ist.

(γ) Die Vektoren x und y sind linear abhängig, während z linear unabhängig zu
beiden Vektoren ist.

(δ) Die Vektoren y und z sind linear abhängig. Der dritte Vektor x ist zu diesen
linear unabhängig.

(ε) Die drei Vektoren sind paarweise zueinander linear unabhängig.

Beachten Sie, dass im Fall (α) gerade $d(x, z) = \|x - z\|_V$ gilt während im Fall (ε)
– hier sind x und z linear unabhängig – $d(x, z) = \|x\|_V + \|z\|_V$ gilt.

Lösungshinweis Aufgabe 17

(a) Die Funktion $d' : \mathbb{R}^2 \times \mathbb{R}^2 \to \mathbb{R}$ mit $d'(x, y) = |x_1 - y_1||x_2 - y_2|$ definiert
keine Metrik. Überlegen Sie sich dazu, ob d' positiv definit ist (oder der Drei-
ecksungleichung genügt).

(b) Bei der Funktion $d : \mathbb{R}^2 \times \mathbb{R}^2 \to \mathbb{R}$ handelt es sich um eine Metrik. Verwenden
Sie bei den Beweisen der drei Metrik-Axiome, dass $\rho : \mathbb{R} \times \mathbb{R} \to \mathbb{R}$ mit
$\rho(x, y) = |x - y|$ (Standardmetrik) eine Metrik auf $\mathbb{R}$ ist. Überlegen Sie sich für
den Nachweis der Dreiecksungleichung, dass die Funktion $\varphi : [0, +\infty) \to \mathbb{R}$
mit $\varphi(t) = t/(1+t)$ monoton wachsend ist [3, Aufgabe 147]. Zeigen Sie damit
für alle $x, y, z \in \mathbb{R}^2$ zunächst

$$d(x, z) \le \frac{|x_1 - y_1| + |y_1 - z_1|}{1 + |x_1 - y_1| + |y_1 - z_1|} + \frac{|x_2 - y_2| + |y_2 - z_2|}{1 + |x_2 - y_2| + |y_2 - z_2|}$$

und zerlegen Sie dann die rechte Seite der obigen Ungleichung in vier Brüche,
die Sie jeweils weiter geschickt abschätzen können.

Lösungshinweis Aufgabe 18 Unterscheiden Sie bei Ihren Untersuchungen die beiden folgenden Fälle: (a) Die Menge M besteht aus genau einem Element. (b) Die
Menge M besteht aus mindestens zwei Elementen. Weisen Sie im Fall (a) nach, dass
die Funktion $D : M' \times M' \to \mathbb{R}$ konstant Null und somit insbesondere eine Metrik
ist. Überlegen Sie sich im anderen Fall durch ein geeignetes Gegenbeispiel, dass die
Funktion D nicht positiv definit und damit keine Metrik ist.

Lösungshinweis Aufgabe 19 Eine Metrik (Hamming-Abstand) $d : M \times M \to \mathbb{R}$
lässt sich beispielsweise für zwei Vektoren $x, y \in \mathbb{R}^d$ wie folgt definieren: Der Wert
$d(x, y)$ steht für die Anzahl unterschiedlicher Komponenten der Vektoren x und y.
Zum Beispiel gilt im $\mathbb{R}^3$ gerade $d(x, y) = 1$ für $x = (1, 2, 3)^\mathsf{T}$ und $y = (1, 2, 4)^\mathsf{T}$,
da der dritte Eintrag der beiden Vektoren unterschiedlich ist.

Lösungshinweis Aufgabe 20 Betrachten Sie eine beliebige konvergente Folge $(x_n)_n \subseteq M$ und bezeichnen Sie den Grenzwert mit $x \in M$. Überlegen Sie sich dann, dass

$$d(x_n, x_m) \leq d(x_n, x) + d(x_m, x)$$

für alle $m, n \in \mathbb{N}$ gilt und argumentieren Sie geschickt.

Lösungshinweis Aufgabe 21 Bezeichnen Sie die (vermeintlich verschiedenen) Grenzwerte einer Folge $(x_n)_n \subseteq M$ mit x und y. Überlegen Sie sich dann mit Hilfe der Ungleichung

$$d(x, y) \leq d(x_n, x) + d(x_n, y),$$

dass die rechte und damit auch die linke Seite beliebig klein gemacht werden kann und folgern Sie schließlich $x = y$.

Lösungshinweis Aufgabe 22 Zeigen Sie, dass $(x_n)_n$ mit $x_n = \arctan(n)$ eine Cauchy-Folge bezüglich der Standardmetrik $\rho : \mathbb{R} \times \mathbb{R} \to \mathbb{R}$ mit $\rho(x, y) = |x - y|$ ist. Beweisen Sie, dass die Folge jedoch nicht bezüglich der gegebenen Metrik d konvergiert. Verwenden Sie dazu geschickt, dass es keine Zahl $x \in \mathbb{R}$ mit $\arctan(x) = \pi/2$ gibt.

Lösungshinweis Aufgabe 23 Betrachten Sie eine beliebige Cauchy-Folge $(f_n)_n \subseteq B(A, M)$ bezüglich der Metrik d_∞. Wählen Sie dann $x \in A$ und begründen Sie kurz, dass $(f_n(x))_n \subseteq M$ eine Cauchy-Folge bezüglich der Metrik d ist. Verwenden Sie dann die Vollständigkeit von (M, d) um zu beweisen, dass die Folge bezüglich d gegen ein Element $f(x) \in M$ konvergiert. Konstruieren Sie damit eine Funktion $f \in B(A, M)$ von der Sie beweisen, dass sie der Grenzwert der Folge $(f_n)_n$ bezüglich d_∞ ist.

Lösungshinweis Aufgabe 24 Der Beweis der Aussage ist nicht sonderlich kompliziert. Beachten Sie lediglich, dass $B_\varepsilon(x) = \{y \in M \mid d(x, y) < \varepsilon\}$ die offene Kugel um $x \in M$ mit Radius $\varepsilon > 0$ bezeichnet und die Metrik $d : M \times M \to \mathbb{R}$ eine symmetrische Funktion ist.

Lösungshinweis Aufgabe 25 Beweisen Sie die Hausdorff-Eigenschaft des metrischen Raums (M, d), indem Sie zu beliebig gewählten Punkten $x, y \in M$ mit $x \neq y$ zwei disjunkte Kugeln um x und y konstruieren.

Lösungshinweis Aufgabe 26

(a) Begründen Sie kurz, dass die Funktion $d : M \times M \to \mathbb{R}$ positiv definit und symmetrisch ist. Beweisen Sie dann die Dreiecksungleichung mit einem Widerspruchsbeweis. Nehmen Sie dazu an, es würde Elemente $x, y, z \in M$ mit

$$d(x, z) > d(x, y) + d(y, z)$$

geben. Zeigen Sie dann, dass weder $x = z$ noch $x \neq z$ möglich ist.

(b) Untersuchen Sie getrennt die Fälle $r \in (0, 1)$ und $r \geq 1$. Beachten Sie dabei, dass die Funktion d lediglich die Werte 0 und 1 annimmt.

(c) Verwenden Sie für den Beweis, dass wegen Teil (b) gerade $B_\varepsilon(x) = \{x\}$ für alle $x \in M$ und $\varepsilon \in (0, 1)$ gilt.

(d) Unterscheiden Sie bei der Berechnung von $\mathrm{dist}(x, A) = \inf_{y \in A} d(x, y)$ die Fälle $x \in A$ und $x \in M \setminus A$. Beachten Sie dabei erneut, dass die diskrete Metrik nach Definition lediglich die beiden Werte 0 und 1 annimmt.

(e) Betrachten Sie eine beliebige Cauchy-Folge $(x_n)_n \subseteq M$, das heißt, zu jedem $\varepsilon > 0$ gibt es einen Index $N \in \mathbb{N}$ mit $d(x_n, x_m) < \varepsilon$ für alle $n, m \geq N$. Untersuchen Sie dann speziell $\varepsilon = 1/2$ und folgern Sie damit die Vollständigkeit von (M, d).

(f) Beweisen Sie zunächst kurz, dass in dem metrischen Raum (M, d) eine Folge $(x_n)_n$ genau dann konvergent ist, wenn diese ab einem gewissen Index konstant ist. Folgern Sie damit, dass lediglich die Folge $(z_n)_n$ bezüglich der Metrik d konvergiert.

(g) Eine Abbildung $f : M \to M'$ heißt in einem Punkt $x_0 \in M$ stetig, wenn es zu jedem $\varepsilon > 0$ eine Zahl $\delta > 0$ so gibt, dass für alle $x \in M$ mit $d(x, x_0) < \delta$ gerade $d'(f(x), f(x_0)) < \varepsilon$ folgt. Führen Sie einen Epsilon-Delta-Beweis mit $\varepsilon > 0$ beliebig und $\delta = 1/2$. Überlegen Sie sich dabei, was diese spezielle Wahl von δ bewirkt.

Lösungshinweis Aufgabe 27 Überlegen Sie sich, dass die Menge $A_r(x_0)$ das Komplement einer abgeschlossenen Menge ist.

Lösungshinweis Aufgabe 28 Betrachten Sie eine endliche Menge $A = \{x_1, \ldots, x_n\}$ mit $n \in \mathbb{N}$ und $x_1, \ldots, x_n \in M$. Schreiben Sie dann A als Vereinigung der endlich vielen abgeschlossenen Mengen $\{x_j\}$ für $j \in \{1, \ldots, n\}$ und argumentieren Sie geschickt.

Lösungshinweis Aufgabe 29 Beachten Sie, dass das Innere einer Menge stets offen und der Abschluss einer Menge stets abgeschlossen ist. Verwenden Sie für Teil (d), dass $\mathbb{Q}$ dicht in $\mathbb{R}$ liegt.

Lösungshinweis Aufgabe 30

(a) Beachten Sie, dass $(0, 1) \times [0, 1] = \{(x_1, x_2)^\mathsf{T} \in \mathbb{R}^2 \mid x_1 \in (0, 1),\ x_2 \in [0, 1]\}$ gilt.

(b) Geben Sie eine offene Kugel $B_\varepsilon(a^1)$ mit geeignetem Radius $\varepsilon > 0$ an, die $B_\varepsilon(a^1) \cap A = \{a^1\}$ erfüllt.

(c) Überlegen Sie sich, dass jeder Punkt in $[0, 1] \times [0, 1]$ ein Häufungspunkt von A ist. Begründen Sie dazu, dass in jeder Umgebung eines Punktes $x \in [0, 1] \times [0, 1]$ mindestens ein weiterer von x verschiedener Punkt der Menge A liegt.

(d) Verifizieren Sie

$$\partial A = \{(x_1, x_2)^\mathsf{T} \in A \mid x_1 \in \{0, 1\} \text{ oder } x_2 \in \{0, 1\}\} \cup \{a^1\}.$$

(e) Beachten Sie, dass der Abschluss $\overline{A}$ von A als $\overline{A} = A \cup \partial A = A \cup A'$ definiert ist, wobei ∂A den Rand von A und A' die Menge aller Häufungspunkte bezeichnet.

(f) Zeigen Sie $\mathrm{int}(A) = (0, 1) \times (0, 1)$.

Lösungshinweis Aufgabe 31

(a) Überlegen Sie sich zunächst kurz, warum Sie ohne Einschränkung annehmen können, dass die Mengen A, B und $A \cap B$ sowie deren Inneres nichtleer sind. Wählen Sie dann $x \in \mathrm{int}(A \cap B)$ beliebig und verwenden Sie die Definition des Inneren um $x \in \mathrm{int}(A) \cap \mathrm{int}(B)$ zu zeigen. Folgern Sie die umgekehrte Inklusion $\mathrm{int}(A) \cap \mathrm{int}(B) \subseteq \mathrm{int}(A \cap B)$ auf ähnliche Weise.

(b) Die verallgemeinerte Gleichung gilt im Allgemeinen nicht. Betrachten Sie dazu $M = \mathbb{R}$, ausgestattet mit der üblichen Betragsmetrik, sowie $A_n = [-1/n, 1/n]$ für $n \in \mathbb{N}$.

Lösungshinweis Aufgabe 32

(a) Verwenden Sie die Definition [5, Abschn. 1.3]

$$\overline{A} = \bigcap_{\substack{A \subseteq C \subseteq M \\ C \text{ abgeschlossen}}} C$$

und argumentieren Sie geschickt.

(b) Verwenden Sie das Ergebnis aus Teil (a) dieser Aufgabe.

(c) Verifizieren Sie die Gleichungskette

$$\overline{A} = (\overline{A} \cap \mathrm{int}(A)) \cup (\overline{A} \setminus \mathrm{int}(A)) = \mathrm{int}(A) \cup \partial A$$

$$= A \cup (\overline{A} \setminus \mathrm{int}(A)) \subseteq \overline{A} \cup (\overline{A} \setminus \mathrm{int}(A)) = \overline{A}$$

und begründen Sie, dass daraus bereits die Behauptung folgt.

Lösungshinweise Banachräume und Hilberträume

12

Lösungshinweis Aufgabe 33

(a) Beachten Sie, dass die Addition/Subtraktion und skalare Multiplikation im $\mathbb{R}^3$ komponentenweise erfolgt, das heißt, für zwei Vektoren $x, y \in \mathbb{R}^3$ und $\lambda \in \mathbb{R}$ gelten

$$x \pm y = (x_1 \pm y_1, x_2 \pm y_2, x_3 \pm y_3)^\mathsf{T} \quad \text{und} \quad \lambda x = (\lambda x_1, \lambda x_2, \lambda x_3)^\mathsf{T}.$$

(b) Das Kreuzprodukt (Vektorprodukt) $x \times y$ der Vektoren $x, y \in \mathbb{R}^3$ ist definiert als

$$x \times y = \begin{pmatrix} x_2 y_3 - x_3 y_2 \\ x_3 y_1 - x_1 y_3 \\ x_1 y_2 - x_2 y_1 \end{pmatrix}.$$

Das Euklidische Skalarprodukt ist definiert als $\langle x, y \rangle = x_1 y_1 + x_2 y_2 + x_3 y_3$. Andere Schreibweisen für das Skalarprodukt sind beispielsweise $x^\mathsf{T} y$ oder $x \cdot y$.

(c) Für einen beliebigen Vektor $x \in \mathbb{R}^3$ sind die Betragssummennorm, die Euklidische Norm und die Maximumsnorm definiert als

$$\|x\|_1 = \sum_{j=1}^{3} |x_j|, \qquad \|x\|_2 = \sqrt{\sum_{j=1}^{3} x_j^2} \quad \text{und} \quad \|x\|_\infty = \max_{1 \leq j \leq 3} |x_j|.$$

© Der/die Autor(en), exklusiv lizenziert an Springer-Verlag GmbH, DE, ein Teil von Springer Nature 2022
N. Hebestreit, *Übungsbuch Analysis II*, https://doi.org/10.1007/978-3-662-65832-1_12

Lösungshinweis Aufgabe 34 Zeigen Sie zunächst mit einer kleinen Rechnung

$$\overline{B}_1^{\|\cdot\|_1}(\mathbf{0}) = \left\{ x \in \mathbb{R}^2 \mid x_1 + x_2 \leq 1, \ -x_1 + x_2 \leq 1, \ x_1 - x_2 \leq 1, \ -x_1 - x_2 \leq 1 \right\},$$

$$\overline{B}_1^{\|\cdot\|_2}(\mathbf{0}) = \left\{ x \in \mathbb{R}^2 \mid x_1^2 + x_2^2 \leq 1 \right\},$$

$$\overline{B}_1^{\|\cdot\|_\infty}(\mathbf{0}) = [-1, 1]^2.$$

Überlegen Sie sich dann, dass es sich bei der Einheitskugel $\overline{B}_1^{\|\cdot\|_1}(\mathbf{0})$ um ein rotiertes Quadrat, bei $\overline{B}_1^{\|\cdot\|_2}(\mathbf{0})$ um die Einheitskreisscheibe und bei $\overline{B}_1^{\|\cdot\|_\infty}(\mathbf{0})$ um ein Quadrat mit Seitenlänge 2 handelt.

Lösungshinweis Aufgabe 35 Beweisen Sie, dass die Funktion $\|\cdot\|_1 : \mathbb{R}^d \to \mathbb{R}$ mit $\|x\|_1 = \sum_{j=1}^{d} |x_j|$ den folgenden drei Norm-Axiomen genügt: Definitheit, absolute Homogenität und Dreiecksungleichung. Verwenden Sie für den Nachweis der drei Axiome, dass der Betrag $|\cdot|$ eine Norm auf $\mathbb{R}$ definiert und damit gerade den obigen Axiomen genügt.

Lösungshinweis Aufgabe 36 Überlegen Sie sich zunächst, dass jede lineare Abbildung $A : V \to W$ das Nullelement aus V auf das in W abbildet, das heißt, es gilt $A(0_V) = 0_W$. Weisen Sie dann nach, dass die Graphennorm den Axiomen Definitheit, absolute Homogenität und Dreiecksungleichung genügt. Dabei müssen Sie lediglich beachten, dass $\|\cdot\|_V$ und $\|\cdot\|_W$ Normen in V beziehungsweise W sind und deren Eigenschaften geschickt verwenden.

Lösungshinweis Aufgabe 37 Aus der Analysis I wissen Sie bereits, dass $C([a, b], \mathbb{R}) = \{ f : [a, b] \to \mathbb{R} \mid f \text{ ist stetig} \}$ ein linearer Raum (Vektorraum) ist. Sie müssen daher lediglich beweisen, dass die Funktion

$$\|\cdot\|_\infty : C([a, b], \mathbb{R}) \to \mathbb{R} \quad \text{mit} \quad \|f\|_\infty = \sup_{x \in [a,b]} |f(x)|$$

eine Norm in $C([a, b], \mathbb{R})$ definiert. Argumentieren Sie dabei für den Nachweis der Definitheit indirekt und verwenden Sie für das zweite Axiom lediglich Eigenschaften des Supremums. Zum Beweis der Dreiecksungleichung sollten Sie kurz begründen, warum für zwei Funktionen $f, g \in C([a, b], \mathbb{R})$ stets

$$|f(x) + g(x)| \leq \|f\|_\infty + \|g\|_\infty$$

für alle $x \in [a, b]$ gilt und in der obigen Ungleichung zum Supremum über alle Elemente in $[a, b]$ übergehen. Beachten Sie, dass für jede Konstante $c \in \mathbb{R}$ gerade $\sup_{x \in [a,b]} c = c$ gilt.

Lösungshinweis Aufgabe 38 Wählen Sie $x \in \mathbb{R}^d$ beliebig und bezeichnen Sie mit $m \in \{1, \ldots, d\}$ den im Betrag größten Index, das heißt, es gilt $\|x\|_\infty = |x_m|$.

Überlegen Sie sich damit, dass

$$\left(\|x\|_\infty^p \right)^{\frac{1}{p}} \leq \left(|x_m|^p + \sum_{\substack{j=1 \\ j \neq m}}^{d} |x_j|^p \right)^{\frac{1}{p}}$$

gilt und folgern Sie weiter $\|x\|_\infty \leq \|x\|_p$. Zum Nachweis der zweiten Unglei-chung können Sie die für jedes $j \in \{1, \ldots, d\}$ gültige Ungleichung $|x_j| \leq \|x\|_\infty$ (mit Begründung) nutzen. Sollten Sie beim Beweis der Ungleichungen Probleme haben, können Sie zunächst versuchen diese für beispielsweise $d = 5$ und $x = (-1, 0, -6, 5, 1)^\mathsf{T}$ nachzuvollziehen.

Lösungshinweis Aufgabe 39 Überlegen Sie sich, dass die Aussage direkt aus Auf-gabe 38 und dem Sandwich-Kriterium für Folgen [3, Aufgabe 38] folgt. Alternativ können Sie aber auch für $x \in \mathbb{R}^d \setminus \{\mathbf{0}\}$ mit Begründung die Gleichungen

$$\lim_{p \to +\infty} \|x\|_p = \lim_{p \to +\infty} \left(\sum_{j=1}^{d} |x_j|^p \right)^{\frac{1}{p}} = \|x\|_\infty \lim_{p \to +\infty} \left(\sum_{j=1}^{d} \frac{|x_j|^p}{\|x\|_\infty^p} \right)^{\frac{1}{p}} = \|x\|_\infty$$

nachvollziehen. Begründen Sie dabei insbesondere den letzten Schritt detailliert.

Lösungshinweis Aufgabe 40 Betrachten Sie für jedes $n \in \mathbb{N}$ die stetige Funktion $f_n : [0, 1] \to \mathbb{R}$ mit

$$f_n(x) = \frac{2nx}{1 + n^2 x^2}.$$

Weisen Sie dann mit einer kleinen Rechnung $\|f_n\|_\infty = 1$ und $\|f_n\|_* = \ln(1 + n^2)/n$ nach. Nehmen Sie weiter an, es würde eine Zahl $C \geq 0$ mit $\|f_n\|_\infty \leq C \|f_n\|_*$ für alle $n \in \mathbb{N}$ geben und führen Sie dies zum Widerspruch, indem Sie auf beiden Seiten zum Grenzwert $n \to +\infty$ übergehen.

Lösungshinweis Aufgabe 41 Zeigen Sie, dass für zwei konvergente Folgen $(x_n)_n$, $(y_n)_n \subseteq V$ mit $\lim_n x_n = x$ und $\lim_n y_n = y$ für alle $n \in \mathbb{N}$

$$\|x_n + y_n - (x + y)\|_V \leq \|x_n - x\|_V + \|y_n - y\|_V$$

gilt und argumentieren Sie dann geschickt.

Lösungshinweis Aufgabe 42 Betrachten Sie eine beliebige d-dimensionale Cauchy-Folge $(x^n)_n$ in $\mathbb{C}^d$ bezüglich der Maximumsnorm $\|\cdot\|_\infty$ mit $x^n = (x_1^n, \ldots, x_d^n)^\mathsf{T}$, das heißt, zu jedem $\varepsilon > 0$ gibt es eine natürliche Zahl $N \in \mathbb{N}$ mit

$$\max_{1 \leq k \leq d} \left| x_k^n - x_k^m \right| < \varepsilon$$

für alle $m, n \geq N$. Folgern Sie, dass damit insbesondere auch jede Komponenten-folge $(x_j^n)_n$ eine Cauchy-Folge in $\mathbb{R}$ ist. Begründen Sie dann, dass $(x_j^n)_n$ gegen ein Element $x_j \in \mathbb{R}$ konvergiert und folgern Sie weiter die Konvergenz von $(x^n)_n$ gegen den Vektor $(x_1, \ldots, x_d)^\mathsf{T}$.

Lösungshinweis Aufgabe 43 Beachten Sie, dass lediglich die Vollständigkeit des normierten Raumes $(C^1([a, b], \mathbb{R}), \|\|\cdot\|\|)$ bewiesen werden soll. Betrachten Sie dazu eine beliebige Cauchy-Folge $(f_n)_n \subseteq C^1([a, b], \mathbb{R})$, das heißt, zu jedem $\varepsilon > 0$ gibt es eine natürliche Zahl $N \in \mathbb{N}$ mit

$$\|\|f_n - f_m\|\| = \max\{\|f_n - f_m\|_\infty, \|f_n' - f_m'\|_\infty\} < \varepsilon$$

für alle $n > m \geq N$. Folgern Sie, dass $(f_n)_n$ und $(f_n')_n$ Cauchy-Folgen in $C([a, b], \mathbb{R})$ bezüglich der Supremumsnorm $\|\cdot\|_\infty$ sind. Bringen Sie dann die Voll-ständigkeit des Banachraums $(C([a, b], \mathbb{R}), \|\cdot\|_\infty)$ ein um zu folgern, dass es Funk-tionen $f, g \in C([a, b], \mathbb{R})$ mit $\lim_n f_n = f$ und $\lim_n f_n' = g$ bezüglich $\|\cdot\|_\infty$ gibt. Begründen Sie dann kurz, dass $f' = g$ gilt und beweisen Sie schließlich $\lim_n f_n = f$ bezüglich der Norm $\|\|\cdot\|\|$.

Lösungshinweis Aufgabe 44 Sie können ohne Einschränkung zum Beispiel $a = -1$ und $b = 1$ betrachten. Begründen Sie, dass die Funktionenfolge $(f_n)_n$ mit

$$f_n : [-1, 1] \to \mathbb{R} \quad \text{und} \quad f_n(x) = \sqrt{x^2 + 1/n}$$

vollständig in $C^1([-1, 1], \mathbb{R})$ liegt. Überlegen Sie sich dann, dass $(f_n)_n$ gleichmäßig, also bezüglich der Norm $\|\cdot\|_\infty$, gegen die nicht differenzierbare Betragsfunktion $f : [-1, 1] \to \mathbb{R}$ mit $f(x) = |x|$ konvergiert. Argumentieren Sie schließlich, dass $(C^1([-1, 1], \mathbb{R}), \|\cdot\|_\infty)$ kein abgeschlossener Teilraum von $(C([-1, 1], \mathbb{R}), \|\cdot\|_\infty)$ sein kann.

Lösungshinweis Aufgabe 45 Jeder Fixpunkt der Funktion $f : \mathbb{R} \setminus \{-1/2\} \to \mathbb{R}$ mit $f(x) = 1/(1 + 2x)$ ist eine Lösung der Gleichung $f(x) = x$ beziehungsweise $1/(1 + 2x) = x$.

Lösungshinweis Aufgabe 46

(a) Beweisen Sie die Aussage mit einen Widerspruchsbeweis. Nehmen Sie dazu an, die Funktion $f : M \to M$ würde zwei verschiedene Fixpunkte $x, x' \in M$ besitzen. Führen Sie dies mit Hilfe der τ-Kontraktivität von T zu einem Widerspruch.

(b) Weisen Sie nach, dass die rekursive Folge $(x_n)_n \subseteq M$ mit $x_{n+1} = T(x_n)$ für $n \in \mathbb{N}_0$ eine Cauchy-Folge und damit im Banachraum $(X, \|\cdot\|_X)$ konvergent ist. Gehen Sie dann in der rekursiven Darstellung zum Grenzwert über um $T(x) = x$ zu beweisen, wobei $x \in M$ der Grenzwert von $(x_n)_n$ ist. Gehen Sie dabei beispielsweise wie folgt vor:

(α)   Zeigen Sie induktiv $\|x_{n+1} - x_n\|_X \le \tau \|x_n - x_{n-1}\|_X$ für alle $n \in \mathbb{N}$.

(β)   Weisen Sie mit Hilfe von Teil (α) nach, dass

$$\|x_m - x_n\|_X \le \|x_1 - x_0\|_X \sum_{j=n}^{m-1} \tau^j \le \frac{\tau^n}{1-\tau} \|x_1 - x_0\|_X$$

für alle $m, n \in \mathbb{N}$ mit $m > n$ gilt. Beachten Sie, dass der Wert einer geometri-schen Reihe der Form $\sum_{j=0}^{+\infty} \tau^j$ gerade $1/(1-\tau)$ beträgt.

(γ)   Folgern Sie mit Teil (β) die Konvergenz der Folge $(x_n)_n$ gegen ein Element $x \in M$. Beachten Sie dabei, dass jede Cauchy-Folge in X wegen der Vollständigkeit automatisch konvergent ist. Überzeugen Sie sich schließlich kurz, dass der τ-kontraktive Operator T insbesondere stetig ist und verifizieren Sie dann (mit Begründung) die Gleichungen

$$x = \lim_{n \to +\infty} x_{n+1} = \lim_{n \to +\infty} T(x_n) = T\left(\lim_{n \to +\infty} x_n\right) = T(x)$$

um den Beweis abzuschließen.

Lösungshinweis Aufgabe 47 Beweisen Sie, dass die Funktion $f : [0, +\infty) \to [0, +\infty)$ mit $f(x) = (x + 1/2)/(x + 1)$ τ-kontraktiv mit $\tau = 1/2$ ist. Verwenden Sie dazu

$$|f(x) - f(y)| = \frac{1}{2} \left| \frac{x - y}{(x + 1)(y + 1)} \right|$$

und schätzen Sie dann den Nenner auf der rechten Seite geschickt nach unten ab. Begründen Sie, dass alle Voraussetzungen des Banachschen Fixpunktsatzes erfüllt sind und $x = 1/\sqrt{2}$ der eindeutige Fixpunkt der Funktion ist.

Lösungshinweis Aufgabe 48 Überlegen Sie sich kurz, dass jede Lösung der Inte-gralgleichung ein Fixpunkt des Operators

$$T : C([-1, 1], \mathbb{R}) \to C([-1, 1], \mathbb{R}) \quad \text{mit} \quad (T(x))(t) = 1 + \frac{1}{2} \int_0^t s x(s) \, ds$$

und umgekehrt ist. Überlegen Sie sich daher, dass der obige Operator τ-kontraktiv mit $\tau = 1/2$ ist. Verifizieren Sie dazu mit Begründung für alle $x, y \in C([-1, 1], \mathbb{R})$ und $t \in [-1, 1]$

$$|(T(x))(t) - (T(y))(t)|$$
$$= \frac{1}{2} \int_0^t s |x(s) - y(s)| \, ds \le \frac{1}{2} \|x - y\|_\infty \int_0^1 s \, ds = \frac{1}{4} \|x - y\|_\infty.$$

Gehen Sie dann auf der linken und rechten Seite der obigen Ungleichung zum Supremum in $[-1, 1]$ über und folgern Sie damit

$$\|T(x) - T(y)\|_\infty \le \frac{1}{4}\|x - y\|_\infty.$$

Lösungshinweis Aufgabe 49 Gehen Sie ähnlich wie in Aufgabe 48 vor. Betrachten Sie daher das äquivalente Fixpunktproblem

$$x \in C([-1, 1], \mathbb{R}) : \qquad T(x) = x,$$

wobei der Operator $T : C([-1, 1], \mathbb{R}) \to C([-1, 1], \mathbb{R})$ gemäß

$$(T(x))(t) = 1 + \int_0^t s x(s)\, ds$$

definiert ist. Zeigen Sie mit der Standardabschätzung für Integrale beziehungsweise der Ungleichung $|x(t)| \le \|x\|_\infty$ für $x \in C([-1, 1], \mathbb{R})$ und $t \in [-1, 1]$ die Kontraktionseigenschaft des Operators und wenden Sie dann den Fixpunktsatz von Banach an.

Lösungshinweis Aufgabe 50 Gehen Sie ähnlich wie in den Aufgaben 48 und 49 vor. Beweisen Sie dazu mit dem Fixpunktsatz von Banach, dass der Operator

$$T : C([a, b], \mathbb{R}) \to C([a, b], \mathbb{R}) \quad \text{mit} \quad (T(x))(t) = \alpha \int_a^b \sin(x(s))\, ds + f(t)$$

einen eindeutigen Fixpunkt besitzt – dieser ist dann automatisch eine Lösung der Integralgleichung. Zeigen Sie mit den Standardabschätzungen aus dem Lösungshinweis von Aufgabe 54 (a) zunächst mit einer kleinen Rechnung

$$|(T(x))(t) - (T(y))(t)| \le |\alpha|(b - a)\|x - y\|_\infty$$

für alle $x, y \in C([a, b], \mathbb{R})$ und $t \in [a, b]$. Beachten Sie, dass die Sinusfunktion Lipschitz-stetig mit Lipschitz-Konstanten $L = 1$ ist [3, Aufgabe 120].

Lösungshinweis Aufgabe 51 Beweisen Sie die Äquivalenz der vier Aussagen mit Hilfe des Ringschlusses

$$(d) \implies (c) \implies (a) \implies (b) \implies (d).$$

Gehen Sie beim Nachweis der einzelnen Implikationen beispielsweise wie folgt vor:

(α) Beweisen Sie zuerst die Implikation (d) $\Longrightarrow$ (c). Beachten Sie dabei, dass der Operator $A : X \to Y$ beschränkt heißt, falls es eine Zahl $M \geq 0$ mit $\|Ax\|_Y \leq M\|x\|_X$ für alle $x \in X$ gilt. Zeigen Sie, dass der beschränkte Operator Lipschitz-stetig mit Lipschitz-Konstanten $L = M$ ist.

(β) Zeigen Sie (c) $\Longrightarrow$ (a). Führen Sie dazu einen Epsilon-Delta-Beweis mit $\varepsilon > 0$ beliebig und $\delta = \varepsilon/L$, wobei $L > 0$ die Lipschitz-Konstante des Operators bezeichnet.

(γ) Weisen Sie die Implikation (a) $\Longrightarrow$ (b) nach. Erklären Sie kurz, dass in diesem Fall nichts zu zeigen ist.

(δ) Zeigen Sie zuletzt die Implikation (b) $\Longrightarrow$ (d). Nehmen Sie dazu an, der stetige Operator A wäre unbeschränkt, das heißt, zu jedem $n \in \mathbb{N}$ gibt es ein Element $x_n \in X$ mit $\|Ax_n\|_Y > n\|x_n\|_X$. Untersuchen Sie dann die (wohldefinierte) Folge $(y_n)_n \subseteq X$ mit $y_n = x_n/(n\|x_n\|_X)$. Überlegen Sie sich, dass $(\|Ay_n\|_Y)_n \subseteq Y$ keine Nullfolge ist, obwohl $(y_n)_n \subseteq X$ eine Nullfolge ist, und überlegen Sie sich, warum dies ein Widerspruch ist.

Lösungshinweis Aufgabe 52

(a) Überlegen Sie sich zuerst, dass der Operator $A : C([0, 1], \mathbb{R}) \to \mathbb{R}$ linear ist und verwenden Sie dann Aufgabe 51 um (äquivalent) die Beschränktheit von A zu beweisen. Verwenden Sie dazu (mit Begründung) die Abschätzungen

$$\left| \int_0^1 x(t)\, \mathrm{d}t \right| \leq \int_0^1 |x(t)|\, \mathrm{d}t \leq \|x\|_\infty$$

für jede Funktion $x \in C([0, 1], \mathbb{R})$.

(b) Zeigen Sie mit einem möglichst einfachen Gegenbeispiel, dass der Integraloperator $B : C([0, 1], \mathbb{R}) \to \mathbb{R}$ nicht linear ist. Verifizieren Sie dann

$$|B(x) - B(y)| \leq (\|x\|_\infty + \|y\|_\infty)\|x - y\|_\infty$$

für alle $x, y \in C([0, 1], \mathbb{R})$ und folgern Sie damit die Stetigkeit des Operators.

Lösungshinweis Aufgabe 53 Weisen Sie kurz nach, dass der Operator A linear ist. Beachten Sie, dass der Ableitungsoperator lediglich die Ableitung einer stetig differenzierbaren Funktion berechnet. Für $x(t) = 2t + \sin(t)$ mit $t \in [0, 1]$ gilt also zum Beispiel $(A(x))(t) = x'(t) = 2 + \cos(t)$. Um schließlich nachzuweisen, dass A nicht stetig ist, können Sie äquivalent die Unbeschränktheit nachweisen (vgl. Aufgabe 51). Betrachten Sie dazu $x_n \in C^1([0, 1], \mathbb{R})$ mit $x_n(t) = \sin(nt)$ für $n \in \mathbb{N}$.

Lösungshinweis Aufgabe 54 Überlegen Sie sich kurz, dass der Operator $A : C([0, 1], \mathbb{R}) \to C([0, 1], \mathbb{R})$ wohldefiniert und linear ist.

(a) Zeigen Sie äquivalent die Beschränktheit des Operators A (vgl. Aufgabe 51). Finden Sie dazu eine Konstante $M \geq 0$ mit $\|Ax\|_\infty \leq M\|x\|_\infty$ für alle $x \in C([0,1], \mathbb{R})$. Verwenden Sie dazu die beiden Abschätzungen

$$|x(t)| \leq \|x\|_\infty \quad \text{und} \quad \left| \int_0^t s x(s)\, ds \right| \leq \|x\|_\infty \int_0^t s\, ds$$

für $x \in C([0,1], \mathbb{R})$ und $t \in [0,1]$. Folgern Sie damit $\|Ax\|_\infty \leq 1/2\|x\|_\infty$ und $\|A\|_{op} = \sup_{\|x\|_\infty \leq 1} \|Ax\|_\infty = 1/2$ für $x \in C([0,1], \mathbb{R})$.

(b) Beweisen Sie die Beschränktheit des Operators (vgl. erneut Aufgabe 51). Verwenden Sie dazu für alle $x \in C([0,1], \mathbb{R})$ und $t \in [0,1]$ die Ungleichung (mit Begründung)

$$\|Ax\|_2^2 = \int_0^1 \left| \int_0^t s x(s)\, ds \right|^2 dt \leq \int_0^1 \left(\int_0^t s^2\, ds \right) \left(\int_0^t |x(s)|^2 \right)$$

und zeigen Sie damit $\|Ax\|_2^2 \leq 1/12 \|x\|_2^2$. Die Resultate der Aufgaben 56 und 58 sind beim Nachweis der Ungleichung sehr hilfreich.

Lösungshinweis Aufgabe 55 Zeigen Sie, dass die Funktion $\langle \cdot, \cdot \rangle : \mathbb{R}^2 \times \mathbb{R}^2 \to \mathbb{R}$ mit $\langle x, y \rangle = x_1 y_1 + x_2 y_2$ in beiden Argumenten linear und zudem symmetrisch ist. Für die positive Definitheit müssen Sie sich überlegen, dass $\langle x, x \rangle \geq 0$ für alle $x \in \mathbb{R}^2$ gilt und $\langle x, x \rangle = 0$ lediglich dann gilt, falls $x = \mathbf{0}$ der Nullvektor im $\mathbb{R}^2$ ist. Verwenden Sie bei Ihren Argumentationen lediglich die bekannten Eigenschaften der Euklidischen Norm $\| \cdot \|_2$.

Lösungshinweis Aufgabe 56 Begründen Sie kurz, dass die Abbildung $\langle \cdot, \cdot \rangle : V \times V \to \mathbb{R}$ in beiden Argumenten linear und symmetrisch ist. Überlegen Sie sich dann, dass Sie für den Nachweis der positiven Definitheit lediglich $\langle f, f \rangle > 0$ für jede Funktion $f \in V \setminus \{0_V\}$ zeigen müssen. Betrachten Sie also $f \in V \setminus \{0_V\}$ und begründen Sie kurz, dass es $x_0 \in [0,1]$ mit $f^2(x_0) > 0$ und $\delta > 0$ so gibt, dass für alle $x \in [0,1]$ mit $|x - x_0| < \delta$ gerade $f^2(x) > f^2(x_0)/2$ gilt (Stetigkeit der Funktion f verwenden). Nutzen Sie dann die Abschätzung

$$\int_0^1 f^2(x)\, dx \geq \int_{x_0-\delta}^{x_0+\delta} f^2(x)\, dx \geq \frac{1}{2} \int_{x_0-\delta}^{x_0+\delta} f^2(x_0)$$

und argumentieren Sie geschickt.

Lösungshinweis Aufgabe 57 Berechnen Sie das Skalarprodukt der beiden Richtungsvektoren von g_1 und g_2.

Lösungshinweis Aufgabe 58 Die Cauchy-Schwarz-Ungleichung lässt sich auf verschiedene Weisen nachweisen. Gehen Sie dabei beispielsweise wie folgt vor:

(a) Verifizieren Sie für alle $x, y \in V$ zunächst die beiden Ungleichungen

$$0 \leq \langle x - \lambda y, x - \lambda y \rangle \leq \|x\|_V^2 - 2\lambda \langle x, y \rangle + \lambda^2 \|y\|_V^2.$$

Setzen Sie dann für $y \neq 0_V$ speziell $\lambda = \langle x, y \rangle / \|y\|_V^2$ in die obige Ungleichung ein und vereinfachen Sie diese so weit wie möglich. Folgern Sie damit die Ungleichung von Cauchy-Schwarz.

(b) Wählen Sie $x, y \in V$ beliebig und betrachten Sie die Funktion $f : \mathbb{R} \to \mathbb{R}$ mit $f(\lambda) = \|\lambda x + y\|_V^2$. Verifizieren Sie kurz

$$f(\lambda) = \lambda^2 \|x\|_V^2 + 2\lambda \langle x, y \rangle + \|y\|_V^2$$

für $\lambda \in \mathbb{R}$ und begründen Sie kurz, dass f ein Polynom ist. Untersuchen Sie dann das Vorzeichen der Diskriminante

$$D = 4\langle x, y \rangle^2 - 4\|x\|_V^2 \|y\|_V^2$$

und folgern Sie damit die Cauchy-Schwarz-Ungleichung.

Lösungshinweise Stetigkeit

13

Lösungshinweis Aufgabe 59 Betrachten Sie einen beliebigen Punkt $x^0 = (x_1^0, x_2^0)^\mathsf{T} \in \mathbb{R}^2$ und gehen Sie beispielsweise wie folgt vor:

(a) Verifizieren Sie zunächst für alle $x \in \mathbb{R}^2$ die Ungleichung

$$|f(x) - f(x^0)| \leq |x_1 - x_1^0||x_2 - x_2^0| + (1 + |x_2^0|)|x_1 - x_1^0| + (1 + |x_1^0|)|x_2 - x_2^0|.$$

Führen Sie dann einen sogenannten Epsilon-Delta-Beweis. Betrachten Sie dazu $\varepsilon > 0$ beliebig und wählen Sie $\delta > 0$ mit

$$\delta^2 + (2 + |x_1^0| + |x_2^0|)\delta < \varepsilon.$$

Beachten Sie schließlich, dass für jeden Vektor $x = (x_1, x_2)^\mathsf{T} \in \mathbb{R}^2$ mit $\|x - x^0\|_1 < \delta$ (Betragssummennorm, vgl. Aufgabe 35) insbesondere auch $|x_1 - x_1^0| < \delta$ und $|x_2 - x_2^0| < \delta$ gelten.

(b) Alternativ können Sie aber auch die Folgen-Stetigkeit in $(x_1^0, x_2^0)^\mathsf{T}$ nachweisen. Betrachten Sie dazu eine beliebige Folge $((x_1^n, x_2^n)^\mathsf{T})_n \subseteq \mathbb{R}^2$ mit $\lim_n (x_1^n, x_2^n)^\mathsf{T} = (x_1^0, x_2^0)^\mathsf{T}$ und beweisen Sie dann mit den Grenzwertsätzen für konvergente Folgen

$$\lim_{n \to +\infty} f(x_1^n, x_2^n) = f(x_1^0, x_2^0).$$

Lösungshinweis Aufgabe 60 Konstruieren Sie eine möglichst einfache Folge $((x_n, y_n)^\mathsf{T})_n \subseteq \mathbb{R}^2$ mit $\lim_n (x_n, y_n)^\mathsf{T} = (0, 0)^\mathsf{T}$ und $\lim_n f(x_n, y_n) \neq f(0, 0)$.

© Der/die Autor(en), exklusiv lizenziert an Springer-Verlag GmbH, DE, ein Teil von
Springer Nature 2022
N. Hebestreit, *Übungsbuch Analysis II*, https://doi.org/10.1007/978-3-662-65832-1_13

Lösungshinweis Aufgabe 61 Zeigen Sie, dass die Funktion $f : \mathbb{R}^3 \to \mathbb{R}^2$ Folgenstetig ist. Wählen Sie dazu $(x_0, y_0, z_0)^\mathsf{T} \in \mathbb{R}^3$ und $((x_n, y_n, z_n)^\mathsf{T})_n \subseteq \mathbb{R}^3$ mit $\lim_n (x_n, y_n, z_n)^\mathsf{T} = (x_0, y_0, z_0)^\mathsf{T}$ beliebig und weisen Sie dann

$$\lim_{n \to +\infty} f_j(x_n, y_n, z_n) = f_j(x_0, y_0, z_0)$$

(Stetigkeit der Koordinatenfunktionen) für $j \in \{1, 2\}$ nach. Verwenden Sie dafür die bekannten Grenzwertsätze sowie Eigenschaften und Resultate über stetige Funktionen aus der Analysis I.

Lösungshinweis Aufgabe 62 Führen Sie einen Epsilon-Delta-Beweis. Betrachten Sie dazu $a \in A$ sowie $\varepsilon > 0$ beliebig und konstruieren Sie eine Zahl $\delta > 0$ wie folgt: Definieren Sie für jedes $N \in \mathbb{N}$ zunächst die beiden Funktionen $f_N, R_N : A \to \mathbb{C}$ durch

$$f_N(z) = \sum_{n=0}^{N} a_n(z - z_0)^n \quad \text{und} \quad R_N(z) = \sum_{n=N+1}^{+\infty} a_n(z - z_0)^n.$$

Wählen Sie dann $R_0 > 0$ mit $|a - z_0| < R_0 < R$, wobei $R \in (0, +\infty]$ den Konvergenzradius der Potenzreihe bezeichnet, und erklären Sie kurz, warum es $\delta_0 > 0$ mit $|f_N(z) - f_N(a)| < \varepsilon/3$ für alle $z \in A$ mit $|z - z_0| < \delta_0$ gibt. Setzen Sie dann

$$\delta = \min\{\delta_0, R_0 - |a - z_0|\} > 0$$

und verwenden Sie dann für ein geeignet gewähltes $N_0 \in \mathbb{N}$ mit Begründung die Ungleichung

$$|f(z) - f(a)| \leq |f_{N_0}(z) - f_{N_0}(a)| + |R_{N_0}(z)| + |R_{N_0}(a)|$$

um letztendlich $|f(z) - f(a)| < \varepsilon$ für alle $z \in A$ mit $|z - a| < \delta$ zu beweisen.

Lösungshinweis Aufgabe 63 Beweisen Sie zuerst die sogenannte Viereecksungleichung

$$|d(x, y) - d(a, b)| \leq d(x, a) + d(y, b)$$

für beliebige Elemente $a, b, x, y \in M$ und folgern Sie damit geschickt die Stetigkeit der Metrik $d : M \times M \to \mathbb{R}$.

Lösungshinweis Aufgabe 64

(a) Überlegen Sie sich für die umgekehrte Dreiecksungleichung zunächst

$$\|x\|_V \leq \|x - y\|_V + \|y\|_V$$

für $x, y \in V$ und beachten Sie dann, dass die Norm $\| \cdot \|_V$ symmetrisch ist, das heißt, es gilt $\|x - y\|_V = \|y - x\|_V$.

(b) Betrachten Sie ein beliebiges Element $x \in V$ sowie eine Folge $(x_n)_n \subseteq V$ mit $\lim_n x_n = x$ in V und verwenden Sie dann geschickt die Ungleichung

$$\left| \|x_n\|_V - \|x\|_V \right| \leq \|x_n - x\|_V$$

für $n \in \mathbb{N}$.

Lösungshinweis Aufgabe 65

(a) Verwenden Sie, dass die stetige Funktion $f : [0, 1] \times [0, 2] \to \mathbb{R}$ mit $f(x, y) = 1/(1 + y^2 \cos(xy))$ auf dem Kompaktum $[0, 1] \times [0, 2]$ sogar gleichmäßig stetig ist. Wählen Sie dann $x_0 \in [0, 1]$ beliebig und verwenden Sie für alle $x \in [0, 1]$ die Ungleichung (Standardabschätzung für Riemann-Integrale beachten)

$$|F(x) - F(x_0)| \leq 2\|f(x, \cdot) - f(x_0, \cdot)\|_\infty,$$

um die Stetigkeit des Parameterintegrals zu beweisen.

(b) Beachten Sie, dass wegen Teil (a) das Parameterintegral $F : [0, 1] \to \mathbb{R}$ stetig ist, das heißt, es gilt

$$\lim_{x \to 0} F(x) = F(0).$$

Lösungshinweis Aufgabe 66 Der Einsetzungsoperator $T : C([0, 1], \mathbb{R}) \to \mathbb{R}$ ist stetig. Beweisen Sie zuerst die Ungleichung

$$|T(x) - T(y)| \leq \|x - y\|_\infty$$

für alle $x, y \in C([0, 1], \mathbb{R})$ und führen Sie dann beispielsweise einen Epsilon-Delta-Beweis.

Lösungshinweis Aufgabe 67 Berechnen Sie zum Beispiel die vier Funktionswerte $f(-5)$, $f(-2)$, $f(1)$ sowie $f(6)$ und verwenden Sie dann den Zwischenwertsatz für stetige Funktionen.

Lösungshinweis Aufgabe 68 Betrachten Sie einen beliebigen Punkt $x \in (-r, r)$ mit $f(x) \neq 0$ und untersuchen Sie dann das Vorzeichen von $f(-x)$. Beachten Sie dabei, dass die Funktion $f : (-r, r) \to \mathbb{R}$ als ungerade vorausgesetzt wird, das heißt, es gilt $f(x) = -f(-x)$ und verwenden Sie dann den Nullstellensatz von Bolzano (oder alternativ den Zwischenwertsatz).

Lösungshinweis Aufgabe 69 Führen Sie einen Widerspruchsbeweis, das heißt, nehmen Sie an es würde eine stetige Funktion $f : \mathbb{R} \to \mathbb{R}$ derart geben, dass jedes Element aus $\mathbb{R}$ genau zwei Urbilder besitzt. Gehen Sie dann bei der Bearbeitung der Aufgabe wie folgt vor:

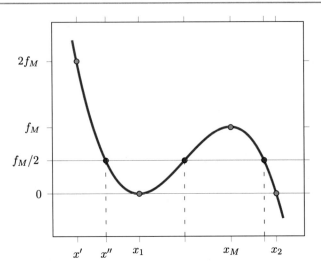

Abb. 13.1 Konstruktion von drei Stellen mit Funktionswert $f_M/2$

(a) Überlegen Sie sich zunächst, dass die Funktion $f : \mathbb{R} \to \mathbb{R}$ surjektiv ist und genau zwei Nullstellen $x_1, x_2 \in \mathbb{R}$ mit $x_1 < x_2$ besitzt. Begründen Sie weiter, dass die Funktion in jedem der drei Intervallen $(-\infty, x_1)$, (x_1, x_2) und $(x_2, +\infty)$ nicht das Vorzeichen wechseln kann (Zwischenwertsatz beachten). Überlegen Sie sich dann, dass Sie ohne Einschränkung $f(x) \geq 0$ für $x \in (-\infty, x_2]$ und $f(x) < 0$ für $x \in (x_2, +\infty)$ annehmen können (vgl. Abb. 13.1).

(b) Weisen Sie (kurze Begründung) die Existenz einer Stelle $x_M \in (x_1, x_2)$ mit $f(x_M) = \max_{x \in [x_1, x_2]} f(x)$ nach. Setzen Sie $f_M = f(x_M)$ und überlegen Sie sich, wie viele Urbilder $f_M/2$ im Intervall (x_1, x_2) besitzt.

(c) Konstruieren Sie schließlich (vgl. erneut Abb. 13.1) ein weiteres Urbild $x'' \in (-\infty, x_1)$ von $f_M/2$ und führen Sie dies zu einem Widerspruch.

Lösungshinweis Aufgabe 70 Untersuchen Sie für $c \in (f'(a), f'(b))$ die differenzierbare Hilfsfunktion $h : [a, b] \to \mathbb{R}$ mit $h(x) = f(x) - cx$. Überlegen Sie sich dann, dass h ein Minimum $\xi \in [a, b]$ besitzt. Beweisen Sie weiter, dass weder $\xi = a$ noch $\xi = b$ gelten kann um schließlich $h'(\xi) = 0$ zu folgern.

Lösungshinweis Aufgabe 71 Beweisen Sie die behauptete Gleichung in zwei Schritten:

(a) Überlegen Sie sich zunächst, warum

$$\max_{(x,y)^{\mathsf{T}} \in [a,b] \times [c,d]} f(x, y) = \sup_{(x,y)^{\mathsf{T}} \in [a,b] \times [c,d]} f(x, y)$$

gilt (und die linke Seite endlich ist) und folgern Sie weiter die Ungleichung

$$\sup_{(x,y)^\mathsf{T} \in (a,b) \times (c,d)} f(x, y) \leq \sup_{(x,y)^\mathsf{T} \in [a,b] \times [c,d]} f(x, y).$$

(b) Begründen Sie kurz, dass es ein Element $(x_0, y_0)^\mathsf{T} \in [a, b] \times [c, d]$ mit

$$f(x_0, y_0) = \sup_{(x,y)^\mathsf{T} \in [a,b] \times [c,d]} f(x, y)$$

gibt und betrachten Sie dann eine beliebige Folge $((x_n, y_n)^\mathsf{T})_n \subseteq (a, b) \times (c, d)$ mit $\lim_n (x_n, y_n)^\mathsf{T} = (x_0, y_0)^\mathsf{T}$. Verwenden Sie schließlich

$$\sup_{(x,y)^\mathsf{T} \in (a,b) \times (c,d)} f(x, y) \geq f(x_n, y_n)$$

für alle $n \in \mathbb{N}$ und gehen Sie dann in der obigen Ungleichung zum Grenzwert $n \to +\infty$ über.

Lösungshinweis Aufgabe 72

(a) Die Aussage ist richtig. Betrachten Sie für $x \in \mathbb{R}^d$ und $j \in \{1, \ldots, d\}$ die Funktion $f_j : \mathbb{R} \to \mathbb{R}$ mit $f_j(t) = f(x_1, \ldots, x_{j-1}, t, x_{j+1}, \ldots, x_d)$. Wählen Sie dann $t \in \mathbb{R}$ sowie $(t_n)_n \subseteq \mathbb{R}$ mit $\lim_n t_n = t$ beliebig und weisen Sie kurz nach, dass die mehrdimensionale Folge

$$((x_1, \ldots, x_{j-1}, t_n, x_{j+1}, \ldots, x_d)^\mathsf{T})_n \subseteq \mathbb{R}^d$$

bezüglich der Betragssummennorm gegen den Vektor $x = (x_1, \ldots, x_d)^\mathsf{T}$ konvergiert. Folgern Sie schließlich mit Hilfe der Stetigkeit der Funktion $f : \mathbb{R}^d \to \mathbb{R}$ die Stetigkeit von f_j. Zeigen Sie dazu

$$\lim_{n \to +\infty} f_j(t_n) = f_j(t).$$

(b) Die Aussage ist im Allgemeinen falsch. Betrachten Sie beispielsweise die Funktion $f : \mathbb{R}^2 \to \mathbb{R}$ mit

$$f(x_1, x_2) = \begin{cases} \frac{x_1 x_2}{x_1^2 + x_2^2}, & (x_1, x_2)^\mathsf{T} \neq (0, 0)^\mathsf{T} \\ 0, & (x_1, x_2)^\mathsf{T} = (0, 0)^\mathsf{T}. \end{cases}$$

Lösungshinweis Aufgabe 73 Beachten Sie, dass eine Funktion $f : M \to M'$ zwischen den metrischen Räumen (M, d) und (M', d') genau dann in einem Punkt $x \in M$ stetig ist, wenn es zu jedem $\varepsilon > 0$ eine Zahl $\delta > 0$ derart gibt, dass $d'(f(x), f(y)) < \varepsilon$ für alle $y \in M$ mit $d(x, y) < \delta$ gilt. Folgern Sie

$$B_\delta(x) \subseteq f^{-1}(B_\varepsilon(f(x))) = \{y \in M \mid f(y) \in B_\varepsilon(f(x))\}$$

und wenden Sie dann die Urbildfunktion f^{-1} auf die obige Beziehung an.

Lösungshinweis Aufgabe 74   Gehen Sie beim Beweis der Äquivalenzaussage beispielsweise wie folgt vor:

(a) Betrachten Sie eine stetige Funktion $f : M \to M'$ und wählen Sie dann eine
beliebige offene Menge $A' \subseteq M'$ mit $A' \neq \emptyset$ und $f^{-1}(A') \neq \emptyset$ – argumentieren
Sie kurz, warum die beiden Spezialfälle nicht weiter untersucht werden müssen.
Wählen Sie dann ein beliebiges Element $x \in f^{-1}(A')$ und überlegen Sie sich
dann, dass es $\varepsilon > 0$ mit $B_\varepsilon(f(x)) \subseteq A'$ gibt. Verwenden Sie schließlich die
Stetigkeit von f und das Resultat aus Aufgabe 73 um eine Zahl $\delta > 0$ mit
$f(B_\delta(x)) \subseteq A'$ zu finden. Folgern Sie damit, dass x ein innerer Punkt der
Menge $f^{-1}(A')$ ist.

(b) Betrachten Sie im zweiten Teil eine Funktion $f : M \to M'$ derart, dass
$f^{-1}(A') \subseteq M$ für alle offenen Mengen $A' \subseteq M'$ ebenfalls offen ist. Wählen Sie dann $\varepsilon > 0$ und $x \in M$ beliebig und begründen Sie kurz, dass die Menge
$f^{-1}(B_\varepsilon(f(x)))$ in M offen ist. Überlegen Sie sich weiter, dass es $\delta > 0$ mit

$$B_\delta(x) \subseteq f^{-1}(B_\varepsilon(f(x)))$$

gibt. Folgern Sie schließlich, dass die Funktion im Punkt x stetig ist (vgl. auch
die Lösung von Aufgabe 73).

Lösungshinweis Aufgabe 75   Untersuchen Sie die Funktion $f : \mathbb{R} \to \mathbb{R}$ mit
$f(x) = x^2$ und die Menge $A = (-1, 1)$.

Lösungshinweis Aufgabe 76   Die Aussage ist im Allgemeinen falsch. Betrachten
Sie beispielsweise die Funktion $f : \mathbb{R} \to \mathbb{R}$ mit

$$f(x) = \begin{cases} 0, & x < 0 \\ x, & 0 \leq x \leq 1 \\ 1, & x > 1 \end{cases}$$

und finden Sie dann eine geeignete und möglichst einfache Menge $A \subseteq \mathbb{R}$ mit
$f^{-1}(\overline{A}) \neq \overline{f^{-1}(A)}$.

Lösungshinweis Aufgabe 77   Verwenden Sie für den Beweis, dass in einem metrischen Raum eine Menge genau dann kompakt ist, wenn sie Folgen-kompakt ist.
Zeigen Sie daher, dass jede Bildfolge $(y_n)_n \subseteq f(M)$ eine konvergente Teilfolge
$(y_{n_j})_j$ mit $\lim_j y_{n_j} = y$ bezüglich d und $y \in f(M)$ besitzt. Beachten Sie dabei,
dass jede Folge $(y_n)_n$ in $f(M)$ stets eine weitere Folge $(x_n)_n$ in M mit $f(x_n) = y_n$
für $n \in \mathbb{N}$ erzeugt.

Lösungshinweis Aufgabe 78   Beweisen Sie, dass die Funktion $f : M \to M'$ mit
$f(x) = x/(1 + |x|)$ ein Homöomorphismus zwischen $M = \mathbb{R}$ und $M' = (-1, 1)$

ist. Um nachzuweisen, dass f bijektiv ist können Sie die Funktion $g : M' \to M$ mit $g(x) = x/(1 - |x|)$ untersuchen und $f \circ g$ sowie $g \circ f$ berechnen.

Lösungshinweis Aufgabe 79 Betrachten Sie eine beliebige lineare Abbildung $A : V \to W$. Überlegen Sie sich dann mit Hilfe von Aufgabe 36, dass es eine Konstante $C \geq 0$ mit

$$\|Ax\|_W \leq C\|x\|_V$$

für alle $x \in V$ gibt und folgern Sie dann mit der Charakterisierung aus Aufgabe 51 die Stetigkeit der Abbildung. Beachten Sie beim Nachweis der obigen Ungleichung, dass in endlichdimensionalen normierten Räumen alle Normen äquivalent sind.

Lösungshinweis Aufgabe 80 Gehen Sie bei der Bearbeitung der Aufgabe beispielsweise wie folgt vor:

(a) Beweisen Sie zunächst für alle $s, t \geq 0$ die Ungleichung

$$\frac{s + t}{(1 + s^2)(1 + t^2)} \leq 1.$$

(b) Verifizieren Sie dann mit einer kleinen Rechnung

$$f(x) - f(y) = \frac{\|x\|_2 + \|y\|_2}{(1 + \|x\|_2^2)(1 + \|y\|_2^2)} (\|y\|_2 - \|x\|_2)$$

für alle $x, y \in \mathbb{R}^d$. Verwenden Sie schließlich die Abschätzung aus Teil (a) um die gleichmäßige Stetigkeit der Funktion zu beweisen.

Lösungshinweis Aufgabe 81 Überlegen Sie sich zunächst mit dem Hauptsatz der Differential- und Integralrechnung, dass der Operator T wohldefiniert ist. Beweisen Sie dann die Ungleichung

$$|(T(x))(t) - (T(y))(t)| = \left| \int_0^t s^2 (x(s) - y(s)) \, \mathrm{d}s \right| \leq \|x - y\|_\infty$$

für alle $x, y \in C([0, 1], \mathbb{R})$ und $t \in [0, 1]$. Folgern Sie damit $\|T(x) - T(y)\|_\infty \leq \|x - y\|_\infty$.

Lösungshinweis Aufgabe 82 Führen Sie einen Epsilon-Delta-Beweis mit $\varepsilon > 0$ beliebig und $\delta = \varepsilon/2$. Überlegen Sie sich dazu mit Hilfe der Dreiecksungleichung, dass

$$\|\operatorname{add}(v, w) - \operatorname{add}(x, y)\|_V \leq 2d((v, w), (x, y))$$

für alle $(v, w), (x, y) \in V \times V$ gilt.

Lösungshinweis Aufgabe 83

(a) Verwenden Sie das nützliche Resultat aus Aufgabe 64.
(b) Widerlegen Sie die gleichmäßige Stetigkeit der Funktion $f : \mathbb{R}^d \setminus \{0\} \to \mathbb{R}^d$, indem Sie zwei Folgen $(x^n)_n, (y^n)_n \subseteq \mathbb{R}^d \setminus \{0\}$ mit

$$\lim_{n \to +\infty} \|x^n - y^n\|_2 = 0 \quad \text{und} \quad \lim_{n \to +\infty} \|f(x^n) - f(y^n)\|_2 = 0$$

finden.

Lösungshinweis Aufgabe 84

(a) Verwenden Sie $|f(x) - f(y)| = |x - y||x + y|$ für $x, y \in [a, b]$ und überlegen Sie sich dann kurz

$$\sup_{x,y\in[a,b]} |x + y| < +\infty$$

um die Lipschitz-Stetigkeit der Quadratfunktion zu beweisen.
(b) Widerlegen Sie die Lipschitz-Stetigkeit der Funktion $f : \mathbb{R} \to \mathbb{R}$ mit $f(x) = x^2$ indem Sie beweisen, dass es keine Zahl $L \geq 0$ mit

$$\frac{|f(x) - f(y)|}{|x - y|} \leq L$$

für alle $x, y \in \mathbb{R}$ mit $x \neq y$ geben kann.

Lösungshinweis Aufgabe 85 Wählen Sie $x, y, z \in M$ beliebig und gehen Sie dann in der Ungleichung

$$d(x, z) \leq d(x, y) + d(y, z)$$

zum Infimum über alle Elemente $z \in A$ über. Folgern Sie damit

$$\text{dist}(x, A) - \text{dist}(y, A) \leq d(x, y)$$

und passen Sie Ihre vorherige Argumentation geschickt an, um die Lipschitz-Stetigkeit der Distanzfunktion $\text{dist}(\cdot, A) : M \to \mathbb{R}$ zu beweisen.

Lösungshinweis Aufgabe 86 Gehen Sie ähnlich wie in Aufgabe 84 (b) vor. Berechnen Sie dazu beispielsweise für jedes $n \in \mathbb{N}$ den Quotienten

$$\frac{|f(x^n) - f(0)|}{\|x^n - 0\|_2},$$

wobei $x^n = (x_1^n, \ldots, x_{d-1}^n, x_d^n)^\top = (n, \ldots, n, 0)^\top$ und $\mathbf{0} = (0, \ldots, 0)^\top$. Folgern Sie dann, dass die Funktion $f : \mathbb{R}^d \to \mathbb{R}$ mit $f(x) = \sum_{j=1}^{d-1} x_j^2 + dx_d^2$ nicht Lipschitz-stetig sein kann.

Lösungshinweis Aufgabe 87 Zum Nachweis der Hölder-Stetigkeit von $f : [0, +\infty) \to \mathbb{R}$ mit $f(x) = x^\alpha$ zum Exponenten $\alpha \in (0, 1]$ können Sie wie folgt vorgehen:

(a) Begründen Sie zunächst, warum die Ungleichungen

$$1 - \frac{x^\alpha}{y^\alpha} \leq 1 - \frac{x}{y} \leq \left(1 - \frac{x}{y}\right)^\alpha$$

für alle $x, y \in (0, +\infty)$ mit $x < y$ gelten. Multiplizieren Sie dann die obigen Ungleichungen mit $y^\alpha > 0$ und folgern Sie $|f(x) - f(y)| \leq |x - y|^\alpha$.

(b) Alternative Lösungsmöglichkeit: Wählen Sie $x, y \in [0, +\infty)$ mit $x < y$ beliebig und begründen Sie alternativ kurz

$$f(x) - f(y) = x^\alpha - y^\alpha = \int_y^x \alpha t^{\alpha-1} \, dt.$$

Verwenden Sie dann mit Begründung die Ungleichung

$$\int_y^x \alpha t^{\alpha-1} \, dt \leq \int_y^x \alpha (t - y)^{\alpha-1} \, dt$$

und berechnen Sie schließlich den Wert des Integrals auf der rechten Seite mit einer geeigneten Substitution um die Hölder-Stetigkeit zu beweisen.

Lösungshinweis Aufgabe 88 Verwenden Sie, dass jede stetige Funktion $f : [0, 1/2] \to \mathbb{R}$ auf dem Kompaktum $[0, 1/2]$ gleichmäßig stetig ist [3, Aufgabe 113]. Um die Hölder-Stetigkeit von f zu widerlegen, können Sie zum Beispiel nachweisen, dass es keine Zahlen $\alpha > 0$ und $C \geq 0$ mit

$$|f(x) - f(0)| \leq C|x - 0|^\alpha$$

für alle $x \in [0, 1/2]$ geben kann. Zeigen Sie dazu mit dem Satz von l'Hospital

$$\lim_{x \to 0^+} |x|^\alpha \ln(x) = 0.$$

Lösungshinweis Aufgabe 89 Wählen Sie zunächst $x, y \in [a, b]$ mit $x < y$ beliebig und betrachten Sie die Zwischenpunkte $\xi_j = x + j(y - x)/n$ für $j \in \{0, \ldots, n\}$ und

$n \in \mathbb{N}$. Folgern Sie dann mit der Hölder-Stetigkeit der Funktion $f : [a, b] \to \mathbb{R}$ und der Dreiecksungleichung

$$|f(x) - f(y)| \leq C \sum_{j=1}^{n} |\xi_j - \xi_{j-1}|^{\alpha}.$$

Vereinfachen Sie schließlich die rechte Seite der obigen Ungleichung so weit wie möglich und gehen Sie dann auf beiden Seiten zum Grenzwert $n \to +\infty$ über um $f(x) = f(y)$ zu folgern.

Lösungshinweis Aufgabe 90 Die Aussage ist richtig. Wählen Sie dazu $x, y \in \mathbb{R}$ mit $x < y$ beliebig und betrachten Sie die beiden folgenden Fälle:

(a) Es gilt $f(x)f(y) \geq 0$. Folgern Sie mit der Hölder-Stetigkeit von $|f|$ die von f.
(b) Es gilt $f(x)f(y) \leq 0$. Erklären Sie kurz, dass es eine Nullstelle $\xi \in [x, y]$ mit $f(\xi) = 0$ gibt und verwenden Sie dann mit Begründung die Ungleichungskette

$$|f(x) - f(y)| \leq |f(x)| + |f(y)| \leq \big||f(x)| - |f(\xi)|\big| + \big||f(\xi)| - |f(y)|\big|,$$

Beweisen Sie schließlich, dass es Konstanten $\alpha \in (0, 1]$ und $C \geq 0$ mit

$$|f(x) - f(y)| \leq 2C|x - y|^{\alpha}$$

gibt.

Lösungshinweis Aufgabe 91 Beachten Sie, dass eine Funktion $f : M \to M'$ zwischen den metrischen Räumen (M, d) und (M', d') Hölder-stetig ist, wenn es für alle $x, y \in M$ Konstanten $\alpha > 0$ und $C > 0$ mit

$$d'(f(x), f(y)) \leq C(d(x, y))^{\alpha}$$

gibt. Führen Sie dann einen Epsilon-Delta-Beweis mit $\varepsilon > 0$ beliebig und $\delta = (\varepsilon/C)^{1/\alpha}$.

Lösungshinweise Kompaktheit und Zusammenhang

14

Lösungshinweis Aufgabe 92 Für die Bearbeitung der Aufgabe können Sie eine der folgenden Ideen verwenden:

(a) Zeigen Sie, dass die Menge A beschränkt und abgeschlossen ist (Satz von Heine-Borel verwenden). Überlegen Sie sich kurz, dass $A = \{a_n \in \mathbb{C} \mid n \in \mathbb{N}\} \cup \{a\}$ beschränkt ist, da die konvergente Folge $(a_n)_n$ konvergent und folglich beschränkt ist. Für den Nachweis der (Folgen-)Abgeschlossenheit von A wählen Sie eine beliebige konvergente Folge $(x_n)_n \subseteq A$ mit $\lim_n x_n = x$ und zeigen Sie dann $x \in A$. Untersuchen Sie dazu die beiden folgenden Fälle:

   (α) Es gibt einen Index $N \in \mathbb{N}$ derart, dass $x_n = a$ für alle $n \geq N$ gilt.
   (β) Für unendlich viele Indizes $n \in \mathbb{N}$ gilt $x_n \neq a$.

(b) Beweisen Sie, dass A überdeckungskompakt ist. Beachten Sie, dass die Menge A nach Definition genau dann kompakt (überdeckungskompakt) ist, wenn jede offene Überdeckung von A eine endliche Teilüberdeckung besitzt. Eine offene Überdeckung ist dabei lediglich eine Familie von offenen Mengen in $\mathbb{C}$, in Zeichen $(O_\lambda)_{\lambda \in \Lambda}$, mit $A \subseteq \bigcup_{\lambda \in \Lambda} O_\lambda$. Gibt es also endlich viele Mengen der Überdeckung, das heißt, es ist möglich eine Zahl $n \in \mathbb{N}$ und Indizes $\lambda_1, \ldots, \lambda_n \in \Lambda$ mit $A \subseteq \bigcup_{j=1}^{n} O_{\lambda_j}$ zu finden, so nennt man die Menge überdeckungskompakt. Verwenden Sie beim Nachweis der Kompaktheit von A, dass die Folge $(a_n)_n$ nach Voraussetzung gegen $a \in \mathbb{C}$ konvergiert. Überlegen Sie sich, dass Sie daher zu jedem $\varepsilon > 0$ einen Index $N \in \mathbb{N}$ mit $a_n \in B_\varepsilon(a)$ für alle $n \geq N$ finden können. Damit liegen also alle bis auf endlich viele Folgenglieder in der offenen Kugel $B_\varepsilon(a)$.

© Der/die Autor(en), exklusiv lizenziert an Springer-Verlag GmbH, DE, ein Teil von Springer Nature 2022
N. Hebestreit, *Übungsbuch Analysis II*, https://doi.org/10.1007/978-3-662-65832-1_14

(c) Zeigen Sie, dass die Menge A Folgen-kompakt ist. Beachten Sie dabei, dass A genau dann Folgen-kompakt ist, wenn jede Folge $(x_n)_n \subseteq A$ eine konvergente Teilfolge besitzt. Unterscheiden Sie die folgenden zwei Fälle:

   (α) Die Folge nimmt einen Wert in A beliebig oft an.
   (β) Die Folge nimmt jeden Wert in A nur endlich oft an.

Lösungshinweis Aufgabe 93 Zeigen Sie, dass das Intervall $[a, b] = \{x \in \mathbb{R} \mid a \leq x \leq b\}$ sowohl abgeschlossen als auch beschränkt ist und verwenden Sie dann den Satz von Heine-Borel zur Charakterisierung kompakter Teilmengen von $\mathbb{R}$.

Lösungshinweis Aufgabe 94 Verwenden Sie für beide Teilaufgaben den Satz von Heine-Borel. Beachten Sie, dass gemäß diesem eine Menge nicht kompakt sein kann, wenn sie entweder unbeschränkt oder nicht abgeschlossen ist.

(a) Begründen Sie kurz, dass für $x \in M_1$ stets $x_1^2 \leq 1$, $x_2^2 \leq 1/3$ und $x_3^2 \leq 1/\sqrt{2}$ gelten. Folgern Sie damit die Beschränktheit der Menge. Um nachzuweisen, dass M_1 abgeschlossen ist, müssen Sie zeigen, dass der Grenzwert $x \in \mathbb{R}^3$ jeder konvergenten Folge $(x^n)_n \subseteq M_1$ wieder zur Menge M_1 gehört.
(b) Zeigen Sie, dass die Menge M_2 unbeschränkt ist. Beachten Sie dabei, dass die rechte Seite der Ungleichung in der Definition von M_2 beliebig groß gemacht werden kann. Beweisen Sie weiter, dass M_3 nicht abgeschlossen ist. Untersuchen Sie dafür die strikte Ungleichung in der Definition der Menge.

Lösungshinweis Aufgabe 95 Verwenden Sie erneut den Satz von Heine-Borel zur Charakterisierung kompakter Teilmengen des $\mathbb{R}^d$. Eine Formulierung dieses wichtigen Resultats finden Sie beispielsweise in der Lösung von Aufgabe 94.

(a) Überlegen Sie sich kurz, dass die Menge M_1 im Fall $d = 1$ kompakt ist. Betrachten Sie für $d \geq 2$ die Folge $(x^n)_n \subseteq \mathbb{R}^d$ mit $x^n = (n, 1/n, 1 \ldots, 1)^\mathsf{T}$ und folgern Sie, dass M_1 unbeschränkt und damit nicht kompakt ist.
(b) Zeigen Sie, dass die Menge M_2 nicht (Folgen-)abgeschlossen ist. Bestimmen Sie dazu den Grenzwert der mehrdimensionalen Folge $(x^n)_n \subseteq M_2$ mit $x^n = (1/n, 0, \ldots, 0)^\mathsf{T}$.
(c) Erklären Sie kurz, dass die Menge M_3 beschränkt ist und verwenden Sie dann das Resultat aus Aufgabe 64 um die Abgeschlossenheit von M_3 zu beweisen.

Lösungshinweis Aufgabe 96 Zeigen Sie, dass der topologische Raum (X, τ) überdeckungskompakt ist. Betrachten Sie dazu eine beliebige offene Überdeckung $(A_\lambda)_{\lambda \in \Lambda}$ von X, das heißt, es gelten $A_\lambda \in \tau$ für alle $\lambda \in \Lambda$ sowie

$$X = \bigcup_{\lambda \in \Lambda} A_\lambda.$$

Wählen Sie nun $\lambda_0 \in \Lambda$ derart, dass die entsprechende Menge A_{λ_0} nichtleer ist. Schreiben Sie dann geschickt

$$X = A_{\lambda_0} \cup (X \setminus A_{\lambda_0})$$

und verwenden Sie, dass die kofinite Topologie

$$\tau = \{A \subseteq X \mid A = \emptyset \text{ oder } X \setminus A \text{ ist endlich}\},$$

aus allen Teilmengen von X besteht, die leer sind oder deren Komplement nur aus endlich vielen Elementen besteht. Alternativ können Sie sich auch durch Teil (b) der Lösung von Aufgabe 100 inspirieren lassen.

Lösungshinweis Aufgabe 97 Zeigen Sie beispielsweise, dass die leere Menge überdeckungskompakt ist. Beachten Sie dabei, dass die leere Menge eine Teilmenge jeder anderen Menge ist.

Lösungshinweis Aufgabe 98 Beweisen Sie, dass eine Menge $A \subseteq M$ genau dann bezüglich der diskreten Metrik kompakt ist, falls sie endlich ist. Verwenden Sie, dass wegen Aufgabe 26 (c) jede Teilmenge von M bezüglich der diskreten Metrik offen ist.

Lösungshinweis Aufgabe 99 Beachten Sie, dass A eine Teilmenge der kompakten Menge M ist. Sie müssen daher lediglich beweisen, dass A (Folgen-)abgeschlossen ist. Betrachten Sie dazu eine beliebige Folge $(x_n)_n \subseteq A$ mit $\lim_n x_n = x$ und $x \in M$. Weisen Sie dann mit Hilfe von Aufgabe 63 die Abgeschlossenheit der Menge A nach, indem Sie $x \in A$, also $d(x, a) + d(b, x) \leq 1$, zeigen.

Lösungshinweis Aufgabe 100 Gehen Sie beispielsweise wie folgt vor (alternative Lösungsmöglichkeiten):

(a) Zeigen Sie, dass die Menge A Folgen-kompakt ist. Beweisen Sie dazu, dass jede Folge $(x_n)_n \subseteq A$ eine konvergente Teilfolge besitzt. Beachten Sie dabei, dass A endlich ist, die Folge jedoch unendlich viele Glieder besitzt.
(b) Beweisen Sie, dass A überdeckungskompakt ist. Begründen Sie dazu kurz, dass jede offene Überdeckung von A stets eine endliche Teilüberdeckung besitzen muss.

Lösungshinweis Aufgabe 101

(a) Verifizieren Sie kurz

$$\overline{B}_1(0) = \| \cdot \|_\infty^{-1}([0, 1])$$

und argumentieren Sie dann geschickt, dass die Einheitskugel $\overline{B}_1(0)$ abgeschlossen ist. Alternativ können Sie aber auch zeigen, dass die Kugel Folgenabgeschlossen ist. Die Beschränktheit der Menge können Sie direkt ablesen – hier ist keine Rechnung notwendig.

(b) Finden Sie eine Funktionenfolge $(f_n)_n \subseteq \overline{B}_1(0)$, die punktweise, aber nicht gleichmäßig gegen eine (unstetige) Funktion $f : [0, 1] \to \mathbb{R}$ konvergiert. Begründen Sie damit, dass die Menge $\overline{B}_1(0)$ nicht Folgen-kompakt sein kann.

Lösungshinweis Aufgabe 102 Zerlegen Sie den Beweis der Aussage in zwei Teile:

(a) Zeigen Sie zunächst, dass der Graph G_f kompakt ist, falls die Funktion $f : [a, b] \to \mathbb{R}$ stetig ist. Begründen Sie dazu kurz, dass die Funktion $F : [a, b] \to \mathbb{R}^2$ mit $F(x) = (x, f(x))^\mathsf{T}$ ebenfalls stetig ist und verwenden Sie dann die Resultate der Aufgaben 77 und 93.

(b) Beweisen Sie, dass die Funktion $f : [a, b] \to \mathbb{R}$ stetig ist, falls G_f kompakt ist. Betrachten Sie dazu eine beliebige Folge $(x_n)_n \subseteq [a, b]$ und nehmen Sie an, die Bildfolge $(f(x_n))_n$ würde nicht gegen $f(x)$ konvergieren. Führen Sie dies mit Hilfe der (Folgen-)Kompaktheit von G_f zu einem Widerspruch.

Lösungshinweis Aufgabe 103 Gehen Sie beispielsweise wie folgt vor:

(a) Zeigen Sie, dass die Menge C beschränkt und abgeschlossen ist. Verwenden Sie dabei das de-morgansche Gesetz und Aufgabe 31 (a) für den Nachweis der Abgeschlossenheit – beachten Sie, dass eine Teilmenge von $\mathbb{R}^d$ genau dann offen ist, wenn sie mit ihrem Inneren übereinstimmt.

(b) Beweisen Sie alternativ, dass C überdeckungskompakt ist. Beachten Sie dabei, dass es zu jeder offenen Überdeckung von C wegen $C_j \subseteq C$ für $j \in \{1, \ldots, n\}$ auch stets eine endliche Teilüberdeckung der kompakten Menge C_j gibt.

Lösungshinweis Aufgabe 104 Verwenden Sie Aufgabe 77. Beachten Sie dabei, dass eine Funktion $f : X \to Y$ zwischen den topologischen Räumen (X, τ_X) und (Y, τ_Y) abgeschlossen heißt, falls für jede abgeschlossene Menge $A \subseteq X$ die Bildmenge $f(A)$ in Y ebenfalls abgeschlossen ist.

Lösungshinweis Aufgabe 105 Führen Sie einen Widerspruchsbeweis. Nehmen Sie dazu an, es würde

$$C = \bigcap_{n \in \mathbb{N}} C_n = \emptyset$$

gelten. Zeigen Sie dann, dass das Mengensystem $(A_n)_{n \in \mathbb{N}}$ mit $A_n = C_1 \setminus C_n$ eine offene Überdeckung von C_1 ist. Konstruieren Sie schließlich mit Hilfe der Kompaktheit von C_1 einen Widerspruch.

Lösungshinweis Aufgabe 106 Beweisen Sie, dass jede Cauchy-Folge in M konvergent ist. Betrachten Sie dazu eine beliebige Cauchy-Folge $(x_n)_n \subseteq M$ und begründen

Sie kurz, dass es eine Teilfolge $(x_{n_j})_j$ mit $\lim_j x_{n_j} = x$ und $x \in M$ gibt. Folgern Sie schließlich, dass damit auch die gesamte Folge $(x_n)_n$ gegen x konvergiert.

Lösungshinweis Aufgabe 107 Verwenden Sie Aufgabe 77. Beachten Sie zudem, dass wegen dem Vollständigkeitsaxiom der reellen Zahlen jede nichtleere und beschränkte Teilmenge von $\mathbb{R}$ sowohl ein Infimum als auch ein Supremum besitzt.

Lösungshinweis Aufgabe 108 Verwenden Sie zum Beispiel, dass die Menge der reellen Zahlen unbeschränkt und damit nicht kompakt ist.

Lösungshinweis Aufgabe 109 Betrachten Sie die Funktion $f : \mathbb{R}^d \setminus \{0\} \to S^{d-1}$ mit $f(x) = x/\|x\|_2$. Zeigen Sie kurz, dass f surjektiv und stetig ist und folgern Sie damit, dass das Bild $f(\mathbb{R}^d \setminus \{0\})$ wegzusammenhängend ist.

Lösungshinweis Aufgabe 110 Betrachten Sie zwei beliebige Punkte $a, b \in A$ und konstruieren Sie dann einen möglichst einfachen und stetigen Weg, der a mit dem Sternzentrum $z \in A$ und dieses wiederum mit b verbindet.

Lösungshinweis Aufgabe 111 Beweisen Sie in zwei Schritten, dass eine Teilmenge $A \subseteq \mathbb{Q}$ genau dann zusammenhängend ist, wenn sie aus genau einem Element besteht.

(a) Zeigen Sie zuerst ganz allgemein, dass in jedem topologischen Raum (X, τ) die einelementigen Mengen zusammenhängend sind. Überlegen Sie sich dazu, ob es möglich ist, eine einelementige Menge als Vereinigung von zwei nichtleeren, disjunkten und offenen Mengen zu schreiben.

(b) Verwenden Sie für die umgekehrte Aussage die nützliche Charakterisierung aus Aufgabe 114. Betrachten Sie dazu eine Menge $A \subseteq \mathbb{Q}$ mit mindestens zwei (verschiedenen) Elementen. Zeigen Sie dann für $y \in A$, dass die Abbildung $f : A \to \{0, 1\}$ mit

$$f(x) = \begin{cases} 0, & x = y \\ 1, & x \neq y \end{cases}$$

stetig, aber nicht konstant ist. Beachten Sie, dass die Abbildung f genau dann stetig ist, wenn die vier Urbilder $f^{-1}(\emptyset)$, $f^{-1}(\{0, 1\})$, $f^{-1}(\{0\})$ und $f^{-1}(\{1\})$ offen sind (vgl. auch Aufgabe 74).

Lösungshinweis Aufgabe 112

(a) Beweisen Sie, dass die Menge A_1 wegzusammenhängend und damit insbesondere auch zusammenhängend ist. Zeigen Sie dazu, dass sich zwei verschiedene Punkte auf dem Kreisring A_1 durch eine stetige Kurve (Drehung und Streckung/Stauchung) verbinden lassen.

(b) Zeigen Sie, dass A_2 wegzusammenhängend ist. Überlegen Sie sich dazu, dass man sich die Menge wie ein Gitter im $\mathbb{R}^2$ vorstellen kann. Beweisen Sie damit, dass sich je zwei Punkte in A_2 durch einen (stetigen) Gitterweg verbinden lassen.

(c) Beweisen Sie, dass die Menge $A_3 = \mathbb{Q}^2$ weder zusammenhängend noch wegzusammenhängend ist. Verwenden Sie dazu geschickt, dass $\mathbb{Q}$ weder zusammenhängend noch wegzusammenhängend ist.

Lösungshinweis Aufgabe 113

(a) Beachten Sie, dass der Graph jeder stetigen Funktion wegzusammenhängend ist.

(b) Zeigen Sie getrennt die beiden Inklusionen $\overline{A} \subseteq S$ und $S \subseteq \overline{A}$. Gehen Sie dabei beispielsweise wie folgt vor:

  (α) Beweisen Sie zuerst $\overline{A} \subseteq S$. Da trivialer Weise $A \subseteq S$ gilt, müssen Sie lediglich zeigen, dass die Menge S abgeschlossen ist. Betrachten Sie dazu eine beliebige konvergente Folge $((x_n, y_n)^\mathsf{T})_n \subseteq S$ mit $\lim_n (x_n, y_n)^\mathsf{T} = (x, y)^\mathsf{T}$ und folgern Sie dann $(x, y)^\mathsf{T} \in S$.

  (β) Zeigen Sie $S \subseteq \overline{A}$. Konstruieren Sie dazu zu jedem $(x, y)^\mathsf{T} \in S$ eine Folge $((x_n, y_n)^\mathsf{T})_n \subseteq A$ mit $\lim_n (x_n, y_n)^\mathsf{T} = (x, y)^\mathsf{T}$. Dabei bietet es sich an, die Fälle $x > 0$ und $x = 0$ zu unterscheiden.

(c) Verwenden Sie die Teile (a) und (b) und argumentieren Sie geschickt.

(d) Nehmen Sie an, die Menge S wäre wegzusammenhängend, das heißt, es gibt eine stetige Funktion $\gamma : [0, 1] \to S$ mit $\gamma(0) \in B$ und $\gamma(1) \in A$. Begründen Sie dann kurz, warum $\gamma(0) = (0, 0)^\mathsf{T}$ angenommen werden kann und erklären Sie, dass die Menge $\gamma^{-1}(B) = \{t \in [0, 1] \mid \gamma(t) \in B\}$ ein Maximum $t_M \in [0, 1]$ besitzt. Sie können dabei ohne Einschränkung $t_M = 0$ annehmen. Zeigen Sie dann, dass es zu jeder natürlichen Zahl $n \in \mathbb{N}$ eine Zahl $\tau_n \in \mathbb{R}$ mit

$$0 < \tau_n < \gamma_1\left(\frac{1}{n}\right) \qquad \text{und} \qquad \sin\left(\frac{1}{\tau_n}\right) = (-1)^n$$

gibt. Verwenden Sie schließlich den Zwischenwertsatz und die Stetigkeit der Funktion $\gamma_2 : [0, 1] \to \mathbb{R}$ um einen Widerspruch zu erzeugen.

Lösungshinweis Aufgabe 114 Zeigen Sie die Behauptung wie folgt in zwei Schritten:

(a) Betrachten Sie zuerst einen zusammenhängenden topologischen Raum (X, τ) sowie eine beliebige stetige Funktion $f : X \to \{0, 1\}$. Begründen Sie kurz mit Hilfe von Aufgabe 74, dass die Mengen $A = f^{-1}(\{0\})$ und $B = f^{-1}(\{1\})$ bezüglich der diskreten Topologie τ_d offen sind. Zeigen Sie schließlich $A \cup B = X$ und $A \cap B = $ und folgern Sie damit $A = \emptyset$ oder $B = \emptyset$.

(b) Zeigen Sie die umgekehrte Aussage mit einem Widerspruchsbeweis. Nehmen Sie dazu an, der topologische Raum (X, τ) wäre nicht zusammenhängend und jede stetige Funktion $f : X \to \{0, 1\}$ ist konstant. Erklären Sie, warum es damit nichtleere und offene Mengen $A, B \in \tau$ mit $A \cap B = \emptyset$ und $A \cup B = X$ gibt und betrachten Sie dann die Funktion $f : X \to \{0, 1\}$ mit

$$f(x) = \begin{cases} 0, & x \in A \\ 1, & x \in B \end{cases}$$

und argumentieren Sie geschickt.

Lösungshinweis Aufgabe 115 Nehmen Sie an, es würde eine stetige und bijektive Funktion $f : \mathbb{R}^d \to \mathbb{R}$ geben. Verifizieren Sie dann die Gleichungskette

$$f(\mathbb{R}^d \setminus \{0\}) = f(\mathbb{R}^d) \setminus \{f(0)\} = \mathbb{R} \setminus \{f(0)\} = (-\infty, f(0)) \cup (f(0), +\infty)$$

und überlegen Sie sich, welche der beiden Mengen $\mathbb{R}^d \setminus \{0\}$ und $(-\infty, f(0)) \cup (f(0), +\infty)$ zusammenhängend ist. Führen Sie dies zu einem Widerspruch.

Lösungshinweis Aufgabe 116 Beachten Sie, dass eine Teilmenge von $\mathbb{R}^d$ ein Gebiet genannt wird, falls sie offen und zusammenhängend ist. Um zu beweisen, dass die Bildmenge $f(G) = \{f(x) \in \mathbb{R}^d \mid x \in G\}$ ein Gebiet ist, können Sie beispielsweise wie folgt vorgehen:

(a) Zeigen Sie, dass $f(G)$ offen ist. Begründen Sie dazu mit dem Satz von der lokalen Umkehrbarkeit (Umkehrsatz), dass es zu jedem $y \in f(G)$ eine offene Umgebung $V \subseteq f(G)$ von y gibt.

(b) Weisen Sie nach, dass die Bildmenge $f(G)$ zusammenhängend ist. Beachten Sie dabei, dass eine offene Menge genau dann zusammenhängend ist, wenn sie wegzusammenhängend ist.

Lösungshinweise Mehrdimensionale Differentialrechnung

15

Lösungshinweis Aufgabe 117 Berechnen Sie zunächst die Jakobi-Matrix J_f der Funktion $f : \mathbb{R}^2 \to \mathbb{R}^2$ mit $f(x_1, x_2) = (x_1 + x_2, x_1 x_2)^\mathsf{T}$. Um zu beweisen, dass die Funktion f im Punkt $(x_0, y_0)^\mathsf{T} = (1, 2)^\mathsf{T}$ differenzierbar ist, können Sie beispielsweise (vgl. Aufgabe 130 (b))

$$\lim_{(x,y)^\mathsf{T} \to (1,2)^\mathsf{T}} \frac{\|f(x_1, x_2) - f(1, 2) - J_f(1, 2)((x_1, x_2)^\mathsf{T} - (1, 2)^\mathsf{T})\|_2}{\|(x_1, x_2)^\mathsf{T} - (1, 2)^\mathsf{T}\|_2} = 0$$

zeigen. Beachten Sie dabei, dass

$$f(x_1, x_2) - f(1, 2) - J_f(1, 2)((x_1, x_2)^\mathsf{T} - (1, 2)^\mathsf{T}) = (0, (x_1 - 1)(x_2 - 2))^\mathsf{T}$$

für $(x, y)^\mathsf{T} \in \mathbb{R}^2$ gilt. Für den Nachweis der obigen Grenzwerteigenschaft ist die bekannte Abschätzung $|x||y| \leq (x^2 + y^2)/2$ für alle $x, y \in \mathbb{R}$ sehr hilfreich.

Lösungshinweis Aufgabe 118 Beachten Sie, dass ein Skalarprodukt nach Definition eine (positiv definite und symmetrische) Bilinearform ist und verwenden Sie dann Aufgabe 120.

Lösungshinweis Aufgabe 119 Wählen Sie $x_0 \in \mathbb{R}^d$ beliebig und verifizieren Sie mit einer kleinen Rechnung

$$f(x_0 + x) - f(x) = 2\langle x, Ax_0 \rangle + \langle x, Ax \rangle$$

N. Hebestreit, *Übungsbuch Analysis II*, https://doi.org/10.1007/978-3-662-65832-1_15

für alle $x \in \mathbb{R}^d$. Überlegen Sie sich dann, dass die Differenzierbarkeit im Punkt x_0 gezeigt ist, falls

$$\lim_{\|x\|_2 \to 0} \frac{\langle x, Ax \rangle}{\|x\|_2} = 0$$

gilt.

Lösungshinweis Aufgabe 120 Verwenden Sie Aufgabe 130 (c) oder (d). Beachten Sie, dass die Linearität des Operators $A : V \to W$ gerade $A(x) = A(x_0) + A(x - x_0)$ für alle $x, x_0 \in V$ impliziert.

Lösungshinweis Aufgabe 121 Zeigen Sie zunächst, dass die Funktion $f : \mathbb{R}^2 \to \mathbb{R}$ im Nullpunkt partiell differenzierbar ist. Überlegen Sie sich dazu

$$\partial_x f(0,0) = \lim_{t \to 0} \frac{f((0,0)^\mathsf{T} + (t,0)^\mathsf{T}) - f(0,0)}{t} = 0$$

und $\partial_y f(0,0) = 0$ (analoge Rechnung). Beachten Sie dann, dass die Funktion f gemäß Aufgabe 130 (a) genau dann im Nullpunkt differenzierbar ist, wenn

$$\lim_{(x,y)^\mathsf{T} \to (0,0)^\mathsf{T}} \frac{f(x,y) - f(0,0) - J_f(0,0)((x,y)^\mathsf{T} - (0,0)^\mathsf{T})}{\|(x,y)^\mathsf{T} - (0,0)^\mathsf{T}\|_2} = \lim_{(x,y)^\mathsf{T} \to (0,0)^\mathsf{T}} \frac{x|y|}{x^2 + y^2} = 0$$

gilt.

Lösungshinweis Aufgabe 122 Zur Berechnung der verschiedenen partiellen Ableitungen können Sie die Summen-, Produkt- und Kettenregel für differenzierbare Funktionen verwenden. Beachten Sie, dass bei der Berechnung von beispielsweise $\partial_{x_1} f(x_1, x_2, x_3)$ für $(x_1, x_2, x_3)^\mathsf{T} \in \mathbb{R}^3$ alle auftretenden Ausdrücke, die lediglich von x_2 und x_3 abhängen, als Konstanten angesehen werden können.

Lösungshinweis Aufgabe 123 Zur Berechnung der Determinante können Sie beispielsweise die Regel von Sarrus verwenden. Verifizieren Sie mit einer kleinen Rechnung

$$\det(J_\Psi(r, \theta, \varphi)) = r^2 \sin(\theta) \cos^2(\theta) \cos^2(\varphi) + r^2 \sin^3(\theta) \sin^2(\varphi)$$
$$+ r^2 \sin(\theta) \sin^2(\varphi) \cos^2(\theta) + r^2 \sin^3(\theta) \cos^2(\varphi)$$

für $(r, \theta, \varphi)^\mathsf{T} \in (0, +\infty) \times (0, \pi) \times (0, 2\pi)$. Vereinfachen Sie anschließend den obigen Ausdruck auf der rechten Seite mit der Identität $\sin^2(x) + \cos^2(x) = 1$ für $x \in \mathbb{R}$ so weit wie möglich.

Lösungshinweis Aufgabe 124

(a) Begründen Sie kurz, dass die Funktion $f : \mathbb{R}^2 \to \mathbb{R}$ in jedem Punkt aus $\mathbb{R}^2 \setminus \{(0,0)^\mathsf{T}\}$ stetig ist. Überlegen Sie sich dann

$$|f(x_1, x_2) - f(0,0)| \leq |x_1|$$

für alle $(x_1, x_2)^\mathsf{T} \in \mathbb{R}^2 \setminus \{(0,0)^\mathsf{T}\}$ um damit die Stetigkeit im Nullpunkt zu folgern.

(b) Erklären Sie kurz, warum die Funktion bereits in $\mathbb{R}^2 \setminus \{(0,0)^\mathsf{T}\}$ partiell differenzierbar ist. Verifizieren Sie dann (partielle Ableitung im Nullpunkt bezüglich der x_1-Variable)

$$\partial_{x_1} f(0,0) = \lim_{t \to 0} \frac{f(t,0) - f(0,0)}{t} = 1$$

und zeigen Sie mit einer analogen Rechnung $\partial_{x_2} f(0,0) = 0$.

Lösungshinweis Aufgabe 125 Zeigen Sie mit einer kleinen Rechnung

$$\partial_{x_1} \partial_{x_2} f(x_1, x_2) = \exp(x_2) + \cos(x_1 x_2) - x_1 x_2 \sin(x_1 x_2) = \partial_{x_2} \partial_{x_1} f(x_1, x_2)$$

für alle $(x_1, x_2)^\mathsf{T} \in \mathbb{R}^2$ und erklären Sie kurz, dass die Gleichheit der zweiten partiellen Ableitungen im Hinblick auf den Satz von Schwarz [4, Abschn. 2.3] nicht überraschend ist.

Lösungshinweis Aufgabe 126 Die partiellen Ableitungen $\partial_{x_1} f$ und $\partial_{x_2} f$ lassen sich außerhalb des Nullpunkts mit Hilfe der Quotientenregel berechnen. Verwenden Sie dann die üblichen Definitionen

$$\partial_{x_1} f(0,0) = \lim_{t \to 0} \frac{f(t,0) - f(0,0)}{t} \quad \text{und} \quad \partial_{x_1} \partial_{x_2} f(0,0) = \lim_{t \to 0} \frac{\partial_{x_2} f(t,0) - \partial_{x_2} f(0,0)}{t}$$

(analog werden $\partial_{x_2} f(0,0)$ und $\partial_{x_2} \partial_{x_1} f(0,0)$ definiert) um $\partial_{x_1} \partial_{x_2} f(0,0) \neq \partial_{x_2} \partial_{x_1} f(0,0)$ zu zeigen. Nutzen Sie schließlich den Satz von Schwarz [4, Abschn. 2.3] um zu begründen, dass die partiellen Ableitungen zweiter Ordnung im Nullpunkt unstetig sind.

Lösungshinweis Aufgabe 127 Verifizieren Sie für $(x_0, y_0, z_0)^\mathsf{T} = (3, 2, 1)^\mathsf{T}$ und $(u, v, w)^\mathsf{T} = (1, 1, 0)^\mathsf{T}$ zunächst

$$\frac{f((x_0, y_0, z_0)^\mathsf{T} + t(u, v, w)^\mathsf{T}) - f(x_0, y_0, z_0)}{t} = 5 + t$$

für $t \in \mathbb{R} \setminus \{0\}$ und berechnen Sie damit den Grenzwert (Richtungsableitung in $(x_0, y_0, z_0)^\mathsf{T}$ in Richtung $(u, v, w)^\mathsf{T}$)

$$\partial_{(u,v,w)^\mathsf{T}} f(x_0, y_0, z_0) = \lim_{t \to 0} \frac{f((x_0, y_0, z_0)^\mathsf{T} + t(u, v, w)^\mathsf{T}) - f(x_0, y_0, z_0)}{t}.$$

Lösungshinweis Aufgabe 128

(a) Zeigen Sie, dass die Funktion $f : \mathbb{R}^2 \to \mathbb{R}$ im Nullpunkt unstetig ist. Untersuchen Sie dazu beispielsweise die zweidimensionale Folge $((x_1^n, x_2^n)^\mathsf{T})_n \subseteq \mathbb{R}^2$ mit $(x_1^n, x_2^n)^\mathsf{T} = (1/n^2, 1/n)^\mathsf{T}$ und argumentieren Sie geschickt.

(b) Verwenden Sie das nützliche Resultat aus Aufgabe 131.

(c) Überlegen Sie sich zunächst für $v = (v_1, v_2)^\mathsf{T} \in \mathbb{R}^2$

$$\partial_v f(0, 0) = \begin{cases} \lim\limits_{t \to 0} \frac{t^3 v_1 v_2^2}{t^3 v_1^2 + t^5 v_2^4}, & (v_1, v_2)^\mathsf{T} \in \mathbb{R}^2, \ v_1 \neq 0 \\ 0, & \text{sonst.} \end{cases}$$

Berechnen Sie dann den Grenzwert auf der rechten Seite.

Lösungshinweis Aufgabe 129 Begründen Sie, dass die Funktion $f : \mathbb{R}^2 \to \mathbb{R}$ in jedem Punkt aus $\mathbb{R}^2 \setminus \{(0, 0)^\mathsf{T}\}$ sowohl stetig als auch differenzierbar ist. Verwenden Sie dann die Ungleichung $xy \leq (x^2 + y^2)/2$ für $x, y \in \mathbb{R}$ um die Stetigkeit im Nullpunkt zu beweisen. Weisen Sie weiter

$$\lim_{(x,y)^\mathsf{T} \to (0,0)^\mathsf{T}} \frac{f(x, y) - f(0, 0) - \nabla f(0,0)((x, y)^\mathsf{T} - (0, 0)^\mathsf{T})}{\|(x, y)^\mathsf{T} - (0, 0)^\mathsf{T}\|_2} = \lim_{(x,y)^\mathsf{T} \to (0,0)^\mathsf{T}} \frac{xy}{x^2 + y^2}$$

nach und überlegen Sie sich ähnlich wie in Aufgabe 121, dass die Funktion nicht im Nullpunkt differenzierbar sein kann, da der obige Grenzwert von Null verschieden ist (vgl. Aufgabe 130 (a)). Beachten Sie schließlich für die Berechnung der Richtungsableitung, dass der Grenzwert

$$\lim_{t \to 0} \frac{t}{|t|}$$

nicht existiert (links- und rechtsseitigen Grenzwert vergleichen) und argumentieren Sie dann geschickt.

Lösungshinweis Aufgabe 130 Beweisen Sie die Äquivalenz der Aussagen mit dem Ringschluss

$$(a) \implies (b) \implies (c) \implies (d) \implies (a).$$

Wählen Sie dazu $x_0 \in G$ beliebig und gehen Sie wie folgt vor:

(α)   Begründen Sie kurz, dass die Implikation (a) $\Longrightarrow$ (b) stets richtig ist. Erinnern Sie sich dabei daran, in welchem Zusammenhang die Konvergenz im $\mathbb{R}^d$ und in $\mathbb{R}$ steht.

(β)   Untersuchen Sie für den Nachweis von (b) $\Longrightarrow$ (c) die Funktion $r : G \to \mathbb{R}^k$ mit

$$r(x) = \begin{cases} \frac{f(x) - f(x_0) - A(x - x_0)}{\|x - x_0\|}, & x \in G \setminus \{x_0\} \\ \mathbf{0}, & x = x_0, \end{cases}$$

wobei $A \in \mathcal{L}(\mathbb{R}^d, \mathbb{R}^k)$ die lineare Abbildung aus Teil (b) ist.

(γ)   Zeigen Sie die Implikation (c) $\Longrightarrow$ (d). Betrachten Sie dazu die Funktion $\varphi : G \to \mathbb{R}^k$ mit

$$\varphi(x) = r(x + x_0)\|x\|$$

und verwenden Sie dann die Stetigkeit von $r : G \to \mathbb{R}^k$ um die Grenzwertbeziehung

$$\lim_{x \to x_0} \frac{\varphi(x - x_0)}{\|x - x_0\|} = \mathbf{0}$$

zu beweisen.

(δ)   Stellen Sie die Gleichung

$$f(x) = f(x_0) + A(x - x_0) + \varphi(x - x_0)$$

für $x \in G$ geschickt um und beweisen Sie damit die Implikation (d) $\Longrightarrow$ (a).

Lösungshinweis Aufgabe 131 Beweisen Sie, dass die Funktion $f : \mathbb{R}^d \to \mathbb{R}^k$ in jedem beliebig gewählten Punkt $x_0 \in \mathbb{R}^d$ stetig ist. Da die Funktion f nach Voraussetzung differenzierbar ist, gibt es eine lineare Abbildung $A \in \mathcal{L}(\mathbb{R}^d, \mathbb{R}^k)$ mit

$$\lim_{x \to x_0} \frac{f(x) - f(x_0) - A(x - x_0)}{\|x - x_0\|_2} = \mathbf{0}$$

(vgl. auch Aufgabe 130 (a)). Überlegen Sie sich damit weiter

$$\lim_{x \to x_0} (f(x) - f(x_0) - A(x - x_0)) = \mathbf{0}$$

und verwenden Sie dann die Stetigkeit von A sowie $A(\mathbf{0}) = \mathbf{0}$ um schließlich

$$\lim_{x \to x_0} (f(x) - f(x_0)) = \mathbf{0}$$

zu zeigen.

Lösungshinweis Aufgabe 132 Beweisen Sie zunächst kurz, dass die Funktion $f :$ $\mathbb{R}^2 \to \mathbb{R}$ mit $f(x, y) = yg(x)$ partiell differenzierbar ist und $\nabla f(0, 0) = (0, g(0))^\mathsf{T}$ gilt. Beachten Sie dabei, dass wegen der Stetigkeit von $g : \mathbb{R} \to \mathbb{R}$ im Nullpunkt gerade $\lim_{t \to 0} g(t) = g(0)$ gilt. Zeigen Sie damit (vgl. Aufgabe 130 (b))

$$\lim_{(x,y)^\mathsf{T} \to (0,0)^\mathsf{T}} \frac{\|f(x, y) - f(0, 0) - \nabla f(0, 0)((x, y)^\mathsf{T} - (0, 0)^\mathsf{T})\|_2}{\|(x, y)^\mathsf{T} - (0, 0)^\mathsf{T}\|_2} = 0$$

beziehungsweise (Nenner und Zähler vereinfachen)

$$\lim_{(x,y)^\mathsf{T} \to (0,0)^\mathsf{T}} \frac{|y||g(x) - g(0)|}{\sqrt{x^2 + y^2}} = 0,$$

um dann die Differenzierbarkeit der Funktion im Nullpunkt zu beweisen.

Lösungshinweis Aufgabe 133 Verwenden Sie mit Begründung für alle $x \in \mathbb{R}^d \setminus \{\mathbf{0}\}$ die Ungleichung

$$\frac{\|f(x) - f(\mathbf{0}) - D_f(\mathbf{0})(x - \mathbf{0})\|_2}{\|x - \mathbf{0}\|_2} \leq \frac{\ln(1 + \|x\|_2^2)}{\|x\|_2}$$

und nutzen Sie dann die Charakterisierung aus Aufgabe 130 (b). Der Satz von l'Hospital ist hier hilfreich, wenn man in der obigen Ungleichung zum Grenzwert für x gegen $\mathbf{0}$ übergehen und den Grenzwert auf der rechten Seite berechnen will.

Lösungshinweis Aufgabe 134 Begründen Sie kurz, dass die Behauptung bereits im Fall $v = \mathbf{0}$ gilt. Betrachten Sie dann $x_0 \in \mathbb{R}^d$ und $v \in \mathbb{R}^d \setminus \{\mathbf{0}\}$ und begründen Sie kurz, dass

$$f(x_0 + tv) = f(x_0) + (D_f(x_0))(tv) + o(\|tv\|_2) = f(x_0) + t(D_f(x_0))(v) + o(|t|)$$

für $t \to 0$ gilt. Folgern Sie damit die Richtungsdifferenzierbarkeit der Funktion $f : \mathbb{R}^d \to \mathbb{R}^k$.

Lösungshinweis Aufgabe 135 Gehen Sie bei der Bearbeitung der beiden Aussagen beispielsweise wie folgt vor:

(a) Das zentrale Hilfsmittel zur Lösung der Aufgabe ist die Ungleichung

$$\|f(x) - f(y) - x + y\|_2 \leq \frac{1}{2}\|x - y\|_2$$

für $x, y \in G$, denn anhand dieser kann man direkt ablesen, dass die Funktion f injektiv ist. Beweisen Sie die obige Ungleichung, indem Sie die Jakobi-Matrix der Funktion $g : [0, 1] \to \mathbb{R}^d$ mit

$$g(t) = f(x + t(y - x)) - (x + t(y - x))$$

bestimmen (mehrdimensionale Kettenregel verwenden) und anschließend

$$\|g(1) - g(0)\|_2 \leq \|x - y\|_2 \sup_{t \in [0,1]} \|J_f(x + t(y - x)) - E_{d \times d}\|_2 < \frac{1}{2}\|x - y\|_2$$

für alle $x, y \in G$ verifizieren.

(b) Betrachten Sie zu zwei beliebig gewählten Vektoren $x, y \in G$ mit $f(x) = f(y)$ die Funktion $g : \mathbb{R} \to \mathbb{R}^d$ mit $g(t) = x + t(y - x)$. Untersuchen Sie dann für jedes $j \in \{1, \ldots, d\}$ die verknüpfte (differenzierbare) Funktion $h_j : \mathbb{R} \to \mathbb{R}$ mit $h_j(t) = (f_j \circ g)(t) = f_j(g(t))$. Begründen Sie dann kurz, dass es zu jedem $j \in \{1, \ldots, d\}$ eine Stelle $\xi_j \in [0, 1]$ mit $h'_j(\xi_j) = 0$ gibt. Berechnen Sie schließlich mit der mehrdimensionalen Kettenregel explizit die Ableitung h' und beachten Sie, dass die Determinante der Matrix

$$\begin{pmatrix} \partial_{x_1} f_1(g^1) & \ldots & \partial_{x_d} f_1(g^1) \\ \vdots & \vdots & \vdots \\ \partial_{x_1} f_d(g^d) & \ldots & \partial_{x_d} f_d(g^d) \end{pmatrix}$$

mit $g^j = g(\xi_j)$ für $j \in \{1, \ldots, d\}$ genau dann von Null verschieden ist, wenn die Zeilenvektoren linear unabhängig sind, also eine Basis des $\mathbb{R}^d$ bilden, um damit schließlich $x = y$ zu zeigen.

Lösungshinweis Aufgabe 136 Um zu beweisen, dass die Funktion $f : \mathbb{R}^d \to \mathbb{R}$ mit

$$f(x) = \|x\|_2^{2-d} = \left(\sum_{j=1}^{d} x_j^2 \right)^{\frac{2-d}{2}}$$

harmonisch ist, müssen Sie

$$\Delta f(x) = \sum_{j=1}^{d} \partial_{x_j} \partial_{x_j} f(x) = 0 \tag{15.1}$$

für $x \in \mathbb{R}^d$ beweisen. Überlegen Sie sich dazu zunächst mit der (eindimensionalen) Ketten- und Produktregel

$$\partial_{x_j} f(x) = (2 - d) x_j \|x\|_2^{-d} \quad \text{und} \quad \partial_{x_j} \partial_{x_j} f(x) = (2 - d)\|x\|_2^{-d-2}\big(\|x\|_2^2 - d x_j^2\big)$$

für alle $x \in \mathbb{R}^d \setminus \{0\}$ und $j \in \{1, \ldots, d\}$ und berechnen Sie damit die Summe in Gleichung (15.1).

Lösungshinweis Aufgabe 137

(a) Berechnen Sie den Gradienten der Funktion $V : \mathbb{R}^3 \setminus \{\mathbf{0}\} \to \mathbb{R}$ beispielsweise mit Hilfe der Kettenregel. Beachten Sie, dass das Euklidische Skalarprodukt im $\mathbb{R}^3$ für zwei Vektoren $x, y \in \mathbb{R}^3$ gemäß $\langle x, y \rangle = x_1 y_1 + x_2 y_2 + x_3 y_3$ definiert ist.

(b) Verwenden Sie zur Berechnung der zweiten partiellen Ableitungen die Quotienten- und Produktregel sowie die Resultate aus Teil (a) dieser Aufgabe.

Lösungshinweis Aufgabe 138　Verifizieren Sie zunächst mit Hilfe der Produkt- und Kettenregel

$$\partial_t f(t, x) = \left(\frac{\|x\|_2^2}{4t^2} - \frac{d}{2t} \right) f(t, x)$$

sowie

$$\partial_{x_j} f(t, x) = -\frac{x_j}{2t} f(t, x) \quad \text{und} \quad \partial_{x_j} \partial_{x_j} f(t, x) = \left(\frac{x_j^2}{4t^2} - \frac{1}{2t} \right) f(t, x)$$

für alle $(t, x)^\mathsf{T} \in (0, +\infty) \times \mathbb{R}^d$ und $j \in \{1, \ldots, d\}$. Rechnen Sie dann nach (partielle Ableitungen in Wärmeleitungsgleichung einsetzen), dass die Funktion $f : (0, +\infty) \times \mathbb{R}^d \to \mathbb{R}$ eine Lösung der Wärmeleitungsgleichung ist.

Lösungshinweis Aufgabe 139

(a) Verifizieren Sie zunächst mit einer kleinen Rechnung, dass die zusammengesetzte Funktion $f \circ g : \mathbb{R}^2 \to \mathbb{R}$ von der Form

$$(f \circ g)(x_1, x_2) = f(g(x_1, x_2)) = x_1^2 + 2x_1 x_2^2 + x_2^2$$

ist. Berechnen Sie dann die Jakobi-Matrix (den Gradienten) des obigen zweidimensionalen Polynoms.

(b) Berechnen Sie zuerst die Jakobi-Matrizen der beiden Funktionen $f : \mathbb{R}^3 \to \mathbb{R}$ und $g : \mathbb{R}^2 \to \mathbb{R}^3$ und multiplizieren Sie dann die rechte Seite der Gleichung

$$J_{f \circ g}(x) = J_f(g(x)) J_g(x)$$

für $x \in \mathbb{R}^2$ aus. Beachten Sie dabei, dass $J_f(g(x)) J_g(x)$ für das Matrix-Produkt von $J_f(g(x)) \in \mathbb{R}^{1 \times 3}$ mit $J_g(x) \in \mathbb{R}^{3 \times 2}$ steht. Vergleichen Sie dann zur Kontrolle ihre Ergebnis mit dem aus Teil (a) dieser Aufgabe.

Lösungshinweis Aufgabe 140 Zeigen Sie zuerst, dass die Jakobi-Matrix der Funktion $\Psi : A \to \mathbb{R}^2$ gerade

$$J_\Psi(r, \varphi) = \begin{pmatrix} \cos(\varphi) & -r\sin(\varphi) \\ \sin(\varphi) & r\cos(\varphi) \end{pmatrix}$$

für $(r, \varphi)^\mathsf{T} \in A$ lautet. Verwenden Sie dann $J_{f \circ \Psi}(r, \varphi) = \nabla f(\Psi(r, \varphi)) J_\Psi(r, \varphi)$ für alle $(r, \varphi)^\mathsf{T} \in A$ (mehrdimensionale Kettenregel beachten) um die Jakobi-Matrix der zusammengesetzten Funktion $f \circ \Psi : A \to \mathbb{R}$ zu bestimmen.

Lösungshinweis Aufgabe 141 Definieren Sie zunächst die Funktion mult : $\mathbb{R}^2 \to \mathbb{R}$ mit mult$(x_1, x_2) = x_1 x_2$ (Multiplikation). Berechnen Sie dann mit Hilfe der mehrdimensionalen Kettenregel die Ableitung der Funktion $F : \mathbb{R} \to \mathbb{R}$ mit

$$F(x) = (\text{mult} \circ (f, g))(x) = \text{mult}(f(x), g(x)) = f(x)g(x),$$

wobei $f, g : \mathbb{R} \to \mathbb{R}$ zwei beliebige differenzierbare Funktionen sind, und folgern Sie damit die eindimensionale Produktregel.

Lösungshinweis Aufgabe 142 Gehen Sie ähnlich wie in Aufgabe 140 vor. Beachten Sie, dass gemäß der mehrdimensionalen Kettenregel

$$h'(x) = \langle J_f(g(x)), J_g(x) \rangle$$

für alle $x \in \mathbb{R}$ gilt.

Lösungshinweis Aufgabe 143 Verwenden Sie eine der folgenden zwei alternativen Lösungswege:

(a) Wählen Sie $x \in \mathbb{R}^d$ beliebig und betrachten Sie die beiden Funktionen $g, h : \mathbb{R} \to \mathbb{R}$ mit $g(t) = f(tx)$ und $h(t) = t^2 f(x)$, die wegen der Homogenität von $f \in C^2(\mathbb{R}^d, \mathbb{R})$ identisch sind. Überlegen Sie sich dann mit Hilfe der mehrdimensionalen Kettenregel (!) sowohl

$$g'(t) \stackrel{(!)}{=} \langle \nabla f(tx), x \rangle \quad \text{als auch} \quad g''(t) \stackrel{(!)}{=} \langle x, H_f(tx)x \rangle$$

für jedes $t \in \mathbb{R}$. Die Resultate der Aufgaben 118 und 120 sind bei der Berechnung der zweiten Ableitung hilfreich. Berechnen Sie schließlich noch h' und h'' und folgern Sie damit die gewünschte Darstellung der Funktion f.

(b) Überlegen Sie sich kurz, dass

$$\lim_{t \to 0} \frac{f(tx) - f(0) - t\langle \nabla f(0), x \rangle - \frac{t^2}{2}\langle x, H_f(0)x \rangle}{t^2} = 0$$

gilt und verwenden Sie dann $f(0) = 0$ und $\nabla f(0) = \mathbf{0}$ (Folgerungen aus der Homogenität) um den obigen Grenzwert geschickt zu vereinfachen und so die Darstellung der Funktion f zu beweisen.

Lösungshinweis Aufgabe 144 Beweisen Sie

$$F'(x) = f(x, h(x))h'(x) - f(x, g(x))g'(x) + \int_{g(x)}^{h(x)} \partial_x f(x, t) \, dt$$

für $x \in I$. Beachten Sie dabei, dass sich die Funktion $F : I \to \mathbb{R}$ mit

$$F(x) = \int_{g(x)}^{h(x)} f(x, t) \, dt$$

für jedes $x \in I$ äquivalent als $F(x) = (H \circ G)(x)$ umschreiben lässt, wobei die Funktionen $G : I \to \mathbb{R}^3$ und $H : J \times J \times I \to \mathbb{R}$ durch

$$G(x) = (g(x), h(x), x)^{\mathsf{T}} \quad \text{und} \quad H(x, y, z) = \int_x^y f(z, t) \, dt$$

definiert sind. Verwenden Sie dann die mehrdimensionale Kettenregel um F' beziehungsweise $(H \circ G)'$ zu bestimmen. Bei der Berechnung der Jakobi-Matrix J_H ist der Hauptsatz der Differential- und Integralrechnung hilfreich.

Lösungshinweis Aufgabe 145 Betrachten Sie zu zwei beliebig gewählten Punkten $x, y \in G$ mit $x \neq y$ die reelle Funktion $h : [0, 1] \to \mathbb{R}$ mit $h(t) = f(x + t(y - x))$. Erklären Sie kurz, dass h wohldefiniert ist und begründen Sie, dass es eine Stelle $\xi \in (0, 1)$ mit

$$h(1) - h(0) = h'(\xi)$$

gibt. Berechnen Sie schließlich mit der mehrdimensionalen Kettenregel, ähnlich wie in Aufgabe 142, die Ableitung h' und beweisen Sie damit den mehrdimensionalen Mittelwertsatz.

Lösungshinweis Aufgabe 146 Überlegen Sie sich kurz, dass es einen Vektor $z \in \{a + t(b - a) \in \mathbb{R}^2 \mid t \in (0, 1)\}$ mit

$$f(b) - f(a) = \langle \nabla f(z), b - a \rangle$$

gibt. Berechnen Sie dann die linke und rechte Seite der obigen Ungleichung und bestimmen Sie damit z.

Lösungshinweis Aufgabe 147 Gehen Sie ähnlich wie in Aufgabe 145 vor. Betrachten Sie dazu die Funktion $h : [0, 1] \to \mathbb{R}$ mit

$$h(t) = f(t, t, t) = t^3 + 3t^2$$

und wenden Sie den (eindimensionalen) Mittelwertsatz auf die Funktion h an. Beachten Sie, dass $h(0) = f(0, 0, 0)$ und $h(1) = f(1, 1, 1)$ gelten. Die Ableitung von h können Sie mit der mehrdimensionalen Kettenregel bestimmen.

Lösungshinweis Aufgabe 148 Beweisen Sie, dass für zwei beliebig gewählte Punkte $x, y \in G$ mit $x \neq y$ stets $f(x) = f(y)$ gilt. Betrachten Sie dazu einen Polygonzug $[x_1, \ldots, x_n] \subseteq G$ mit $n \in \mathbb{N}$ und Elementen $x_1, \ldots, x_n \in G$ und wenden Sie den mehrdimensionalen Mittelwertsatz an, um zu jedem $j \in \{1, \ldots, n-1\}$ eine Zahl $t_j \in (0, 1)$ mit

$$f(x_j) - f(x_{j+1}) = \langle \nabla f(x_j + t_j(x_{j+1} - x_j)), x_j - x_{j+1} \rangle$$

zu finden. Vereinfachen Sie dann die rechte Seite der obigen Gleichung und folgern Sie damit, dass die Funktion f konstant ist.

Lösungshinweis Aufgabe 149 Berechnen Sie für $(x_1, x_2, x_3, x_4)^\mathsf{T} \in \mathbb{R}^4$ die partielle Ableitung $\partial_{x_1}(\partial_{x_2})^2 f(x_1, x_2, x_3, x_4)$ der Funktion $f : \mathbb{R}^4 \to \mathbb{R}$. Bestimmen Sie dazu zunächst $\partial_{x_1} f(x_1, x_2, x_3, x_4)$ und $\partial_{x_1}\partial_{x_2} f(x_1, x_2, x_3, x_4)$ mit Hilfe der Produkt- und Kettenregel für differenzierbare Funktionen.

Lösungshinweis Aufgabe 150 Beweisen Sie die Darstellung

$$T_2(x) = f(x^0) + \langle \nabla f(x^0), x - x^0 \rangle + \frac{1}{2}\langle x - x^0, H_f(x^0)(x - x^0) \rangle$$

für jedes $x \in G$. Beachten Sie, dass das Taylorpolynom T_2 zweiter Ordnung einer Funktion $f \in C^2(G, \mathbb{R})$ an der Stelle $x^0 \in G$ für $x \in G$ durch

$$T_2(x) = \sum_{|\alpha| \leq 2} \frac{\partial^\alpha f(x^0)}{\alpha!}(x - x^0)^\alpha$$

definiert ist. Dabei bezeichnet $|\alpha| = \alpha_1 + \ldots + \alpha_d$ die (ganzzahlige) Ordnung des Multiindex $\alpha \in \mathbb{N}_0^d$. Unterscheiden Sie dann die drei Fälle $|\alpha| = 0$, $|\alpha| = 1$ und $|\alpha| = 2$ und überlegen Sie sich wie die entsprechende Ableitung $\partial^\alpha f(x^0)$ aussieht, um das Taylorpolynom geschickt zu vereinfachen.

Lösungshinweis Aufgabe 151 Bestimmen Sie zuerst den Gradienten der Funktion $f : \mathbb{R}^2 \times (0, +\infty) \to \mathbb{R}$ mit $f(x, y, z) = xy\ln(z)$ und berechnen Sie damit das Taylorpolynom

$$T_1(x, y, z) = f(1, 2, 3) + \langle \nabla f(1, 2, 3), (x - 1, y - 2, z - 3)^\mathsf{T} \rangle$$

für $(x, y, z)^\mathsf{T} \in \mathbb{R}^3$.

Lösungshinweis Aufgabe 152 Verifizieren Sie zunächst (Gradient und Hesse-Matrix berechnen)

$$\nabla f(1, 0) = (0, 1)^\mathsf{T} \quad \text{und} \quad H_f(1, 0) = \begin{pmatrix} 0 & 2 \\ 2 & 0 \end{pmatrix}.$$

Bestimmen Sie dann mit Hilfe von Aufgabe 150 das Taylorpolynom 2. Ordnung im Entwicklungspunkt $(1, 0)^\mathsf{T}$.

Lösungshinweis Aufgabe 153 Beachten Sie, dass die Tangentialebene an die Funktion $f : (0, +\infty) \times (0, +\infty) \to \mathbb{R}$ mit $f(x, y) = \arctan(y/x)$ an der Stelle $(x_0, y_0)^\mathsf{T} = (2, 1)^\mathsf{T}$ der Graph der affin-linearen Funktion (Taylorpolynom 1. Ordnung) $T_1 : (0, +\infty) \times (0, +\infty) \to \mathbb{R}$ mit

$$T_1(x, y) = f(x_0, y_0) + \langle \nabla f(x_0, y_0), (x - x_0, y - y_0)^\mathsf{T} \rangle$$

ist. Dabei bezeichnet $\langle \cdot, \cdot \rangle$ wie üblich das Euklidische Skalarprodukt im $\mathbb{R}^2$.

Lösungshinweis Aufgabe 154 Gehen Sie zum Beweis der beiden Aussagen wie folgt vor:

(a) Überlegen Sie sich zunächst mit dem Satz von Taylor, dass

$$f(x) = f(x_0) + \frac{1}{2} \langle x - x_0, H_f(x_0)(x - x_0) \rangle + o(\|x - x_0\|_2^2)$$

gilt, falls $x \in G$ nahe der kritischen Stelle $x_0 \in G$ liegt. Überlegen Sie sich dann, dass es Zahlen $\alpha > 0$ und $\delta > 0$ mit

$$\langle x - x_0, H_f(x_0)(x - x_0) \rangle \geq \alpha \|x - x_0\|_2^2$$

für alle $x \in \mathbb{R}^d$ und

$$|o(\|x - x_0\|_2^2)| \leq \frac{\alpha}{4} \|x - x_0\|^2$$

für jedes $x \in G$ mit $\|x - x_0\|_2 \leq \delta$ gibt. Verwenden Sie schließlich die beiden obigen Ungleichungen um zu beweisen, dass die Funktion f in x_0 ein lokales Minimum besitzt.

(b) Argumentieren Sie geschickt mit dem Resultat aus Teil (a) dieser Aufgabe. Überlegen Sie sich dazu, in welchem Zusammenhang die lokalen Extrema von f und $-f$ stehen.

Lösungshinweis Aufgabe 155 Beweisen Sie $T_m(x) = f(x)$ für alle $x \in \mathbb{R}^d$, das heißt, das Taylorpolynom $T_m : \mathbb{R}^d \to \mathbb{R}$ stimmt mit der Polynomfunktion $f : \mathbb{R}^d \to \mathbb{R}$ überein. Überlegen Sie sich dazu zunächst

$$\partial^\alpha f(\mathbf{0}) = \begin{cases} m!, & |\alpha| = m \\ 0, & \text{sonst} \end{cases}$$

und verwenden Sie dann den Satz von Taylor sowie das Multinomialtheorem (Multinomialformel) [1, 8.5 Theorem].

Lösungshinweis Aufgabe 156 Verwenden Sie für $x \in \mathbb{R}$ die Potenzreihenentwicklung

$$\sin(x) = \sum_{n=0}^{+\infty} \frac{(-1)^n x^{2n+1}}{(2n+1)!}$$

der Sinusfunktion und bestimmen Sie damit die Taylorreihe der Funktion f.

Lösungshinweis Aufgabe 157

(a) Berechnen Sie zunächst den Gradienten der Funktion f und überlegen Sie sich, dass $\nabla f(x_1, x_2) = (0,0)^\top$ (notwendige Bedingung) genau dann gilt, wenn $(x_1, x_2)^\top = (0,0)^\top$ der Nullvektor ist.

(b) Überlegen Sie sich, dass die Funktion $f : \mathbb{R}^2 \to \mathbb{R}$ unbeschränkt ist. Beweisen Sie dazu

$$f(x_1, x_2) \geq \|(x_1, x_2)^\top\|_2^2$$

für $(x_1, x_2)^\top \in \mathbb{R}^2$ und argumentieren Sie dann geschickt.

(c) Verifizieren Sie

$$H_f(0,0) = \begin{pmatrix} 4 & 0 \\ 0 & 6 \end{pmatrix}$$

und verwenden Sie dann das Kriterium aus Aufgabe 154 um nachzuweisen, dass in $(0,0)^\top$ ein lokales Minimum vorliegt.

Lösungshinweis Aufgabe 158 Bestimmen Sie zuerst mit einer kleinen Rechnung alle kritischen Punkte der Funktion, das heißt, alle Punkte $(x, y)^\top \in \mathbb{R}^2$ mit $\nabla f(x, y) = (0,0)^\top$. Berechnen Sie dann die Hesse-Matrix und verwenden Sie die folgende Charakterisierung (vgl. auch Aufgabe 154):

(a) Der kritische Punkt $(x, y)^\top \in \mathbb{R}^2$ ist ein lokales Minimum, falls die Hesse-Matrix an dieser Stelle positiv definit ist. In diesem (zweidimensionalen) Fall bedeutet dies äquivalent $\det(H_f(x, y)) < 0$ und $\partial_x \partial_x f(x, y) > 0$.

(b) Ist $(x, y)^\mathsf{T} \in \mathbb{R}^2$ ein kritischer Punkt der Funktion f derart, dass die Hesse-Matrix negativ definit ist, so handelt es sich um ein lokales Maximum. Die Definitheit ist hier äquivalent zu $\det(H_f(x, y)) < 0$ und $\partial_x \partial_x f(x, y) < 0$.

(c) Ist die Hesse-Matrix jedoch in einem kritischen Punkt weder negativ noch positiv definit, so liegt ein Sattelpunkt vor.

Lösungshinweis Aufgabe 159

(a) Zeigen Sie $\nabla f(0, 0) = (0, 0)^\mathsf{T}$ und erklären Sie kurz, warum es keine weiteren kritischen Punkte geben kann.

(b) Beachten Sie, dass die Hesse-Matrix $H_f(0, 0)$ positiv semidefinit ist, wenn alle Eigenwerte größer oder gleich Null sind. Insbesondere ist damit das Kriterium aus Aufgabe 154 nicht anwendbar. Betrachten Sie dann die Hilfsfunktionen $g, h : \mathbb{R} \to \mathbb{R}$ mit

$$g(x) = f(x, 0) = 2x^4 \quad \text{und} \quad h(x) = f\left(x, \frac{3x^2}{2}\right) = -\frac{x^4}{4}$$

um geschickt zu argumentieren, dass die Funktion $f : \mathbb{R}^2 \to \mathbb{R}$ kein lokales Minimum besitzen kann.

(c) Beachten Sie, dass die Funktion $g : \mathbb{R} \to \mathbb{R}$ mit $f(tx_0, ty_0) = (ty_0 - t^2 x_0^2)(y_0^2 - 2t^2 x_0^2)$ für jeden Vektor $(x_0, y_0)^\mathsf{T} \in \mathbb{R}^2$ mit $(x_0, y_0)^\mathsf{T} \neq (0, 0)^\mathsf{T}$ ein (differenzierbares) Polynom ist. Berechnen Sie dann $g'(0)$ und $g''(0)$ um zu beweisen, dass g in 0 ein lokales Minimum besitzt (notwendige und hinreichende Bedingung prüfen).

Lösungshinweis Aufgabe 160 Begründen Sie kurz, dass es eine Stelle $x_0 \in \mathbb{R}$ und eine Konstante $C > 0$ mit $f(x_0) \neq 0$ und $|f(x)| < |f(x_0)|$ für alle $x \in \mathbb{R}$ mit $|x| > C$ gibt. Überlegen Sie sich dann, dass die stetige Funktion $h : [-C, C] \to \mathbb{R}$ mit $h(x) = |f(x)|$ ein Maximum besitzt. Folgern Sie damit, dass dann auch $|f|$ ein globales Maximum besitzen muss.

Lösungshinweis Aufgabe 161 Überlegen Sie sich zunächst kurz mit Hilfe der gegebenen Ungleichung, dass es eine Stelle $x_0 \in \mathbb{R}^d$ und $r > 0$ mit $f(x) < f(x_0)$ für alle $x \in \mathbb{R}^d \setminus \overline{B}_r(0)$ gibt. Folgern Sie schließlich mit dem Satz von Weierstraß (vgl. Aufgabe 107), dass es einen Punkt x_M in der abgeschlossenen Kugel $\overline{B}_r(0) = \{x \in \mathbb{R}^d \mid \|x\|_2 \leq r\}$ mit $f(x) < f(x_M)$ für alle $x \in \mathbb{R}^d$ gibt (globales Maximum).

Lösungshinweis Aufgabe 162

(a) Zeichnen Sie für $\lambda \in \mathbb{R}$ die Niveaumengen

$$\mathcal{N}_f(\lambda) = \left\{(x_1, x_2)^\mathsf{T} \in \mathbb{R}^2 \mid f(x_1, x_2) = \lambda\right\}$$

und die Nebenbedingung N in ein gemeinsames Koordinatensystem. Bestimmen Sie dann die beiden Niveaumengen, die tangential zu N verlaufen, und berechnen Sie so die Tangentialpunkte.

(b) Wenden Sie den Satz von Lagrange auf die Funktion $L : \mathbb{R}^3 \to \mathbb{R}$ mit

$$L(x_1, x_2, \lambda) = f(x_1, x_2) + \lambda g(x_1, x_2) = x_1 + x_2 + \lambda(x_1^2 + x_2^2 - 8)$$

an. Bestimmen Sie dann alle Lösungen des Gleichungssystems $\nabla L = 0$ und verwenden Sie dann die Determinante der geränderten Hesse-Matrix

$$H_L = \begin{pmatrix} \partial_{x_1}\partial_{x_1}L & \partial_{x_1}\partial_{x_2}L & \partial_{x_1}\partial_\lambda L \\ \partial_{x_2}\partial_{x_1}L & \partial_{x_2}\partial_{x_2}L & \partial_{x_2}\partial_\lambda L \\ \partial_\lambda\partial_{x_1}L & \partial_\lambda\partial_{x_2}L & \partial_\lambda\partial_\lambda L \end{pmatrix} = \begin{pmatrix} \partial_{x_1}\partial_{x_1}L & \partial_{x_1}\partial_{x_2}L & \partial_{x_1}g \\ \partial_{x_2}\partial_{x_1}L & \partial_{x_2}\partial_{x_2}L & \partial_{x_2}g \\ \partial_{x_1}g & \partial_{x_2}g & 0 \end{pmatrix}$$

zur Klassifikation der kritischen Stellen.

Lösungshinweis Aufgabe 163 Gehen Sie ähnlich wie in Teil (b) von Aufgabe 162 vor. Verwenden Sie dazu (mit Begründung) die Lagrange-Funktion $L : \mathbb{R}^3 \to \mathbb{R}$ mit

$$L(x, y, \lambda) = f(x, y) + \lambda g(x, y) = xy + \lambda(U_0 - 2(x + y)),$$

wobei $U_0 \geq 0$ ein fest vorgegebener Umfang ist. Bestimmen Sie mit den drei Gleichungen der notwendigen Bedingung $\nabla L = 0$ die kritische Stelle und verwenden Sie erneut die geränderte Hesse-Matrix, um zu entscheiden, ob es sich um ein lokales Maximum handelt oder nicht.

Lösungshinweis Aufgabe 164

(a) Betrachten Sie die Lagrange-Funktion $L : \mathbb{R}^{d+1} \to \mathbb{R}$ mit

$$L(x, \lambda) = f(x) + \lambda g(x) = \sum_{j=1}^{d} a_j x_j + \lambda\left(\sum_{j=1}^{d} x_j^2 - 1\right).$$

Untersuchen Sie dann die $d + 1$ notwendigen Bedingungen $\partial_{x_j}L = 0$ für $j \in \{1, \dots, d\}$ und $\partial_\lambda L = 0$. Zeigen Sie $x_j = -a_j/(2\lambda)$ und $\lambda = \pm\|a\|_2/2$ (Nebenbedingung verwenden) und bestimmen Sie damit das Minimum und Maximum der Funktion f unter der Nebenbedingung N.

(b) Beachten Sie, dass die Cauchy-Schwarz-Ungleichung aus Aufgabe 58 gerade $|f(x)| \leq \|a\|_2\|x\|_2$ für $x \in \mathbb{R}^d$ liefert.

Lösungshinweis Aufgabe 165 Bestimmen Sie das Maximum der Lagrange-Funktion $L : (0, +\infty)^d \times \mathbb{R} \to \mathbb{R}$ mit

$$L(x, \lambda) = -\sum_{j=1}^{d} x_j \log_2(x_j) + \lambda\left(\sum_{j=1}^{d} x_j - 1\right).$$

Gehen Sie dabei ähnlich wie in den Aufgaben 162 (b) und 163 vor. Beachten Sie, dass Sie nicht beweisen müssen, dass die kritische Stelle der Funktion L wirklich ein Maximum ist.

Lösungshinweis Aufgabe 166 Beachten Sie, dass in dieser Aufgabe die Funktion $f : \mathbb{R}^3 \to \mathbb{R}$ unter zwei Nebenbedingungen minimiert/maximiert werden sollen. In diesem Fall müssen Sie die Lagrange-Funktion $L : \mathbb{R}^5 \to \mathbb{R}$ mit

$$L(x, y, z, \lambda_1, \lambda_2) = x^2 + y^2 + z^2 + \lambda_1(x^2 + y^2 - 1) + \lambda_2(x + y + z - 1)$$

untersuchen und dann ähnlich wie in den vorherigen Aufgaben vorgehen. Überlegen Sie sich vorher kurz, warum Sie den Satz von Lagrange überhaupt verwenden können (Voraussetzungen prüfen).

Lösungshinweis Aufgabe 167

(a) Nutzen Sie die üblichen Differentiationsregeln zur Bestimmung der partiellen Ableitungen und stellen Sie damit die Jakobi-Matrix der Funktion f auf.
(b) Verwenden Sie den Satz von der impliziten Funktion [2, 8.4 Korollar] in der folgenden Form: Seien $U \subseteq \mathbb{R}^d$ und $V \subseteq \mathbb{R}^k$ offene Mengen und $f : U \times V \to \mathbb{R}^k$ mit $(x, y) \mapsto (f_1(x, y), \ldots, f_k(x, y))^\mathsf{T}$ eine stetig differenzierbare Funktion. Sind $(a, b)^\mathsf{T} \in U \times V$ ein Punkt mit $f(a, b) = \mathbf{0}$ und die quadratische Matrix

$$D_2 f(a, b) = \begin{pmatrix} \partial_{y_1} f_1(a, b) & \ldots & \partial_{y_k} f_1(a, b) \\ \vdots & & \vdots \\ \partial_{y_1} f_k(a, b) & \ldots & \partial_{y_k} f_k(a, b) \end{pmatrix}$$

invertierbar, so existieren offene Umgebungen $U' \subseteq U$ und $V' \subseteq V$ von a beziehungsweise b und eine stetig differenzierbare Funktion $g : U' \to V'$ mit

$$(x, y)^\mathsf{T} \in U' \times V' : \qquad f(x, y) = \mathbf{0} \quad \Longleftrightarrow \quad g(x) = y.$$

Weiter ist die Matrix $D_2 f(x, g(x))$ für alle $x \in U'$ invertierbar und die Jakobi-Matrix von g ist für jedes $x \in U'$ durch

$$J_g(x) = -\big(D_2 f(x, g(x))\big)^{-1} D_1 f(x, g(x))$$

gegeben, wobei die Teilmatrix $D_1 f$ für $(x, y)^\mathsf{T} \in U \times V$ gemäß

$$D_1 f(x, y) = \begin{pmatrix} \partial_{x_1} f_1(x, y) & \ldots & \partial_{x_d} f_1(x, y) \\ \vdots & & \vdots \\ \partial_{x_1} f_k(x, y) & \ldots & \partial_{x_d} f_k(x, y) \end{pmatrix}$$

definiert ist.

Lösungshinweis Aufgabe 168 Wenden Sie den Satz von der impliziten Funktion (vgl. den Lösungshinweis von Aufgabe 167) auf die Funktion $f : \mathbb{R}^3 \to \mathbb{R}^2$ mit

$$f(x, y, z) = \left(2\cos(xyz) + yz - x - 1, (xyz)^2 + z - 1\right)^\mathsf{T}$$

an. Begründen Sie dabei kurz, dass alle Voraussetzungen des Satzes erfüllt sind.

Lösungshinweis Aufgabe 169 Gehen Sie ähnlich wie in Aufgabe 168 vor. Betrachten Sie dazu die Funktion $f : \mathbb{R}^3 \to \mathbb{R}^2$ mit

$$f(x, y, z) = \begin{pmatrix} x + 2y^2 + 3z^3 \\ e^x + e^{2y} + e^{3z} - 3 \end{pmatrix}$$

und wenden Sie dann das implizite Funktionentheorem an (vgl. auch den Lösungshinweis von Aufgabe 167).

Lösungshinweis Aufgabe 170 Beweisen Sie, dass das Bild $f(A) = \{f(x) \in \mathbb{R}^d \mid x \in A\}$ jeder offenen Teilmenge $A \subseteq G$ ebenfalls in $\mathbb{R}^d$ offen ist. Betrachten Sie dazu eine beliebig gewählte offene Menge $A \subseteq G$ und untersuchen Sie dann die stetig differenzierbare Funktion

$$F : G \times \mathbb{R}^d \to \mathbb{R}^d \quad \text{mit} \quad F(x, y) = f(x) - y.$$

Wählen Sie dann $x_0 \in A$ und setzen Sie $y_0 = f(x_0)$, das heißt, es gilt $F(x_0, y_0) = \mathbf{0}$. Wenden Sie schließlich (mit Begründung) den Satz von der impliziten Funktion an und schreiben Sie die Bildmenge $f(A)$ als Vereinigung von offenen Mengen (Umgebungen der Elemente aus A).

Lösungshinweis Aufgabe 171 Wenden Sie das implizite Funktionentheorem auf die Funktion $P : \mathbb{R}^4 \to \mathbb{R}$ mit $P(x, a_0, a_1, a_2) = x^3 + a_2 x^2 + a_1 x + a_0$ an.

Lösungshinweise Kurventheorie

16

Lösungshinweis Aufgabe 172 Zeigen Sie $\gamma(0) = \gamma(2\pi)$ und argumentieren Sie kurz, dass die beiden Funktionen $\gamma_1, \gamma_2 : [0, 2\pi] \to \mathbb{R}$ stetig differenzierbar sind. Weisen Sie weiter $\|\dot{\gamma}(t)\|_2 > 0$ für $t \in [0, 2\pi]$ nach um zu beweisen, dass γ ein regulärer Weg ist. Beachten Sie, dass in der Kurventheorie der Gradient von γ üblicher Weise mit $\dot{\gamma}$ und nicht mit $\nabla\gamma$ bezeichnet wird.

Lösungshinweis Aufgabe 173 Überlegen Sie sich, welcher der sechs Wege geschlossen, doppelpunktfrei oder regulär ist. Vergleichen Sie Ihre Beobachtungen mit den sechs Kurven in der Abbildung.

Lösungshinweis Aufgabe 174 Sie können den Schnittwinkel $\alpha \in [0, \pi]$ im Nullpunkt mit Hilfe der Formel

$$\cos(\alpha) = \frac{\langle \dot{\gamma}(-1), \dot{\gamma}(1) \rangle}{\|\dot{\gamma}(-1)\|_2 \|\dot{\gamma}(-1)\|_2}$$

berechnen.

Lösungshinweis Aufgabe 175 Verwenden Sie für alle Teilaufgaben, dass gemäß der Formel für die Bogenlänge, die Länge einer stetig differenzierbaren Kurve $\gamma : [a, b] \to \mathbb{R}^d$ gemäß

$$L(\gamma) = \int_a^b \|\dot{\gamma}(t)\|_2 \, dt$$

bestimmt werden kann. Hier bezeichnet $\dot{\gamma}$ den Gradienten (die Ableitung) von γ und $\|\cdot\|_2$ die Euklidische Norm.

© Der/die Autor(en), exklusiv lizenziert an Springer-Verlag GmbH, DE, ein Teil von
Springer Nature 2022
N. Hebestreit, *Übungsbuch Analysis II*, https://doi.org/10.1007/978-3-662-65832-1_16

(a) Nutzen Sie zur Berechnung der Länge $L(\gamma_1)$ die trigonometrische Identität $\sin^2(t) + \cos^2(t) = 1$ für $t \in \mathbb{R}$ um das Integral zu vereinfachen.

(b) Beachten Sie, dass $\cosh'(t) = \sinh(t)$ und $\cosh^2(t) - \sinh^2(t) = 1$ für $t \in \mathbb{R}$ gelten.

(c) Verwenden Sie erneut die Identität aus Teil (a) um

$$L(\gamma_3) = r \int_0^{2\pi} \sqrt{2 - 2\cos(t)}\, dt$$

zu zeigen. Vereinfachen Sie dann das obige Integral geschickt mit der Halbwinkelformel $1 - \cos(t) = 2\sin^2(t/2)$ für $t \in \mathbb{R}$.

Lösungshinweis Aufgabe 176 Beachten Sie, dass eine Kurve $\gamma : [a, b] \to \mathbb{R}^d$ rektifizierbar heißt, falls ihre Länge, gegeben durch

$$L(\gamma) = \sup\left\{ \sum_{j=1}^{n} \|\gamma(t_j) - \gamma(t_{j-1})\|_2 \mid n \in \mathbb{N},\ a \leq t_0 < t_1 < \ldots < t_{n-1} < t_n \leq b \right\},$$

endlich ist. Verwenden Sie dann die Lipschitz-Stetigkeit um den Ausdruck $\sum_{j=1}^{n} \|\gamma(t_j) - \gamma(t_{j-1})\|_2$ für alle $n \in \mathbb{N}$ und $a \leq t_0 < t_1 < \ldots < t_{n-1} < t_n \leq b$ nach oben abzuschätzen. Gehen Sie dann zum Supremum über alle Zerlegungen des Intervalls $[a, b]$ über.

Lösungshinweis Aufgabe 177 Betrachten Sie für $n \in \mathbb{N}$ die Zerlegung

$$\mathcal{Z}_n = \left\{ x_j \in [0, 1] \mid j \in \{1, \ldots, n\} \right\} \cup \{0\}$$

mit $x_j = 1/j$ für $j \in \{1, \ldots, n\}$ und $x_{n+1} = 0$. Beweisen Sie dann

$$L(\gamma) \geq \sum_{j=2}^{n+1} |\gamma_2(x_j) - \gamma_2(x_{j-1})| = \sum_{j=2}^{n+1} \left(\frac{1}{j} + \frac{1}{j-1} \right) \geq \sum_{j=1}^{n+1} \frac{1}{j}$$

und überlegen Sie sich schließlich was passiert, wenn Sie in der obigen Ungleichung zum Grenzwert $n \to +\infty$ übergehen.

Lösungshinweis Aufgabe 178 Lösen Sie die Aufgabe in zwei Schritten.

(a) Berechnen Sie mit dem Satz über die Länge einer Kurve die Länge von $\gamma([a, b])$, wobei der stetig differenzierbare Weg $\gamma : [a, b] \to \mathbb{R}^2$ gemäß

$$\gamma(t) = (\gamma_1(t), \gamma_2(t))^\mathsf{T} = (t, f(t))^\mathsf{T}$$

definiert ist.

(b) Betrachten Sie (mit Begründung) für $r > 0$ die Funktion $f : [-r, r] \to \mathbb{R}$ mit $f(t) = \sqrt{r^2 - t^2}$ sowie den Weg $\gamma : [0, 2\pi] \to \mathbb{R}$ mit

$$\gamma(t) = (\gamma_1(t), \gamma_2(t))^\top = (t, f(t))^\top = \left(t, \sqrt{r^2 - t^2}\right)^\top.$$

Verwenden Sie dann Teil (a) dieser Aufgabe. Verifizieren Sie dazu zunächst

$$L(\gamma) = \int_{-r}^{r} \sqrt{1 + (f'(t))^2} \, dt = r \int_{-r}^{r} \frac{1}{\sqrt{r^2 - t^2}} \, dt$$

und verwenden Sie dann die Substitution $y(t) = t/r$ für $t \in [-r, r]$ mit $dy = 1/r \, dt$.

Lösungshinweis Aufgabe 179 Begründen Sie kurz, dass die Bögenlängenfunktion $s : [a, b] \to \mathbb{R}$ mit

$$s(t) = L(\gamma|_{[a,t]}) = \int_a^t \|\dot{\gamma}(t)\|_2 \, dt$$

invertierbar ist. Zeigen Sie dann, dass $J = \gamma([a, b])$ und $\varphi : J \to [a, b]$ mit $\varphi(t) = s^{-1}(t)$ das Gewünschte leisten.

Lösungshinweis Aufgabe 180 Verwenden Sie für alle Teilaufgaben die Definition des Kurvenintegrals 1. Art aus dieser Aufgabe.

(a) Verifizieren Sie zunächst mit einer kleinen Rechnung $\|\dot{\gamma}(t)\|_2 = \sqrt{1 + 4t^2}$ für $t \in [0, 1]$ und berechnen Sie dann das Integral

$$\int_\gamma f \, ds = \int_0^1 t^3 \sqrt{1 + 4t^2} \, dt,$$

indem Sie den Radikand substituieren.

(b) Zerlegen Sie den Rand des Rechtecks in vier Kurven $\gamma_1, \ldots, \gamma_4 : [0, 1] \to \mathbb{R}^2$, die jeweils zwei Eckpunkte durch eine Gerade verbinden. Beachten Sie dabei, dass die Konvexkombination (Verbindungslinie) von zwei Punkten $a, b \in \mathbb{R}^2$ durch $\{ta + (1 - t)b \in \mathbb{R}^2 \mid t \in [0, 1]\}$ gegeben ist. Berechnen Sie dann

$$\int_\gamma f \, ds = \int_{\gamma_1} f \, ds + \int_{\gamma_2} f \, ds + \int_{\gamma_3} f \, ds + \int_{\gamma_4} f \, ds.$$

Lösungshinweis Aufgabe 181

(a) Verwenden Sie die Definition des Kurvenintegrals 2. Art aus dieser Aufgabe. Berechnen Sie dazu für $t \in [0, 1]$ nacheinander die drei Ausdrücke $F(\gamma(t))$, $\dot{\gamma}(t)$ und $\langle F(\gamma(t)), \dot{\gamma}(t) \rangle$. Zeigen Sie damit

$$\int_\gamma F \cdot ds = \frac{r^2}{1 + r^2} \int_0^{2\pi} 1 \, dt.$$

(b) Gehen Sie ähnlich wie in Teil (a) dieser Aufgabe vor. Verifizieren Sie dazu mit einer kleinen Rechnung $\langle F(\gamma(t)), \dot{\gamma}(t) \rangle = 0$ für $t \in [0, 2\pi]$.

(c) Überlegen Sie sich zunächst, dass die Verbindungsstrecke $\gamma : [0, 1] \to \mathbb{R}^3$ lediglich die Konvexkombination der beiden Punkte ist, das heißt, für $t \in [0, 1]$ gilt $\gamma(t) = t(1, 0, 1)^{\mathsf{T}} + (1 - t)(1, 0, 2\pi)^{\mathsf{T}}$. Zeigen Sie dann $\langle F(\gamma(t)), \dot{\gamma}(t) \rangle = 2\pi - 1$ für $t \in [0, 1]$ und berechnen Sie damit das Kurvenintegral 2. Art.

Lösungshinweis Aufgabe 182

(a) Verwenden Sie zur Berechnung der Länge der Kurve geschickt $e^t + e^{-t} = 2\cosh(t)$ und $\cosh^2(t) - \sinh^2(t) = 1$ für $t \in [0, 1]$.

(b) Verifizieren Sie zunächst

$$\int_\gamma F \cdot ds = \int_0^1 t + \sinh(t)\cosh(t) \, dt.$$

Integrieren Sie dann den zweiten Summanden der rechten Seite partiell oder verwenden Sie Gl. (19.1). Beachten Sie dabei, dass die Hyperbelfunktionen $\sinh'(t) = \cosh(t)$ und $\cosh'(t) = \sinh(t)$ für $t \in [0, 1]$ erfüllen.

Lösungshinweis Aufgabe 183

(a) Verifizieren Sie mit einer kleinen Rechnung, dass das Vektorfeld $F : \mathbb{R}^3 \to \mathbb{R}^3$ den dreidimensionalen Integrabilitätsbedingungen

$$\partial_{x_j} F_k(x_1, x_2, x_3) = \partial_{x_k} F_j(x_1, x_2, x_3)$$

für $j, k \in \{1, 2, 3\}$ und $(x_1, x_2, x_3)^{\mathsf{T}} \in \mathbb{R}^3$ genügt.

(b) Überlegen Sie sich, dass es wegen Teil (a) eine (stetig differenzierbare) Potentialfunktion $G : \mathbb{R}^3 \to \mathbb{R}$ mit (Hauptsatz der Kurventheorie)

$$\int_\gamma F \cdot ds = G(\gamma(2\pi)) - G(\gamma(0))$$

gibt und argumentieren Sie dann geschickt.

Lösungshinweis Aufgabe 184

(a) Rechnen Sie mit Hilfe der Quotientenregel die zweidimensionalen Integrabilitätsbedingungen $\partial_{x_1} F_2(x_1, x_2) = \partial_{x_2} F_1(x_1, x_2)$ für $(x_1, x_2)^\mathsf{T} \in \mathbb{R}^2 \setminus \{(0, 0)^\mathsf{T}\}$ nach.

(b) Überlegen Sie sich, dass das Vektorfeld $F : \mathbb{R}^2 \setminus \{(0, 0)^\mathsf{T}\} \to \mathbb{R}^2$ kein Gradientenfeld ist. Geben Sie dazu einen (möglichst einfachen) Weg $\gamma : [0, 1] \to \mathbb{R}^2$ an, für den das Kurvenintegral 2. Art

$$\int_\gamma F \cdot \mathrm{ds} = \int_0^{2\pi} \langle F(\gamma(t)), \dot{\gamma}(t) \rangle \, \mathrm{d}t$$

nicht verschwindet.

Lösungshinweis Aufgabe 185

(a) Die verrichtete Arbeit W ist genau dann vom Weg unabhängig, wenn $\mathrm{rot}(F) = \mathbf{0}$ gilt.

(b) Gehen Sie zur Bestimmung des Potentials beispielsweise wie folgt vor: Bezeichnet $G : \mathbb{R}^2 \to \mathbb{R}$ das Potential von F, so gelten $\partial_x G = F_1$ und $\partial_y G = F_2$ in $\mathbb{R}^2$. Integrieren Sie die erste Gleichung (bezüglich x) und bestimmen Sie so eine Darstellung für G. Verwenden Sie dann die zweite Gleichung um die unbekannte Funktion, die beim Integrieren entstanden ist, zu bestimmen.

(c) Verwenden Sie geschickt Teil (a) dieser Aufgabe. Finden Sie dazu eine möglichst einfache Kurve $\tilde{\gamma} : [0, 2\pi] \to \mathbb{R}^2$ mit $\tilde{\gamma}(0) = (0, 0)^\mathsf{T}$ und $\tilde{\gamma}(2\pi) = (2\pi, 2\pi)^\mathsf{T}$ und berechnen Sie dann $W = \int_{\tilde{\gamma}} F \cdot \mathrm{ds}$ (Kurvenintegral 2. Art, vgl. Aufgabe 181).

Lösungshinweise Integrationstheorie und Integralsätze

17

Lösungshinweis Aufgabe 186 Betrachten Sie für beliebiges $n \in \mathbb{N}$ die Zerlegung

$$\mathcal{Z}_n = \left\{ (x_j, y_k)^\mathsf{T} \in [0,1]^2 \mid j, k \in \{0, \dots, n\} \right\}$$

des Intervalls $[0,1]^2$, wobei $x_j = j/n$ und $y_k = k/n$ für $j, k \in \{0, \dots, n\}$. Begründen Sie, dass

$$m_{jk} = \inf_{(x,y)^\mathsf{T} \in Q_{jk}} f(x,y) = \frac{(j-1)(k-1)}{n^2} \quad \text{und} \quad M_{jk} = \sup_{(x,y)^\mathsf{T} \in Q_{jk}} f(x,y) = \frac{jk}{n^2}$$

für alle $j, k \in \{1, \dots, n\}$ gelten und bestimmen Sie dann die Untersumme

$$\underline{S}(f, \mathcal{Z}_n) = \sum_{Q \in Q_n} \mathrm{vol}(Q) \inf_{(x,y)^\mathsf{T} \in Q} f(x,y) = \sum_{j=1}^{n} \sum_{k=1}^{n} \mathrm{vol}(Q_{jk}) \inf_{(x,y)^\mathsf{T} \in Q_{jk}} f(x,y)$$

mit Hilfe der bekannten Gaußschen Summenformel [3, Aufgabe 31 (a)]. Dabei bezeichnet Q_n die Menge aller Teilquader der Zerlegung $\mathcal{Z}_n$. Gehen Sie weiter bei der Berechnung von $\overline{S}(f, \mathcal{Z}_n)$ ähnlich vor und zeigen Sie schließlich $\lim_n \underline{S}(f, \mathcal{Z}_n) = \lim_n \overline{S}(f, \mathcal{Z}_n) = 1/4$.

Lösungshinweis Aufgabe 187 Beachten Sie, dass eine mehrdimensionale Funktion Riemann-integrierbar ist, falls sie beschränkt oder stetig ist.

Lösungshinweis Aufgabe 188 Verwenden Sie erneut für $n \in \mathbb{N}$ die Zerlegung

$$\mathcal{Z}_n = \left\{ (x_j, y_k)^\mathsf{T} \in [0,1]^2 \mid j, k \in \{0, \dots, n\} \right\}$$

© Der/die Autor(en), exklusiv lizenziert an Springer-Verlag GmbH, DE, ein Teil von
Springer Nature 2022
N. Hebestreit, *Übungsbuch Analysis II*, https://doi.org/10.1007/978-3-662-65832-1_17

des Rechtecks $[0, 1]^2$, wobei $x_j = j/n$ und $y_k = k/n$ für $j, k \in \{0, \ldots, n\}$. Überlegen Sie sich dann kurz, dass die Untersumme $\underline{S}(f, \mathcal{Z}_n)$ gleich Null ist und

$$\overline{S}(f, \mathcal{Z}_n) = \sum_{Q \in Q_n} \text{vol}(Q) \sup_{(x,y)^\mathsf{T} \in Q} f(x, y) = \frac{n+1}{2n}$$

gilt. Dabei bietet es sich erneut an die Gaußsche Summenformel $\sum_{j=1}^{n} j = n(n+1)/2$ für $n \in \mathbb{N}$ zu verwenden. Folgern Sie schließlich mit dem Riemannschen Integrabilitätskriterium, dass die Funktion $f : [0, 1]^2 \to \mathbb{R}$ nicht Riemannintegrierbar sein kann.

Lösungshinweis Aufgabe 189 Überlegen Sie sich kurz, dass die Funktion $f : [a, b] \to \mathbb{R}$ gleichmäßig stetig und beschränkt ist. Betrachten Sie dann $\varepsilon > 0$. Erklären Sie kurz, warum es $\delta > 0$ mit $|f(x) - f(y)| < \varepsilon/\text{vol}([a, b])$ für alle $x, y \in [a, b]$ mit $\|x - y\|_\infty < \delta$ gibt und wählen Sie dann eine Zerlegung $\mathcal{Z}$ von $[a, b]$, deren Kantenlängen echt kleiner als δ sind. Zeigen Sie schließlich mit dem Satz von Weierstraß aus Aufgabe 107

$$\overline{S}(f, \mathcal{Z}) - \underline{S}(f, \mathcal{Z}) = \sum_{Q \in \mathcal{Z}} \text{vol}(Q) \left(\max_{x \in Q} f(x) - \min_{x \in Q} f(x) \right) < \frac{\varepsilon}{\text{vol}([a, b])} \sum_{Q \in \mathcal{Z}} \text{vol}(Q)$$

und argumentieren Sie dann geschickt.

Lösungshinweis Aufgabe 190 Betrachten Sie die Folge $(\varphi_n)_n$ von einfachen Funktionen (Stufenfunktionen) mit $\varphi_n : [0, 1] \to [0, +\infty)$ und

$$\varphi_n(x) = \sum_{k=1}^{2^n} f\left(\frac{k}{2^n}\right) \chi_{A_k^n}(x),$$

wobei $A_k^n = [(k-1)/2^n, k/2^n]$ für $k \in \{1, \ldots, 2^n\}$. Verifizieren Sie dann (mit ausführlichen Begründungen)

$$\int_{(0,1]} \frac{1}{\sqrt{x}} \, d\lambda(x) = \lim_{n \to +\infty} \sum_{k=1}^{2^n} \sqrt{\frac{2^n}{k}} \lambda(A_k^n) = \lim_{n \to +\infty} \frac{1}{\sqrt{2^n}} \sum_{k=1}^{2^n} \frac{1}{\sqrt{k}} = 2.$$

Lösungshinweis Aufgabe 191 Beweisen Sie, dass der Positivteil f^+ der Funktion mit

$$f^+(x) = \begin{cases} \frac{\sin(x)}{x}, & x \in [2n\pi, (2n+1)\pi) \\ 0, & x \in [(2n+1)\pi, (2n+2)\pi] \end{cases}$$

für $n \in \mathbb{N}_0$ nicht integrierbar ist (vgl. auch Abb. 1.1). Verwenden Sie dazu die Darstellung

$$\int_{[0,+\infty)} f^+(x)\,d\lambda(x) = \sum_{n=0}^{+\infty} \int_{2n\pi}^{(2n+1)\pi} \frac{\sin(x)}{x}\,d\lambda(x)$$

und schätzen Sie dann das Integral auf der rechten Seite nach unten ab, indem Sie den Nenner des Integranden durch $(2n+1)\pi$ vergrößern.

Lösungshinweis Aufgabe 192 Überlegen Sie sich zuerst kurz mit Hilfe der σ-Additivität des Lebesgue-Maßes $\lambda([0,1] \cap \mathbb{Q}) = 0$ und beachten Sie dann, dass

$$\int_{[0,1]} f(x)\,d\lambda(x) = \int_{[0,1] \cap \mathbb{Q}} 1\,d\lambda(x)$$

gilt.

Lösungshinweis Aufgabe 193 Wegen der Riemann-Integrierbarkeit der Funktion $f : [a,b] \to \mathbb{R}$ gibt es zwei Folgen $(g_n)_n$ und $(h_n)_n$ von Treppenfunktionen mit

$$\lim_{n \to +\infty} \int_{[a,b]} g_n(x)\,d\lambda(x) = \lim_{n \to +\infty} \int_{[a,b]} h_n(x)\,d\lambda(x) = \int_a^b f(x)\,dx.$$

Überlegen Sie sich, dass die beiden Folgen punktweise auf $[a,b]$ gegen zwei messbare Funktionen g und h konvergieren. Verwenden Sie dann den Satz von der monotonen Konvergenz und folgern Sie damit

$$\int_{[a,b]} h(x) - g(x)\,d\lambda(x) = \int_a^b f(x)\,dx - \int_a^b f(x)\,dx = 0.$$

Begründen Sie zum Schluss noch, dass die Funktion f sowohl messbar als auch über $[a,b]$ integrierbar ist.

Lösungshinweis Aufgabe 194 Überlegen Sie sich zunächst kurz, dass sich beide Integrale mit dem Satz von Fubini (Voraussetzungen überprüfen) als iterierte eindimensionale Integrale schreiben lassen. Speziell für das zweidimensionale Integral gilt also beispielsweise

$$\iint_{[1,3] \times [0,1]} 2x - 7y^2\,d\lambda^2(x,y) = \int_0^1 \left(\int_1^3 2x - 7y^2\,d\lambda(x) \right) d\lambda(y).$$

Berechnen Sie dann für $y \in [0,1]$ das innere Integral auf der rechten Seite und werten Sie danach das äußere Integral aus. Gehen Sie beim dreidimensionalen Integral analog vor. Beachten Sie, dass im Gegensatz zu Aufgabe 195 die Integralgrenzen beim Anwenden des Satzes von Fubini nicht angepasst werden müssen, da stets über ein zwei- beziehungsweise dreidimensionales Quader integriert wird.

Lösungshinweis Aufgabe 195 Überlegen Sie sich zunächst, dass sich das Tetraeder T durch

$$T = \left\{ (x, y, z)^\mathsf{T} \in \mathbb{R}^3 \mid x \geq 0, \ y \geq 0, \ z \geq 0, \ \frac{x}{3} + \frac{y}{4} + \frac{z}{2} \leq 1 \right\}$$

darstellen lässt. Folgern Sie dann mit dem Satz von Fubini

$$\iiint_T 1 \, d\lambda^3(x, y, z) = \int_0^\kappa \left(\int_0^{\varphi(x)} \left(\int_0^{\psi(x,y)} 1 \, d\lambda(z) \right) d\lambda(y) \right) d\lambda(x).$$

Die Funktionen $\varphi : \mathbb{R} \to \mathbb{R}$ und $\psi : \mathbb{R}^2 \to \mathbb{R}$ (variablen oberen Grenzen) sowie $\kappa \in \mathbb{R}$ können Sie dabei wie folgt bestimmen: Stellen Sie zunächst die Ungleichung $(x, y, z)^\mathsf{T} \in \mathbb{R}^3 : \ x/3 + y/4 + z/2 \leq 1$ nach der dritten Variablen z um und definieren Sie so ψ. Stellen Sie danach die Ungleichung für $z = 0$ nach y um und definieren Sie damit die Funktion φ. Überlegen Sie sich zuletzt, welche x-Werte die Ungleichung zulässt, wenn $y = 0$ und $z = 0$ gelten, um κ zu definieren. Bestimmen Sie anschließend das iterierte Integral und beweisen Sie damit, dass das Volumen des Tetraeders 4 Volumeneinheiten beträgt.

Lösungshinweis Aufgabe 196 Zuerst sollten Sie sich kurz davon überzeugen, dass die beiden iterierten Integrale übereinstimmen. Berechnen Sie dann

$$\int_0^{+\infty} \left(\int_0^{+\infty} y e^{-(1+x^2)y^2} \, d\lambda(y) \right) d\lambda(x), \tag{17.1}$$

indem Sie zuerst für alle $x \geq 0$ (inneres Integral)

$$\int_0^{+\infty} y e^{-(1+x^2)y^2} \, d\lambda(y) = \frac{1}{2(1 + x^2)}$$

beweisen. Beachten Sie dabei, dass $(e^{\alpha t^2})' = 2\alpha t e^{\alpha t^2}$ für $t \in \mathbb{R}$ und $\alpha \in \mathbb{R}$ gilt. Berechnen Sie schließlich das Integral (17.1). Zum Nachweis der Identität können Sie (mit Begründung)

$$\int_0^{+\infty} \left(\int_0^{+\infty} y e^{-(1+x^2)y^2} \, d\lambda(x) \right) d\lambda(y) = \int_0^{+\infty} e^{-y^2} \left(\int_0^{+\infty} y e^{-(xy)^2} \, d\lambda(x) \right) d\lambda(y)$$

$$= \int_0^{+\infty} e^{-y^2} \left(\int_0^{+\infty} e^{-z^2} \, d\lambda(z) \right) d\lambda(y)$$

$$= \left(\int_0^{+\infty} e^{-z^2} \, d\lambda(z) \right)^2$$

verwenden, um dann geschickt zu argumentieren.

Lösungshinweis Aufgabe 197 Überlegen Sie sich zuerst, warum Sie wegen $f(x, y) = -f(y, x)$ für $(x, y)^\mathsf{T} \in [0, 1]^2$ lediglich eines der iterierten Integrale (zum Beispiel das zweite) berechnen müssen um beide Integralwerte zu erhalten. Für die Berechnung des zweiten iterierten Integrals können Sie sich zunächst

$$\int_0^1 \frac{x_1^2 - x_2^2}{(x_1^2 + x_2^2)^2} \, \mathrm{d}x_2 = \int_0^1 \frac{2x_1^2}{(x_1^2 + x_2^2)^2} \, \mathrm{d}x_2 - \int_0^1 \frac{1}{x_1^2 + x_2^2} \, \mathrm{d}x_2$$

$$= \int_0^1 \frac{2x_1^2}{x_1^4 \left(1 + (x_2/x_1)^2\right)^2} \, \mathrm{d}x_2 - \frac{1}{x_1^2} \int_0^1 \frac{1}{1 + (x_2/x_1)^2} \, \mathrm{d}x_2$$

für $x_1 \in (0, 1]$ überlegen und die beiden Integrale mit einer geeigneten Substitution berechnen. Folgern Sie damit

$$\int_0^1 \left(\int_0^1 \frac{x_1^2 - x_2^2}{(x_1^2 + x_2^2)^2} \, \mathrm{d}x_2 \right) \mathrm{d}x_1 = \int_0^1 \frac{1}{1 + x_1^2} \, \mathrm{d}x_1 = \arctan(x_1) \Big|_0^1 = \frac{\pi}{4}$$

und

$$\int_0^1 \left(\int_0^1 \frac{x_1^2 - x_2^2}{(x_1^2 + x_2^2)^2} \, \mathrm{d}x_2 \right) \mathrm{d}x_1 = -\frac{\pi}{4}.$$

Lösungshinweis Aufgabe 198 Überlegen Sie sich zuerst, dass die Funktion $f : \mathbb{R}^2 \to \mathbb{R}$ außerhalb von $(0, 1) \times (0, 1)$ konstant Null ist. Bestimmen Sie damit zuerst für $y \in (0, 1)$ das Integral

$$\int_{-\infty}^{+\infty} f(x, y) \, \mathrm{d}\lambda(x) = \int_0^1 f(x, y) \, \mathrm{d}\lambda(x).$$

Beachten Sie dabei, dass $(0, 1) = (0, y) \cup [y, 1)$ gilt um das Integral auf der rechten Seite zu berechnen. Folgern Sie damit

$$\int_{-\infty}^{+\infty} \left(\int_{-\infty}^{+\infty} f(x, y) \, \mathrm{d}\lambda(x) \right) \mathrm{d}\lambda(y) = 1$$

und gehen Sie dann beim zweiten iterierten Integral analog vor.

Lösungshinweis Aufgabe 199 Das Prinzip von Cavalieri folgt direkt aus dem Satz von Fubini. Überlegen Sie sich dazu zunächst, warum

$$\lambda^{p+q}(A) = \int_{\mathbb{R}^{p+q}} \chi_A(x, y) \, \mathrm{d}\lambda^{p+q} = \int_{\mathbb{R}^q} \left(\int_{\mathbb{R}^p} \chi_A(x, y) \, \mathrm{d}\lambda^p(x) \right) \mathrm{d}\lambda^q(y)$$

gilt und schreiben Sie dann das innere Integral auf der rechten Seite geeignet um. Beachten Sie dabei, dass $(x, y)^\mathsf{T} \in A$ genau dann gilt, falls $x \in A_y$ gilt.

Lösungshinweis Aufgabe 200

(a) Beachten Sie, dass gemäß dem Prinzip von Cavalieri (vgl. Aufgabe 199)

$$\lambda^2(A) = \int_{\mathbb{R}} \lambda(A_y) \, d\lambda(y)$$

gilt, wobei $A_y = \{x \in \mathbb{R} \mid (x, y)^\mathsf{T} \in A\}$ (Querschnitt) für $y \in \mathbb{R}$. Zur Berechnung des Integrals sollten Sie getrennt die Fälle $y \in [0, 1]$ und $y \in \mathbb{R} \setminus [0, 1]$ untersuchen um damit die Querschnittsmenge geschickt zu vereinfachen.

(b) Wenden Sie das Prinzip von Cavalieri auf die Menge $B_z = \{(x, y)^\mathsf{T} \in \mathbb{R}^2 \mid (x, y, z)^\mathsf{T} \in B\}$ mit $z \in \mathbb{R}$ an. Überlegen Sie sich dann, dass B_z für $z \in [0, 1/2]$ eine Kreisscheibe mit Radius $(1 - z)/2$ und Mittelpunkt $\mathbf{0}$ und andernfalls leer ist.

Lösungshinweis Aufgabe 201 Gehen Sie ähnlich wie in Aufgabe 200 vor. Betrachten Sie dazu die Querschnittsmenge

$$R_z = \{(x, y)^\mathsf{T} \in \mathbb{R}^2 \mid (x, y, z)^\mathsf{T} \in R\}$$

für $z \in \mathbb{R}$ und wenden Sie dann das Resultat aus Aufgabe 199 an.

Lösungshinweis Aufgabe 202 Lösen Sie die Aufgabe beispielsweise wie folgt:

(a) Berechnen Sie zuerst den Querschnitt $\overline{B}_1^d(\mathbf{0}) \cap (\mathbb{R}^{d-1} \times \{t\})$ für $t \in [-1, 1]$ und stellen Sie diesen als eine geeignete Kugel im $\mathbb{R}^{d-1}$ dar.

(b) Beweisen Sie dann mit dem Transformationssatz die Identität

$$\lambda^{d-1}\left(\overline{B}_{\sqrt{1-t^2}}^{d-1}(\mathbf{0})\right) = (1 - t^2)^{\frac{d-1}{2}} V_{d-1}$$

für $t \in [-1, 1]$. Beachten Sie dabei, dass

$$\lambda^{d-1}\left(\overline{B}_{\sqrt{1-t^2}}^{d-1}(\mathbf{0})\right) = \int_{\overline{B}_{\sqrt{1-t^2}}^{d-1}(\mathbf{0})} 1 \, d\lambda^{d-1}(x)$$

gilt.

(c) Zeigen Sie dann mit dem Prinzip von Cavalieri (vgl. Aufgabe 199) und Teil (b) die Rekursion

$$V_d = V_{d-1} I_d$$

für

$$I_d = \int_{-1}^{1} (1 - t^2)^{\frac{d-1}{2}} \, d\lambda(t).$$

(d) Bestimmen Sie dann das Integral I_d mit der Substitution $t(x) = \sin(x)$ für $x \in [-1, 1]$. Beachten Sie dabei, dass sich das Integral mit der Identität $\sin^2(x) + \cos^2(x) = 1$ für $x \in [-1, 1]$ umschreiben und dann mit partieller Integration berechnen lässt. Gehen Sie zum Beispiel wie in [3, Aufgabe 200] vor.

(e) Werten Sie schließlich die obige Rekursionsformel für die Volumina V_d mit Hilfe der Integralwerte I_d aus. Sie können Ihre Rechnung beispielsweise für V_3 überprüfen – das Volumen einer dreidimensionalen Kugel mit Radius $r = 1$ beträgt bekanntlich $4\pi/3$.

Lösungshinweis Aufgabe 203

(a) Beweisen Sie zunächst, dass die Abbildung $\Psi : (0, +\infty) \times (-\pi, \pi) \to \mathbb{R}^2 \setminus \{(x, y)^\mathsf{T} \in \mathbb{R}^2 \mid x \leq 0, \ y = 0\}$ mit $\Psi(r, \varphi) = (r\cos(\varphi), r\sin(\varphi))^\mathsf{T}$ wohldefiniert, injektiv und surjektiv ist. Bestimmen Sie dann $\det(J_\Psi(r, \varphi))$ für $(r, \varphi)^\mathsf{T} \in (0, +\infty) \times (-\pi, \pi)$ und folgern Sie damit, dass Ψ ein C^1-Diffeomorphismus ist.

(b) Verwenden Sie den Transformationssatz und den Satz von Fubini um das Doppelintegral zu berechnen. Nutzen Sie dazu die Polarkoordinaten aus Teil (a) dieser Aufgabe und verifizieren Sie (mit ausführlichen Begründungen) die Gleichungen

$$
\begin{aligned}
\iint_A f(x, y) \, d\lambda^2(x, y) &= \iint_{\Psi(U)} f(x, y) \, d\lambda^2(x, y) \\
&= \iint_U f(\Psi(r, \varphi)) |\det(J_\Psi(r, \varphi))| \, d\lambda^2(r, \varphi) \\
&= \iint_{(0,3)\times(-\pi,\pi)} r^3 + r^3 \sin(\varphi)\cos(\varphi) \, d\lambda^2(r, \varphi) \\
&= \int_{-\pi}^{\pi} \left(\int_0^3 r^3 + r^3 \sin(\varphi)\cos(\varphi) \, d\lambda(r) \right) d\lambda(\varphi)
\end{aligned}
$$

für $U = (0, 3) \times (-\pi, \pi)$ und $f : \mathbb{R}^2 \to [0, +\infty)$ mit $f(x, y) = x^2 + xy + y^2$.

Lösungshinweis Aufgabe 204 Verwenden Sie die Substitutionen $u = y/x$ und $v = y/x^2$ um die Menge A zunächst formal als $[1, 2]^2$ umzuschreiben. Stellen Sie dann die x- und y-Variable mit Hilfe der u- und v-Variablen dar und berechnen Sie die Determinante der Matrix

$$
\begin{pmatrix} \partial_u x & \partial_v x \\ \partial_u y & \partial_v y \end{pmatrix}.
$$

Schreiben Sie schließlich ebenfalls den Integranden mit Hilfe der neuen Variablen um und berechnen Sie dann

$$
\iint_A \frac{x^2}{2y^3} \, d\lambda^2(x, y) = \iint_{[1,2]^2} \frac{v}{2u^4} \cdot \frac{u^2}{v^3} \, d\lambda^2(u, v)
$$

mit dem Satz von Fubini. Sie sollten sich zum Schluss noch im Hinblick auf den Transformationssatz klarmachen (eine kurze Begründung genügt hier), warum das obige Vorgehen gerechtfertigt ist. Beachten Sie dabei, dass die Abbildung $\Phi : A \rightarrow [1, 2]^2$ mit $\Phi(x, y) = (y/x, y/x^2)^\mathsf{T}$ die Menge A bijektiv auf $[1, 2]^2$ abbildet.

Lösungshinweis Aufgabe 205

(a) Beachten Sie die Definition von I.
(b) Nutzen Sie in Schritt (β), dass das Integral ein linearer Operator ist. Überlegen Sie sich noch kurz, dass $I \in \mathbb{R}$ gilt – das Integral ist also nicht divergent. Verwenden Sie dazu die Darstellung

$$I = \int_0^{+\infty} e^{-x^2} \, dx = \int_0^1 e^{-x^2} \, dx + \int_1^{+\infty} e^{-x^2} \, dx$$

und argumentieren Sie dann geschickt (Majorantenkriterium für das zweite Integral auf der rechten Seite verwenden).

(c) Überlegen Sie sich mit einem geeigneten Resultat, dass für alle $n \in \mathbb{N}$ gerade

$$\int_0^n e^{-x^2} \left(\int_0^n e^{-y^2} \, dy \right) dx = \iint_{[0,n] \times [0,n]} e^{-(x^2 + y^2)} \, d(x, y)$$

gilt und rechtfertigen Sie so den Schritt (γ).

(d) Machen Sie in den letzten beiden Schritten (δ) und (ε) davon Gebrauch, dass sich die Menge $[0, +\infty) \times [0, +\infty)$ durch die Viertelkreise

$$B_n^+(\mathbf{0}) = \left\{ (x, y)^\mathsf{T} \in \mathbb{R}^2 \mid x^2 + y^2 < n^2, \ x \geq 0, \ y \geq 0 \right\}$$

für $n \in \mathbb{N}$ ausschöpfen lässt, das heißt, es gilt $[0, +\infty) \times [0, +\infty) = \bigcup_{n \in \mathbb{N}} B_n^+(\mathbf{0})$. Verwenden Sie dann ähnlich wie in Aufgabe 203 Polarkoordinaten um das Integral

$$\iint_{B_n^+(\mathbf{0})} e^{-(x^2 + y^2)} \, d(x, y)$$

geeignet zu transformieren. Da es sich bei $B_n^+(\mathbf{0})$ um einen Viertelkreis handelt, muss sich die φ-Variable (Winkel) lediglich zwischen 0 und $\pi/2$ bewegen. Berechnen Sie dann den Wert des Integrals mit dem Satz von Fubini und gehen Sie schließlich zum Grenzwert $n \rightarrow +\infty$ über.

Lösungshinweis Aufgabe 206

(a) Machen Sie sich mit einer Skizze klar, dass es sich bei der Menge A um eine Kreisscheibe handelt, aus der das Innere der Ellipse $(x, y)^\mathsf{T} \in \mathbb{R}^2 : x^2 + 2y^2 = 1$ herausgeschnitten wurde. Zerlegen Sie dann A in A_1, A_2, A_3 und A_4 (Schnitt der Menge A mit dem ersten, zweiten, dritten und vierten Quadranten) und begründen Sie dann kurz, dass sich die Integrale auf der rechten Seite von

$$\iint_A xy^3 \, d\lambda^2(x, y) = \sum_{j=1}^{4} \iint_{A_j} xy^3 \, d\lambda^2(x, y)$$

paarweise aufheben.

(b) Gehen Sie bei der Berechnung des Integrals beispielsweise wie folgt vor: Stellen Sie die vier Seiten des Parallelogramms als geeignete Funktionen dar – beispielsweise geht die Gerade $\varphi^{1,2} : \mathbb{R} \to \mathbb{R}$ mit $\varphi^{1,2}(x) = x$ durch die Punkte a^1 und a^2 – und verifizieren Sie so die Darstellung

$$A = \left\{ (x, y)^\mathsf{T} \in \mathbb{R}^2 \mid x - y \geq 0, \ x - 3y \geq -6, \ x - 3y \leq -2, \ x - y \leq 2 \right\}.$$

Finden Sie dann eine geeignete Transformation, die ein zweidimensionales Rechteck $[a_1, b_1] \times [a_2, b_2] \subseteq \mathbb{R}^2$ auf das Parallelogramm A abbildet. Sie können dabei folgende geometrischen Beobachtungen verwenden: Die Abbildung

$$S_{\alpha,\beta} : \mathbb{R}^2 \to \mathbb{R}^2 \quad \text{mit} \quad S_{\alpha,\beta}(x, y) = \begin{pmatrix} \alpha x \\ \beta y \end{pmatrix},$$

wobei $\alpha, \beta \in \mathbb{R} \setminus \{0\}$, bildet ein Rechteck der Form $[a_1, b_1] \times [a_2, b_2]$ durch Streckung/Stauchung auf ein Rechteck mit den Seitenlängen $\alpha(b_1 - a_1)$ und $\beta(b_2 - a_2)$ ab. Weiter handelt es sich bei den Abbildungen

$$V_\gamma, W_\delta : \mathbb{R}^2 \to \mathbb{R}^2 \quad \text{mit} \quad V_\gamma(x, y) = \begin{pmatrix} \gamma x \\ 0 \end{pmatrix} \quad \text{und} \quad W_\delta(x, y) = \begin{pmatrix} 0 \\ \delta y \end{pmatrix}$$

für $\gamma, \delta \in \mathbb{R}$ um Verschiebungen entlang der x- beziehungsweise y-Achse. Berechnen Sie schließlich das transformierte Integral mit dem Transformationssatz.

(c) Gehen Sie ähnlich wie in Teil (b) dieser Aufgabe vor. Transformieren Sie dabei das Einheitsdreieck $\{(x, y)^\mathsf{T} \in \mathbb{R}^2 \mid x \geq 0, \ y \geq 0, \ x + y \leq 1\}$ auf die Menge A und verwenden Sie dann den Transformationssatz und den Satz von Fubini.

(d) Überlegen Sie sich, dass es genügt das Volumen des Kugelstücks

$$\overline{B}_2^+(\mathbf{0}) = \overline{B}_2(\mathbf{0}) \cap [0, +\infty)^3$$

$$= \left\{ (x, y, z)^\mathsf{T} \in \mathbb{R}^3 \mid x \geq 0, \ y \geq 0, \ z \geq 0, \ x^2 + y^2 + z^2 \leq 4 \right\}$$

zu berechnen (und anschließend mit 8 zu multiplizieren). Verwenden Sie dann die Kugelkoordinatenabbildung $\Psi : (0, \pi/2) \times (0, \pi/2) \times (0, 2) \to \mathbb{R}^3$ mit

$$\Psi(r, \theta, \varphi) = \big(r \sin(\theta) \cos(\varphi), r \sin(\theta) \sin(\varphi), r \cos(\theta)\big)^\mathsf{T}$$

(vgl. auch die Lösung von Aufgabe 123) zur Bestimmung des Volumenintegrals

$$\lambda^3(\overline{B}_2^+(\mathbf{0})) = \iiint_{\overline{B}_2^+(\mathbf{0})} 1 \, d\lambda^3(x, y, z).$$

Lösungshinweis Aufgabe 207

(a) Überlegen Sie sich zuerst, dass

$$\oint_{\partial A} F \cdot ds = \int_0^{2\pi} \langle F(\gamma(t)), \dot{\gamma}(t) \rangle \, dt$$
$$= \int_0^{2\pi} \cos^2(t) \, dt - \int_0^{2\pi} \sin^2(t) \cos(t) \, dt - \int_0^{2\pi} \sin(t) \cos(t) \, dt$$

gilt und bestimmen Sie dann den Wert der drei Integrale auf der rechten Seite.

(b) Bestätigen Sie das Ergebnis aus Teil (a), indem Sie den Satz von Green auf das Kurvenintegral anwenden. Berechnen Sie dann mit dem Transformationssatz und dem Satz von Fubini das (zum Kurvenintegral äquivalente) Integral

$$\iint_A \partial_x F_2(x, y) - \partial_y F_1(x, y) \, d\lambda^2(x, y) = \iint_A 1 - x \, d\lambda^2(x, y)$$

(vgl. auch die Lösung von Aufgabe 203 (b)).

Lösungshinweis Aufgabe 208 Beweisen Sie zuerst mit dem Satz von Green

$$\oint_\gamma F \cdot ds = -2 \iint_A x + y \, d\lambda^2(x, y).$$

Überlegen Sie sich danach, wie sich das Quadrat $[-2, 2]^2$ auf die Menge

$$A = \big\{(x, y)^\mathsf{T} \in \mathbb{R}^2 \mid x + y \le 2, \ y - x \le 2, \ x + y \ge 2, \ y - x \ge 2\big\}$$

(obige Darstellung begründen) transformieren lässt und nutzen Sie dann den Transformationssatz.

Lösungshinweis Aufgabe 209 Schreiben Sie zuerst mit dem Satz von Green das Kurvenintegral um. Beachten Sie dann, dass

$$\lambda^2(A) = \iint_A 1 \, \lambda^2(x, y)$$

gilt.

Lösungshinweis Aufgabe 210 Erstellen Sie ein Skizze der Menge und berechnen Sie dann den Flächeninhalt von A mit der Sektorformel von Leibniz (vgl. Aufgabe 209). Beachten Sie dabei, dass der Rand von A durch die beiden Kurven γ_1, γ_2 : $[0, 1] \to \mathbb{R}^2$ mit $\gamma_1(t) = (t, t^4)^\mathsf{T}$ und $\gamma_2(t) = (1 - t, 1 - t)^\mathsf{T}$ beschrieben werden kann.

Lösungshinweis Aufgabe 211

(a) Erklären Sie kurz, warum sich der orientierte Rand ∂A durch die Kreiskurve $\gamma : [0, 2\pi] \to \mathbb{R}^3$ mit $\gamma(t) = (2\cos(t), 2\sin(t), 2)^\mathsf{T}$ parametrisieren lässt. Berechnen Sie dann ähnlich wie in den Aufgaben 181 und 182 das Kurvenintegral 2. Art.

(b) Begründen Sie zunächst, dass

$$\oint_{\partial A} F \cdot \mathrm{d}s = \oiint_A \langle \mathrm{rot}(F), N \rangle \, \mathrm{d}S_2$$

gilt und berechnen Sie dann ähnlich wie in Aufgabe 215 das Oberflächenintegral auf der rechten Seite. Überlegen Sie sich dazu, dass eine Parametrisierung von A durch $\Psi : [0, 2] \times [-\pi, \pi] \to \mathbb{R}^3$ mit $\Psi(r, \varphi) = (r\cos(\varphi), r\sin(\varphi), r^2/2)^\mathsf{T}$ gegeben ist.

Lösungshinweis Aufgabe 212 Begründen Sie kurz, dass die Oberfläche von A_R ein Kreis in der x-y-Ebene mit Mittelpunkt $(0, 0, 0)^\mathsf{T}$ und Radius R ist. Bestimmen Sie dann eine geeignete Parametrisierung von ∂A_R und berechnen Sie somit das Kurvenintegral 2. Art (Satz von Stokes beachten)

$$\oint_{\partial A_R} F \cdot \mathrm{d}s = \int_0^{2\pi} \langle F(\gamma(t)), \dot{\gamma}(t) \rangle \, \mathrm{d}t.$$

Verwenden Sie schließlich $\int_0^{2\pi} \sin^2(t) \, \mathrm{d}t = \pi$ und $\int_0^{2\pi} \cos^2(t) \, \mathrm{d}t = \pi$ – die Identitäten kann man beispielsweise mit Hilfe von partieller Integration beweisen [3, Aufgabe 196].

Lösungshinweis Aufgabe 213 Gemäß dem Satz von Stokes lässt sich die verrichtete Arbeit durch

$$W = \oiint_A \langle \mathrm{rot}(F), N \rangle \, \mathrm{d}S_2$$

berechnen. Überlegen Sie sich weiter, dass $\mathrm{rot}(F) = \mathbf{0}$ gilt und erklären Sie kurz, dass die Arbeit des Kraftfelds gleich Null ist.

Lösungshinweis Aufgabe 214 Beachten Sie, dass gemäß dem Gaußschen Divergenzsatz

$$\oiint_{\partial A} \langle F, N \rangle \, dS_2 = \iiint_A \operatorname{div}(F) \, d\lambda^3$$

gilt. Bestimmen Sie dann die Divergenz des Vektorfeldes $F : \mathbb{R}^3 \to \mathbb{R}^3$ und berechnen Sie das Integral auf der rechten Seite mit dem Satz von Fubini.

Lösungshinweis Aufgabe 215 Unterteilen Sie die Lösung der Aufgabe in zwei Teile:

(a) Berechnen Sie zuerst das Integral per Hand. Beachten Sie dabei, dass die Oberfläche aus einer Paraboloidenoberfläche O und einer Bodenkreisfläche B besteht. Überlegen Sie sich dann kurz, warum die Abbildung $\Psi_B : (0, 3) \times (0, 2\pi) \to \mathbb{R}^3$ mit

$$\Psi_B(r, \varphi) = \begin{pmatrix} r\cos(\varphi) \\ r\sin(\varphi) \\ 0 \end{pmatrix}$$

die Bodenfläche parametrisiert und verifizieren Sie dann mit einer kleinen Rechnung

$$\partial_r \Psi_B(r, \varphi) \times \partial_\varphi \Psi_B(r, \varphi) = \begin{pmatrix} 0 \\ 0 \\ r \end{pmatrix}, \qquad F(\Psi_B(r, \varphi)) = \begin{pmatrix} r\cos(\varphi) + r\sin(\varphi) \\ r\sin(\varphi) \\ r\cos(\varphi) \end{pmatrix}$$

und

$$\oiint_{\partial B} \langle F, N \rangle \, dS_2 = \iint_{(0,3)\times(0,2\pi)} \langle F(\Psi_B(r, \varphi)), \partial_r \Psi_B(r, \varphi) \times \partial_\varphi \Psi_B(r, \varphi) \rangle \, d\lambda^2(r, \varphi)$$

$$= \iint_{(0,3)\times(0,2\pi)} r^2 \cos(\varphi) \, d\lambda^2(r, \varphi).$$

Das Integral auf der rechten Seite lässt sich dann mit Hilfe des Satzes von Fubini leicht berechnen. Bei der Berechnung des zweiten Oberflächenintegrals können Sie verwenden, dass eine Parametrisierung von O durch $\Psi_O : (0, 3) \times (0, 2\pi) \to \mathbb{R}^3$ mit

$$\Psi_O(r, \varphi) = \begin{pmatrix} r\cos(\varphi) \\ r\sin(\varphi) \\ 9 - r^2 \end{pmatrix}$$

gegeben ist. Gehen Sie dann ähnlich wie beim vorherigen Oberflächenintegral vor.

(b) Überzeugen Sie sich kurz mit dem Satz von Gauß, dass das Integral über die Oberfläche ∂A äquivalent zu

$$\iiint_A \operatorname{div}(F)(x)\, d\lambda^3(x) = 3 \iiint_A 1\, d\lambda^3(x)$$

ist. Überlegen Sie sich dann, dass sich die Menge A als Rotationskörper einer geeigneten Funktion $f : [0, 9] \to \mathbb{R}$ schreiben lässt um schließlich Aufgabe 201 zur Berechnung des obigen Integrals zu verwenden.

Lösungshinweis Aufgabe 216   Wenden Sie zunächst den Satz von Gauß an, sodass Sie lediglich das Integral

$$\iiint_A \operatorname{div}(F)(x, y, z)\, d\lambda^3(x, y, z) = \iiint_A 1 + x + 2z\, d\lambda^3(x, y, z)$$

über den Zylinder A berechnen müssen. Verwenden Sie dann sogenannte Zylinderkoordinaten $\Psi : (0, 4) \times (0, 2\pi) \times (0, 8) \to \mathbb{R}^3$ mit

$$\Psi(r, \varphi, z) = \begin{pmatrix} r\cos(\varphi) \\ r\sin(\varphi) \\ z \end{pmatrix}$$

um das Integral mit dem Transformationssatz und dem Satz von Fubini zu berechnen – Sie können Sich dabei auch von der Lösung von Aufgabe 206 (d) inspirieren lassen.

Lösungshinweis Aufgabe 217   Gehen Sie bei der Berechnung des Integrals wie folgt vor:

(a) Überlegen Sie sich kurz, dass die Divergenz des Vektorfeldes konstant 3 ist und berechnen Sie dann das dreidimensionale Integral (Divergenzsatz von Gauß beachten)

$$I(a, b, c) = 3 \iiint_{E(a,b,c)} 1\, d\lambda^3(x, y, z).$$

Sie können dabei (ohne Beweis) verwenden, dass das Volumen des Ellipsoiden $E(a, b, c)$ gerade $4\pi abc/3$ beträgt.

(b) Berechnen Sie im zweiten Schritt das vektorielle Oberflächenintegral

$$\oiint_{\partial E(a,b,c)} \langle F, N \rangle\, dS_2 = \iint_{(0,\pi)\times(-\pi,\pi)} \langle F(\Psi(\theta, \varphi)), N(\theta, \varphi) \rangle\, d\lambda^2(\theta, \varphi)$$

per Hand. Überlegen Sie sich dazu, dass $\Psi : (0, \pi) \times (-\pi, \pi) \to \mathbb{R}^3$ mit

$$\Psi(\theta, \varphi) = \begin{pmatrix} a\sin(\theta)\cos(\varphi) \\ b\sin(\theta)\sin(\varphi) \\ c\cos(\theta) \end{pmatrix}$$

eine geeignete Parametrisierung der Oberfläche von $E(a, b, c)$ ist. Mit einer kleinen Rechnung sollten Sie zeigen können, dass

$$\iint_{(0,\pi)\times(-\pi,\pi)} \langle F(\Psi(\theta, \varphi)), N(\theta, \varphi)\rangle \, d\lambda^2(\theta, \varphi) = abc \iint_{(0,\pi)\times(-\pi,\pi)} \sin(\theta) \, d\lambda^2(\theta, \varphi)$$

gilt (Integranden geschickt vereinfachen), um schließlich das Integral mit dem Satz von Fubini zu berechnen.

18
Lösungshinweise Gewöhnliche Differentialgleichungen

Lösungshinweis Aufgabe 218 Bestimmen Sie zunächst mit der Quotienten- oder Kettenregel die Ableitung der differenzierbaren Funktion $y : \mathbb{R} \to \mathbb{R}$. Vereinfachen Sie dann den Ausdruck $ay - by^2$ so weit wie möglich und vergleichen Sie Ihre Ergebnis mit y'.

Lösungshinweis Aufgabe 219 Eine sehr einfache Differentialgleichung für die Funktion $y : \mathbb{R} \to \mathbb{R}$ mit $y(x) = \arctan(\sin(x))$ erhalten Sie bereits, indem Sie die Ableitung y' bestimmen.

Lösungshinweis Aufgabe 220 Beweisen Sie den Existenzsatz in zwei Schritten:

(a) Zeigen Sie zunächst mit dem Hauptsatz der Differential- und Integralrechnung, dass die Funktion $y : [a, b] \to \mathbb{R}$ mit

$$y(x) = y_0 + \int_{x_0}^{x} f(t)\, dt$$

eine Lösung des Anfangswertproblems ist.

(b) Beweisen Sie im zweiten Schritt die Eindeutigkeit der Lösung. Nehmen Sie dazu an, es würde eine weitere Lösung $\tilde{y} : [a, b] \to \mathbb{R}$ mit $\tilde{y} \neq y$ geben. Untersuchen Sie dann mit Hilfe des Mittelwertsatzes die (nach Annahme) nicht konstante Differenzfunktion $\tilde{y} - y$ und führen Sie dies zu einem Widerspruch.

Lösungshinweis Aufgabe 221 Verwenden Sie für diese Aufgabe (speziell für Teil (a)) das folgende Theorem über die Trennung der Variablen (Separationsmethode, Separation der Variablen) [7, Satz 1.5.1]: Seien $I, J \subseteq \mathbb{R}$ Intervalle sowie $f : I \to \mathbb{R}$

© Der/die Autor(en), exklusiv lizenziert an Springer-Verlag GmbH, DE, ein Teil von
Springer Nature 2022
N. Hebestreit, *Übungsbuch Analysis II*, https://doi.org/10.1007/978-3-662-65832-1_18

und $g : J \to \mathbb{R} \setminus \{0\}$ stetige Funktionen. Für $(x_0, y_0)^\mathsf{T} \in I \times J$ seien die Funktionen $F : I \to \mathbb{R}$ und $G : J \to \mathbb{R}$ durch

$$F(x) = \int_{x_0}^{x} f(t)\,\mathrm{d}t \quad \text{und} \quad G(y) = \int_{y_0}^{y} \frac{1}{g(t)}\,\mathrm{d}t$$

definiert. Ist dann $I' \subseteq I$ ein weiteres Intervall mit $x_0 \in I'$ und $F(I') \subseteq G(J)$, so besitzt das Anfangswertproblem

$$y'(x) = f(x)g(y(x)), \ x \in I', \qquad y(x_0) = y_0$$

eine eindeutige Lösung $y : I' \to \mathbb{R}$ mit $G(y(x)) = F(x)$ beziehungsweise $y(x) = (G^{-1} \circ F)(x)$ für alle $x \in I'$. Beachten Sie, dass mit Hilfe von Differentialen [7, 1.5 Trennung der Variablen] die Methode der Trennung der Variablen wie folgt einprägsam festgehalten werden kann:

(1) Schreibe die Differentialgleichung in der Form $y'/g(y) = f(x)$.
(2) Bestimme dann $\int 1/g(y)\,\mathrm{d}y = \int f(x)\,\mathrm{d}x + c$ und löse die Gleichung nach y auf.
(3) Falls nötig, ermittle die Konstante $c \in \mathbb{R}$ mit Hilfe der Anfangsbedingung.

Die Schritte (1), (2) und (3) können zur Lösung der drei Teilaufgaben (b), (c) und (d) verwendet werden.

Lösungshinweis Aufgabe 222 Überlegen Sie sich zuerst, dass die Menge des gelösten Salzes $S : [0, +\infty) \to \mathbb{R}$ dem Anfangswertproblem

$$S'(t) = -\frac{3S(t)}{1000 + 3t}, \ t \in [0, +\infty), \qquad S(0) = 80$$

genügen muss. Lösen Sie dann das obige Anfangswertproblem mit Hilfe von Trennung der Variablen (vgl. auch Aufgabe 221) und bestimmen Sie damit die Funktion S explizit. Die beiden Teilaufgaben lassen sich dann wie folgt lösen:

(a) Berechnen Sie $S(180)$.
(b) Lösen Sie die Ungleichung $S(t) \leq 40$ nach t auf.

Lösungshinweis Aufgabe 223

(a) Rechnen Sie nach, dass die Funktion $\varphi : I \to \mathbb{R}$ mit $\varphi(x) = x\phi(x)$ das Anfangswertproblem (9.2) löst, falls $\phi : I \to \mathbb{R}$ eine Lösung von Problem (9.1) ist. Zeigen Sie dann umgekehrt, dass $\phi : I \to \mathbb{R}$ mit $\phi(x) = \varphi(x)/x$ eine Lösung des Anfangswertproblems (9.1) ist, falls φ das Problem (9.2) löst. Beweisen Sie schließlich mit Hilfe vom Satz über die Trennung der Variablen [7, 1.5 Trennung der Variablen], dass das zu (9.1) äquivalente Problem (9.2) eine eindeutige Lösung besitzt.

(b) Verwenden Sie Teil (a) dieser Aufgabe und Lösen Sie mit Hilfe von Trennung der Variablen zuerst das separable Problem

$$z'(x) = \frac{\exp(-z(x))}{x}, \quad x \in \mathbb{R} \setminus \{0\}, \quad z(1) = 0.$$

Lösungshinweis Aufgabe 224

(a) Verwenden Sie die Substitution $z(x) = 1 + x + y(x)$. Beachten Sie, dass $z'(x) = 1 + y'(x)$ gilt.
(b) Nutzen Sie die Substitution $z(x) = y^2(x) + x$.

Lösungshinweis Aufgabe 225

(a) Bestimmen Sie zunächst eine allgemeine Lösung der homogenen Differentialgleichung $y'(x) + 2y(x) = 0$. Variieren Sie dann die Konstante, das heißt, ersetzen Sie die zunächst unbestimmte Konstante $c \in \mathbb{R}$ durch eine differenzierbare Funktion $c : \mathbb{R} \to \mathbb{R}$. Bestimmen Sie dann die partikuläre Lösung, indem Sie die variierte Funktion in die (inhomogene) Differentialgleichung einsetzen, um die Funktion c zu bestimmen. Die Lösung des Ausgangsproblems ergibt sich dann als Summe der homogenen und partikulären Lösung [7, 1.6 Lineare Differentialgleichungen].
(b) Gehen Sie ähnlich wie in Teil (a) dieser Aufgabe vor. Bestimmen Sie die homogene und partikuläre Lösung und setzen Sie diese dann zusammen.

Lösungshinweis Aufgabe 226 Schreiben Sie die Differentialgleichung für zwei passende Funktionen $p, q : \mathbb{R}^2 \to \mathbb{R}$ in der Form

$$p(x, y(x)) + q(x, y(x))y'(x) = 0$$

und zeigen Sie kurz $\partial_y p = \partial_x q$ in $\mathbb{R}^2$. Ermitteln Sie dann eine explizite Darstellung der Potentialfunktion $\Psi : \mathbb{R}^2 \to \mathbb{R}$ mit $\partial_x \Psi = p$ und $\partial_y \Psi = q$.

Lösungshinweis Aufgabe 227 Beweisen Sie, dass alle Voraussetzungen des Satzes von Picard-Lindelöf [2, 8.14 Theorem] erfüllt sind. Überlegen Sie sich dabei genau, dass die Funktion $f : [0, 2] \times \mathbb{R} \to \mathbb{R}$ (rechte Seite der Differentialgleichung) mit

$$f(x, y) = 1 + \frac{\sin(\cos(1 + y))}{1 + x^2}$$

Lipschitz-stetig ist. Beachten Sie dabei, dass die Sinus- und Kosinusfunktion Lipschitz-stetig sind [3, Aufgabe 150].

Lösungshinweis Aufgabe 228 Verifizieren Sie zunächst, dass die beiden Funktionen $y, \tilde{y} : \mathbb{R} \to \mathbb{R}$ mit $y(x) = 0$ und $\tilde{y}(x) = x^2/4$ Lösungen des Anfangswertproblems sind. Überlegen Sie sich dann, dass die rechte Seite $f : \mathbb{R}^2 \to \mathbb{R}$ mit

$f(x, y) = \sqrt{|y|}$ nicht in der zweiten Variablen Lipschitz-stetig ist (vgl. auch Aufgabe 84 (b)).

Lösungshinweis Aufgabe 229 Beachten Sie, dass sich das Picard-Lindelöfsche Iterationsverfahren [2, 8.15 Bemerkung] (unter den Voraussetzungen des Existenzsatzes von Picard-Lindelöf) wie folgt angeben lässt: Für jede Funktion $p_0 \in C(I, \mathbb{R})$ (Startwert der Folge) konvergiert die Folge $(p_n)_n \subseteq C(I, \mathbb{R})$ mit

$$p_{n+1}(x) = y_0 + \int_{x_0}^{x} f(t, p_n(t)) \, dt$$

für $t \in I$ und $n \in \mathbb{N}$ gleichmäßig auf I gegen die eindeutige Lösung des Anfangswertproblems

$$y'(x) = f(x, y(x)), \ x \in I, \qquad y(x_0) = y_0.$$

Berechnen Sie dann zum Startwert $p_0 = 1$ nacheinander die Folgenglieder p_1, p_2 und p_3.

Teil III
Lösungen

Lösung Aufgabe 1 Im Folgenden sei stets $c \in \mathbb{R}$ eine beliebige Integrationskonstante.

(a) Zur Berechnung des Integrals werden wir die Methode der partiellen Integration (!) verwenden, wobei wir die Funktionen $f', g : [0, 1] \rightarrow \mathbb{R}$ durch $f'(x) = \cos(\pi x)$ und $g(x) = x$ definieren (vgl. auch den Lösungshinweis zu dieser Aufgabe). Dabei haben wir die beiden Funktionen gerade so gewählt, dass das Integral $\int_0^1 f(x)g'(x)\,\mathrm{d}x$, das bei der partiellen Integration entsteht, besonders leicht zu berechnen ist. Wir erhalten also wegen $f(x) = \sin(\pi x)/\pi$ und $g'(x) = 1$ für $x \in [0, 1]$

$$\int_0^1 x \cos(\pi x)\,\mathrm{d}x \stackrel{(!)}{=} \frac{x\sin(\pi x)}{\pi}\Big|_0^1 - \frac{1}{\pi}\int_0^1 \sin(\pi x)\,\mathrm{d}x = -\frac{1}{\pi}\int_0^1 \sin(\pi x)\,\mathrm{d}x.$$

Mit der Substitution $y(x) = \pi x$ für $x \in [0, 1]$ mit $\mathrm{d}y = \pi\,\mathrm{d}x$ folgt schließlich

$$-\frac{1}{\pi}\int_0^1 \sin(\pi x)\,\mathrm{d}x = -\frac{1}{\pi^2}\int_0^\pi \sin(y)\,\mathrm{d}y = \frac{\cos(x)}{\pi^2}\Big|_0^\pi = \frac{\cos(\pi) - \cos(0)}{\pi^2} = -\frac{2}{\pi^2},$$

womit wir insgesamt

$$\int_0^1 x \cos(\pi x)\,\mathrm{d}x = -\frac{2}{\pi^2}$$

erhalten.

(b) Sei $D \subseteq \mathbb{R}$ eine offene Menge. Wir überlegen uns zunächst kurz, dass für jede stetig differenzierbare Funktion $f : D \to \mathbb{R}$ gerade

$$\int f(x) f'(x)\, dx = f^2(x) + c \qquad (19.1)$$

gilt. Dies folgt direkt mit partieller Integration, denn es gilt offensichtlich

$$\int f(x) f'(x)\, dx = f^2(x) - \int f(x) f'(x)\, dx,$$

womit wir die obige Identität durch Umstellen erhalten. Betrachten wir also speziell die Menge $D = (0, +\infty)$ und die Funktion $f : (0, +\infty) \to \mathbb{R}$ mit $f(x) = \ln(x)$, so erhalten wir wegen Identität (19.1) gerade

$$\int \frac{\ln(x)}{x}\, dx = \frac{1}{2} \ln^2(x) + c.$$

Anmerkung Der obige Trick wir unter anderem in Aufgabe 13 verwendet, um zwei komplizierte Integrale zu berechnen.

(c) Mit partieller Integration (und einer geeigneten Substitution) könnte man sich überlegen, dass

$$\int \arcsin(x)\, dx = x \arcsin(x) - \int \frac{x}{\sqrt{1 - x^2}}\, dx = x \arcsin(x) + \sqrt{1 - x^2} + c$$

gilt und die Grenzen 1 und -1 auswerten um das Integral zu berechnen – das ist leider recht mühsam. Bemerken wir jedoch, dass der Arkussinus eine ungerade (!) Funktion ist, das heißt, für alle $x \in [-1, 1]$ gilt $\arcsin(x) = -\arcsin(-x)$, so können wir das Integral mit Hilfe der Substitution $y(x) = -x$ für $x \in [-1, 1]$ mit $dy = -\,dx$ wie folgt ohne großen Aufwand bestimmen: Zunächst gilt

$$\int_{-1}^{1} \arcsin(x)\, dx = -\int_{y(-1)}^{y(1)} \arcsin(-y)\, dy \overset{(!)}{=} \int_{1}^{-1} \arcsin(y)\, dy = -\int_{-1}^{1} \arcsin(y)\, dy.$$

Vergleichen wir nun die linke und rechte Seite der obigen Gleichung, so erkennen wir, dass zwingend

$$\int_{-1}^{1} \arcsin(x)\, dx = 0$$

gelten muss.

(d) Definieren wir die Funktionen $f', g : \mathbb{R} \to \mathbb{R}$ durch $f'(x) = \exp(x)$ und $g(x) = \cos(x)$, so folgt wegen $f(x) = \exp(x)$ und $g'(x) = -\sin(x)$ für $x \in \mathbb{R}$ mit partieller Integration (vgl. auch den Lösungshinweis zu dieser Aufgabe) zunächst

$$\int \exp(x) \cos(x)\, dx = \exp(x) \cos(x) + \int \exp(x) \sin(x)\, dx.$$

Damit hat sich das Ausgangsintegral nicht sonderlich vereinfacht, da auf der rechten Seite immer noch ein Integral steht, das wir nicht ohne Weiteres berechnen können. Integrieren wir das Integral auf der rechten Seite ebenfalls partiell – nun betrachten wir die Funktionen $f', g : \mathbb{R} \to \mathbb{R}$ mit $f'(x) = \exp(x)$ und $g(x) = \sin(x)$ – so folgt

$$\int \exp(x)\sin(x)\,dx = \exp(x)\sin(x) - \int \exp(x)\cos(x)\,dx.$$

Setzen wir nun die zweite in die erste Gleichung ein, so sehen wir direkt, dass das gesuchte Integral erneut auf der rechten Seite auftaucht. Somit folgt

$$\int \exp(x)\cos(x)\,dx = \frac{\exp(x)}{2}(\sin(x) + \cos(x)) + c.$$

Lösung Aufgabe 2 Im Folgenden sei stets $c \in \mathbb{R}$ eine beliebige Integrationskonstante.

(a) Zur Berechnung des Integrals verwenden wir die Substitution $y(x) = 9 - x^3$ für $x < \sqrt[3]{9}$ mit $dy = -3x^2\,dx$ und erhalten damit

$$\int \frac{x^2}{\sqrt{9 - x^3}}\,dx = -\frac{1}{3}\int \frac{1}{\sqrt{y}}\,dy = -\frac{2}{3}\sqrt{y} + c = -\frac{2}{3}\sqrt{9 - x^3} + c.$$

(b) Wir verwenden die Substitution $y(x) = x + 2$ für $x \in \mathbb{R}$ mit $dy = dx$ und erhalten zunächst

$$\int x(x + 2)^{999}\,dx = \int (y - 2)y^{999}\,dy.$$

Das neue Integral können wir nun geschickt zerlegen und es folgt mit einer kleinen Rechnung

$$\int (y - 2)y^{999}\,dy = \int y^{1000}\,dy - 2\int y^{999}\,dy$$

$$= \frac{y^{1001}}{1001} - \frac{y^{1000}}{500} + c$$

$$= \frac{(x + 2)^{1001}}{1001} - \frac{(x + 2)^{1000}}{500} + c.$$

(c) Zur Berechnung des Integrals verwenden wir die Substitution $y(x) = 1 + \sqrt[4]{x}$ für $x \geq 0$ mit $dy = x^{-3/4}/4\,dx$, sodass wir wegen $y(0) = 1$ und $y(1) = 2$ gerade

$$\int_0^1 \frac{\sqrt[3]{1 + \sqrt[4]{x}}}{\sqrt{x}}\,dx = 4 \int_1^2 (y - 1)\sqrt[3]{y}\,dy$$

$$= 4 \int_1^2 \sqrt[4]{y^3}\,dy - 4 \int_1^2 \sqrt[3]{y}\,dy$$

$$= \left(\frac{12\sqrt[7]{y^3}}{7} - 3\sqrt[3]{y^4} \right) \Big|_1^2$$

$$= \frac{3\sqrt[3]{16} + 9}{7}$$

erhalten.

(d) Da $\tan'(x) = 1/\cos^2(x)$ für $x \in (-\pi/2, \pi/2)$ gilt, substituieren wir $y(x) = \tan(x)$ für $x \in (-\pi/2, \pi/2)$ mit $dy = 1/\cos^2(x)\,dx$. Damit erhalten wir

$$\int \frac{\sin(\tan(x))}{\cos^2(x)}\,dx = \int \sin(y)\,dy = -\cos(y) + c = -\cos(\tan(x)) + c.$$

Lösung Aufgabe 3 Im Folgenden sei immer $c \in \mathbb{R}$ eine beliebige Integrationskonstante.

(a) Wegen $x^2 - 1 = (x - 1)(x + 1)$ für $x \in \mathbb{R}$ besitzt das Nennerpolynom die reellen und einfach auftretenden Nullstellen -1 und 1. Wir machen daher den Ansatz

$$\frac{1}{x^2 - 1} = \frac{A}{x - 1} + \frac{B}{x + 1},$$

wobei wir die unbekannten Parameter $A, B \in \mathbb{R}$ mit Hilfe eines linearen Gleichungssystems bestimmen werden. Zunächst erweitern wir die beiden Brüche auf der rechten Seite und erhalten

$$\frac{A}{x - 1} + \frac{B}{x + 1} = \frac{A(x + 1)}{(x - 1)(x + 1)} + \frac{B(x - 1)}{(x + 1)(x - 1)} = \frac{(A + B)x + A - B}{x^2 - 1}.$$

beziehungsweise

$$\frac{1}{x^2 - 1} = \frac{(A + B)x + A - B}{x^2 - 1}.$$

Vergleichen wir nun die Koeffizienten der Zähler der linken und rechten Seite, so müssen die Parameter A und B zwingend dem folgenden Gleichungssystem genügen:

$$0 = A + B,$$
$$1 = A - B.$$

Die eindeutige Lösung des linearen Systems lautet offensichtlich $A = 1/2$ und $B = -1/2$, sodass wir schließlich

$$\frac{1}{x^2 - 1} = \frac{1}{2(x - 1)} - \frac{1}{2(x + 1)}$$

erhalten. Somit folgt

$$\int \frac{1}{x^2 - 1}\, dx = \int \frac{1}{2(x - 1)}\, dx - \int \frac{1}{2(x + 1)}\, dx = \frac{1}{2} \left(\ln(|x - 1|) - \ln(|x + 1|) \right) + c.$$

(b) Wir machen den Ansatz

$$\frac{1 + x + x^2}{(x - 1)^3} = \frac{A}{x - 1} + \frac{B}{(x - 1)^2} + \frac{C}{(x - 1)^3},$$

wobei wir die Koeffizienten $A, B, C \in \mathbb{R}$ bestimmen müssen. Erweitern der rechten Seite liefert

$$\frac{A}{x - 1} + \frac{B}{(x - 1)^2} + \frac{C}{(x - 1)^3} = \frac{A(x - 1)^2}{(x - 1)^3} + \frac{B(x - 1)}{(x - 1)^3} + \frac{C}{(x - 1)^3}$$

$$= \frac{Ax^2 + (B - 2A)x + A - B + C}{(x - 1)^3},$$

womit die Koeffizienten dem linearen Gleichungssystem

$$1 = A,$$
$$1 = B - 2A,$$
$$1 = A - B + C$$

genügen müssen. Sukzessives Auflösen der Gleichungen (von oben nach unten) liefert $A = 1$ und $B = C = 3$. Wir erhalten somit

$$\int_0^{\frac{1}{2}} \frac{1 + x + x^2}{(x - 1)^3}\, dx = \int_0^{\frac{1}{2}} \frac{1}{x - 1}\, dx + \int_0^{\frac{1}{2}} \frac{3}{(x - 1)^2}\, dx + \int_0^{\frac{1}{2}} \frac{3}{(x - 1)^3}\, dx.$$

Die drei Integrale auf der rechten Seite lassen sich jeweils mit der Substitution $y(x) = x - 1$ für $x \in \mathbb{R} \setminus \{1\}$ mit $dy = dx$ lösen. Damit erhalten wir wegen $y(0) = -1$ und $y(1/2) = -1/2$ insgesamt

$$\int_0^{\frac{1}{2}} \frac{1 + x + x^2}{(x - 1)^3}\, dx = \int_{-1}^{-\frac{1}{2}} \frac{1}{y}\, dy + \int_{-1}^{-\frac{1}{2}} \frac{3}{y^2}\, dy + \int_{-1}^{-\frac{1}{2}} \frac{3}{y^3}\, dy$$

$$= \left(\ln(|y|) - \frac{3}{y} - \frac{3}{2y^2} \right) \Big|_{-1}^{-\frac{1}{2}}$$

$$= -\frac{3}{2} - \ln(2).$$

(c) Die Nullstellen des Nennerpolynoms $x \mapsto (x^2 + 1)(x^2 + 3)$ sind offensichtlich komplex und treten jeweils nur einfach auf. Wir machen daher den Ansatz

$$\frac{1 - 3x^2}{(x^2 + 1)(x^2 + 3)} = \frac{Ax + B}{x^2 + 1} + \frac{Cx + D}{x^2 + 3},$$

wobei die Koeffizienten $A, B, C, D \in \mathbb{R}$ zunächst unbekannt sind. Erweitern wir weiter die rechte Seite der obigen Gleichung, so folgt

$$\frac{Ax + B}{x^2 + 1} + \frac{Cx + D}{x^2 + 3} = \frac{(Ax + B)(x^2 + 3)}{(x^2 + 1)(x^2 + 3)} + \frac{(Cx + D)(x^2 + 1)}{(x^2 + 1)(x^2 + 3)}$$

$$= \frac{(A + C)x^3 + (B + D)x^2 + (3A + C)x + 3B + D}{(x^2 + 1)(x^2 + 3)},$$

das heißt, die Koeffizienten genügen dem folgenden linearen Gleichungssystem:

$$0 = A + C,$$
$$-3 = B + D,$$
$$0 = 3A + C,$$
$$1 = 3B + D.$$

Aus der ersten und dritten Zeile lesen wir direkt $A = C = 0$ ab. Analog folgt aus den Zeilen zwei und vier $B = 2$ und $D = -5$. Einsetzen in unseren allgemeinen Ansatz liefert somit gerade

$$\frac{1 - 3x^2}{(x^2 + 1)(x^2 + 3)} = \frac{2}{x^2 + 1} - \frac{5}{x^2 + 3}$$

und damit

$$\int \frac{1 - 3x^2}{(x^2 + 1)(x^2 + 3)} \, dx = \int \frac{2}{x^2 + 1} \, dx - \int \frac{5}{x^2 + 3} \, dx.$$

Das erste Integral auf der rechten Seite bereitet uns keine Schwierigkeiten. Mit der Substitution $y(x) = x/\sqrt{3}$ für $x \in \mathbb{R}$ und $dy = 1/\sqrt{3} \, dx$ folgt für das zweite Integral

$$\int \frac{1}{x^2 + 3} \, dx = \frac{1}{3} \int \frac{1}{\left(x/\sqrt{3}\right)^2 + 1} \, dx$$

$$= \frac{1}{\sqrt{3}} \int \frac{1}{y^2 + 1} \, dy = \frac{1}{\sqrt{3}} \arctan\left(\frac{x}{\sqrt{3}}\right) + c.$$

Insgesamt erhalten wir somit wegen $\arctan(1) = \pi/4$ und $\arctan(1/\sqrt{3}) = \pi/6$

$$\int_{-1}^{1} \frac{1 - 3x^2}{(x^2 + 1)(x^2 + 3)} \, dx = \int_{-1}^{1} \frac{2}{x^2 + 1} \, dx - \int_{-1}^{1} \frac{5}{x^2 + 3} \, dx$$

$$= \left(2 \arctan(x) - \frac{5}{\sqrt{3}} \arctan\left(\frac{x}{\sqrt{3}} \right) \right) \Bigg|_{-1}^{1}$$

$$= \left(1 - \frac{5}{3\sqrt{3}} \right) \pi.$$

(d) Da die Nullstellen des Nennerpolynoms komplex sind und doppelt auftreten, machen wir den Ansatz

$$\frac{1 + x + 2x^2}{(x^2 + 1)^2} = \frac{Ax + B}{x^2 + 1} + \frac{Cx + D}{(x^2 + 1)^2}.$$

Die unbekannten Parameter $A, B, C, D \in \mathbb{R}$ werden wir wie üblich mit Hilfe eines linearen Gleichungssystems bestimmen. Zunächst bringen wir beide Seiten der obigen Gleichung auf den gemeinsamen Hauptnenner:

$$\frac{Ax + B}{x^2 + 1} + \frac{Cx + D}{(x^2 + 1)^2} = \frac{(Ax + B)(x^2 + 1)}{(x^2 + 1)^2} + \frac{Cx + D}{(x^2 + 1)^2}$$

$$= \frac{Ax^3 + Bx^2 + (A + C)x + B + D}{(x^2 + 1)^2}.$$

Vergleichen wir nun die linke und rechte Seite, so können wir direkt ablesen, dass die Parameter den Gleichungen

$$0 = A,$$
$$2 = B,$$
$$1 = A + C,$$
$$1 = B + D$$

genügen. Die Lösung des obigen Gleichungssystem lässt sich ebenfalls direkt ablesen und lautet $A = 0$, $B = 2$, $C = 1$ und $D = -1$, sodass wir

$$\frac{1 + x + 2x^2}{(x^2 + 1)^2} = \frac{2}{x^2 + 1} + \frac{x - 1}{(x^2 + 1)^2}$$

und folglich

$$\int \frac{1 + x + 2x^2}{(x^2 + 1)^2} \, dx = \int \frac{2}{x^2 + 1} \, dx + \int \frac{x - 1}{(x^2 + 1)^2} \, dx$$

erhalten. Das erste Integral auf der rechten Seite ist ein Standardintegral und zur Berechnung des zweiten Integrals genügt es dieses geschickt zu zerlegen. Insgesamt folgt somit

$$\int \frac{1+x+2x^2}{(x^2+1)^2}\, \mathrm{d}x = \int \frac{2}{x^2+1}\, \mathrm{d}x + \int \frac{x-1}{(x^2+1)^2}\, \mathrm{d}x = \frac{1}{2}\left(3\arctan(x) - \frac{x+1}{x^2+1}\right) + c.$$

Lösung Aufgabe 4 Im Folgenden sei stets $c \in \mathbb{R}$ eine beliebige Integrationskonstante.

(a) Das Integral lässt sich direkt bestimmen. Es gilt

$$\int 1 - x^e + e^x - e^e\, \mathrm{d}x = \left(1 - e^e\right)x - \frac{x^{e+1}}{e+1} + e^x + c.$$

(b) Da das Riemann-Integral linear ist, gilt zunächst

$$\int_0^1 \sqrt{x} + \sin(2x)\, \mathrm{d}x = \int_0^1 \sqrt{x}\, \mathrm{d}x + \int_0^1 \sin(2x)\, \mathrm{d}x.$$

Das erste Integral lässt sich dabei wieder direkt bestimmen. Es gilt

$$\int_0^1 \sqrt{x}\, \mathrm{d}x = \frac{2}{3}\sqrt[2]{x^3}\,\Big|_0^1 = \frac{2}{3}.$$

Für das zweite Integral verwenden wir die Substitution $y(x) = 2x$ für $x \in [0,1]$ mit $\mathrm{d}y = 2\,\mathrm{d}x$. Damit erhalten wir

$$\int_0^1 \sin(2x)\, \mathrm{d}x = \frac{1}{2}\int_0^2 \sin(y)\, \mathrm{d}y = -\frac{\cos(y)}{2}\,\Big|_0^2 = \frac{1-\cos(2)}{2}$$

und schließlich insgesamt

$$\int_0^1 \sqrt{x} + \sin(2x)\, \mathrm{d}x = \frac{7}{6} - \frac{\cos(2)}{2}.$$

(c) Zur Berechnung des Integrals verwenden wir die Substitution $y(x) = \ln(x)$ für $x > 0$ mit $\mathrm{d}y = 1/x\, \mathrm{d}x$. Damit folgt

$$\int \frac{1}{x\ln(x)}\, \mathrm{d}x = \int \frac{1}{y}\, \mathrm{d}y = \ln(|y|) + c = \ln(|\ln(x)|) + c.$$

(d) Da der Integrand ein gebrochenrationales Polynom ist, werden wir eine Partialbruchzerlegung zur Berechnung des Integrals verwenden (vgl. auch Aufgabe 3).
Dazu bemerken wir zunächst, dass sich das Nennerpolynom für $x \in \mathbb{R}$ schreiben
lässt als $x^3 - x = x(x^2 - 1) = x(x - 1)(x + 1)$. Wir erkennen somit, dass die Nullstellen dieses Polynoms gerade -1, 0 und 1 lauten. Da alle Nullstellen einfach und
reell sind, machen wir somit den folgenden Ansatz für die Partialbruchzerlegung

$$\frac{2x^2 + x + 3}{x^3 - x} = \frac{A}{x} + \frac{B}{x - 1} + \frac{C}{x + 1},$$

wobei wir die Unbekannten $A, B, C \in \mathbb{R}$ bestimmen müssen. Dazu erweitern wir
die drei Brüche auf der rechten Seite und vergleichen dann die Koeffizienten der
Zählerpolynome der linken und rechten Seite:

$$\frac{A}{x} + \frac{B}{x - 1} + \frac{C}{x + 1} = \frac{A(x^2 - 1)}{x(x^2 - 1)} + \frac{Bx(x + 1)}{(x - 1)x(x + 1)} + \frac{Cx(x - 1)}{(x + 1)x(x - 1)}$$
$$= \frac{(A + B + C)x^2 + (B - C)x - A}{x^3 - x}.$$

Ein Vergleich der Zähler liefert nun das folgende lineare Gleichungssystem für
die unbekannten Parameter:

$$2 = A + B + C,$$
$$1 = B - C,$$
$$3 = -A.$$

Das Gleichungssystem besitzt die Lösung $A = -3$, $B = 3$ und $C = 2$, sodass
wir schließlich

$$\frac{2x^2 + x + 3}{x^3 - x} = -\frac{3}{x} + \frac{3}{x - 1} + \frac{2}{x + 1}$$

für $x \in \mathbb{R} \setminus \{-1, 0, 1\}$ erhalten. Damit folgt insgesamt

$$\int \frac{2x^2 + x + 3}{x^3 - x} \, dx = -\int \frac{3}{x} \, dx + \int \frac{3}{x - 1} \, dx + \int \frac{2}{x + 1} \, dx$$
$$= 2\ln(|x + 1|) - 3\ln(|x|) + 3\ln(|x - 1|) + c.$$

Dabei haben wir für das zweite und dritte Integral auf der rechten Seite jeweils
die Substitution $y(x) = x - 1$ für $x \in \mathbb{R} \setminus \{1\}$ beziehungsweise $z(x) = x + 1$ für
$x \in \mathbb{R} \setminus \{-1\}$ verwendet.

(e) Wir verwenden die Substitution $y(x) = \sqrt{x}$ für $x \in [1, 3]$ mit $dy = 1/(2\sqrt{x}) \, dx$.
Wegen $y(1) = 1$ und $y(3) = \sqrt{3}$ folgt somit

$$\int_1^3 \frac{\sin(\sqrt{x})}{\sqrt{x}} \, dx = 2 \int_1^{\sqrt{3}} \sin(y) \, dy = -2\cos(y) \Big|_1^{\sqrt{3}} = 2(\cos(1) - \cos(\sqrt{3})).$$

(f) Das Integral lässt sich mit dem Resultat aus [3, Aufgabe 201] wie folgt berechnen:

$$\int \frac{1}{x^2 - x + 1}\, dx = \frac{2}{\sqrt{3}} \arctan\left(\frac{2x-1}{\sqrt{3}}\right) + c.$$

Alternativ kann man sich auch durch die Lösung der oben genannten Aufgabe inspirieren lassen und für $x \in \mathbb{R}$

$$\frac{1}{x^2 - x + 1} = \frac{1}{(x - 1/2)^2 + 3/4} = \frac{4}{3} \frac{1}{((2x-1)/\sqrt{3})^2 + 1}$$

schreiben (quadratische Ergänzung verwenden) um schließlich $y(x) = (2x - 1)/\sqrt{3}$ für $x \in \mathbb{R}$ mit $dy = 2/\sqrt{3}\, dx$ zu substituieren. Damit erhalten wir

$$\begin{aligned}
\int \frac{1}{x^2 - x + 1}\, dx &= \frac{4}{3} \int \frac{1}{((2x-1)/\sqrt{3})^2 + 1}\, dx \\
&= \frac{2}{\sqrt{3}} \int \frac{1}{y^2 + 1}\, dy \\
&= \frac{2}{\sqrt{3}} \arctan\left(\frac{2x-1}{\sqrt{3}}\right) + c.
\end{aligned}$$

Lösung Aufgabe 5 Die Berechnung des Integrals ist nicht ganz leicht. Die grundlegende Idee ist es das Integral mit Hilfe von zwei Funktionen F und G umzuschreiben und dann verschiedene Beziehungen und Darstellungen dieser herzuleiten. Damit lässt sich dann der gesuchte Wert des Ausgangsintegrals herleiten. Wir definieren also zunächst die beiden Funktionen $F, G : (0, +\infty) \to \mathbb{R}$ mit

$$F(\lambda) = \int_0^{+\infty} \frac{1}{(\lambda + x)(\pi^2 + \ln^2(x))}\, dx \quad \text{und} \quad G(\lambda) = \int_0^{+\infty} \frac{1}{(\lambda + e^x)(\pi^2 + x^2)}\, dx.$$

Mit der Substitution $y(x) = \ln(x)$ für $x > 0$ und $dy = 1/x\, dx$ erhalten wir wegen $y(0) = -\infty$ und $y(+\infty) = +\infty$ gerade

$$F(\lambda) = \int_{-\infty}^{+\infty} \frac{e^y}{(\lambda + e^y)(\pi^2 + y^2)}\, dy. \tag{19.2}$$

Der obige Ausdruck lässt sich für jedes $\lambda > 0$ geschickt umschreiben als

$$F(\lambda) = \int_{-\infty}^{+\infty} \frac{\lambda + e^y}{(\lambda + e^y)(\pi^2 + y^2)}\, dy - \int_{-\infty}^{+\infty} \frac{\lambda}{(\lambda + e^y)(\pi^2 + y^2)}\, dy.$$

Wir bestimmen nun das erste Integral auf der rechten Seite. Es gilt

$$
\begin{aligned}
\int_{-\infty}^{+\infty} \frac{\lambda + e^y}{(\lambda + e^y)(\pi^2 + y^2)} \, dy &= \int_{-\infty}^{+\infty} \frac{1}{\pi^2 + y^2} \, dy \\
&= \frac{1}{\pi^2} \int_{-\infty}^{+\infty} \frac{1}{1 + (y/\pi)^2} \, dy \\
&\stackrel{(!)}{=} \frac{1}{\pi} \int_{-\infty}^{+\infty} \frac{1}{1 + z^2} \, dz \\
&= \frac{1}{\pi} \arctan(z) \Big|_{-\infty}^{+\infty} \\
&= 1,
\end{aligned}
$$

wobei wir die Substitution $z(y) = y/\pi$ für $y \in \mathbb{R}$ mit $dz = 1/\pi \, dy$ und $z(\pm\infty) = \pm\infty$ (!) verwendet haben. Wir erhalten daher mit der obigen Rechnung für $\lambda > 0$ gerade

$$
F(\lambda) = 1 - \lambda G(\lambda). \tag{19.3}
$$

Mit Hilfe von Darstellung (19.2) werden wir noch eine zweite Beziehung zwischen den Funktionen F und G herleiten. Substituieren wir nun $z(y) = -y$ für $y \in \mathbb{R}$ in Darstellung (19.2), so folgt wegen $dz = -dy$ und $z(\pm\infty) = \mp\infty$ gerade

$$
\begin{aligned}
F(\lambda) = \int_{-\infty}^{+\infty} \frac{e^y}{(\lambda + e^y)(\pi^2 + y^2)} \, dy &= -\int_{+\infty}^{-\infty} \frac{e^{-z}}{(\lambda + e^{-z})(\pi^2 + z^2)} \, dz \\
&= -\int_{-\infty}^{+\infty} \frac{e^z}{e^z} \cdot \frac{e^{-z}}{(\lambda + e^{-z})(\pi^2 + z^2)} \, dz \\
&= \frac{1}{\lambda} \int_{-\infty}^{+\infty} \frac{1}{(1/\lambda + e^z)(\pi^2 + z^2)} \, dz \\
&= \frac{1}{\lambda} G\left(\frac{1}{\lambda}\right),
\end{aligned}
$$

also

$$
F(\lambda) = \frac{1}{\lambda} G\left(\frac{1}{\lambda}\right) \tag{19.4}
$$

für $\lambda > 0$. Aus den Gl. (19.3) und (19.4) folgt daher für $\lambda = 1$ gerade $F(1) = 1 - G(1)$ und $F(1) = G(1)$, also wie gewünscht

$$
F(1) = G(1) = \int_0^{+\infty} \frac{1}{(\lambda + x)(\pi^2 + \ln^2(x))} \, dx = \frac{1}{2}.
$$

Lösung Aufgabe 6

(a) Für $0 < x \leq 1$ beziehungsweise $x > 1$ ist das Intervall $[x, 1]$ beziehungsweise $[1, x]$ offensichtlich kompakt (vgl. auch Aufgabe 93). Weiter ist der Integrand $t \mapsto 1/t$ in $(0, +\infty)$ stetig, womit das Integral stets endlich und damit die Logarithmusfunktion $\ln : (0, +\infty) \to \mathbb{R}$ wohldefiniert ist. Insbesondere folgt aus dem Hauptsatz der Differential- und Integralrechnung, dass der natürliche Logarithmus differenzierbar ist mit $\ln'(x) = 1/x$ für $x > 0$.

(b) Seien nun $x, y \in \mathbb{R}$ mit $x, y > 0$ beliebig gewählt. Dann folgt zunächst aus der Definition der Logarithmusfunktion

$$\ln(x) + \ln(y) = \int_1^x \frac{1}{t}\,dt + \int_1^y \frac{1}{t}\,dt = \int_1^x \frac{1}{t}\,dt + \int_x^{xy} \frac{1}{s}\,ds,$$

wobei wir im letzten Schritt die Substitution $s(t) = xt$ für $t \geq 1$ mit $ds = x\,dt$, $s(1) = x$ und $s(y) = xy$ verwendet haben. Fassen wir nun die beiden Integrale auf der rechten Seite zusammen, so folgt wie gewünscht

$$\ln(x) + \ln(y) = \int_1^x \frac{1}{t}\,dt + \int_x^{xy} \frac{1}{t}\,dt = \int_1^{xy} \frac{1}{s}\,ds = \ln(xy),$$

womit wir die Funktionalgleichung des natürlichen Logarithmus bewiesen haben. Die zweite Gleichung beweisen wir auf ähnliche Weise. Dazu wählen wir zunächst $x > 0$ beliebig. Dann folgt

$$\ln\left(\frac{1}{x}\right) = \int_1^{\frac{1}{x}} \frac{1}{t}\,dt = \int_x^1 \frac{1}{s}\,ds = -\int_1^x \frac{1}{s}\,ds = -\ln(x),$$

wobei wir erneut die Substitution $s(t) = xt$ für $t \geq 1$ mit $ds = x\,dt$, $s(1) = x$ und $s(1/x) = 1$ verwendet haben.

Lösung Aufgabe 7

(a) Das uneigentliche Integral divergiert. Definieren wir die Funktion $f : \mathbb{R} \to \mathbb{R}$ mit $f(x) = x^2 + 2x - 1$, so lauten die Nullstellen dieser gerade $x_1 = -1 - \sqrt{2}$ und $x_2 = \sqrt{2} - 1$. Wegen $f(x) \leq 0$ für $x \in [x_1, x_2]$ und $f(x) > 0$ sonst, folgt somit zunächst

$$\int_0^{+\infty} |x^2 + 2x - 1|\,dx = \int_0^{\sqrt{2}-1} -(x^2 + 2x - 1)\,dx + \int_{\sqrt{2}-1}^{+\infty} x^2 + 2x - 1\,dx$$

$$\geq \int_{\sqrt{2}-1}^{+\infty} x^2 + 2x - 1\,dx.$$

Mit einer kleinen Rechnung sieht man jedoch, dass das Integral auf der rechten Seite divergiert, da der Integrand unbeschränkt ist. Damit divergiert gemäß dem Minorantenkriterium auch das Ausgangsintegral.

(b) Das uneigentliche Integral ist konvergent. Zunächst gilt für alle $x \in \mathbb{R}$ mit $x \geq 2$ die Ungleichung

$$\frac{1}{2x^2 + 5x + 2} \leq \frac{1}{2(x^2 + 1)},$$

indem wir den Nenner des Bruches verkleinern. Da aber wegen $\lim_{x \to +\infty} \arctan(x) = \pi/2$ gerade

$$\int_2^{+\infty} \frac{1}{2(x^2 + 1)} = \left.\frac{\arctan(x)}{2}\right|_2^{+\infty} = \frac{1}{2}\left(\frac{\pi}{2} - \arctan(2)\right) = \frac{\pi}{4} - \frac{\arctan(2)}{2}$$

gilt, konvergiert das Ausgangsintegral gemäß dem Majorantenkriterium.

Lösung Aufgabe 8 Wir werden zeigen, dass das Integral

$$I(p) = \int_0^{+\infty} \frac{1}{x^p + \sqrt[p]{x}} \, dx$$

für $p > 0$ konvergent und andernfalls divergent ist. Dazu werden wir die folgenden vier Fälle getrennt untersuchen: (a) $p < 0$, (b) $p \in (0, 1)$, (c) $p = 1$ und (d) $p > 1$.

(a) Sei $p < 0$ beliebig gewählt. Da für jedes $x \geq 1$ offensichtlich $x^p + \sqrt[p]{x} \leq 1 + 1$ folgt (Monotonie der Potenz- und Wurzelfunktion beachten), folgt insbesondere

$$\frac{1}{x^p + \sqrt[p]{x}} \geq \frac{1}{2}.$$

Wegen

$$I(p) = \int_0^1 \frac{1}{x^p + \sqrt[p]{x}} \, dx + \int_0^{+\infty} \frac{1}{x^p + \sqrt[p]{x}} \, dx \geq \int_0^1 \frac{1}{x^p + \sqrt[p]{x}} \, dx + \int_1^{+\infty} \frac{1}{2} \, dx$$

divergiert damit auch $I(p)$ gemäß dem Minorantenkriterium für Integrale.

(b) Sei nun $p \in (0, 1)$. Das Integral $I(p)$ lässt sich wie in Teil (a) aufgrund der Linearität des Riemann-Integrals als

$$I(p) = \int_0^1 \frac{1}{x^p + \sqrt[p]{x}} \, dx + \int_1^{+\infty} \frac{1}{x^p + \sqrt[p]{x}} \, dx$$

schreiben. Da

$$0 < \frac{1}{x^p + \sqrt[p]{x}} < \frac{1}{x^p}$$

für $x \in (0, 1]$ und ebenfalls

$$0 < \frac{1}{x^p + \sqrt[p]{x}} < \frac{1}{\sqrt[p]{x}}$$

für $x \geq 1$ gilt, können wir das Integral $I(p)$ wie folgt abschätzen:

$$I(p) \leq \int_0^1 \frac{1}{x^p}\,dx + \int_1^{+\infty} \frac{1}{\sqrt[p]{x}}\,dx.$$

Jedoch folgen mit einer kleinen Rechnung

$$\int_0^1 \frac{1}{x^p}\,dx = \frac{x^{1-p}}{1-p}\bigg|_0^1 = \frac{1}{1-p}$$

sowie

$$\int_1^{+\infty} \frac{1}{\sqrt[p]{x}}\,dx = \frac{px^{1-\frac{1}{p}}}{p-1}\bigg|_1^{+\infty} = \lim_{x\to+\infty}\frac{px^{1-\frac{1}{p}}}{p-1} - \frac{p}{p-1} = \frac{p}{1-p},$$

sodass $I(p)$ gemäß dem Majorantenkriterium für Integrale konvergent ist.

(c) Sei $p = 1$. Dieser Fall ist besonders einfach, denn für diese spezielle Wahl des Parameters gilt offensichtlich $x^p + \sqrt[p]{x} = 2x$ für $x \in \mathbb{R}$, sodass das uneigentliche Integral $I(p)$ divergent ist. Dabei haben wir ausgenutzt, dass wegen $\lim_{x\to 0^+} \ln(x) = -\infty$ und $\lim_{x\to+\infty} \ln(x) = +\infty$ gerade

$$\int_0^{+\infty} \frac{1}{2x}\,dx = \frac{\ln(x)}{2}\bigg|_0^{+\infty} = +\infty$$

folgt.

(d) Zum Schluss sei $p > 1$ beliebig gewählt. Ähnlich wie in Teil (b) dieser Aufgabe gilt für alle $x \in (0, 1]$

$$0 < \frac{1}{x^p + \sqrt[p]{x}} < \frac{1}{\sqrt[p]{x}}$$

und ebenso für $x \geq 1$ die Ungleichung

$$0 < \frac{1}{x^p + \sqrt[p]{x}} < \frac{1}{x^p}.$$

Da die Integrale

$$\int_0^1 \frac{1}{\sqrt[p]{x}}\,dx = \frac{px^{1-\frac{1}{p}}}{p-1}\bigg|_0^1 = \frac{p}{p-1}$$

und

$$\int_1^{+\infty} \frac{1}{x^p}\,dx = \frac{x^{1-p}}{1-p}\bigg|_1^{+\infty} = \frac{1}{p-1}$$

jedoch endlich sind, konvergiert auch das Integral $I(p)$ gemäß dem Majoranten-kriterium. Wir haben dabei bei der Berechnung des zweiten Integrals die Voraus-setzung $p > 1$ verwendet, womit wegen $p - 1 > 0$ gerade

$$\lim_{x \to +\infty} \frac{x^{1-p}}{1-p} = \lim_{x \to +\infty} \frac{1}{(1-p)x^{p-1}} = 0$$

folgt.

Lösung Aufgabe 9 Wir betrachten die Funktion $F : \mathbb{R} \to \mathbb{R}$ mit

$$F(x) = \int_{2+\sin^2(x)}^{\exp(x^2)} \ln(1 + x^2 y^2) \, dy.$$

Zur Berechnung von F' werden wir die Leibnizregel für Parameterintegrale (vgl. auch die Lösung von Aufgabe 144) verwenden. Wir führen daher weiter die Funk-tionen $g, h : \mathbb{R} \to \mathbb{R}$ mit $g(x) = 2 + \sin^2(x)$ und $h(x) = \exp(x^2)$ sowie $f : \mathbb{R}^2 \to \mathbb{R}$ mit $f(x, y) = \ln(1 + x^2 y^2)$ ein. Mit einer kleinen Rechnung folgen dann $g'(x) = 2 \sin(x) \cos(x)$ und $h'(x) = 2x \exp(x^2)$ für $x \in \mathbb{R}$ sowie $\partial_x f(x, y) = 2xy^2/(1 + x^2 y^2)$ für $(x, y)^\mathsf{T} \in \mathbb{R}^2$, weshalb wir mit der Leibnizregel

$$F'(x) = f(x, h(x))h'(x) - f(x, g(x))g'(x) + \int_{g(x)}^{h(x)} \partial_x f(x, t) \, dt$$

$$= 2x \exp(x^2) \ln\left(1 + x^2 \exp(2x^2)\right) - 2 \sin(x) \cos(x) \ln\left(1 + x^2 (2 + \sin^2(x))^2\right)$$

$$+ \int_{2+\sin^2(x)}^{\exp(x^2)} \frac{2xy^2}{1 + x^2 y^2} \, dy$$

für alle $x \in \mathbb{R}$ erhalten. Das Integral auf der rechten Seite lässt sich für $x \in \mathbb{R} \setminus \{0\}$ noch weiter vereinfachen:

$$\int \frac{2xy^2}{1 + x^2 y^2} \, dy = \frac{2}{x} \int \frac{1 + x^2 y^2 - 1}{1 + x^2 y^2} \, dy = \int \frac{2}{x} \, dy - \frac{2}{x} \int \frac{1}{1 + x^2 y^2} \, dy.$$

Mit der Substitution $z(y) = xy$ für $y \in \mathbb{R}$ und $dz = x \, dy$ folgt für das zweite Integral auf der rechten Seite

$$\frac{2}{x} \int \frac{1}{1 + x^2 y^2} \, dy = \frac{2}{x^2} \int \frac{1}{1 + z^2} \, dz = \frac{2 \arctan(z)}{x^2} = \frac{2 \arctan(xy)}{x^2},$$

womit wir die Ableitung von F noch weiter umschreiben könnten.

Lösung Aufgabe 10 Im Folgenden untersuchen wir das Parameterintegral $F : \mathbb{R} \to \mathbb{R}$ mit

$$F(\lambda) = \int_0^{+\infty} \exp(-\lambda x) \frac{\sin(x)}{x} \, dx. \tag{19.5}$$

(a) Offensichtlich ist die Funktion $f : \mathbb{R} \times (0, +\infty) \to \mathbb{R}$ mit

$$f(\lambda, x) = \exp(-\lambda x) \frac{\sin(x)}{x}$$

stetig und bezüglich der ersten Variable partiell differenzierbar mit stetiger partiellen Ableitung. Wegen $\partial_\lambda f(\lambda, x) = -\exp(-\lambda x) \sin(x)$ für $(\lambda, x)^{\mathsf{T}} \in \mathbb{R} \times (0, +\infty)$ folgt somit mit der Leibnizregel für Parameterintegrale

$$F'(\lambda) = \int_0^{+\infty} \partial_\lambda f(\lambda, x) \, dx = -\int_0^{+\infty} \exp(-\lambda x) \sin(x) \, dx.$$

(b) Das Integral auf der rechten Seite können wir für $\lambda \in \mathbb{R}$ mit Hilfe von zweifacher partieller Integration (!) bestimmen (vgl. auch Aufgabe 1 (d)). Es gilt

$$-\int \exp(-\lambda x) \sin(x) \, dx \overset{(!)}{=} \frac{1}{1 + \lambda^2} \exp(-\lambda x)(\lambda \sin(x) + \cos(x)) + c,$$

wobei $c \in \mathbb{R}$ eine beliebige Integrationskonstante ist. Wegen der Grenzwertbeziehung

$$\lim_{x \to +\infty} \exp(-\lambda x)(\lambda \sin(x) + \cos(x)) = 0$$

(der zweite Faktor ist im Betrag durch $1 + \lambda$ beschränkt) erhalten wir durch Auswerten des obigen Ausdrucks in den Grenzen 0 und $+\infty$ gerade

$$F'(\lambda) = \frac{1}{1 + \lambda^2} \exp(-\lambda x)(\lambda \sin(x) + \cos(x)) \Big|_0^{+\infty} = -\frac{1}{1 + \lambda^2},$$

also

$$F'(\lambda) = -\frac{1}{1 + \lambda^2}$$

für jedes $\lambda \in \mathbb{R}$.

(c) Indem wir nun beide Seiten der obigen Gleichung (unbestimmt) integrieren, folgt weiter

$$F(\lambda) = \int F'(\lambda) \, d\lambda = -\int \frac{1}{1 + \lambda^2} \, d\lambda = -\arctan(\lambda) + c \qquad (19.6)$$

mit einer Konstanten $c \in \mathbb{R}$. Aus der Darstellung (19.5) von F lässt sich (gleichmäßige Konvergenz des Integranden beachten)

$$\lim_{\lambda \to +\infty} F(\lambda) = \int_0^{+\infty} \lim_{\lambda \to +\infty} \exp(-\lambda x) \frac{\sin(x)}{x} \, dx = 0$$

ablesen. Wegen $\lim_{\lambda \to +\infty} \arctan(\lambda) = \pi/2$ schließen wir daher beim Grenzübergang in Gl. (19.6), dass für die Konstante $c = \pi/2$ gelten muss. Somit folgt für alle $\lambda \in \mathbb{R}$

$$F(\lambda) = \frac{\pi}{2} - \arctan(\lambda).$$

Wir erhalten somit wegen $\arctan(0) = 0$ gerade $F(0) = \pi/2$ und aus Darstellung (19.5) folgt schließlich wie gewünscht

$$F(0) = \int_0^{+\infty} \frac{\sin(x)}{x} \, dx = \frac{\pi}{2}.$$

Lösung Aufgabe 11 Wir gehen ähnlich wie in der Lösung von Aufgabe 10 vor. Dazu untersuchen wir das Parameterintegral $F : \mathbb{R} \to \mathbb{R}$ mit

$$F(\lambda) = \int_0^1 \frac{\ln(1 + \lambda x)}{1 + x^2} \, dx. \tag{19.7}$$

In den nächsten Schritten werden wir erneut mit der Leibnizregel für Parameterintegrale eine geschlossene Darstellung für die Ableitung F' und durch Integration eine für die Funktion F selbst herleiten. Diese werden wir dann schließlich verwenden um $F(1)$ zu bestimmen.

(a) Definieren wir die Funktion $f : (0, +\infty) \times \mathbb{R} \to \mathbb{R}$ durch

$$f(\lambda, x) = \frac{\ln(1 + \lambda x)}{1 + x^2},$$

so folgt für alle $(\lambda, x)^\mathsf{T} \in (0, +\infty) \times \mathbb{R}$ (Kettenregel verwenden)

$$\partial_\lambda f(\lambda, x) = \frac{x}{(1 + \lambda x)(1 + x^2)}.$$

Mit der Leibnizregel für Parameterintegrale (vgl. die Lösung von Aufgabe 144) erhalten wir daher

$$F'(\lambda) = \int_0^1 \partial_\lambda f(\lambda, x) \, dx = \int_0^1 \frac{x}{(1 + \lambda x)(1 + x^2)} \, dx$$

für $\lambda > 0$. Das Integral auf der rechten Seite lässt sich mit einer Partialbruchzerlegung bestimmen (vgl. Aufgabe 3). Da das Nennerpolynom eine reelle und zwei komplex konjugierte Nullstellen besitzt, machen wir den Ansatz

$$\frac{x}{(1 + \lambda x)(1 + x^2)} = \frac{A}{1 + \lambda x} + \frac{Bx + C}{1 + x^2},$$

wobei wir die Konstanten $A, B, C \in \mathbb{R}$ mit Hilfe eines linearen Gleichungssystems bestimmen werden. Bringen wir beiden Brüche auf der rechten Seite auf einen gemeinsamen Nenner, so erhalten wir mit einer kleinen Rechnung

$$
\frac{x}{(1 + \lambda x)(1 + x^2)} = \frac{A(1 + x^2) + (Bx + C)(1 + \lambda x)}{(1 + \lambda x)(1 + x^2)}
$$

$$
= \frac{(A + \lambda B)x^2 + (B + \lambda C)x + A + C}{(1 + \lambda x)(1 + x^2)},
$$

sodass wir durch einen Vergleich der Zähler das folgende lineare Gleichungssystem für $A, B, C \in \mathbb{R}$ erhalten:

$$
A + \lambda B = 0,
$$
$$
B + \lambda C = 1,
$$
$$
A + C = 0.
$$

Aus der ersten und letzten Gleichung erhalten wir direkt $\lambda B = C$. Einsetzen in die zweite Gleichung liefert dann $B + \lambda^2 B = 1$, also $B = 1/(1 + \lambda^2)$. Schließlich folgen noch $A = -\lambda/(1 + \lambda^2)$ und $C = \lambda/(1 + \lambda^2)$. Indem wir die ermittelten Werte in den allgemeinen Ansatz einsetzen, folgt zunächst mit kleinen Vereinfachungen

$$
\int_0^1 \frac{x}{(1 + \lambda x)(1 + x^2)} \, dx = \frac{1}{1 + \lambda^2} \int_0^1 \frac{x + \lambda}{1 + x^2} \, dx - \frac{\lambda}{1 + \lambda^2} \int_0^1 \frac{1}{1 + \lambda x} \, dx
$$

für $\lambda > 0$.

(b) In den folgenden Schritten werden wir die rechte Seite der obigen Gleichung berechnen. Zur Berechnung des ersten Integrals schreiben wir zunächst geschickt

$$
\frac{1}{1 + \lambda^2} \int_0^1 \frac{x + \lambda}{1 + x^2} \, dx = \frac{1}{1 + \lambda^2} \int_0^1 \frac{x}{1 + x^2} \, dx + \frac{1}{1 + \lambda^2} \int_0^1 \frac{\lambda}{1 + x^2} \, dx,
$$

sodass mit der Substitution $y(x) = 1 + x^2$ für $x \in [0, 1]$ und $dy = 2x \, dx$

$$
\frac{1}{1 + \lambda^2} \int_0^1 \frac{x}{1 + x^2} \, dx = \frac{1}{2(1 + \lambda^2)} \int_1^2 \frac{1}{y} \, dy = \left. \frac{\ln(|y|)}{2(1 + \lambda^2)} \right|_1^2 = \frac{\ln(2)}{2(1 + \lambda^2)}
$$

für $\lambda > 0$ folgt. Weiter gilt für $\lambda > 0$ aber auch

$$
\frac{1}{1 + \lambda^2} \int_0^1 \frac{\lambda}{1 + x^2} \, dx = \left. \frac{\lambda}{1 + \lambda^2} \arctan(x) \right|_0^1 = \frac{\lambda \pi}{4(1 + \lambda^2)},
$$

wobei wir $\arctan(1) = \pi/4$ verwendet haben. Somit gilt

$$
\frac{1}{1 + \lambda^2} \int_0^1 \frac{x + \lambda}{1 + x^2} \, dx = \frac{\ln(2)}{2(1 + \lambda^2)} + \frac{\lambda \pi}{4(1 + \lambda^2)} = \frac{2\ln(2) + \lambda \pi}{4(1 + \lambda^2)}.
$$

(c) Für das zweite Integral verwenden wir die Substitution $y(x) = 1 + \lambda x$ für $x \in [0, 1]$ und $\lambda > 0$ mit $dy = \lambda\, dx$ und erhalten

$$-\frac{\lambda}{1 + \lambda^2} \int_0^1 \frac{1}{1 + \lambda x}\, dx = -\frac{1}{1 + \lambda^2} \int_1^{1+\lambda} \frac{1}{y}\, dy = -\frac{\ln(|y|)}{1 + \lambda^2}\bigg|_1^{1+\lambda} = -\frac{\ln(1 + \lambda)}{1 + \lambda^2}.$$

(d) Indem wir nun alle Ergebnisse der vorherigen drei Schritte zusammensetzen, folgt schließlich

$$F'(\lambda) = \int_0^1 \frac{x}{(1 + \lambda x)(1 + x^2)}\, dx = \frac{2\ln(2) + \lambda\pi}{4(1 + \lambda^2)} - \frac{\ln(1 + \lambda)}{1 + \lambda^2}$$

für $\lambda > 0$. Da gemäß dem Hauptsatz der Differential- und Integralrechnung wegen $F(0) = 0$ gerade $F(\lambda) = \int_0^\lambda F'(t)\, dt$ gilt, können wir beide Seiten der obigen Gleichung integrieren und erhalten weiter (vgl. auch Schritt (b))

$$F(\lambda) = \int_0^\lambda \frac{2\ln(2) + \pi t}{4(1 + t^2)} - \frac{\ln(1 + t)}{1 + t^2}\, dt$$

$$= \frac{\ln(2)}{2} \int_0^\lambda \frac{1}{1 + t^2}\, dt + \frac{\pi}{4} \int_0^\lambda \frac{t}{1 + t^2}\, dt - \int_0^\lambda \frac{\ln(1 + t)}{1 + t^2}\, dt$$

$$= \frac{\ln(2)}{2} \arctan(\lambda) + \frac{\pi}{8} \ln(1 + \lambda^2) - F(\lambda)$$

beziehungsweise

$$F(\lambda) = \frac{\ln(2)}{4} \arctan(\lambda) + \frac{\pi}{16} \ln(1 + \lambda^2)$$

für alle $\lambda > 0$. Da aber wegen Darstellung (19.7) gerade $F(1) = \int_0^1 \ln(1 + x)/(1 + x^2)\, dx$ gilt, folgt aus der obigen Darstellung für F schließlich wegen $\arctan(1) = \pi/4$ wie gewünscht

$$F(1) = \int_0^\lambda \frac{\ln(1 + x)}{1 + x^2}\, dx = \frac{\pi}{16} \ln(2) + \frac{\pi}{16} \ln(2) = \frac{\pi}{8} \ln(2).$$

Lösung Aufgabe 12 Im Folgenden untersuchen wir das Parameterintegral $F : \mathbb{R} \to \mathbb{R}$ mit

$$F(x) = \int_0^{+\infty} \exp(-t^2) \cos(2xt)\, dt. \tag{19.8}$$

Die Lösung dieser Aufgabe erfolgt ähnlich wie die der Aufgaben 10 und 11. Die Besonderheit hier ist, dass wir zeigen werden, dass F einer separablen Differentialgleichung (vgl. auch Aufgabe 221) genügt, um damit eine explizite Darstellung für F herzuleiten.

(a) Die Ableitung von F lässt sich gemäß der Leibnizregel für Parameterintegrale (vgl. Aufgabe 144) für jedes $x \in \mathbb{R}$ wie folgt bestimmen:

$$F'(x) = - \int_0^{+\infty} 2t \exp(-t^2) \sin(2xt) \, dt.$$

Mit partieller Integration folgt

$$F'(x) = \exp(-t^2) \sin(2xt) \Big|_0^{+\infty} - 2x \int_0^{+\infty} \exp(-t^2) \cos(2xt) \, dt$$

für jedes $x \in \mathbb{R}$. Mit einer kleinen Rechnung kann man weiter zeigen, dass

$$\lim_{x \to +\infty} \exp(-t^2) \sin(2xt) = 0$$

für $t \in \mathbb{R}$ gilt (Sandwich-Kriterium verwenden), sodass wir insgesamt für $x \in \mathbb{R}$ die gewöhnliche Differentialgleichung

$$F'(x) = -2x \int_0^{+\infty} \exp(-t^2) \cos(2xt) \, dt = -2x F(x)$$

erhalten.

(b) Wir bestimmen nun eine Lösung der obigen Differentialgleichung mit Hilfe von Trennung der Variablen (Separationsmethode, vgl. Aufgabe 221). Es gilt

$$\ln(|F(x)|) = \int \frac{F'(x)}{F(x)} \, dx = -2 \int x \, dx = -x^2 + c,$$

wobei $c \in \mathbb{R}$ eine beliebige Integrationskonstante ist. Die (allgemeine) Lösung lautet also

$$F(x) = \exp(c) \exp(-x^2)$$

für $x \in \mathbb{R}$. Insbesondere gilt damit $F(0) = \exp(c)$.

(c) Aus der Darstellung (19.8) erhalten wir wegen $F(0) = \sqrt{\pi}/2$ (vgl. Aufgabe 196) sogar $\exp(c) = \sqrt{\pi}/2$. Insgesamt folgt also aus all den Überlegungen

$$F(x) = \int_0^{+\infty} \exp(-t^2) \cos(2xt) \, dt = \frac{\sqrt{\pi}}{2} \exp(-x^2)$$

für $x \in \mathbb{R}$.

Lösung Aufgabe 13 Im Folgenden sei immer $c \in \mathbb{R}$ eine beliebige Integrationskonstante. Zum Beweis der Identität führen wir zunächst die Funktionen $f : (0, +\infty) \times (-1, 1) \to \mathbb{R}$, $g : (0, +\infty) \to \mathbb{R}$ und $F : (0, +\infty) \to \mathbb{R}$ mit

$$f(\lambda, x) = \frac{\arctan(\lambda x)}{\sqrt{1 - x^2}}, \qquad g(\lambda) = \sqrt{1 - \frac{1}{\lambda^2}}$$

und

$$F(\lambda) = \int_{g(\lambda)}^{1} \frac{\arctan(\lambda x)}{\sqrt{1 - x^2}} \, dx \qquad (19.9)$$

ein.

(a) Mit der Leibnizregel für Parameterintegrale folgt somit wegen

$$\partial_\lambda f(\lambda, x) = \frac{x}{(1 + \lambda^2 x^2)\sqrt{1 - x^2}} \quad \text{und} \quad g'(\lambda) = \frac{1}{\lambda^2 \sqrt{\lambda^2 - 1}}$$

mit einer kleinen Rechnung gerade (vgl. die Lösung von Aufgabe 144)

$$\begin{aligned}
F'(\lambda) &= -f(\lambda, g(\lambda))g'(\lambda) + \int_{g(\lambda)}^{1} \partial_\lambda f(\lambda, x) \, dx \\
&= \int_{g(\lambda)}^{1} \frac{x}{(1 + \lambda^2 x^2)\sqrt{1 - x^2}} \, dx - \frac{\arctan\left(\sqrt{\lambda^2 - 1}\right)}{\lambda \sqrt{\lambda^2 - 1}}
\end{aligned} \qquad (19.10)$$

für $\lambda > 0$.

(b) Wir führen nun die Funktion $G : (0, +\infty) \to \mathbb{R}$ mit

$$G(\lambda) = \int_{g(\lambda)}^{1} \frac{x}{(1 + \lambda^2 x^2)\sqrt{1 - x^2}} \, dx$$

ein, die wir im Folgenden geschickt vereinfachen beziehungsweise das Integral bestimmen wollen. Mit der Substitution $y(x) = \sqrt{1 - x^2}$ für $x \in (-1, 1)$ und $dy = -x/\sqrt{1 - x^2} \, dx$ folgt wegen $y(g(\lambda)) = 1/\lambda$ und $y(1) = 0$ zunächst

$$G(\lambda) = \int_{g(\lambda)}^{1} \frac{x}{(1 + \lambda^2 x^2)\sqrt{1 - x^2}} \, dx = \int_{0}^{\frac{1}{\lambda}} \frac{1}{\lambda^2(1 - y^2) + 1} \, dy.$$

Das Integral auf der rechten Seite lässt sich beispielsweise mit einer Partialbruchzerlegung berechnen. Dazu machen wir den Ansatz (dritte binomische Formel im Nenner beachten)

$$\frac{1}{\lambda^2(1 - y^2) + 1} = \frac{1}{1 + \lambda^2 - \lambda^2 y^2} = \frac{A}{\sqrt{1 + \lambda^2} - \lambda y} + \frac{B}{\sqrt{1 + \lambda^2} + \lambda y}$$

mit zunächst unbekannten Parametern A, $B \in \mathbb{R}$. Erweitern wir die beiden Brüche der rechten Seite, so folgt

$$\frac{1}{1 + \lambda^2 - \lambda^2 y^2} = \frac{A(\sqrt{1 + \lambda^2} + \lambda y) + B(\sqrt{1 + \lambda^2} - \lambda y)}{1 + \lambda^2 - \lambda^2 y^2}$$

$$= \frac{(A + B)\sqrt{1 + \lambda^2} + \lambda(A - B)y}{1 + \lambda^2 - \lambda^2 y^2},$$

das heißt, die Parameter genügen dem linearen Gleichungssystem

$$(A + B)\sqrt{1 + \lambda^2} = 1,$$
$$\lambda(A - B) = 0.$$

Die Lösung des linearen Systems ist offensichtlich $A = B = 1/(2\sqrt{1 + \lambda^2})$, womit wir insgesamt (den gesamten Nenner substituieren)

$$\int_0^{\frac{1}{\lambda}} \frac{1}{\lambda^2(1 - y^2) + 1} \, dy$$

$$= \frac{1}{2\sqrt{1 + \lambda^2}} \int_0^{\frac{1}{\lambda}} \frac{1}{\sqrt{1 + \lambda^2} - \lambda y} \, dy + \frac{1}{2\sqrt{1 + \lambda^2}} \int_0^{\frac{1}{\lambda}} \frac{1}{\sqrt{1 + \lambda^2} + \lambda y} \, dy$$

$$= \frac{\ln(\sqrt{1 + \lambda^2} + \lambda y)}{2\lambda\sqrt{1 + \lambda^2}} \Big|_0^{\frac{1}{\lambda}} - \frac{\ln(\sqrt{1 + \lambda^2} - \lambda y)}{2\lambda\sqrt{1 + \lambda^2}} \Big|_0^{\frac{1}{\lambda}},$$

also

$$G(\lambda) = \frac{1}{2\lambda\sqrt{\lambda^2 + 1}} \ln\left(\frac{\sqrt{\lambda^2 + 1} + 1}{\sqrt{\lambda^2 + 1} - 1}\right)$$

erhalten. Da für $\lambda > 0$ mit der Ketten- und Quotientenregel

$$\frac{d}{d\lambda} \ln\left(\frac{\sqrt{\lambda^2 + 1} + 1}{\sqrt{\lambda^2 + 1} - 1}\right) = -\frac{2}{\lambda\sqrt{\lambda^2 + 1}}$$

folgt, erhalten wir wegen Gl. (19.1) in der Lösung von Aufgabe 1 gerade (Vorfaktoren beachten)

$$\int G(\lambda) \, d\lambda = -\frac{1}{4} \int \frac{1}{\lambda\sqrt{\lambda^2 + 1}} \ln\left(\frac{\sqrt{\lambda^2 + 1} + 1}{\sqrt{\lambda^2 + 1} - 1}\right) d\lambda = -\frac{1}{8} \ln^2\left(\frac{\sqrt{\lambda^2 + 1} + 1}{\sqrt{\lambda^2 + 1} - 1}\right) + c.$$

(c) Mit dem gleichen Trick können wir uns überlegen, dass

$$\int \frac{\arctan\left(\sqrt{\lambda^2 - 1}\right)}{\lambda\sqrt{\lambda^2 - 1}} \, d\lambda = \frac{1}{2} \arctan^2\left(\sqrt{\lambda^2 - 1}\right) + c$$

gilt, sodass wir mit Teil (b) dieser Aufgabe und Gl. (19.10) die folgende neue Darstellung für das Parameterintegral F erhalten:

$$F(\lambda) = -\frac{1}{8} \ln^2 \left(\frac{\sqrt{\lambda^2 + 1} + 1}{\sqrt{\lambda^2 + 1} - 1} \right) - \frac{1}{2} \arctan^2 \left(\sqrt{\lambda^2 - 1} \right) + c. \qquad (19.11)$$

(d) Im letzten Schritt werden wir mit Hilfe der obigen Darstellung der Funktion F die Integrationskonstante c berechnen, um danach den Wert $F(1)$ zu bestimmen. Zunächst folgt aus Darstellung (19.10) wegen $\lim_{\lambda \to +\infty} g(\lambda) = 1$ offensichtlich $\lim_{\lambda \to +\infty} F(\lambda) = 0$. Jedoch folgt wegen (Stetigkeit des natürlichen Logarithmus beachten)

$$\lim_{\lambda \to +\infty} -\frac{1}{8} \ln^2 \left(\frac{\sqrt{\lambda^2 + 1} + 1}{\sqrt{\lambda^2 + 1} - 1} \right) = -\frac{1}{8} \ln^2(1) = 0$$

und

$$\lim_{\lambda \to +\infty} -\frac{1}{2} \arctan^2 \left(\sqrt{\lambda^2 - 1} \right) = -\frac{1}{2} \left(\frac{\pi}{2} \right)^2 = -\frac{\pi^2}{8}$$

aus Gl. (19.10), dass $\lim_{\lambda \to +\infty} F(\lambda) = -\pi^2/8 + c$ gilt, sodass wir $c = \pi^2/8$ ablesen können. Wir erhalten somit wegen Darstellung (19.11)

$$F(\lambda) = -\frac{1}{8} \ln^2 \left(\frac{\sqrt{\lambda^2 + 1} + 1}{\sqrt{\lambda^2 + 1} - 1} \right) - \frac{1}{2} \arctan^2 \left(\sqrt{\lambda^2 - 1} \right) + \frac{\pi^2}{8} \qquad (19.12)$$

für $\lambda > 0$. Wegen $g(1) = 0$ folgt somit mit einer kleinen Rechnung wie gewünscht

$$F(1) \overset{(19.9)}{=} \int_0^1 \frac{\arctan(x)}{\sqrt{1 - x^2}} \, dx \overset{(19.12)}{=} \frac{\pi^2}{8} - \frac{1}{8} \ln^2 \left(\frac{\sqrt{2} + 1}{\sqrt{2} - 1} \right) = \frac{\pi^2}{8} - \frac{1}{2} \ln^2(1 + \sqrt{2}).$$

Lösung Aufgabe 14

(a) Für die Manhattan-Metrik gilt

$$d_1((1, 0)^\mathsf{T}, (4, -4)^\mathsf{T}) = |1 - 4| + |0 - (-4)| = 3 + 4 = 7.$$

Ebenso folgen mit einer kleinen Rechnung für die Euklidische Metrik und Maximum-Metrik

$$d_2((2, -1)^\mathsf{T}, (4, -7)^\mathsf{T}) = \sqrt{(2 - 4)^2 + (-1 - (-7))^2} = \sqrt{40} = 2\sqrt{10}$$

sowie

$$d_\infty((2, 3)^\mathsf{T}, (2, 10)^\mathsf{T}) = \max\{|2 - 2|, |3 - 10|\} = \max\{0, 7\} = 7.$$

(b) In Abb. 20.1 ist der Abstand der beiden Punkte $x = (1, 1)^\mathsf{T}$ und $y = (4, 3)^\mathsf{T}$ bezüglich der drei Metriken dargestellt, wobei ähnlich wie in Teil (a) dieser Aufgabe

$$d_1((1, 1)^\mathsf{T}, (4, 3)^\mathsf{T}) = 5, \qquad d_2((1, 1)^\mathsf{T}, (4, 3)^\mathsf{T}) = \sqrt{13}$$

und

$$d_\infty((1, 1)^\mathsf{T}, (4, 3)^\mathsf{T}) = 3$$

folgen.

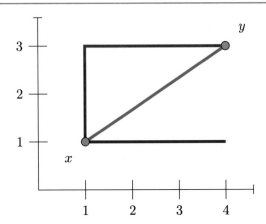

Abb. 20.1 Abstände zwischen den Punkten $x = (1, 1)^\mathsf{T}$ und $y = (4, 3)^\mathsf{T}$ bezüglich der Manhattan-Metrik (rot), Euklidischen Metrik (grün) und Maximum-Metrik (blau)

Lösung Aufgabe 15 Um zu beweisen, dass es sich bei der Funktion $d : \mathbb{R} \times \mathbb{R} \to \mathbb{R}$ mit $d(x, y) = \arctan(|x - y|)$ um eine Metrik handelt, müssen wir die folgenden drei Axiome nachweisen: Positive Definitheit, Symmetrie und Dreiecksungleichung. Wir werden dabei verwenden, dass $\rho : \mathbb{R} \times \mathbb{R} \to \mathbb{R}$ mit $\rho(x, y) = |x - y|$ (Betragsmetrik) bekanntlich eine Metrik auf $\mathbb{R}$ ist.

(a) **Positive Definitheit.** Wir zeigen nun die positive Definitheit. Wegen $\arctan(0) = 0$ folgt für alle $x \in \mathbb{R}$ offensichtlich $d(x, x) = 0$. Seien nun umgekehrt $x, y \in \mathbb{R}$ beliebig gewählt mit $d(x, y) = 0$ also $\arctan(|x - y|) = 0$. Da der Arkustangens injektiv ist, folgt weiter $|x - y| = 0$ und daher wie gewünscht $x = y$ (positive Definitheit von ρ beachten). Wir haben somit bewiesen, dass $d(x, y) = 0$ genau dann gilt, wenn $x = y$. Da der Arkustangens in $[0, +\infty)$ bekanntlich positiv ist, ist es somit auch d.

(b) **Symmetrie.** Nun zeigen wir das Symmetrie-Axiom. Seien also $x, y \in \mathbb{R}$ beliebig gewählt. Da ρ symmetrisch ist, folgt direkt

$$d(x, y) = \arctan(|x - y|) = \arctan(|y - x|) = d(y, x).$$

(c) **Dreiecksungleichung.** Im letzten Schritt beweisen wir die Dreiecksungleichung. Zunächst wählen wir $x, y, z \in \mathbb{R}$ beliebig. Da der Arkustangens monoton wachsend (!) und subadditiv (!!) ist und $|x - z| \le |x - y| + |y - z|$ (Dreiecksungleichung der Betragsmetrik ρ) gilt, folgt schließlich wie gewünscht

$$
\begin{aligned}
d(x, z) &= \arctan(|x - z|) \\
&\overset{(!)}{\le} \arctan(|x - y| + |y - z|) \\
&\overset{(!!)}{\le} \arctan(|x - y|) + \arctan(|y - z|) \\
&= d(x, y) + d(y, z),
\end{aligned}
$$

also $d(x, z) \leq d(x, y) + d(y, z)$. Dies zeigt die Dreiecksungleichung.

Anmerkung Dass der Arkustangens wirklich monoton wachsend ist, folgt wegen $\arctan'(x) = 1/(1 + x^2) > 0$ für $x \in \mathbb{R}$ direkt aus dem Monotoniekritierium [3, Aufgabe 147]. Die Subadditivität können wir dabei wie folgt einsehen: Für $x, y \in \mathbb{R}$ folgt aus dem Hauptsatz der Differential- und Integralrechnung und der Linearität des Riemann-Integrals zunächst

$$\arctan(x + y) = \int_0^{x+y} \frac{1}{1 + t^2} \, dt$$

$$= \int_0^x \frac{1}{1 + t^2} \, dt + \int_x^{x+y} \frac{1}{1 + t^2} \, dt$$

$$= \arctan(x) + \int_x^{x+y} \frac{1}{1 + t^2} \, dt.$$

Substituieren wir dann $s(t) = t - x$ für $t \in [x, x + y]$ mit $ds = dt$, so folgt wegen $s(x) = 0$ und $s(x + y) = y$ weiter

$$\int_x^{x+y} \frac{1}{1 + t^2} \, dt = \int_0^y \frac{1}{1 + (s + x)^2} \, ds \leq \int_0^y \frac{1}{1 + s^2} \, ds,$$

sodass wir wie gewünscht

$$\arctan(x + y) \leq \arctan(x) + \arctan(y)$$

erhalten.

Lösung Aufgabe 16 Um zu beweisen, dass die Französische Eisenbahnmetrik $d : V \times V \to \mathbb{R}$ in der Tat eine Metrik ist, müssen wir die drei Metrik-Axiome (a) positive Definitheit, (b) Symmetrie und (c) Dreiecksungleichung nachweisen. Wir werden dabei für den Beweis jedes Axioms die Eigenschaften der Norm $\| \cdot \|_V$ verwenden.

(a) **Positive Definitheit.** Offensichtlich gilt $d(x, y) \geq 0$ für alle $x, y \in V$, da $\| \cdot \|_V$ positiv ist. Seien nun $x, y \in V$ mit $x = y$. Da für $\lambda = 1$ gerade $x = \lambda y$ gilt, folgt weiter $d(x, y) = \|x - y\|_V = 0$. Seien nun umgekehrt $x, y \in V$ zwei Elemente mit $d(x, y) = 0$. Gibt es $\lambda \in \mathbb{C}$ mit $x = \lambda y$, so folgt $d(x, y) = \|x - y\|_V = 0$. Da die Norm auf V (gemäß Definition) definit ist, bedeutet dies gerade $x - y = 0_V$, also wie gewünscht $x = y$. Gibt es hingegen keine komplexe Zahl $\lambda \in \mathbb{C}$ mit $x = \lambda y$, so folgt $d(x, y) = \|x\|_V + \|y\|_V = 0$. Wegen $\|x\|_V \geq 0$ und $\|y\|_V \geq 0$ folgen daraus $\|x\|_V = 0$ sowie $\|y\|_V = 0$ und schließlich $x = y = 0_V$. Wir haben somit wie gewünscht gezeigt, dass d positiv definit ist.

(b) **Symmetrie.** Da für alle $x, y \in V$ sowohl $\|x - y\|_V = \|y - x\|_V$ als auch $\|x\|_V + \|y\|_V = \|y\|_V + \|x\|_V$ gelten ist die Funktion d offensichtlich symmetrisch.

(c) **Dreiecksungleichung.** Seien nun $x, y, z \in V$ beliebig gewählt. Wir unterscheiden die folgenden Fälle in Abhängigkeit der Lage der drei Vektoren:

(α)   Es gibt $\lambda, \mu \in \mathbb{C}$ mit $x = \lambda y = \mu z$, das heißt, die drei Vektoren sind paarweise linear abhängig. Dann gilt bereits

$$d(x, z) = \|x - z\|_V = \|(x - y) + (y - z)\|_V$$
$$\overset{(!)}{\leq} \|x - y\|_V + \|y - z\|_V = d(x, y) + d(y, z),$$

wobei wir in (!) die Dreiecksungleichung der Norm $\|\cdot\|_V$ verwenden haben.

(β)   Die Vektoren x und z sind linear abhängig, während y unabhängig zu beiden Vektoren ist. Somit folgt

$$d(x, z) = \|x - z\|_V \overset{(!)}{\leq} \|x\|_V + \|z\|_V$$
$$\leq \|x\|_V + \|y\|_V + \|y\|_V + \|z\|_V = d(x, y) + d(y, z).$$

(γ)   Die Vektoren x und y sind linear abhängig, während z unabhängig zu beiden Vektoren ist. Auch hier folgt

$$d(x, z) = \|x\|_V + \|z\|_V = \|(x - y) + y\|_V + \|z\|_V$$
$$\overset{(!)}{\leq} \|x - y\|_V + \|y\|_V + \|z\|_V = d(x, y) + d(y, z).$$

(δ)   Die Vektoren y und z sind linear abhängig, es gibt also $\lambda \in \mathbb{C}$ mit $y = \lambda z$. Der Vektor x ist linear unabhängig zu y und z. Dieser Fall lässt sich ähnlich wie in Teil (γ) zeigen.

(ε)   Alle drei Vektoren sind paarweise zu einander linear unabhängig. In diesem Fall folgt

$$d(x, z) = \|x\|_V + \|z\|_V \leq \|x\|_V + \|y\|_V + \|y\|_V + \|z\|_V = d(x, y) + d(y, z).$$

Wir haben somit wie gewünscht die Dreiecksungleichung bewiesen.

Lösung Aufgabe 17   Zur Übersicht unterteilen wir die Lösung dieser Aufgabe in zwei Teile:

(a) Bei der Funktion $d' : \mathbb{R}^2 \times \mathbb{R}^2 \to \mathbb{R}$ handelt es sich nicht um eine Metrik, da bereits das erste Axiom (positive Definitheit) verletzt ist. Wählen wir nämlich beispielsweise $x = (1, 1)^\mathsf{T}$ und $y = (1, 2)^\mathsf{T}$, so folgt

$$d'(x, y) = |x_1 - y_1||x_2 - y_2| = |1 - 1||1 - 2| = 0$$

obwohl offensichtlich $x \neq y$ gilt.

Anmerkung   Die Dreiecksungleichung $d(x, z) \leq d(x, y) + d(y, z)$ ist ebenfalls verletzt. Betrachten Sie beispielsweise die drei Vektoren $x = (1, 1)^\mathsf{T}$, $y = (1, 2)^\mathsf{T}$ und $z = (2, 2)^\mathsf{T}$.

(b) Wir beweisen nun, dass es sich bei der Funktion $d : \mathbb{R}^2 \times \mathbb{R}^2 \to \mathbb{R}$ mit

$$d(x, y) = \frac{|x_1 - y_1|}{1 + |x_1 - y_1|} + \frac{|x_2 - y_2|}{1 + |x_2 - y_2|}$$

um eine Metrik im $\mathbb{R}^2$ handelt. Wie üblich werden wir dazu die drei Metrik-Axiome nachweisen.

(α) **Positive Definitheit.** Wir erinnern uns zunächst daran, dass die Funktion $\rho : \mathbb{R} \times \mathbb{R} \to \mathbb{R}$ mit $\rho(x, y) = |x - y|$ eine Metrik auf $\mathbb{R}$ definiert – die sogenannte Standardmetrik oder Betragsmetrik. Für den Nachweis der Definitheit wählen wir zunächst $x, y \in \mathbb{R}^2$ beliebig. Dann gilt wegen der positiven Definitheit von ρ gerade $\rho(x_j, y_j) \geq 0$ für $j \in \{1, 2\}$ und somit

$$d(x, y) = \frac{\rho(x_1, y_1)}{1 + \rho(x_1, y_1)} + \frac{\rho(x_2, y_2)}{1 + \rho(x_2, y_2)} \geq 0.$$

Da für $j \in \{1, 2\}$ genau dann $\rho(x_j, y_j) = 0$ gilt, wenn $x_j = y_j$ erfüllt ist, können wir direkt ablesen, dass $d(x, y) = 0$ genau dann erfüllt ist, wenn $x_1 = y_1$ und $x_2 = y_2$ gelten, also $x = y$ erfüllt ist. Wir haben somit gezeigt, dass die Funktion d positiv definit ist.

(β) **Symmetrie.** Da die Standardmetrik ρ symmetrisch ist, folgt somit für alle $x, y \in \mathbb{R}^2$ insbesondere auch

$$\begin{aligned} d(x, y) &= \frac{\rho(x_1, y_1)}{1 + \rho(x_1, y_1)} + \frac{\rho(x_2, y_2)}{1 + \rho(x_2, y_2)} \\ &= \frac{\rho(y_1, x_1)}{1 + \rho(y_1, x_1)} + \frac{\rho(y_2, x_2)}{1 + \rho(y_2, x_2)} = d(y, x). \end{aligned}$$

(γ) **Dreiecksungleichung.** Für den Beweis der Dreiecksungleichung überlegen wir uns kurz, dass die Funktion $\varphi : [0, +\infty) \to \mathbb{R}$ mit $\varphi(t) = t/(1+t)$ monoton wachsend ist. Mit einer kleinen Rechnung (Quotientenregel verwenden) folgt $\varphi'(t) = 1/(1 + t)^2 \geq 0$ für alle $t \in [0, +\infty)$. Mit dem Resultat aus [3, Aufgabe 147] folgt daher bereits die Monotonie von φ. Seien nun $x, y, z \in \mathbb{R}^2$ beliebig gewählt. Da die Funktion φ monoton wachsend (!) ist und $|x_j - z_j| \leq |x_j - y_j| + |y_j - z_j|$ für $j \in \{1, 2\}$ gilt, folgt zunächst

$$\begin{aligned} d(x, z) &= \varphi(|x_1 - z_1|) + \varphi(|x_2 - z_2|) \\ &\overset{(!)}{\leq} \varphi(|x_1 - y_1| + |y_1 - z_1|) + \varphi(|x_2 - y_2| + |y_2 - z_2|) \\ &= \frac{|x_1 - y_1| + |y_1 - z_1|}{1 + |x_1 - y_1| + |y_1 - z_1|} + \frac{|x_2 - y_2| + |y_2 - z_2|}{1 + |x_2 - y_2| + |y_2 - z_2|}. \end{aligned}$$

Zerlegen wir dann weiter jeden der beiden Brüche und schätzen diese geschickt ab, so erhalten wir wie gewünscht

$$
\begin{aligned}
d(x, z) &\le \frac{|x_1 - y_1| + |y_1 - z_1|}{1 + |x_1 - y_1| + |y_1 - z_1|} + \frac{|x_2 - y_2| + |y_2 - z_2|}{1 + |x_2 - y_2| + |y_2 - z_2|} \\
&= \frac{|x_1 - y_1|}{1 + |x_1 - y_1| + |y_1 - z_1|} + \frac{|y_1 - z_1|}{1 + |x_1 - y_1| + |y_1 - z_1|} \\
&\quad + \frac{|x_2 - y_2|}{1 + |x_2 - y_2| + |y_2 - z_2|} + \frac{|y_2 - z_2|}{1 + |x_2 - y_2| + |y_2 - z_2|} \\
&\le \frac{|x_1 - y_1|}{1 + |x_1 - y_1|} + \frac{|y_1 - z_1|}{1 + |y_1 - z_1|} + \frac{|x_2 - y_2|}{1 + |x_2 - y_2|} + \frac{|y_2 - z_2|}{1 + |y_2 - z_2|} \\
&= d(x, y) + d(y, z),
\end{aligned}
$$

womit wir die Dreiecksungleichung bewiesen haben.

Lösung Aufgabe 18 Im Folgenden überlegen wir uns, dass die Funktion $D : M' \times M' \to \mathbb{R}$ genau dann eine Metrik auf $M' = \mathcal{P}(M) \setminus \{\emptyset\}$ definiert, wenn die Menge M aus genau einem Element besteht.

(a) Besteht die Menge M aus lediglich einem Element, beispielsweise $M = \{x\}$, so folgt für alle Mengen $A, B \in M'$ automatisch $A = B = M$, da die Potenzmenge $\mathcal{P}(M)$ lediglich die beiden Elemente $\emptyset$ und M enthält. Insbesondere erhalten wir daher

$$
D(A, B) = \inf_{\substack{a \in A \\ b \in B}} d(a, b) = \inf_{\substack{a \in M \\ b \in M}} d(a, b) = d(x, x) = 0,
$$

das heißt, die Funktion $D : M' \times M' \to \mathbb{R}$ ist konstant Null und definiert folglich eine Metrik, da alle Metrik-Axiome trivialer Weise erfüllt sind.

(b) Besteht die Menge M hingegen aus mindestens zwei Elementen, so definiert die Funktion D keine Metrik auf M'. Seien dazu $x, y \in M$ mit $x \ne y$ beliebig gewählt. Definieren wir die Mengen $A = \{x\}$ und $B = \{x, y\}$, so folgt wegen $d(x, x) = 0$ gerade

$$
D(A, B) = \inf_{\substack{a \in A \\ b \in B}} d(a, b) = \inf\{d(x, x),\ d(x, y)\} = 0.
$$

Wir haben somit für zwei verschiedene Mengen A und B nachgewiesen, dass $D(A, B) = 0$ gilt. Damit ist D nicht positiv definit und daher insbesondere keine Metrik auf M'.

Lösung Aufgabe 19 Eine Metrik $d : M \times M \to \mathbb{R}$ auf M lässt sich beispielsweise durch (Hamming-Abstand)

$$
d(x, y) = |\{j \in \{1, \ldots, d\} \mid x_j \ne y_j\}|
$$

definieren. Dabei beschreibt $d(x, y)$ für $x, y \in M$ gerade die Anzahl der Indizes, in denen sich die beiden Vektoren x und y unterscheiden. Um nachzuweisen, dass es sich bei d wirklich um eine Metrik handelt, müssen wir die drei folgenden Metrik-Axiome nachweisen:

(a) **Positive Definitheit.** Sind $x, y \in M$ zwei Vektoren mit $x = y$, also $x_j = y_j$ für $j \in \{1, \ldots, n\}$, so folgt automatisch $d(x, y) = 0$, da die Indexmenge $\{j \in \{1, \ldots, d\} \mid x_j \neq y_j\}$ in diesem Fall leer ist. Gilt umgekehrt $d(x, y) = 0$, so folgt ebenfalls $x_j = y_j$ für $j \in \{1, \ldots, d\}$, was gerade $x = y$ bedeutet. Wir haben damit nachgewiesen, dass für alle $x, y \in M$ genau dann $d(x, y) = 0$ erfüllt ist, wenn $x = y$ gilt. Offensichtlich gilt aber auch $d(x, y) \geq 0$ für $x, y \in M$, womit d wie gewünscht positiv definit ist.

(b) **Symmetrie.** Für zwei reelle Zahlen $s, t \in \mathbb{R}$ gilt natürlich genau dann $s \neq t$, wenn $t \neq s$. Somit folgt für alle $x, y \in M$

$$d(x, y) = |\{j \in \{1, \ldots, d\} \mid x_j \neq y_j\}| = |\{j \in \{1, \ldots, d\} \mid y_j \neq x_j\}| = d(y, x),$$

das heißt, die Abbildung d ist symmetrisch.

(c) **Dreiecksungleichung.** Für die Dreiecksungleichung seien zunächst $x, y, z \in M$ beliebig gewählt. Dabei können wir zunächst $x \neq z$ annehmen, denn andernfalls folgt sofort $d(x, z) \leq d(x, y) + d(y, z)$, da die linke Seite der Ungleichung wegen der positiven Definitheit von d verschwindet. Im Fall $x \neq z$ finden wir mindestens einen Index $j \in \{1, \ldots, d\}$ mit $x_j \neq z_j$. Somit muss also entweder $x_j \neq y_j$ oder $y_j \neq z_j$ gelten. Da jedoch $d(x, z)$ die Anzahl der unterschiedlichen Komponenten der Vektoren x und z zählt, folgt somit

$$
\begin{aligned}
d(x, z) &= |\{j \in \{1, \ldots, d\} \mid x_j \neq z_j\}| \\
&\leq |\{j \in \{1, \ldots, d\} \mid x_j \neq y_j\}| + |\{j \in \{1, \ldots, d\} \mid y_j \neq z_j\}| \\
&= d(x, y) + d(y, z),
\end{aligned}
$$

womit wir wie gewünscht die Dreiecksungleichung bewiesen haben.

Lösung Aufgabe 20 Sei $(x_n)_n$ eine beliebige Folge in M, die gegen ein Element $x \in M$ konvergiert. Dann gibt es (gemäß der Definition der Folgenkonvergenz) zu jedem $\varepsilon > 0$ einen Index $N \in \mathbb{N}$ derart, dass $d(x_n, x) < \varepsilon/2$ für alle $n \geq N$ gilt. Somit folgt aber auch mit der Dreiecksungleichung für die Metrik d

$$d(x_n, x_m) \leq d(x_n, x) + d(x_m, x) < \frac{\varepsilon}{2} + \frac{\varepsilon}{2},$$

also $d(x_n, x_m) < \varepsilon$ für $m, n \geq N$. Wir haben somit wie gewünscht bewiesen, dass die konvergente Folge $(x_n)_n$ eine Cauchy-Folge ist.

Lösung Aufgabe 21 Sei $(x_n)_n \subseteq M$ eine konvergente Folge mit Grenzwerten $x \in M$ und $y \in M$. Zu jedem $\varepsilon > 0$ finden wir wegen $\lim_n x_n = x$ und $\lim_n x_n = y$

zwei Zahlen $N_1, N_2 \in \mathbb{N}$ mit $d(x_n, x) < \varepsilon/2$ für $n \geq N_1$ und $d(x_n, y) < \varepsilon/2$ für $n \geq N_2$. Setzen wir nun $N = \max\{N_1, N_2\}$, so folgt mit der Dreiecksungleichung

$$d(x, y) \leq d(x_n, x) + d(x_n, y) < \frac{\varepsilon}{2} + \frac{\varepsilon}{2} = \varepsilon$$

für alle $n \geq N$. Da $\varepsilon > 0$ beliebig war, zeigt die obige Ungleichung gerade $d(x, y) = 0$ und somit $x = y$. Dies beweist, dass jede konvergente Folge genau einen Grenzwert besitzt.

Lösung Aufgabe 22 Bekanntlich gilt $\lim_{x \to +\infty} \arctan(x) = \pi/2$. Somit ist die konvergente Folge $(x_n)_n$ mit $x_n = \arctan(n)$ eine Cauchy-Folge im vollständigen metrischen Raum $(\mathbb{R}, \rho)$, wobei $\rho : \mathbb{R} \times \mathbb{R} \to \mathbb{R}$ wie üblich die Betragsmetrik $\rho(x, y) = |x - y|$ bezeichnet. Insbesondere folgt somit

$$\lim_{N \to +\infty} \sup_{m > n \geq N} |\arctan(m) - \arctan(n)| = \lim_{N \to +\infty} \sup_{m > n \geq N} d(m, n) = 0.$$

Damit ist die Folge $(y_n)_n$ mit $y_n = n$ aber gerade eine Cauchy-Folge bezüglich der Metrik $d : \mathbb{R} \times \mathbb{R} \to \mathbb{R}$ mit $d(x, y) = |\arctan(x) - \arctan(y)|$. Jedoch ist die Folge nicht in $(\mathbb{R}, d)$ konvergent, denn dazu müsste es ein Element $y \in \mathbb{R}$ mit

$$\lim_{n \to +\infty} d(y_n, y) = \lim_{n \to +\infty} |\arctan(y_n) - \arctan(y)| = 0,$$

also

$$\arctan(y) = \lim_{n \to +\infty} \arctan(y_n) = \frac{\pi}{2}$$

geben. Da solch ein Element nicht existiert, folgt wie gewünscht, dass die Cauchy-Folge $(y_n)_n$ nicht konvergent bezüglich der Metrik d ist. Folglich ist der metrische Raum $(\mathbb{R}, d)$ nicht vollständig.

Lösung Aufgabe 23 Um zu zeigen, dass der metrische Raum $(B(A, M), d_\infty)$ vollständig ist, müssen wir beweisen, dass jede Cauchy-Folge in $B(A, M)$ bezüglich der Supremumsmetrik $d_\infty(f, g) = \sup_{x \in A} d(f(x), g(x))$ für $f, g \in B(A, M)$ konvergent ist. Seien dazu $\varepsilon > 0$ und $(f_n)_n \subseteq B(A, M)$ eine Cauchy-Folge, das heißt, zu $\varepsilon/4 > 0$ gibt es eine Zahl $N_1 \in \mathbb{N}$ mit

$$d_\infty(f_n, f_m) < \frac{\varepsilon}{4}$$

für alle $n > m \geq N_1$. Da für alle $x \in A$ offensichtlich $d(f_n(x), f_m(x)) < d_\infty(f_n, f_m)$ gilt, ist somit auch $(f_n(x))_n \subseteq M$ für jedes $x \in A$ eine Cauchy-Folge. Der metrische Raum (M, d) ist aber nach Voraussetzung vollständig, also konvergiert für jedes $x \in A$ die Folge $(f_n(x))_n$ gegen ein Element in M, das wir mit $f(x)$

bezeichnen. Da der Grenzwert konvergenter Folgen eindeutig ist (vgl. Aufgabe 21), können wir eine Funktion

$$f : A \to M \quad \text{durch} \quad x \mapsto f(x)$$

definieren, wobei $f(x)$ den Grenzwert der Folge $(f_n(x))_n$ mit $x \in A$ bezeichnet. Im Folgenden werden wir zeigen, dass $(f_n)_n \subseteq B(A.M)$ gegen f konvergiert und $f \in B(A, M)$ gilt. Sei dafür $x \in A$ beliebig gewählt. Wegen $\lim_n f_n(x) = f(x)$ bezüglich d finden wir zu $\varepsilon/4 > 0$ eine natürliche Zahl $N_2 \in \mathbb{N}$ mit $d(f_n(x), f(x)) < \varepsilon/4$ für $n \geq N_2$. Setzen wir nun $N = \max\{N_1, N_2\}$, so folgt für alle $n \geq N$ gerade (Dreiecksungleichung verwenden)

$$d(f_n(x), f(x)) \leq d(f_n(x), f_N(x)) + d(f_N(x), f(x)) < \frac{\varepsilon}{4} + \frac{\varepsilon}{4} = \frac{\varepsilon}{2}.$$

Gehen wir nun in der obigen Ungleichung zum Supremum über alle Elemente aus A über so folgt

$$d_\infty(f_n, f) = \sup_{x \in A} d(f_n(x), f(x)) \leq \frac{\varepsilon}{2} < \varepsilon$$

für alle $n \geq N$. Da $\varepsilon > 0$ beliebig gewählt war, haben wir somit wie gewünscht $\lim_n f_n = f$ bezüglich d_∞ gezeigt. Der Beweis ist vollständig, falls wir zum Schluss noch begründen können, warum die Grenzfunktion f in $B(A, M)$ liegt, also beschränkt ist. Dazu bemerken wir, dass für alle $x, y \in A$ (Dreiecksungleichung verwenden)

$$d(f(x), f(y)) \leq d(f(x), f_N(y)) + d(f_N(x), f_N(y)) + d(f_N(x), f(x)) < d(f_N(x), f_N(y)) + \frac{\varepsilon}{2}$$

gilt, sofern $n \geq N$ ist. Da die Funktion f_N aber beschränkt ist, folgt insgesamt $d(f(x), f(y)) < +\infty$ für alle $x, y \in A$ und daher $f \in B(A, M)$. Wir haben somit wie gewünscht gezeigt, dass jede Cauchy-Folge in $B(A, M)$ gegen eine Funktion in $B(A, M)$ konvergiert, also ist $(B(A, M), d_\infty)$ wie behauptet ein vollständiger metrischer Raum.

Lösung Aufgabe 24 Die Lösung der Aufgabe ist nicht sonderlich kompliziert und verwendet lediglich die Symmetrie der Metrik. Sind nämlich $x, y \in M$ und $r > 0$ beliebig, so gilt nach Definition der offenen Kugel $B_r(y)$ genau dann $x \in B_r(y)$, falls $d(y, x) < r$. Jedoch ist die Metrik $d : M \times M \to \mathbb{R}$ eine symmetrische Abbildung, das heißt, es gilt äquivalent $d(x, y) < r$ und somit wie gewünscht $y \in B_r(x)$.

Lösung Aufgabe 25 Sei (M, d) ein beliebiger metrischer Raum. Wir zeigen die Hausdorff-Eigenschaft, indem wir zu zwei beliebig gewählten Elementen $x, y \in M$ mit $x \neq y$ zwei disjunkte und offene Kugeln um x und y konstruieren. Dies ist ausreichend, da die offenen Kugeln eine Basis von der durch die Metrik erzeugten

Topologie sind. Zunächst setzen wir $r = d(x, y)/2$. Da x und y verschieden sind gilt $r > 0$. Wir überlegen uns nun, dass die offenen Kugeln $B_r(x)$ und $B_r(y)$ disjunkt sind. Angenommen, es würde $B_r(x) \cap B_r(y) \neq \emptyset$ gelten. Dann würde somit ein Element $z \in B_r(x) \cap B_r(y)$ mit $d(x, z) < d(x, y)/2$ und $d(y, z) < d(x, y)/2$ existieren. Mit der Dreiecksungleichung folgt jedoch

$$d(x, y) \leq d(x, z) + d(y, z) < \frac{d(x, y)}{2} + \frac{d(x, y)}{2} = d(x, y),$$

also $d(x, y) < d(x, y)$, was unmöglich ist. Somit sind die beiden Kugeln um x und y disjunkt und wir haben wie gewünscht nachgewiesen, dass jeder metrische Raum (M, d) ein Hausdorff-Raum ist.

Lösung Aufgabe 26

(a) Anhand der Definition der Funktion $d : M \times M \to \mathbb{R}$ können wir direkt ablesen, dass für beliebige Elemente $x, y \in M$ genau dann $x = y$ gilt, falls $d(x, y) = 0$. Ebenso sehen wir sofort, dass $d(x, y) \geq 0$ für alle $x, y \in M$ gilt, da die Funktion lediglich die beiden Werte 0 und 1 annimmt. Weiter ist d offensichtlich symmetrisch. Wir müssen somit nur noch die Dreiecksungleichung nachweisen, die wir mit einem Widerspruchsbeweis beweisen werden. Angenommen es gibt Elemente $x, y, z \in M$ mit

$$d(x, z) > d(x, y) + d(y, z).$$

Falls $x = z$ gilt, so führt dies wegen $d(x, z) = 0$ und $d(x, y) + d(y, z) \in \{0, 1, 2\}$ zu einem Widerspruch – die obige Ungleichung ist ja strikt. Gilt hingegen $x \neq z$, so folgt aus $d(x, z) = 1$ notwendiger Weise $d(x, y) = 0$ und $d(y, z) = 0$, da die obige Ungleichung sonst nicht erfüllt wäre. Das bedeutet aber $x = y$ und $y = z$, also $x = z$, was wir jedoch bereits ausgeschlossen haben. Somit erfüllt die diskrete Metrik wie gewünscht alle drei Metrik-Axiome.

(b) Im Folgenden sei $x_0 \in M$ beliebig gewählt. Da die Metrik $d : M \times M \to \mathbb{R}$ lediglich die beiden Werte 0 und 1 annimmt, werden wir zwei Fälle untersuchen:

(α)   Falls $r \in (0, 1)$ gilt, so erhalten wir

$$\overline{B}_r(x_0) = \{x \in M \mid d(x, x_0) \leq r\} = \{x \in M \mid d(x, x_0) = 0\} = \{x_0\},$$

wobei wir im letzten Schritt die positive Definitheit von d verwendet haben.

(β)   Gilt hingegen $r \geq 1$, so folgt $\overline{B}_r(x_0) = M$, da jedes Element $x \in M$ der Ungleichung $d(x, x_0) \leq 1 \leq r$ genügt.

Mit den gleichen Überlegungen folgt $B_r(x_0) = \{x_0\}$ für $r \in (0, 1)$ und $B_r(x_0) = M$ sonst – hier bezeichnet $B_r(x_0)$ die offene Kugel um x_0 mit Radius r.

(c) Im Folgenden können wir annehmen, dass weder $A = \emptyset$ noch $A = M$ gilt, da diese Mengen in jedem metrischen Raum sowohl offen als auch abgeschlossen sind.

(α)   Sei nun $A \subseteq M$ eine beliebige Teilmenge. Um zu zeigen, dass A offen ist, müssen wir nachweisen, dass es zu jedem $x \in A$ eine Zahl $\varepsilon > 0$ mit $B_\varepsilon(x) \subseteq A$ gibt, wobei $B_\varepsilon(x)$ wie üblich die offene Kugel um x mit Radius ε bezeichnet. Setzen wir beispielsweise $\varepsilon = 1/2$, so wissen wir aus Teil (b) dieser Aufgabe, dass $B_\varepsilon(x) = \{x\} \subseteq A$ für alle $x \in A$ gilt, womit wir bereits gezeigt haben, dass die Menge A offen ist.

(β)   Um zu zeigen, dass jede Menge $A \subseteq M$ auch abgeschlossen ist, müssen wir uns überlegen, dass es zu jedem Element $x \in M \setminus A$ eine Zahl $\varepsilon > 0$ so gibt, dass $B_\varepsilon(x) \cap A = \emptyset$ gilt. Ist nun $x \in M \setminus A$ beliebig und wählen wir erneut $\varepsilon = 1/2$ so folgt wieder $B_\varepsilon(x) = \{x\}$ und daher wie gewünscht

$$B_\varepsilon(x) \cap A = \{x\} \cap A = \emptyset,$$

da $x \notin A$ gilt. Somit ist jede Menge $A \subseteq M$ bezüglich der diskreten Metrik abgeschlossen.

(d) Seien $A \subseteq M$ und $x \in M$ beliebig gewählt. Da die Metrik $d : M \times M \to \mathbb{R}$ nach Definition lediglich die Werte 0 und 1 annimmt, folgt im Fall $x \in A$ bereits

$$\mathrm{dist}(x, A) = \inf_{y \in A} d(x, y) = d(x, x) = 0.$$

Gilt hingegen $x \in M \setminus A$, so folgt $d(x, y) = 1$ für alle $y \in A$, da x nicht in A liegt. Insbesondere folgt somit

$$\mathrm{dist}(x, A) = \inf_{y \in A} d(x, y) = 1.$$

(e) Wir überlegen uns nun, dass der metrische Raum (M, d) vollständig ist. Dazu müssen wir beweisen, dass jede Cauchy-Folge $(x_n)_n \subseteq M$ konvergiert. Sei also $(x_n)_n$ eine Cauchy-Folge in M, das heißt, zu jedem $\varepsilon > 0$ finden wir eine natürliche Zahl $N \in \mathbb{N}$ mit $d(x_n, x_m) < \varepsilon$ für alle $n, m \geq N$. Wählen wir speziell $\varepsilon = 1/2$, so folgt aus der Ungleichung, ähnlich wie in Teil (b) dieser Aufgabe, $x_n = x_m$ für $n, m \geq N$. Das bedeutet also gerade, dass die Cauchy-Folge $(x_n)_n$ ab einem Index N konstant und damit insbesondere konvergent ist (vgl. auch Teil (f) dieser Lösung). Dies zeigt die Vollständigkeit von (M, d).

(f) Wir unterteilen die Lösung dieser Teilaufgabe in zwei Teile:

(α)   Zunächst beweisen wir die folgende Hilfsaussage: Eine Folge $(x_n)_n$ in M konvergiert genau dann bezüglich der diskreten Metrik, wenn die Folge ab einem gewissen Index konstant ist. Für die eine Richtung der Aussage

seien $(x_n)_n \subseteq M$ eine Folge, $x \in M$ und $N \in \mathbb{N}$ so, dass $x_n = x$ für alle
$n \geq N$ gilt – die Folge nimmt also ab dem Index N nur noch den Wert
x an. Ist nun $\varepsilon > 0$ beliebig, so folgt $0 = d(x, x) = d(x_n, x) < \varepsilon$ für
alle $n \geq N$. Wir haben somit gezeigt, dass die Folge gegen das Element x
konvergiert. Ist umgekehrt $(x_n)_n$ eine konvergente Folge in M, so existiert
nach Definition ein Element $x \in M$ derart, dass es zu jedem $\varepsilon > 0$ eine
natürliche Zahl $N \in \mathbb{N}$ mit $d(x_n, x) < \varepsilon$ für alle $n \geq N$ gibt. Wählen wir
nun speziell $\varepsilon \in (0, 1)$ beliebig – auch hier funktioniert erneut die Wahl
$\varepsilon = 1/2$ – so muss $x_n = x$ für alle $n \geq N$ gelten, da die Metrik d lediglich
die Werte 0 und 1 annimmt. Dies zeigt aber gerade, dass die Folge $(x_n)_n$
zwingend ab dem Index N konstant sein muss, damit sie konvergiert.

(β) Wegen Teil (α) ist lediglich die Folge $(z_n)_n$ konvergent, da diese ab dem
Index $N = 3$ konstant ist.

(g) Sei nun (M', d') ein weiterer metrischer Raum und $f : M \to M'$ eine beliebige
Abbildung. Die Abbildung f heißt bekanntlich in einem Punkt $x_0 \in M$ stetig,
wenn es zu jedem $\varepsilon > 0$ eine Zahl $\delta > 0$ so gibt, dass für alle $x \in M$ mit
$d(x, x_0) < \delta$ gerade $d'(f(x), f(x_0)) < \varepsilon$ folgt (vgl. auch die Aufgaben 73 und
74). Setzen wir $\delta = 1/2$, so folgt für alle $x, x_0 \in M$ aus $d(x, x_0) < \delta$ sofort
$x = x_0$ und damit insbesondere $d'(f(x), f(x_0)) = d'(f(x), f(x)) = 0$, womit
die Stetigkeit der Abbildung f folgt.

Anmerkung Alternativ kann man natürlich auch an Stelle eines Epsilon-Delta-
Beweises mit Hilfe der Charakterisierung konvergenter Folgen (vgl. Teil (f) dieser
Lösung) die Folgen-Stetigkeit der Abbildung $f : M \to M'$ nachweisen. Eine Charakterisierung der kompakten Teilmengen von M bezüglich der diskreten Metrik
finden Sie in Aufgabe 98.

Lösung Aufgabe 27 Seien $x_0 \in M$ und $r > 0$ beliebig. Bekanntlich ist die abgeschlossene Kugel $\overline{B}_r(x_0) = \{x \in M \mid d(x, x_0) \leq r\}$ eine abgeschlossene Teilmenge
von M. Somit ist das Komplement $A_r(x_0) = M \setminus \overline{B}_r(x_0)$ automatisch offen in M.

Lösung Aufgabe 28 Aus Aufgabe 100 wissen wir bereits, dass jede endliche Teilmenge A eines metrischen Raums kompakt und damit insbesondere abgeschlossen
ist. Alternativ können wir jedoch auch wie folgt ohne das eben erwähnte Resultat
argumentieren: Da die Menge A nach Voraussetzung endlich ist, finden wir eine
Zahl $n \in \mathbb{N}$ und Elemente $x_1, \ldots, x_n \in M$ mit $A = \{x_1, \ldots, x_n\}$. Da die endliche
Vereinigung von abgeschlossenen Mengen wieder abgeschlossen ist, müssen wir uns
wegen

$$\{x_1, \ldots, x_n\} = \bigcup_{j=1}^{n} \{x_j\}$$

lediglich überlegen, dass für jedes $j \in \{1, \ldots, n\}$ die einelementige Menge $\{x_j\}$
abgeschlossen ist. Sei dazu $x \in M \setminus \{x_j\}$ beliebig gewählt. Setzen wir $r = d(x, x_j)$,

so liegt die offene Kugel $B_r(x)$ vollständig in $M \setminus \{x_j\}$. Das bedeutet aber gerade, dass x ein innerer Punkt und somit $M \setminus \{x_j\}$ offen ist. Folglich haben wir wie gewünscht die Abgeschlossenheit der Menge $\{x_j\}$ und somit von A gezeigt.

Lösung Aufgabe 29 Im Folgenden bezeichnen wir wie üblich mit int(A) das Innere, mit $\overline{A}$ den Abschluss und mit ∂A den Rand einer Teilmenge $A \subseteq \mathbb{R}$. Es gelten

(a) int$(A_1) = (0, 1)$, $\overline{A_1} = [0, 1]$, $\partial A_1 = \{0, 1\}$,
(b) int$(A_2) = (0, 1)$, $\overline{A_2} = [0, 1]$, $\partial A_2 = \{0, 1\}$,
(c) int$(A_3) = \emptyset$, $\overline{A_3} = \mathbb{Z}$, $\partial A_3 = \mathbb{Z}$,
(d) int$(A_4) = \emptyset$, $\overline{A_4} = \mathbb{R}$, $\partial A_4 = \mathbb{R}$,
(e) int$(A_5) = \mathbb{R}$, $\overline{A_5} = \mathbb{R}$, $\partial A_5 = \emptyset$.

Lösung Aufgabe 30 In dieser Aufgabe werden wir wie üblich mit $B_\varepsilon(x) = \{y \in \mathbb{R}^2 \mid d(x, y) < \varepsilon\}$ die offene Kugel um $x \in \mathbb{R}^2$ mit Radius $\varepsilon > 0$ bezeichnen. Dabei ist $d : \mathbb{R}^2 \times \mathbb{R}^2 \to \mathbb{R}$ mit $d(x, y) = \sqrt{(x_1 - y_1)^2 + (x_2 - y_2)^2}$ die Euklidische Metrik im $\mathbb{R}^2$.

(a) Die Menge A besteht aus einem halboffenen Quadrat mit Seitenlänge 1 und den zwei Punkten a^0 und a^1.
(b) Bei dem Punkt a^1 handelt es sich um einen isolierten Punkt, da in der Kugel $B_\varepsilon(a^1)$ für $\varepsilon = 1/2$ lediglich der Punkt a^1 und kein anderer Punkt aus A liegt (vgl. Abb. 20.2), das heißt, es gilt

$$B_\varepsilon(a^1) \cap A = \{a^1\}.$$

(c) Ein Punkt $x \in \mathbb{R}^2$ ist bekanntlich ein Häufungspunkt von A, wenn in jeder Umgebung um x mindestens ein von x verschiedener Punkt der Menge A liegt – ein Häufungspunkt muss also nicht notwendiger Weise zur Menge selbst dazugehören. Mit den Überlegungen aus Teil (b) dieser Lösung sehen wir also bereits, dass a^1 kein Häufungspunkt ist. Wir überlegen uns nun, dass jeder Punkt in $[0, 1] \times [0, 1]$ Häufungspunkt von A ist. Sind $x \in [0, 1] \times [0, 1]$ und $\varepsilon > 0$ beliebig gewählt, so liegt stets mindestens einer der vier Punkte $x_N(\varepsilon) =$

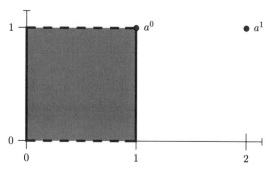

Abb. 20.2 Darstellung der Menge $A = (0, 1) \times [0, 1] \cup \{a^0, a^1\}$

$(x_1, x_2)^\mathsf{T} + (0, \xi_2(\varepsilon))^\mathsf{T}$ (Norden), $x_S(\varepsilon) = (x_1, x_2)^\mathsf{T} - (0, \xi_2(\varepsilon))^\mathsf{T}$ (Süden), $x_W(\varepsilon) = (x_1, x_2)^\mathsf{T} + (\xi_1(\varepsilon), 0)^\mathsf{T}$ (Westen) und $x_O(\varepsilon) = (x_1, x_2)^\mathsf{T} - (\xi_1(\varepsilon), 0)^\mathsf{T}$ (Osten) in der Kugel $B_\varepsilon(x)$, wobei wir

$$\xi_j(\varepsilon) = \min\left\{\frac{\varepsilon}{2}, \min\left\{\frac{|x_j|}{2}, \frac{|x_j - 1|}{2}\right\}\right\}$$

für $j \in \{1, 2\}$ definieren. Dies kann man sich entweder mit einer geeigneten Skizze überlegen oder die Rechnung unten verwenden. Die Wahl der vier Punkte beziehungsweise die Konstruktion von $\xi_j(\varepsilon)$ sieht auf den ersten Blick sehr technisch aus, sorgt jedoch dafür, dass man, ausgehend vom Punkt $x = (x_1, x_2)^\mathsf{T}$, sich gerade nur so weit nördlich, südlich, westlich oder östlich von x bewegt, dass der neue Punkt stets sowohl in A als auch in der Kugel $B_\varepsilon(x)$ liegt. Beispielsweise gilt für $x = (1/3, 2/3)^\mathsf{T}$ und $\varepsilon = 1/6$ gerade

$$\xi_2(\varepsilon) = \xi_2\left(\frac{1}{6}\right) = \min\left\{\frac{1}{12}, \min\left\{\frac{1}{6}, \frac{1}{3}\right\}\right\} = \min\left\{\frac{1}{12}, \frac{1}{6}\right\} = \frac{1}{12}$$

und somit

$$x_N(\varepsilon) = \left(\frac{1}{3}, \frac{2}{3}\right)^\mathsf{T} + \left(0, \xi_2\left(\frac{1}{6}\right)\right)^\mathsf{T} = \left(\frac{1}{3}, \frac{2}{3}\right)^\mathsf{T} + \left(0, \frac{1}{12}\right)^\mathsf{T} = \left(\frac{1}{3}, \frac{3}{4}\right)^\mathsf{T}.$$

Für $x \in (0, 1) \times (0, 1)$ liegen wegen

$$d(x, x_N(\varepsilon)) = \sqrt{(x_1 - x_1)^2 + (x_2 - (x_2 + \xi_2(\varepsilon)))^2} = \xi_2(\varepsilon) \leq \frac{\varepsilon}{2} < \varepsilon$$

(analoge Rechnung für die Punkte $x_S(\varepsilon)$, $x_W(\varepsilon)$ und $x_O(\varepsilon)$) sogar alle vier Punkte in $B_\varepsilon(x) \cap A$ und sind wegen $\xi_1(\varepsilon) \neq 0$ und $\xi_2(\varepsilon) \neq 0$ vom Punkt x verschieden.

(d) Der Rand von A ist durch

$$\partial A = \left\{(x_1, x_2) \in A \mid x_1 \in \{0, 1\} \text{ oder } x_2 \in \{0, 1\}\right\} \cup \{a^1\}$$

gegeben. Dabei ist a^1 wegen Teil (b) bereits ein isolierter Punkt und damit ein Randpunkt. Ist hingegen $x \in A$ ein Punkt mit beispielsweise $x_1 = 0$, so können wir uns ähnlich wie in Teil (c) dieser Aufgabe davon überzeugen, dass für jedes $\varepsilon > 0$ die Punkte $x_W(\varepsilon)$ und $x_O(\varepsilon)$ in $B_\varepsilon(x)$ liegen, wobei lediglich $x_O(\varepsilon)$ zusätzlich noch in A liegt. Analog verfährt man nun mit allen anderen Punkten. Da offensichtlich keiner der Punkte in $(0, 1) \times (0, 1)$ ein Randpunkt ist, folgt wie gewünscht die obige Darstellung.

(e) Der Abschluss $\overline{A}$ von A ist definiert als

$$\overline{A} = A \cup \partial A = A \cup A'.$$

Dabei bezeichnet ∂A den Rand von A und A' die Menge aller Häufungspunkte. Mit den Überlegungen in den vorherigen Teilen dieser Aufgabe folgt somit offensichtlich

$$\overline{A} = [0, 1] \times [0, 1] \cup \{a^1\}.$$

(f) Das Innere von A können wir wegen Teil (d) gemäß der Formel

$$\text{int}(A) = A \setminus \partial A = (0, 1) \times (0, 1)$$

bestimmen. Alternativ können wir aber auch zeigen, dass jeder Punkt $x \in (0, 1) \times (0, 1)$ ein innerer Punkt von A ist. Setzen wir nämlich

$$\varepsilon(x) = \min\left\{ \frac{|x_1|}{2}, \frac{|x_1 - 1|}{2}, \frac{|x_2|}{2}, \frac{|x_2 - 1|}{2} \right\},$$

so folgt offensichtlich $B_{\varepsilon(x)}(x) \subseteq (0, 1) \times (0, 1)$, womit wir bereits gezeigt haben, dass x ein innerer Punkt der Menge A ist.

Lösung Aufgabe 31 Zur Übersicht unterteilen wir die Lösung dieser Aufgabe in zwei Teile.

(a) Seien $A, B \subseteq M$ zwei beliebige Mengen. Für den Beweis der ersten Aussage müssen wir zunächst einige Spezialfälle betrachten.

(α) Gilt beispielsweise $A = \emptyset$, so folgen automatisch $A \cap B = \emptyset$, $\text{int}(A) = \emptyset$ sowie $\text{int}(A \cap B) = \emptyset$, sodass die behauptete Gleichung offensichtlich erfüllt ist. Mit einer analogen Überlegung können wir uns natürlich auch überlegen, dass die Gleichung im Fall $B = \emptyset$ ebenfalls erfüllt ist. Gilt hingegen $A \cap B = \emptyset$, so folgt auch $\text{int}(A \cap B) = \emptyset$ und wir erhalten die triviale Inklusion

$$\emptyset = \text{int}(A \cap B) \subseteq \text{int}(A) \cap \text{int}(B).$$

Wir können somit ab jetzt immer annehmen, dass die drei Mengen A, B und $A \cap B$ nichtleer sind.

(β) Gilt $\text{int}(A \cap B) = \emptyset$, so existiert nach Definition des Inneren zu keinem Element $x \in A \cap B$ eine (offene) Umgebung $U \subseteq M$ derart, dass $U \subseteq A \cap B$ gilt. Insbesondere kann es wegen $A \cap B \subseteq A$ auch keine Umgebung $U \subseteq M$ mit $U \subseteq A$ eines Elements aus A geben, das heißt, es folgt $\text{int}(A) = \emptyset$. Somit gilt in diesem Spezialfall bereits die behauptete Gleichung

$$\text{int}(A \cap B) = \emptyset = \emptyset \cap \text{int}(B) = \text{int}(A) \cap \text{int}(B).$$

Weiter ist die Gleichung in den Fällen $\text{int}(A) = \emptyset$ und $\text{int}(B) = \emptyset$ ebenfalls trivialer Weise erfüllt. Wir können somit ab jetzt annehmen, dass die Mengen $\text{int}(A \cap B)$, $\text{int}(A)$ und $\text{int}(B)$ ebenfalls nichtleer sind.

Wir beweisen nun den allgemeinen Fall. Sei also $x \in \text{int}(A \cap B)$ beliebig gewählt. Dann existiert eine (offene) Umgebung $U \subseteq M$ von x mit $U \subseteq A \cap B$. Die Umgebung ist aber wegen $A \cap B \subseteq A$ und $A \cap B \subseteq B$ auch eine Teilmenge der Mengen A und B, das heißt, es gilt sowohl $x \in \text{int}(A)$ als auch $x \in \text{int}(B)$. Somit folgt

$$\text{int}(A \cap B) \subseteq \text{int}(A) \cap \text{int}(B).$$

Um die umgekehrte Inklusion zu zeigen, wählen wir $x \in \text{int}(A) \cap \text{int}(B)$ beliebig. Damit gibt es Umgebungen $U, V \subseteq M$ von x mit $U \subseteq A$ und $V \subseteq B$. Definieren wir nun $W = U \cap V$, so ist $W \subseteq A \cap B$ als Schnitt der offenen Mengen U und V ebenfalls offen und enthält x. Somit gilt also $x \in \text{int}(A \cap B)$, was schließlich

$$\text{int}(A) \cap \text{int}(B) \subseteq \text{int}(A \cap B)$$

zeigt. Die Aussage ist damit bewiesen.

(b) Die verallgemeinerte Aussage ist im Allgemeinen falsch, was wir durch ein Gegenbeispiel belegen werden. Wir betrachten dazu den metrischen Raum $(\mathbb{R}, \rho)$, wobei $\rho : \mathbb{R} \times \mathbb{R} \to \mathbb{R}$ die Betragsmetrik mit $\rho(x, y) = |x - y|$ ist. Weiter setzen wir $\Lambda = \mathbb{N}$ und betrachten für jedes $n \in \mathbb{N}$ das abgeschlossene Intervall $A_n = [-1/n, 1/n]$. Offensichtlich gilt dann $\bigcap_{n \in \mathbb{N}} A_n = \{0\}$, womit wir

$$\text{int}\left(\bigcap_{n \in \mathbb{N}} A_n\right) = \text{int}(\{0\}) = \emptyset \quad \text{und} \quad \bigcap_{n \in \mathbb{N}} \text{int}(A_n) = \bigcap_{n \in \mathbb{N}} \left(-\frac{1}{n}, \frac{1}{n}\right) = \{0\}$$

erhalten. Wir haben dabei verwendet, dass einelementige Teilmengen von $\mathbb{R}$ bezüglich der Betragsmetrik nicht offen sind und folglich ein leereres Inneres besitzen.

Lösung Aufgabe 32

(a) Für jede Menge $A \subseteq M$ ist der Abschluss dieser als

$$\overline{A} = \bigcap_{\substack{A \subseteq C \subseteq M \\ C \text{ abgeschlossen}}} C$$

definiert [5, Abschn. 1.3]. Ist also $B \subseteq M$ eine weitere abgeschlossene Menge, die A enthält, so sehen wir direkt $\overline{A} \subseteq B$.

(b) Sind A und B zwei Teilmengen von M mit $A \subseteq B$ so folgt wegen $B \subseteq \overline{B}$ (diese Inklusion ist stets trivialer Weise erfüllt) und Teil (a) dieser Aufgabe wie gewünscht $\overline{A} \subseteq \overline{B}$. Dabei haben wir verwendet, dass $\overline{B}$ eine abgeschlossene Teilmenge von M ist.

(c) Offensichtlich gilt nach Definition des Inneren und des Abschlusses der Menge A stets

$$\text{int}(A) \subseteq A \subseteq \overline{A}.$$

Somit folgt

$$\overline{A} = (\overline{A} \cap \text{int}(A)) \cup (\overline{A} \setminus \text{int}(A)) = \text{int}(A) \cup \partial A$$
$$= A \cup (\overline{A} \setminus \text{int}(A)) \subseteq \overline{A} \cup (\overline{A} \setminus \text{int}(A)) = \overline{A},$$

womit wir gezeigt haben, dass die drei Mengen $\overline{A}$, $A \cup \partial A$ und $\text{int}(A) \cup \partial A$ identisch sind.

Lösungen Banachräume und Hilberträume

Lösung Aufgabe 33

(a) Mit einer kleinen Rechnung folgen

$$x + y = (1, 2, 0)^\mathsf{T} + (3, 2, 4)^\mathsf{T} = (1 + 3, 2 + 2, 0 + 4)^\mathsf{T} = (4, 4, 4)^\mathsf{T},$$
$$y - z = (3, 2, 4)^\mathsf{T} - (5, 0, 7)^\mathsf{T} = (3 - 5, 2 - 0, 4 - 7)^\mathsf{T} = (-2, 2, -3)^\mathsf{T}$$

und

$$2z - x = 2 \cdot (5, 0, 7)^\mathsf{T} - (1, 2, 0)^\mathsf{T} = (10, 0, 14)^\mathsf{T} - (1, 2, 0)^\mathsf{T} = (9, -2, 14)^\mathsf{T}.$$

(b) Nach Definition des Euklidischen Skalarprodukts gilt $\langle x, y \rangle = 1 \cdot 3 + 2 \cdot 2 + 0 \cdot 4 = 7$. Weiter folgt für das Kreuzprodukt der Vektoren x und y

$$x \times y = \begin{pmatrix} 1 \\ 2 \\ 0 \end{pmatrix} \times \begin{pmatrix} 3 \\ 2 \\ 4 \end{pmatrix} = \begin{pmatrix} 2 \cdot 4 - 0 \cdot 2 \\ 0 \cdot 3 - 1 \cdot 4 \\ 1 \cdot 2 - 2 \cdot 3 \end{pmatrix} = \begin{pmatrix} 8 \\ -4 \\ -4 \end{pmatrix}.$$

Analog gilt $x \times z = (14, -7, -10)^\mathsf{T}$, sodass wir schließlich

$$(x \times z) \times y = \begin{pmatrix} 14 \\ -7 \\ -10 \end{pmatrix} \times \begin{pmatrix} 3 \\ 2 \\ 4 \end{pmatrix} = \begin{pmatrix} (-7) \cdot 4 - (-10) \cdot 2 \\ (-10) \cdot 3 - 14 \cdot 4 \\ 14 \cdot 2 - (-7) \cdot 3 \end{pmatrix} = \begin{pmatrix} 8 \\ -86 \\ 49 \end{pmatrix}$$

erhalten.

Anmerkung Beachten Sie, dass das Kreuzprodukt nicht assoziativ ist. Es gilt also im Allgemeinen nicht $(a \times b) \times c = a \times (b \times c)$ für beliebige Vektoren $a, b, c \in \mathbb{R}^3$.

N. Hebestreit, *Übungsbuch Analysis II*, https://doi.org/10.1007/978-3-662-65832-1_21

(c) Die Betragssummennorm (1-Norm, vgl. Aufgabe 35) des Vektors $x = (1, 2, 0)^{\mathsf{T}}$ lässt sich gemäß $\|x\|_1 = \sum_{j=1}^{3} |x_j| = 1 + 2 + 0 = 3$ berechnen. Wegen $x - y = (-2, 0, -4)^{\mathsf{T}}$ folgt für die Euklidische Norm des Vektors $x - y$ gerade

$$\|x - y\|_2 = \sqrt{\sum_{j=1}^{3}(x_j - y_j)^2} = \sqrt{4 + 0 + 16} = 2\sqrt{5}.$$

Aus Aufgabenteil (b) wissen wir bereits, dass $x \times y = (8, -4, -4)^{\mathsf{T}}$ gilt. Da die Maximumnorm (Tschebyschew-Norm) des Vektors $x \times y$ (nach Definition) der Wert der betragsmäßig größten Koordinate ist, folgt

$$\|x \times y\|_\infty = \max_{1 \le j \le 3} |(x \times y)_j| = \max\{4, 8\} = 8.$$

Lösung Aufgabe 34 Wir berechnen und vereinfachen zunächst die drei Einheitskugeln. Es gilt

$$\begin{aligned}
\overline{B}_1^{\|\cdot\|_1}(\mathbf{0}) &= \left\{x \in \mathbb{R}^2 \mid \|x\|_1 \le 1\right\} \\
&= \left\{x \in \mathbb{R}^2 \mid |x_1| + |x_2| \le 1\right\} \\
&= \left\{x \in \mathbb{R}^2 \mid x_1 + x_2 \le 1,\ -x_1 + x_2 \le 1,\ x_1 - x_2 \le 1,\ -x_1 - x_2 \le 1\right\},
\end{aligned}$$

wobei wir im letzten Schritt die Einheitskugel getrennt in den vier Quadranten des Koordinatensystems betrachtet haben. Die Menge $\overline{B}_1^{\|\cdot\|_1}(\mathbf{0})$ beschreibt somit ein um den Nullpunkt rotiertes Quadrat mit Seitenlänge $\sqrt{2}$ (vgl. Abb. 21.1 (a)). Die Einheitskugel bezüglich der Euklidischen Norm beschreibt wegen

$$\begin{aligned}
\overline{B}_1^{\|\cdot\|_2}(\mathbf{0}) &= \left\{x \in \mathbb{R}^2 \mid \|x\|_2 \le 1\right\} = \left\{x \in \mathbb{R}^2 \mid \sqrt{x_1^2 + x_2^2} \le 1\right\} \\
&= \left\{x \in \mathbb{R}^2 \mid x_1^2 + x_2^2 \le 1\right\}
\end{aligned}$$

eine Kreisscheibe mit Mittelpunkt $\mathbf{0} = (0, 0)^{\mathsf{T}}$ und Radius 1. Weiter gilt

$$\begin{aligned}
\overline{B}_1^{\|\cdot\|_\infty}(\mathbf{0}) &= \left\{x \in \mathbb{R}^2 \mid \|x\|_\infty \le 1\right\} \\
&= \left\{x \in \mathbb{R}^2 \mid \max\{|x_1|, |x_2|\} \le 1\right\} \\
&= \left\{x \in \mathbb{R}^2 \mid -1 \le x_1 \le 1,\ -1 \le x_2 \le 1\right\} = [-1, 1]^2.
\end{aligned}$$

Die Menge $\overline{B}_1^{\|\cdot\|_\infty}(\mathbf{0})$ beschreibt also ein Quadrat mit Mittelpunkt $\mathbf{0}$ und Seitenlänge 2.

Lösung Aufgabe 35 Im Folgenden werden wir zeigen, dass die Funktion $\|\cdot\|_1 : \mathbb{R}^d \to \mathbb{R}$ mit $\|x\|_1 = \sum_{j=1}^{d} |x_j|$ allen drei Norm-Axiomen genügt:

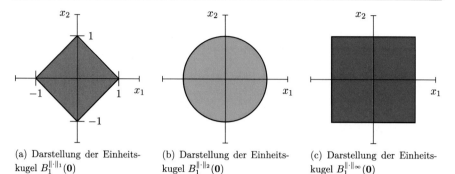

(a) Darstellung der Einheits-kugel $B_1^{\|\cdot\|_1}(\mathbf{0})$

(b) Darstellung der Einheits-kugel $B_1^{\|\cdot\|_2}(\mathbf{0})$

(c) Darstellung der Einheits-kugel $B_1^{\|\cdot\|_\infty}(\mathbf{0})$

Abb. 21.1 Darstellung von drei Einheitskugeln im $\mathbb{R}^2$

(a) **Definitheit.** Ist $x = \mathbf{0}$ der Nullvektor im $\mathbb{R}^d$, so rechnen wir direkt $\|x\|_1 = 0$ nach. Gilt umgekehrt $\|x\|_1 = \sum_{j=1}^{d} |x_j| = 0$ für einen Vektor $x \in \mathbb{R}^d$, so folgt aus der Darstellung von $\|\cdot\|_1$ und dem Fakt, dass die Betragsfunktion $|\cdot|$ eine Norm auf $\mathbb{R}$ ist gerade $x_j = 0$ für jeden Index $j \in \{1, \ldots, d\}$. Somit muss zwingend gelten, dass x der Nullvektor im $\mathbb{R}^d$ ist, womit wir das erste Axiom gezeigt haben.

(b) **Absolute Homogenität.** Seien nun $\lambda \in \mathbb{R}$ sowie $x \in \mathbb{R}^d$ beliebig gewählt. Da $|\cdot|$ eine Norm auf $\mathbb{R}$ und damit insbesondere absolut homogen ist, folgt wie gewünscht

$$\|\lambda x\|_1 = \sum_{j=1}^{d} |\lambda x_j| = \sum_{j=1}^{d} \lambda |x_j| = \lambda \sum_{j=1}^{d} |x_j| = \lambda \|x\|_1,$$

womit wir auch das zweite Norm-Axiom bewiesen haben.

(c) **Dreiecksungleichung.** Die Dreiecksungleichung erhalten wir ähnlich wie in den vorherigen Teilen mit den Eigenschaften von $|\cdot|$. Sind nämlich $x, y \in \mathbb{R}^d$ beliebig, so gilt

$$\|x + y\|_1 = \sum_{j=1}^{d} |x_j + y_j| \overset{(!)}{\leq} \sum_{j=1}^{d} (|x_j| + |y_j|)$$

$$= \sum_{j=1}^{d} |x_j| + \sum_{j=1}^{d} |y_j| = \|x\|_1 + \|y\|_1.$$

Dabei haben wir in (!) die (klassische) Dreiecksungleichung aus der Analysis I verwendet.

Lösung Aufgabe 36 Sei $A : V \to W$ eine lineare Abbildung zwischen den nor-mierten Räumen $(V, \|\cdot\|_V)$ und $(W, \|\cdot\|_W)$. Im Folgenden bezeichnen wir mit $0_V \in V$ und $0_W \in W$ das Nullelement in V beziehungsweise in W. Da A eine lineare Abbildung ist, gilt

$$A(0_V) = A(0_V + 0_V) = A(0_V) + A(0_V).$$

Eliminieren wir auf beiden Seiten dieser Gleichung (im linearen Raum W) den Ausdruck $A(0_V)$, so folgt

$$A(0_V) = 0_W. \tag{21.1}$$

Wir zeigen nun, dass die Graphennorm $\|\cdot\|_A : V \to \mathbb{R}$ mit $\|x\|_A = \|x\|_V + \|Ax\|_W$ in der Tat eine Norm ist, also allen drei Norm-Axiomen genügt.

(a) **Definitheit.** Sei zuerst $x \in V$ ein beliebiges Element mit $\|x\|_A = \|x\|_V + \|Ax\|_W = 0$. Da $\|\cdot\|_V$ und $\|\cdot\|_W$ Normen in V beziehungsweise W sind, gelten stets $\|x\|_V \geq 0$ und $\|Ax\|_W \geq 0$, sodass wir wegen $\|x\|_A = 0$ gerade $\|x\|_V = 0$, also $x = 0_V$ erhalten. Ist nun umgekehrt $x = 0_V$ das Nullelement in V, so folgt mit unserer Vorüberlegung

$$\|0_V\|_A = \|0_V\|_V + \|A(0_V)\|_W \overset{(21.1)}{=} \|0_V\|_V + \|0_W\|_W = 0 + 0 = 0.$$

Dies zeigt wie gewünscht die Definitheit von $\|\cdot\|_A$.

(b) **Absolute Homogenität.** Seien nun $\lambda \in \mathbb{K}$ und $x \in V$, wobei $\mathbb{K} \in \{\mathbb{R}, \mathbb{C}\}$ gilt. Da A linear ist und $\|\cdot\|_V$ sowie $\|\cdot\|_W$ absolut homogen sind, folgt wie gewünscht

$$\begin{aligned}
\|\lambda x\|_A &= \|\lambda x\|_V + \|A(\lambda x)\|_W \\
&= |\lambda| \|x\|_V + |\lambda| \|Ax\|_W \\
&= |\lambda| (\|x\|_V + \|Ax\|_W) = |\lambda| \|x\|_A.
\end{aligned}$$

(c) **Dreiecksungleichung.** Für die Dreiecksungleichung seien nun $x, y \in V$ beliebig gewählt. Dann folgt wie gewünscht

$$\begin{aligned}
\|x + y\|_A &= \|x + y\|_V + \|A(x + y)\|_W \\
&= \|x + y\|_V + \|Ax + Ay\|_W \\
&\leq \|x\|_V + \|y\|_V + \|Ax\|_W + \|Ay\|_W = \|x\|_A + \|y\|_A.
\end{aligned}$$

Dabei haben wir erneut verwendet, dass die Normen $\|\cdot\|_V$ und $\|\cdot\|_W$ der Dreiecksungleichung genügen und für die lineare Abbildung definitionsgemäß $A(x + y) = Ax + Ay$ gilt.

Da wir alle drei Norm-Axiome nachweisen konnten, haben wir wie gewünscht gezeigt, dass $\|\cdot\|_A$ eine Norm ist und somit der Name *Graphennorm* gerechtfertigt ist.

Anmerkung Für eine lineare Abbildung $A : X \to Y$ – beispielsweise zwischen zwei normierten Räumen X und Y – wird häufig in der Funktionalanalysis zur Vereinfachung Ax an Stelle von $A(x)$ für das Bild von $x \in X$ unter A geschrieben.

Lösung Aufgabe 37 Es ist bekannt, dass $C([a, b], \mathbb{R})$ ein linearer Raum (Vektorraum) bezüglich der punktweisen Addition und skalaren Multiplikation ist. Wir müssen daher lediglich zeigen, dass die Funktion $\| \cdot \|_\infty : C([a, b], \mathbb{R}) \to \mathbb{R}$ mit $\|f\|_\infty = \sup_{x \in [a,b]} |f(x)|$ eine Norm auf $C([a, b], \mathbb{R})$ definiert.

(a) **Definitheit.** Sei $f \in C([a, b], \mathbb{R})$ eine beliebige Funktion mit $\|f\|_\infty = 0$. Angenommen, f wäre nicht die Nullfunktion. Dann gäbe es eine Stelle $x_0 \in [a, b]$ mit $|f(x_0)| > 0$. Damit würde aber auch

$$0 < |f(x_0)| \leq \sup_{x \in [a,b]} |f(x)| = \|f\|_\infty$$

folgen, was nicht möglich ist, da $\|f\|_\infty = 0$ gilt. Somit folgt $f = 0$. Ist umgekehrt $f = 0$ die Nullfunktion in $C([a, b], \mathbb{R})$, dann gilt offensichtlich $\|f\|_\infty = 0$. Damit ist die Definitheit gezeigt.

(b) **Absolute Homogenität.** Seien nun $\lambda \in \mathbb{R}$ sowie $f \in C([a, b], \mathbb{R})$ beliebig gewählt. Mit den Rechengesetzen für das Supremum folgt

$$\|\lambda f\|_\infty = \sup_{x \in [a,b]} |\lambda f(x)| = \sup_{x \in [a,b]} |\lambda||f(x)| = |\lambda| \sup_{x \in [a,b]} |f(x)| = |\lambda| \|f\|_\infty,$$

was das zweite Norm-Axiom zeigt.

(c) **Dreiecksungleichung.** Wir zeigen zuletzt die Dreiecksungleichung. Dazu wählen wir zwei beliebige Funktionen $f, g \in C([a, b], \mathbb{R})$. Offensichtlich gilt stets

$$|f(x) + g(x)| \leq |f(x)| + |g(x)| \leq \|f\|_\infty + \|g\|_\infty$$

für alle $x \in [a, b]$. Gehen wir nun in der obigen Ungleichung zum Supremum über alle Elemente aus $[a, b]$ über, so folgt wie gewünscht

$$\|f + g\|_\infty = \sup_{x \in [a,b]} |f(x) + g(x)| \leq \sup_{x \in [a,b]} (\|f\|_\infty + \|g\|_\infty) = \|f\|_\infty + \|g\|_\infty,$$

also

$$\|f + g\|_\infty \leq \|f\|_\infty + \|g\|_\infty.$$

Damit ist auch das dritte und letzte Norm-Axiom bewiesen.

Lösung Aufgabe 38 Sei zunächst $x \in \mathbb{R}^d$ beliebig gewählt und bezeichne $m \in \{1, \ldots, d\}$ die betragsmäßig größte Komponenten von $x = (x_1, \ldots, x_d)^\mathsf{T}$, das heißt, es gilt $\|x\|_\infty = \max_{1 \le j \le d} |x_j| = |x_m|$. Mit dieser Bezeichnung folgt dann

$$\|x\|_\infty = |x_m| = \left(|x_m|^p\right)^{\frac{1}{p}} \le \left(|x_m|^p + \sum_{\substack{j=1 \\ j \ne m}}^{d} |x_j|^p\right)^{\frac{1}{p}} = \left(\sum_{j=1}^{d} |x_j|^p\right)^{\frac{1}{p}} = \|x\|_p.$$

Wegen der trivialen Abschätzung $|x_j| \le \|x\|_\infty$ für $j \in \{1, \ldots, d\}$ gilt aber auch

$$\|x\|_p = \left(\sum_{j=1}^{d} |x_j|^p\right)^{\frac{1}{p}} \le \left(\sum_{j=1}^{d} \|x\|_\infty^p\right)^{\frac{1}{p}} = \left(\|x\|_\infty^p \sum_{j=1}^{d} 1\right)^{\frac{1}{p}} = \left(d\|x\|_\infty^p\right)^{\frac{1}{p}} = d^{\frac{1}{p}} \|x\|_\infty,$$

sodass wir wie gewünscht $\|x\|_\infty \le \|x\|_p \le d^{1/p}\|x\|_\infty$ erhalten.

Lösung Aufgabe 39 Die Aussage folgt direkt mit dem Sandwich-Kriterium für Folgen [3, Aufgabe 38] und der Abschätzung aus Aufgabe 38, denn für jede natürliche Zahl $d \in \mathbb{N}$ gilt

$$\lim_{p \to +\infty} d^{\frac{1}{p}} = 1.$$

Alternativ kann man die Aussage aber auch für $x \in \mathbb{R}^d$ mit $x \ne \mathbf{0}$ wie folgt zeigen:

$$\lim_{p \to +\infty} \|x\|_p = \lim_{p \to +\infty} \left(\sum_{j=1}^{d} |x_j|^p\right)^{\frac{1}{p}} = \|x\|_\infty \lim_{p \to +\infty} \left(\sum_{j=1}^{d} \frac{|x_j|^p}{\|x\|_\infty^p}\right)^{\frac{1}{p}} \overset{(!)}{=} \|x\|_\infty.$$

Dabei haben wir in (!) verwendet, dass $|x_j| \le \|x\|_\infty$ für $j \in \{1, \ldots, d\}$ und somit insbesondere

$$1 \le \sum_{j=1}^{d} \frac{|x_j|^p}{\|x\|_\infty^p} \le \sum_{j=1}^{d} 1 = d$$

gilt. Im Fall $x = \mathbf{0}$ ist natürlich offensichtlich nichts zu zeigen.

Anmerkung Alternativ kann man für $x \in \mathbb{R}^d \setminus \{\mathbf{0}\}$ aber auch (Logarithmusgesetze beachten)

$$\lim_{p \to +\infty} \|x\|_p = \|x\|_\infty \lim_{p \to +\infty} \left(\sum_{j=1}^{d} \frac{|x_j|^p}{\|x\|_\infty^p}\right)^{\frac{1}{p}}$$

$$= \|x\|_\infty \exp\left(\lim_{p \to +\infty} \frac{1}{p} \ln\left(\sum_{j=1}^{d} \frac{|x_j|^p}{\|x\|_\infty^p}\right)\right)$$

schreiben und dann verwenden, dass das Argument des Logarithmus beschränkt ist, womit wegen der Stetigkeit der Exponentialfunktion (!!) wie gewünscht

$$\lim_{p \to +\infty} \|x\|_p = \|x\|_\infty \exp \left(\lim_{p \to +\infty} \frac{1}{p} \ln \left(\sum_{j=1}^{d} \frac{|x_j|^p}{\|x\|_\infty^p} \right) \right) \stackrel{(!!)}{=} \|x\|_\infty \exp(0) = \|x\|_\infty$$

folgt.

Lösung Aufgabe 40 Um zu beweisen, dass die beiden Normen $\| \cdot \|_\infty$ und $\| \cdot \|_*$ nicht äquivalent sind, müssen wir nachweisen, dass es keine Konstante $C \geq 0$ so gibt, dass

$$\|f\|_\infty \leq C \|f\|_*$$

für alle $f \in C([0,1], \mathbb{R})$ gilt. Wir definieren dazu für $n \in \mathbb{N}$ die stetige Funktion $f_n : [0,1] \to \mathbb{R}$ mit $f_n(x) = 2nx/(1 + n^2 x^2)$. Wegen $(1 - nx)^2 \geq 0$ folgt $2nx \leq 1 + n^2 x^2$ für $x \in [0,1]$ und $n \in \mathbb{N}$ und daher

$$\|f_n\|_\infty = \sup_{x \in [0,1]} \frac{2nx}{1 + n^2 x^2} = 1$$

(vgl. auch Abb. 21.2). Andererseits gilt aber mit der Substitution $y(x) = 1 + n^2 x^2$ für $x \in [0,1]$ und $\mathrm{d}y = 2n^2 x \, \mathrm{d}x$ gerade

$$\|f_n\|_* = \int_0^1 |f_n(x)| \, \mathrm{d}x = \int_0^1 \frac{2nx}{1 + n^2 x^2} \, \mathrm{d}x = \frac{1}{n} \int_1^{1+n^2} \frac{1}{y} \, \mathrm{d}y = \frac{\ln(1 + n^2)}{n}$$

für jede natürliche Zahl $n \in \mathbb{N}$. Weiter folgt mit dem Satz von l'Hospital [3, Aufgaben 157 und 161]

$$\lim_{n \to +\infty} \|f_n\|_* = \lim_{n \to +\infty} \frac{\ln(1 + n^2)}{n} \stackrel{\text{l' Hosp.}}{=} \lim_{n \to +\infty} \frac{2n}{1 + n^2} = 0.$$

Wären die Normen $\| \cdot \|_\infty$ und $\| \cdot \|_*$ also äquivalent, so würde es eine Zahl $C \geq 0$ derart geben, dass $\|f_n\|_\infty \leq C \|f_n\|_*$ für alle $n \in \mathbb{N}$ gilt. Gehen wir in dieser Ungleichung jedoch zum Grenzwert über, so verschwindet wegen unseren Vorüberlegungen die rechte Seite obwohl die linke Seite gleich 1 ist, was nicht möglich ist. Die beiden Normen sind daher nicht äquivalent.

Anmerkung Anhand von Abb. 21.2 können wir ablesen, dass die Supremumsnorm jeder Funktion f_n gerade 1 ist, da die Graphen nach oben durch 1 beschränkt sind. Teil (b) der Abbildung zeigt weiter, dass die Fläche unter f_n, also der Wert $\|f_n\|_*$, für wachsendes n immer kleiner wird (vgl. speziell die blaue Kurve).

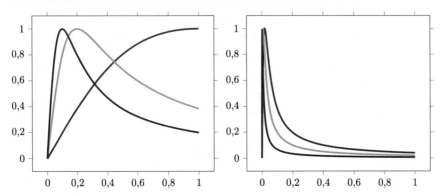

(a) Darstellung der Funktion $f_n : [0,1] \to \mathbb{R}$ für $n = 1$ (rot), $n = 5$ (grün) und $n = 10$ (blau)   (b) Darstellung der Funktion $f_n : [0,1] \to \mathbb{R}$ für $n = 50$ (rot), $n = 100$ (grün) und $n = 300$ (blau)

Abb. 21.2 Darstellung der stetig differenzierbaren Funktionenfolge $(f_n)_n$ mit $f_n(x) = 2nx/(1 + n^2 x^2)$

Lösung Aufgabe 41 Seien $(x_n)_n$ und $(y_n)_n$ zwei konvergente Folgen in V, deren Grenzwerte wir mit x beziehungsweise y bezeichnen. Mit der Dreiecksungleichung erhalten wir zunächst für jedes $n \in \mathbb{N}$ die Abschätzung

$$0 \leq \|x_n + y_n - (x + y)\|_V \leq \|x_n - x\|_V + \|y_n - y\|_V.$$

Da nach Definition aber $\lim_n \|x_n - x\|_V = 0$ und $\lim_n \|y_n - y\|_V = 0$ gelten, folgt ebenso $\lim_n \|x_n + y_n - (x + y)\|_V = 0$, wenn wir in der obigen Ungleichung zum Grenzwert $n \to +\infty$ übergehen. Wir haben damit gezeigt, dass die Summenfolge $(x_n + y_n)_n$ in V wie erwartet gegen die Summe der Grenzwerte $x + y$ konvergiert.

Lösung Aufgabe 42 Um zu beweisen, dass der normierte Raum $(\mathbb{C}^d, \|\cdot\|_\infty)$ vollständig ist, müssen wir nachweisen, dass jede Cauchy-Folge in $\mathbb{C}^d$ bezüglich der Norm $\|\cdot\|_\infty$ konvergiert. Sei also $(x^n)_n \subseteq \mathbb{C}^d$ mit $x^n = (x_1^n, \ldots, x_d^n)^\mathsf{T}$ eine d-dimensionale Cauchy-Folge, das heißt, zu jedem $\varepsilon > 0$ gibt es eine natürliche Zahl $N \in \mathbb{N}$ mit

$$\|x_n - x_m\|_\infty < \varepsilon$$

für alle $m, n \geq N$. Da jedoch für jeden Index $j \in \{1, \ldots, d\}$ und alle $m, n \in \mathbb{N}$ nach Definition der Maximumsnorm $\|\cdot\|_\infty$ gerade

$$|x_j^n - x_j^m| \leq \max_{1 \leq k \leq d} |x_k^n - x_k^m| = \|x_n - x_m\|_\infty$$

gilt, ist somit jede reelle Komponentenfolge $(x_j^n)_n$ ebenfalls eine Cauchy-Folge in $\mathbb{R}$. Da $(\mathbb{R}, |\cdot|)$ aber bekanntlich vollständig ist, konvergiert jede Folge $(x_j^n)_n$ gegen eine reelle Zahl $x_j \in \mathbb{R}$. Folglich konvergiert damit auch die d-dimensionale Folge $(x^n)_n$ bezüglich der Maximumsnorm gegen den Vektor $x = (x_1, \ldots, x_d)^\mathsf{T}$, womit wir wie gewünscht die Vollständigkeit von $(\mathbb{C}^d, \|\cdot\|_\infty)$ bewiesen haben.

Lösung Aufgabe 43 Wir überlegen uns nun, dass $(C^1([a,b],\mathbb{R}), \|\!\|\cdot\|\!\|)$ ein Banachraum ist, wobei die Norm $\|\!\|\cdot\|\!\| : C^1([a,b],\mathbb{R}) \to \mathbb{R}$ gemäß $\|\!\|f\|\!\| = \max\{\|f\|_\infty, \|f'\|_\infty\}$ definiert ist. Da wir bereits wissen, dass $(C^1([a,b],\mathbb{R}), \|\!\|\cdot\|\!\|)$ ein normierter Raum ist, müssen wir lediglich noch dessen Vollständigkeit nachweisen. Sei dazu also $(f_n)_n$ eine Cauchy-Folge in $C^1([a,b],\mathbb{R})$ bezüglich der Norm $\|\!\|\cdot\|\!\|$, das heißt, zu jedem $\varepsilon > 0$ finden wir eine natürliche Zahl $N \in \mathbb{N}$ derart, dass

$$\|\!\|f_n - f_m\|\!\| = \max\{\|f_n - f_m\|_\infty, \|f_n' - f_m'\|_\infty\} < \varepsilon$$

für alle $m > n \geq N$ gilt. Insbesondere folgen damit aber auch nach Definition des Maximums

$$\|f_n - f_m\|_\infty < \varepsilon \quad \text{und} \quad \|f_n' - f_m'\|_\infty < \varepsilon$$

für alle $m > n \geq N$. Da die Cauchy-Folgen $(f_n)_n$ und $(f_n')_n$ jedoch insbesondere in $C([a,b],\mathbb{R})$ liegen und dieser Raum bezüglich der Supremumsnorm $\|\cdot\|_\infty$ vollständig ist, sind die beiden Cauchy-Folgen bereits konvergent und es gibt Funktionen $f, g \in C([a,b],\mathbb{R})$ mit $\lim_n f_n = f$ und $\lim_n f_n' = g$ bezüglich $\|\cdot\|_\infty$. Wegen [1, 2.8 Theorem] folgt, dass f auf $[a,b]$ stetig differenzierbar ist und $f' = g$ gilt. Schließlich gibt es wegen $\lim_n f_n = f$ und $\lim_n f_n' = f'$ bezüglich $\|\cdot\|_\infty$ einen Index $\tilde{N} \in \mathbb{N}$ so, dass gleichzeitig

$$\|f_n - f\|_\infty < \varepsilon \quad \text{und} \quad \|f_n' - f'\|_\infty < \varepsilon$$

für alle $n \geq \tilde{N}$ gelten. Dies bedeutet aber gerade

$$\|\!\|f_n - f\|\!\| = \max\{\|f_n - f\|_\infty, \|f_n' - f'\|_\infty\} < \varepsilon$$

für $n \geq \tilde{N}$, also $\lim_n f_n = f$ bezüglich $\|\!\|\cdot\|\!\|$. Wir haben somit gezeigt, dass jede Cauchy-Folge in $C^1([a,b],\mathbb{R})$ bezüglich der Norm $\|\!\|\cdot\|\!\|$ konvergent ist. Somit ist $(C^1([a,b],\mathbb{R}), \|\!\|\cdot\|\!\|)$ ein Banachraum.

Lösung Aufgabe 44 Wir bemerken zunächst, dass wir ohne Einschränkung $a = -1$ und $b = 1$ wählen können. Um zu beweisen, dass $(C^1([-1,1],\mathbb{R}), \|\cdot\|_\infty)$ kein abgeschlossener Teilraum von $(C([-1,1],\mathbb{R}), \|\cdot\|_\infty)$ ist, müssen wir eine bezüglich der Supremumsnorm $\|\cdot\|_\infty$ konvergente Folge $(f_n)_n \subseteq C^1([-1,1],\mathbb{R})$ angeben, deren (gleichmäßiger) Grenzwert $f : [-1,1] \to \mathbb{R}$ stetig, aber nicht differenzierbar ist. Für $n \in \mathbb{N}$ betrachten wir die Funktionenfolge $(f_n)_n$ mit $f_n : [-1,1] \to \mathbb{R}$ und $f_n(x) = \sqrt{x^2 + 1/n}$. Offensichtlich ist f_n stetig differenzierbar auf $[-1,1]$ und es gilt für jedes $x \in [-1,1]$ gerade

$$\lim_{n \to +\infty} f_n(x) = \lim_{n \to +\infty} \sqrt{x^2 + \frac{1}{n}} = \sqrt{x^2 + \lim_{n \to +\infty} \frac{1}{n}} = \sqrt{x^2} = |x|,$$

das heißt, die Funktionenfolge $(f_n)_n$ konvergiert punktweise gegen die Betragsfunktion $f : [-1,1] \to \mathbb{R}$ mit $f(x) = |x|$ (vgl. Abb. 21.3). Die Konvergenz ist sogar

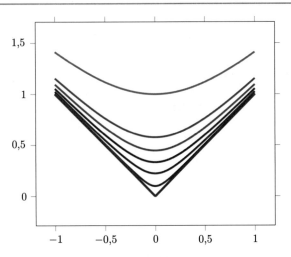

Abb. 21.3 Darstellung stetig differenzierbaren der Funktionenfolge $(f_n)_n$ mit $f_n(x) = \sqrt{x^2 + 1/n}$ (blau) und der Grenzfunktion $f : [-1, 1] \to \mathbb{R}$ mit $f(x) = |x|$ (rot)

gleichmäßig, denn für alle $n \in \mathbb{N}$ und $x \in [-1, 1]$ folgt mit der dritten binomischen Formel

$$|f_n(x) - f(x)| = \frac{|f_n(x) - f(x)||f_n(x) + f(x)|}{|f_n(x) + f(x)|}$$

$$= \frac{x^2 + 1/n - x^2}{\sqrt{x^2 + 1/n} + |x|} = \frac{1/n}{\sqrt{x^2 + 1/n} + |x|}$$

und folglich

$$\|f_n - f\|_\infty = \sup_{x \in [-1,1]} |f_n(x) - f(x)|$$

$$= \sup_{x \in [-1,1]} \frac{1/n}{\sqrt{x^2 + 1/n} + |x|} = \frac{1/n}{1/\sqrt{n}} = \frac{1}{\sqrt{n}}.$$

Damit folgt offensichtlich $\lim_n \|f_n - f\|_\infty = 0$, also konvergiert die Folge $(f_n)_n$ gleichmäßig gegen die Betragsfunktion f. Aus [3, Aufgabe 125] wissen wir jedoch, dass die Funktion f nicht im Nullpunkt differenzierbar ist, also gilt $f \notin C^1([-1, 1], \mathbb{R})$. Damit ist $(C^1([-1, 1], \mathbb{R}), \|\cdot\|_\infty)$ kein abgeschlossener Teilraum von $(C([-1, 1], \mathbb{R}), \|\cdot\|_\infty)$.

Lösung Aufgabe 45 Ein Fixpunkt der Funktion $f : \mathbb{R} \setminus \{1/2\} \to \mathbb{R}$ mit $f(x) = 1/(1 + 2x)$ ist jeder Punkt $x \in \mathbb{R} \setminus \{-1/2\}$ mit $f(x) = x$ beziehungsweise $1/(1 + 2x) = x$. Die Gleichung können wir umstellen und erhalten $1 = x(1+2x) = 2x^2 + x$ und damit weiter

$$0 = 2x^2 + x - 1 = (x + 1)(2x - 1).$$

Wir können somit direkt ablesen, dass die beiden Fixpunkte der Funktion f gerade $x_1 = -1$ und $x_2 = 1/2$ lauten.

Lösung Aufgabe 46

(a) **Eindeutigkeit.** Wir überlegen uns zuerst, dass jeder Fixpunkt des Operators $T :$ $M \to M$ eindeutig ist, sofern dieser existiert. In Teil (b) dieser Aufgabe werden wir uns dann überlegen, dass T in der Tat einen Fixpunkt besitzt. Angenommen, es gibt zwei verschiedene Fixpunkte $x, x' \in M$ mit $x \neq x'$. Dann gelten $T(x) = x$ und $T(x') = x'$. Da T nach Voraussetzung τ-kontraktiv (!) mit $\tau \in [0, 1)$ ist, folgt somit

$$\|x - x'\|_X = \|T(x) - T(x')\|_X \overset{(!)}{\leq} \tau \|x - x'\|_X < \|x - x'\|_X.$$

Offensichtlich ist dies unmöglich, also ist jeder Fixpunkt von T eindeutig.

(b) **Existenz eines Fixpunktes.** Wir untersuchen die rekursive Folge $(x_n)_n \subseteq M$ mit $x_{n+1} = T(x_n)$ für $n \in \mathbb{N}_0$ und $x_0 \in M$ beliebig. Im Folgenden werden wir uns überlegen, dass $(x_n)_n$ eine Cauchy-Folge ist. Für jedes $n \in \mathbb{N}$ gilt zunächst wegen der τ-Kontraktivität von T

$$\|x_{n+1} - x_n\|_X = \|T(x_n) - T(x_{n-1})\|_X \leq \tau \|x_n - x_{n-1}\|_X$$

und somit induktiv

$$\|x_{n+1} - x_n\|_X \leq \ldots \leq \tau^n \|x_1 - x_0\|_X.$$

Seien nun $m, n \in \mathbb{N}$ mit $m > n$ beliebig gewählte natürliche Zahlen. Mit Hilfe der obigen Abschätzung folgt somit

$$\|x_m - x_n\|_X = \left\| \sum_{j=n}^{m-1} (x_{j+1} - x_j) \right\|_X \leq \sum_{j=n}^{m-1} \|x_{j+1} - x_j\|_X \leq \|x_1 - x_0\|_X \sum_{j=n}^{m-1} \tau^j.$$

Dabei haben wir im ersten Schritt geschickt $m - n - 1$ Zwischenpunkte eingefügt und wieder abgezogen und den Ausdruck so als eine sogenannte Teleskopsumme umgeschrieben. Die rechte Seite der obigen Ungleichung können wir noch weiter umschreiben und abschätzen:

$$\|x_1 - x_0\|_X \sum_{j=n}^{m-1} \tau^j = \|x_1 - x_0\|_X \sum_{j=0}^{m-n-1} \tau^{j+n}$$

$$= \tau^n \|x_1 - x_0\|_X \sum_{j=0}^{m-n-1} \tau^j \leq \tau^n \|x_1 - x_0\|_X \sum_{j=0}^{+\infty} \tau^j.$$

Wegen $\tau \in [0, 1)$ ist die geometrische Reihe $\sum_{j=0}^{+\infty} \tau^j$ konvergent und besitzt den Reihenwert $1/(1 - \tau)$. Insgesamt folgt somit

$$\|x_m - x_n\|_X \le \frac{\tau^n}{1 - \tau} \|x_1 - x_0\|_X.$$

Sei nun $\varepsilon > 0$ beliebig gewählt. Wegen $\lim_n \tau^n/(1 - \tau) = 0$ können wir folglich eine Zahl $N \in \mathbb{N}$ mit

$$\frac{\tau^N}{1 - \tau} < \frac{\varepsilon}{\|x_1 - x_0\|_X}$$

finden, sodass wir schließlich für alle $m > n \ge N$ gerade

$$\|x_m - x_n\|_X \le \frac{\tau^n}{1 - \tau} \|x_1 - x_0\|_X < \varepsilon$$

erhalten. Somit ist $(x_n)_n$ eine Cauchy-Folge und da X nach Voraussetzung vollständig ist, ist $(x_n)_n$ sogar konvergent. Bezeichnen wir den Grenzwert der Folge mit $x \in M$ (Abgeschlossenheit der Menge M beachten), so folgt

$$x = \lim_{n \to +\infty} x_{n+1} = \lim_{n \to +\infty} T(x_n) = T\left(\lim_{n \to +\infty} x_n\right) = T(x).$$

Dabei haben wir im vorletzten Schritt ausgenutzt, dass der τ-kontraktive Operator T insbesondere auch stetig ist [3, Aufgabe 118]. Somit gilt $T(x) = x$, also ist x ein Fixpunkt – wegen Teil (a) dieser Lösung sogar der eindeutige Fixpunkt von T.

Lösung Aufgabe 47

(a) Im Beweis des Banachschen Fixpunktsatzes (vgl. die Lösung von Aufgabe 46) haben wir uns bereits überlegt, dass $\|x_m - x_n\|_X \le \tau^n/(1 - \tau)$ für hinreichend große $m, n \in \mathbb{N}$ mit $m > n$ gilt. Wir wissen weiter, dass die rekursive Folge $(x_n)_n \subseteq M$ gegen den eindeutigen Fixpunkt $x \in M$ des Operators $T : M \to M$ konvergiert. Gehen wir somit in der obigen Ungleichung zum Grenzwert $m \to +\infty$ über, so folgt für alle $n \in \mathbb{N}$ wie gewünscht die a-priori-Fehlerabschätzung (Stetigkeit der Norm beachten)

$$\|x - x_n\|_X = \lim_{m \to +\infty} \|x_m - x_n\|_X \le \frac{\tau^n}{1 - \tau}.$$

(b) Sei $n \in \mathbb{N}$ beliebig. Die a-posteriori-Fehlerabschätzung können wir wie folgt einsehen: Da $x \in M$ der Fixpunkt des Operators T ist, gilt $T(x) = x$. Wegen $x_{n+1} = T(x_n)$ folgt

$$\|x_{n+1} - x\|_X = \|T(x_n) - T(x)\|_X \le \tau \|x_n - x\| \le \tau(\|x_n - x_{n+1}\|_X + \|x_{n+1} - x\|_X)$$

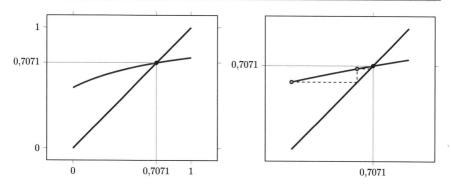

Abb. 21.4 Darstellung der ersten Iterationen der Fixpunktfolge $x_{n+1} = f(x_n) = (x_n + 1/2)/(x_n + 1)$ (grau) und des eindeutigen Fixpunktes $x = 1/\sqrt{2} \approx 0,7071$ (rot)

für $n \in \mathbb{N}$, wobei wir in der letzten Ungleichung die Dreiecksungleichung verwendet haben. Umsortieren der linken und rechten Seite liefert somit wie gewünscht

$$\|x_{n+1} - x\|_X \leq \frac{\tau}{1 - \tau} \|x_{n+1} - x_n\|_X.$$

Lösung Aufgabe 48 Da das Intervall $[0, +\infty)$ abgeschlossen und $(\mathbb{R}, |\cdot|)$ bekanntlich ein Banachraum ist, müssen wir uns lediglich überlegen, dass die Funktion $f : [0, +\infty) \rightarrow [0, +\infty)$ mit $f(x) = (x + 1/2)/(x + 1)$ eine Kontraktion ist, das heißt, wir müssen eine Zahl $\tau \in [0, 1)$ so finden, dass

$$|f(x) - f(y)| \leq \tau |x - y|$$

für alle $x, y \in [0, +\infty)$ gilt. Seien dazu $x, y \in [0, +\infty)$ beliebig gewählt. Mit einer kleinen Rechnung folgt

$$|f(x) - f(y)| = \left| \frac{x + 1/2}{x + 1} - \frac{y + 1/2}{y + 1} \right| = \left| \frac{(x + 1/2)(y + 1) - (x + 1)(y + 1/2)}{(x + 1)(y + 1)} \right|.$$

Indem wir die Ausdrücke im Zähler ausmultiplizieren und dann vereinfachen, erhalten wir

$$|f(x) - f(y)| = \frac{1}{2} \left| \frac{x - y}{(x + 1)(y + 1)} \right| \leq \frac{1}{2} |x - y|,$$

wobei die letzte Ungleichung gültig ist, da der Nenner des Bruches für $x = 0$ und $y = 0$ am kleinsten wird. Setzen wir also $\tau = 1/2$, so haben wir gezeigt, dass f eine Kontraktion ist und der Fixpunktsatz von Banach (vgl. Aufgabe 46) garantiert die Existenz eines eindeutigen Fixpunktes. Der Fixpunkt lässt sich beispielsweise ähnlich wie in Aufgabe 45 berechnen und lautet $x = 1/\sqrt{2} \approx 0,7071$ (vgl. Abb. 21.4).

Lösung Aufgabe 49 Um zu zeigen, dass die Integralgleichung

$$x(t) = 1 + \frac{1}{2} \int_0^t s x(s) \, ds$$

für $t \in [-1, 1]$ eine eindeutige Lösung in $C([-1, 1], \mathbb{R})$ besitzt, untersuchen wir äquivalent das Fixpunktproblem

$$x \in C([-1, 1], \mathbb{R}): \qquad T(x) = x,$$

wobei der Fixpunktoperator $T : C([-1, 1], \mathbb{R}) \to C([-1, 1], \mathbb{R})$ gemäß

$$(T(x))(t) = 1 + \frac{1}{2} \int_0^t s x(s) \, ds$$

definiert ist. Dabei ist der Operator wegen dem Hauptsatz der Differential- und Integralrechnung wohldefiniert, da die Funktion $s \mapsto s x(s)$ stetig ist, falls $x \in C([-1, 1], \mathbb{R})$ gilt. Um nachzuweisen, dass das Fixpunktproblem und damit äquivalenter Weise auch die Integralgleichung eine eindeutige Lösung besitzt, werden wir den Fixpunktsatz von Banach verwenden. Da $(C([-1, 1], \mathbb{R}), \| \cdot \|_\infty)$ ein Banachraum ist und die Menge $C([-1, 1], \mathbb{R})$ offensichtlich nichtleer und abgeschlossen ist, müssen wir daher lediglich beweisen, dass T eine Kontraktion ist. Dazu seien $x, y \in C([-1, 1], \mathbb{R})$ beliebig gewählte Funktionen. Dann folgt mit der Standardabschätzung für Integrale zunächst für jedes $t \in [-1, 1]$

$$|(T(x))(t) - (T(y))(t)| = \frac{1}{2} \left| \int_0^t s(x(s) - y(s)) \, ds \right| \leq \frac{1}{2} \int_0^t s |x(s) - y(s)| \, ds.$$

Wegen der trivialen Abschätzung

$$|x(s) - y(s)| \leq \|x - y\|_\infty = \sup_{t \in [-1,1]} |x(t) - y(t)|$$

für $s \in [-1, 1]$ folgt daher weiter für alle $t \in [-1, 1]$

$$\frac{1}{2} \int_0^t s |x(s) - y(s)| \, ds \leq \frac{1}{2} \|x - y\|_\infty \int_0^1 s \, ds = \frac{1}{4} \|x - y\|_\infty$$

und somit

$$|(T(x))(t) - (T(y))(t)| \leq \frac{1}{4} \|x - y\|_\infty.$$

Gehen wir in der obigen Ungleichung zum Supremum in $[-1, 1]$ über, so folgt wie gewünscht $\|T(x) - T(y)\|_\infty \leq 1/4 \|x - y\|_\infty$, das heißt, der Operator T ist eine Kontraktion mit Konstanten $\tau = 1/4$. Der Fixpunktsatz von Banach garantiert somit, dass T einen eindeutigen Fixpunkt $x \in C([-1, 1], \mathbb{R})$ besitzt, der die obige Integralgleichung löst.

Anmerkung Der Lösung von Aufgabe 229 folgend kann man sich leicht davon überzeugen„ dass die obige Integralgleichung äquivalent zum Anfangswertproblem

$$y'(x) = \frac{xy(x)}{2}, \ x \in \mathbb{R}, \qquad y(0) = 1$$

ist, dessen eindeutige Lösung (Trennung der Variablen verwenden) gerade die Funktion $y : \mathbb{R} \to \mathbb{R}$ mit $y(x) = \exp(x^2/4)$ ist. Der Fixpunkt des Operators T lässt sich in diesem Fall also sogar direkt bestimmen.

Lösung Aufgabe 50 Die Integralgleichung

$$x(t) = \alpha \int_a^b \sin(x(s)) \, \mathrm{d}s + f(t)$$

für $t \in [a, b]$ besitzt offensichtlich genau dann eine Lösung in $C([a, b], \mathbb{R})$, wenn der Operator

$$T : C([a, b], \mathbb{R}) \to C([a, b], \mathbb{R}) \quad \text{mit} \quad (T(x))(t) = \alpha \int_a^b \sin(x(s)) \, \mathrm{d}s + f(t)$$

einen Fixpunkt besitzt. Um den Fixpunktsatz von Banach zu verwenden müssen wir uns lediglich überlegen, dass T eine Kontraktion ist (vgl. auch die Lösung von Aufgabe 49). Seien dazu $x, y \in C([a, b], \mathbb{R})$ beliebig. Dann gilt zunächst für alle $t \in [a, b]$ mit der Standardabschätzung für Integrale

$$|(T(x))(t) - (T(y))(t)| = \left| \alpha \int_a^b \sin(x(s)) - \sin(y(s)) \, \mathrm{d}s \right| \leq |\alpha| \int_a^b |\sin(x(s)) - \sin(y(s))| \, \mathrm{d}s.$$

Da die Sinusfunktion Lipschitz-stetig mit Lipschitz-Konstante $L = 1$ ist, folgt zunächst $|\sin(x(s)) - \sin(y(s))| \leq |x(s) - y(s)|$ für $s \in [a, b]$ und damit weiter (Monotonie des Riemann-Integrals beachten)

$$|\alpha| \int_a^b |\sin(x(s)) - \sin(y(s))| \, \mathrm{d}s \leq |\alpha| \int_a^b |x(s) - y(s)| \, \mathrm{d}s.$$

Die rechte Seite der Ungleichung können wir jedoch noch weiter abschätzen, denn es gilt trivialer Weise

$$|x(s) - y(s)| \leq \|x - y\|_\infty = \sup_{t \in [a,b]} |x(t) - y(t)|$$

für alle $s \in [a, b]$. Wir erhalten also

$$|\alpha| \int_a^b |x(s) - y(s)| \, ds \leq |\alpha| \|x - y\|_\infty \int_a^b 1 \, ds = |\alpha|(b - a)\|x - y\|_\infty$$

und somit insgesamt die Abschätzung

$$|(T(x))(t) - (T(y))(t)| \leq |\alpha|(b - a)\|x - y\|_\infty$$

für alle $t \in [a, b]$. Gehen wir nun schließlich in der obigen Ungleichung zum Supremum in $[a, b]$ über, so folgt

$$\|T(x) - T(y)\|_\infty \leq |\alpha|(b - a)\|x - y\|_\infty.$$

Da wir vorausgesetzt haben, dass $|\alpha|(b - a) < 1$ gilt, ist der Operator T folglich eine Kontraktion, die gemäß dem Fixpunktsatz von Banach einen eindeutigen Fixpunkt in $C([a, b], \mathbb{R})$ besitzt, der die Integralgleichung löst.

Lösung Aufgabe 51 Wir werden die Äquivalenz der Aussagen mit einem Ringschluss beweisen. Dazu zeigen wir nun die vier Implikationen

$$(d) \implies (c) \implies (a) \implies (b) \implies (d).$$

(α)   Zuerst beweisen wir (d) $\implies$ (c). Seien dazu $x, y \in X$ beliebig gewählte Elemente. Da der Operator $A : X \to Y$ linear und beschränkt ist, finden wir eine Zahl $M \geq 0$ mit

$$\|Ax - Ay\|_Y = \|A(x - y)\|_Y \leq M\|x - y\|_X.$$

Dies zeigt aber gerade, dass A Lipschitz-stetig mit Lipschitz-Konstanten $L = M$ ist.

(β)   Die Implikation (c) $\implies$ (a) ist trivial, da jeder Lipschitz-stetige Operator insbesondere auch stetig ist. Ist nämlich $\varepsilon > 0$ beliebig, so können wir $\delta = \varepsilon / L$ wählen, wobei $L > 0$ die Lipschitz-Konstante von A bezeichnet. Damit folgt für alle $x, y \in X$ mit $\|x - y\|_X < \delta$ wie gewünscht

$$\|Ax - Ay\|_Y \leq L\|x - y\|_X < L\delta = \varepsilon,$$

also $\|Ax - Ay\|_Y < \varepsilon$.

(γ)   Die Implikation (a) $\implies$ (b) ist offensichtlich stets erfüllt, denn ein stetiger Operator ist nach Definition in jedem Punkt stetig.

(δ) Zum Schluss weisen wir (b) $\Longrightarrow$ (d) mit einem Widerspruchsbeweis nach. Angenommen, der Operator A wäre unbeschränkt. Dann finden wir zu jeder natürlichen Zahl $n \in \mathbb{N}$ ein Element $x_n \in X$ mit $\|Ax_n\|_Y > n\|x_n\|_X$. Dabei gilt für jedes $n \in \mathbb{N}$ gerade $x_n \neq 0_X$, denn andernfalls würden $\|x_n\|_X = 0$ und $\|Ax_n\|_Y = 0$ (vgl. auch die Lösung von Aufgabe 36) gelten, was wegen der vorherigen (strikten) Ungleichung natürlich nicht möglich ist. Wir definieren nun die Folge $(y_n)_n \subseteq X$ durch

$$y_n = \frac{x_n}{n\|x_n\|_X}.$$

Bei dieser handelt es sich um eine Nullfolge, denn für jedes $n \in \mathbb{N}$ gilt

$$\|y_n\|_X = \left\| \frac{x_n}{n\|x_n\|_X} \right\|_X = \frac{\|x_n\|_X}{n\|x_n\|_X} = \frac{1}{n}.$$

Wir sehen somit, dass $\|y_n\|_X = 1/n$ und

$$\|Ay_n\|_Y = \left\| A\left(\frac{x_n}{n\|x_n\|_X} \right) \right\|_X = \left\| \frac{Ax_n}{n\|x_n\|_X} \right\|_X = \frac{\|Ax_n\|_Y}{n\|x_n\|_X} > 1$$

für alle $n \in \mathbb{N}$ gelten. Mit unseren Überlegen haben wir somit für die Nullfolge $(y_n)_n$ nachgewiesen, dass die Bildfolge $(Ay_n)_n \subseteq Y$ nicht gegen $A(0_X) = 0_Y$ konvergiert. Dies widerspricht aber gerade der Stetigkeit von A im Nullpunkt 0_X. Wir haben somit wie gewünscht bewiesen, dass A beschränkt ist.

Lösung Aufgabe 52 Da stetige Funktionen bekanntlich Riemann-integrierbar sind, sind die beiden Integraloperatoren $A, B : C([0, 1], \mathbb{R}) \to \mathbb{R}$ automatisch wohldefiniert.

(a) Wir überlegen uns zuerst, dass der Operator $A : C([0, 1], \mathbb{R}) \to \mathbb{R}$ mit $A(x) = \int_0^1 x(t)\, dt$ linear ist. Dazu seien $\lambda \in \mathbb{R}$ sowie $x, y \in C([0, 1], \mathbb{R})$ beliebig gewählt. Dann gilt

$$A(\lambda x + y) = \int_0^1 \lambda x(t) + y(t)\, dt = \lambda \int_0^1 x(t)\, dt + \int_0^1 y(t)\, dt = \lambda A(x) + A(y),$$

da das Riemann-Integral linear ist. Somit ist auch A linear. Um weiter nachzuweisen, dass A stetig ist, werden wir das Resultat aus Aufgabe 51 verwenden, weshalb wir lediglich beweisen müssen, dass A beschränkt ist. Sei dazu $x \in C([0, 1], \mathbb{R})$ beliebig gewählt. Dann folgt mit der Standardabschätzung für Riemann-Integrale und der trivialen Abschätzung $|x(t)| \leq \|x\|_\infty$ für alle $t \in [0, 1]$ gerade

$$|A(x)| = \left| \int_0^1 x(t)\, dt \right| \leq \int_0^1 |x(t)|\, dt \leq \|x\|_\infty \int_0^1 1\, dt = \|x\|_\infty,$$

also $|A(x)| \leq \|x\|_\infty$. Dies zeigt, dass der lineare Operator A beschränkt und somit stetig ist.

Anmerkung Verwendet man die Abschätzung

$$|A(x) - A(y)| \leq \|x - y\|_\infty$$

für $x, y \in C([0, 1], \mathbb{R})$, so kann man sogar ablesen, dass der Operator A Lipschitz-stetig ist.

(b) Der Operator B ist nicht linear, denn wählen wir $\lambda = 1$ und (stetige) Funktionen $x, y \in C([0, 1], \mathbb{R})$ mit $x(t) = 1$ und $y(t) = t$ für $t \in [0, 1]$, so folgt

$$B(\lambda x + y) = \int_0^1 (\lambda x(t) + y(t))^2 \, dt = \int_0^1 (1 + t)^2 \, dt = \frac{7}{3},$$

während jedoch

$$\lambda B(x) + B(y) = \int_0^1 1 \, dt + \int_0^1 t^2 \, dt = 1 + \frac{1}{3} = \frac{4}{3}$$

gilt. Wir überlegen uns nun, dass der Operator B stetig ist. Sind $x, y \in C([0, 1], \mathbb{R})$ beliebig gewählt, so folgt ähnlich wie in Teil (a) dieser Aufgabe mit der Standardabschätzung für Riemann-Integrale

$$|B(x) - B(y)| = \left| \int_0^1 x^2(t) - y^2(t) \, dt \right| \leq \int_0^1 |x^2(t) - y^2(t)| \, dt.$$

Wegen

$$|x^2(t) - y^2(t)| = |x(t) + y(t)||x(t) - y(t)| \leq (\|x\|_\infty + \|y\|_\infty)\|x - y\|_\infty$$

für $t \in [0, 1]$ können wir die rechte Seite der obigen Ungleichung noch weiter abschätzen. Wir erhalten damit also gerade

$$|B(x) - B(y)| \leq (\|x\|_\infty + \|y\|_\infty)\|x - y\|_\infty.$$

Ist also $x \in C([0, 1], \mathbb{R})$ eine beliebige Funktion und $(x_n)_n \subseteq C([0, 1], \mathbb{R})$ eine Folge, die gleichmäßig gegen x konvergiert, so folgt wegen $\lim_n \|x_n - x\|_\infty = 0$ und der obigen Ungleichung gerade

$$\lim_{n \to +\infty} |B(x_n) - B(x)| \leq \lim_{n \to +\infty} (\|x_n\|_\infty + \|x\|_\infty)\|x_n - x\|_\infty = 0,$$

da der erste Faktor auf der rechten Seite gegen $2\|x\|_\infty$ und der zweiten gegen 0 konvergiert. Wir haben somit wie gewünscht $\lim_n B(x_n) = B(x)$ gezeigt, also ist B stetig.

Lösung Aufgabe 53 Der Operator $A : (C^1([0, 1], \mathbb{R}), \|\cdot\|_\infty) \to (C([0, 1], \mathbb{R}), \|\cdot\|_\infty)$ mit $A(x) = x'$ ist offensichtlich linear. Wählen wir nämlich $\lambda \in \mathbb{R}$ und $x, y \in C([0, 1], \mathbb{R})$ beliebig, so folgt

$$A(\lambda x + y) = (\lambda x + y)' = \lambda x' + y' = \lambda A(x) + A(y),$$

da Differentiation linear ist (vgl. auch die Summenregel für Ableitungen). Um nachzuweisen, dass A nicht stetig ist, können wir wegen Aufgabe 53 alternativ zeigen, dass der lineare Operator unbeschränkt ist. Dazu betrachten wir für $n \in \mathbb{N}$ die Funktion $x_n \in C^1([0, 1], \mathbb{R})$ mit $x_n(t) = \sin(nt)$ für $t \in [0, 1]$. Offensichtlich gelten $(A(x_n))(t) = x_n'(t) = n\cos(nt)$ (Kettenregel beachten) und

$$\|Ax_n\|_\infty = \|x_n'\|_\infty = \sup_{t \in [0,1]} |x_n'(t)| = n \sup_{t \in [0,1]} |\cos(nt)| = n$$

für jedes $n \in \mathbb{N}$, sodass es wegen $\lim_n \|Ax_n\|_\infty = +\infty$ keine Konstante $M \geq 0$ mit $\|Ax\|_\infty \leq M\|x\|_\infty$ für alle $x \in C^1([0, 1], \mathbb{R})$ geben kann. Somit ist der Operator A weder beschränkt noch stetig.

Lösung Aufgabe 54 Wir bemerken zunächst, dass der Operator

$$A : C([0, 1], \mathbb{R}) \to C([0, 1], \mathbb{R}) \quad \text{mit} \quad (A(x))(t) = \int_0^t sx(s)\,\mathrm{d}s$$

wohldefiniert ist, denn für $x \in C([0, 1], \mathbb{R})$ ist der Integrand $[0, 1] \to \mathbb{R}$ mit $t \mapsto tx(t)$ stetig, sodass gemäß dem Hauptsatz der Differential- und Integralrechnung die Abbildung $[0, 1] \to \mathbb{R}$ mit $t \mapsto \int_0^t sx(s)\,\mathrm{d}s$ ebenfalls stetig ist. Wir überlegen uns nun, dass A ein linearer Operator ist. Dazu seien $\lambda \in \mathbb{R}$ sowie $x, y \in C([0, 1], \mathbb{R})$ beliebig gewählt. Da das Riemann-Integral linear ist, folgt wie gewünscht

$$(A(\lambda x + y))(t) = \int_0^t s(\lambda x(s) + y(s))\,\mathrm{d}s$$

$$= \lambda \int_0^t sx(s)\,\mathrm{d}s + \int_0^t sy(s)\,\mathrm{d}s = \lambda(A(x))(t) + (A(y))(t)$$

für $t \in [0, 1]$, also $A(\lambda x + y) = \lambda Ax + Ay$ in $[0, 1]$.

(a) Im Folgenden werden wir zeigen, dass A ein beschränkter Operator ist. Sei dazu $x \in C([0, 1], \mathbb{R})$ beliebig. Mit der Standardabschätzung für Riemann-Integrale gilt zunächst

$$\|Ax\|_\infty = \sup_{t \in [0,1]} \left| \int_0^t sx(s)\,\mathrm{d}s \right| \leq \sup_{t \in [0,1]} \int_0^t s|x(s)|\,\mathrm{d}s \leq \sup_{t \in [0,1]} \|x\|_\infty \int_0^t s\,\mathrm{d}s,$$

wobei wir verwendet haben, dass $|x(s)| \leq \|x\|_\infty$ für alle $s \in [0, 1]$ gilt. Damit folgt weiter

$$\sup_{t \in [0,1]} \|x\|_\infty \int_0^t s \, ds = \|x\|_\infty \sup_{t \in [0,1]} \int_0^t s \, ds = \|x\|_\infty \sup_{t \in [0,1]} \frac{t^2}{2} = \frac{1}{2}\|x\|_\infty,$$

womit wir

$$\|Ax\|_\infty \leq \frac{1}{2}\|x\|_\infty$$

gezeigt haben. Damit ist der Operator A sowohl linear als auch beschränkt, sodass dieser wegen Aufgabe 51 insbesondere auch stetig ist. Mit Hilfe der obigen Abschätzung wissen wir bereits, dass

$$\|A\|_{\mathrm{op}} = \sup_{\|x\|_\infty \leq 1} \|Ax\|_\infty \leq \frac{1}{2}$$

gilt. Für die konstante Funktion $x \in C([0, 1], \mathbb{R})$ mit $x(t) = 1$ für alle $t \in [0, 1]$ gilt jedoch $\|Ax\|_\infty = 1/2$, sodass schließlich $\|A\|_{\mathrm{op}} = 1/2$ folgt.

(b) Auch in diesem Teil überlegen wir uns, dass der lineare Operator A beschränkt ist. Dazu wählen wir erneut $x \in C([0, 1], \mathbb{R})$ beliebig – die Besonderheit dieser Teilaufgabe ist, dass der Raum der stetigen Funktionen nicht wie üblich mit der Supremumsnorm sondern mit der 2-Norm ausgestattet wird. Mit der Definition der 2-Norm und der Ungleichung von Cauchy-Schwarz (!) (vgl. die Aufgaben 56 und 58) folgt

$$\|Ax\|_2^2 = \int_0^1 \left| \int_0^t s x(s) \, ds \right|^2 dt$$
$$\overset{(!)}{\leq} \int_0^1 \left(\int_0^t s^2 \, ds \right) \left(\int_0^t |x(s)|^2 \, ds \right) dt = \int_0^1 \frac{t^3}{3} \left(\int_0^t |x(s)|^2 \, ds \right) dt$$

und somit

$$\|Ax\|_2^2 \leq \|x\|_2^2 \int_0^1 \frac{t^3}{3} \, dt = \frac{1}{12}\|x\|_2^2.$$

Wegen $\|Ax\|_2 \leq 1/(2\sqrt{3})\|x\|_2$ für alle $x \in C([0, 1], \mathbb{R})$ ist der Operator A beschränkt und daher wegen Aufgabe 51 insbesondere auch stetig.

Lösung Aufgabe 55 Um nachzuweisen, dass die Funktion $\langle \cdot, \cdot \rangle : \mathbb{R}^2 \times \mathbb{R}^2 \to \mathbb{R}$ mit $\langle x, y \rangle = x_1 y_1 + x_2 y_2$ ein Skalarprodukt definiert, müssen wir alle nötigen Skalarprodukt-Axiome nachweisen:

(a) **Linearität in beiden Argumenten.** Wir zeigen zunächst, dass $\langle \cdot, \cdot \rangle$ eine Bilinearform ist, das heißt, in jedem der beiden Argumente (getrennt) linear ist. Seien dazu $x, y, z \in \mathbb{R}^2$ beliebig gewählt. Dann folgt nach Definition

$$\langle x+y, z \rangle = (x_1 + y_1)z_1 + (x_2 + y_2)z_2 = x_1 z_1 + x_2 z_2 + y_1 z_1 + y_2 z_2 = \langle x, z \rangle + \langle y, z \rangle$$

und analog $\langle x, y+z \rangle = \langle x, y \rangle + \langle x, z \rangle$. Ist weiter $\lambda \in \mathbb{R}$, so folgt

$$\langle \lambda x, y \rangle = \lambda x_1 y_1 + \lambda x_2 y_2 = \lambda(x_1 y_1 + x_2 y_2) = \lambda \langle x, y \rangle$$

und genauso $\langle x, \lambda y \rangle = \lambda \langle x, y \rangle$. Somit ist $\langle \cdot, \cdot \rangle$ eine Bilinearform.

(b) **Symmetrie.** Die Funktion $\langle \cdot, \cdot \rangle$ ist natürlich symmetrisch, denn für alle $x, y \in \mathbb{R}^2$ gilt

$$\langle x, y \rangle = x_1 y_1 + x_2 y_2 = y_1 x_1 + y_2 x_2 = \langle y, x \rangle.$$

(c) **Positive Definitheit.** Zum Schluss müssen wir nachweisen, dass $\langle \cdot, \cdot \rangle$ positiv definit ist. Dazu werden wir zeigen, dass $\langle x, x \rangle \geq 0$ für alle $x \in \mathbb{R}^2$ gilt und $\langle x, x \rangle = 0$ genau dann erfüllt ist, wenn $x = \mathbf{0}$ der Nullvektor im $\mathbb{R}^2$ ist. Das ist jedoch nicht sonderlich kompliziert, denn ist $x \in \mathbb{R}^2$ beliebig, so folgt zunächst

$$\langle x, x \rangle = x_1^2 + x_2^2 = \|x\|_2^2 \geq 0,$$

wobei $\| \cdot \|_2$ wie üblich die Euklidische Norm bezeichnet. Aus der obigen Darstellung können wir wegen dem ersten Norm-Axiom für $\| \cdot \|_2$ direkt ablesen, dass $\langle x, x \rangle = 0$ genau dann erfüllt ist, falls $x \in \mathbb{R}^2$ der Nullvektor ist.

Lösung Aufgabe 56 Wir betrachten den linearen Raum

$$V = C([0, 1], \mathbb{R}) = \{ f : [0, 1] \to \mathbb{R} \mid f \text{ ist stetig} \}$$

sowie die Abbildung $\langle \cdot, \cdot \rangle : V \times V \to \mathbb{R}$ mit

$$\langle f, g \rangle = \int_0^1 f(x)g(x) \, \mathrm{d}x.$$

Offensichtlich ist $\langle \cdot, \cdot \rangle$ wohldefiniert, da für $f, g \in V$ auch das Produkt fg stetig ist und somit das Riemann-Integral $\int_0^1 f(x)g(x) \, \mathrm{d}x$ über der kompakten Menge $[0, 1]$ endlich ist. Um zu zeigen, dass die obige Abbildung ein Skalarprodukt in V definiert, müssen wir nachweisen, dass $\langle \cdot, \cdot \rangle$ eine symmetrische Bilinearform ist, die zudem noch positiv definit ist. Dies werden wir in drei Schritten zeigen:

(a) **Linearität in beiden Argumenten.** Um nachzuweisen, dass $\langle \cdot, \cdot \rangle$ eine Bilinearform ist, also eine Abbildung, die in jedem der beiden Argumente linear ist, wählen wir zunächst $\lambda \in \mathbb{R}$ sowie $f, g, h \in V$ beliebig. Da wir wissen, dass das Riemann-Integral ein linearer Operator ist, folgt somit wie gewünscht

$$\langle \lambda f + g, h \rangle = \int_0^1 (\lambda f(x) + g(x)) h(x) \, dx$$

$$= \lambda \int_0^1 f(x) h(x) \, dx + \int_0^1 g(x) h(x) \, dx = \lambda \langle f, h \rangle + \langle g, h \rangle.$$

Wir haben somit gezeigt, dass die Abbildung $\langle \cdot, h \rangle : V \to \mathbb{R}$ linear ist, falls $h \in V$ fest gewählt ist. Da $\langle \cdot, \cdot \rangle$ aber wegen Teil (b) dieser Aufgabe symmetrisch ist, folgt somit, dass die Abbildung eine Bilinearform ist.

(b) **Symmetrie.** Da die Multiplikation reeller Zahlen kommutativ ist, gilt für alle Funktionen $f, g \in V$ ohne irgendeine Rechnung

$$\langle f, g \rangle = \int_0^1 f(x) g(x) \, dx = \int_0^1 g(x) f(x) \, dx = \langle g, f \rangle,$$

was die Symmetrie von $\langle \cdot, \cdot \rangle$ beweist.

(c) **Positive Definitheit.** Zum Schluss müssen wir nachweisen, dass die Bilinearform positiv definit ist. Dazu werden wir beweisen, dass $\langle f, f \rangle \geq 0$ für alle $f \in V$ gilt und $\langle f, f \rangle = 0$ genau dann gilt, falls $f = 0$ die Nullfunktion in V ist. Die Positivität folgt zunächst aus den Eigenschaften des Riemann-Integrals, denn das Integral einer positiven Funktion ist wieder positiv. Wir müssen somit lediglich zeigen, dass $\langle f, f \rangle > 0$ gilt, falls $f \in V$ nicht die Nullfunktion ist. Diese Eigenschaft werden wir uns im Folgenden überlegen. Ist $f \in V$ nicht die Nullfunktion, so gibt es mindestens einen Punkt $x_0 \in [0, 1]$ mit $f(x_0) \neq 0$ beziehungsweise $f^2(x_0) > 0$. Da die Produktfunktion $f^2 : [0, 1] \to \mathbb{R}$ im Punkt x_0 stetig ist, existiert zu $\varepsilon = f^2(x_0)/2$ eine Zahl $\delta > 0$ derart, dass für alle $x \in [0, 1]$ mit $|x - x_0| < \delta$ gerade $|f^2(x) - f^2(x_0)| < \varepsilon$ beziehungsweise $f^2(x) > f^2(x_0)/2$ folgt. Mit dieser Ungleichung (!) folgt weiter

$$\langle f, f \rangle = \int_0^1 f^2(x) \, dx \geq \int_{x_0-\delta}^{x_0+\delta} f^2(x) \, dx \overset{(!)}{\geq} \frac{1}{2} \int_{x_0-\delta}^{x_0+\delta} f^2(x_0) \, dx = \delta f^2(x_0) > 0,$$

was zeigt, dass $\langle f, f \rangle > 0$ gilt, falls f nicht die Nullfunktion ist.

Lösung Aufgabe 57 Seien $a, b, c, d \in \mathbb{R}$ mit $a \neq 0$ und $c \neq 0$ beliebig gewählt. Die Geraden $g_1, g_2 : \mathbb{R} \to \mathbb{R}$ mit $g_1(x) = ax + b$ und $g_2(x) = cx + d$ stehen genau dann bezüglich des Standardskalarprodukts (vgl. Aufgabe 55) orthogonal (senkrecht) zu einander, wenn die beiden Richtungsvektoren

$$r = \begin{pmatrix} 1 \\ g_1(1) \end{pmatrix} - \begin{pmatrix} 0 \\ g_1(0) \end{pmatrix} = \begin{pmatrix} 1 \\ a \end{pmatrix} \quad \text{und} \quad s = \begin{pmatrix} 1 \\ g_2(1) \end{pmatrix} - \begin{pmatrix} 0 \\ g_2(0) \end{pmatrix} = \begin{pmatrix} 1 \\ c \end{pmatrix}$$

orthogonal (!) sind. Das bedeutet also gerade

$$0 \stackrel{(!)}{=} \langle r, s \rangle = \left\langle \begin{pmatrix} 1 \\ a \end{pmatrix}, \begin{pmatrix} 1 \\ c \end{pmatrix} \right\rangle = 1 + ac,$$

womit wir wie gewünscht $ac = -1$ erhalten.

Lösung Aufgabe 58 Die Cauchy-Schwarz-Ungleichung ist eine zentrale Ungleichung, die in vielen Bereichen der Mathematik Anwendung findet. Aus diesem Grund werden zwei verschiedene Beweise der Cauchy-Schwarz-Ungleichung vorgestellt:

(a) Seien $x, y \in V$ beliebig gewählt. Wir bemerken zunächst, dass die Cauchy-Schwarz-Ungleichung erfüllt ist, falls $y = 0_V$ das Nullelement in V ist, da dann beide Seiten der Ungleichung wegen $\langle x, y \rangle = 0$ und $\|y\|_V = 0$ verschwinden. Wir können daher ohne Einschränkung $y \in V \setminus \{0_V\}$ annehmen. Da $\langle \cdot, \cdot \rangle$ ein Skalarprodukt in V und damit insbesondere positiv definit und in beiden Argumenten linear ist, gilt für jedes $\lambda \in \mathbb{R}$ mit einer kleinen Rechnung

$$\begin{aligned} 0 &\leq \langle x - \lambda y, x - \lambda y \rangle \\ &= \langle x - \lambda y, x \rangle - \lambda \langle x - \lambda y, y \rangle \\ &= \langle x, x \rangle - \lambda \langle y, x \rangle - \lambda \langle x, y \rangle + \lambda^2 \langle y, y \rangle \\ &= \|x\|_V^2 - 2\lambda \langle x, y \rangle + \lambda^2 \|y\|_V^2. \end{aligned}$$

Wählen wir nun speziell

$$\lambda = \frac{\langle x, y \rangle}{\|y\|_V^2},$$

so erhalten wir durch Einsetzen in die obige Ungleichung gerade

$$\begin{aligned} 0 &\leq \|x\|_V^2 - 2\lambda \langle x, y \rangle + \lambda^2 \|y\|_V^2 \\ &= \|x\|_V^2 - 2 \frac{\langle x, y \rangle}{\|y\|_V^2} \langle x, y \rangle + \left(\frac{\langle x, y \rangle}{\|y\|_V^2} \right)^2 \|y\|_V^2 \\ &= \|x\|_V^2 - \frac{\langle x, y \rangle^2}{\|y\|_V^2}, \end{aligned}$$

also $\langle x, y \rangle^2 \leq \|x\|_V^2 \|y\|_V^2$. Ziehen wir nun auf beiden Seiten der Ungleichung die Quadratwurzel, so folgt wie gewünscht die Cauchy-Schwarz-Ungleichung.

(b) Seien $x, y \in V$ beliebig gewählt. Sind die beiden Vektoren linear abhängig, das heißt, es gibt $\lambda \in \mathbb{R}$ mit $x = \lambda y$, so ist die Cauchy-Schwarz-Ungleichung wegen

$$|\langle x, y \rangle| = |\langle \lambda y, y \rangle| = |\lambda| \|y\|_V^2 = \|\lambda y\|_V \|y\|_V = \|x\|_V \|y\|_V$$

automatisch erfüllt und es gilt sogar Gleichheit. Wir können daher ab jetzt annehmen, dass x und y linear unabhängig sind. Wir definieren weiter die Funktion $f : \mathbb{R} \to \mathbb{R}$ mit $f(t) = \|tx + y\|_V^2$, die sich ähnlich wie in Teil (a) dieser Aufgabe für jedes $t \in \mathbb{R}$ zu

$$f(t) = \|tx + y\|_V^2 = \langle tx + y, tx + y \rangle = t^2 \|x\|_V^2 + 2t \langle x, y \rangle + \|y\|_V^2$$

umschreiben lässt. Es handelt sich hierbei also um ein quadratisches Polynom mit den Koeffizienten $a = \|x\|_V^2$, $b = 2\langle x, y \rangle$ und $c = \|y\|_V^2$, dessen Diskriminante durch

$$D = \left(\frac{b}{2}\right)^2 - ac = \langle x, y \rangle^2 - \|x\|_V^2 \|y\|_V^2$$

gegeben ist. Da wir angenommen haben, dass x und y linear unabhängig sind, besitzt die Funktion keine Nullstelle denn es gibt keine Zahl $t \in \mathbb{R}$ mit $tx + y = 0_V$. Dies bedeutet aber gerade $D < 0$ und daher wie gewünscht $|\langle x, y \rangle| < \|x\|_V \|y\|_V$.

Anmerkung Beachten Sie, dass wir in den beiden obigen Beweisen mehrfach $|x| = \sqrt{x^2}$ für $x \in \mathbb{R}$ verwendet haben [2, 9.9 Bemerkung (b)].

Lösung Aufgabe 59 Wir betrachten die Polynomfunktion $f : \mathbb{R}^2 \to \mathbb{R}$ mit $f(x_1, x_2) = x_1 + x_1 x_2 + x_2$. Im Folgenden werden wir auf zwei verschiedene Weisen zeigen, dass die Funktion f in jedem Punkt des $\mathbb{R}^2$ stetig ist.

(a) Wir weisen nun die Stetigkeit von f mit einem sogenannten Epsilon-Delta-Beweis nach. Seien also $x^0 = (x_1^0, x_2^0)^\mathsf{T} \in \mathbb{R}^2$ sowie $\varepsilon > 0$ beliebig gewählt. Wir müssen zeigen, dass es eine Zahl $\delta > 0$ derart gibt, dass für jeden Vektor $x \in \mathbb{R}^2$ mit $\|x - x^0\|_1 < \delta$ gerade $|f(x) - f(x^0)| < \varepsilon$ folgt. Wir können hier natürlich auch eine andere Norm verwenden, denn im $\mathbb{R}^d$ sind alle Normen äquivalent, aber mit der Betragssummennorm $\|\cdot\|_1$ (vgl. Aufgabe 35) lässt sich im Folgenden am leichtesten Rechnen. Zunächst gelten für alle $x \in \mathbb{R}^2$ die Abschätzungen (Dreiecksungleichung verwenden)

$$\begin{aligned}
|f(x) - f(x^0)| &= |x_1 + x_1 x_2 + x_2 - (x_1^0 + x_1^0 x_2^0 + x_2^0)| \\
&\leq |x_1 - x_1^0| + |x_1 x_2 - x_1^0 x_2^0| + |x_2 - x_2^0|
\end{aligned}$$

und

$$\begin{aligned}
|x_1 x_2 - x_1^0 x_2^0| &= |(x_1 - x_1^0)(x_2 - x_2^0) + x_1^0(x_2 - x_2^0) + x_2^0(x_1 - x_1^0)| \\
&\leq |x_1 - x_1^0||x_2 - x_2^0| + |x_1^0||x_2 - x_2^0| + |x_2^0||x_1 - x_1^0|,
\end{aligned}$$

sodass wir insgesamt

$$|f(x) - f(x^0)| \leq |x_1 - x_1^0||x_2 - x_2^0| + (1 + |x_2^0|)|x_1 - x_1^0| + (1 + |x_1^0|)|x_2 - x_2^0|$$

erhalten. Wählen wir nun speziell $\delta > 0$ derart dass

$$\delta^2 + (2 + |x_1^0| + |x_2^0|)\delta < \varepsilon,$$

dann folgen für alle $x \in \mathbb{R}^2$ mit $\|x - x^0\|_1 < \delta$ insbesondere $|x_1 - x_1^0| < \delta$ sowie $|x_2 - x_2^0| < \delta$ und damit wie gewünscht

$$|f(x) - f(x^0)| < \delta^2 + (1 + |x_1^0|)\delta + (1 + |x_2^0|)\delta < \varepsilon.$$

Wir haben somit bewiesen, dass die Funktion f im Punkt x^0 stetig ist. Da $x^0 \in \mathbb{R}^2$ beliebig gewählt war, folgt wie gewünscht die Stetigkeit der Funktion in ganz $\mathbb{R}^2$.

(b) Wir zeigen nun, dass die Funktion f in jedem Punkt $x^0 \in \mathbb{R}^2$ Folgen-stetig ist. Dazu betrachten wir eine beliebige konvergente Folge $(x^n)_n \subseteq \mathbb{R}^2$ mit $x^n = (x_1^n, x_2^n)^\mathsf{T}$ für $n \in \mathbb{N}$ und $\lim_n x^n = x^0$. Die Konvergenz in $\mathbb{R}^2$ impliziert aber auch, dass die beiden (eindimensionalen) Komponentenfolgen $(x_1^n)_n$ und $(x_2^n)_n$ ebenfalls konvergent sind und $\lim_n x_1^n = x_1^0$ und $\lim_n x_2^n = x_2^0$ erfüllen. Aus diesem Grund erhalten wir mit den Grenzwertsätzen für konvergente Folgen

$$\lim_{n \to +\infty} f(x^n) = \lim_{n \to +\infty} x_1^n + x_1^n x_2^n + x_2^n$$

$$= \lim_{n \to +\infty} x_1^n + \left(\lim_{n \to +\infty} x_1^n \right) \left(\lim_{n \to +\infty} x_2^n \right) + \lim_{n \to +\infty} x_2^n$$

$$= x_1^0 + x_1^0 x_2^0 + x_2^0$$

$$= f(x^0).$$

Dies zeigt, dass die Funktion f in jedem Punkt des $\mathbb{R}^2$ Folgen-stetig, also stetig ist.

Lösung Aufgabe 60 Die Funktion $f : \mathbb{R}^2 \to \mathbb{R}$ ist im Punkt $(0,0)^\mathsf{T}$ unstetig, falls es uns möglich ist eine Folge $((x_n, y_n)^\mathsf{T})_n \subseteq \mathbb{R}^2$ mit

$$\lim_{n \to +\infty} (x_n, y_n)^\mathsf{T} = (0,0)^\mathsf{T} \qquad \text{und} \qquad \lim_{n \to +\infty} f(x_n, y_n) \neq f(0,0)$$

zu finden. Wir betrachten daher die zweidimensionale Folge $((x_n, y_n)^\mathsf{T})_n$ mit $(x_n, y_n)^\mathsf{T} = (1/n, 1/n)^\mathsf{T}$ und $\lim_n (x_n, y_n)^\mathsf{T} = (0,0)^\mathsf{T}$. Da offensichtlich $(x_n, y_n)^\mathsf{T} \neq (0,0)^\mathsf{T}$ für alle $n \in \mathbb{N}$ gilt, folgt mit einer kleinen Rechnung

$$f(x_n, y_n) = \frac{(1/n)^2}{(1/n)^2 + (1/n)^2} = \frac{1}{2}.$$

Somit gilt natürlich $\lim_n f(x_n, y_n) = 1/2$ – die Bildfolge ist ja gerade konstant $1/2$ – und da nach Definition der Funktion $f(0,0) = 0$ gilt, zeigt das obige Gegenbeispiel, dass die Funktion im Nullpunkt unstetig ist.

Lösung Aufgabe 61 Die Funktion $f : \mathbb{R}^3 \to \mathbb{R}^2$ ist genau dann stetig, wenn die beiden Koordinatenfunktionen $f_1, f_2 : \mathbb{R}^3 \to \mathbb{R}$ mit $f_1(x, y, z) = xy \exp(z)$ und $f_2(x, y, z) = 1 + \sin(xy)/(1 + |z|)$ stetig sind. Dies ist aber offensichtlich gegeben, da die beiden Funktionen f_1 und f_2 als Komposition stetiger Funktionen ebenfalls stetig sind. Alternativ können wir aber auch ähnlich wie in Aufgabe 59 das Folgenkriterium verwenden, um die Stetigkeit der beiden Funktionen zu beweisen. Dazu sei $(x_0, y_0, z_0)^\mathsf{T} \in \mathbb{R}^3$ und $((x_n, y_n, z_n)^\mathsf{T})_n \subseteq \mathbb{R}^3$ eine beliebige Folge mit $\lim_n (x_n, y_n, z_n)^\mathsf{T} = (x_0, y_0, z_0)^\mathsf{T}$. Mit den Grenzwertsätzen für konvergente Folgen (!) erhalten wir dann wie gewünscht

$$
\begin{aligned}
\lim_{n \to +\infty} f_1(x_n, y_n, z_n) &= \lim_{n \to +\infty} x_n y_n \exp(z_n) \\
&\stackrel{(!)}{=} \left(\lim_{n \to +\infty} x_n \right) \left(\lim_{n \to +\infty} y_n \right) \left(\lim_{n \to +\infty} \exp(z_n) \right) \\
&= x_0 y_0 \exp(z_0) \\
&= f_1(x_0, y_0, z_0)
\end{aligned}
$$

und analog

$$
\lim_{n \to +\infty} f_2(x_n, y_n, z_n) = \lim_{n \to +\infty} \frac{1 + \sin(x_n y_n)}{1 + |z_n|} \stackrel{(!)}{=} \frac{1 + \sin(x_0 y_0)}{1 + |z_0|} = f_2(x_0, y_0, z_0),
$$

was die Stetigkeit der Koordinatenfunktionen beweist.

Lösung Aufgabe 62 Sei $a \in A$ beliebig gewählt. Um zu zeigen, dass die Funktion $f : A \to \mathbb{C}$ mit $f(z) = \sum_{n=0}^{+\infty} a_n (z - z_0)^n$ in a stetig ist, müssen wir beweisen, dass zu jedem $\varepsilon > 0$ eine Zahl $\delta > 0$ so existiert, dass für alle $z \in A$ mit $|z - a| < \delta$ gerade $|f(z) - f(a)| < \varepsilon$ folgt. Sei dazu $\varepsilon > 0$ beliebig gewählt und $R_0 > 0$ mit $|a - z_0| < R_0 < R$. Wir definieren weiter für $N \in \mathbb{N}$ die Funktionen $f_N, R_N : A \to \mathbb{C}$ (N-te Partialsumme und Rest) mit

$$
f_N(z) = \sum_{n=0}^{N} a_n (z - z_0)^n \quad \text{und} \quad R_N(z) = \sum_{n=N+1}^{+\infty} a_n (z - z_0)^n.
$$

Insbesondere sehen wir, dass $f(z) = f_N(z) + R_N(z)$ für alle $z \in A$ und $N \in \mathbb{N}$ gilt. Da die Potenzreihe f den Konvergenzradius $R \in (0, +\infty]$ besitzt, wissen wir bereits, dass die Reihe auf der Kreisscheibe $A_{R_0} = \{z \in \mathbb{C} \mid |z - z_0| \leq R_0\}$ gleichmäßig konvergent ist. Aus diesem Grund finden wir eine natürliche Zahl $N_0 \in \mathbb{N}$ derart, dass

$$
|R_{N_0}(z)| < \frac{\varepsilon}{3}
$$

für alle $z \in A_{R_0}$ gilt. Weiter sehen wir aber auch, dass f_N für jedes $N \in \mathbb{N}$ als Polynom eine (in ganz $\mathbb{C}$) stetige Funktion ist. Somit gibt es $\delta_0 > 0$ mit

$$
|f_N(z) - f_N(a)| < \frac{\varepsilon}{3}
$$

für alle $z \in A$ mit $|z - a| < \delta_0$. Wählen wir nun

$$\delta = \min \left\{ \delta_0, R_0 - |a - z_0| \right\} > 0,$$

so erhalten wir für alle $z \in A$ mit $|z - a| < \delta$ wie gewünscht aus den beiden obigen Ungleichungen

$$\begin{aligned}
|f(z) - f(a)| &= |f_{N_0}(z) + R_{N_0}(z) - (f_{N_0}(a) + R_{N_0}(a))| \\
&\leq |f_{N_0}(z) - f_{N_0}(a)| + |R_{N_0}(z)| + |R_{N_0}(a)| \\
&< \frac{\varepsilon}{3} + \frac{\varepsilon}{3} + \frac{\varepsilon}{3},
\end{aligned}$$

also $|f(z) - f(a)| < \varepsilon$. Dies zeigt, dass die Funktion f in a und damit in ganz A stetig ist.

Lösung Aufgabe 63 Das grundlegende Hilfsmittel für diese Aufgabe ist die sogenannte Vierecksungleichung

$$|d(x, y) - d(a, b)| \leq d(x, a) + d(y, b)$$

für beliebige Elemente $a, b, x, y \in M$, die wir im Folgenden beweisen werden.

(a) **Vierecksungleichung.** Seien also $a, b, x, y \in M$ beliebig gewählt. Dann folgt durch zweifache Anwendung der Dreiecksungleichung

$$d(x, y) \leq d(x, a) + d(a, y) \leq d(x, a) + d(a, b) + d(y, b),$$

wobei in den letzten Schritt zusätzlich die Symmetrie der Metrik d eingeht. Umsortieren der Ungleichung liefert somit

$$d(x, y) - d(a, b) \leq d(x, a) + d(y, b).$$

Jedoch lässt sich das obige Vorgehen ebenfalls auf den Ausdruck $d(a, b)$ übertragen, womit wieder durch zweifaches Anwenden der Dreiecksungleichung

$$-(d(x, y) - d(a, b)) = d(a, b) - d(x, y) \leq d(x, a) + d(y, b)$$

folgt. Aus den beiden obigen Ungleichungen folgt nun wie gewünscht die Vierecksungleichung.

(b) **Stetigkeit der Metrik.** Um nun zu beweisen, dass die Metrik $d : M \times M \to \mathbb{R}$ stetig ist, wählen wir ein beliebiges Element $(x_0, y_0) \in M \times M$ sowie eine Folge $((x_n, y_n))_n \subseteq M \times M$ mit $\lim_n (x_n, y_n) = (x_0, y_0)$ in $M \times M$ beziehungsweise äquivalent $\lim_n x_n = x_0$ und $\lim_n y_n = y_0$ in M. Da wegen der Vierecksungleichung für alle $n \in \mathbb{N}$ aber gerade

$$|d(x_n, y_n) - d(x_0, y_0)| \leq d(x_n, x_0) + d(y_n, y_0)$$

folgt, können wir direkt $\lim_n d(x_n, y_n) = d(x_0, y_0)$ ablesen, da die rechte Seite der Ungleichung für $n \to +\infty$ (nach Definition) gegen Null konvergiert. Wir haben somit bewiesen, dass die Metrik d eine stetige Funktion ist.

Lösung Aufgabe 64

(a) **Umgekehrte Dreiecksungleichung.** Wir beweisen zunächst die sogenannte umgekehrte Dreiecksungleichung. Seien dazu $x, y \in V$ beliebig gewählt. Da $\|\cdot\|_V$ eine Norm ist, folgt

$$\|x\|_V = \|(x - y) + y\|_V \le \|x - y\|_V + \|y\|_V$$

beziehungsweise

$$\|x\|_V - \|y\|_V \le \|x - y\|_V,$$

wobei wir im zweiten Schritt der oberen Ungleichung die Dreiecksungleichung (drittes Norm-Axiom) verwendet haben. Die obige Argumentation lässt sich aber auch mit vertauschten Rollen von x und y wiederholen, womit

$$-(\|x\|_V - \|y\|_V) = \|y\|_V - \|x\|_V \le \|x - y\|_V$$

folgt, was die umgekehrte Dreiecksungleichung beweist.

(b) **Stetigkeit der Norm.** Im zweiten Schritt beweisen wir, dass die Normfunktion $\|\cdot\|_V : V \to \mathbb{R}$ stetig (kompakt) ist. Sei dazu $x \in V$ beliebig und $(x_n)_n \subseteq V$ eine Folge mit $\lim_n x_n = x$. Nach Definition bedeutet dies gerade $\lim_n \|x_n - x\|_V = 0$, sodass wegen (vgl. Teil (a) dieser Aufgabe)

$$\left| \|x_n\|_V - \|x\|_V \right| \le \|x_n - x\|_V$$

für alle $n \in \mathbb{N}$ gerade $\lim_n \|x_n\|_V = \|x\|_V$ folgt, da die rechte Seite der Ungleichung für $n \to +\infty$ gegen Null geht. Wir haben somit wie gewünscht gezeigt, dass die Funktion $\|\cdot\|_V$ stetig ist. Alternativ kann man aber auch einen Epsilon-Delta-Beweis mit $\varepsilon > 0$ beliebig und $\delta = \varepsilon$ führen, um die Stetigkeit zu beweisen.

Anmerkung Aus der umgekehrten Dreiecksungleichung folgt selbstverständlich direkt die Lipschitz-Stetigkeit und damit die Stetigkeit der Norm.

Lösung Aufgabe 65 Zur Übersicht unterteilen wir die Lösung dieser Aufgabe in zwei Teile:

(a) Wir betrachten das Parameterintegral $F : [0, 1] \to \mathbb{R}$ mit

$$F(x) = \int_0^2 f(x, y) \, \mathrm{d}y,$$

wobei die Funktion $f : [0, 1] \times [0, 2] \to \mathbb{R}$ durch $f(x, y) = 1/(1 + y^2 \cos(xy))$
definiert ist. Zunächst ist das Parameterintegral F wohldefiniert, denn für jedes
$x \in [0, 1]$ ist die Funktion $f(x, \cdot) : [0, 2] \to \mathbb{R}$ stetig und somit Riemann-
integrierbar. Da die Menge $[0, 1] \times [0, 2]$ kompakt ist, ist die stetige Funktion f
bekanntlich sogar gleichmäßig stetig [2, 3.13 Theorem]. Seien nun $x_0 \in [0, 1]$
und $\varepsilon > 0$ beliebig gewählt. Dann existiert zu jedem $y \in [0, 2]$ eine Zahl $\delta > 0$
derart, dass für alle $x \in [0, 1]$ mit $|x - x_0| < \delta$ gerade

$$|f(x, y) - f(x_0, y)| < \frac{\varepsilon}{2}$$

gilt – insbesondere ist die Zahl $\delta > 0$ unabhängig vom beliebig gewählten Punkt
y. Somit folgt für alle $x \in [0, 1]$ mit $|x - x_0| < \delta$ aufgrund der Standardabschätzung für Riemann-Integrale

$$|F(x) - F(x_0)| = \left| \int_0^2 f(x, y) - f(x_0, y) \, dy \right| \leq \int_0^2 |f(x, y) - f(x_0, y)| \, dy$$

und folglich wie gewünscht

$$|F(x) - F(x_0)| \leq 2 \sup_{y \in [0,2]} |f(x, y) - f(x_0, y)| < \varepsilon.$$

Dies zeigt, dass das Parameterintegral F stetig ist.

(b) Der Grenzwert

$$\lim_{x \to 0} \int_0^2 \frac{1}{1 + y^2 \cos(xy)} \, dy$$

ist mit den Notationen aus Teil (a) dieser Aufgabe äquivalent zu $\lim_{x \to 0} F(x)$.
Da wir gezeigt haben, dass die Funktion $F : [0, 1] \to \mathbb{R}$ stetig ist, muss der
Grenzwert somit äquivalent zum Integralwert $F(0)$ sein. Mit einer kleinen Rech-
nung folgt wegen $\cos(0) = 1$ und $\arctan(0) = 0$ gerade

$$F(0) = \int_0^2 \frac{1}{1 + y^2} \, dy = \arctan(y) \Big|_0^2 = \arctan(2) - \arctan(0) = \arctan(2),$$

das heißt, es gilt

$$\lim_{x \to 0} \int_0^2 \frac{1}{1 + y^2 \cos(xy)} \, dy = \arctan(2).$$

Lösung Aufgabe 66 Um zu beweisen, dass der Einsetzungsoperator $T : C([0, 1], \mathbb{R})$
$\to \mathbb{R}$ mit $T(x) = x(0)$ stetig ist, müssen wir Folgendes nachweisen: Ist $x \in$
$C([0, 1], \mathbb{R})$ beliebig, so ist es möglich zu jedem $\varepsilon > 0$ eine Zahl $\delta > 0$ so zu
finden, dass $|T(x) - T(y)| < \varepsilon$ für alle $y \in C([0, 1], \mathbb{R})$ mit $\|x - y\|_\infty < \delta$ gilt.

Dies ist aber sofort gegeben, falls wir zu beliebig gewählten $\varepsilon > 0$ stets $\delta = \varepsilon$ wählen, denn mit einer kleinen Rechnung folgt wie gewünscht

$$|T(x) - T(y)| = |x(0) - y(0)| \leq \sup_{t \in [0,1]} |x(t) - y(t)| = \|x - y\|_\infty.$$

Anmerkung Die obige Abschätzung zeigt, dass der Operator T sogar Lipschitzstetig ist. Intuitiv kann man sich die Stetigkeit des Einsetzungsoperators wie folgt vorstellen: Nimmt man sich zwei beliebige stetige Funktionen x und y, die sehr ähnlich sind, dann sind somit auch automatisch die beiden Funktionswerte $x(0)$ und $y(0)$ sehr ähnlich..

Lösung Aufgabe 67 Die Funktion $f : \mathbb{R} \to \mathbb{R}$ mit $f(x) = x^3 - 15x - 1$ ist als Polynom offensichtlich stetig [3, Aufgabe 85]. Weiter folgen mit einer kleinen Rechnung

$$f(-5) = -51, \quad f(-2) = 21, \quad f(1) = -15 \quad \text{und} \quad f(6) = 125.$$

Wir sehen somit, dass die stetige Funktion f in den drei Intervallen $[-5, -2]$, $[-2, 1]$ und $[1, 6]$ einen Vorzeichenwechsel hat, sodass aus dem Zwischenwertsatz beziehungsweise dem Nullstellensatz von Bolzano die Existenz von drei Nullstellen $x_1 \in [-5, -2]$, $x_2 \in [-2, 1]$ sowie $x_3 \in [1, 6]$ folgt (vgl. auch Abb. 22.1).

Lösung Aufgabe 68 Sei $x \in (-r, r)$ beliebig gewählt. Gilt bereits $f(x) = 0$, so ist nichts weiter zu zeigen. Im Fall $f(x) \neq 0$ nehmen wir ohne Einschränkung $f(x) > 0$ an. Da $f : (-r, r) \to \mathbb{R}$ eine ungerade Funktion ist, folgt somit wegen $f(x) = -f(-x)$ gerade $f(-x) < 0$. Mit dem Zwischenwertsatz für stetige Funktionen

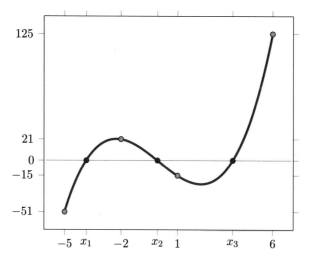

Abb. 22.1 Darstellung der Funktion $f : \mathbb{R} \to \mathbb{R}$ mit $f(x) = x^3 - 15x - 1$ und der drei Nullstellen $x_1 \approx -3,8392$, $x_2 \approx -0,0667$ und $x_3 \approx 3,9059$ (rot)

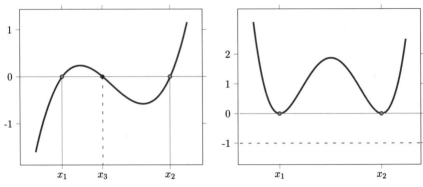

(a) Funktion mit zusätzlicher Nullstelle, die Be-   (b) Nicht surjektive Funktion, die Bedingung
dingung (22.1) verletzt   (22.1) verletzt

Abb. 22.2 Geometrische Konsequenzen aus Bedingung (22.1)

erhalten wir schließlich wie gewünscht die Existenz einer Stelle $\xi \in (-r, r)$ mit
$f(\xi) = 0$.

Lösung Aufgabe 69 Wir beweisen die Behauptung mit einem Widerspruchsbeweis.
Angenommen es existiert eine stetige Funktion $f : \mathbb{R} \to \mathbb{R}$ derart, dass jedes
Element des Zielbereichs $\mathbb{R}$ genau zwei Urbilder besitzt, das heißt, für jedes $y \in \mathbb{R}$
gilt

$$\left|\left\{x \in \mathbb{R} \mid f(x) = y\right\}\right| = 2. \tag{22.1}$$

Dann besteht damit insbesondere auch die Menge $\{x \in \mathbb{R} \mid f(x) = 0\}$ aus genau
zwei Elementen. Die beiden Nullstellen der Funktion bezeichnen wir im Folgenden
mit x_1 und x_2, wobei wir diese so nummerieren, dass $x_1 < x_2$ gilt. Wir sehen
weiter, dass die Funktion auf jedem der drei Intervallen $(-\infty, x_1)$, (x_1, x_2) und
$(x_2, +\infty)$ jeweils das gleiche Vorzeichen haben muss, denn andernfalls würde aus
dem Zwischenwertsatz für stetige Funktionen die Existenz einer dritten Nullstelle
folgen, was wegen Bedingung (22.1) nicht möglich ist (vgl. Abb. 22.2 (a)). Wegen
der Bedingung muss die Funktion f aber zudem surjektiv sein, womit $f(x) \geq 0$
oder $f(x) \leq 0$ für alle $x \in \mathbb{R}$ ebenfalls nicht möglich ist (vgl. Abb. 22.2 (b)). Im
Folgenden werden wir daher ohne Einschränkung annehmen, dass $f(x) \geq 0$ für
$x \in (-\infty, x_2]$ und $f(x) < 0$ für $x \in (x_2, +\infty)$ gilt. Da f nach Voraussetzung stetig
ist, folgt aus dem Satz von Weierstraß (vgl. Aufgabe 107), dass die Einschränkung
$f|_{[x_1, x_2]} : [x_1, x_2] \to \mathbb{R}$ ein Maximum $x_M \in (x_1, x_2)$ besitzt. Dabei sind $x_M = x_1$
oder $x_M = x_2$ nicht möglich, denn dies würde $f|_{[x_1, x_2]} = 0$ bedeuten, was erneut
Bedingung (22.1) widersprechen würde. Wir setzen weiter $f_M = f(x_M)$. Wegen
$f_M > 0$ folgt aus dem Zwischenwertsatz für stetige Funktionen, dass $f_M/2$ sowohl in
(x_1, x_M) als auch in (x_M, x_2) ein Urbild besitzt. Da f surjektiv ist, gibt es zu $2 f_M$ ein
Urbild in $(-\infty, x_1)$ oder $(x_2, +\infty)$. Im Intervall $[x_1, x_2]$ kann das Urbild hingegen
nicht liegen, da wir bereits wissen, dass $f(x) \leq f_M < 2 f_M$ für alle $x \in [x_1, x_2]$
gilt. Sei nun ohne Einschränkung $x' \in (-\infty, x_1)$ das Urbild von $2 f_M$, das heißt, es

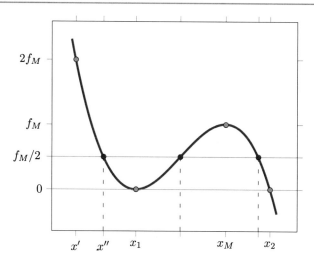

Abb. 22.3 Konstruktion von drei Stellen mit Funktionswert $f_M/2$

gilt $f(x') = 2f_M$. Betrachten wir nun die Einschränkung $f|_{[x',x_1]} : [x', x_1] \to \mathbb{R}$, so existiert wegen

$$f(x_1) = 0 < \frac{f_M}{2} < f(x') = 2f_M$$

gemäß dem Zwischenwertsatz eine Stelle $x'' \in [x', x_1]$ mit $f(x'') = f_M/2$ (vgl. Abb. 22.3). Jedoch besitzt $f_M/2$ bereits zwei Urbilder, sodass wir schließlich wegen

$$|\{x \in \mathbb{R} \mid f(x) = f_M/2\}| \geq 3$$

einen Widerspruch erhalten. Somit kann es keine stetige Funktion von $\mathbb{R}$ nach $\mathbb{R}$ so existieren, dass jedes Element aus $\mathbb{R}$ genau zwei Urbilder besitzt.

Anmerkung Die Funktion $f : \mathbb{R} \to \mathbb{R}$ mit $f(x) = x - n$ für $x \in [2n - 1, 2n + 1)$ und $n \in \mathbb{Z}$ besitzt für jedes $y \in \mathbb{R}$ genau zwei Urbilder. Jedoch ist diese Funktion offensichtlich nicht stetig.

Lösung Aufgabe 70 Sei zunächst $c \in (f'(a), f'(b))$ beliebig gewählt. Im Folgenden untersuchen wir die differenzierbare Hilfsfunktion $h : [a, b] \to \mathbb{R}$ mit $h(x) = f(x) - cx$. Somit gelten $h'(a) = f'(a) - c < 0$ und $h'(b) = f(b) - c > 0$. Die Ungleichungen implizieren, dass es zwei Stellen $s, t \in (a, b)$ mit $h(s) < h(a)$ und $h(t) < h(b)$ gibt. Insbesondere kann die Funktion h damit in den beiden Randpunkten kein Minimum besitzen – dabei ist die Existenz eines Minimums gewährleistet, da h stetig und $[a, b]$ kompakt ist (vgl. Aufgabe 107). Damit besitzt h ein Minimum $\xi \in (a, b)$, sodass wir wegen der notwendigen Bedingung gerade $h'(\xi) = 0$, also $f'(\xi) = c$ erhalten. Dies zeigt, dass die Ableitungsfunktion der Zwischenwerteigenschaft genügt.

Anmerkung Der Satz von Darboux ist auch als Zwischenwertsatz der Differential-rechnung bekannt. Beachten Sie, dass die Stetigkeit der Ableitungsfunktion f' weder vorausgesetzt noch aus dem Satz von Darboux folgt. Die Funktion $f : \mathbb{R} \to \mathbb{R}$ mit

$$f(x) = \begin{cases} x^2 \sin\left(\frac{1}{x}\right), & x \neq 0 \\ 0, & x = 0 \end{cases}$$

ist ein prominentes Beispiel für eine differenzierbare Funktion, deren Ableitung der Zwischenwerteigenschaft genügt. Jedoch ist die Ableitung von f nicht im Nullpunkt stetig.

Lösung Aufgabe 71 Wir führen den Beweis der Aussage in zwei Schritten.

(a) Zunächst gilt trivialer Weise $(a, b) \times (c, d) \subseteq [a, b] \times [c, d]$ und damit auch

$$\left\{ f(x, y) \in \mathbb{R} \mid (x, y)^\mathsf{T} \in (a, b) \times (c, d) \right\} \subseteq \left\{ f(x, y) \in \mathbb{R} \mid (x, y)^\mathsf{T} \in [a, b] \times [c, d] \right\}. \tag{22.2}$$

Da die Funktion $f : [a, b] \times [c, d] \to \mathbb{R}$ nach Voraussetzung stetig und $[a, b] \times [c, d]$ eine kompakte Teilmenge des $\mathbb{R}^2$ ist, folgt aus dem Satz von Weierstraß (vgl. Aufgabe 107), dass

$$\max_{(x,y)^\mathsf{T} \in [a,b] \times [c,d]} f(x, y) = \sup_{(x,y)^\mathsf{T} \in [a,b] \times [c,d]} f(x, y)$$

existiert und endlich ist. Wegen Gl. (22.2) folgt schließlich

$$\sup_{(x,y)^\mathsf{T} \in (a,b) \times (c,d)} f(x, y) \leq \sup_{(x,y)^\mathsf{T} \in [a,b] \times [c,d]} f(x, y).$$

(b) Für die umgekehrte Ungleichung sei nun $(x_0, y_0)^\mathsf{T} \in [a, b] \times [c, d]$ beliebig gewählt mit

$$f(x_0, y_0) = \sup_{(x,y)^\mathsf{T} \in [a,b] \times [c,d]} f(x, y).$$

Die Existenz eines solchen Punktes folgt erneut aus dem Satz von Weierstraß. Weiter existiert eine Folge $((x_n, y_n)^\mathsf{T})_n$ in $(a, b) \times (c, d)$ mit $\lim_n (x_n, y_n)^\mathsf{T} = (x_0, y_0)^\mathsf{T}$. Da für alle $n \in \mathbb{N}$ aber insbesondere

$$\sup_{(x,y)^\mathsf{T} \in (a,b) \times (c,d)} f(x, y) \geq f(x_n, y_n)$$

gilt, erhalten wir wegen der Stetigkeit von f schließlich beim Übergang zum Grenzwert

$$
\sup_{(x,y)^\mathsf{T} \in (a,b) \times (c,d)} f(x,y) \geq \lim_{n \to +\infty} f(x_n, y_n)
$$
$$
= f(x_0, y_0)
$$
$$
= \sup_{(x,y)^\mathsf{T} \in [a,b] \times [c,d]} f(x,y),
$$

womit wir wie gewünscht die umgekehrte Ungleichung bewiesen haben.

Lösung Aufgabe 72

(a) Die erste Aussage ist richtig, was wir uns wie folgt überlegen können: Seien dazu $x \in \mathbb{R}^d$ und $j \in \{1, \ldots, d\}$ beliebig gewählt. Um nachzuweisen, dass die Funktion $f_j : \mathbb{R} \to \mathbb{R}$ mit $f_j(t) = f(x_1, \ldots, x_{j-1}, t, x_{j+1}, \ldots, x_d)$ stetig ist, wählen wir zunächst eine beliebige Folge $(t_n)_n \subseteq \mathbb{R}$ mit $\lim_n t_n = x_j$. Wegen

$$
\|(x_1, \ldots, x_{j-1}, t_n, x_{j+1}, \ldots, x_d)^\mathsf{T} - (x_1, \ldots, x_d)^\mathsf{T}\|_1 = |t_n - x_j|
$$

(die beiden Vektoren unterscheiden sich lediglich in der j-ten Komponente) konvergiert somit auch die mehrdimensionale Folge

$$
\left((x_1, \ldots, x_{j-1}, t_n, x_{j+1}, \ldots, x_d)^\mathsf{T}\right)_n \subseteq \mathbb{R}^d
$$

gegen den Vektor $x = (x_1, \ldots, x_d)^\mathsf{T}$. Da die Funktion $f : \mathbb{R}^d \to \mathbb{R}$ nach Voraussetzung stetig (!) ist, erhalten wir schließlich wie gewünscht

$$
\lim_{n \to +\infty} f_j(t_n) = \lim_{n \to +\infty} f(x_1, \ldots, x_{j-1}, t_n, x_{j+1}, \ldots, x_d)
$$
$$
\overset{(!)}{=} f(x_1, \ldots, x_{j-1}, x_j, x_{j+1}, \ldots, x_d)
$$
$$
= f_j(x_j),
$$

also $\lim_n f_j(t_n) = f_j(x_j)$. Dies zeigt die Stetigkeit von f_j im Punkt x_j.

(b) Die Umkehrung von Aussage (a) ist im Allgemeinen falsch. Wir betrachten dazu die Funktion $f : \mathbb{R}^2 \to \mathbb{R}$ mit

$$
f(x_1, x_2) = \begin{cases} \frac{x_1 x_2}{\sqrt{x_1^2 + x_2^2}}, & (x_1, x_2)^\mathsf{T} \neq (0,0)^\mathsf{T} \\ 0, & (x_1, x_2)^\mathsf{T} = (0,0)^\mathsf{T} \end{cases}
$$

aus Aufgabe 129. Dort haben wir bereits gezeigt, dass diese im Nullpunkt $(0,0)^\mathsf{T}$ unstetig ist. Betrachten wir nun die beiden eindimensionalen Funktionen $f_1, f_2 : \mathbb{R} \to \mathbb{R}$ mit $f_1(t) = f(t, 0)$ und $f_2(t) = f(0, t)$, so sind diese automatisch stetig (und daher insbesondere in Null stetig), da $f_1(t) = f_2(t) = 0$ für alle $t \in \mathbb{R}$ gilt.

Lösung Aufgabe 73 Wir erinnern zunächst daran, dass eine Funktion $f : M \to M'$ zwischen den metrischen Räumen (M, d) und (M', d') genau dann in einem Punkt $x \in M$ stetig ist, wenn es zu jedem $\varepsilon > 0$ eine Zahl $\delta > 0$ derart gibt, dass $d'(f(x), f(y)) < \varepsilon$ für alle $y \in M$ mit $d(x, y) < \delta$ gilt. Im Folgenden verwenden wir die üblichen Notationen

$$f(A) = \{f(x) \in M' \mid x \in A\} \quad \text{und} \quad f^{-1}(A') = \{x \in M \mid f(x) \in A'\}$$

für das Bild und Urbild der Funktion f, wobei $A \subseteq M$ beziehungsweise $A' \subseteq M'$ nichtleere Teilmengen sind. Bezeichnen wir für $r > 0$ und $x \in M$ mit $B_r(x) = \{y \in M \mid d(x, y) < r\}$ die offene Kugel um x mit Radius r – analog werden natürlich die offenen Kugeln in (M', d') definiert – dann bedeutet die Stetigkeit der Funktion $f : M \to M'$ im Punkt $x \in M$ äquivalent, dass es zu jedem $\varepsilon > 0$ eine Zahl $\delta > 0$ mit

$$B_\delta(x) \subseteq f^{-1}(B_\varepsilon(f(x))) = \{y \in M \mid f(y) \in B_\varepsilon(f(x))\}$$

beziehungsweise (äquivalent) mit

$$f(B_\delta(x)) \subseteq B_\varepsilon(f(x))$$

gibt. Dabei haben wir im letzten Schritt verwendet, dass für alle Mengen $A \subseteq M$ und $A' \subseteq M'$ genau dann $A \subseteq f^{-1}(A')$ gilt, wenn $f(A) \subseteq A'$ gilt (Galoisverbindung).

Lösung Aufgabe 74 Zum Beweis der Charakterisierung der Stetigkeit müssen wir zwei Richtungen beweisen – es handelt sich hier ja um eine Äquivalenzaussage.

(a) Wir nehmen daher zunächst an, dass die Funktion $f : M \to M'$ stetig ist. Sei $A' \subseteq M'$ eine offene Menge. Wir können dabei weiter annehmen, dass $A' \neq \emptyset$ und $f^{-1}(A') \neq \emptyset$ gelten. Wäre A' nämlich leer, so würde gemäß der Definition der Urbildfunktion auch $f^{-1}(A') = \emptyset$ folgen. Jedoch ist die leere Menge stets offen, sodass wir nichts weiter zu zeigen hätten. Sei nun $x \in f^{-1}(A')$, also $x \in M$ mit $f(x) \in A'$, beliebig gewählt. Da die Menge A' nach Voraussetzung in M' offen ist, gibt es $\varepsilon > 0$ mit $B_\varepsilon(f(x)) \subseteq A'$. Weiter finden wir wegen der Stetigkeit von f eine Zahl $\delta > 0$ mit

$$f(B_\delta(x)) \subseteq B_\varepsilon(f(x)) \subseteq A'$$

(vgl. Aufgabe 73). Jedoch gilt für alle Mengen $A \subseteq M$ und $A' \subseteq M'$ genau dann $A \subseteq f^{-1}(A')$, wenn $f(A) \subseteq A'$ gilt, sodass wir weiter

$$B_\delta(x) \subseteq f^{-1}(A')$$

erhalten. Das bedeutet aber gerade, dass x ein innerer Punkt von $f^{-1}(A')$ ist, womit wir wie gewünscht gezeigt haben, dass die Menge $f^{-1}(A')$ offen ist.

(b) Sei nun $f : M \to M'$ eine Funktion derart, dass für jede offene Menge $A' \subseteq M'$ die Urbildmenge $f^{-1}(A') \subseteq M$ ebenfalls offen ist. Seien weiter $x \in M$ und $\varepsilon > 0$ beliebig gewählt. Da die offene Kugel $B_\varepsilon(f(x)) = \{y' \in M' \mid d'(f(x), y') < \varepsilon\}$ bekanntlich eine offene Teilmenge von M' ist, folgt gemäß der getroffenen Voraussetzung, dass auch

$$f^{-1}(B_\varepsilon(f(x))) = \{y \in M \mid f(y) \in B_\varepsilon(f(x))\}$$

in M offen ist. Trivialer Weise gilt wegen $f(x) \in B_\varepsilon(f(x))$ aber auch $x \in f^{-1}(B_\varepsilon(f(x)))$. Damit ist x ein innerer Punkt dieser offenen Menge, also finden wir $\delta > 0$ mit

$$B_\delta(x) \subseteq f^{-1}(B_\varepsilon(f(x))),$$

was äquivalent zu $f(B_\delta(x)) \subseteq B_\varepsilon(f(x))$ ist (vgl. auch die Lösung von Aufgabe 73). Mit der Charakterisierung aus Aufgabe 73 folgt schließlich, dass die Funktion in $x \in M$ stetig ist. Da dieser Punkt aber beliebig gewählt war, haben wir wie gewünscht nachgewiesen, dass die Funktion f in ganz M stetig ist.

Lösung Aufgabe 75 Die Polynomfunktion $f : \mathbb{R} \to \mathbb{R}$ mit $f(x) = x^2$ ist stetig und $A = (-1, 1)$ ist offensichtlich eine offene Teilmenge von $\mathbb{R}$. Das Bild

$$f(A) = \{f(x) \in \mathbb{R} \mid x \in A\} = \left\{x^2 \in \mathbb{R} \mid x \in (-1, 1)\right\} = [0, 1)$$

ist hingegen nicht offen, da 0 kein innerer Punkt von $f(A) = [0, 1)$ ist.

Lösung Aufgabe 76 Die Aussage ist im Allgemeinen falsch, was wir durch ein geeignetes Gegenbeispiel beweisen werden. Dazu betrachten wir $X = Y = \mathbb{R}$ mit der üblichen Topologie. Definieren wir weiter die Menge $A = (0, 1)$ und die Funktion $f : \mathbb{R} \to \mathbb{R}$ mit

$$f(x) = \begin{cases} 0, & x < 0 \\ x, & 0 \le x \le 1 \\ 1, & x > 1, \end{cases}$$

so sehen wir sofort, dass f stetig ist. Weiter folgen wegen $\overline{A} = [0, 1]$ (vgl. auch Aufgabe 29) gerade

$$f^{-1}(\overline{A}) = \{x \in \mathbb{R} \mid f(x) \in [0, 1]\} = \mathbb{R}$$

und

$$\overline{f^{-1}(A)} = \overline{\{x \in \mathbb{R} \mid f(x) \in (0, 1)\}} = \overline{(0, 1)} = [0, 1].$$

Insgesamt erhalten wir also wie gewünscht $f^{-1}(\overline{A}) \neq \overline{f^{-1}(A)}$.

Lösung Aufgabe 77 Für die Lösung dieser Aufgabe werden wir verwenden, dass in einem metrischen Raum eine Menge genau dann kompakt ist, wenn sie Folgen-kompakt (kompakt) ist [1, 3.4 Theorem]. Wir werden daher (äquivalent) zeigen, dass das Bild $f(M) = \{f(x) \in M' \mid x \in M\}$ der kompakten Menge M eine Folgen-kompakte Teilmenge von M' ist. Sei dazu $(y_n)_n \subseteq f(M)$ eine beliebige Folge, das heißt, zu jedem $n \in \mathbb{N}$ finden wir ein Element $x_n \in M$ mit $f(x_n) = y_n$. Die so generierte Folge $(x_n)_n$ liegt vollständig in M und besitzt folglich eine konvergente Teilfolge $(x_{n_j})_j$ mit $\lim_j x_{n_j} = x$ und Grenzwert $x \in M$, da die Menge M kompakt ist. Da die Funktion $f : M \to M'$ aber nach Voraussetzung stetig (!) ist, erhalten wir

$$\lim_{j \to +\infty} y_{n_j} = \lim_{j \to +\infty} f(x_{n_j}) \overset{(!)}{=} f(x)$$

und $f(x) \in f(M)$. Wir haben somit gezeigt, dass jede Folge aus $f(M)$ eine konvergente Teilfolge mit Grenzwert in $f(M)$ besitzt. Dies bedeutet aber gerade, dass die Menge $f(M)$ kompakt in M' ist.

Lösung Aufgabe 78 Um zu beweisen, dass die metrischen Räume (M, ρ) und (M', ρ') homöomorph sind, müssen wir einen Homöorphismus $f : M \to M'$, das heißt, eine stetige und bijektive Abbildung konstruieren, deren Umkehrab-bildung ebenfalls stetig ist. Wir betrachten die Abbildung $f : M \to M'$ mit $f(x) = x/(1 + |x|)$ (vgl. Abb. 22.4). Diese ist offensichtlich wohldefiniert, das heißt, sie bildet die Menge $M = \mathbb{R}$ auf $M' = (0, 1)$ ab und ist zudem als Komposi-tion stetiger Abbildungen stetig. Wir überlegen uns nun weiter, dass $g : M' \to M$ mit $g(x) = x/(1 - |x|)$ die Umkehrabbildung von f ist, also $g = f^{-1}$ gilt. Mit einer kleinen Rechnung folgt für $x \in M'$ gerade

$$(f \circ g)(x) = \frac{\frac{x}{1-|x|}}{1 + \left|\frac{x}{1-|x|}\right|} = \frac{x}{(1 - |x|)\left(1 + \frac{|x|}{|1-|x||}\right)} = x$$

und analog für $x \in M$

$$(g \circ f)(x) = \frac{\frac{x}{1+|x|}}{1 - \left|\frac{x}{1+|x|}\right|} = \frac{x}{(1 + |x|)\left(1 - \frac{|x|}{1+|x|}\right)} = x,$$

was zeigt, dass g die Umkehrabbildung von f ist. Da die Abbildung g aber offen-sichtlich ebenfalls stetig ist, haben wir wie gewünscht gezeigt, dass die metrischen Räume (M, ρ) und (M', ρ') homöomorph sind.

Lösung Aufgabe 79 Sei $A : V \to W$ eine lineare Abbildung zwischen den nor-mierten Räumen $(V, \|\cdot\|_V)$ und $(W, \|\cdot\|_W)$. Aus Aufgabe 36 wissen wir, dass durch $\|\cdot\|_A : V \to \mathbb{R}$ mit $\|x\|_A = \|x\|_V + \|Ax\|_W$ eine Norm auf V definiert wird – die sogenannte Graphennorm. Dabei bezeichnet $Ax = A(x)$ die Auswertung der

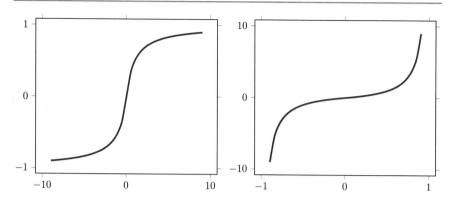

Abb. 22.4 Darstellung der Abbildungen $f : \mathbb{R} \to (-1, 1)$ mit $f(x) = x/(1 + |x|)$ (links) und $g : (-1, 1) \to \mathbb{R}$ mit $g(x) = x/(1 - |x|)$ (rechts)

Abbildung (des Operators) A an der Stelle $x \in V$. Da der lineare Raum V jedoch endlichdimensional ist, sind bekanntlich alle Normen in V äquivalent, das heißt, es gibt eine Zahl $C \geq 0$ mit $\|x\|_A \leq C\|x\|_V$ für alle $x \in V$. Damit folgt

$$\|Ax\|_W \leq \|x\|_V + \|Ax\|_W = \|x\|_A \leq C\|x\|_V,$$

also $\|Ax\|_W \leq C\|x\|_V$ für jedes $x \in V$. Somit ist die lineare Abbildung A beschränkt und folglich wegen Aufgabe 51 auch stetig.

Lösung Aufgabe 80 Zur Übersicht unterteilen wir die Lösung dieser Aufgabe in zwei Teile. Dabei werden wir im ersten Schritt zunächst eine nützliche Hilfsungleichung herleiten und damit die gleichmäßige Stetigkeit der Funktion beweisen.

(a) Wir überlegen uns zuerst, dass für alle positiven Zahlen $s, t \geq 0$ die Ungleichung

$$\frac{s + t}{(1 + s^2)(1 + t^2)} \leq 1$$

gilt. Für $s \geq 0$ gilt zunächst $0 \leq (1 - s)^2$ beziehungsweise äquivalent $s \leq (1 + s^2)/2 \leq 1/2 + s^2$. Damit erhalten wir für alle $s, t \geq 0$ wie gewünscht

$$s + t \leq 1 + s^2 + t^2 \leq 1 + s^2 + t^2 + s^2 t^2 = (1 + s^2)(1 + t^2),$$

womit die Ungleichung automatisch folgt.

(b) Seien nun $x, y \in \mathbb{R}^d$ beliebig gewählt. Dann folgt zunächst mit einer kleinen Rechnung

$$f(x) - f(y) = \frac{1}{1 + \|x\|_2^2} - \frac{1}{1 + \|y\|_2^2}$$

$$= \|y\|_2^2 - \|x\|_2^2 (1 + \|x\|_2^2)(1 + \|y\|_2^2) = \frac{\|x\|_2 + \|y\|_2}{(1 + \|x\|_2^2)(1 + \|y\|_2^2)} (\|y\|_2 - \|x\|_2),$$

wobei wir im letzten Schritt die dritte binomische Formel verwendet haben.
Weiter gilt wegen Teil (a) dieser Aufgabe

$$\frac{\|x\|_2 + \|y\|_2}{(1 + \|x\|_2^2)(1 + \|y\|_2^2)} \leq 1,$$

sodass wir schließlich mit Hilfe der umgekehrten Dreiecksungleichung (!) aus
Aufgabe 64 die Abschätzung

$$|f(x) - f(y)| \leq \Big| \|y\|_2 - \|x\|_2 \Big| \overset{(!)}{\leq} \|x - y\|_2$$

erhalten. Wir haben somit nachgewiesen, dass die Funktion $f : \mathbb{R}^d \to \mathbb{R}$ mit
$f(x) = 1/(1 + \|x\|_2^2)$ Lipschitz-stetig mit Lipschitz-Konstante $L = 1$ und somit
insbesondere gleichmäßig stetig ist [3, Aufgabe 118].

Lösung Aufgabe 81 Wir unterteilen die Lösung dieser Aufgabe in zwei Teile:

(a) Zunächst überlegen wir uns, dass der Operator $T : C([0, 1], \mathbb{R}) \to C([0, 1], \mathbb{R})$
    mit

$$(T(x))(t) = \frac{t}{2} - \int_0^t s^2 x(s) \, ds$$

wohldefiniert ist. Sei dazu $x \in C([0, 1], \mathbb{R})$ eine stetige Funktion. Offensichtlich
ist dann auch das Produkt $[0, 1] \to \mathbb{R}, t \mapsto t^2 x(t)$ stetig, sodass wegen dem
Hauptsatz der Differential- und Integralrechnung die Stetigkeit von $[0, 1] \to$
$\mathbb{R}, t \mapsto \int_0^t s^2 x(s) \, ds$ folgt. Wir haben somit $T(x) \in C([0, 1], \mathbb{R})$ bewiesen,
das heißt, der Operator T bildet Elemente aus $C([0, 1], \mathbb{R})$ auf Elemente in
$C([0, 1], \mathbb{R})$ ab und ist daher wohldefiniert.

(b) Wir beweisen nun, dass der Operator T gleichmäßig stetig ist. Seien dazu
    $x, y \in C([0, 1], \mathbb{R})$ beliebige Funktionen. Offensichtlich gilt mit der Standard-
    dabschätzung für Riemann-Integrale (!) für alle $t \in [0, 1]$

$$|(T(x))(t) - (T(y))(t)| = \left| \int_0^t s^2(x(s) - y(s)) \, ds \right| \overset{(!)}{\leq} \int_0^t s^2 |x(s) - y(s)| \, ds.$$

Weiter folgt aber auch gemäß der Definition der Supremumsnorm $\| \cdot \|_\infty$ für
jedes $s \in [0, 1]$ gerade

$$s^2 |x(s) - y(s)| \leq |x(s) - y(s)| \leq \sup_{t \in [0,1]} |x(t) - y(t)| = \|x - y\|_\infty,$$

sodass wir die rechte Seite des obigen Ausdrucks für $t \in [0, 1]$ wie folgt weiter
abschätzen können:

$$\int_0^t s^2 |x(s) - y(s)| \, ds \leq \|x - y\|_\infty \int_0^t 1 \, ds = t \|x - y\|_\infty \leq \|x - y\|_\infty.$$

Insgesamt erhalten wir also für jedes $t \in [0, 1]$

$$|(T(x))(t) - (T(y))(t)| \leq \|x - y\|_\infty.$$

Gehen wir schließlich in dieser Ungleichung zum Supremum über, so folgt

$$\|T(x) - T(y)\|_\infty \leq \|x - y\|_\infty.$$

Wir haben somit bewiesen, dass der Operator T Lipschitz-stetig und damit insbesondere gleichmäßig stetig ist.

Lösung Aufgabe 82 Sei $\varepsilon > 0$ beliebig gegeben. Setzen wir $\delta = \varepsilon/2$, so folgt für alle Elemente (v, w), $(x, y) \in V \times V$ des Produktraums

$$\| \operatorname{add}(v, w) - \operatorname{add}(x, y)\|_V = \|v + w - (x + y)\|_V = \|v - x + w - y\|_V$$

und mit der Dreiecksungleichung speziell für $d((v, w), (x, y)) < \delta$ gerade

$$\|v - x + w - y\|_V \leq \|v - x\|_V + \|w - y\|_V \leq 2d((v, w), (x, y)) < 2\delta = \varepsilon,$$

also wie gewünscht

$$\| \operatorname{add}(v, w) - \operatorname{add}(x, y)\|_V < \varepsilon.$$

Dies zeigt die gleichmäßige Stetigkeit der Addition $\operatorname{add} : V \times V \to V$.

Lösung Aufgabe 83

(a) Die Funktion $f : \mathbb{R}^d \setminus \{\mathbf{0}\} \to \mathbb{R}^d$ mit $f(x) = x/\|x\|_2^2$ ist als Quotient der beiden stetigen Funktionen $\mathbb{R}^d \to \mathbb{R}^d$, $x \mapsto x$ und $\mathbb{R}^d \setminus \{\mathbf{0}\} \to \mathbb{R}$, $x \mapsto \|x\|_2^2$ ebenfalls stetig (vgl. auch Aufgabe 64).

(b) Um zu beweisen, dass die Funktion f nicht gleichmäßig stetig ist, genügt es zwei Folgen $(x^n)_n$, $(y^n)_n \subseteq \mathbb{R}^d \setminus \{\mathbf{0}\}$ mit

$$\lim_{n \to +\infty} \|x^n - y^n\|_2 = 0 \quad \text{und} \quad \lim_{n \to +\infty} \|f(x^n) - f(y^n)\|_2 > 0$$

anzugeben (vgl. auch [3, Aufgabe 111]). Dabei ist wieder zu beachten, dass man alternativ auch jede andere Norm im $\mathbb{R}^d$ verwenden könnte, da alle Normen des $\mathbb{R}^d$ äquivalent sind. Wir bezeichnen nun mit $\mathbf{e} = (1, \dots, 1)^\mathsf{T} \in \mathbb{R}^d$ den d-dimensionalen Vektor, deren Einträge alle 1 sind. Weiter definieren wir die beiden Folgen $(x^n)_n$, $(y^n)_n \subseteq \mathbb{R}^d \setminus \{\mathbf{0}\}$ durch $x^n = \mathbf{e}/n$ und $y^n = \mathbf{e}/(2n)$. Wegen

$$\|x^n - y^n\|_2 = \left(\sum_{j=1}^d \left(\frac{1}{n} - \frac{1}{2n} \right)^2 \right)^{\frac{1}{2}} = \left(\sum_{j=1}^d \left(\frac{1}{2n} \right)^2 \right)^{\frac{1}{2}} = \frac{\sqrt{d}}{2n}$$

für alle $n \in \mathbb{N}$ folgt offensichtlich $\lim_n \|x^n - y^n\|_2 = 0$. Weiter gilt für jedes $n \in \mathbb{N}$ mit einer kleinen Rechnung

$$\|f(x^n) - f(y^n)\|_2 = \left\| \frac{x^n}{\|x^n\|_2^2} - \frac{y^n}{\|y^n\|_2^2} \right\|_2 = \left\| \frac{x^n}{d/n^2} - \frac{y^n}{d/(2n)^2} \right\|_2 = \frac{n}{d}\|\mathbf{e}\|_2,$$

sodass wir wegen $\|\mathbf{e}\|_2 = \sqrt{d}$ wie gewünscht

$$\lim_{n \to +\infty} \|f(x^n) - f(y^n)\|_2 = \lim_{n \to +\infty} \frac{n}{\sqrt{d}} = +\infty$$

erhalten. Dies zeigt, dass die Funktion f nicht gleichmäßig stetig ist.

Anmerkung Die Schreibweise $\mathbf{e}/n$ steht für $n^{-1}\mathbf{e}$ beziehungsweise $(1/n, \ldots, 1/n)^{\mathsf{T}}$.

Lösung Aufgabe 84

(a) Wir betrachten die Funktion $f : [a, b] \to \mathbb{R}$ mit $f(x) = x^2$. Mit der (dritten) binomischen Formel folgt zunächst für alle $x, y \in [a, b]$

$$|f(x) - f(y)| = |x^2 - y^2| = |x - y||x + y|.$$

Folglich ist die Funktion f Lipschitz-stetig ist, falls $\sup_{x,y \in [a,b]} |x + y| < +\infty$ gilt, das heißt, der zweite Faktor der rechten Seite ist beschränkt. Das ist aber gerade der Fall, denn es gilt

$$\sup_{x,y \in [a,b]} |x + y| \leq \sup_{x,y \in [a,b]} \big(|x| + |y|\big) = 2\max\{|a|, |b|\}.$$

Wir haben somit wie gewünscht nachgewiesen, dass die Funktion Lipschitz-stetig mit Lipschitz-Konstanten $L = 2\max\{|a|, |b|\}$ ist.

(b) Wir untersuchen nun die Funktion $f : \mathbb{R} \to \mathbb{R}$ mit $f(x) = x^2$. Wäre diese Lipschitz-stetig, so gäbe es eine Zahl $L \geq 0$ mit

$$\frac{|f(x) - f(y)|}{|x - y|} \leq L$$

für alle $x, y \in \mathbb{R}$ mit $x \neq y$. Wählen wir jedoch $n \in \mathbb{N}$ beliebig und setzen $x = n$ und $y = 0$, so folgt wegen der obigen Ungleichung mit einer kleinen Rechnung $n \leq L$. Da die linke Seite der Ungleichung aber natürlich für $n \to +\infty$ beliebig groß wird während die rechte Seite konstant bleibt, ist die Funktion f folglich nicht Lipschitz-stetig.

Anmerkung Alternativ kann die differenzierbare Funktion $f : \mathbb{R} \to \mathbb{R}$ nicht Lipschitz-stetig sein, denn wegen $f'(x) = 2x$ für $x \in \mathbb{R}$ ist die Ableitung von f offensichtlich unbeschränkt – das ist eine Konsequenz aus dem Mittelwertsatz der Differentialrechnung [3, Schrankensatz, Aufgabe 150].

Lösung Aufgabe 85 Wir betrachten die sogenannte Abstandsfunktion $\text{dist}(\cdot, A)$: $M \to \mathbb{R}$ mit

$$\text{dist}(x, A) = \inf_{y \in A} d(x, y).$$

Da (M, d) nach Voraussetzung ein metrischer Raum ist, gilt wegen der Positivität der Metrik $d(x, y) \geq 0$ für alle $x, y \in M$. Folglich ist die Funktion $\text{dist}(\cdot, A)$ wohldefiniert, da die nichtleere Menge $\{d(x, y) \in \mathbb{R} \mid y \in M\}$ für jedes $x \in M$ nach unten beschränkt ist und daher ein Infimum besitzt. Seien nun $x, y, z \in M$ beliebig gewählt. Zunächst gilt wegen der Dreiecksungleichung

$$d(x, z) \leq d(x, y) + d(y, z).$$

Gehen wir nun in dieser Ungleichung zum Infimum über alle Elemente in A über (die Variablen x und y werden festgehalten), so folgt

$$\begin{aligned}
\text{dist}(x, A) &= \inf_{z \in A} d(x, z) \\
&\leq \inf_{z \in A} \big(d(x, y) + d(y, z) \big) \\
&= d(x, y) + \inf_{z \in A} d(y, z) = d(x, y) + \text{dist}(y, A)
\end{aligned}$$

und weiter durch Umsortieren

$$\text{dist}(x, A) - \text{dist}(y, A) \leq d(x, y). \tag{22.3}$$

Wiederholt man die obige Argumentation und vertauscht die Rollen von x und y, so erhalten wir wegen der Symmetrie der Metrik d genauso

$$\text{dist}(y, A) - \text{dist}(x, A) \leq d(x, y). \tag{22.4}$$

Die Ungleichungen (22.3) und (22.4) lassen sich schließlich zu

$$\big| \text{dist}(x, A) - \text{dist}(y, A) \big| \leq d(x, y)$$

zusammenfassen, womit wir wie gewünscht bewiesen haben, dass die Abstandsfunktion $\text{dist}(\cdot, A)$ Lipschitz-stetig mit Lipschitz-Konstanten $L = 1$ ist.

Anmerkung Der Nachweis der Lipschitz-Stetigkeit erfolgte ähnlich wie in [3, Aufgabe 119]. Im Fall $A = M$ ist die Abstandsfunktion konstant Null und daher trivialer Weise Lipschitz-stetig.

Lösung Aufgabe 86 Wir untersuchen die mehrdimensionale Funktion $f : \mathbb{R}^d \to \mathbb{R}$ mit $f(x) = \sum_{j=1}^{d-1} x_j^2 + d x_d^2$. Um nachzuweisen, dass die Funktion nicht Lipschitz-stetig sein kann betrachten wir die Folge $(x^n)_n \subseteq \mathbb{R}^d$ mit

$$x^n = (x_1^n, \ldots, x_{d-1}^n, x_d^n)^\mathsf{T} = (n, \ldots, n, 0)^\mathsf{T}.$$

Mit einer kleinen Rechnung folgen dann für jedes $n \in \mathbb{N}$

$$f(x^n) - f(\mathbf{0}) = \sum_{j=1}^{d-1} (x_j^n)^2 + d(x_d^n)^2 = \sum_{j=1}^{d-1} n^2 = n^2(d-1)$$

und

$$\|x^n - \mathbf{0}\|_2 = \left(\sum_{j=1}^{d} (x_j^n)^2 \right)^{\frac{1}{2}} = \left(\sum_{j=1}^{d-1} n^2 \right)^{\frac{1}{2}} = n\sqrt{d-1},$$

da die letzte Komponente jedes Folgenglieds Null ist. Wir erhalten somit

$$\frac{|f(x^n) - f(\mathbf{0})|}{\|x^n - \mathbf{0}\|_2} = \frac{n^2(d-1)}{n\sqrt{d-1}} = n\sqrt{d-1}$$

für alle $n \in \mathbb{N}$. Da der Quotient für $n \to +\infty$ unbeschränkt ist, kann es folglich keine Konstante $L \geq 0$ so geben, dass $|f(x) - f(\mathbf{0})| \leq L\|x - \mathbf{0}\|_2$ für alle $x \in \mathbb{R}^d$ gilt. Dies zeigt, dass die Funktion f nicht Lipschitz-stetig ist.

Lösung Aufgabe 87 Für diese Aufgabe werden wir zwei verschiedene Lösungen betrachten:

(a) Sei $\alpha \in (0, 1]$ beliebig gewählt. Um zu beweisen, dass die Funktion $f :$ $[0, +\infty) \to \mathbb{R}$ mit $f(x) = x^\alpha$ Hölder-stetig mit Hölder-Exponenten α ist, müssen wir für eine geeignete Konstante $C \geq 0$ die Ungleichung

$$|f(x) - f(y)| = |x^\alpha - y^\alpha| \leq C|x - y|^\alpha$$

für alle $x, y \in [0, +\infty)$ nachweisen. Wegen $f(0) = 0$ ist die Ungleichung automatisch erfüllt, falls $x = 0$ oder $y = 0$ gilt. Wir wählen daher $x, y \in (0, +\infty)$ beliebig und nehmen ohne Einschränkung $x < y$ an. Da gemäß Voraussetzung $0 < \alpha \leq 1$ gilt und die Funktion f offensichtlich monoton wachsend ist, erhalten wir zunächst

$$1 - \frac{x^\alpha}{y^\alpha} \leq 1 - \frac{x}{y} \leq \left(1 - \frac{x}{y} \right)^\alpha.$$

Multiplizieren wird die Ungleichungen weiter mit $y^\alpha > 0$ durch, so folgt wegen $0 < x < y$ wie gewünscht $|x^\alpha - y^\alpha| \leq |x - y|^\alpha$, womit wir nachgewiesen haben, dass die Funktion f Hölder-stetig mit Hölder-Exponenten α ist.

(b) Alternativ können wir aber auch die Beziehung

$$f(x) - f(y) = x^\alpha - y^\alpha = \int_y^x \alpha t^{\alpha-1}\, dt$$

verwenden. Mit dieser folgt wegen der Monotonie des Riemann-Integrals (!)
weiter

$$\int_y^x \alpha t^{\alpha-1}\, dt \overset{(!)}{\le} \int_y^x \alpha(t-y)^{\alpha-1}\, dt \overset{(!!)}{\le} \int_0^{x-y} \alpha s^{\alpha-1}\, ds = s^\alpha \Big|_0^{x-y} = (x-y)^\alpha,$$

wobei wir in Schritt (!!) die lineare Substitution $s(t) = t - y$ für $t \in [x, y]$ mit
$ds = dt$, $s(x) = x - y$ und $s(y) = 0$ verwendet haben. Insgesamt folgt damit
erneut die Hölder-Stetigkeit der Funktion f zum Hölder-Exponenten α.

Lösung Aufgabe 88 Zunächst bemerken wir, dass die Funktion $f : [0, 1/2] \to \mathbb{R}$
mit $f(x) = 1/\ln(x)$ für $x \in (0, 1/2]$ und $f(0) = 0$ wegen

$$\lim_{x \to 0^+} f(x) = \lim_{x \to 0^+} \frac{1}{\ln(x)} = 0 = f(0)$$

in ganz $[0, 1/2]$ stetig ist. Da $[0, 1/2]$ eine kompakte Teilmenge von $\mathbb{R}$ ist, folgt mit
dem Satz von Heine [3, Aufgabe 113] automatisch die gleichmäßige Stetigkeit der
Funktion. Jedoch ist f nicht Hölder-stetig, da es keine Zahlen $\alpha > 0$ und $C \ge 0$ mit

$$|f(x) - f(0)| \le C|x - 0|^\alpha$$

für alle $x \in [0, 1/2]$ geben kann. Die obige Ungleichung würde nämlich $1 \le
C|x|^\alpha \ln(x)$ für jedes $x \in (0, 1/2]$ bedeuten, was unmöglich ist, denn mit dem
Satz von l'Hospital erhalten wir

$$\lim_{x \to 0^+} |x|^\alpha \ln(x) = \lim_{x \to 0^+} \frac{\ln(x)}{x^{-\alpha}} \overset{\text{l'Hosp.}}{=} \lim_{x \to 0^+} \frac{1/x}{-\alpha x^{-\alpha-1}} = -\lim_{x \to 0^+} \frac{x^\alpha}{\alpha} = 0.$$

Dies zeigt, dass die Funktion f nicht Hölder-stetig ist.

Lösung Aufgabe 89 Da die Funktion $f : [a, b] \to \mathbb{R}$ nach Voraussetzung Hölder-
stetig mit Hölder-Exponent $\alpha > 1$ ist, gibt es eine Zahl $C \ge 0$ derart, dass

$$|f(x) - f(y)| \le C|x - y|^\alpha$$

für alle $x, y \in [a, b]$ gilt. Seien nun $x, y \in [a, b]$ mit $x < y$ sowie $n \in \mathbb{N}$ beliebig gewählt. Definieren wir $\xi_j = x + j(y - x)/n$ für jedes $j \in \{0, \ldots, n\}$, so

folgt mit Hilfe der Dreiecksungleichung (!) und der Hölder-Stetigkeit (!!) gerade (Teleskopsumme beachten)

$$|f(x) - f(y)| = \left| \sum_{j=1}^{n} (f(\xi_j) - f(\xi_{j-1})) \right| \overset{(!)}{\leq} \sum_{j=1}^{n} |f(\xi_j) - f(\xi_{j-1})| \overset{(!!)}{\leq} C \sum_{j=1}^{n} |\xi_j - \xi_{j-1}|^\alpha.$$

Da aber offensichtlich $\xi_j - \xi_{j-1} = (y - x)/n$ für alle $j \in \{0, \ldots, n\}$ gilt, folgt insgesamt

$$|f(x) - f(y)| \leq C \sum_{j=1}^{n} |\xi_j - \xi_{j-1}|^\alpha \leq C \frac{n}{n^\alpha} |x - y|^\alpha = \frac{C}{n^{\alpha-1}} |x - y|^\alpha.$$

Gehen wir jedoch in der obigen Ungleichung zum Grenzwert $n \to +\infty$ über, so konvergiert die rechte Seite wegen $\alpha - 1 > 0$ gegen Null und wir erhalten $f(x) = f(y)$. Da die beiden Elemente x und y beliebig waren, haben wir somit wie gewünscht bewiesen, dass die Funktion f konstant ist.

Anmerkung Alternativ kann man für $x, y \in [a, b]$ mit $x \neq y$ aber auch

$$\left| \frac{f(x) - f(y)}{x - y} \right| \leq C |x - y|^{\alpha-1}$$

verwenden. Geht man nun in der obigen Ungleichung zum Grenzwert für $x \to y$ über, so konvergiert die linke Seite gegen $|f'(x)|$ während die rechte Seite wegen $\alpha - 1 > 0$ verschwindet. Mit dem Konstanzkriterium aus [3, Aufgabe 148] folgt somit, dass die Funktion f konstant ist.

Lösung Aufgabe 90 Die Aussage ist richtig. Um dies einzusehen wählen wir $x, y \in \mathbb{R}$ beliebig. Ohne Einschränkung nehmen wir dabei wie üblich $x < y$ an. Gilt $f(x)f(y) \geq 0$, das heißt, die Funktionswerte haben das gleiche Vorzeichen (sind also beide positiv oder beide negativ), so gibt es wegen der Hölder-Stetigkeit von $|f|$ zum Hölder-Exponenten $\alpha \in (0, 1]$ eine Konstante $C \geq 0$ mit

$$|f(x) - f(y)| = \big| |f(x)| - |f(y)| \big| \leq C |x - y|^\alpha.$$

Haben die Funktionswerte hingegen unterschiedliches Vorzeichen, so folgt aus dem Zwischenwertsatz für stetige Funktionen beziehungsweise dem Nullstellensatz von Bolzano die Existenz einer Stelle $\xi \in [x, y]$ mit $f(\xi) = 0$. Damit erhalten wir zunächst

$$|f(x) - f(y)| \leq |f(x)| + |f(y)| \leq \big| |f(x)| - |f(\xi)| \big| + \big| |f(\xi)| - |f(y)| \big|$$

und somit wegen der Hölder-Stetigkeit von $|f|$ und $x \leq \xi \leq y$ gerade

$$|f(x) - f(y)| \leq C |x - \xi|^\alpha + C |\xi - y|^\alpha \leq 2C |x - y|^\alpha.$$

Dies zeigt wie gewünscht die Hölder-Stetigkeit der Funktion f.

Lösung Aufgabe 91 Sei $f : M \to M'$ eine beliebige Hölder-stetige Funktion, das heißt, es gibt $\alpha > 0$ und $C > 0$ mit

$$d'(f(x), f(y)) \leq C(d(x, y))^{\alpha} \tag{22.5}$$

für alle $x, y \in M$. Sei nun $\varepsilon > 0$. Setzen wir $\delta = (\varepsilon/C)^{1/\alpha}$, so folgt für alle $x, y \in M$ mit $d(x, y) < \delta$ mit Hilfe der obigen Ungleichung

$$d'(f(x), f(y)) \leq C(d(x, y))^{\alpha} < C\delta^{\alpha} = \varepsilon.$$

Wir haben somit wie gewünscht gezeigt, dass die Funktion f gleichmäßig stetig ist.

Anmerkung Streng genommen ist sogar $C = 0$ möglich. In diesem Fall ist die Hölder-stetige Funktion dann aber wegen Ungleichung (22.5) konstant und daher automatisch gleichmäßig stetig.

Lösungen Kompaktheit und Zusammenhang

23

Lösung Aufgabe 92 Für diese Aufgabe werden wir drei verschiedene Lösungsmöglichkeiten entwickeln:

(a) **A ist beschränkt und abgeschlossen.** Gemäß dem Satz von Heine-Borel ist die Menge $A = \{a_n \in \mathbb{C} \mid n \in \mathbb{N}\} \cup \{a\}$ genau dann kompakt, falls sie sowohl beschränkt als auch abgeschlossen ist. Da die Folge $(a_n)_n \subseteq \mathbb{C}$ jedoch nach Voraussetzung konvergent und damit auch beschränkt ist [3, Aufgabe 49], ist A bereits beschränkt. Wir müssen uns daher lediglich noch überlegen, dass die Menge A abgeschlossen ist, das heißt, der Grenzwert jeder konvergenten Folge in A liegt ebenfalls in A. Sei dazu $(x_n)_n \subseteq A$ eine beliebige Folge mit $\lim_n x_n = x$ und $x \in \mathbb{C}$. Wir überlegen uns nun, dass $x \in A$ gilt. Zur Übersicht unterscheiden wir dazu die beiden folgenden Fälle:

(α) Es gibt einen Index $N \in \mathbb{N}$ derart, dass $x_n = a$ für alle $n \geq N$ gilt – die Folge ist also ab dem Index N konstant a. Damit konvergiert die Folge $(x_n)_n$ gegen a und wegen der Eindeutigkeit des Grenzwerts (vgl. auch Aufgabe 21) erhalten wir $x = a$ und somit wie gewünscht $x \in A$.

(β) Für unendlich viele Indizes $n \in \mathbb{N}$ gilt $x_n \neq a$. Gehen wir also zu einer geeigneten Teilfolge $(x_{n_j})_j$ von $(x_n)_n$ über, so können wir sogar $x_{n_j} \neq a$ für alle $j \in \mathbb{N}$ gewährleisten. Wegen $(x_{n_j})_j \subseteq A \setminus \{a\}$ gibt es somit zu jedem $j \in \mathbb{N}$ einen Index $k_j \in \mathbb{N}$ mit $x_{n_j} = a_{k_j}$. Indem wir gegebenenfalls zu einer wachsenden Teilfolge von $(k_j)_j \subseteq \mathbb{N}$ übergehen, sehen wir direkt, dass die Folge $(a_{k_j})_j$ eine Teilfolge von $(a_n)_n$ ist. Diese konvergiert aber nach Voraussetzung gegen a, womit insbesondere auch $(x_{n_j})_j$ und $(x_n)_n$ diesen Grenzwert besitzen. In diesem Fall folgt also erneut $x \in A$.

Damit haben wir wie gewünscht gezeigt, dass die Menge A kompakt ist.

© Der/die Autor(en), exklusiv lizenziert an Springer-Verlag GmbH, DE, ein Teil von Springer Nature 2022
N. Hebestreit, *Übungsbuch Analysis II*, https://doi.org/10.1007/978-3-662-65832-1_23

(b) A **ist überdeckungskompakt.** Wir überlegen uns, dass die Menge A überdeckungskompakt (kompakt) ist. Sei dazu $(O_\lambda)_{\lambda \in \Lambda}$ eine offene überdeckung von A, das heißt, jede Menge $O_\lambda \subseteq \mathbb{C}$ ist offen und es gilt zudem

$$A \subseteq \bigcup_{\lambda \in \Lambda} O_\lambda. \tag{23.1}$$

Um nachzuweisen, dass A überdeckungskompakt ist, müssen wir zeigen, dass sich A lediglich durch endlich viele der offenen Mengen überdecken lässt (endliche Teilüberdeckung). Zunächst gibt es wegen Gl. (23.1) einen Index $\lambda_0 \in \Lambda$ mit $a \in O_{\lambda_0}$. Damit ist a ein innerer Punkt der offenen Menge O_{λ_0}, weshalb wir eine Zahl $\varepsilon > 0$ mit $B_\varepsilon(a) \subseteq O_{\lambda_0}$ finden. Wie üblich bezeichnet dabei $B_\varepsilon(a)$ die offene Kugel um a mit Radius ε. Da die Folge $(a_n)_n$ nach Voraussetzung gegen a konvergiert gibt es definitionsgemäß eine natürliche Zahl $N \in \mathbb{N}$, die von ε abhängt, mit $|a_n - a| < \varepsilon$ beziehungsweise $a_n \in B_\varepsilon(a)$ für alle $n \geq N$. Das bedeutet aber gerade $a_n \in O_{\lambda_0}$ für alle $n \geq N$ – bis auf endlich viele Folgenglieder liegen also alle Glieder in der offenen Menge O_{λ_0}. Schließlich finden wir wegen Gl. (23.1) zu jedem $j \in \{1, \ldots, N-1\}$ einen Index $\lambda_j \in \Lambda$ und eine offene Menge O_{λ_j} mit $a_j \in O_{\lambda_j}$. Schreiben wir nun

$$A = \{a_1, \ldots, a_{N-1}\} \cup \{a_n \in \mathbb{C} \mid n \in \mathbb{N} \text{ mit } n \geq N\} \cup \{a\},$$

so folgt mit unseren Überlegungen wie gewünscht

$$A \subseteq \bigcup_{j=1}^{N-1} O_{\lambda_j} \cup O_{\lambda_0},$$

das heißt, wir haben eine endliche Teilüberdeckung der Menge A gefunden.

(c) A **ist Folgen-kompakt.** In diesem Teil werden wir beweisen, dass die Menge A Folgen-kompakt (kompakt) ist. Dazu müssen wir zeigen, dass jede Folge aus A eine konvergente Teilfolge besitzt. Sei dazu $(x_n)_n \subseteq A$ eine beliebige Folge. Wir unterscheiden die beiden folgenden Fälle:

(α) Die Folge nimmt einen Wert in A beliebig oft an. Somit besitzt die Folge $(x_n)_n$ automatisch eine konstante Teilfolge, die offensichtlich konvergent ist. In diesem Fall ist also nicht viel zu zeigen.

(β) Die Folge nimmt jeden Wert aus A nur endlich oft an. Definieren wir für $k \in \mathbb{N}$ die Menge $A_k = \{a_j \in \mathbb{C} \mid j \in \{1, \ldots, k\}\}$, so gibt es zu jedem $k \in \mathbb{N}$ mindestens einen Index $N_k \in \mathbb{N}$ mit $a_n \notin A_{N_k}$ für alle $n \geq N_k$. Sei nun $\varepsilon > 0$ beliebig. Da die Folge $(a_n)_n$ nach Voraussetzung gegen a konvergiert, gibt es $K \in \mathbb{N}$ mit $|a_n - a| < \varepsilon$ für alle $n \geq K$. Für $n \geq N_K$ folgt somit

$$|x_n - a| = |a_n - a| < \varepsilon,$$

das heißt, die Teilfolge $(x_n)_n$ konvergiert ebenfalls gegen a.

Die beiden obigen Fälle beweisen somit wie gewünscht, dass die Menge A Folgen-kompakt ist.

Lösung Aufgabe 93 In dieser Aufgabe werden wir den Satz von Heine-Borel zur Charakterisierung kompakter Mengen verwenden. Dieser besagt, dass eine Teilmenge von $\mathbb{R}$ genau dann kompakt ist, wenn sie abgeschlossen und beschränkt ist. Setzen wir $M = \max\{|a|, |b|\}$, so folgt für jedes $x \in [a, b]$ automatisch $|x| \leq M$, womit wir bereits gezeigt haben, dass die Menge $[a, b]$ beschränkt ist. Sei nun $(x_n)_n \subseteq [a, b]$ eine beliebige konvergente Folge mit $\lim_n x_n = x$. Um nachzuweisen, dass das Intervall $[a, b]$ abgeschlossen ist, müssen wir $x \in [a, b]$, also $a \leq x \leq b$ nachweisen. Da $x_n \in [a, b]$, also $a \leq x_n \leq b$, für jedes $n \in \mathbb{N}$ gilt, folgt mit dem Sandwich-Kriterium für Folgen [3, Aufgabe 38 (d)] beim Grenzübergang $n \to +\infty$ gerade $a \leq \lim_n x_n \leq b$ und daher wie gewünscht $x \in [a, b]$. Das Intervall $[a, b]$ ist somit kompakt.

Lösung Aufgabe 94 Zur Charakterisierung kompakter Mengen werden wir die dreidimensionale Version des Satzes von Heine-Borel verwenden: Eine Teilmenge des $\mathbb{R}^3$ ist genau dann kompakt, wenn sie gleichzeitig abgeschlossen und beschränkt ist [2, 3.5 Theorem]. Insbesondere kann damit eine unbeschränkte oder nicht abgeschlossene Menge im $\mathbb{R}^3$ auch nicht kompakt sein.

(a) Wir überlegen uns zunächst, dass die Menge M_1 beschränkt ist. Gemäß der Definition der Menge folgt für jedes Element $x \in M_1$ gerade $x_1^6 + 3x_2^2 + 2x_3^4 \leq 1$, was insbesondere $x_1^6 \leq 1$, $x_2^2 \leq 1/3$ sowie $x_3^4 \leq 1/2$ impliziert. Durch Wurzelziehen erhalten wir somit gerade

$$x_1^2 \leq 1, \qquad x_2^2 \leq \frac{1}{3} \quad \text{und} \quad x_3^2 \leq \frac{1}{\sqrt{2}},$$

womit schließlich

$$\|x\|_2^2 = x_1^2 + x_2^2 + x_3^2 \leq 1 + \frac{1}{3} + \frac{1}{\sqrt{2}} < 3$$

folgt. Die Menge M_1 ist demnach beschränkt. Um weiter nachzuweisen, dass M_1 abgeschlossen ist, wählen wir zunächst eine beliebige aber konvergente Folge $(x^n)_n \subseteq M_1$ mit $x^n = (x_1^n, x_2^n, x_3^n)^\mathsf{T}$ für $n \in \mathbb{N}$, deren Grenzwert wir mit $x = (x_1, x_2, x_3)^\mathsf{T} \in \mathbb{R}^3$ bezeichnen. Dabei ist die Menge M_1 genau dann abgeschlossen, wenn wir zeigen können, dass der Grenzwert x ebenfalls in M_1 liegt. Da die Glieder der Folge in M_1 liegen, gilt zunächst für jedes $n \in \mathbb{N}$

$$\left(x_1^n\right)^6 + 3\left(x_2^n\right)^2 + 2\left(x_3^n\right)^4 \leq 1.$$

Da $(x^n)_n$ gegen x konvergiert, wissen wir jedoch auch, dass die drei Komponentenfolgen $(x_j^n)_n \subseteq \mathbb{R}$ jeweils gegen $x_j \in \mathbb{R}$ konvergieren, wobei $j \in \{1, 2, 3\}$. Es ist daher möglich in der obigen Ungleichung zum Grenzwert $n \to +\infty$

überzugehen, sodass wir mit den Grenzwertsätzen für konvergente Folgen $x_1^6 + 3x_2^2 + 2x_3^4 \leq 1$, also gerade $x \in M_1$ erhalten. Wir haben somit bewiesen, dass M_1 zudem abgeschlossen und folglich kompakt ist.

(b) Zur Übersicht unterteilen wir diese Lösung in zwei Teile:

    (α) Wir überlegen uns nun, dass die Menge M_2 unbeschränkt und damit nicht kompakt ist. Dazu betrachten wir beispielsweise die dreidimensionale Folge $(x^n)_n \subseteq \mathbb{R}^3$ mit $x^n = (n, 0, 0)^\mathsf{T}$. Offensichtlich gilt $x^n \in M_2$ für jedes $n \in \mathbb{N}$. Wegen $\|x^n\|_1 = n$ für $n \in \mathbb{N}$ und $\lim_n \|x^n\|_1 = +\infty$, kann die Menge M_2 nicht beschränkt sein, da es zu jeder beliebig vorgegeben Schranke $M \geq 0$ stets ein Folgenglied gibt, dessen Norm größer als M ist. Somit ist die Menge M_2 unbeschränkt und folglich auch nicht kompakt.

    (β) Um die Kompaktheit der Menge zu widerlegen, genügt es nachzuweisen, dass M_3 nicht abgeschlossen ist. Dazu werden wir eine Folge konstruieren, die vollständig in M_3 liegt und deren Grenzwert nicht mehr in der Menge selbst liegt. Eine solche Folge ist beispielsweise durch $(x^n)_n \subseteq \mathbb{R}^3$ mit $x^n = (0, 2 - 1/n, 1)^\mathsf{T}$ gegeben. Wegen

$$-1 \leq x_1^n, \qquad x_2^n < 2 \qquad \text{und} \qquad \|x^n\|_2^2 = \left(2 - \frac{1}{n}\right)^2 + 1 < 11$$

für alle $n \in \mathbb{N}$ liegt die Folge $(x^n)_n$ in M_3. Jedoch konvergiert diese offensichtlich gegen $x = (x_1, x_2, x_3)^\mathsf{T} = (0, 2, 1)^\mathsf{T}$ und die zweite Komponente des Grenzvektors genügt nicht der Bedingung $x_2 < 2$. Somit folgt $x \notin M_3$ was zeigt, dass die Menge nicht abgeschlossen und damit auch nicht kompakt sein kein.

Anmerkung. Man kann der Menge $M_3 = \{x \in \mathbb{R}^3 \mid -1 \leq x_1, \ x_2 < 2, \ \|x\|_2^2 \leq \sqrt{11}\}$ förmlich ansehen, dass sie nicht abgeschlossen (und damit auch nicht kompakt ist), da die zweite Ungleichung $x_2 < 2$ strikt ist.

Lösung Aufgabe 95

(a) Die Menge M_1 ist im Fall $d = 1$ kompakt. Dann gilt nämlich $M_1 = \{1\}$ und diese endliche Menge ist wegen Aufgabe 100 bereits kompakt. Sei nun $d \geq 2$. In diesem Fall ist die Menge M_1 jedoch nicht kompakt. Wir definieren dazu die Folge $(x^n)_n \subseteq \mathbb{R}^d$ mit $x^n = (n, 1/n, 1, \ldots, 1)^\mathsf{T}$ für $n \in \mathbb{N}$. Offensichtlich liegt jedes Folgenglied in M_1. Weiter gilt aber auch $\|x^n\|_\infty = n$ und somit $\lim_n \|x^n\|_\infty = +\infty$. Damit kann die Menge M_1 nicht beschränkt sein, da es keine reelle Zahl $M \geq 0$ so geben kann, dass $\|x\|_\infty \leq M$ für alle Elemente x aus M_1 gilt. Insbesondere kann M_1 gemäß dem Satz von Heine-Borel nicht kompakt sein.

(b) Die Menge M_2 ist nicht kompakt. Wir überlegen uns dazu, dass M_2 nicht abgeschlossen ist. Dafür betrachten wir die Folge $(x^n)_n \subseteq \mathbb{R}^d$ mit $x^n = (1/n, 0, \ldots, 0)^\mathsf{T}$ für $n \in \mathbb{N}$. Wegen $\|x^n\|_2 = 1/n$ sehen wir sofort $x^n \in M_2$ für jedes $n \in \mathbb{N}$. Jedoch konvergiert die Folge $(x^n)_n$ gegen den Nullvektor im

$\mathbb{R}^d$, der offensichtlich nicht in M_2 liegt. Wir haben somit eine (konvergente) Folge in M_2 gefunden, deren Grenzwert nicht zur Menge M_2 gehört. Dies zeigt, dass die Menge M_2 nicht abgeschlossen und damit auch nicht kompakt ist.

(c) Die Menge M_3 ist kompakt. Die Menge ist offensichtlich beschränkt, denn für alle $x \in M_3$ gilt $\|x\|_2 = 1$. Sei nun $(x^n)_n$ eine beliebige Folge in M_3 mit $\lim_n x^n = x$ und $x \in \mathbb{R}^d$. Da die Normfunktion $\|\cdot\|_2 : \mathbb{R}^d \to \mathbb{R}$ gemäß Aufgabe 64 stetig ist, impliziert dies gerade $\lim_n \|x^n\|_2 = \|x\|_2 = 1$. Damit folgt, dass die Menge M_3 abgeschlossen ist, womit wir insgesamt gezeigt haben, dass die Menge M_3 kompakt ist (Satz von Heine-Borel beachten).

Lösung Aufgabe 96 Wir überlegen uns nun, dass der topologische Raum (X, τ), ausgestattet mit der kofiniten Topologie

$$\tau = \{A \subseteq X \mid A = \emptyset \text{ oder } X \setminus A \text{ ist endlich}\},$$

kompakt ist. Dazu müssen wir beweisen, dass jede offene Überdeckung von X eine endliche Teilüberdeckung besitzt. Sei also $(A_\lambda)_{\lambda \in \Lambda}$ eine offene Überdeckung von X, das heißt, für jedes $\lambda \in \Lambda$ gilt $A_\lambda \in \tau$ und

$$X = \bigcup_{\lambda \in \Lambda} A_\lambda. \tag{23.2}$$

Sei nun $\lambda_0 \in \Lambda$ beliebig mit $A_{\lambda_0} \neq \emptyset$. Offensichtlich gilt $X = A_{\lambda_0} \cup (X \setminus A_{\lambda_0})$. Da A_{λ_0} aber offen ist, also zu τ gehört, wissen wir bereits, dass das Komplement $X \setminus A_{\lambda_0}$ eine endliche Menge ist. Wir finden also eine Zahl $n \in \mathbb{N}$ und Elemente $x_1, \ldots, x_n \in X$ mit $X \setminus A_{\lambda_0} = \{x_1, \ldots, x_n\}$. Wegen Gl. (23.2) gibt es dann aber auch offene Mengen $A_{\lambda_1}, \ldots, A_{\lambda_n} \in \tau$ mit $\lambda_1, \ldots, \lambda_n \in \Lambda$ und $x_j \in A_{\lambda_j}$ für $j \in \{1, \ldots, n\}$. Insgesamt erhalten wir damit gerade

$$X = A_{\lambda_0} \cup (X \setminus A_{\lambda_0}) = A_{\lambda_0} \cup \{x_1, \ldots, x_n\} \subseteq A_{\lambda_0} \cup \bigcup_{j=1}^{n} A_{\lambda_j},$$

das heißt, wir haben eine endliche Teilüberdeckung von offene Mengen gefunden. Somit ist der topologische Raum (X, τ) wie behauptet kompakt.

Lösung Aufgabe 97 Seien (M, d) ein beliebiger metrischer Raum und $(A_\lambda)_{\lambda \in \Lambda}$ eine offene Überdeckung der leeren Menge, das heißt, die Menge A_λ ist für jedes $\lambda \in \Lambda$ offen in M und es gilt zudem

$$\emptyset \subseteq \bigcup_{\lambda \in \Lambda} A_\lambda.$$

Da die leere Menge aber Teilmenge jeder Menge ist, gilt für jeden beliebig gewählten Index $\lambda_0 \in \Lambda$ bereits $\emptyset \subseteq A_{\lambda_0}$. Wir haben somit eine endliche Teilüberdeckung gefunden, womit wie gewünscht folgt, dass $\emptyset$ kompakt ist.

Lösung Aufgabe 98 Im Folgenden überlegen wir uns, dass eine Teilmenge von M genau dann kompakt ist, wenn sie endlich ist. Sei also $A \subseteq M$ eine beliebige kompakte Menge. Wir wissen bereits aus der Lösung von Aufgabe 26 (c), dass bezüglich der diskreten Metrik jede Teilmenge von M offen ist. Damit ist das Mengensystem $\{\{a\} \subseteq M \mid a \in A\}$ eine offene Überdeckung von A, denn es gilt trivialer Weise

$$A = \bigcup_{a \in A} \{a\}.$$

Wir sehen somit, dass es genau dann eine endliche Teilüberdeckung, also eine Überdeckung mit endlich vielen Mengen der Form $\{a\}$ mit $a \in A$, geben kann, wenn die Menge A selbst endlich ist.

Lösung Aufgabe 99 Die Menge A ist offensichtlich nichtleer, denn wegen $d(a, b) < 1$, $d(a, a) = 0$ und $d(b, b) = 0$ gelten $a \in A$ und $b \in A$. Da der metrische Raum (M, d) nach Voraussetzung kompakt ist, genügt es nachzuweisen, dass A abgeschlossen ist. Da die Metrik $d : M \times M \to \mathbb{R}$ wegen Aufgabe 63 stetig ist, sind auch die beiden Funktionen $f_a, f_b : M \to \mathbb{R}$ mit $f_a(x) = d(x, a)$ und $f_b(x) = d(b, x)$ stetig. Ist nun $(x_n)_n \subseteq A$ eine konvergente Folge mit $\lim_n x_n = x$ und $x \in M$, so bedeutet dies gerade

$$f_a(x_n) + f_b(x_n) = d(x_n, a) + d(b, x_n) \leq 1$$

für alle $n \in \mathbb{N}$. Gehen wir nun in der obigen Ungleichung zum Grenzwert $n \to +\infty$ über, so erhalten wir wegen der Stetigkeit der beiden Funktionen

$$f_a(x) + f_b(x) = d(x, a) + d(b, x) \leq 1.$$

Das bedeutet aber gerade, dass der Grenzwert x der Folge in A liegt. Wir haben somit wie gewünscht nachgewiesen, dass die Menge A abgeschlossen und folglich kompakt ist.

Lösung Aufgabe 100 Für diese Aufgabe präsentieren wir zwei verschiedene Lösungswege:

(a) *A ist Folgen-kompakt.* Sei A eine endliche Menge im normierten Raum $(X, \|\cdot\|_X)$, das heißt, es gibt eine natürliche Zahl $k \in \mathbb{N}$ und Elemente $a_1, \ldots, a_k \in X$ mit $A = \{a_1, \ldots, a_k\}$. Sei nun $(x_n)_n \subseteq A$ eine beliebige Folge. Dann muss mindestens eines der Elemente $a_1, \ldots, a_k$ beliebig oft in der Folge auftauchen – andernfalls wäre die Folge endlich. Ohne Einschränkung sei dies das Element a_k. Bezeichnen wir nun mit $(x_{n_j})_j$ die konstante Teilfolge mit $x_{n_j} = a_k$ für alle $j \in \mathbb{N}$, so konvergiert diese natürlich gegen a_k. Wir sehen somit, dass jede Folge in A eine konvergente Teilfolge besitzt, das heißt, die Menge A ist Folgen-kompakt (und damit gerade kompakt).

(b) **A ist überdeckungskompakt.** Ähnlich wie in Teil (a) dieser Lösung schreiben wir $A = \{a_1, \ldots, a_k\}$ mit $k \in \mathbb{N}$ und $a_1, \ldots, a_k \in X$. Sei nun $(A_\lambda)_{\lambda \in \Lambda}$ eine offene Überdeckung von A, das heißt, jede Menge $A_\lambda \subseteq X$ ist offen und es gilt $A \subseteq \bigcup_{\lambda \in \Lambda} A_\lambda$. Damit liegt offensichtlich jedes Element aus A auch in mindestens einer Menge der Überdeckung $(A_\lambda)_{\lambda \in \Lambda}$. Zu jedem Index $j \in \{1, \ldots, k\}$ finden wir demnach $\lambda_j \in \Lambda$ mit $a_j \in A_{\lambda_j}$. Insgesamt erhalten wir damit schließlich

$$A = \{a_1, \ldots, a_k\} \subseteq \bigcup_{j=1}^{k} A_{\lambda_j},$$

womit wir eine endliche Teilüberdeckung der Menge A gefunden haben. Somit folgt wie gewünscht, dass A überdeckungskompakt, also kompakt, ist.

Lösung Aufgabe 101

(a) Die abgeschlossene Einheitskugel $\overline{B}_1(\mathbf{0}) = \{f \in C([0,1], \mathbb{R}) \mid \|f\|_\infty \leq 1\}$ ist offensichtlich beschränkt, da für jede Funktion $f \in \overline{B}_1(\mathbf{0})$ nach Definition bereits $\|f\|_\infty \leq 1$ gilt. Weiter wissen wir aus Aufgabe 64, dass die Supremumsnorm $\|\cdot\|_\infty : C([0,1], \mathbb{R}) \to \mathbb{R}$ eine stetige Funktion ist. Weiter lässt sich die Einheitskugel als

$$\overline{B}_1(\mathbf{0}) = \|\cdot\|_\infty^{-1}([0,1])$$

schreiben. Somit folgt, dass die Kugel als Urbild der abgeschlossenen Menge $[0,1]$ ebenfalls abgeschlossen ist – der Beweis dieser Aussage erfolgt ähnlich wie der von Aufgabe 74. Alternativ kann man die Folgen-Abgeschlossenheit von $\overline{B}_1(\mathbf{0})$ aber auch ähnlich wie in Aufgabe 99 zeigen.

(b) Wir überlegen uns nun, dass die Menge $\overline{B}_1(\mathbf{0})$ nicht Folgen-kompakt ist. Dazu genügt es eine Funktionenfolge $(f_n)_n \subseteq \overline{B}_1(\mathbf{0})$ anzugeben, die keine in $C([0,1], \mathbb{R})$ konvergente Teilfolge besitzt. Dazu untersuchen wir die Folge $(f_n)_n$ mit $f_n(x) = x^n$. Offensichtlich ist die Funktion $f_n : [0,1] \to \mathbb{R}$ für jedes $n \in \mathbb{N}$ stetig und es gilt

$$\|f_n\|_\infty = \sup_{x \in [0,1]} f_n(x) = \sup_{x \in [0,1]} x^n = 1,$$

also $f_n \in \overline{B}_1(\mathbf{0})$. Weiter folgen für jedes $x \in [0,1)$

$$\lim_{n \to +\infty} f_n(x) = \lim_{n \to +\infty} x^n = 0$$

und $\lim_n f_n(1) = 1$, das heißt, die Funktionenfolge $(f_n)_n$ konvergiert punktweise gegen die Grenzfunktion $f : [0,1] \to \mathbb{R}$ mit

$$f(x) = \begin{cases} 0, & x \in [0,1) \\ 1, & x = 1. \end{cases}$$

Diese ist jedoch offensichtlich unstetig, sodass die Konvergenz nicht gleichmäßig sein kann [3, Aufgabe 220]. Daher konvergiert die Folge $(f_n)_n$ nicht in
$C([0, 1], \mathbb{R})$, womit es insbesondere auch keine konvergente Teilfolge geben
kann. Wir haben somit wie gewünscht gezeigt, dass die Einheitskugel in
$C([0, 1], \mathbb{R})$ nicht kompakt ist.

Anmerkung Das obige Beispiel zeigt, dass der Satz von Heine-Borel im Allgemeinen nicht in unendlichdimensionalen Räumen gültig ist. Obwohl die Menge $\overline{B}_1(\mathbf{0})$
sowohl beschränkt als auch abgeschlossen ist, haben wir in Teil (b) dennoch nachweisen können, dass die Kugel nicht Folgen-kompakt ist.

Lösung Aufgabe 102 Wir beweisen die Aussage in zwei Schritten:

(a) Wir betrachten zuerst den Fall, dass die Funktion $f : [a, b] \to \mathbb{R}$ stetig ist.
   Damit folgt insbesondere auch, dass die Funktion

$$F : [a, b] \to \mathbb{R}^2 \quad \text{mit} \quad F(x) = (x, f(x))^{\mathsf{T}}$$

   stetig ist, da beiden Koordinatenfunktionen offensichtlich stetig sind. Aus Aufgabe 93 wissen wir bereits, dass das abgeschlossene Intervall $[a, b]$ kompakt ist.
   Somit ist wie gewünscht auch die Bildmenge

$$F([a, b]) = \left\{ F(x) \in \mathbb{R}^2 \mid x \in [a, b] \right\} = \left\{ (x, f(x))^{\mathsf{T}} \in \mathbb{R}^2 \mid x \in [a, b] \right\} = G_f$$

   als Bild einer stetigen Funktion kompakt (vgl. Aufgabe 77).
(b) Wir untersuchen nun umgekehrt den Fall, dass der Graph G_f der Funktion
   $f : [a, b] \to \mathbb{R}$ eine kompakte Teilmenge des $\mathbb{R}^2$ ist. Sei weiter $(x_n)_n \subseteq$
   $[a, b]$ eine konvergente Folge mit $\lim_n x_n = x$ und $x \in [a, b]$. Falls wir
   $\lim_n f(x_n) = f(x)$ zeigen können, so ist die Funktion f im Punkt x stetig. Angenommen, es gilt $\lim_n f(x_n) \neq f(x)$. Dann konvergiert ebenso auch
   nicht die zweidimensionale Folge $((x_n, f(x_n))^{\mathsf{T}})_n$ gegen den Vektor $(x, f(x))^{\mathsf{T}}$.
   Wegen der Folgen-Kompaktheit von G_f finden wir eine konvergente Teilfolge
   $((x_{n_j}, f(x_{n_j}))^{\mathsf{T}})_j$, deren Grenzwert wir mit $(x', y')^{\mathsf{T}} \in G_f$ bezeichnen – insbesondere gilt $(x', y')^{\mathsf{T}} \neq (x, f(x))^{\mathsf{T}}$. Jedoch ist $(x_{n_j})_j$ eine Teilfolge von $(x_n)_n$,
   sodass wegen der Eindeutigkeit des Grenzwerts (vgl. auch Aufgabe 21) $x = x'$
   folgt. Wegen $(x', y')^{\mathsf{T}} \in G_f$ erhalten wir aber auch $y' = f(x') = f(x)$ und
   somit $(x', y')^{\mathsf{T}} = (x, f(x))^{\mathsf{T}}$, was offensichtlich ein Widerspich ist. Somit gilt
   wie gewünscht $\lim_n f(x_n) = f(x)$, also ist die Funktion f stetig.

Lösung Aufgabe 103 Für diese Aufgabe präsentieren wir zwei verschiedene
Lösungsmöglichkeiten:

(a) **C ist beschränkt und abgeschlossen.** Da die Menge C_1 nach Voraussetzung
   eine beschränkte Teilmenge des $\mathbb{R}^d$ ist, ist somit auch jede Teilmenge – insbesondere auch C – beschränkt. Gemäß dem Satz von Heine-Borel zur Charakterisierung kompakter Mengen im $\mathbb{R}^d$ müssen wir uns also nur noch überlegen,

dass C abgeschlossen ist. Zunächst folgt mit dem de-morganschen Gesetz (!) gerade

$$\mathbb{R}^d \setminus C = \mathbb{R}^d \setminus \bigcup_{j=1}^{n} C_j \overset{(!)}{=} \bigcap_{j=1}^{n} (\mathbb{R}^d \setminus C_j).$$

Da jede Menge C_j aber nach Voraussetzung kompakt und damit insbesondere abgeschlossen ist, ist folglich auch jede der Mengen $\mathbb{R}^d \setminus C_j$ offen. Wegen einer Folgerung aus Aufgabe 31 (a) ist damit $\mathbb{R}^d \setminus C$ als Schnitt von endlich vielen offenen Mengen ebenfalls offen – beachten Sie, dass eine Menge genau dann offen ist, wenn Sie mit ihrem Inneren übereinstimmt. Dies zeigt die Abgeschlossenheit der Menge C, womit diese wegen unseren Vorüberlegungen kompakt ist.

(b) C **ist überdeckungskompakt.** Wir gehen ähnlich wie in den Lösungen der Aufgaben 97 und 98 vor. Sei also $(A_\lambda)_{\lambda \in \Lambda}$ eine beliebige offene Überdeckung von C. Da nach Voraussetzung jede der Mengen $C_j \subseteq C$ kompakt ist, gibt es zu jedem $j \in \{1, \ldots, n\}$ eine endliche (!) Indexmenge $\Lambda_j \subseteq \Lambda$ sowie offene Mengen A_λ^j für $\lambda \in \Lambda_j$ mit

$$C_j \subseteq \bigcup_{\lambda \in \Lambda_j} A_\lambda^j.$$

Insgesamt folgt somit gerade

$$C = \bigcup_{j=1}^{n} C_j \subseteq \bigcup_{j=1}^{n} \bigcup_{\lambda \in \Lambda_j} A_\lambda^j,$$

das heißt, wir haben nachgewiesen, dass sich die Menge C durch endlich viele offene Mengen aus $(A_\lambda)_{\lambda \in \Lambda}$ überdecken lässt. Daher ist C kompakt.

Lösung Aufgabe 104 Eine Funktion $f : X \to Y$ zwischen den zwei topologischen Räumen (X, τ_X) und (Y, τ_Y) heißt abgeschlossen, falls für jede abgeschlossene Menge $A \subseteq X$ die Bildmenge $f(A)$ in Y abgeschlossen ist. Sei nun $A \subseteq X$ abgeschlossen. Da X nach Voraussetzung kompakt ist, folgt dass auch A kompakt ist. Wegen Aufgabe 77 ist damit auch das Bild $f(A)$ der stetigen Funktion f kompakt. Jedoch ist Y ein Hausdorff-Raum, sodass kompakte Mengen automatisch auch abgeschlossen sind. Damit ist die Behauptung gezeigt.

Lösung Aufgabe 105 Wir beweisen das Cantorsche Durchschnittsprinzip mit einem Widerspruchsbeweis. Wir nehmen dazu an, dass der Durchschnitt $C = \bigcap_{n \in \mathbb{N}} C_n$ aller Mengen leer wäre. Setzen wir $A_n = C_1 \setminus C_n$ für $n \in \mathbb{N}$, so folgt wegen der getroffenen Annahme $C = \emptyset$ gerade

$$\bigcup_{n \in \mathbb{N}} A_n = \bigcup_{n \in \mathbb{N}} (C_1 \setminus C_n) = C_1 \setminus \bigcap_{n \in \mathbb{N}} C_n = C_1 \setminus C = C_1.$$

Da C_n kompakt ist, ist A_n für jedes $n \in \mathbb{N}$ offen. Somit ist das Mengensystem $(A_n)_{n\in\mathbb{N}}$ eine offene Überdeckung der kompakten Menge C_1. Wir finden somit eine endliche Indexmenge $\{\lambda_1, \ldots, \lambda_k\} \subseteq \mathbb{N}$, wobei $k \in \mathbb{N}$ eine natürliche Zahl ist, mit

$$C_1 = \bigcup_{j=1}^{k} A_{\lambda_j}.$$

Wir nehmen dabei ohne Einschränkung an, dass $\lambda_1 \leq \ldots \leq \lambda_k$ gilt. Damit folgt aber wegen $C_{\lambda_1} \supseteq \ldots \supseteq C_{\lambda_k}$ gerade $A_{\lambda_1} \subseteq \ldots \subseteq A_{\lambda_k}$ und weiter $\bigcup_{j=1}^{k} A_{\lambda_j} = A_{\lambda_k}$, also $C_1 = A_{\lambda_k}$. Dies ist aber unmöglich, denn wir erhalten den Widerspruch

$$\emptyset \neq C_{\lambda_k} = C_1 \setminus (C_1 \setminus C_{\lambda_k}) = C_1 \setminus A_{\lambda_k} = C_1 \setminus C_1 = \emptyset.$$

Also ist die getroffene Annahme falsch und es gilt wie gewünscht

$$\bigcap_{n\in\mathbb{N}} C_n \neq \emptyset.$$

Lösung Aufgabe 106 Seien $(x_n)_n \subseteq M$ eine beliebig gewählte Cauchy-Folge und $\varepsilon > 0$, das heißt, es existiert eine natürliche Zahl $N_1 \in \mathbb{N}$ mit $d(x_n, x_m) < \varepsilon/2$ für alle $m, n \geq N_1$. Da jeder kompakte metrische Raum insbesondere Folgen-kompakt ist, existiert eine konvergente Teilfolge $(x_{n_j})_j$ mit Grenzwert $x \in M$. Wir finden also $N_2 \in \mathbb{N}$ mit $d(x_{n_j}, x) < \varepsilon/2$ für alle $j \geq N_2$. Für $N = \max\{N_1, N_2\}$ folgt dann wegen der Dreiecksungleichung

$$d(x_n, x) \leq d(x_n, x_N) + d(x_N, x) < \frac{\varepsilon}{2} + \frac{\varepsilon}{2}$$

also $d(x_n, x) < \varepsilon$ für alle $n \geq N$. Wir haben somit nachgewiesen, dass die Cauchy-Folge $(x_n)_n$ gegen $x \in M$ konvergiert was beweist, dass der metrische Raum (M, d) vollständig ist.

Lösung Aufgabe 107 Da die Funktion $f : M \to \mathbb{R}$ nach Voraussetzung stetig und M kompakt ist, wissen wir bereits aus Aufgabe 77, dass das Bild $f(M) = \{f(x) \in \mathbb{R} \mid x \in M\}$ ebenfalls kompakt ist. Insbesondere ist die Menge $f(M)$ aber auch beschränkt (Satz von Heine-Borel), sodass wegen dem Vollständigkeitsaxiom der reellen Zahlen die beiden reellen Zahlen

$$\alpha = \inf_{x\in M} f(x) \quad \text{und} \quad \beta = \sup_{x\in M} f(x)$$

existieren – $\alpha = \pm\infty$ oder $\beta = \pm\infty$ ist also unmöglich. Wir wissen aber aufgrund des Satzes von Heine-Borel, dass $f(M)$ auch abgeschlossen ist. Wir können daher oben sogar das Infimum durch das Minimum beziehungsweise das Supremum durch das Maximum ersetzen, das heißt, es gibt Stellen $\underline{x} \in M$ (Minimum) mit $\alpha =$

$f(\underline{x}) = \min_{x \in M} f(x)$ sowie $\overline{x} \in M$ (Maximum) mit $\beta = f(\overline{x}) = \max_{x \in M} f(x)$. Wir erhalten demnach wie gewünscht

$$f(\underline{x}) \leq f(x) \leq f(\overline{x})$$

für alle $x \in M$.

Lösung Aufgabe 108 Definieren wir $A_n = [-n, n]$ für $n \in \mathbb{N}$, so ist jede der Mengen wegen Aufgabe 93 kompakt. Die Vereinigung

$$\bigcup_{n \in \mathbb{N}} A_n = \mathbb{R}$$

aller Mengen ist aber offensichtlich nicht kompakt (Satz von Heine-Borel), da $\mathbb{R}$ nicht beschränkt ist.

Lösung Aufgabe 109 Wir betrachten die Funktion $f : \mathbb{R}^d \setminus \{0\} \to S^{d-1}$ mit $f(x) = x/\|x\|_2$, die jeden Vektor im $\mathbb{R}^d \setminus \{0\}$ so streckt beziehungsweise staucht, dass der resultierende Vektor die Euklidische Norm 1 besitzt. Die Funktion ist wohlerklärt, denn für jedes $x \in \mathbb{R}^d \setminus \{0\}$ gilt mit dem zweiten Norm-Axiom (absolute Homogenität)

$$\left\| \frac{x}{\|x\|_2} \right\|_2 = \frac{\|x\|_2}{\|x\|_2} = 1,$$

also $x/\|x\|_2 \in S^{d-1}$. Weiter ist f wegen Aufgabe 83 stetig. Wir überlegen uns nun zum Schluss, dass die Funktion f surjektiv ist. Dazu wählen wir $y \in S^{d-1}$ beliebig. Setzen wir $x_r = ry$ für $r > 0$, so folgt wegen $\|y\|_2 = 1$ wie gewünscht

$$f(x_r) = \frac{ry}{\|ry\|_2} = \frac{ry}{r\|y\|_2} = \frac{ry}{r} = y.$$

Da jedoch das stetige Bild der wegzusammenhängenden Menge $\mathbb{R}^d \setminus \{0\}$ wegzusammenhängend ist (vgl. auch Teil (b) in der Lösung von Aufgabe 116), haben wir wie gewünscht nachgewiesen, dass die Einheitssphäre S^{d-1} wegzusammenhängend ist.

Lösung Aufgabe 110 Sei A eine sternförmige Teilmenge des normierten Raumes $(X, \|\cdot\|_X)$, das heißt, es gibt ein sogenanntes Zentrum $z \in A$ derart, dass für alle $x \in A$ die Verbindungsstrecke $\overline{zx} = \{tx + (1-t)z \in X \mid t \in [0, 1]\}$ vollständig in A liegt. Seien nun $a, b \in A$ beliebig gewählt. Um zu zeigen, dass die Menge A wegzusammenhängend ist, müssen wir einen stetigen Weg $\gamma : [\alpha, \beta] \to A$ mit $\gamma(\alpha) = a$ und $\gamma(\beta) = b$ konstruieren. Dazu betrachten wir zunächst die beiden stetigen Wege $\gamma_1, \gamma_2 : [0, 1] \to A$ mit $\gamma_1(t) = tz + (1-t)a$ und $\gamma_2(t) = tb + (1-t)z$, die a und z beziehungsweise z und b durch eine Gerade verbinden. Definieren wir nun den zusammengesetzten Weg $\gamma : [0, 2] \to A$ durch

$$\gamma(t) = \gamma_1(t) \oplus \gamma_2(t) = \begin{cases} tz + (1 - t)a, & t \in [0, 1] \\ (t - 1)b + (2 - t)z, & t \in (1, 2], \end{cases}$$

so folgen offensichtlich $\gamma(0) = a$ und $\gamma(2) = b$. Der Weg γ ist aber auch stetig, da γ_1 und γ_2 stetig sind und

$$\lim_{t \to 1^-} \gamma(t) = \lim_{t \to 1^-} tz + (1 - t)a = \gamma(1), \qquad \lim_{t \to 1^+} \gamma(t) = \lim_{t \to 1^+} (t - 1)b + (2 - t)z = \gamma(1)$$

gelten. Wir haben somit bewiesen, dass sich jedes beliebige Paar von Elementen in A durch einen stetigen Weg verbinden lässt, der vollständig in der Menge liegt. Dies zeigt, dass die Menge A wegzusammenhängend ist.

Lösung Aufgabe 111 Zur Übersicht unterteilen wir die Lösung dieser Aufgabe in mehrere Teile:

(a) **Einelementige Teilmengen sind zusammenhängend.** Zunächst überlegen wir uns, dass jede einelementige Menge in einem (beliebigen) topologischen Raum (X, τ) zusammenhängend ist. Seien also $A \subseteq X$ eine Menge mit genau einem Element und $O_1, O_2 \subseteq X$ offene Mengen mit $O_1 \neq \emptyset$, $O_2 \neq \emptyset$ und $O_1 \cap O_2 = \emptyset$. Damit besteht die Vereinigung $O_1 \cup O_2$ automatisch aus mindestens zwei (verschiedenen) Elementen, womit offensichtlich stets $A \neq O_1 \cup O_2$ gilt – A besteht ja nur aus einem Element. Somit ist jede einelementige Menge A wie behauptet zusammenhängend.

(b) **Teilmengen mit mehr als zwei Elementen sind nicht zusammenhängend.** Wir betrachten nun $\mathbb{Q}$ mit der üblichen Topologie. Aus Teil (a) wissen wir bereits, dass jede einelementige Teilmenge von $\mathbb{Q}$ zusammenhängend ist. Da die leere Menge offensichtlich nicht zusammenhängend ist, müssen wir folglich noch alle Teilmengen von $\mathbb{Q}$ untersuchen, die zwei oder mehr Elemente besitzen. Wir werden uns nun auf zwei verschiedene Weisen überlegen, dass solche Teilmengen von $\mathbb{Q}$ nicht zusammenhängend sein können.

(α) Sei also $A \subseteq \mathbb{Q}$ eine Teilmenge mit mindestens zwei Elementen. Wir können somit $x, y \in A$ mit $x \neq y$ finden. Wir nehmen ohne Einschränkung $x < y$ an. Wegen der Vollständigkeit der reellen Zahlen finden wir dann $\xi \in \mathbb{R}$ mit $x < \xi < y$. Setzen wir also

$$O_1 = \{x \in A \mid x < \xi\} \quad \text{und} \quad O_2 = \{x \in A \mid x > \xi\},$$

so sind die Mengen O_1 und O_2 nichtleer und disjunkt sowie bezüglich der Teilraumtopologie von $\mathbb{R}$ offen. Da jedoch $A = O_1 \cup O_2$ gilt, haben wir somit wie gewünscht gezeigt, dass jede Menge mit mindestens zwei Elementen nicht zusammenhängend sein kann.

(β) Alternativ können wir auch die folgende nützliche Charakterisierung aus Aufgabe 114 verwenden: Eine Teilmenge $A \subseteq \mathbb{Q}$ ist genau dann nicht zusammenhängend, falls es eine stetige Abbildung $f : A \to \{0, 1\}$ gibt, die nicht konstant und damit gerade surjektiv ist. Dabei wird die Menge $\{0, 1\}$ mit der diskreten Topologie $\tau_d = \mathcal{P}(\{0, 1\})$ ausgestattet (vgl. erneut Aufgabe 114). Wir wählen dazu wieder eine beliebige Teilmenge A von $\mathbb{Q}$, die mindestens zwei Elemente enthält. Ist $y \in A$ beliebig, so definieren wir die Abbildung $f : A \to \{0, 1\}$ durch

$$f(x) = \begin{cases} 0, & x = y \\ 1, & x \neq y. \end{cases}$$

Der Lösung von Aufgabe 114 folgend sehen wir, dass f stetig ist, da das Urbild jeder offenen Teilmenge von $\{0, 1\}$ wieder eine offene Menge in $\mathbb{Q}$ ist (vgl. auch Aufgabe 74). Da es laut Voraussetzung mindestens ein Element $y' \in A$ mit $y' \neq y$ gibt, ist die Abbildung wegen $f(y) = 0$ und $f(y') = 1$ nicht konstant und wir erhalten wie gewünscht, dass die Menge A nicht zusammenhängend ist.

Insgesamt haben wir in den Teilen (a) und (b) nachgewiesen, dass eine Teilmenge von $\mathbb{Q}$ genau dann zusammenhängend ist, wenn sie einelementig ist.

Lösung Aufgabe 112

(a) Die Menge A_1 beschreibt einen Kreisring mit Innenradius $r_1 = 1$ und Außenradius $r_2 = \sqrt{3}$. Wählen wir nun $x, y \in A_1$ mit $x \neq y$ beliebig, so lassen sich die beiden Punkte wie folgt stetig verbinden: Bewege den Punkt x so lange (stetig) auf einem konzentrischen Kreis, bis x auf der Geraden durch y und $\mathbf{0}$ und zudem im gleichen Quadranten wie y liegt. Verschiebe dann den so resultierenden Punkt (stetig) auf der Geraden in Richtung des Punktes y. Die so beschriebene Methode beschreibt also eine stetige Abbildung des Punktes x auf y, die vollständig in A_1 liegt. Somit ist die Menge A_1 wegzusammenhängend und damit auch zusammenhängend [1, 4.8 Satz].

(b) Man kann sich die Menge A_2 wie ein dichtes Gitter im $\mathbb{R}^2$ vorstellen. Wir überlegen uns nun, dass A_2 wegzusammenhängend ist. Dazu wählen wir $x, y \in A_2$ mit $x \neq y$ beliebig. Wir nehmen dabei ohne Einschränkung $x_1 \in \mathbb{Q}, x_2 \notin \mathbb{Q}$, $y_1 \notin \mathbb{Q}, y_2 \in \mathbb{Q}$ sowie $x_1 < y_1$ und $x_2 < y_2$ an – alle verbleibenden Fälle lassen sich auf analoge Weise behandeln. Anschaulich kann man nun auf dem Gitter wandernd von x zu y gelangen, indem man von x aus senkrecht nach oben bis y_2 und dann bis y_1 nach rechts geht. Wir definieren dazu die Funktion $\gamma : [0, 1] \to A_2$ mit

$$\gamma(t) = \begin{cases} (x_1, x_2 + 2t(y_2 - x_2))^{\mathsf{T}}, & t \in [0, 1/2] \\ (x_1 + (2t - 1)(y_1 - x_1), y_2)^{\mathsf{T}}, & t \in (1/2, 1]. \end{cases}$$

Offensichtlich gelten $\gamma(0) = x$ und $\gamma(1) = y$. Weiter ist es nicht schwer einzusehen, dass die Funktion γ stetig ist (vgl. die Lösung von Aufgabe 110). Somit ist die Menge A_2 wegzusammenhängend und folglich zusammenhängend [1, 4.8 Satz].

(c) Wir betrachten die Menge $A_3 = \{x \in \mathbb{R}^2 \mid x_1 \in \mathbb{Q} \text{ und } x_2 \in \mathbb{Q}\} = \mathbb{Q}^2$. Angenommen A_3 wäre zusammenhängend. Da die Projektion $\text{proj} : \mathbb{Q}^2 \to \mathbb{Q}$ mit $\text{proj}(x, y) = x$ bekanntlich stetig ist, wäre folglich auch $\text{proj}(\mathbb{Q}^2) = \mathbb{Q}$ zusammenhängend, was jedoch wegen der Lösung von Aufgabe 111 (Charakterisierung der zusammenhängenden Teilmengen von $\mathbb{Q}$) nicht der Fall ist. Damit kann $\mathbb{Q}^2$ nicht zusammenhängend sein. Genauso ist A_3 aber auch nicht wegzusammenhängend, da $\mathbb{Q}$ nicht wegzusammenhängend ist. Sind nämlich $x, y \in \mathbb{Q}$ mit $x < y$ beliebig gewählt, so kann es beispielsweise keine stetige Funktion $\gamma : [0, 1] \to \mathbb{Q}$ mit $\gamma(0) = 1$ und $\gamma(1) = 2$ geben. Wegen $\gamma(0) < \sqrt{2} < \gamma(1)$ würde dann gemäß dem Zwischenwertsatz eine Stelle $\xi \in [0, 1]$ mit $\gamma(\xi) = \sqrt{2}$ existieren. Das ist aber nicht möglich, denn die Funktion γ nimmt lediglich Werte in $\mathbb{Q}$ an und es gilt $\sqrt{2} \in \mathbb{R} \setminus \mathbb{Q}$ [3, Aufgabe 6].

Lösung Aufgabe 113

(a) Die Menge $A = \{(x, y)^\mathsf{T} \in \mathbb{R}^2 \mid 0 < x \leq 1, \ y = \sin(1/x)\}$ ist als Graph der stetigen Funktion $f : (0, 1] \to \mathbb{R}$ mit $f(x) = \sin(1/x)$ offensichtlich wegzusammenhängend und folglich zusammenhängend [1, 4.8 Satz].

(b) Im Folgenden werden wir die Inklusionen $\overline{A} \subseteq S$ und $S \subseteq \overline{A}$ zeigen. Dies beweist dann gerade $\overline{A} = S$. Zur Übersicht weisen wir die beiden Inklusionen in zwei Schritten nach.

   (α) Wir zeigen zuerst $\overline{A} \subseteq S$. Da trivialer Weise wegen $S = A \cup B$ bereits $A \subseteq S$ gilt, müssen wir uns lediglich überlegen, dass die Menge S abgeschlossen ist. Wegen Aufgabe 32 (b) impliziert dies nämlich $\overline{A} \subseteq \overline{S}$ sowie $S = \overline{S}$. Sei also $((x_n, y_n)^\mathsf{T})_n \subseteq S$ eine beliebige konvergente Folge mit $\lim_n (x_n, y_n)^\mathsf{T} = (x, y)^\mathsf{T}$ und $(x, y)^\mathsf{T} \in \mathbb{R}^2$. Wegen $x_n > 0$ und $y_n \in [-1, 1]$ für alle $n \in \mathbb{N}$ folgen bereits $x \geq 0$ und $y \in [-1, 1]$. Gilt $x = 0$, so folgt $(x, y)^\mathsf{T} \in B$ und wir sind fertig, da somit der Grenzwert insbesondere in S liegt. Falls jedoch $x > 0$ gilt, so finden wir wegen $\lim_n x_n = x$ einen Index $N \in \mathbb{N}$ mit $x_n > 0$ für alle $n \geq N$. Somit folgt $(x_n, y_n)^\mathsf{T} \in A$, also $y_n = \sin(1/x_n)$, für alle $n \geq N$. Die Funktion $(0, 1] \to \mathbb{R}, x \mapsto \sin(1/x)$ ist jedoch stetig (!), womit wir insgesamt

$$y = \lim_{n \to +\infty} y_n = \lim_{n \to +\infty} \sin\left(\frac{1}{x_n}\right) \overset{(!)}{=} \sin\left(\lim_{n \to +\infty} \frac{1}{x_n}\right) = \sin\left(\frac{1}{x}\right)$$

und folglich $(x, y)^\mathsf{T} \in S$ erhalten. Wir haben somit wie gewünscht gezeigt, dass die Menge S abgeschlossen ist. Dies zeigt die erste Inklusion.

   (β) Nun zeigen wir $S \subseteq \overline{A}$. Wir müssen uns dazu überlegen, dass es zu jedem $(x, y)^\mathsf{T} \in S$ eine Folge $((x_n, y_n)^\mathsf{T})_n \subseteq A$ mit $\lim_n (x_n, y_n)^\mathsf{T} = (x, y)^\mathsf{T}$ gibt. Gilt speziell $x > 0$, so folgt $(x, y)^\mathsf{T} \in A$ und die konstante Folge

$((x_n, y_n)^\mathsf{T})_n \subseteq S$ mit $(x_n, y_n)^\mathsf{T} = (x, y)^\mathsf{T}$ konvergiert trivialer Weise gegen $(x, y)^\mathsf{T}$. Gilt hingegen $x = 0$, so finden wir zu $y \in [-1, 1]$ einen Winkel $\varphi \in [0, 2\pi]$ mit $y = \sin(\varphi)$. Da die Sinusfunktion 2π-periodisch ist, gilt somit insbesondere auch $y = \sin(\varphi + 2\pi n)$ für alle $n \in \mathbb{N}$. Definieren wir also die Folge $((x_n, y_n)^\mathsf{T})_n$ durch $(x_n, y_n)^\mathsf{T} = (1/(\varphi + 2\pi n), \sin(\varphi + 2\pi n))$, so liegt diese vollständig in A und konvergiert gegen $(x, y)^\mathsf{T}$. Somit folgt wie gewünscht $S \subseteq \overline{A}$.

(c) Da der Abschluss zusammenhängender Mengen stets zusammenhängend ist, folgt aus den Teilen (a) und (b), dass die topologische Sinuskurve S zusammenhängend ist.

(d) Wir überlegen uns nun mit einem Widerspruchsbeweis, dass die Menge S nicht wegzusammenhängend ist. Dazu nehmen wir an, es gebe einen stetigen Weg $\gamma : [0, 1] \to S$ mit $\gamma(0) \in B$ und $\gamma(1) \in A$. Dabei können wir sogar ohne Einschränkung $\gamma(0) = (0, 0)^\mathsf{T}$ annehmen, da die konvexe Menge B wegzusammenhängend ist und wir daher jeden Punkt aus B stetig mit $\gamma(0)$ verbinden können. Da γ nach Annahme stetig ist, ist somit $\gamma^{-1}(B) = \{t \in [0, 1] \mid \gamma(t) \in B\}$ eine abgeschlossene Teilmenge von $[0, 1]$, die ein Maximum t_M in $[0, 1)$ besitzt – dabei ist $t_M = 1$ nicht möglich, da $\gamma(1) \notin B$ gilt. Damit dieser Beweis nicht zu unübersichtlich wird nehmen wir ab jetzt ohne Einschränkung an, dass $t_M = 0$ gilt. Somit folgen

$$\gamma_1(0) = 0, \qquad \gamma_1(t) > 0 \quad \text{und} \quad \gamma_2(t) = \sin\left(\frac{1}{\gamma_1(t)}\right) \tag{23.3}$$

für alle $t \in (0, 1]$. Zu jeder natürlichen Zahl $n \in \mathbb{N}$ finden wir daher stets eine Zahl $\tau_n \in \mathbb{R}$, die gleichzeitig

$$0 < \tau_n < \gamma_1\left(\frac{1}{n}\right) \quad \text{und} \quad \sin\left(\frac{1}{\tau_n}\right) = (-1)^n \tag{23.4}$$

erfüllt – solch eine Zahl ist zum Beispiel durch $\tau_n = 1/((2n+1)\pi)$ gegeben. Da $\gamma_1(0) = 0$ gilt, finden wir wegen der ersten Ungleichung in (23.4) gemäß dem Zwischenwertsatz für stetige Funktionen eine Stelle $\xi_n \in (0, 1/n)$ mit $\gamma_1(\xi_n) = \tau_n$. Die auf diese Weise erzeugt Folge $(\xi_n)_n$ ist also wegen $0 < \xi_n < 1/n$ für $n \in \mathbb{N}$ sogar eine Nullfolge in $(0, 1]$. Da γ_2 stetig ist und wir $\gamma_2(0) = 0$ angenommen haben, müsste damit auch $\lim_n \gamma_2(\xi_n) = 0$ folgen. Jedoch gilt wegen den Gl. (23.3) und (23.4) gerade

$$\gamma_2(\xi_n) = \sin\left(\frac{1}{\gamma_1(\xi_n)}\right) = \sin\left(\frac{1}{\tau_n}\right) = (-1)^n$$

für alle $n \in \mathbb{N}$. Dies widerspricht der Stetigkeit von γ_2, denn gehen wir in der obigen Gleichung zum Grenzwert $n \to +\infty$ über, so existiert der Grenzwert auf der rechten Seite nicht und ist damit insbesondere ungleich Null – Widerspruch! Dies zeigt, dass die Menge S nicht wegzusammenhängend sein kann.

Lösung Aufgabe 114 Zur Übersicht unterteilen wir den Beweis der Äquivalenzaussage in zwei Teile:

(a) Sei der topologische Raum (X, τ) zunächst zusammenhängend und $f : X \to \{0, 1\}$ eine beliebige stetige Funktion. Da die Mengen $\{0\}$ und $\{1\}$ offensichtlich in $\{0, 1\}$ offen sind, das heißt, sie liegen in

$$\tau_d = \mathcal{P}(\{0, 1\}) = \big\{\emptyset, \{0\}, \{1\}, \{0, 1\}\big\},$$

sind automatisch auch die beiden Urbildmengen $A = f^{-1}(\{0\})$ und $B = f^{-1}(\{1\})$ wegen der Stetigkeit von f offen (vgl. auch Aufgabe 74). Des Weiteren folgen mit den üblichen Rechengesetzen (sogenannte Operationstreue) der Urbildfunktion

$$A \cup B = f^{-1}(\{0\}) \cup f^{-1}(\{1\}) = f^{-1}(\{0\} \cup \{1\}) = f^{-1}(\{0, 1\}) = X$$

sowie

$$A \cap B = f^{-1}(\{0\}) \cap f^{-1}(\{1\}) = f^{-1}(\{0\} \cap \{1\}) = f^{-1}(\emptyset) = \emptyset.$$

Da die Mengen A und B aber offen und X nach Voraussetzung zusammenhängend ist, muss daher zwingend $A = \emptyset$ oder $B = \emptyset$ gelten, womit die Funktion entweder konstant 0 oder konstant 1 ist.

(b) Wir zeigen nun die umgekehrte Implikation mit einem Widerspruchsbeweis. Angenommen der topologische Raum (X, τ) wäre nicht zusammenhängend während jede stetige Funktion von X nach $\{0, 1\}$ konstant ist. Dann gibt es nichtleere Mengen $A, B \in \tau$ mit $A \cap B = \emptyset$ und $A \cup B = X$. Wir definieren weiter die Funktion $f : X \to \{0, 1\}$ durch

$$f(x) = \begin{cases} 0, & x \in A \\ 1, & x \in B. \end{cases}$$

Wir sehen, dass die Funktion f wohldefiniert ist und nicht konstant ist, da die Mengen A und B nichtleer und disjunkt sind. Jedoch gelten

$$f^{-1}(\emptyset) = \emptyset, \quad f^{-1}(\{0, 1\}) = X, \quad f^{-1}(\{0\}) = A \quad \text{und} \quad f^{-1}(\{1\}) = B,$$

das heißt, das Urbild jeder offenen Teilmenge von $\{0, 1\}$ ist offen (vgl. Aufgabe 74). Das bedeutet aber gerade, dass die Funktion $f : X \to \{0, 1\}$ stetig ist, was offensichtlich nicht der Fall ist. Das ist ein Widerspruch, was zeigt, dass der topologische Raum (X, τ) zusammenhängend ist.

Lösung Aufgabe 115 Angenommen es würde eine stetige und bijektive Abbildung $f : \mathbb{R}^d \to \mathbb{R}$ mit $d \geq 2$ geben. Wegen der Bijektivität von f würde dies gerade

$$f\big(\mathbb{R}^d \setminus \{\mathbf{0}\}\big) = f\big(\mathbb{R}^d\big) \setminus \{f(\mathbf{0})\} = \mathbb{R} \setminus \{f(\mathbf{0})\} = (-\infty, f(\mathbf{0})) \cup (f(\mathbf{0}), +\infty)$$

implizieren. Das ist aber nicht möglich, denn die Menge $\mathbb{R}^d \setminus \{\mathbf{0}\}$ ist offensichtlich zusammenhängend, sodass auch das Bild unter der stetigen Abbildung zusammenhängend sein müsste. Dies ist aber nicht der Fall, denn die Bildmenge $(-\infty, f(\mathbf{0})) \cup (f(\mathbf{0}), +\infty)$ ist offensichtlich keine zusammenhängende Teilmenge von $\mathbb{R}$.

Lösung Aufgabe 116 Zur Übersicht unterteilen wir die Lösung dieser Aufgabe in zwei Teile:

(a) Zunächst zeigen wir, dass die Bildmenge $f(G) = \{f(x) \in \mathbb{R}^d \mid x \in G\}$ offen ist. Dazu sei $y \in f(G)$ beliebig gewählt, das heißt, es existiert ein Element $x \in G$ mit $f(x) = y$. Da die Funktion $f : G \to \mathbb{R}^d$ nach Voraussetzung stetig differenzierbar ist und die Jakobi-Matrix in jedem Punkt invertierbar ist, finden wir gemäß dem Satz über die lokale Umkehrbarkeit (Umkehrsatz) eine offene Umgebung $U \subseteq G$ von x und eine offene Umgebung $V \subseteq \mathbb{R}^d$ von y mit $f(U) = V$. Wegen $U \subseteq G$ folgt somit aber gerade $V = f(U) \subseteq f(G)$ was zeigt, dass die Menge V eine Teilmenge von $f(G)$ ist. Da wir das Element $y \in f(G)$ beliebig gewählt haben folgt wie gewünscht, dass die Bildmenge $f(G)$ offen ist.

(b) Wir bemerken zunächst, dass die offene Menge G genau dann zusammenhängend ist, wenn sie wegzusammenhängend ist [1, 4.11 Korollar]. Um zu beweisen, dass die Menge $f(G)$ ebenfalls zusammenhängend ist, genügt es daher wegen Teil (a) dieser Lösung nachzuweisen, dass diese wegzusammenhängend ist. Seien dazu $y_1, y_2 \in f(G)$ beliebig gewählt, das heißt, wir finden $x_1, x_2 \in G$ mit $f(x_1) = y_1$ sowie $f(x_2) = y_2$. Da G wegzusammenhängend ist existiert ein stetiger Weg $\gamma : [0, 1] \to G$ mit $\gamma(0) = x_1$ und $\gamma(1) = x_2$. Damit ist aber auch die zusammengesetzte Funktion $g : [0, 1] \to \mathbb{R}^d$ mit $g(x) = (f \circ \gamma)(x)$ stetig und erfüllt

$$g(0) = (f \circ \gamma)(0) = f(\gamma(0)) = f(x_1) = y_1 \quad \text{und analog} \quad g(1) = y_2.$$

Damit definiert g einen stetigen Weg in $f(G)$, der y_1 und y_2 verbindet. Wir haben somit wie gewünscht bewiesen, dass $f(G)$ zusammenhängend ist.

Lösungen Mehrdimensionale Differentialrechnung

24

Lösung Aufgabe 117 Im Folgenden beweisen wir die Differenzierbarkeit der Funktion $f : \mathbb{R}^2 \to \mathbb{R}^2$ mit $f(x_1, x_2) = (x_1 + x_2, x_1 x_2)^\mathsf{T}$ im Punkt $(\overline{x}_1, \overline{x}_2)^\mathsf{T} = (1, 2)^\mathsf{T}$ mit Hilfe der Charakterisierung (a) aus Aufgabe 130. Zunächst folgt für alle $(x_1, x_2)^\mathsf{T} \in \mathbb{R}^2$ mit $(x_1, x_2)^\mathsf{T} \neq (1, 2)^\mathsf{T}$ mit einer kleinen Rechnung

$$
\frac{f(x_1, x_2) - f(\overline{x}_1, \overline{x}_2) - D_f(\overline{x}_1, \overline{x}_2)((x_1, x_2)^\mathsf{T} - (\overline{x}_1, \overline{x}_2)^\mathsf{T})}{\|(x_1, x_2)^\mathsf{T} - (\overline{x}_1, \overline{x}_2)^\mathsf{T}\|_2}
$$

$$
= \frac{1}{\sqrt{(x_1 - 1)^2 + (x_2 - 2)^2}} \left(\begin{pmatrix} x_1 + x_2 \\ x_1 x_2 \end{pmatrix} - \begin{pmatrix} 3 \\ 2 \end{pmatrix} - \begin{pmatrix} 1 & 1 \\ 2 & 1 \end{pmatrix} \begin{pmatrix} x_1 - 1 \\ x_2 - 2 \end{pmatrix} \right)
$$

$$
= \frac{1}{\sqrt{(x_1 - 1)^2 + (x_2 - 2)^2}} \begin{pmatrix} 0 \\ (x_1 - 1)(x_2 - 2) \end{pmatrix}.
$$

Da die erste Komponente des obigen Vektors bereits Null ist sehen wir, dass lediglich noch

$$
\lim_{(x_1, x_2)^\mathsf{T} \to (1,2)^\mathsf{T}} \frac{(x_1 - 1)(x_2 - 2)}{\sqrt{(x_1 - 1)^2 + (x_2 - 2)^2}} = 0 \tag{24.1}
$$

gezeigt werden muss, um die Differenzierbarkeit der Funktion zu beweisen. Verwenden wir die bekannte Ungleichung $xy \leq (x^2 + y^2)/2$ für $x, y \in \mathbb{R}$, so können wir den obigen Ausdruck wie folgt abschätzen:

$$
\frac{(x_1 - 1)(x_2 - 2)}{\sqrt{(x_1 - 1)^2 + (x_2 - 2)^2}} \leq \frac{(x_1 - 1)^2 + (x_2 - 2)^2}{2\sqrt{(x_1 - 1)^2 + (x_2 - 2)^2}} \leq \sqrt{(x_1 - 1)^2 + (x_2 - 2)^2}.
$$

N. Hebestreit, *Übungsbuch Analysis II*, https://doi.org/10.1007/978-3-662-65832-1_24

Da die rechte Seite der obigen Ungleichung aber offensichtlich gegen Null konvergiert, wenn wir zum Grenzwert $(x_1, x_2)^\mathsf{T} \to (1, 2)^\mathsf{T}$ übergehen, folgt daraus wie gewünscht Gleichung (24.1). Gemäß Aufgabe 130 ist die Funktion f damit wie behauptet in $(1, 2)^\mathsf{T}$ differenzierbar.

Lösung Aufgabe 118 Sei $y \in \mathbb{R}^d$ beliebig gewählt. Da das Euklidische Skalarprodukt $\langle \cdot, \cdot \rangle : \mathbb{R}^d \times \mathbb{R}^d \to \mathbb{R}$ eine Bilinearform ist, wissen wir bereits, dass die Funktion $f : \mathbb{R}^d \to \mathbb{R}$ mit $f(x) = \langle x, y \rangle$ linear ist. Gemäß Aufgabe 120 mit $V = \mathbb{R}^d$ und $W = \mathbb{R}$ ist die Funktion f somit in ganz $\mathbb{R}^d$ differenzierbar und die Ableitungsfunktion $D_f : \mathbb{R}^d \to \mathcal{L}(\mathbb{R}^d, \mathbb{R})$ lautet $D_f = \langle \cdot, y \rangle$.

Anmerkung Dass die Funktion differenzierbar ist können wir uns auch wie folgt überlegen: Zunächst schreiben wir $f(x) = \sum_{j=1}^{d} x_j y_j$ für $x \in \mathbb{R}^d$. Wir erkennen, dass f partiell differenzierbar ist mit $\partial_{x_j} f(x) = y_j$ für $x \in \mathbb{R}^d$ und $j \in \{1, \ldots, d\}$. Da die partiellen Ableitungen offensichtlich stetig sind ist f somit differenzierbar [2, 2.10 Theorem].

Lösung Aufgabe 119 Wir betrachten die Funktion $f : \mathbb{R}^d \to \mathbb{R}$ mit $f(x) = \langle x, Ax \rangle$, wobei $A \in \mathbb{R}^{d \times d}$ eine symmetrische Matrix ist. Wir überlegen uns nun, dass die Funktion f in jedem Punkt $x_0 \in \mathbb{R}^d$ differenzierbar ist. Zunächst folgt mit einer kleinen Rechnung für alle $x \in \mathbb{R}^d$

$$
\begin{aligned}
f(x_0 + x) - f(x_0) &= \langle x_0 + x, A(x_0 + x) \rangle - \langle x_0, Ax_0 \rangle \\
&= \langle x_0, Ax_0 \rangle + \langle x_0, Ax \rangle + \langle x, Ax_0 \rangle + \langle x, Ax \rangle - \langle x_0, Ax_0 \rangle \\
&= 2 \langle x, Ax_0 \rangle + \langle x, Ax \rangle.
\end{aligned}
$$

Dabei haben wir im zweiten Schritt verwendet, dass das Euklidische Skalarprodukt $\langle \cdot, \cdot \rangle : \mathbb{R}^d \times \mathbb{R}^d \to \mathbb{R}$ eine Bilinearform, also eine in beiden Komponenten lineare Funktion, ist. Definieren wir nun $D_f : \mathbb{R}^d \to \mathcal{L}(\mathbb{R}^d, \mathbb{R})$ durch $(D_f(x))(y) = 2 \langle Ay, x \rangle$ (Ableitungsfunktion) sowie $\varphi : \mathbb{R}^d \to \mathbb{R}$ durch $\varphi(x) = \langle x, Ax \rangle$, so können wir die obige Gleichung für alle $x \in \mathbb{R}^d$ äquivalent als

$$
f(x_0 + x) = f(x_0) + (D_f(x_0))(x) + \varphi(x)
$$

schreiben. Wegen der Charakterisierung aus Aufgabe 130 (d) müssen wir somit lediglich

$$
\lim_{\|x\|_2 \to 0} \frac{\varphi(x)}{\|x\|_2} = 0
$$

zeigen, um die Differenzierbarkeit der Funktion f im Punkt x_0 zu beweisen. Dies ist jedoch nicht schwer einzusehen, denn wegen der Cauchy-Schwarz-Ungleichung (!) aus Aufgabe 58 und der Verträglichkeit (!!) der Spektralnorm mit der Euklidischen Norm folgt für alle $x \in \mathbb{R}^d$ gerade

$$
\langle x, Ax \rangle \overset{(!)}{\leq} \|x\|_2 \|Ax\|_2 \overset{(!!)}{\leq} \|A\|_2 \|x\|_2^2,
$$

womit offensichtlich der obige Grenzwert gilt.

Lösung Aufgabe 120 Sei $A : V \to W$ eine lineare Abbildung. Wählen wir $x_0 \in V$ beliebig, so folgt wegen der Linearität für alle $x \in V$

$$A(x) = A(x_0) + A(x) - A(x_0) = A(x_0) + A(x - x_0).$$

Definieren wir nun $r : V \to W$ durch $r(x) = 0_W$, so gelten trivialer Weise $r(x_0) = 0_W$ sowie

$$A(x) = A(x_0) + A(x - x_0) + r(x)\|x - x_0\|_V$$

für alle $x \in V$. Somit garantiert Aufgabe 130 (c) die Differenzierbarkeit der linearen Abbildung A im Punkt x_0. Da dieser jedoch beliebig gewählt war, erhalten wir, dass die Funktion in ganz V differenzierbar ist. Anhand der obigen Gleichung können wir zudem ablesen, dass die Ableitungsfunktion $D_A : V \to \mathcal{L}(V, W)$ durch $D_A(x) = A$ gegeben ist. Das bedeutet also gerade, dass D_A jedem Punkt aus V die lineare Abbildung $A : V \to W$ zuordnet.

Lösung Aufgabe 121 Wir betrachten die Funktion $f : \mathbb{R}^2 \to \mathbb{R}$ mit

$$f(x, y) = \begin{cases} \dfrac{x|y|}{\sqrt{x^2 + y^2}}, & (x, y)^{\mathsf{T}} \neq (0, 0)^{\mathsf{T}} \\ 0, & (x, y)^{\mathsf{T}} = (0, 0)^{\mathsf{T}}. \end{cases}$$

Zunächst überzeugen wir uns kurz davon, dass f im Nullpunkt partiell differenzierbar ist. Wegen $f(0, 0) = 0$ und $f(t, 0) = 0$ für alle $t \in \mathbb{R}$ folgt direkt

$$\partial_x f(0, 0) = \lim_{t \to 0} \frac{f((0, 0)^{\mathsf{T}} + (t, 0)^{\mathsf{T}}) - f(0, 0)}{t} = \lim_{t \to 0} \frac{f(t, 0) - f(0, 0)}{t} = \lim_{t \to 0} \frac{0 - 0}{t} = 0$$

und analog $\partial_y f(0, 0) = 0$. Angenommen, die Funktion f wäre im Nullpunkt differenzierbar. Dann wäre die Ableitungs-Matrix von der Form

$$D_f(0, 0) = (\partial_x f(0, 0), \partial_y f(0, 0))^{\mathsf{T}} = (0, 0)^{\mathsf{T}}.$$

Gemäß der Charakterisierung aus Aufgabe 130 (a) müsste somit gerade

$$\lim_{(x,y)^{\mathsf{T}} \to (0,0)^{\mathsf{T}}} \frac{f(x, y) - f(0, 0) - D_f(0, 0)((x, y)^{\mathsf{T}} - (0, 0)^{\mathsf{T}})}{\|(x, y)^{\mathsf{T}} - (0, 0)^{\mathsf{T}}\|_2} = \lim_{(x,y)^{\mathsf{T}} \to (0,0)^{\mathsf{T}}} \frac{x|y|}{x^2 + y^2} = 0 \tag{24.2}$$

gelten. Dies ist jedoch nicht der Fall, denn offensichtlich gilt

$$\lim_{(x,x)^{\mathsf{T}} \to (0,0)^{\mathsf{T}}} \frac{x|x|}{x^2 + x^2} = \pm \lim_{(x,x)^{\mathsf{T}} \to (0,0)^{\mathsf{T}}} \frac{x^2}{x^2 + x^2} = \pm \lim_{(x,x)^{\mathsf{T}} \to (0,0)^{\mathsf{T}}} \frac{1}{2} = \pm \frac{1}{2}.$$

Da damit aber Gleichung (24.2) nicht erfüllt sein kann, folgt wie gewünscht, dass die Funktion f nicht im Nullpunkt differenzierbar ist.

Lösung Aufgabe 122 Die Funktion $f : \mathbb{R}^3 \to \mathbb{R}$ mit

$$f(x_1, x_2, x_3) = x_1^2 + x_1 x_2 x_3 + \exp(x_1 \sin(x_2)) \cos(x_3)$$

ist offensichtlich beliebig oft partiell differenzierbar. Für alle $(x_1, x_2, x_3)^\mathsf{T} \in \mathbb{R}^3$ folgen mit der Summen-, Produkt- und Kettenregel für differenzierbare Funktionen

$$\partial_{x_1} f(x_1, x_2, x_3) = 2x_1 + x_2 x_3 + \sin(x_2) \exp(x_1 \sin(x_2)) \cos(x_3),$$
$$\partial_{x_1} \partial_{x_3} f(x_1, x_2, x_3) = x_2 - \sin(x_2) \exp(x_1 \sin(x_2)) \sin(x_3)$$

sowie

$$\partial_{x_1} \partial_{x_1} f(x_1, x_2, x_3) = 2 + \sin^2(x_2) \exp(x_1 \sin(x_2)) \cos(x_3),$$
$$\partial_{x_1} \partial_{x_1} \partial_{x_3} f(x_1, x_2, x_3) = -\sin^2(x_2) \exp(x_1 \sin(x_2)) \sin(x_3).$$

Anmerkung Mit Hilfe der Multiindex-Notation kann die partielle Ableitung $\partial_{x_1} \partial_{x_1} \partial_{x_3} f$ auch äquivalent als $\partial^{(2,0,1)} f$ geschrieben werden (vgl. Aufgabe 149).

Lösung Aufgabe 123 Die Jakobi-Matrix der Kugelkoordinaten-Funktion

$$\Psi : (0, +\infty) \times (0, \pi) \times (0, 2\pi) \to \mathbb{R}^3 \quad \text{mit} \quad \Psi(r, \theta, \varphi) = \begin{pmatrix} r \sin(\theta) \cos(\varphi) \\ r \sin(\theta) \sin(\varphi) \\ r \cos(\theta) \end{pmatrix}$$

lautet

$$J_\Psi(r, \theta, \varphi) = \begin{pmatrix} \sin(\theta) \cos(\varphi) & r \cos(\theta) \cos(\varphi) & -r \sin(\theta) \sin(\varphi) \\ \sin(\theta) \sin(\varphi) & r \cos(\theta) \sin(\varphi) & r \sin(\theta) \cos(\varphi) \\ \cos(\theta) & -r \sin(\theta) & 0 \end{pmatrix}$$

für $(r, \theta, \varphi)^\mathsf{T} \in (0, +\infty) \times (0, \pi) \times (0, 2\pi)$. Mit der trigonometrischen Identität $\sin^2(x) + \cos^2(x) = 1$ (!) für $x \in \mathbb{R}$ erhalten wir somit

$$
\begin{aligned}
\det(J_\Psi(r, \theta, \varphi)) &= r^2 \sin(\theta) \cos^2(\theta) \cos^2(\varphi) + r^2 \sin^3(\theta) \sin^2(\varphi) \\
&\quad + r^2 \sin(\theta) \sin^2(\varphi) \cos^2(\theta) + r^2 \sin^3(\theta) \cos^2(\varphi) \\
&= r^2 \sin(\theta) \cos^2(\theta)(\sin^2(\varphi) + \cos^2(\varphi)) + r^2 \sin^3(\theta)(\sin^2(\varphi) + \cos^2(\varphi)) \\
&\overset{(!)}{=} r^2 \sin(\theta) \cos^2(\theta) + r^2 \sin^3(\theta) \\
&= r^2 \sin(\theta)(\sin^2(\theta) + \cos^2(\theta)) \\
&\overset{(!)}{=} r^2 \sin(\theta).
\end{aligned}
$$

Anmerkung Mit Hilfe der trigonometrischen Identität kann man sich leicht davon überzeugen, dass die drei Spaltenvektoren $s^1 = s^1(r, \theta, \varphi)$, $s^2 = s^2(r, \theta, \varphi)$ und $s^3 = s^3(r, \theta, \varphi)$ der Jakobi-Matrix paarweise orthogonal (senkrecht) auf einander stehen. Somit gilt

$$\det(J_\Psi(r, \theta, \varphi)) = \det(s^1 \mid s^2 \mid s^3) = \|s^1\|_2\|s^2\|_2\|s^3\|_2 \overset{(!)}{=} 1 \cdot r \cdot r \sin(\theta) = r^2 \sin(\theta).$$

Lösung Aufgabe 124 Wir betrachten die Funktion $f : \mathbb{R}^2 \to \mathbb{R}$ mit

$$f(x_1, x_2) = \begin{cases} \frac{x_1^3}{x_1^2 + x_2^2}, & (x_1, x_2)^\mathsf{T} \neq (0, 0)^\mathsf{T} \\ 0, & (x_1, x_2)^\mathsf{T} = (0, 0)^\mathsf{T}. \end{cases}$$

(a) Die Funktion $f : \mathbb{R}^2 \to \mathbb{R}$ ist als Quotient der stetigen Funktionen $(x_1, x_2)^\mathsf{T} \mapsto x_1^3$ und $(x_1, x_2)^\mathsf{T} \mapsto x_1^2 + x_2^2$ in jedem Punkt aus $\mathbb{R}^2 \setminus \{(0, 0)^\mathsf{T}\}$ stetig. Wir müssen daher lediglich noch die Stetigkeit im Nullpunkt nachweisen. Da nach Definition $f(0, 0) = 0$ gilt bedeutet dies, dass wir gerade

$$\lim_{n \to +\infty} f(x_1^n, x_2^n) = 0$$

für jede zweidimensionale Folge $((x_1^n, x_2^n)^\mathsf{T})_n \subseteq \mathbb{R}^2$ mit $\lim_n (x_1^n, x_2^n)^\mathsf{T} = (0, 0)^\mathsf{T}$ in $\mathbb{R}^2$ beweisen müssen. Dazu bemerken wir zunächst, dass für alle $(x_1, x_2)^\mathsf{T} \in \mathbb{R}^2 \setminus \{(0, 0)^\mathsf{T}\}$

$$|f(x_1, x_2) - f(0, 0)| = |f(x_1, x_2)| = \frac{|x_1|^3}{x_1^2 + x_2^2} \leq \frac{|x_1|^3}{x_1^2} = |x_1|$$

gilt. Ist nun $((x_1^n, x_2^n)^\mathsf{T})_n \subseteq \mathbb{R}^2$ eine beliebige Folge mit $\lim_n (x_1^n, x_2^n)^\mathsf{T} = (0, 0)^\mathsf{T}$, so gilt insbesondere $\lim_n x_1^n = 0$. Wir können damit direkt die Stetigkeit im Nullpunkt ablesen, da für $n \to +\infty$ die rechte und damit auch die linke Seite der obigen Ungleichung gegen Null geht.

Anmerkung Natürlich kann man hier auch leicht einen Epsilon-Delta-Beweis mit $\varepsilon > 0$ und $\delta = \varepsilon$ führen. Dazu muss man lediglich beachten, dass die Ungleichung $\|(x_1, x_2)^\mathsf{T} - (0, 0)^\mathsf{T}\|_2 < \delta$ gerade $|x_1| < \delta$ impliziert um mit Hilfe der obigen Ungleichung die Stetigkeit im Nullpunkt zu beweisen.

(b) Die Funktion f ist mit einer ähnlichen Begründung wie in Teil (a) dieser Aufgabe in jedem Punkt aus $\mathbb{R}^2 \setminus \{(0, 0)^\mathsf{T}\}$ partiell differenzierbar. Mit der Quotientenregel folgen

$$\partial_{x_1} f(x_1, x_2) = \frac{3x_1^2(x_1^2 + x_2^2) - 2x_1^3}{(x_1^2 + x_2^2)^2} \quad \text{und} \quad \partial_{x_2} f(x_1, x_2) = -\frac{2x_1^3 x_2}{(x_1^2 + x_2^2)^2}$$

für alle $(x_1, x_2)^\mathsf{T} \in \mathbb{R}^2 \setminus \{(0, 0)^\mathsf{T}\}$. Die partielle Differenzierbarkeit im Nullpunkt müssen wir jedoch getrennt untersuchen. Es gelten nach Definition der partiellen Ableitung

$$\partial_{x_1} f(0, 0) = \lim_{t \to 0} \frac{f(t, 0) - f(0, 0)}{t} = \lim_{t \to 0} \frac{t^3/(t^2 + 0) - 0}{t} = 1$$

und

$$\partial_{x_2} f(0, 0) = \lim_{t \to 0} \frac{f(0, t) - f(0, 0)}{t} = \lim_{t \to 0} \frac{0 - 0}{t} = 0,$$

was zeigt, dass die Funktion f in jedem Punkt aus $\mathbb{R}^2$ partiell differenzierbar ist. Da die partiellen Ableitungen $\partial_{x_1} f, \partial_{x_2} f : \mathbb{R}^2 \setminus \{(0, 0)^\mathsf{T}\} \to \mathbb{R}$ offensichtlich stetig sind, ist die Funktion f zudem in $\mathbb{R}^2 \setminus \{(0, 0)^\mathsf{T}\}$ stetig partiell differenzierbar.

Anmerkung Die in $\mathbb{R}^2 \setminus \{(0, 0)^\mathsf{T}\}$ partiell differenzierbare Funktion $f : \mathbb{R}^2 \to \mathbb{R}$ ist im Nullpunkt nicht differenzierbar. Man kann sich zum Beispiel mit der Charakterisierung aus Aufgabe 130 (c) leicht überlegen, dass es keine stetige (!) Funktion $r : \mathbb{R}^2 \to \mathbb{R}$ mit $r(0, 0) = 0$ und

$$f(x_1, x_2) = f(0, 0) + D_f(0, 0)(x_1, x_2)^\mathsf{T} + \frac{r(x_1, x_2)}{\sqrt{x_1^2 + x_2^2}}$$

für alle $(x_1, x_2)^\mathsf{T} \in \mathbb{R}^2$ geben kann. Alternativ kann man sich aber auch überlegen, dass die partiellen Ableitungen im Nullpunkt unstetig sind, um die Differenzierbarkeit zu widerlegen.

Lösung Aufgabe 125 Die Funktion $f : \mathbb{R}^2 \to \mathbb{R}$ mit $f(x_1, x_2) = x_1 \exp(x_2) + \sin(x_1 x_2)$ ist als Komposition stetig partiell differenzierbarer Funktionen zweimal (sogar beliebig oft) stetig partiell differenzierbar. Die partiellen Ableitungen zweiter Ordnung stimmen daher gemäß dem Satz von Schwarz [4, Abschn. 2.3] in ganz $\mathbb{R}^2$ überein, was wir nun mit einer kleinen Rechnung bestätigen werden. Sei dazu stets $(x_1, x_2)^\mathsf{T} \in \mathbb{R}^2$ beliebig gewählt. Mit der Summen- und Kettenregel folgen dann zunächst

$$\partial_{x_1} f(x_1, x_2) = \exp(x_2) + x_2 \cos(x_1 x_2), \quad \partial_{x_2} f(x_1, x_2) = x_1 \exp(x_2) + x_1 \cos(x_1 x_2).$$

Die partiellen Ableitungen der Ordnung 2 können wir mit der Produkt- und Kettenregel berechnen:

$$\partial_{x_1} \partial_{x_2} f(x_1, x_2) = \exp(x_2) + \cos(x_1 x_2) - x_1 x_2 \sin(x_1 x_2)$$

und

$$\partial_{x_2} \partial_{x_1} f(x_1, x_2) = \exp(x_2) + \cos(x_1 x_2) - x_1 x_2 \sin(x_1 x_2).$$

Diese sind offensichtlich identisch, womit wir wie gewünscht den Satz von Schwarz verifiziert haben.

Lösung Aufgabe 126 Wir betrachten die Funktion $f : \mathbb{R}^2 \to \mathbb{R}$ mit

$$f(x_1, x_2) = \begin{cases} x_1 x_2 \frac{x_1^2 - x_2^2}{x_1^2 + x_2^2}, & x_1^2 + x_2^2 > 0 \\ 0, & (x_1, x_2)^\mathsf{T} = (0, 0)^\mathsf{T}. \end{cases}$$

Außerhalb des Nullpunktes ist f offensichtlich partiell differenzierbar und es folgt für $(x_1, x_2)^\mathsf{T} \in \mathbb{R}^2 \backslash \{(0, 0)^\mathsf{T}\}$ mit einer kleinen Rechnung (Quotientenregel beachten)

$$\begin{aligned} \partial_{x_1} f(x_1, x_2) &= \frac{(3x_1^2 x_2 - x_2^3)(x_1^2 + x_2^2) - 2x_1^2 x_2 (x_1^2 - x_2^2)}{(x_1^2 + x_2^2)^2} \\ &= \frac{x_1^4 x_2 + 4x_1^2 x_2^3 - x_2^5}{(x_1^2 + x_2^2)^2}. \end{aligned}$$

Wegen $f(x_1, x_2) = -f(x_2, x_1)$ für alle $(x_1, x_2)^\mathsf{T} \in \mathbb{R}^2$ folgt analog

$$\partial_{x_2} f(x_1, x_2) = \frac{x_1^5 - 4x_1^3 x_2^2 - x_1 x_2^4}{(x_1^2 + x_2^2)^2}$$

für $(x_1, x_2)^\mathsf{T} \in \mathbb{R}^2 \setminus \{(0, 0)^\mathsf{T}\}$. Die partiellen Ableitungen im Nullpunkt lassen sich wegen $f(t, 0) = f(0, t) = 0$ für $t \in \mathbb{R}$ gemäß

$$\partial_{x_1} f(0, 0) = \lim_{t \to 0} \frac{f(t, 0) - f(0, 0)}{t} = \lim_{t \to 0} \frac{0 - 0}{t} = 0$$

und

$$\partial_{x_2} f(0, 0) = \lim_{t \to 0} \frac{f(0, t) - f(0, 0)}{t} = \lim_{t \to 0} \frac{0 - 0}{t} = 0$$

berechnen. Wir bestimmen nun noch die partiellen Ableitungen zweiter Ordnung im Nullpunkt. Aus der Darstellung der partiellen Ableitung lesen wir direkt ab, dass $\partial_{x_2} f(t, 0) = t$ für $t \in \mathbb{R} \setminus \{0\}$ gilt. Damit folgt

$$\partial_{x_1} \partial_{x_2} f(0, 0) = \lim_{t \to 0} \frac{\partial_{x_2} f(t, 0) - \partial_{x_2} f(0, 0)}{t} = \lim_{t \to 0} \frac{t - 0}{t} = 1$$

und analog erhalten wir $\partial_{x_2} \partial_{x_1} f(0, 0) = -1$ wegen $\partial_{x_1} f(0, t) = -t$ für $t \in \mathbb{R} \setminus \{0\}$. Da die Funktion f zweimal partiell differenzierbar ist, folgt wegen

$$\partial_{x_1} \partial_{x_2} f(0, 0) = 1 \neq -1 = \partial_{x_2} \partial_{x_1} f(0, 0)$$

aus dem Satz von Schwarz [4, Abschn. 2.3], dass die partiellen Ableitungen $\partial_{x_1}\partial_{x_2}f, \partial_{x_2}\partial_{x_1}f : \mathbb{R}^2 \to \mathbb{R}$ im Nullpunkt unstetig sind.

Lösung Aufgabe 127 Wir betrachten die Polynomfunktion $f : \mathbb{R}^3 \to \mathbb{R}$ mit $f(x, y, z) = x + y^2 z$, die Stelle $(x_0, y_0, z_0)^\mathsf{T} = (3, 2, 1)^\mathsf{T}$ und die Richtung $(u, v, w)^\mathsf{T} = (1, 1, 0)^\mathsf{T}$. Für $t \neq 0$ gilt dann zunächst mit einer kleinen Rechnung für alle $(x, y, z)^\mathsf{T} \in \mathbb{R}^3$

$$\frac{f((3, 2, 1)^\mathsf{T} + t(1, 1, 0)^\mathsf{T}) - f(3, 2, 1)}{t} = \frac{f(3 + t, 2 + t, 1) - f(3, 2, 1)}{t} = 5 + t.$$

Damit berechnet sich die Richtungsableitung im Punkt $(3, 2, 1)^\mathsf{T}$ in Richtung $(1, 1, 0)^\mathsf{T}$ zu

$$\begin{aligned}
\partial_{(1,1,0)^\mathsf{T}} f(3, 2, 1) &= \lim_{t \to 0} \frac{f((3, 2, 1)^\mathsf{T} + t(1, 1, 0)^\mathsf{T}) - f(3, 2, 1)}{t} \\
&= \lim_{t \to 0} (5 + t) \\
&= 5.
\end{aligned}$$

Lösung Aufgabe 128 In dieser Aufgabe betrachten wir die Funktion $f : \mathbb{R}^2 \to \mathbb{R}$ mit

$$f(x_1, x_2) = \begin{cases} \frac{x_1 x_2^2}{x_1^2 + x_2^4}, & (x_1, x_2)^\mathsf{T} \neq (0, 0)^\mathsf{T} \\ 0, & (x_1, x_2)^\mathsf{T} = (0, 0)^\mathsf{T}. \end{cases}$$

(a) Wir überlegen uns nun, dass die Funktion f im Nullpunkt unstetig ist. Dazu untersuchen wir die zweidimensionale Folge $((x_1^n, x_2^n)^\mathsf{T})_n \subseteq \mathbb{R}^2$ mit $(x_1^n, x_2^n)^\mathsf{T} = (1/n^2, 1/n)^\mathsf{T}$. Die Folge erfüllt offensichtlich $\lim_n (x_1^n, x_2^n)^\mathsf{T} = (0, 0)^\mathsf{T}$. Jedoch folgt mit einer kleinen Rechnung

$$\lim_{n \to +\infty} f(x_1^n, x_2^n) = \lim_{n \to +\infty} \frac{1/n^2 (1/n)^2}{(1/n^2)^2 + (1/n)^4} = \lim_{n \to +\infty} \frac{1}{2} = \frac{1}{2}.$$

Damit kann die Funktion nicht im Nullpunkt stetig sein, da nach Definition $f(0, 0) = 0$ gilt, der obige Grenzwert aber von Null verschieden ist.

(b) Die Funktion kann in $(0, 0)^\mathsf{T}$ nicht differenzierbar sein, da sie dort wegen Teil (a) dieser Aufgabe nicht einmal stetig ist (vgl. Aufgabe 131).

(c) Wir überlegen uns nun, dass die Funktion f im Nullpunkt in jede Richtung differenzierbar ist. Sei also $v = (v_1, v_2)^\mathsf{T} \in \mathbb{R}^2$ eine beliebige Richtung. Gemäß der Definition der Richtungsableitung gilt dann mit einer kleinen Rechnung

$$\partial_v f(0,0) = \lim_{t \to 0} \frac{f((0,0)^\mathsf{T} + t(v_1, v_2)^\mathsf{T}) - f(0,0)}{t}$$

$$= \lim_{t \to 0} \frac{f(tv_1, tv_2)}{t}$$

$$= \begin{cases} \lim_{t \to 0} \frac{t^3 v_1 v_2^2}{t^3 v_1^2 + t^5 v_2^4}, & (v_1, v_2)^\mathsf{T} \in \mathbb{R}^2, \ v_1 \neq 0 \\ 0, & \text{sonst} \end{cases}$$

$$= \begin{cases} \frac{v_2^2}{v_1}, & (v_1, v_2)^\mathsf{T} \in \mathbb{R}^2, \ v_1 \neq 0 \\ 0, & \text{sonst.} \end{cases}$$

Wir haben somit wie gewünscht gezeigt, dass die Richtungsableitung $\partial_v f(0,0)$ in jede Richtung $v \in \mathbb{R}^2$ existiert.

Lösung Aufgabe 129 Im Folgenden untersuchen wir die zweidimensionale Funktion $f : \mathbb{R}^2 \to \mathbb{R}$ mit

$$f(x,y) = \begin{cases} \frac{xy}{\sqrt{x^2 + y^2}}, & (x,y)^\mathsf{T} \neq (0,0)^\mathsf{T} \\ 0, & (x,y)^\mathsf{T} = (0,0)^\mathsf{T}. \end{cases}$$

Zur Übersicht unterteilen wir die Lösung dieser Aufgabe in zwei Teile.

(a) Wir sehen sofort, dass die Funktion f in jedem Punkt aus $\mathbb{R}^2 \setminus \{(0,0)^\mathsf{T}\}$ bereits als Komposition differenzierbarer Funktionen differenzierbar und damit insbesondere auch stetig ist (vgl. Aufgabe 131). Wir müssen daher lediglich noch getrennt den Nullpunkt $(0,0)^\mathsf{T}$ untersuchen. Zunächst gilt bekanntlich $xy \leq (x^2 + y^2)/2$ für alle $x, y \in \mathbb{R}$ und somit gerade außerhalb des Nullpunkts

$$f(x,y) = \frac{xy}{\sqrt{x^2 + y^2}} \leq \frac{x^2 + y^2}{2\sqrt{x^2 + y^2}} = \frac{1}{2}\sqrt{x^2 + y^2},$$

also wegen $f(0,0) = 0$ gerade

$$\lim_{(x,y)^\mathsf{T} \to (0,0)^\mathsf{T}} f(x,y) = f(0,0).$$

Dies zeigt, dass die Funktion f auch im Nullpunkt $(0,0)^\mathsf{T}$ stetig ist. Wir berechnen weiter die partiellen Ableitungen in $(0,0)^\mathsf{T}$. Mit einer kleinen Rechnung folgen wegen $f(0,0) = 0$ und $f(t,0) = 0$ für alle $t \in \mathbb{R}$ gerade

$$\partial_x f(0,0) = \lim_{t \to 0} \frac{f((0,0)^\mathsf{T} + (t,0)^\mathsf{T}) - f(0,0)}{t} = \lim_{t \to 0} \frac{f(t,0) - f(0,0)}{t} = \lim_{t \to 0} \frac{0-0}{t} = 0$$

und $\partial_y f(0,0) = 0$ (analoge Rechnung). Wir können uns ähnlich wie in Aufgabe 121 davon überzeugen, dass die Funktion f nicht in $(0,0)^\mathsf{T}$ differenzierbar sein kann. Dafür müsste nämlich wegen der Charakterisierung aus Aufgabe 130 (a)

$$\lim_{(x,y)^\mathsf{T} \to (0,0)^\mathsf{T}} \frac{f(x,y) - f(0,0) - \nabla f(0,0)((x,y)^\mathsf{T} - (0,0)^\mathsf{T})}{\|(x,y)^\mathsf{T} - (0,0)^\mathsf{T}\|_2} = \lim_{(x,y)^\mathsf{T} \to (0,0)^\mathsf{T}} \frac{xy}{x^2 + y^2} = 0$$

gelten, was jedoch nicht der Fall ist (vgl. erneut die Lösung von Aufgabe 121). Alternativ kann man aber auch leicht zeigen, dass die partiellen Ableitung der Funktion im Nullpunkt unstetig sind.

(b) Wir schreiben $v = (v_1, v_2)^\mathsf{T} = (\cos(\varphi), \sin(\varphi))^\mathsf{T}$, wobei $\varphi \in [0, 2\pi)$ beliebig ist. Wegen $v_1^2 + v_2^2 = \sin^2(\varphi) + \cos^2(\varphi) = 1$ (trigonometrischer Pythagoras) folgt zunächst

$$\begin{aligned} D_v f(0,0) &= \lim_{t \to 0} \frac{f((0,0)^\mathsf{T} + t(v_1, v_2)^\mathsf{T}) - f(0,0)}{t} \\ &= \lim_{t \to 0} \frac{t \sin(\varphi)\cos(\varphi)}{\sqrt{t^2}\sqrt{\sin^2(\varphi) + \cos^2(\varphi)}} = \sin(\varphi)\cos(\varphi) \lim_{t \to 0} \frac{t}{|t|}. \end{aligned}$$

Wir wissen jedoch, dass der Grenzwert $\lim_{t \to 0} t/|t|$ nicht existiert – der linksseitige Grenzwert ist -1 während der rechtsseitige Grenzwert 1 ist. Somit existiert die Richtungsableitung $D_v f(0,0)$ genau dann, wenn $\sin(\varphi) = 0$ oder $\cos(\varphi) = 0$ gilt.

Anmerkung Die Überlegungen in Teil (a) zeigen, dass die Umkehrung der Aussage in Aufgabe 131 im Allgemeinen nicht gilt. Eine stetige Funktion muss also nicht notwendiger Weise differenzierbar sein.

Lösung Aufgabe 130 Im Folgenden sei $x_0 \in G$ beliebig gewählt. Wir weisen die Äquivalenz der vier Aussagen mit einen Ringschluss nach.

Anmerkung Beachten Sie, dass der Nullvektor des $\mathbb{R}^d$ beziehungsweise des $\mathbb{R}^k$ mit **0** bezeichnet wird. Sie müssen also aus dem Kontext erkennen, welcher Nullvektor jeweils gemeint ist.

(α) Wir zeigen zuerst die Implikation (a) $\Longrightarrow$ (b). Sei also die Funktion $f : G \to \mathbb{R}^k$ im Punkt $x_0 \in G$ differenzierbar, das heißt, es gibt eine lineare Abbildung $A \in \mathcal{L}(\mathbb{R}^d, \mathbb{R}^k)$ mit

$$\lim_{x \to x_0} \frac{f(x) - f(x_0) - A(x - x_0)}{\|x - x_0\|} = \mathbf{0}.$$

Hier ist zu beachten, dass es sich um einen Grenzwert im $\mathbb{R}^k$ handelt. Schreiben wir nun $f = (f_1, \ldots, f_k)^\mathsf{T}$ und $A = (A_1, \ldots, A_k)^\mathsf{T}$ so folgt aus der obigen Grenzwertbeziehung gerade (äquivalent)

$$\lim_{x \to x_0} \frac{f_j(x) - f_j(x_0) - A_j(x - x_0)}{\|x - x_0\|} = 0$$

für jeden Index $j \in \{1, \ldots, k\}$. Gemäß den Grenzwertsätzen folgt damit aber wie gewünscht

$$\lim_{x \to x_0} \frac{\|f(x) - f(x_0) - A(x - x_0)\|}{\|x - x_0\|} = 0,$$

womit wir Teil (b) gezeigt haben.

(β) Nun beweisen wir die Implikation (b) $\Longrightarrow$ (c). Wir definieren dazu die naheliegende Funktion $r : G \to \mathbb{R}^k$ gemäß

$$r(x) = \begin{cases} \frac{f(x) - f(x_0) - A(x - x_0)}{\|x - x_0\|}, & x \in G \setminus \{x_0\} \\ \mathbf{0}, & x = x_0, \end{cases}$$

wobei $A \in \mathcal{L}(\mathbb{R}^d, \mathbb{R}^k)$ die lineare Abbildung aus Teil (b) ist. Offensichtlich gilt mit einer kleinen Rechnung

$$f(x) = f(x_0) + A(x - x_0) + r(x)\|x - x_0\|$$

für alle $x \in G$. Da nach Definition $r(x_0) = \mathbf{0}$ gilt, müssen wir uns nur noch überlegen, dass die Funktion r in x_0 stetig ist. Wegen

$$\lim_{x \to x_0} \|r(x) - r(x_0)\| = \lim_{x \to x_0} \frac{\|f(x) - f(x_0) - A(x - x_0)\|}{\|x - x_0\|} \overset{\text{(b)}}{=} 0,$$

also $\lim_{x \to x_0} r(x) = r(x_0)$, ist die Stetigkeit in x_0 direkt erfüllt. Wir haben somit wie gewünscht Teil (c) nachgewiesen.

(γ) Nun zeigen wir (c) $\Longrightarrow$ (d). Sei wieder $A \in \mathcal{L}(\mathbb{R}^d, \mathbb{R}^k)$ die lineare Abbildung und $r : G \to \mathbb{R}^k$ die stetige Funktion aus Teil (c). Wir definieren die Funktion $\varphi : G \to \mathbb{R}^k$ durch

$$\varphi(x) = r(x + x_0)\|x\|,$$

die wegen $r(x_0) = \mathbf{0}$ gerade $\varphi(\mathbf{0}) = \mathbf{0}$ erfüllt. Weiter gilt gemäß der Definition von φ

$$\lim_{x \to x_0} \frac{\varphi(x - x_0)}{\|x - x_0\|} = \lim_{x \to x_0} \frac{r(x - x_0 + x_0)\|x - x_0\|}{\|x - x_0\|} = \lim_{x \to x_0} r(x).$$

Da die Funktion $r : G \to \mathbb{R}^k$ nach Voraussetzung im Punkt x_0 stetig ist, gilt $\lim_{x \to x_0} r(x) = r(x_0)$, sodass wir für den obigen Grenzwert wie gewünscht

$$\lim_{x \to x_0} \frac{\varphi(x - x_0)}{\|x - x_0\|} = \mathbf{0}$$

erhalten. Da gemäß der Definition von φ insbesondere $\varphi(x - x_0) = r(x)\|x - x_0\|$ für $x \in G$ gilt, können wir ablesen, dass

$$f(x) = f(x_0) + A(x - x_0) + \varphi(x - x_0)$$

für alle $x \in G$ gilt, was bereits Aussage (d) zeigt.

(δ)   Zum Schluss beweisen wir die Implikation (d) $\Longrightarrow$ (a). Sind $A \in \mathcal{L}(\mathbb{R}^d, \mathbb{R}^k)$ und $\varphi : G \to \mathbb{R}^k$ derart, dass

$$f(x) = f(x_0) + A(x - x_0) + \varphi(x - x_0)$$

für alle $x \in G$ gilt, so folgt insbesondere

$$\frac{f(x) - f(x_0) - A(x - x_0)}{\|x - x_0\|} = \frac{\varphi(x - x_0)}{\|x - x_0\|}$$

für alle $x \in G \setminus \{x_0\}$. Wegen der Grenzwertbeziehung der Funktion φ (vgl. Teil (d)) konvergiert die linke Seite der obigen Gleichung wie gewünscht gegen $\mathbf{0}$, wenn x gegen x_0 geht. Damit ist Teil (a) bewiesen.

Wir haben somit in den obigen Schritten den Ringschluss

$$\text{(a)} \quad \Longrightarrow \quad \text{(b)} \quad \Longrightarrow \quad \text{(c)} \quad \Longrightarrow \quad \text{(d)} \quad \Longrightarrow \quad \text{(a)}$$

nachgewiesen, was die Äquivalenz der vier Aussagen (a), (b), (c) und (d) beweist.

Lösung Aufgabe 131 Sei $x_0 \in \mathbb{R}^d$ beliebig gewählt. Da die Funktion $f : \mathbb{R}^d \to \mathbb{R}^k$ nach Voraussetzung differenzierbar ist, gibt es nach Definition eine lineare Abbildung $A \in \mathcal{L}(\mathbb{R}^d, \mathbb{R}^k)$ mit

$$\lim_{x \to x_0} \frac{f(x) - f(x_0) - A(x - x_0)}{\|x - x_0\|_2} = \mathbf{0}$$

(vgl. Aufgabe 130 (a)). Somit folgt mit den Grenzwertsätzen

$$\lim_{x \to x_0} (f(x) - f(x_0) - A(x - x_0)) = \lim_{x \to x_0} \|x - x_0\|_2 \frac{f(x) - f(x_0) - A(x - x_0)}{\|x - x_0\|_2} = \mathbf{0}.$$

Da die Abbildung A aber insbesondere stetig ist (vgl. Aufgabe 131), gilt wegen $A(\mathbf{0}) = \mathbf{0}$ (vgl. Gleichung (21.1)) gerade

$$\lim_{x \to x_0} A(x - x_0) = A\left(\lim_{x \to x_0} (x - x_0)\right) = A(\mathbf{0}) = \mathbf{0}.$$

Wir erhalten schließlich mit all diesen Überlegungen

$$\lim_{x \to x_0} (f(x) - f(x_0)) = \lim_{x \to x_0} (f(x) - f(x_0) - A(x - x_0)) + \lim_{x \to x_0} A(x - x_0) = \mathbf{0},$$

womit wir wegen $\lim_{x \to x_0} f(x) = f(x_0)$ wie gewünscht die Stetigkeit der Funktion im Punkt x_0 bewiesen haben.

Lösung Aufgabe 132 Wir überlegen uns zuerst, dass die Funktion $f : \mathbb{R}^2 \to \mathbb{R}$ mit $f(x, y) = y g(x)$ im Nullpunkt partielle Ableitungen besitzt. Zunächst folgt

$$\partial_x f(0, 0) = \lim_{t \to 0} \frac{f(t, 0) - f(0, 0)}{t} = \lim_{t \to 0} \frac{0 \cdot g(t) - 0 \cdot g(0)}{t} = 0$$

und genauso erhalten wir

$$\partial_y f(0, 0) = \lim_{t \to 0} \frac{f(0, t) - f(0, 0)}{t} = \lim_{t \to 0} \frac{t g(0) - 0 \cdot g(0)}{t} = \lim_{t \to 0} g(0) \stackrel{(!)}{=} g(0).$$

Dabei haben wir verwendet, dass die Funktion $g : \mathbb{R} \to \mathbb{R}$ im Nullpunkt stetig (!) ist. Mit einer kleinen Rechnung folgt wegen $\nabla f(0, 0) = (0, g(0))^\mathsf{T}$ gerade

$$f(x, y) - f(0, 0) - \nabla f(0, 0)((x, y)^\mathsf{T} - (0, 0)^\mathsf{T}) = y g(x) - y g(0) = y(g(x) - g(0))$$

für alle $(x, y)^\mathsf{T} \in \mathbb{R}^2 \backslash \{(0, 0)^\mathsf{T}\}$. Folglich ist die Funktion f genau dann im Nullpunkt $(0, 0)^\mathsf{T}$ differenzierbar, falls

$$\lim_{(x,y)^\mathsf{T} \to (0,0)^\mathsf{T}} \frac{|y||g(x) - g(0)|}{\sqrt{x^2 + y^2}} = 0$$

gilt (vgl. Aufgabe 130 (b)). Dies ist jedoch nicht schwer einzusehen, denn wir können den obigen Ausdruck für $(x, y)^\mathsf{T} \in \mathbb{R}^2 \setminus \{(0, 0)^\mathsf{T}\}$ zunächst wie folgt abschätzen:

$$\frac{|y||g(x) - g(0)|}{\sqrt{x^2 + y^2}} \leq \frac{|y||g(x) - g(0)|}{\sqrt{y^2}} = |g(x) - g(0)|.$$

Damit folgt schließlich

$$\lim_{(x,y)^\mathsf{T} \to (0,0)^\mathsf{T}} \frac{|y||g(x) - g(0)|}{\sqrt{x^2 + y^2}} \leq \lim_{x \to 0} |g(x) - g(0)| \stackrel{(!)}{=} 0,$$

was schließlich zeigt, dass die Funktion f in $(0, 0)^\mathsf{T}$ differenzierbar ist.

Lösung Aufgabe 133 Zum Nachweis der Differenzierbarkeit der Funktion f : $G \to \mathbb{R}^k$ werden wir die nützliche Charakterisierung aus Aufgabe 130 (b) verwenden. Wir bemerken zunächst, dass aus Ungleichung (6.1) gerade $f(\mathbf{0}) = \mathbf{0}$ folgt. Wir erhalten somit wegen $D_f(\mathbf{0}) = \mathbf{0}_{d \times k}$ (Nullmatrix im $\mathbb{R}^{d \times k}$) für alle $x \in G \setminus \{\mathbf{0}\}$

$$\frac{\|f(x) - f(\mathbf{0}) - D_f(\mathbf{0})(x - \mathbf{0})\|_2}{\|x - \mathbf{0}\|_2} = \frac{\|f(x)\|_2}{\|x\|_2} \overset{(6.1)}{\leq} \frac{\ln(1 + \|x\|_2^2)}{\|x\|_2}.$$

Damit folgt weiter wie gewünscht

$$\lim_{x \to 0} \frac{\|f(x) - f(\mathbf{0}) - D_f(\mathbf{0})(x - \mathbf{0})\|_2}{\|x - \mathbf{0}\|_2}$$

$$\leq \lim_{x \to 0} \frac{\ln(1 + \|x\|_2^2)}{\|x\|_2} = \lim_{t \to 0^+} \frac{\ln(1 + t^2)}{t} = \lim_{t \to 0^+} \frac{2t}{1 + t^2} = 0,$$

wobei wir im vorletzten Schritt den Satz von l'Hospital verwendet haben. Wir haben somit wie gewünscht bewiesen, dass die Funktion im Nullpunkt differenzierbar ist und die Ableitungsfunktion die Nullmatrix ist.

Lösung Aufgabe 134 Der Beweis dieser nützlichen Aussage ist nicht weiter kompliziert. Sei $x_0 \in \mathbb{R}^d$ beliebig gewählt. Im Fall $v = \mathbf{0}$ ist offensichtlich nichts weiter zu zeigen. Wir können also $v \in \mathbb{R}^d \setminus \{\mathbf{0}\}$ annehmen. Da die Funktion $f : \mathbb{R}^d \to \mathbb{R}^k$ nach Voraussetzung differenzierbar ist, folgt gemäß der Charakterisierung aus Aufgabe 130

$$f(x_0 + tv) = f(x_0) + (D_f(x_0))(tv) + o(\|tv\|_2) = f(x_0) + t(D_f(x_0))(v) + o(|t|)$$

für $t \to 0$ und weiter

$$D_v f(x_0) = \lim_{t \to 0} \frac{f(x_0 + tv) - f(x_0)}{t} = \lim_{t \to 0} \frac{t(D_f(x_0))(v)}{t} = (D_f(x_0))(v).$$

Dabei haben wir verwendet, dass die Ableitungsfunktion $D_f(x_0)$ eine lineare und eindeutig bestimmte Funktion von $\mathbb{R}^d$ nach $\mathbb{R}^k$ ist.

Anmerkung Das obige Resultat zeigt, dass differenzierbare Funktionen stets in jeder Richtung differenzierbar und damit insbesondere partiell differenzierbar sind.

Lösung Aufgabe 135

(a) Für eine differenzierbare Funktion $g : [0, 1] \to \mathbb{R}^d$ mit $g(t) = (g_1(t), \dots, g_d(t))^\top$ gilt gemäß dem Hauptsatz der Differential- und Integralrechnung (mehrdimensionale Version)

$$g(1) - g(0) = \begin{pmatrix} g_1(1) - g_1(0) \\ \vdots \\ g_d(1) - g_d(0) \end{pmatrix} = \begin{pmatrix} \int_0^1 g_1'(t) \, dt \\ \vdots \\ \int_0^1 g_d'(t) \, dt \end{pmatrix}$$

und somit [8, G. Satz]

$$\|g(1) - g(0)\|_2 \leq \sup_{t \in [0,1]} \|J_g(t)\|_2.$$

Seien nun $x, y \in G$ beliebig gewählt. Wir definieren weiter die Funktion g : $[0, 1] \to \mathbb{R}^d$ gemäß

$$g(t) = f(x + t(y - x)) - (x + t(y - x)).$$

Da die Menge G nach Voraussetzung konvex ist, gilt $x + t(y - x) \in G$ für $t \in [0, 1]$, weshalb die Funktion g wohldefiniert ist. Wir berechnen nun mit Hilfe der mehrdimensionalen Kettenregel die Ableitung von g:

$$J_g(t) = \big(J_f(x + t(y - x)))\big)(y - x) - E_{d \times d}(y - x)$$
$$= \big(J_f(x + t(y - x)) - E_{d \times d}\big)(y - x).$$

Dabei bezeichnet $E_{d \times d}$ die Einheitsmatrix in $\mathbb{R}^{d \times d}$. Insgesamt erhalten wir somit

$$\|g(1) - g(0)\|_2 = \|f(x) - f(y) - (x - y)\|_2$$
$$\leq \|x - y\|_2 \sup_{t \in [0,1]} \|J_f(x + t(y - x)) - E_{d \times d}\|_2$$

und weiter wegen $\|J_f(z) - E_{d \times d}\|_2 < 1/2$ für alle $z \in G$

$$\|f(x) - f(y) - (x - y)\|_2 \leq \frac{1}{2}\|x - y\|_2. \tag{24.3}$$

Anhand von Ungleichung (24.3) können wir nun direkt ablesen, dass die Funktion f injektiv ist. Gilt nämlich $f(x) = f(y)$, so erhalten wir aus Ungleichung (24.3) gerade

$$\|x - y\|_2 \leq \frac{1}{2}\|x - y\|_2.$$

Diese Ungleichung ist aber lediglich erfüllt, falls $x - y = \mathbf{0}$, also $x = y$ gilt. Wir haben somit gezeigt, dass aus $f(x) = f(y)$ stets $x = y$ folgt. Damit ist f injektiv.

(b) Seien $x, y \in G$ mit $f(x) = f(y)$ beliebig gewählt. Um zu beweisen, dass die Funktion $f : G \to \mathbb{R}^d$ injektiv ist, müssen wir $x = y$ nachweisen. Wir definieren dafür zunächst die differenzierbare Funktion $g : \mathbb{R} \to \mathbb{R}^d$ mit $g(t) = x + t(y - x)$. Offensichtlich gelten $J_g(t) = y - x$ für $t \in \mathbb{R}$ sowie $g(0) = x$ und $g(1) = x + (y - x) = y$. Wir definieren nun weiter für jedes $j \in \{1, \dots, d\}$ die Funktion $h_j : \mathbb{R} \to \mathbb{R}$ durch $h_j(t) = (f_j \circ g)(t) = f_j(g(t))$. Da $f(x) = f(y)$, also $f_j(x) = f_j(y)$ für $j \in \{1, \dots, d\}$ gilt, folgt mit unseren Überlegungen $h_j(0) = h_j(1)$. Gemäß dem Satz von Rolle finden wir daher zu jedem Index

$j \in \{1, \ldots, d\}$ eine Stelle $\xi_j \in \mathbb{R}$ mit $h'_j(\xi_j) = 0$. Mit der mehrdimensionalen Kettenregel folgt für jedes $j \in \{1, \ldots, d\}$ und $t \in \mathbb{R}$

$$h'_j(t) = (f_j \circ g)'(t) = \langle J_{f_j}(g(t)), J_g(t) \rangle = \langle \nabla f_j(g(t)), y - x \rangle. \qquad (24.4)$$

Wir setzen ab jetzt $g^j = g(\xi_j)$ für $j \in \{1, \ldots, d\}$. Somit erhalten wir für jeden Index wegen Gleichung (24.4) gerade

$$\langle \nabla f_j(g^j), y - x \rangle = 0. \qquad (24.5)$$

Da nach Voraussetzung

$$\det \begin{pmatrix} \partial_{x_1} f_1(g^1) & \cdots & \partial_{x_d} f_1(g^1) \\ \vdots & \vdots & \vdots \\ \partial_{x_1} f_d(g^d) & \cdots & \partial_{x_d} f_d(g^d) \end{pmatrix} = \det \begin{pmatrix} \nabla f_1(g^1) \\ \vdots \\ \nabla f_d(g^d) \end{pmatrix} \neq 0$$

gilt, wissen wir aus der linearen Algebra, dass die Vektoren $\nabla f_1(g^1), \ldots, \nabla f_d(g^d)$ eine Basis im $\mathbb{R}^d$ bilden. Gleichung (24.5) besagt also, dass der Vektor $y - x$ orthogonal zu allen Basisvektoren des $\mathbb{R}^d$ steht. Da die Menge $\{f_1(g^1), \ldots, \nabla f_d(g^d)\}$ den ganzen $\mathbb{R}^d$ erzeugt, impliziert Gleichung (24.5) gerade $y - x = \mathbf{0}$ und damit wie gewünscht $x = y$. Wir haben somit bewiesen, dass die Funktion f injektiv ist.

Lösung Aufgabe 136 Für $d \geq 3$ betrachten wir die Funktion $f : \mathbb{R}^d \to \mathbb{R}$ mit $f(x) = \|x\|_2^{2-d}$. Um zu beweisen, dass f harmonisch ist, müssen wir

$$\Delta f(x) = \sum_{j=1}^{d} \partial_{x_j} \partial_{x_j} f(x) = 0$$

für alle $x \in \mathbb{R}^d$ zeigen. Zunächst folgt für jedes $j \in \{1, \ldots, d\}$ und $x \in \mathbb{R}^d \setminus \{\mathbf{0}\}$ wegen $\partial_{x_j} \|x\|_2 = x_j \|x\|_2^{-1}$ mit Hilfe der (eindimensionalen) Kettenregel

$$\partial_{x_j} f(x) = (2 - d) x_j \|x\|_2^{-d}$$

sowie mit der (eindimensionalen) Produktregel

$$\partial_{x_j} \partial_{x_j} f(x) = (2 - d) \|x\|_2^{-d-2} (\|x\|_2^2 - d x_j^2).$$

Somit erhalten wir wie gewünscht

$$\begin{aligned} \Delta f(x) = \sum_{j=1}^{d} \partial_{x_j} \partial_{x_j} f(x) &= (2 - d) \|x\|_2^{-d-2} \left(\sum_{j=1}^{d} \|x\|_2^2 - d \sum_{j=1}^{d} x_j^2 \right) \\ &= (2 - d) \|x\|_2^{-d-2} \left(d \|x\|_2^2 - d \|x\|_2^2 \right) \\ &= 0. \end{aligned}$$

Lösung Aufgabe 137

(a) Wir berechnen zunächst den Gradienten der Funktion $V : \mathbb{R}^3 \setminus \{0\} \to \mathbb{R}$ mit

$$V(x_1, x_2, x_3) = \frac{1}{\|(x_1, x_2, x_3)^\mathsf{T}\|_2} = \frac{1}{\sqrt{x_1^2 + x_2^2 + x_3^2}}.$$

Für jedes $(x_1, x_2, x_3)^\mathsf{T} \in \mathbb{R}^3 \setminus \{0\}$ folgt zunächst mit der Kettenregel $\partial_{x_1} V(x_1, x_2, x_3) = -x_1(x_1^2 + x_2^2 + x_3^2)^{-3/2}$ und somit (Symmetrie der Funktion V verwenden)

$$\nabla V(x_1, x_2, x_3) = -\left(\frac{x_1}{(x_1^2 + x_2^2 + x_3^2)^{\frac{3}{2}}}, \frac{x_2}{(x_1^2 + x_2^2 + x_3^2)^{\frac{3}{2}}}, \frac{x_3}{(x_1^2 + x_2^2 + x_3^2)^{\frac{3}{2}}} \right)^\mathsf{T}.$$

Damit folgt für jedes $(x_1, x_2, x_3)^\mathsf{T} \in \mathbb{R}^3 \setminus \{0\}$ wie gewünscht die Identität

$$\langle (x_1, x_2, x_3)^\mathsf{T}, \nabla V(x_1, x_2, x_3) \rangle = -\frac{x_1^2 + x_2^2 + x_3^2}{(x_1^2 + x_2^2 + x_3^2)^{\frac{3}{2}}} = -V(x_1, x_2, x_3).$$

(b) Die partiellen Ableitungen erster Ordnung haben wir bereits in Teil (a) dieser Aufgabe berechnet. Wir bestimmen nun die partiellen Ableitungen der Ordnung 2. Mit der Quotienten- und Kettenregel folgt für $(x_1, x_2, x_3)^\mathsf{T} \in \mathbb{R}^3 \setminus \{0\}$

$$\partial_{x_1} \partial_{x_1} V(x_1, x_2, x_3) \overset{\text{(a)}}{=} \partial_{x_1} \left(-\frac{x_1}{(x_1^2 + x_2^2 + x_3^2)^{\frac{3}{2}}} \right) = \frac{2x_1^2 - x_2^2 - x_3^2}{(x_1^2 + x_2^2 + x_3^2)^{\frac{5}{2}}}$$

und analog

$$\partial_{x_2} \partial_{x_2} V(x_1, x_2, x_3) = \frac{-x_1^2 + 2x_2^2 - x_3^2}{(x_1^2 + x_2^2 + x_3^2)^{\frac{5}{2}}}, \qquad \partial_{x_3} \partial_{x_3} V(x_1, x_2, x_3) = \frac{-x_1^2 - x_2^2 + 2x_3^2}{(x_1^2 + x_2^2 + x_3^2)^{\frac{5}{2}}}.$$

Insgesamt erhalten wir damit wie gewünscht

$$\begin{aligned} \Delta V(x_1, x_2, x_3) &= \partial_{x_1} \partial_{x_1} V(x_1, x_2, x_3) + \partial_{x_2} \partial_{x_2} V(x_1, x_2, x_3) + \partial_{x_3} \partial_{x_3} V(x_1, x_2, x_3) \\ &= \frac{(2x_1^2 - x_2^2 - x_1^2) + (2x_2^2 - x_3^2 - x_2^2) + (2x_3^2 - x_3^2 - x_3^2)}{(x_1^2 + x_2^2 + x_3^2)^{\frac{5}{2}}} \\ &= 0 \end{aligned}$$

für alle $(x_1, x_2, x_3)^\mathsf{T} \in \mathbb{R}^3 \setminus \{0\}$.

Lösung Aufgabe 138 Sei stets $(t, x)^{\mathsf{T}} \in (0, +\infty) \times \mathbb{R}^d$ beliebig gewählt. Mit der Produktregel folgt zunächst mit einer kleinen Rechnung

$$\partial_t f(t, x) = \frac{\|x\|_2^2}{4t^2} f(t, x) - \frac{d}{2t} f(t, x) = \left(\frac{\|x\|_2^2}{4t^2} - \frac{d}{2t} \right) f(t, x).$$

Wegen $\partial_{x_j} \|x\|_2^2 = 2x_j$ folgen weiter mit Hilfe der Ketten- und Produktregel

$$\partial_{x_j} f(t, x) = -\frac{x_j}{2t} f(t, x) \quad \text{und} \quad \partial_{x_j} \partial_{x_j} f(t, x) = \left(\frac{x_j^2}{4t^2} - \frac{1}{2t} \right) f(t, x)$$

für $j \in \{1, \ldots, d\}$. Insgesamt erhalten wir somit wegen

$$\sum_{j=1}^d \left(\frac{x_j^2}{4t^2} - \frac{1}{2t} \right) = \sum_{j=1}^d \frac{x_j^2}{4t^2} - \sum_{j=1}^d \frac{1}{2t} = \frac{\|x\|_2^2}{4t^2} - \frac{d}{2t}$$

wie behauptet

$$\partial_t f(t, x) - \sum_{j=1}^d \partial_{x_j} \partial_{x_j} f(t, x) = \left(\frac{\|x\|_2^2}{4t^2} - \frac{d}{2t} \right) f(t, x) - \sum_{j=1}^d \left(\frac{x_j^2}{4t^2} - \frac{1}{2t} \right) f(t, x) = 0.$$

Lösung Aufgabe 139 Im Folgenden untersuchen wir die Funktionen $f : \mathbb{R}^3 \to \mathbb{R}$ und $g : \mathbb{R}^2 \to \mathbb{R}^3$ mit

$$f(x_1, x_2, x_3) = x_1 x_2 + x_2 x_3 - x_1 x_3 \quad \text{und} \quad g(x_1, x_2) = (x_1 + x_2, x_1 + x_2^2, x_1 - x_2)^{\mathsf{T}}.$$

(a) Wir bestimmen zunächst die zusammengesetzte Funktion $f \circ g : \mathbb{R}^2 \to \mathbb{R}$ mit $(f \circ g)(x_1, x_2) = f(g(x_1, x_2))$. Für alle $(x_1, x_2)^{\mathsf{T}} \in \mathbb{R}^2$ folgt mit einer kleinen Rechnung

$$\begin{aligned}
(f \circ g)(x_1, x_2) &= f(x_1 + x_2, x_1 + x_2^2, x_1 - x_2) \\
&= (x_1 + x_2)(x_1 + x_2^2) + (x_1 + x_2^2)(x_1 - x_2) - (x_1 + x_2)(x_1 - x_2) \\
&= x_1^2 + 2x_1 x_2^2 + x_2^2.
\end{aligned}$$

Somit erhalten wir für $(x_1, x_2)^{\mathsf{T}} \in \mathbb{R}^2$ gerade

$$J_{f \circ g}(x_1, x_2) = (2x_1 + 2x_2^2, 4x_1 x_2 + 2x_2)^{\mathsf{T}}.$$

(b) In diesem Teil werden wir die Ableitung $J_{f \circ g}$ der Funktion $f \circ g : \mathbb{R}^2 \to \mathbb{R}$ mit Hilfe der mehrdimensionalen Kettenregel bestimmen. Dazu müssen wir lediglich die Jakobi-Matrizen $J_f \in \mathbb{R}^{1 \times 3}$ und $J_g \in \mathbb{R}^{3 \times 2}$ berechnen und dann miteinander multiplizieren. Zunächst gilt offensichtlich

$$J_f(x_1, x_2, x_3) = (x_2 - x_3, x_1 + x_3, x_2 - x_1)^\mathsf{T}$$

für alle $(x_1, x_2, x_3)^\mathsf{T} \in \mathbb{R}^3$. Insbesondere erhalten wir damit für alle $(x_1, x_2)^\mathsf{T} \in \mathbb{R}^2$

$$J_f(g(x_1, x_2)) = (x_1 + x_2^2 - (x_1 - x_2), x_1 + x_2 + x_1 - x_2, x_1 + x_2^2 - (x_1 + x_2))^\mathsf{T}$$
$$= (x_2 + x_2^2, 2x_1, x_2^2 - x_2)^\mathsf{T}.$$

Des Weiteren folgt für alle $(x_1, x_2)^\mathsf{T} \in \mathbb{R}^2$ gerade

$$J_g(x_1, x_2) = \begin{pmatrix} \partial_{x_1} g_1(x_1, x_2) & \partial_{x_1} g_2(x_1, x_2) & \partial_{x_1} g_3(x_1, x_2) \\ \partial_{x_1} g_1(x_1, x_2) & \partial_{x_2} g_2(x_1, x_2) & \partial_{x_2} g_3(x_1, x_2) \end{pmatrix} = \begin{pmatrix} 1 & 1 & 1 \\ 1 & 2x_2 & -1 \end{pmatrix},$$

sodass wir mit der mehrdimensionalen Kettenregel (!) wie gewünscht

$$J_{f \circ g}(x_1, x_2) \overset{(!)}{=} J_f(g(x_1, x_2)) J_g(x_1, x_2)$$
$$= (x_2 + x_2^2, 2x_1, x_2^2 - x_2)^\mathsf{T} \begin{pmatrix} 1 & 1 & 1 \\ 1 & 2x_2 & -1 \end{pmatrix}$$
$$= (2x_1 + 2x_2^2, 4x_1 x_2 + 2x_2)^\mathsf{T}$$

für jeden beliebigen Vektor $(x_1, x_2)^\mathsf{T} \in \mathbb{R}^2$ erhalten. Das Ergebnis bestätigt damit wie erwartet die Berechnung aus Teil (a) dieser Aufgabe.

Lösung Aufgabe 140 Im Folgenden betrachten wir die Funktion $\Psi : A \to \mathbb{R}^2$ mit

$$\Psi(r, \varphi) = (\Psi_1(r, \varphi), \Psi_2(r, \varphi))^\mathsf{T} = (r \cos(\varphi), r \sin(\varphi))^\mathsf{T}$$

und $A = \{(r, \varphi)^\mathsf{T} \in \mathbb{R}^2 \mid r > 0, \; \varphi \in (0, 2\pi)\}$ sowie eine weitere Funktion $f \in C^2(\mathbb{R}^2, \mathbb{R})$. Wir bestimmen zunächst die Jakobi-Matrix von Ψ. Diese lautet für $(r, \varphi)^\mathsf{T} \in A$ gerade

$$J_\Psi(r, \varphi) = \begin{pmatrix} \partial_r \Psi_1(r, \varphi) & \partial_\varphi \Psi_1(r, \varphi) \\ \partial_r \Psi_2(r, \varphi) & \partial_\varphi \Psi_2(r, \varphi) \end{pmatrix} = \begin{pmatrix} \cos(\varphi) & -r \sin(\varphi) \\ \sin(\varphi) & r \cos(\varphi) \end{pmatrix}.$$

Somit folgt wegen

$$J_f(x, y) = \nabla f(x, y) = (\partial_x f(x, y), \partial_y f(x, y))^\mathsf{T}$$

für $(x, y)^\mathsf{T} \in \mathbb{R}^2$ (die Jakboi-Matrix beziehungsweise den Gradienten von f können wir nicht näher bestimmen) mit Hilfe der mehrdimensionalen Kettenregel (!)

$$J_{f \circ \Psi}(r, \varphi) \overset{(!)}{=} \nabla f(\Psi(r, \varphi)) J_\Psi(r, \varphi)$$

$$= (\partial_x f(\Psi(r, \varphi)), \partial_y f(\Psi(r, \varphi)))^\mathsf{T} \begin{pmatrix} \cos(\varphi) & -r \sin(\varphi) \\ \sin(\varphi) & r \cos(\varphi) \end{pmatrix}$$

$$= \begin{pmatrix} \partial_x f(\Psi(r, \varphi)) \cos(\varphi) + \partial_y f(\Psi(r, \varphi)) \sin(\varphi) \\ -\partial_x f(\Psi(r, \varphi)) r \sin(\varphi) + \partial_y f(\Psi(r, \varphi)) r \cos(\varphi) \end{pmatrix}$$

$$= \begin{pmatrix} \partial_x f(r \cos(\varphi), r \sin(\varphi)) \cos(\varphi) + \partial_y f(r \cos(\varphi), r \sin(\varphi)) \sin(\varphi) \\ -\partial_x f(r \cos(\varphi), r \sin(\varphi)) r \sin(\varphi) + \partial_y f(r \cos(\varphi), r \sin(\varphi)) r \cos(\varphi) \end{pmatrix}$$

für alle $(r, \varphi)^\mathsf{T} \in A$.

Lösung Aufgabe 141 Wir definieren zunächst die Abbildung mult $: \mathbb{R}^2 \to \mathbb{R}$ mit $\text{mult}(x_1, x_2) = x_1 x_2$ (Multiplikation). Offensichtlich gelten mult $\in C^1(\mathbb{R}^2, \mathbb{R})$ sowie $\nabla \text{mult}(x_1, x_2) = (x_2, x_1)^\mathsf{T}$ für alle $(x_1, x_2)^\mathsf{T} \in \mathbb{R}^2$. Wir definieren weiter die Funktion $F : \mathbb{R} \to \mathbb{R}$ gemäß

$$F(x) = (\text{mult} \circ (f, g))(x) = \text{mult}(f(x), g(x)) = f(x)g(x).$$

Mit der mehrdimensionalen Kettenregel erhalten wir dann, dass ebenfalls $F \in C^1(\mathbb{R}, \mathbb{R})$ gilt und die Ableitung von F gegeben ist durch

$$F'(x) = \nabla \text{mult}(f(x), g(x))(f'(x), g'(x))$$
$$= \langle (g(x), f(x))^\mathsf{T}, (f'(x), g'(x))^\mathsf{T} \rangle = f'(x)g(x) + f(x)g'(x)$$

für alle $x \in \mathbb{R}$. Wir erhalten somit wie gewünscht die bekannte Produktregel

$$(fg)' = f'g + fg'.$$

Lösung Aufgabe 142 Da die Funktionen $f : \mathbb{R}^d \to \mathbb{R}$ und $g : \mathbb{R} \to \mathbb{R}^d$ nach Voraussetzung differenzierbar sind, gelten

$$J_f(x_1, \ldots, x_d) = (\partial_{x_1} f(x_1, \ldots, x_d), \ldots, \partial_{x_d} f(x_1, \ldots, x_d))^\mathsf{T}$$

für $(x_1, \ldots, x_d)^\mathsf{T} \in \mathbb{R}^d$ sowie

$$J_g(x) = (g'_1(x), \ldots, g'_d(x))$$

für $x \in \mathbb{R}$. Somit liefert die mehrdimensionale Kettenregel (!) für jedes $x \in \mathbb{R}$ wie gewünscht

$$h'(x) = (f \circ g)'(x) \overset{(!)}{=} J_f(g(x)) J_g(x) = \sum_{j=1}^{d} \partial_{x_j} f(g(x)) g'_j(x).$$

Lösung Aufgabe 143 Für diese Aufgabe werden wir uns zwei verschiedene Lösungswege überlegen:

(a) Sei zunächst $x \in \mathbb{R}^d$ beliebig gewählt. Wir definieren die beiden Funktionen $g, h : \mathbb{R} \to \mathbb{R}$ mit $g(t) = f(tx)$ und $h(t) = t^2 f(x)$, die wegen der Homogenität von f identisch sind. Wir berechnen nun die zweiten Ableitungen von g und h. Offensichtlich gelten für jedes $t \in \mathbb{R}$ bereits $h'(t) = 2tf(x)$ und $h''(t) = 2f(x)$. Die Ableitung von g werden wir mit der mehrdimensionalen Kettenregel (!) berechnen. Dazu bemerken wir, dass $g = f \circ \varphi$ gilt, wobei die Funktion $\varphi : \mathbb{R} \to \mathbb{R}^d$ durch $\varphi(t) = tx$ definiert ist. Die Jakobi-Matrix von φ lautet $J_\varphi(t) = x^\mathsf{T}$, sodass wir insgesamt

$$g'(t) \overset{(!)}{=} J_f(\varphi(t)) J_\varphi(t) = \langle \nabla f(tx), x \rangle = \left\langle \begin{pmatrix} \partial_{x_1} f(tx) \\ \vdots \\ \partial_{x_d} f(tx) \end{pmatrix}, \begin{pmatrix} x_1 \\ \vdots \\ x_d \end{pmatrix} \right\rangle$$

für $t \in \mathbb{R}$ erhalten. Für die zweite Ableitung von g überlegen wir uns zunächst, wie die Ableitung der Funktion $p : \mathbb{R} \to \mathbb{R}^d$ mit $p(t) = \nabla f(tx)$ beziehungsweise $p = (\nabla f) \circ \varphi$ lautet. Da der Gradient einer Funktion von $\mathbb{R}^d$ nach $\mathbb{R}$ ein Spaltenvektor ist, folgt mit der mehrdimensionalen Kettenregel gerade für alle $t \in \mathbb{R}$

$$J_p(t) = J_{\nabla f}(\varphi) J_\varphi(t) = \nabla(\nabla f(tx))x$$

$$= \begin{pmatrix} \partial_{x_1} \partial_{x_1} f(tx) & \cdots & \partial_{x_1} \partial_{x_d} f(tx) \\ \vdots & & \vdots \\ \partial_{x_d} \partial_{x_1} f(tx) & \cdots & \partial_{x_d} \partial_{x_d} f(tx) \end{pmatrix} \begin{pmatrix} x_1 \\ \vdots \\ x_d \end{pmatrix} = H_f(tx)x.$$

Mit den Ergebnissen der Aufgaben 118 und 120 folgt $g''(t) = \langle H_f(t)x, x \rangle = \langle x, H_f(tx)x \rangle$ für jedes $t \in \mathbb{R}$, sodass wir insgesamt für $t = 0$ gerade

$$2f(x) = h''(0) = g''(0) = \langle x, H_f(0)x \rangle$$

erhalten. Wir haben somit die gewünschte Gestalt der Funktion f bewiesen.

(b) Sei wieder $x \in \mathbb{R}^d$ beliebig gewählt. Da die Funktion $f : \mathbb{R}^d \to \mathbb{R}$ nach Voraussetzung zweimal stetig differenzierbar ist, gilt

$$\lim_{t \to 0} \frac{1}{t^2} \left(f(tx) - f(0) - t\langle \nabla f(0), x \rangle - \frac{t^2}{2} \langle x, H_f(0)x \rangle \right) = 0.$$

Aus der Homogenität von f folgen insbesondere $f(0) = 0$ und $\nabla f(0) = 0$, sodass wir wegen

$$f(tx) - f(0) - t\langle \nabla f(0), x \rangle - \frac{t^2}{2} \langle x, H_f(0)x \rangle = t^2 f(x) - \frac{t^2}{2} \langle x, H_f(0)x \rangle$$

den obigen Grenzwert zu

$$0 = \lim_{t \to 0} \frac{t^2 f(x) - \frac{t^2}{2} \langle x, H_f(\mathbf{0})x \rangle}{t^2} = f(x) - \frac{1}{2} \langle x, H_f(\mathbf{0})x \rangle$$

vereinfachen können. Damit folgt also wie gewünscht die behauptete Darstellung der Funktion f.

Lösung Aufgabe 144   Der Beweis der Leibnizregel für Parameterintegrale basiert auf der Beobachtung, dass sich die Funktion $F : I \to \mathbb{R}$ mit

$$F(x) = \int_{g(x)}^{h(x)} f(x, t) \, \mathrm{d}t$$

für jedes $x \in I$ als Komposition $F(x) = (H \circ G)(x)$ schreiben lässt, wobei die Funktionen $G : I \to \mathbb{R}^3$ und $H : J \times J \times I \to \mathbb{R}$ durch

$$G(x) = (g(x), h(x), x)^{\mathsf{T}} \quad \text{und} \quad H(x, y, z) = \int_x^y f(z, t) \, \mathrm{d}t$$

definiert sind. Im Folgenden werden wir ohne Beweis verwenden, dass G und H differenzierbare Funktionen sind. Um mit Hilfe der mehrdimensionalen Kettenregel die Ableitung von F beziehungsweise von $H \circ G$ zu bestimmen, berechnen wir zunächst die Jakobi-Matrizen von H und G wie folgt:

$$J_G(x) = (g'(x), h'(x), 1) \quad \text{und} \quad J_H(x, y, z) = \left(-f(z, x), f(z, y), \int_x^y \partial_z f(z, t) \, \mathrm{d}t \right)^{\mathsf{T}}.$$

Dabei ergeben sich die partiellen Ableitungen $\partial_x H$ und $\partial_y H$ aus dem Hauptsatz der Differential- und Integralrechnung. Mit der mehrdimensionalen Kettenregel folgt somit schließlich

$$F'(x) = (H \circ G)'(x) = J_H(G(x)) J_G(x),$$

wobei

$$J_H(G(x)) J_G(x) = -\partial_x H(g(x), h(x), x) g'(x) + \partial_y H(g(x), h(x), x) h'(x) + \partial_z H(g(x), h(x), x)$$

$$= -f(x, g(x)) g'(x) + f(x, h(x)) h'(x) + \int_{g(x)}^{h(x)} \partial_x f(x, t) \, \mathrm{d}t$$

für $x \in I$. Insgesamt haben wir damit die folgende nützliche Formel für die Ableitung eines Parameterintegrals nachgewiesen:

$$F'(x) = f(x, h(x)) h'(x) - f(x, g(x)) g'(x) + \int_{g(x)}^{h(x)} \partial_x f(x, t) \, \mathrm{d}t.$$

Lösung Aufgabe 145 Die mehrdimensionale Aussage lässt sich geschickt mit dem klassischen (eindimensionalen) Mittelwertsatz beweisen. Dazu wählen wir $x, y \in G$ mit $x \neq y$ beliebig und betrachten die reelle Funktion $h : [0, 1] \rightarrow \mathbb{R}$ mit $h(t) = f(x + t(y - x))$. Da die Menge G nach Voraussetzung konvex ist, liegt die Konvexkombination $x + t(y - x)$ für jedes $t \in [0, 1]$ in G, womit die Funktion h wohldefiniert ist. Offensichtlich gelten $h(0) = f(x)$ und $h(1) = f(y)$. Des Weiteren ist h in $(0, 1)$ differenzierbar, da f nach Voraussetzung in G differenzierbar ist, und in ganz $[0, 1]$ stetig. Gemäß dem Mittelwertsatz existiert daher eine Stelle $\xi \in (0, 1)$ mit

$$h(1) - h(0) = h'(\xi).$$

Wir berechnen nun die Ableitung von h. Da die Ableitung der inneren Funktion $\mathbb{R} \rightarrow \mathbb{R}^d$, $t \mapsto x + t(y - x)$ gerade $y - x$ ist, folgt mit der mehrdimensionalen Kettenregel für jedes $t \in (0, 1)$

$$h'(t) = \langle \nabla f(x + t(y - x)), y - x \rangle,$$

womit wir insgesamt

$$f(y) - f(x) = h(1) - h(0) = h'(\xi) = \langle \nabla f(x + \xi(y - x)), y - x \rangle$$

erhalten. Definieren wir also $z = x + \xi(y - x)$, so ist der mehrdimensionale Mittelwertsatz bewiesen.

Lösung Aufgabe 146 Die Voraussetzungen des mehrdimensionalen Mittelwertsatzes (vgl. Aufgabe 145) sind offensichtlich erfüllt, denn $\mathbb{R}^2$ ist sowohl offen als auch konvex und die Funktion $f : \mathbb{R}^2 \rightarrow \mathbb{R}$ mit $f(x) = x_1^2 + 2x_2$ ist differenzierbar. Weiter gilt natürlich $\nabla f(x_1, x_2) = (2x_1, 2)^\mathsf{T}$ für $(x_1, x_2)^\mathsf{T} \in \mathbb{R}^2$. Zu $a = (0, 1)^\mathsf{T}$ und $b = (1, 2)^\mathsf{T}$ gibt es daher stets einen Vektor $z \in \mathbb{R}^2$, der auf der Verbindungsstrecke zwischen a und b liegt, mit $f(b) - f(a) = \langle \nabla f(z), b - a \rangle$. Zunächst gelten $f(a) = 2$, $f(b) = 5$ und $b - a = (1, 1)^\mathsf{T}$. Wegen

$$\left\{ a + t(b - a) \in \mathbb{R}^2 \mid t \in (0, 1) \right\} = \left\{ (t, 1 + t)^\mathsf{T} \in \mathbb{R}^2 \mid t \in (0, 1) \right\}$$

müssen wir somit $\xi \in (0, 1)$ mit

$$3 = f(b) - f(a) = \langle \nabla f(\xi, 1 + \xi), (1, 1)^\mathsf{T} \rangle = \langle (2\xi, 2)^\mathsf{T}, (1, 1)^\mathsf{T} \rangle = 2\xi + 2$$

finden. Vergleichen wir die linke und rechte Seite der obigen Gleichung, so können wir direkt $\xi = 1/2$ ablesen. Somit erfüllt der Vektor $z = (\xi, 1 + \xi)^\mathsf{T} = (1/2, 3/2)^\mathsf{T}$ wie gewünscht Gleichung (6.2).

Lösung Aufgabe 147 Zunächst definieren wir die Hilfsfunktion $h : [0, 1] \rightarrow \mathbb{R}$ mit

$$h(t) = f(t, t, t) = t^3 + 3t^2.$$

Da die Funktion h offensichtlich in $[0, 1]$ stetig und in $(0, 1)$ differenzierbar ist, garantiert der eindimensionale Mittelwertsatz die Existenz einer Stelle $\xi \in (0, 1)$ mit

$$h(1) - h(0) = h'(\xi). \tag{24.6}$$

Wir bestimmen nun explizit die Ableitung von h. Dazu bemerken wir, dass $h = f \circ \varphi$ gilt, wobei die Funktion $\varphi : \mathbb{R} \to \mathbb{R}^3$ gemäß $\varphi(t) = (t, t, t)^\mathsf{T}$ definiert ist. Mit Hilfe der mehrdimensionalen Kettenregel folgt somit für alle $t \in (0, 1)$

$$h'(t) = (f \circ \varphi)'(t) = J_f(\varphi(t)) J_\varphi(t) = \langle \nabla f(\varphi(t)), (1, 1, 1)^\mathsf{T} \rangle.$$

Jedoch gilt

$$\langle \nabla f(\varphi(t)), (1, 1, 1)^\mathsf{T} \rangle = \langle (\partial_x f(\varphi(t)), \partial_y f(\varphi(t)), \partial_z f(\varphi(t)))^\mathsf{T}, (1, 1, 1)^\mathsf{T} \rangle$$
$$= \partial_x f(t, t, t) + \partial_y f(t, t, t) + \partial_z f(t, t, t),$$

sodass wir wegen $h(0) = f(0, 0, 0)$, $h(1) = f(1, 1, 1)$ und Gleichung (24.6) wie gewünscht die behauptete Gleichung bewiesen haben.

Lösung Aufgabe 148 Seien $x, y \in G$ mit $x \neq y$ beliebig gewählt. Falls wir nachweisen können, dass $f(x) = f(y)$ gilt, so ist die Funktion $f : G \to \mathbb{R}$ konstant. Sei weiter $[x_1, \ldots, x_n] \subseteq G$ ein Polygonzug zwischen den Punkten x und y, das heißt, es gelten $n \geq 2$ sowie $x_1 = x$ und $x_n = y$. Dabei liegt der Polygonzug vollständig in G, da das Gebiet als konvex vorausgesetzt ist. Gemäß dem Mittelwertsatz für Funktionen mehrerer Variablen (vgl. Aufgabe 145) finden wir zu jedem $j \in \{1, \ldots, n-1\}$ eine Zahl $t_j \in (0, 1)$ mit

$$f(x_j) - f(x_{j+1}) = \langle \nabla f(x_j + t_j(x_{j+1} - x_j)), x_j - x_{j+1} \rangle.$$

Jedoch gilt nach Voraussetzung $\nabla f = \mathbf{0}$ in G, sodass wir weiter $f(x_j) - f(x_{j+1}) = 0$ für jeden Index erhalten, da die rechte Seite der obigen Ungleichung stets verschwindet. Insgesamt folgt damit aber gerade

$$f(x) = f(x_1) = f(x_2) = \ldots = f(x_{n-1}) = f(x_n) = f(y),$$

womit wir gewünscht bewiesen haben, dass die Funktion f konstant ist.

Lösung Aufgabe 149 Wir berechnen die gemischte Ableitung $\partial^\alpha f(x_1, x_2, x_3, x_4)$ für den Multiindex $\alpha = (1, 2, 0, 0)^\mathsf{T}$ Schritt für Schritt mit Hilfe der Produkt- und Kettenregel, wobei immer $(x_1, x_2, x_3, x_4)^\mathsf{T} \in \mathbb{R}^4$ beliebig ist:

$$\partial_{x_1} f(x_1, x_2, x_3, x_4) = x_2 \exp(x_2 x_3 x_4) - \cos(x_1) \cos(x_2),$$
$$\partial_{x_1} \partial_{x_2} f(x_1, x_2, x_3, x_4) = (1 + x_2 x_3 x_4) \exp(x_2 x_3 x_4) + \cos(x_1) \sin(x_2),$$
$$\partial_{x_1} \partial_{x_2} \partial_{x_2} f(x_1, x_2, x_3, x_4) = (2x_3 x_4 + x_2 x_3^2 x_4^2) \exp(x_2 x_3 x_4) + \cos(x_1) \cos(x_2).$$

Lösung Aufgabe 150 Aus dem Satz von Taylor folgt, dass sich das zweite Taylorpolynom der Funktion $f \in C^2(G, \mathbb{R})$ an einer Stelle $x^0 \in G$ für jedes $x \in G$ schreiben lässt als

$$T_2(x) = \sum_{|\alpha| \leq 2} \frac{\partial^\alpha f(x^0)}{\alpha!} (x - x^0)^\alpha.$$

Da die Ordnung $|\alpha| = \alpha_1 + \ldots + \alpha_d$ des Multiindex $\alpha \in \mathbb{N}_0^d$ ganzzahlig ist, besteht die obige Summe aus drei wesentlichen Teilen.

(a) Für $|\alpha| = 0$ gilt zwingend $\alpha = (0, \ldots, 0)^\mathsf{T}$ und daher $\partial^\alpha f(x) = f(x)$ für alle $x \in G$.

(b) Gilt $|\alpha| = 1$, so ist dies nur möglich, wenn für genau einen Index $j \in \{1, \ldots, d\}$ gerade $\alpha_j = 1$ gilt und alle anderen Einträge von α gleich Null sind. Daher folgt in diesem Fall $\partial^\alpha f(x) = \partial_{x_j} f(x)$ für $j \in \{1, \ldots, d\}$ und $x \in G$.

(c) Mit einer ähnlichen Überlegung wie in den vorherigen Fällen folgt im Fall $|\alpha| = 2$, dass $\partial^\alpha f(x) = \partial_{x_j} \partial_{x_k} f(x)$ für $j, k \in \{1, \ldots, d\}$ und $x \in G$ gilt.

Mit der Definition des Gradienten und der Hesse-Matrix folgt somit wie gewünscht für alle $x \in G$

$$\begin{aligned}
T_2(x) &= \sum_{|\alpha|=0} \frac{\partial^\alpha f(x^0)}{\alpha!} (x - x^0)^\alpha + \sum_{|\alpha|=1} \frac{\partial^\alpha f(x^0)}{\alpha!} (x - x^0)^\alpha + \sum_{|\alpha|=2} \frac{\partial^\alpha f(x^0)}{\alpha!} (x - x^0)^\alpha \\
&= f(x^0) + \sum_{|\alpha|=1} \frac{\partial^\alpha f(x^0)}{\alpha!} (x - x^0)^\alpha + \sum_{|\alpha|=2} \frac{\partial^\alpha f(x^0)}{\alpha!} (x - x^0)^\alpha \\
&= f(x^0) + \sum_{j=1}^d \partial_{x_j} f(x^0)(x_j - x_j^0) + \frac{1}{2} \sum_{1 \leq j,k \leq d} \partial_{x_j} \partial_{x_k} f(x^0)(x_j - x_j^0)(x_k - x_k^0) \\
&= f(x^0) + \langle \nabla f(x^0), x - x^0 \rangle + \frac{1}{2} \langle x - x^0, H_f(x^0)(x - x^0) \rangle,
\end{aligned}$$

wobei $\langle \cdot, \cdot \rangle$ wie üblich das Euklidische Skalarprodukt im $\mathbb{R}^d$ bezeichnet.

Lösung Aufgabe 151 Wir bestimmen zunächst alle partiellen Ableitungen (erster Ordnung) der Funktion $f : \mathbb{R}^2 \times (0, +\infty) \to \mathbb{R}$ mit $f(x, y, z) = xy \ln(z)$. Für $(x, y, z)^\mathsf{T} \in \mathbb{R}^2 \times (0, +\infty)$ gelten

$$\partial_x f(x, y, z) = y \ln(z), \qquad \partial_y f(x, y, z) = x \ln(z), \qquad \partial_z f(x, y, z) = \frac{xy}{z}$$

und daher $\nabla f(1, 2, 3) = (2 \ln(3), \ln(3), 2/3)^\mathsf{T}$. Wir erhalten somit wegen $f(1, 2, 3) = 2 \ln(3)$ mit dem Satz von Taylor

$$T_1(x, y, z) = f(1, 2, 3) + \left\langle \begin{pmatrix} 2\ln(3) \\ \ln(3) \\ 2/3 \end{pmatrix}, \begin{pmatrix} x - 1 \\ y - 2 \\ z - 3 \end{pmatrix} \right\rangle$$

$$= 2\ln(3) + 2\ln(3)(x - 1) + \ln(3)(y - 2) + \frac{2(z - 3)}{3}$$

$$= -2 + 2\ln(3)x + \ln(3)y + \frac{2z}{3}$$

für alle $(x, y, z)^\mathsf{T} \in \mathbb{R}^2 \times (0, +\infty)$.

Lösung Aufgabe 152 Wir betrachten die Funktion $f : \mathbb{R}^2 \to \mathbb{R}$ mit $f(x, y) = x \sin(xy)$. Die partiellen Ableitungen der Ordnung 1 lassen sich für $(x, y)^\mathsf{T} \in \mathbb{R}^2$ wie folgt mit der Produkt- beziehungsweise Kettenregel für differenzierbare Funktionen bestimmen:

$$\partial_x f(x, y) = \sin(xy) + xy \cos(xy), \qquad \partial_y f(x, y) = x^2 \cos(xy).$$

Die partiellen Ableitungen zweiter Ordnung lassen sich für $(x, y)^\mathsf{T} \in \mathbb{R}^2$ mit einer kleinen Rechnung ähnlich bestimmen:

$$\partial_x \partial_x f(x, y) = 2y \cos(xy) - xy^2 \sin(xy),$$

$$\partial_x \partial_y f(x, y) \overset{(!)}{=} \partial_y \partial_x f(x, y) = 2x \cos(xy) - x^2 y \sin(xy),$$

$$\partial_y \partial_y f(x, y) = -x^3 \sin(xy).$$

Dabei haben wir den Satz von Schwarz (!) verwendet. Wir erhalten somit

$$\nabla f(1, 0) = \begin{pmatrix} 0 \\ 1 \end{pmatrix} \quad \text{und} \quad H_f(1, 0) = \begin{pmatrix} 0 & 2 \\ 2 & 0 \end{pmatrix},$$

sodass mit Hilfe von Aufgabe 150 gerade

$$T_2(x, y) = f(1, 0) + \left\langle \begin{pmatrix} 0 \\ 1 \end{pmatrix}, \begin{pmatrix} x - 1 \\ y \end{pmatrix} \right\rangle + \frac{1}{2} \left\langle \begin{pmatrix} x - 1 \\ y \end{pmatrix}, \begin{pmatrix} 0 & 2 \\ 2 & 0 \end{pmatrix} \begin{pmatrix} x - 1 \\ y \end{pmatrix} \right\rangle = 2xy - y$$

für jedes $(x, y)^\mathsf{T} \in \mathbb{R}^2$ folgt.

Lösung Aufgabe 153 Die Tangentialebene an die Funktion $f : (0, +\infty) \times (0, +\infty) \to \mathbb{R}$ mit $f(x, y) = \arctan(y/x)$ an der Stelle $(x_0, y_0)^\mathsf{T} = (2, 1)^\mathsf{T}$ ist der Graph der affin-linearen Funktion (Taylorpolynom 1. Ordnung) $T_1 : (0, +\infty) \times (0, +\infty) \to \mathbb{R}$ mit

$$T_1(x, y) = f(x_0, y_0) + \langle \nabla f(x_0, y_0), (x - x_0, y - y_0)^\mathsf{T} \rangle$$

$$= f(x_0, y_0) + \partial_x f(x_0, y_0)(x - x_0) + \partial_y f(x_0, y_0)(y - y_0).$$

Wir berechnen daher für jedes $(x, y)^\mathsf{T} \in (0, +\infty) \times (0, +\infty)$ wie folgt mit Hilfe der Kettenregel die partiellen Ableitungen erster Ordnung:

$$\partial_x f(x, y) = -\frac{y}{x^2(1 + (y/x)^2)} = -\frac{y}{x^2 + y^2}, \qquad \partial_y f(x, y) = \frac{1}{x(1 + (y/x)^2)} = \frac{x}{x^2 + y^2}.$$

Damit lautet die Tangentialebene in Koordinatenform gerade

$$(x, y, z)^\mathsf{T} \in \mathbb{R}^3 : \qquad z = T_1(x, y) = \arctan\left(\frac{1}{2}\right) + \frac{x - 2}{5} - \frac{2(y - 1)}{5}$$

beziehungsweise

$$(x, y, z)^\mathsf{T} \in \mathbb{R}^3 : \qquad \arctan\left(\frac{1}{2}\right) + \frac{x}{5} - \frac{2y}{5} - z = 0.$$

Aus der obigen Darstellung lässt sich direkt ablesen, dass der Normalenvektor der Ebene durch (Koeffizienten in der Koordinatenform ablesen)

$$N = \left(\frac{1}{5}, -\frac{2}{5}, -1\right)^\mathsf{T}$$

gegeben ist. Multiplizieren (normieren) wir diesen noch mit $\|N\|_2^{-1} = 5/\sqrt{30}$, so erhalten wir wie gewünscht den gesuchten Normaleneinheitsvektor.

Lösung Aufgabe 154

(a) Da x_0 ein kritischer Punkt der Funktion $f : G \to \mathbb{R}$ ist, gilt nach Definition gerade $\nabla f(x_0) = \mathbf{0}$. Wegen $f \in C^2(G, \mathbb{R})$ folgt daher mit dem Satz von Taylor (vgl. auch Aufgabe 150)

$$f(x) = f(x_0) + \langle \nabla f(x_0), x - x_0 \rangle + \frac{1}{2}\langle x - x_0, H_f(x_0)(x - x_0) \rangle + o(\|x - x_0\|_2^2)$$

$$= f(x_0) + \frac{1}{2}\langle x - x_0, H_f(x_0)(x - x_0) \rangle + o(\|x - x_0\|_2^2)$$

für x nahe x_0. Da die Hesse-Matrix $H_f(x_0)$ nach Voraussetzung positiv definit ist, finden wir eine Zahl $\alpha > 0$ mit

$$\langle x - x_0, H_f(x_0)(x - x_0) \rangle \geq \alpha \|x - x_0\|_2^2$$

für alle $x \in \mathbb{R}^d$. Fixieren wir nun weiter $\delta > 0$ derart, dass

$$\left| o(\|x - x_0\|_2^2) \right| \leq \frac{\alpha}{4} \|x - x_0\|_2^2$$

für jedes $x \in G$ mit $\|x - x_0\|_2 \leq \delta$ gilt, so folgt mit den beiden obigen Abschätzungen

$$f(x) \geq f(x_0) + \frac{\alpha}{2}\|x - x_0\|_2^2 - \frac{\alpha}{4}\|x - x_0\|_2^2 = f(x_0) + \frac{\alpha}{4}\|x - x_0\|_2^2$$

und daher

$$f(x) \geq f(x_0)$$

für jedes $x \in G$ mit $\|x - x_0\|_2 \leq \delta$. Wir haben somit gezeigt, dass die Funktion f in x_0 ein lokales Minimum besitzt.

(b) Diese Aussage folgt direkt durch Anwenden von Teilaufgabe (a) auf die Funktion $-f$, denn jedes (lokale) Maximum der Funktion f ist automatisch ein (lokales) Minimum der Funktion $-f$.

Lösung Aufgabe 155 Die Funktion $f : \mathbb{R}^d \to \mathbb{R}$ mit $f(x) = (x_1 + \ldots + x_d)^m$ ist ein mehrdimensionales Polynom vom Grad m. Daher stimmt das Taylorpolynom T_m vom Grad m mit der Funktion f überein, was wir uns im Folgenden überlegen werden. Mit einer kleinen Rechnung folgt zunächst

$$\partial^\alpha f(\mathbf{0}) = \begin{cases} m!, & |\alpha| = m \\ 0, & \text{sonst,} \end{cases}$$

sodass wir mit dem Satz von Taylor und den Konventionen für Multiindizes

$$T_m(x) = \sum_{|\alpha| \leq m} \frac{\partial^\alpha f(\mathbf{0})}{\alpha!} x^\alpha = \sum_{|\alpha| = m} \frac{m!}{\alpha!} x^\alpha = \sum_{|\alpha| = m} \frac{m!}{\alpha_1! \cdot \ldots \cdot \alpha_d!} x_1^{\alpha_1} \cdot \ldots \cdot x_d^{\alpha_d}$$

für $x \in \mathbb{R}^d$ erhalten. Der Multinomialkoeffizient $m!/(\alpha_1! \cdot \ldots \cdot \alpha_d!)$ beschreibt aber gerade die Anzahl der in $(x_1 + \ldots + x_d)^m$ auftretenden Summanden der Form $x_1^{\alpha_1} \cdot \ldots \cdot x_d^{\alpha_d}$ mit $\alpha_1 + \ldots + \alpha_d = m$, sodass wir schließlich mit dem Multinomialtheorem [1, 8.5 Theorem]

$$\sum_{|\alpha| = m} \frac{m!}{\alpha_1! \cdot \ldots \cdot \alpha_d!} x_1^{\alpha_1} \cdot \ldots \cdot x_d^{\alpha_d} = (x_1 + \ldots + x_d)^m,$$

also wie gewünscht $T_m(x) = f(x)$ für alle $x \in \mathbb{R}^d$ erhalten.

Lösung Aufgabe 156 Die Sinusfunktion ist bekanntlich eine analytische Funktion mit

$$\sin(x) = \sum_{n=0}^{+\infty} \frac{(-1)^n x^{2n+1}}{(2n+1)!}$$

für $x \in \mathbb{R}$. Daher folgt für alle $(x, y)^\mathsf{T} \in \mathbb{R}^2$

$$f(x, y) = \sin(xy^3) = \sum_{n=0}^{+\infty} \frac{(-1)^n (xy^3)^{2n+1}}{(2n+1)!} = \sum_{n=0}^{+\infty} \frac{(-1)^n x^{2n+1} y^{6n+3}}{(2n+1)!}.$$

Die rechte Seite der obigen Gleichung stellt aber gerade eine mehrdimensionale Taylorreihe mit Entwicklungspunkt $(x_0, y_0)^\mathsf{T} = (0, 0)^\mathsf{T}$ dar.

Lösung Aufgabe 157

(a) Wir berechnen zunächst die partiellen Ableitungen der Funktion $f : \mathbb{R}^2 \to \mathbb{R}$ mit Hilfe der Produkt- und Kettenregel. Für alle $(x_1, x_2)^\mathsf{T} \in \mathbb{R}^2$ gelten

$$\partial_{x_1} f(x_1, x_2) = 4x_1 \exp(3x_1^2 + 2x_2^2) + 6x_1(2x_1^2 + 3x_2^2) \exp(3x_1^2 + 2x_2^2)$$
$$= x_1(4 + 12x_1^2 + 18x_2^2) \exp(3x_1^2 + 2x_2^2)$$

und

$$\partial_{x_2} f(x_1, x_2) = 6x_2 \exp(3x_1^2 + 2x_2^2) + 4x_2(2x_1^2 + 3x_2^2) \exp(3x_1^2 + 2x_2^2)$$
$$= x_2(6 + 8x_1^2 + 12x_2^2) \exp(3x_1^2 + 2x_2^2).$$

Wegen

$$4 + 12x_1^2 + 18x_2^2 > 0, \qquad 6 + 8x_1^2 + 12x_2^2 > 0 \qquad \text{und} \qquad \exp(3x_1^2 + 2x_2^2) > 0$$

für $(x_1, x_2)^\mathsf{T} \in \mathbb{R}^2$ sehen wir sofort, dass aus der notwendigen Bedingung $\nabla f(x_1, x_2) = (0, 0)^\mathsf{T}$ direkt $x_1 = 0$ und $x_2 = 0$ folgen muss. Somit kann die Funktion f höchstens im Nullpunkt $(0, 0)^\mathsf{T}$ ein lokales Minimum besitzen.

(b) Die Funktion f kann kein lokales und damit auch kein globales Maximum besitzen, da sie unbeschränkt ist. Offensichtlich gilt nämlich für alle $(x_1, x_2)^\mathsf{T} \in \mathbb{R}^2$ die Abschätzung

$$f(x_1, x_2) = (2x_1^2 + 3x_2^2) \exp(3x_1^2 + 2x_2^2)$$
$$\geq 2(x_1^2 + x_2^2) \exp(2(x_1^2 + x_2^2))$$
$$= 2\|(x_1, x_2)^\mathsf{T}\|_2^2 \exp(2\|(x_1, x_2)^\mathsf{T}\|_2^2)$$
$$\geq \|(x_1, x_2)^\mathsf{T}\|_2^2,$$

womit insbesondere

$$\lim_{\|(x_1, x_2)^\mathsf{T}\|_2 \to +\infty} f(x_1, x_2) \geq \lim_{\|(x_1, x_2)^\mathsf{T}\|_2 \to +\infty} \|(x_1, x_2)^\mathsf{T}\|_2^2 = +\infty$$

folgt.

(c) Die partiellen Ableitungen der Ordnung 2 lassen sich mit einer kleinen Rechnung
     für jedes $(x_1, x_2)^{\mathsf{T}} \in \mathbb{R}^2$ wie folgt bestimmen:

$$\partial_{x_1} \partial_{x_1} f(x_1, x_2) = (4 + 60x_1^2 + 72x_1^4 + 108x_1^2 x_2^2 + 18x_2^2) \exp(3x_1^2 + 2x_2^2),$$

$$\partial_{x_1} \partial_{x_2} f(x_1, x_2) = (52x_1 x_2 + 72x_1 x_2^3 + 48x_1^3 x_2) \exp(3x_1^2 + 2x_2^2),$$

$$\partial_{x_2} \partial_{x_1} f(x_1, x_2) = \partial_{x_1} \partial_{x_2} f(x_1, x_2),$$

$$\partial_{x_2} \partial_{x_2} f(x_1, x_2) = (6 + 8x_1^2 + 32x_1^2 x_2^2 + 50x_2^2 + 48x_2^4) \exp(3x_1^2 + 2x_2^2).$$

Wir erhalten somit

$$H_f(0, 0) = \begin{pmatrix} \partial_{x_1} \partial_{x_1} f(0, 0) & \partial_{x_1} \partial_{x_2} f(0, 0) \\ \partial_{x_2} \partial_{x_1} f(0, 0) & \partial_{x_2} \partial_{x_2} f(0, 0) \end{pmatrix} = \begin{pmatrix} 4 & 0 \\ 0 & 6 \end{pmatrix},$$

sodass wir direkt ablesen können, dass die Hesse-Matrix die positiven Eigenwerte
$\lambda_1 = 4$ und $\lambda_2 = 6$ besitzt und daher positiv definit ist. Mit Hilfe von Aufgabe
154 folgt somit wie gewünscht, dass die Funktion in $(0, 0)^{\mathsf{T}}$ ein lokales Minimum besitzt. Aus der Abschätzung in Teil (b) dieser Aufgabe folgt insbesondere
$f(x_1, x_2) > 0$ für alle $(x_1, x_2)^{\mathsf{T}} \in \mathbb{R}^2 \setminus \{(0, 0)^{\mathsf{T}}\}$, sodass wegen $f(0, 0) = 0$ im
Nullpunkt $(0, 0)^{\mathsf{T}}$ sogar ein globales Minimum der Funktion vorliegt.

Lösung Aufgabe 158 Wir betrachten die Funktion $f : \mathbb{R}^2 \to \mathbb{R}$ mit $f(x, y) =$
$x^3 + y^3 - 3\alpha xy$, deren kritische Punkte wir in Abhängigkeit des Parameters $\alpha \in \mathbb{R}$
klassifizieren wollen. Dazu werden wir die Kriterien aus dem Lösungshinweis zu
dieser Aufgabe verwenden. Wir berechnen daher zunächst alle partiellen Ableitungen
erster und zweiter Ordnung für $(x, y)^{\mathsf{T}} \in \mathbb{R}^2$ wie folgt:

$$\partial_x f(x, y) = 3x^2 - 3\alpha y, \qquad \partial_y f(x, y) = 3y^2 - 3\alpha x$$

und

$$\partial_x \partial_x f(x, y) = 6x, \qquad \partial_x \partial_y f(x, y) = \partial_y \partial_x f(x, y) = -3\alpha, \qquad \partial_y \partial_y f(x, y) = 6y.$$

Zur Übersicht unterteilen wir die Überprüfung der notwendigen und hinreichenden
Bedingung wie folgt:

(a) **Notwendige Bedingung.** Die notwendige Bedingung $\nabla f = \mathbf{0}$ bedeutet gerade
     $x^2 = \alpha y$ und $y^2 = \alpha x$. Ist $\alpha = 0$, so können wir direkt ablesen, dass $(x, y)^{\mathsf{T}} =$
     $(0, 0)^{\mathsf{T}}$ ein kritischer Punkt der Funktion ist. Im Fall $\alpha \neq 0$ folgen $y = x^2/\alpha$
     und somit $y^2 = (x^2/\alpha)^2 = \alpha x$, was wir zu $x(x^3 - \alpha^3) = 0$ umstellen können.
     Wir können damit $x = 0$ oder $x = \alpha$ ablesen, das heißt, in diesem Fall sind
     $(x, y)^{\mathsf{T}} = (0, 0)^{\mathsf{T}}$ und $(x, y)^{\mathsf{T}} = (\alpha, \alpha)^{\mathsf{T}}$ kritische Punkte der Funktion.

(b) **Hinreichende Bedingung.** Mit Hilfe der Hesse-Matrix

$$H_f(x, y) = \begin{pmatrix} \partial_x \partial_x f(x, y) & \partial_x \partial_y f(x, y) \\ \partial_y \partial_x f(x, y) & \partial_y \partial_y f(x, y) \end{pmatrix} = \begin{pmatrix} 6x & -3\alpha \\ -3\alpha & 6y \end{pmatrix}$$

werden wir nun die hinreichende Bedingung für die zwei ermittelten Punkte überprüfen (vgl. auch Aufgabe 154).

(α) Wir untersuchen nun $(x, y)^\mathsf{T} = (0, 0)^\mathsf{T}$ und $\alpha \in \mathbb{R}$ beliebig. Offensichtlich gilt dann $\det(H_f(0, 0)) = -9\alpha^2 < 0$, das heißt, wegen $\partial_x \partial_x f(0, 0) = 0$ ist die Hesse-Matrix weder negativ noch positiv definit. In diesem Fall liegt also ein Sattelpunkt vor.

(β) Wir betrachten den kritischen Punkt $(x, y)^\mathsf{T} = (\alpha, \alpha)^\mathsf{T}$ mit $\alpha \in \mathbb{R}$. Dann gilt stets $\det(H_f(\alpha, \alpha)) = 27\alpha^2 \geq 0$. Für $\alpha > 0$ folgt dann gerade $\partial_x \partial_x f(\alpha, \alpha) = 6\alpha > 0$, womit es sich in diesem Fall um ein lokales Minimum handelt. Für $\alpha < 0$ hingegen erhalten wir analog $\partial_x \partial_x f(\alpha, \alpha) = 6\alpha < 0$, also liegt hier ein lokales Maximum vor. Den Fall $\alpha = 0$ haben wir bereits in Teil (α) behandelt.

Anmerkung Die Gleichung $(x, y)^\mathsf{T} \in \mathbb{R}^2 : x^3 + y^3 - 3\alpha xy = 0$ beschreibt für festes $\alpha \in \mathbb{R}$ das sogenannte kartesische Blatt.

Lösung Aufgabe 159

(a) Zunächst folgt für jedes $(x, y)^\mathsf{T} \in \mathbb{R}^2$ mit einer kleinen Rechnung

$$\nabla f(x, y) = (8x^3 - 6xy, 2y - 3x^2)^\mathsf{T}.$$

Offensichtlich ist dann $(0, 0)^\mathsf{T}$ ein kritischer Punkt der Funktion, denn es gilt $\nabla f(0, 0) = (0, 0)^\mathsf{T}$.

(b) Wir berechnen nun die zweiten partiellen Ableitungen der Funktion. Für jedes $(x, y)^\mathsf{T} \in \mathbb{R}^2$ gelten

$$\partial_x \partial_x f(x, y) = 24x^2 - 6y, \quad \partial_x \partial_y f(x, y) = \partial_y \partial_x f(x, y) = -6x, \quad \partial_y \partial_y f(x, y) = 2.$$

Wir erhalten also gerade

$$H_f(0, 0) = \begin{pmatrix} 0 & 0 \\ 0 & 2 \end{pmatrix}.$$

Da die Hesse-Matrix eine Diagonalmatrix ist, können wir problemlos die Eigenwerte $\lambda_1 = 0$ und $\lambda_2 = 2$ ablesen. Da $H_f(0, 0)$ damit jedoch positiv semidefinit ist, lässt sich das Kriterium zur Charakterisierung von lokalen Extrema aus Aufgabe 154 nicht anwenden – dazu müssten nämlich alle Eigenwerte echt größer oder kleiner als Null sein. Wir untersuchen daher die Hilfsfunktion $g : \mathbb{R} \to \mathbb{R}$ mit $g(x) = f(x, 0) = 2x^4$. Offensichtlich gilt $\lim_{x \to \pm\infty} g(x) = +\infty$. Damit kann die Funktion f kein Maximum $(x_M, y_M)^\mathsf{T} \in \mathbb{R}^2$ besitzen, da wir stets eine entsprechende Stelle $x \in \mathbb{R}$ mit $f(x_M, y_M) < f(x, 0) = g(x)$ finden können. Auf ähnliche Weise können wir uns aber auch überlegen, dass die Funktion f kein lokales Minimum besitzt. Dazu müssen wir lediglich die Funktion $h : \mathbb{R} \to \mathbb{R}$ mit $h(x) = f(x, 3/2x^2) = -1/4x^4$ betrachten, da $\lim_{x \to \pm\infty} h(x) = -\infty$ gilt.

Wir haben somit wie gewünscht gezeigt, dass die Funktion f weder ein lokales Minimum noch Maximum besitzt.

(c) Sei $(x_0, y_0)^\mathsf{T} \in \mathbb{R}^2$ mit $(x_0, y_0)^\mathsf{T} \neq (0, 0)^\mathsf{T}$ beliebig. Wir untersuchen nun die Funktion $g : \mathbb{R} \to \mathbb{R}$ mit

$$g(t) = f(tx_0, ty_0) = (ty_0 - t^2 x_0^2)(y_0^2 - 2t^2 x_0^2) = 2t^4 x_0^4 - 3t^3 x_0^2 y_0 + t^2 y_0^2.$$

Offensichtlich ist g ein Polynom und es gelten für jedes $t \in \mathbb{R}$

$$g'(t) = 8t^3 x_0^4 - 6t^2 x_0^2 y_0 + 2ty_0 \quad \text{und} \quad g''(t) = 24t^2 x_0^4 - 12tx_0^2 y_0 + 2y_0^2.$$

Die notwendige Bedingung für ein lokales Extremum im Nullpunkt ist aber wegen $g'(0) = 0$ bereits erfüllt. Wegen $y_0 \neq 0$ sehen wir $g''(0) = 2y_0^2 > 0$ (hinreichende Bedingung) und es liegt ein lokales Minimum in Null vor. Gilt hingegen $y_0 = 0$, so vereinfacht sich die Funktion zu $g(t) = 2t^4 x_0^4$, sodass auch in diesem Fall ein Minimum im Nullpunkt vorliegt.

Lösung Aufgabe 160 Natürlich ist die Behauptung trivialer Weise erfüllt, falls die Funktion $f : \mathbb{R} \to \mathbb{R}$ konstant Null ist. Wir können somit annehmen, dass es eine Stelle $x_0 \in \mathbb{R}$ mit $f(x_0) \neq 0$ gibt. Da nach Voraussetzung

$$\lim_{x \to -\infty} f(x) = 0 \quad \text{und} \quad \lim_{x \to +\infty} f(x) = 0$$

gelten, finden wir eine Konstante $C > 0$ mit $|f(x)| < |f(x_0)|$ für alle $x \in \mathbb{R}$ mit $|x| > C$ (Definition des Limes verwenden). Da die Ungleichung auch noch erfüllt ist, wenn man die Konstante C vergrößert, können wir sogar ohne Einschränkung $C > |x_0|$ annehmen. Betrachten wir nun die stetige Hilfsfunktion $h : [-C, C] \to \mathbb{R}$ mit $h(x) = |f(x)|$, so besitzt diese gemäß dem Satz von Weierstraß aus Aufgabe 107 ein Maximum x_M, das in $[-C, C]$ liegt. Insbesondere folgt somit

$$|f(x)| = g(x) \leq g(x_M) = |f(x_M)|$$

für alle $x \in [-C, C]$. Umgekehrt gilt für jedes $x \in \mathbb{R}$ mit $|x| > C$ genauso

$$|f(x)| < |f(x_0)| \leq |f(x_M)|.$$

Wir haben somit wie gewünscht nachgewiesen, dass $|f(x)| \leq |f(x_M)|$ für alle $x \in \mathbb{R}$ gilt, das heißt, die Funktion $|f|$ besitzt ein globales Maximum in x_M.

Lösung Aufgabe 161 Da die Funktion $f : \mathbb{R}^d \to (0, +\infty)$ nach Voraussetzung strikt positiv ist, existiert eine Stelle $x_0 \in \mathbb{R}^d$ mit $f(x_0) > 0$. Sei weiter $r > 0$ derart, dass $f(x_0) > 1/r$ gilt. Damit folgt für alle $x \in \mathbb{R}^d$ mit $\|x\|_2 > r$ gerade

$$f(x) \leq \frac{1}{\|x\|_2} < \frac{1}{r} < f(x_0).$$

Da die Funktion f stetig und die abgeschlossene Kugel $\overline{B}_r(0) = \{x \in \mathbb{R}^d \mid \|x\|_2 \leq r\}$ kompakt ist, nimmt die Funktion f gemäß dem Satz von Weierstraß (vgl. Aufgabe 107) ihr Maximum an einer Stelle $x_M \in \overline{B}_r(0)$ an. Jedoch folgt wegen $\|x_M\|_2 \leq r$ aus der obigen Ungleichungskette $f(x_M) \geq f(x_0)$, sodass ebenso $f(x) < f(x_M)$ für alle $x \in \mathbb{R}^d$ mit $\|x\|_2 > r$ folgt. Wir haben somit wie gewünscht bewiesen, dass die Funktion f an der Stelle x_M ein globales Maximum besitzt.

Lösung Aufgabe 162

(a) Die Niveaumengen (Niveaulinien) der Funktion $f : \mathbb{R}^2 \to \mathbb{R}$ mit $f(x_1, x_2) = x_1 + x_2$ sind für $\lambda \in \mathbb{R}$ durch

$$\mathcal{N}_f(\lambda) = \left\{(x_1, x_2)^\mathsf{T} \in \mathbb{R}^2 \mid f(x_1, x_2) = \lambda\right\} = \left\{(x_1, x_2)^\mathsf{T} \in \mathbb{R}^2 \mid x_2 = \lambda - x_1\right\}$$

gegeben. Wir sehen damit direkt, dass jede Niveaumenge $\mathcal{N}_f(\lambda)$ lediglich eine Gerade mit Steigung -1 darstellt, die die x_2-Achse an der Stelle $x_2 = \lambda$ schneidet. Die Menge $N = \{(x_1, x_2)^\mathsf{T} \in \mathbb{R}^2 \mid x_1^2 + x_2^2 = 8\}$ beschreibt bekanntlich einen Kreis mit Mittelpunkt $(0, 0)^\mathsf{T}$ und Radius $\sqrt{8}$. Anhand von Abb. 24.1 können wir weiter ablesen, dass $\mathcal{N}_f(-4)$ und $\mathcal{N}_f(4)$ (blaue Geraden) die beiden einzigen Niveaumengen sind, die tangential zur Menge N (Nebenbedingung) verlaufen. An jedem der beiden Tangentialpunkte $(x_1^m, x_2^m)^\mathsf{T} = (-2, -2)^\mathsf{T} \in N$ und $(x_1^M, x_2^M)^\mathsf{T} = (2, 2)^\mathsf{T} \in N$ liegt daher ein lokales Extremum der Funktion f unter der Nebenbedingung N vor. Wegen $f(x_1^m, x_2^m) = -4$ und $f(x_1^M, x_2^M) = 4$ handelt es sich bei $(x_1^m, x_2^m)^\mathsf{T}$ um ein (lokales) Minimum und bei $(x_1^M, x_2^M)^\mathsf{T}$ um ein (lokales) Maximum der Funktion unter der Nebenbedingung N.

(b) Wir bestimmen nun die lokalen Extrema mit Hilfe des Satzes von Lagrange. Dazu müssen wir zunächst begründen, dass alle nötigen Voraussetzungen erfüllt

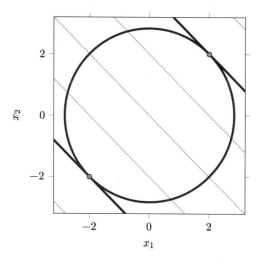

Abb. 24.1 Darstellung der Niveaumengen (grau, blau), der beiden Extremstellen (grün) und der Nebenbedingung (rot)

sind. Daher schreiben wir die Nebenbedingung N zunächst äquivalent als $N = \{(x_1, x_2)^\mathsf{T} \in \mathbb{R}^2 \mid g(x_1, x_2) = 0\}$, wobei die stetig differenzierbare Funktion $g : \mathbb{R}^2 \to \mathbb{R}$ gemäß $g(x_1, x_2) = x_1^2 + x_2^2 - 8$ definiert ist. Da die Funktion $f : \mathbb{R}^2 \to \mathbb{R}$ offensichtlich ebenfalls stetig differenzierbar und N eine kompakte Teilmenge des $\mathbb{R}^2$ ist (vgl. Aufgabe 95 (c) mit $d = 2$), folgt aus dem Satz von Weierstraß (vgl. Aufgabe 107) die Existenz eines Minimums beziehungsweise Maximums der Funktion unter der Nebenbedingung N. In anderen Worten: Es gibt zwei Stellen $(x_1^m, x_2^m)^\mathsf{T}, (x_1^M, x_2^M)^\mathsf{T} \in N$ mit

$$f(x_1^m, x_2^m) = \min_{(x_1, x_2)^\mathsf{T} \in N} f(x_1, x_2) \quad \text{und} \quad f(x_1^M, x_2^M) = \max_{(x_1, x_2)^\mathsf{T} \in N} f(x_1, x_2).$$

Da alle Voraussetzungen des Satzes von Lagrange erfüllt sind, führen wir weiter die sogenannte Lagrange-Funktion $L : \mathbb{R}^3 \to \mathbb{R}$ mit

$$L(x_1, x_2, \lambda) = f(x_1, x_2) + \lambda g(x_1, x_2) = x_1 + x_2 + \lambda(x_1^2 + x_2^2 - 8)$$

ein. Die notwendige Bedingung $\nabla L = \mathbf{0}$ für ein lokales Extremum ergibt somit für $(x_1, x_2, \lambda)^\mathsf{T} \in \mathbb{R}^3$ die folgenden drei Gleichungen:

$$\text{(I)} \quad \partial_{x_1} L(x_1, x_2, \lambda) = 1 + 2\lambda x_1 = 0,$$

$$\text{(II)} \quad \partial_{x_2} L(x_1, x_2, \lambda) = 1 + 2\lambda x_2 = 0,$$

$$\text{(III)} \quad \partial_\lambda L(x_1, x_2, \lambda) = x_1^2 + x_2^2 - 8 = 0.$$

Dabei können wir anhand der Gleichungen (I) oder (II) direkt $\lambda \neq 0$ ablesen. Mit den Gleichungen (I) und (II) folgt somit $x_1 = x_2 = -1/(2\lambda)$. Einsetzen in Gleichung (III) liefert $1 = 16\lambda^2$, also $\lambda = \pm 1/4$. Die kritischen Punkte berechnen sich daher zu $(x_1^m, x_2^m)^\mathsf{T} = (-2, -2)^\mathsf{T}$ und $(x_1^M, x_2^M)^\mathsf{T} = (2, 2)^\mathsf{T}$. Zur Klassifikation der beiden Punkte werden wir nun die sogenannte geränderte Hesse-Matrix (Hesse-Matrix der Lagrange-Funktion)

$$H_L = \begin{pmatrix} \partial_{x_1}\partial_{x_1} L & \partial_{x_1}\partial_{x_2} L & \partial_{x_1}\partial_\lambda L \\ \partial_{x_2}\partial_{x_1} L & \partial_{x_2}\partial_{x_2} L & \partial_{x_2}\partial_\lambda L \\ \partial_\lambda\partial_{x_1} L & \partial_\lambda\partial_{x_2} L & \partial_\lambda\partial_\lambda L \end{pmatrix} = \begin{pmatrix} \partial_{x_1}\partial_{x_1} L & \partial_{x_1}\partial_{x_2} L & \partial_{x_1} g \\ \partial_{x_2}\partial_{x_1} L & \partial_{x_2}\partial_{x_2} L & \partial_{x_2} g \\ \partial_{x_1} g & \partial_{x_2} g & 0 \end{pmatrix}$$

verwenden, denn für jede kritische Stelle $(\tilde{x}_1, \tilde{x}_2, \tilde{\lambda})^\mathsf{T} \in \mathbb{R}^3$ der Lagrange-Funktion gilt:

(α) Gilt $\det(H_L(\tilde{x}_1, \tilde{x}_2, \tilde{\lambda})) < 0$, so handelt es sich um ein lokales Minimum der Funktion L.

(β) Im Fall $\det(H_L(\tilde{x}_1, \tilde{x}_2, \tilde{\lambda})) > 0$ liegt in $(\tilde{x}_1, \tilde{x}_2, \tilde{\lambda})^\mathsf{T}$ ein lokales Maximum der Lagrange-Funktion vor.

(γ) Ist weder Fall (α) noch (β) eingetreten, das heißt, es gilt $\det(H_L(\tilde{x}_1, \tilde{x}_2, \tilde{\lambda})) = 0$, so liegt ein Sattelpunkt vor.

Mit einer kleinen Rechnung folgt also in dieser Aufgabe für $(x_1, x_2, \lambda)^\mathsf{T} \in \mathbb{R}^3$

$$H_L(x_1, x_2, \lambda) = \begin{pmatrix} 2\lambda & 0 & 2x_1 \\ 0 & 2\lambda & 2x_2 \\ 2x_1 & 2x_2 & 0 \end{pmatrix},$$

womit wir schließlich für $\lambda^m = 1/4$ und $\lambda^M = -1/4$

$$\det(H_L(x_1^m, x_2^m, \lambda^m)) = \begin{pmatrix} 1/4 & 0 & -4 \\ 0 & 1/4 & -4 \\ -4 & -4 & 0 \end{pmatrix} = -16$$

und

$$\det\left(H_L(x_1^M, x_2^M, \lambda^M)\right) = \begin{pmatrix} -1/4 & 0 & 4 \\ 0 & -1/4 & 4 \\ 4 & 4 & 0 \end{pmatrix} = 16$$

erhalten. Damit besitzt die Funktion L an der Stelle $(x_1^m, x_2^m, \lambda^m)^\mathsf{T}$ ein Minimum und an der Stelle $(x_1^M, x_2^M, \lambda^M)^\mathsf{T}$ ein Maximum. Die beiden Stellen $(x_1^M, x_2^m)^\mathsf{T}$ und $(x_1^M, x_2^M)^\mathsf{T}$ sind gemäß dem Satz von Lagrange aber gerade die lokalen Extrema der Funktion f unter der Nebenbedingung N.

Lösung Aufgabe 163 Der Flächeninhalt und Umfang eines Rechtecks mit den Seiten $a, b \geq 0$ lauten bekanntlich $A = ab$ beziehungsweise $U = 2(a + b)$. Ist also $U_0 \geq 0$ ein gegebener Umfang, so müssen wir das Maximum der Funktion $f : \mathbb{R}^2 \to \mathbb{R}$ mit $f(x, y) = xy$ unter der Nebenbedingung $(x, y)^\mathsf{T} \in \mathbb{R}^2 : g(x, y) = 0$ bestimmen, wobei $g : \mathbb{R}^2 \to \mathbb{R}$ durch $g(x, y) = U_0 - 2(x + y)$ definiert ist. Dass die Voraussetzungen des Satzes von Lagrange erfüllt sind, ist nicht weiter schwer nachzuprüfen. Wir betrachten daher die stetig differenzierbare Lagrange-Funktion $L : \mathbb{R}^3 \to \mathbb{R}$ mit

$$L(x, y, \lambda) = f(x, y) + \lambda g(x, y) = xy + \lambda(U_0 - 2(x + y)).$$

Mit einer kleinen Rechnung folgt für die partiellen Ableitungen für alle $(x, y, \lambda)^\mathsf{T} \in \mathbb{R}^3$

$$\partial_x L(x, y, \lambda) = y - 2\lambda,$$
$$\partial_y L(x, y, \lambda) = x - 2\lambda,$$
$$\partial_\lambda L(x, y, \lambda) = U_0 - 2(x + y).$$

Aus der notwendigen Bedingung $\nabla L = \mathbf{0}$ erhalten wir also gerade $y - 2\lambda = 0$ und $x - 2\lambda = 0$ und damit $x = y$. Einsetzen in die dritte Bedingung $\partial_\lambda L = 0$ liefert somit

$$0 = U_0 - 2(x + y) = U_0 - 2(x + x) = U_0 - 4x$$

und damit $x = y = U_0/4$. Damit ist $(U_0/4, U_0/4, \lambda)^\mathsf{T}$ für jedes $\lambda \in \mathbb{R}$ ein kritischer Punkt der Lagrange-Funktion. Der Lösung von Aufgabe 162 folgend (Klassifizierung mit Hilfe der geränderten Hesse-Matrix H_L) folgt

$$\det(H_L(U_0/4, U_0/4, \lambda)) = \det \begin{pmatrix} \partial_x\partial_x L & \partial_x\partial_y L & \partial_x g \\ \partial_y\partial_x L & \partial_y\partial_y L & \partial_y g \\ \partial_x g & \partial_y g & 0 \end{pmatrix} = \det \begin{pmatrix} 0 & 1 & -2 \\ 1 & 0 & -2 \\ -2 & -2 & 0 \end{pmatrix} = 8,$$

also liegt hier ein lokales Maximum der Funktion f in $(U_0/4, U_0/4)^\mathsf{T}$ vor. Wir haben somit gezeigt, dass bei einem fest vorgegeben Umfang U_0 unter allen möglichen Rechtecken gerade das Quadrat mit der Seitenlänge $U_0/4$ den größten Flächeninhalt besitzt (vgl. auch Abb. 6.3).

Lösung Aufgabe 164 Die Polynomfunktion $f : \mathbb{R}^d \to \mathbb{R}$ mit $f(x) = \sum_{j=1}^d a_j x_j$ ist offensichtlich stetig. Da die Menge $N = \{x \in \mathbb{R}^d \mid \|x\|_2^2 = 1\}$ gemäß Aufgabe 95 (c) kompakt ist, garantiert der Satz von Weierstraß, dass f sowohl ein Minimum als auch ein Maximum in N annimmt.

(a) Wir führen zunächst die Funktion $g : \mathbb{R}^d \to \mathbb{R}$ mit $g(x) = \sum_{j=1}^d x_j^2 - 1$ ein. Diese ist stetig differenzierbar mit $\nabla g(x) = 2x$ für $x \in \mathbb{R}^d$. Insbesondere gilt somit $\nabla g \neq \mathbf{0}$ in N, da der Nullvektor nicht in N liegt. Wir definieren weiter die sogenannte Lagrange-Funktion $L : \mathbb{R}^{d+1} \to \mathbb{R}$ mit

$$L(x, \lambda) = f(x) + \lambda g(x) = \sum_{j=1}^d a_j x_j + \lambda \left(\sum_{j=1}^d x_j^2 - 1 \right).$$

Damit ergeben sich für $(x, \lambda)^\mathsf{T} \in \mathbb{R}^{d+1}$ und $j \in \{1, \dots, d\}$ die $d+1$ notwendigen Bedingungen

$$\partial_{x_j} L(x, \lambda) = a_j + 2\lambda x_j = 0 \quad \text{und} \quad \partial_\lambda L(x, \lambda) = \sum_{j=1}^d x_j^2 - 1 = 0.$$

Aus der ersten Gleichung können wir direkt ablesen, dass $\lambda \neq 0$ gilt, da nach Voraussetzung $a_j \neq 0$ für $j \in \{1, \dots, d\}$ gilt. Wir erhalten also $x_j = -a_j/(2\lambda)$ für $j \in \{1, \dots, d\}$ und somit gerade mit der zweiten Gleichung

$$0 = \sum_{j=1}^d x_j^2 - 1 = \sum_{j=1}^d \left(-\frac{a_j}{2\lambda} \right)^2 - 1 = \frac{1}{4\lambda^2} \sum_{j=1}^d a_j^2 - 1 = \frac{\|a\|_2^2}{4\lambda^2} - 1$$

für $a = (a_1, \dots, a_d)^\mathsf{T}$, also $\lambda = \pm\|a\|_2/2$. Einsetzen in die erste Gleichung liefert schließlich $x_j = \pm a_j/\|a\|_2$ für jedes $j \in \{1, \dots, d\}$, das heißt, die Funktion f

besitzt die beiden kritischen Stellen

$$x^m = -\left(\frac{a_1}{\|a\|_2}, \ldots, \frac{a_d}{\|a\|_2}\right)^{\mathsf{T}} \quad \text{und} \quad x^M = \left(\frac{a_1}{\|a\|_2}, \ldots, \frac{a_d}{\|a\|_2}\right)^{\mathsf{T}},$$

die offensichtlich in N liegen. Da aber

$$f(x^m) = -\sum_{j=1}^{d} \frac{a_j^2}{\|a\|_2} = -\frac{1}{\|a\|_2}\sum_{j=1}^{d} a_j^2 = -\frac{\|a\|_2^2}{\|a\|_2} = -\|a\|_2$$

und analog $f(x^M) = \|a\|_2$ gelten, besitzt die Funktion in x^m und x^M ein lokales Minimum beziehungsweise Maximum.

(b) Die Funktion $f : \mathbb{R}^d \to \mathbb{R}$ lässt sich für jedes $x \in \mathbb{R}^d$ äquivalent schreiben als $f(x) = \langle a, x \rangle$, wobei wir $a = (a_1, \ldots, a_d)^{\mathsf{T}}$ setzen und $\langle \cdot, \cdot \rangle$ das Euklidische Skalarprodukt im $\mathbb{R}^d$ bezeichnet. Mit der Ungleichung von Cauchy-Schwarz (vgl. Aufgabe 58) folgt daher

$$|f(x)| = |\langle a, x \rangle| \le \|a\|_2 \|x\|_2$$

für alle $x \in \mathbb{R}^d$. Beschränken wir uns dabei weiter auf alle Punkte $x \in \mathbb{R}^d$ mit $\|x\|_2 = 1$, so folgt für diese gerade $|f(x)| \le \|a\|_2$, also

$$-\|a\|_2 \le f(x) \le \|a\|_2,$$

wobei das lokale Minimum und Maximum der Funktion f unter der Nebenbedingung $x \in \mathbb{R}^d : \|x\|_2 = 1$ wie in Teil (a) dieser Aufgabe an den Stellen x^m und x^M angenommen wird.

Lösung Aufgabe 165 Wir können (laut Aufgabenstellung) annehmen, dass die Funktion $f : (0, +\infty)^d \to \mathbb{R}$ mit

$$f(x) = -\sum_{j=1}^{d} x_j \log_2(x_j)$$

ein Maximum unter der Nebenbedingung $x \in \mathbb{R}^d : \sum_{j=1}^{d} x_j = 1$ besitzt. Dieses werden wir nun mit dem Verfahren der Lagrange-Multiplikatoren bestimmen. Wir führen dazu die stetig differenzierbare Lagrange-Funktion $L : (0, +\infty)^d \times \mathbb{R} \to \mathbb{R}$ gemäß

$$L(x, \lambda) = -\sum_{j=1}^{d} x_j \log_2(x_j) + \lambda\left(\sum_{j=1}^{d} x_j - 1\right)$$

ein. Die notwendige Bedingung $\nabla L = 0$ für ein Extremum lässt sich dann für $j \in \{1, \ldots, d\}$ mit einer kleinen Rechnung (Produktregel beachten) wie folgt schreiben:

$$\partial_{x_j} L(x, \lambda) = -\log_2(x_j) - \frac{1}{\ln(2)} + \lambda = 0,$$

$$\partial_\lambda L(x, \lambda) = \sum_{j=1}^{d} x_j - 1 = 0.$$

Dabei haben wir verwendet, dass $\log_2(t) = \ln(t)/\ln(2)$ und somit $\log_2'(t) = 1/(t \ln(2))$ für $t > 0$ gilt. Multiplizieren wir die erste der beiden obigen Gleichungen mit $\ln(2)$, so folgt für jedes $j \in \{1, \ldots, d\}$ gerade $\ln(x_j) = \lambda \ln(2) - 1$ und somit

$$x_j = \exp(\lambda \ln(2) - 1) = \frac{2^\lambda}{e}.$$

Setzen wir dies in die zweite Gleichung (Nebenbedingung) ein, so erhalten wir $2^\lambda = e/d$ und weiter

$$\lambda = \log_2\left(2^\lambda\right) = \log_2\left(\frac{e}{d}\right) = \frac{\ln(e/d)}{\ln(2)} = \frac{1 - \ln(d)}{\ln(2)}.$$

Somit folgt für jedes $j \in \{1, \ldots, d\}$ gerade

$$x_j = \frac{2^\lambda}{e} = \frac{2^{\frac{1 - \ln(d)}{\ln(2)}}}{e} = \frac{1}{d},$$

das heißt, bei $x^M = (1/d, \ldots, 1/d)^{\mathsf{T}}$ handelt es sich um einen kritischen Punkt der Funktion f unter der Nebenbedingung N.

Anmerkung Die obige Rechnung zeigt, dass die Entropie (ohne überprüfbare Informationen) durch die diskrete gleichmäßige Verteilung auf $[0, 1]$ maximiert wird.

Lösung Aufgabe 166 Wir betrachten die stetig differenzierbare Funktion $f : \mathbb{R}^3 \to \mathbb{R}$ mit $f(x, y, z) = x^2 + y^2 + z^2$, deren Minimum und Maximum wir unter den beiden Nebenbedingungen $(x, y, z)^{\mathsf{T}} \in \mathbb{R}^3 : x^2 + y^2 = 1$ und $(x, y, z)^{\mathsf{T}} \in \mathbb{R}^3 : x + y + z = 1$ berechnen wollen.

(a) Um die Multiplikatorenregel von Lagrange (Satz von Lagrange) verwenden und damit die Extremalstellen bestimmen zu können, müssen wir zunächst beweisen, dass die Funktion f ein Minimum beziehungsweise Maximum in N besitzt. Dafür schreiben wir die Nebenbedingung zunächst in der Form

$$N = \left\{ (x, y, z)^{\mathsf{T}} \in \mathbb{R}^3 \mid x^2 + y^2 - 1 = x + y + z - 1 = 0 \right\}.$$

Die Menge N ist kompakt, denn sie ist beschränkt und abgeschlossen (Satz von Heine-Borel), wie wir gleich sehen werden. Dabei ist die Menge N beschränkt, denn für $(x, y, z)^\mathsf{T} \in N$ folgt wegen $x^2 + y^2 = 1$ gerade $x, y \in [-1, 1]$ weshalb aus der zweiten Bedingung $z = 1 - x - y$ insbesondere $z \in [-1, 3]$ folgt. Wegen diesen Überlegungen folgt also wie gewünscht

$$\|(x, y, z)^\mathsf{T}\|_2^2 = x^2 + y^2 + z^2 \leq 1 + 1 + 9 = 11.$$

Die Menge ist aber auch abgeschlossen, da die beiden Funktionen $g_1, g_2 : \mathbb{R}^3 \to \mathbb{R}$ mit $g_1(x, y, z) = x^2 + y^2 - 1$ und $g_2(x, y, z) = x + y + z - 1$ stetig sind. Alternativ kann man die Abgeschlossenheit der Menge N aber auch wie folgt einsehen: Zunächst wählen wir uns eine beliebige Folge $((x_n, y_n, z_n)^\mathsf{T})_n$, die vollständig in N liegt und im $\mathbb{R}^3$ gegen ein Element $(x, y, z)^\mathsf{T} \in \mathbb{R}^3$ konvergiert. Insbesondere konvergieren damit alle Komponenten der dreidimensionalen Folge gegen die entsprechende Komponente des Vektors $(x, y, z)^\mathsf{T}$, das heißt, es gelten $\lim_n x_n = x$, $\lim_n y_n = y$ und $\lim_n z_n = z$. Da für alle $n \in \mathbb{N}$ nach Definition $(x_n, y_n, z_n)^\mathsf{T} \in N$ und somit $x_n^2 + y_n^2 - 1 = x_n + y_n + z_n - 1 = 0$ gilt, erhalten wir mit Hilfe der Grenzwertgesetze für konvergente Folgen aus der Analysis I

$$x^2 + y^2 - 1 = \lim_{n \to +\infty} x_n^2 + y_n^2 - 1 = \lim_{n \to +\infty} x_n + y_n + z_n - 1 = x + y + z - 1 = 0.$$

Das bedeutet aber gerade $x^2 + y^2 - 1 = x + y + z - 1 = 0$, also $(x, y, z)^\mathsf{T} \in N$, womit wir gezeigt haben, dass die Menge N Folgen-abgeschlossen und damit abgeschlossen ist. Da wir nun nachgewiesen haben, dass die Menge N kompakt ist, folgt gemäß dem Satz von Weierstraß aus Aufgabe 107, dass die stetige Funktion f sowohl ihr Minimum als auch Maximum über der Menge N annimmt.

(b) Wir berechnen nun Minimum und Maximum der Funktion f über der Menge N. Dazu betrachten wir die Lagrange-Funktion $L : \mathbb{R}^5 \to \mathbb{R}$ mit

$$\begin{aligned} L(x, y, z, \lambda_1, \lambda_2) &= f(x, y, z) + \lambda_1 g(x, y, z) + \lambda_2 g(x, y, z) \\ &= x^2 + y^2 + z^2 + \lambda_1(x^2 + y^2 - 1) + \lambda_2(x + y + z - 1). \end{aligned}$$

Indem wir die partiellen Ableitungen der Funktion L bestimmen, können wir die notwendige Bedingung

$$(x, y, z, \lambda_1, \lambda_2)^\mathsf{T} \in \mathbb{R}^5 : \quad \nabla L(x, y, z, \lambda_1, \lambda_2) = (0, 0, 0, 0, 0)^\mathsf{T}$$

mit einer kleinen Rechnung wie folgt schreiben:

$$\begin{aligned} \text{(I)} \quad & \partial_x L(x, y, z, \lambda_1, \lambda_2) = 2(1 + \lambda_1)x + \lambda_2 = 0, \\ \text{(II)} \quad & \partial_y L(x, y, z, \lambda_1, \lambda_2) = 2(1 + \lambda_1)y + \lambda_2 = 0, \\ \text{(III)} \quad & \partial_z L(x, y, z, \lambda_1, \lambda_2) = 2z + \lambda_2 = 0, \\ \text{(IV)} \quad & \partial_{\lambda_1} L(x, y, z, \lambda_1, \lambda_2) = x^2 + y^2 - 1 = 0, \\ \text{(V)} \quad & \partial_{\lambda_2} L(x, y, z, \lambda_1, \lambda_2) = x + y + z - 1 = 0. \end{aligned}$$

Zur weiteren Berechnung machen wir folgende Fallunterscheidung:

(α)   Es gilt $\lambda_1 = -1$. In diesem Fall erhalten wir aus den Gleichungen (I) oder (II) gerade $\lambda_2 = 0$ und somit $z = 0$ (dritte Gleichung verwenden). Aus der letzten Gleichung folgt damit $x = 1 - y$, womit $x^2 + y^2 - 1 = (1-y)^2 + y^2 - 1 = 0$, also $2y(y-1) = 0$ folgt. Dies ergibt also $y = 0$ oder $y = 1$, womit wir insgesamt die beiden kritischen Stellen $p^1 = (1, 0, 0)^\mathsf{T}$ und $p^2 = (0, 1, 0)^\mathsf{T}$ erhalten.

(β)   Es gilt $\lambda_1 \neq -1$. Setzen wir nun die Gleichungen (I) und (II) gleich, so erhalten wir $2(1 + \lambda_1)(x - y) = 0$ und können direkt $x = y$ ablesen, da der erste Faktor $2(1 + \lambda_1)$ von Null verschieden ist. Einsetzen in die vierte Gleichung liefert $x^2 + y^2 - 1 = 2x^2 - 1 = 0$, also $x = \pm 1/\sqrt{2}$ und somit $y = \pm 1/\sqrt{2}$. Mit Hilfe von Gleichung (V) erhalten wir schließlich $z = 1 \mp \sqrt{2}$. Die kritischen Stellen lauten in diesem Fall also gerade $p^3 = (-1/\sqrt{2}, -1/\sqrt{2}, 1+\sqrt{2})^\mathsf{T}$ und $p^4 = (1/\sqrt{2}, 1/\sqrt{2}, 1-\sqrt{2})^\mathsf{T}$. Indem wir nun ähnlich wie in den Aufgaben 162 und 163 die geränderte Hesse-Matrix bestimmen und die vier kritischen Stellen einsetzen, sehen wir, dass es sich bei p^1 und p^2 um Minima und bei p^3 und p^4 um Maxima der Funktion f unter der Nebenbedingung N handelt. Alternativ kann man aber auch die Funktionswerte $f(p_1^j, p_2^j, p_3^j)$ für $j \in \{1, \ldots, 4\}$ bestimmen und so entscheiden, an welcher Stelle ein Minimum beziehungsweise Maximum vorliegt.

Lösung Aufgabe 167

(a) Die Jakobi-Matrix der Funktion $f : \mathbb{R}^3 \to \mathbb{R}^2$ ist für $(x, y, z)^\mathsf{T} \in \mathbb{R}^3$ durch

$$J_f(x, y, z) = \begin{pmatrix} \partial_x f_1(x, y, z) & \partial_y f_1(x, y, z) & \partial_z f_1(x, y, z) \\ \partial_x f_2(x, y, z) & \partial_y f_2(x, y, z) & \partial_z f_2(x, y, z) \end{pmatrix}$$

$$= \begin{pmatrix} 2x & 1 & \cos(z) \\ 1 & 2y - \cos(z) & y\sin(z) \end{pmatrix}$$

gegeben.

(b) Da wir die Auflösbarkeit des Gleichungssystem $(x, y, z)^\mathsf{T} \in \mathbb{R}^3 : f(x, y, z) = (0, 0)^\mathsf{T}$ bezüglich der x-Variablen untersuchen wollen, setzen wir im Hinblick auf den Satz von der impliziten Funktion $d = 1, k = 2, a = 0$ und $(b_1, b_2)^\mathsf{T} = (0, 0)^\mathsf{T}$ (vgl. den Lösungshinweis zu dieser Aufgabe). Dann gilt $f(a, b_1, b_2) = (0, 0)^\mathsf{T}$ und wegen

$$\det(D_2 f(a, b_1, b_2)) = \det\begin{pmatrix} 1 & \cos(b_2) \\ -2b_1 - \cos(b_2) & b_1\sin(b_2) \end{pmatrix} = \det\begin{pmatrix} -1 & 1 \\ -1 & 0 \end{pmatrix} = 1$$

ist die quadratische Matrix $D_2 f(a, b_1, b_2)$ invertierbar. Somit existieren Umgebungen $U' \subseteq \mathbb{R}$ und $V' \subseteq \mathbb{R}^2$ von a beziehungsweise b sowie eine stetig differenzierbare Funktion $g : U' \to V'$ mit $f(x, g_1(x), g_2(x)) = (0, 0)^\mathsf{T}$ für alle

$x \in U'$ gilt (Satz von der impliziten Funktion). Zudem folgt

$$g'(0) = \left(g_1'(0)'(0)\right) = -\left(D_2 f(0,0,0)\right)^{-1} D_1 f(0,0,0) = -\begin{pmatrix} 1 & 1 \\ -1 & 0 \end{pmatrix}^{-1} \begin{pmatrix} 0 \\ 1 \end{pmatrix} = \begin{pmatrix} 1 \\ -1 \end{pmatrix}.$$

Setzt man nun formal $y = g_1$ und $z = g_2$, so erhalten wir insgesamt $y'(0) = 1$ und $z'(0) = -1$.

Anmerkung Für jede invertierbare Matrix $A \in \mathbb{R}^{2 \times 2}$ mit $A = \left(\begin{smallmatrix} a & b \\ c & d \end{smallmatrix}\right)$ gilt folgende nützliche Rechenregel für die Inverse A^{-1}:

$$A^{-1} = \begin{pmatrix} a & b \\ c & d \end{pmatrix}^{-1} = \frac{1}{\det(A)} \begin{pmatrix} d & -b \\ -c & a \end{pmatrix} = \frac{1}{ad - bc} \begin{pmatrix} d & -b \\ -c & a \end{pmatrix}.$$

Lösung Aufgabe 168 Wir werden ähnlich wie in Lösung der Aufgabe 167 vorgehen. Dazu definieren wir die Funktion $f : \mathbb{R}^3 \to \mathbb{R}^2$ durch

$$f(x, y, z) = \left(2\cos(xyz) + yz - x - 1, (xyz)^2 + z - 1\right)^{\mathsf{T}}.$$

Diese ist offensichtlich stetig differenzierbar. Setzen wir weiter $a = 1$ und $b = (b_1, b_2)^{\mathsf{T}} = (0, 1)^{\mathsf{T}}$, so gilt natürlich $f(a, b_1, b_2) = f(1, 0, 1) = (0, 0)^{\mathsf{T}}$. Mit einer kleinen Rechnung folgen weiter für alle $(x, y, z)^{\mathsf{T}} \in \mathbb{R}^3$ gerade

$$D_1 f(x, y, z) = \begin{pmatrix} -2yz\sin(xyz) - 1 \\ 2xy^2 z^2 \end{pmatrix}$$

und

$$D_2 f(x, y, z) = \begin{pmatrix} z - 2xz\sin(xyz) & y - 2xy\sin(xyz) \\ 2x^2 yz^2 & 2x^2 y^2 z + 1 \end{pmatrix}.$$

Weiter gilt $D_2 f(1, 0, 1) = E_{2 \times 2}$ (Einheitsmatrix im $\mathbb{R}^{2 \times 2}$), das heißt, die quadratische Matrix ist invertierbar und gemäß dem Satz über die implizite Funktionen gibt es Umgebungen von a und b, in denen sich das Gleichungssystem in Abhängigkeit von y und z eindeutig nach x auflösen lässt. Die Auflösungsfunktion $g : \mathbb{R} \to \mathbb{R}^2$ mit $g(x) = (g_1(x), g_2(x))^{\mathsf{T}} = (y(x), z(x))^{\mathsf{T}}$ ist zudem stetig differenzierbar und es gilt wegen $D_1 f(1, 0, 1) = (-1, 0)^{\mathsf{T}}$

$$g'(0) = \begin{pmatrix} y'(0) \\ z'(0) \end{pmatrix} = -\left(D_2 f(1, 0, 1)\right)^{-1} D_1 f(1, 0, 1) = -\begin{pmatrix} 1 & 0 \\ 0 & 1 \end{pmatrix}^{-1} \begin{pmatrix} -1 \\ 0 \end{pmatrix} = \begin{pmatrix} 1 \\ 0 \end{pmatrix},$$

also $y'(0) = 1$ und $z'(0) = 0$.

Lösung Aufgabe 169 Um den Satz von der impliziten Funktion anwenden zu können, definieren wir zunächst die stetig differenzierbare Funktion $f : \mathbb{R}^3 \to \mathbb{R}^2$ mit

$$f(x, y, z) = \begin{pmatrix} x + 2y^2 + 3z^3 \\ e^x + e^{2y} + e^{3z} - 3 \end{pmatrix}.$$

Dann gilt $f(0, 0, 0) = (0, 0)^\mathsf{T}$ und für alle $(x, y, z)^\mathsf{T} \in \mathbb{R}^3$ folgen weiter mit einer kleinen Rechnung

$$D_1 f(x, y, z) = \begin{pmatrix} 9z^2 \\ 3e^{3z} \end{pmatrix} \quad \text{und} \quad D_2 f(x, y, z) = \begin{pmatrix} 1 & 4y \\ e^x & 2e^y \end{pmatrix}.$$

Da die Determinante der Matrix $D_2 f(0, 0, 0)$ von Null verschieden ist, ist diese offensichtlich invertierbar und der Satz von der impliziten Funktion liefert wie gewünscht, dass sich das Gleichungssystem lokal eindeutig nach x und y als Funktionen in z auflösen lässt. Die Ableitungen lassen sich wie folgt bestimmen:

$$\begin{pmatrix} x'(0) \\ y'(0) \end{pmatrix} = -(D_2 f(0, 0, 0))^{-1} D_1 f(0, 0, 0) = -\begin{pmatrix} 1 & 0 \\ 1 & 2 \end{pmatrix}^{-1} \begin{pmatrix} 0 \\ 3 \end{pmatrix} = -\begin{pmatrix} 0 \\ 3/2 \end{pmatrix}.$$

Lösung Aufgabe 170 Sei $A \subseteq G$ eine beliebige offene Teilmenge. Um zu beweisen, dass die Abbildung $f : G \to \mathbb{R}^d$ offen ist, müssen wir zeigen, dass das Bild $f(A)$ ebenfalls in $\mathbb{R}^d$ offen ist. Wir definieren dazu die stetig differenzierbare Funktion

$$F : G \times \mathbb{R}^d \to \mathbb{R}^d \quad \text{mit} \quad F(x, y) = f(x) - y.$$

Sei weiter $x_0 \in A$ beliebig gewählt und $y_0 = f(x_0)$. Offensichtlich gelten dann $F(x_0, y_0) = \mathbf{0}$ und $D_2 F(x, y) = J_f(x)$ für alle $(x, y)^\mathsf{T} \in G \times \mathbb{R}^d$. Da die Jacobi-Matrix J_f von f aber nach Voraussetzung in jedem Punkt aus G invertierbar ist, existieren somit wegen dem Satz über implizite Funktionen (offene) Umgebungen $U(x_0) \subseteq G$ und $V(y_0) \subseteq \mathbb{R}^d$ von x_0 beziehungsweise y_0 mit $f(U(x_0)) = V(y_0)$. Damit folgt weiter

$$f(A) = \big\{ f(x) \in \mathbb{R}^d \mid x \in A \big\} = \bigcup_{x \in A} V(x),$$

womit die Menge $f(A)$ als Vereinigung der offenen Mengen $V(x) \subseteq \mathbb{R}^d$, $x \in A$, wie behauptet offen ist. Wir haben somit gezeigt, dass f eine offene Abbildung ist.

Lösung Aufgabe 171 Die Aussage in der Aufgabe folgt direkt aus dem Satz über implizite Funktionen. Dazu müssen wir lediglich bemerken, dass die Funktion $f : \mathbb{R}^4 \to \mathbb{R}$ mit $f(x, a_0, a_1, a_2) = x^3 + a_2 x^2 + a_1 x + a_0$ stetig differenzierbar ist und $f(2, -2, 5, -4) = 0$ erfüllt. Weiter gilt für alle $(x, a_0, a_1, a_2)^\mathsf{T} \in \mathbb{R}^4$ gerade $D_2 f(x, a_0, a_1, a_2) = 3x^2 + 2a_2 x + a_1$. Wegen $D_2 f(2, -2, 5, -4) = 1$ ist die Ableitung (Ableitungsmatrix) invertierbar. Hier ist zu beachten, dass $x = 2$ eine einfache

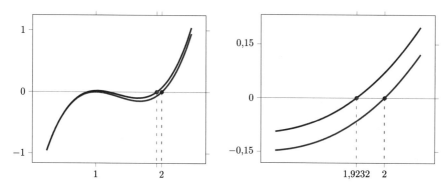

Abb. 24.2 Darstellung der Nullstellen der Polynome $P, \tilde{P} : \mathbb{R} \to \mathbb{R}$ mit $P(x) = x^3 - 4x^2 + 5x - 2$ (rot) und $\tilde{P}(x) = x^3 - 3{,}99x^2 + 5{,}02x - 2{,}01$ (blau)

Nullstelle der Funktion $\mathbb{R} \to \mathbb{R}$, $x \mapsto x^3 + a_2 x^2 + a_1 x + a_0$ ist. Somit gibt es eine Umgebung des Punktes $(x, a)^\mathsf{T} = (x, a_0, a_1, a_2)^\mathsf{T} = (2, -2, 5, -4)^\mathsf{T}$ und eine stetig differenzierbare Auflösungsfunktion g derart, dass $x = 2$ genau dann eine Nullstelle des Polynoms $\mathbb{R} \to \mathbb{R}$, $x \mapsto x^3 + a_2 x^2 + a_1 x + a_0$ ist, wenn $x = g(a)$ gilt. Man kann sich damit also g als eine lokale Lösungsformel vorstellen, die den Koeffizienten eine eindeutige Nullstelle zuordnet. Da $\tilde{a} = (\tilde{a}_0, \tilde{a}_1, \tilde{a}_2)^\mathsf{T} = (-2{,}01; 5{,}02; -3{,}99)^\mathsf{T}$ nahe bei $a = (a_0, a_1, a_2)^\mathsf{T} = (-2, 5, -4)^\mathsf{T}$ liegt – damit ist gemeint, dass der Euklidische Abstand $\|a - \tilde{a}\|_2$ klein ist – wissen wir somit bereits, dass das Polynom $\tilde{P} : \mathbb{R} \to \mathbb{R}$ mit $\tilde{P}(x) = x^3 - 3{,}99x^2 + 5{,}02x - 2{,}01$ in der Nähe von $x = 2$ eine Nullstelle besitzt. In der Tat, die Nullstelle $\tilde{x} \in [7/4, 9/4]$ liegt bei $\tilde{x} \approx 1{,}9232$ (vgl. auch Abb. 24.2).

Anmerkung Die obigen Überlegungen zeigen, dass die einfachen Nullstellen eines Polynoms lokal (beliebig oft) differenzierbar von den Koeffizienten abhängen.

Lösungen Kurventheorie

25

Lösung Aufgabe 172 Die Abbildung $\gamma : [0, 2\pi] \to \mathbb{R}^2$ ist ein stetig differenzierbarer Weg, da die beiden Komponenten $\gamma_1, \gamma_2 : [0, 2\pi] \to \mathbb{R}$ mit $\gamma_1(t) = r \cos(t)$ und $\gamma_2(t) = r \sin(t)$ für jedes $r > 0$ stetig differenzierbar sind. Der Weg ist zudem geschlossen, da für den Anfangs- und Endpunkt wegen der Periodizität der Sinus- und Kosinusfunktion $\gamma(0) = (r, 0)^\mathsf{T} = \gamma(2\pi)$ folgt. Des Weiteren ist der Weg γ regulär, denn es gilt

$$\dot{\gamma}(t) = (\dot{\gamma}_1(t), \dot{\gamma}_2(t))^\mathsf{T} = (-r \sin(t), r \cos(t))^\mathsf{T} \neq (0, 0)^\mathsf{T}$$

und somit $\|\dot{\gamma}(t)\|_2 > 0$ (Euklidische Norm) für alle $t \in [0, 2\pi]$.

Lösung Aufgabe 173

(α)   Bei dem Bild von $\gamma_1 : [0, 2\pi] \to \mathbb{R}^2$ mit $\gamma_1(t) = (\cos^3(t), \sin^3(t))^\mathsf{T}$ handelt es sich um die Asteroide aus Abbildung 7.1 (b), denn wegen

$$\|\dot{\gamma}(t)\|_2^2 = 9 \sin^2(t) \cos^4(t) + 9 \sin^4(t) \cos^2(t)$$
$$= 9 \sin^2(t) \cos^2(t)(\sin^2(t) + \cos^2(t)) = 9 \sin^2(t) \cos^2(t)$$

für $t \in [0, 2\pi]$ ist der Weg nicht regulär, da für $t = 0$ beispielsweise $\|\dot{\gamma}(0)\|_2 = 0$ gilt. Dass die Kurve $\gamma_1([0, 2\pi])$ nicht regulär ist, kann man an den vier Sternspitzen erkennen.

(β)   Der Weg γ_2 lässt sich für $t \in [0, 2\pi]$ schreiben als $\gamma_2(t) = (1, 1)^\mathsf{T} + (2/3 \cos(t), \sin(t))^\mathsf{T}$. Das Bild dieses Weges ist also gerade eine (gestauchte) Ellipse mit Mittelpunkt $(1, 1)^\mathsf{T}$ (vgl. Abb. 7.1 (f)).

© Der/die Autor(en), exklusiv lizenziert an Springer-Verlag GmbH, DE, ein Teil von Springer Nature 2022
N. Hebestreit, *Übungsbuch Analysis II*, https://doi.org/10.1007/978-3-662-65832-1_25

(γ)   Das Bild des Weges $\gamma_3 : [0, 2\pi] \to \mathbb{R}^2$ mit $\gamma_3(t) = (t\cos(t), \sin(t))^\mathsf{T} = t(\cos(t), \sin(t))^\mathsf{T}$ ist die Spirale aus Abbildung 7.1 (c). Das lässt sich beispielsweise daran erkennen, dass γ_3 offensichtlich der einzige Weg ist, der nicht geschlossen ist.

(δ)   Das Bild von γ_4 ist in Abbildung 7.1 (e) dargestellt.

(ε)   Schreiben wir $(3 + \cos(t), 2 + \sin(t))^\mathsf{T} = (3, 2)^\mathsf{T} + (\cos(t), \sin(t))^\mathsf{T}$ für $t \in [0, 2\pi]$, so erkennen wir direkt, dass es sich bei $\gamma_5([0, 2\pi])$ um einen Kreis mit Mittelpunkt $(3, 2)^\mathsf{T}$ und Radius 1 handelt, der in Abbildung 7.1 (a) dargestellt ist.

(ζ)   Der Weg $\gamma_6 : [0, 2\pi] \to \mathbb{R}^2$ mit $\gamma_6(t) = (\cos(t)\cos(2t), \sin(t)\cos(2t))^\mathsf{T}$ durchläuft den Nullpunkt $(0, 0)^\mathsf{T}$ offensichtlich mehrfach. Damit kann es sich bei dem Bild von γ_6 lediglich um die Epizykloide aus Abbildung 7.1 (d) handeln.

Lösung Aufgabe 174   Zur Übersicht unterteilen wir die Lösung in zwei Teile:

(a) Die Kurve γ ist für $t \in [-\pi/2, \pi/2]$ in der folgenden Abbildung dargestellt (vgl. Abb. 25.1).

(b) Die Kurve $\gamma : \mathbb{R} \to \mathbb{R}^2$ mit $\gamma(t) = (\sqrt{2}(t^2 - 1), t^3 - t)^\mathsf{T}$ besitzt in $(0, 0)^\mathsf{T}$ einen Doppelpunkt, da dieser sowohl für $t = -1$ als auch für $t = 1$ durchlaufen wird. Es gilt nämlich $\gamma(-1) = (0, 0)^\mathsf{T} = \gamma(1)$. Weiter ist γ offensichtlich differenzierbar mit $\dot{\gamma}(t) = (2\sqrt{2}t, 3t^2 - 1)^\mathsf{T}$ für $t \in \mathbb{R}$. Wegen $\dot{\gamma}(-1) = (-2\sqrt{2}, 2)^\mathsf{T}$ und $\dot{\gamma}(1) = (2\sqrt{2}, 2)^\mathsf{T}$ folgt für den Schnittwinkel $\alpha \in [0, \pi]$ gerade

$$\cos(\alpha) = \frac{\langle \dot{\gamma}(-1), \dot{\gamma}(1) \rangle}{\|\dot{\gamma}(-1)\|_2 \|\dot{\gamma}(-1)\|_2} = \frac{-8 + 4}{\sqrt{8 + 4}\sqrt{8 + 4}} = -\frac{1}{3}$$

und somit $\alpha = \arccos(-1/3)$, was einem Schnittwinkel von circa $109{,}5°$ entspricht.

Lösung Aufgabe 175

(a) Bekanntlich ist die Kreiskurve $\gamma_1 : [0, 2\pi] \to \mathbb{R}^2$ stetig differenzierbar mit $\dot{\gamma}_1(t) = (-r\sin(t), r\cos(t))^\mathsf{T}$ für $t \in [0, 2\pi]$. Somit folgt mit der Formel für die Bogenlänge gerade

$$L(\gamma_1) = \int_0^{2\pi} \|\dot{\gamma}_1(t)\|_2 \, dt = \int_0^{2\pi} \sqrt{r^2 \sin^2(t) + r^2 \cos^2(t)} \, dt = r\int_0^{2\pi} 1 \, dt = 2\pi r,$$

wobei wir die trigonometrische Identität $\sin^2(t) + \cos^2(t) = 1$ für $t \in \mathbb{R}$ verwendet haben. Das Ergebnis ist natürlich nicht weiter überraschend, da $\gamma_1([0, 2\pi])$ einem Kreis mit Radius $r > 0$ ist und $L(\gamma_1)$ gerade dem Umfang entspricht.

(b) Auch $\gamma_2 : [-b, b] \to \mathbb{R}^2$ ist stetig differenzierbar und es gilt wegen $\cosh'(t) = \sinh(t)$ für $t \in \mathbb{R}$ gerade $\dot{\gamma}_2(t) = (1, \sinh(t/a))^\mathsf{T}$ für jedes $t \in [-b, b]$ (Kettenregel beachten). Somit folgt

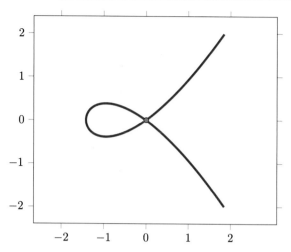

Abb. 25.1 Darstellung der Kurve $\gamma(t) = (\sqrt{2}(t^2 - 1), t^3 - t)^{\mathsf{T}}$ für $t \in [-\pi/2, \pi/2]$ (rot) mit Doppelpunkt (grau)

$$L(\gamma_2) = \int_{-b}^{b} \|\dot{\gamma}_2(t)\|_2 \, dt = \int_{-b}^{b} \sqrt{1 + \sinh^2\left(\frac{t}{a}\right)} \, dt = \int_{-b}^{b} \cosh\left(\frac{t}{a}\right) \, dt,$$

wobei wir diesmal die Identität $\cosh^2(t) - \sinh^2(t) = 1$ für $t \in \mathbb{R}$ verwendet haben. Mit der Substitution $y(t) = t/a$ für $t \in [-b, b]$ und $dy = 1/a \, dt$ folgt also

$$\int_{-b}^{b} \cosh\left(\frac{t}{a}\right) \, dt = a \int_{-\frac{b}{a}}^{\frac{b}{a}} \cosh(y) \, dy = a \sinh(y) \Big|_{-\frac{b}{a}}^{\frac{b}{a}} = 2a \sinh\left(\frac{b}{a}\right)$$

und daher $L(\gamma_2) = 2a \sinh(b/a)$.

(c) Die Ableitung der Zykloide $\gamma_3 : [0, 2\pi] \to \mathbb{R}^2$ lautet $\dot{\gamma}_3(t) = (r(1 - \cos(t)), r \sin(t))^{\mathsf{T}}$ für $t \in [0, 2\pi]$, sodass wir mit der Formel für die Bogenlänge

$$L(\gamma_3) = \int_{0}^{2\pi} \|\dot{\gamma}_3(t)\|_2 \, dt$$

$$= \int_{0}^{2\pi} \sqrt{r^2(1 - \cos(t))^2 + r^2 \sin^2(t)} \, dt$$

$$= r \int_{0}^{2\pi} \sqrt{(1 - \cos(t))^2 + \sin^2(t)} \, dt$$

$$= r \int_{0}^{2\pi} \sqrt{1 - 2\cos(t) + \sin^2(t) + \cos^2(t)} \, dt$$

$$= r \int_{0}^{2\pi} \sqrt{2 - 2\cos(t)} \, dt$$

erhalten, wobei wir im letzten Schritt erneut die trigonometrische Identität $\sin^2(t) + \cos^2(t) = 1$ für $t \in \mathbb{R}$ genutzt haben. Das Integral auf der rechten Seite können wir mit der Identität $1 - \cos(t) = 2\sin^2(t/2)$ für $t \in \mathbb{R}$ (Halbwinkelformel für den Sinus) umschreiben, sodass wir

$$r \int_0^{2\pi} \sqrt{2 - 2\cos(t)}\, dt = \sqrt{2}\, r \int_0^{2\pi} \sqrt{1 - \cos(t)}\, dt$$

$$= 2r \int_0^{2\pi} \sin\left(\frac{t}{2}\right) dt = 4r \int_0^{\pi} \sin(t)\, dt = 8r$$

und somit $L(\gamma_3) = 8r$ erhalten. Im vorletzten Schritt haben wir das Argument des Sinus substituiert.

Lösung Aufgabe 176 Eine Kurve $\gamma : [a, b] \to \mathbb{R}^d$ heißt rektifizierbar, falls sie endliche Länge besitzt. Wir müssen also gerade

$$L(\gamma) = \sup\left\{ \sum_{j=1}^n \|\gamma(t_j) - \gamma(t_{j-1})\|_2 \mid n \in \mathbb{N},\ a \le t_0 < t_1 < \ldots < t_{n-1} < t_n \le b \right\} < +\infty$$

beweisen. Da γ nach Voraussetzung Lipschitz-stetig (!) mit Lipschitz-Konstanten $\tau > 0$ ist, folgt

$$\sum_{j=1}^n \|\gamma(t_j) - \gamma(t_{j-1})\|_2 \overset{(!)}{\le} \tau \sum_{j=1}^n |t_j - t_{j-1}| \le \tau(b - a)$$

für alle $n \in \mathbb{N}$ und $a \le t_0 < t_1 < \ldots < t_{n-1} < t_n \le b$. Damit ist insbesondere auch das Supremum über alle möglichen Zerlegungen des Intervalls $[a, b]$ durch $\tau(b - a)$ beschränkt, das heißt, es gilt wie behauptet

$$L(\gamma) \le \tau(b - a) < +\infty.$$

Lösung Aufgabe 177 Sei $n \in \mathbb{N}$ beliebig gewählt. Wir betrachten die Zerlegung

$$\mathcal{Z}_n = \left\{ x_j \in [0, 1] \mid j \in \{1, \ldots, n\} \right\} \cup \{0\}$$

des Intervalls $[0, 1]$, wobei wir $x_j = 1/j$ für $j \in \{1, \ldots, n\}$ definieren. Führen wir zusätzlich $x_{n+1} = 0$ ein, so folgt

$$L(\gamma) \ge \sum_{j=2}^{n+1} \|\gamma(x_j) - \gamma(x_{j-1})\|_2 \ge \sum_{j=2}^{n+1} |\gamma_2(x_j) - \gamma_2(x_{j-1})|,$$

wobei γ_2 die zweite Komponente der Kurve bezeichnet. Da $\cos(n\pi) = 1$ für gerades $n \in \mathbb{N}$ und $\cos(n\pi) = -1$ für ungerades $n \in \mathbb{N}$ gilt, erhalten wir wegen $\gamma_2(t) = t\cos(\pi/t)$ für $t \in (0, 1]$ und $\gamma_2(0) = 0$

$$\sum_{j=2}^{n+1} |\gamma_2(x_j) - \gamma_2(x_{j-1})| = \sum_{j=2}^{n+1} \left(\frac{1}{j} + \frac{1}{j-1} \right) \geq \sum_{j=1}^{n+1} \frac{1}{j}$$

und somit

$$L(\gamma) \geq \sum_{j=1}^{n+1} \frac{1}{j}$$

für alle $n \in \mathbb{N}$. Da die Reihe $\sum_{j=1}^{+\infty} 1/j$ aber bekanntlich divergiert, können wir direkt anhand der letzten Ungleichung ablesen, dass die Kurve nicht rektifizierbar ist, da die rechte Seite der Ungleichung beliebig groß wird, wenn wir zum Grenzwert $n \to +\infty$ übergehen.

Lösung Aufgabe 178 Zur Übersicht unterteilen wir die Lösung dieser Aufgabe in zwei Teile:

(a) Wir definieren zunächst den stetig differenzierbaren Weg $\gamma : [a, b] \to \mathbb{R}^2$ durch

$$\gamma(t) = (\gamma_1(t), \gamma_2(t))^\mathsf{T} = (t, f(t))^\mathsf{T}.$$

Damit entspricht die Länge des Funktionsgraphen von f zwischen den beiden Punkten $(a, f(a))^\mathsf{T}$ und $(b, f(b))^\mathsf{T}$ gerade der Länge der Kurve $\Gamma = \gamma([a, b])$. Wegen $\dot{\gamma}(t) = (1, f'(t))^\mathsf{T}$ für $t \in (a, b)$ folgt somit wie gewünscht mit dem Satz über die Länge einer Kurve

$$L(a, b) = L(\gamma) = \int_a^b \|\dot{\gamma}(t)\|_2 \, dt = \int_a^b \sqrt{(\dot{\gamma_1}(t))^2 + (\dot{\gamma_2}(t))^2} \, dt = \int_a^b \sqrt{1 + (f'(t))^2} \, dt.$$

(b) Der Umfang eines Kreises mit Radius $r > 0$ ist von der Lage des Mittelpunktes unabhängig, sodass wir ohne Einschränkung annehmen können, dass der Kreis den Mittelpunkt $(0, 0)^\mathsf{T}$ besitzt. Wir untersuchen daher die stetig differenzierbare Funktion $f : [-r, r] \to \mathbb{R}$ mit $f(t) = \sqrt{r^2 - t^2}$ sowie den stetig differenzierbaren Weg $\gamma : [0, 2\pi] \to \mathbb{R}$ mit

$$\gamma(t) = (\gamma_1(t), \gamma_2(t))^\mathsf{T} = (t, f(t))^\mathsf{T} = (t, \sqrt{r^2 - t^2})^\mathsf{T}.$$

Dabei ist zu bemerken, dass $\gamma([-r, r])$ lediglich einen Halbkreis mit Radius r darstellt – wir werden daher unser Ergebnis zum Schluss verdoppeln müssen.

Dann gilt mit der Formel aus Teil (a) dieser Aufgabe gerade

$$L(\gamma) = \int_{-r}^{r} \sqrt{1 + (f'(t))^2}\, dt = \int_{-r}^{r} \sqrt{1 + \frac{t^2}{r^2 - t^2}}\, dt$$

$$= \int_{-r}^{r} \sqrt{\frac{r^2 - t^2 + t^2}{r^2 - t^2}}\, dt = r \int_{-r}^{r} \frac{1}{\sqrt{r^2 - t^2}}\, dt.$$

Für das Integral auf der rechten Seite folgt schließlich mit der Substitution $y(t) = t/r$ für $t \in [-r, r]$ und $dy = 1/r\, dt$ gerade

$$r \int_{-r}^{r} \frac{1}{\sqrt{r^2 - t^2}}\, dt = \int_{-r}^{r} \frac{1}{\sqrt{1 - (t/r)^2}}\, dt = r \int_{-1}^{1} \frac{1}{\sqrt{1 - y^2}}\, dy$$

und somit

$$L(\gamma) = r \int_{-1}^{1} \frac{1}{\sqrt{1 - y^2}}\, dy = r \arcsin(y) \Big|_{-1}^{1} = r(\arcsin(1) - \arcsin(-1)) = \pi r.$$

Die Länge der Kurve $\gamma([0, 2\pi])$ beträgt somit πr, womit wir bewiesen haben, dass der Umfang eines Kreises mit Radius r gerade $2\pi r$ beträgt.

Lösung Aufgabe 179 Sei $\gamma : [a, b] \to \mathbb{R}^2$ eine reguläre Kurve. Wir definieren die sogenannte Bogenlängenfunktion $s : [a, b] \to \mathbb{R}$ durch

$$s(t) = L(\gamma|_{[a,t]}) = \int_{a}^{t} \|\dot{\gamma}(t)\|_2\, dt,$$

die monoton wachsend sowie stetig differenzierbar und somit invertierbar ist. Insbesondere ist $s : [a, b] \to J$ ein Diffeomorphismus, wobei die Bildmenge $J = \gamma([a, b])$ wegen den Aufgaben 77 und 93 kompakt ist. Führen wir also die Umparametrisierung $\varphi : J \to [a, b]$ mit $\varphi(t) = s^{-1}(t)$ ein, so folgt wegen $\dot{s}(t) = \|\dot{\gamma}(t)\|_2$ (Hauptsatz der Differential- und Integralrechnung verwenden) wie gewünscht mit der Kettenregel

$$\|(\gamma \circ \varphi)'\|_2 = \|(\dot{\gamma} \circ \varphi)\dot{\varphi}\|_2 = \left\| \frac{\dot{\gamma} \circ \varphi}{\dot{s} \circ \varphi} \right\|_2 = \left\| \frac{\dot{\gamma} \circ \varphi}{\|\dot{\gamma} \circ \varphi\|_2} \right\|_2 = \frac{\|\dot{\gamma} \circ \varphi\|_2}{\|\dot{\gamma} \circ \varphi\|_2} = 1,$$

womit wir die behauptete Aussage bewiesen haben.

Lösung Aufgabe 180

(a) Wir betrachten die Funktion $f : \mathbb{R}^2 \to \mathbb{R}$ mit $f(x_1, x_2) = x_1 x_2$ sowie den stetig differenzierbaren Weg $\gamma : [0, 1] \to \mathbb{R}^2$ mit $\gamma(t) = (t, t^2)^\mathsf{T}$. Wegen $\dot\gamma(t) = (1, 2t)^\mathsf{T}$ und

$$\|\dot\gamma(t)\|_2 = \sqrt{\dot\gamma_1(t) + \dot\gamma_2(t)} = \sqrt{1 + 4t^2}$$

für $t \in [0, 1]$ gilt somit

$$\int_\gamma f \, \mathrm{d}s = \int_0^1 f(\gamma(t)) \|\dot\gamma(t)\|_2 \, \mathrm{d}t = \int_0^1 t^3 \sqrt{1 + 4t^2} \, \mathrm{d}t.$$

Zur Berechnung des Integrals auf der rechten Seite substituieren wir nun $y(t) = 1 + 4t^2$ für $t \in [0, 1]$ mit $\mathrm{d}y = 8t \, \mathrm{d}t$ und erhalten wegen $t^3 = t(y - 1)/4$

$$\int_0^1 t^3 \sqrt{1 + 4t^2} \, \mathrm{d}t = \frac{1}{32} \int_1^5 \sqrt{y^3} - \sqrt{y} \, \mathrm{d}y = \frac{1}{16} \left(\frac{\sqrt{y^5}}{5} - \frac{\sqrt{y^3}}{3} \right) \Big|_1^5 = \frac{1 + 25\sqrt{5}}{120}$$

und damit insgesamt

$$\int_\gamma f \, \mathrm{d}s = \frac{1 + 25\sqrt{5}}{120} \approx 0{,}47418.$$

(b) Zunächst müssen wir den Weg $\gamma : [0, 1] \to \mathbb{R}^2$ bestimmen, der den Rand des Rechtecks mit den gegenüberliegenden Eckpunkten $(0, 0)^\mathsf{T}$ und $(3, 2)^\mathsf{T}$ beschreibt. Das Rechteck besitzt also die Eckpunkte $(0, 0)^\mathsf{T}$, $(3, 0)^\mathsf{T}$, $(3, 2)^\mathsf{T}$ und $(0, 2)^\mathsf{T}$. Wir bemerken dazu zunächst, dass sich γ in die vier (disjunkten) Teilwege $\gamma_1, \ldots, \gamma_4 : [0, 1] \to \mathbb{R}^2$ zerlegen lässt, die jeweils zwei der insgesamt vier Eckpunkte des Rechtecks durch eine Gerade verbinden (vgl. Abb. 25.2). Die vier Wege, die jeweils lediglich eine Konvexkombination von zwei Punkten sind, lassen sich für jedes $t \in [0, 1]$ wie folgt angeben:

$$\gamma_1(t) = t(0, 0)^\mathsf{T} + (1 - t)(3, 0)^\mathsf{T} = (3(1 - t), 0)^\mathsf{T},$$
$$\gamma_2(t) = t(3, 0)^\mathsf{T} + (1 - t)(3, 2)^\mathsf{T} = (3, 2(1 - t))^\mathsf{T},$$
$$\gamma_3(t) = t(3, 2)^\mathsf{T} + (1 - t)(0, 2)^\mathsf{T} = (3t, 2)^\mathsf{T},$$
$$\gamma_4(t) = t(0, 2)^\mathsf{T} + (1 - t)(0, 0)^\mathsf{T} = (0, 2t)^\mathsf{T}.$$

Wir erhalten somit wegen $\gamma = \gamma_1 \oplus \ldots \oplus \gamma_4$ sowie $\|\dot\gamma_1(t)\|_2 = 3(1-t)$, $\|\dot\gamma_2(t)\|_2 = \sqrt{9 + 4(1 - t)^2}$, $\|\dot\gamma_3(t)\|_2 = \sqrt{4 + 9t^2}$ und $\|\dot\gamma_4(t)\|_2 = 2t$ für $t \in [0, 1]$ gerade

$$\int_\gamma f \, \mathrm{d}s = \int_{\gamma_1} f \, \mathrm{d}s + \int_{\gamma_2} f \, \mathrm{d}s + \int_{\gamma_3} f \, \mathrm{d}s + \int_{\gamma_4} f \, \mathrm{d}s$$
$$= 3 \int_0^1 1 - t \, \mathrm{d}t + \int_0^1 \sqrt{9 + 4(1 - t)^2} \, \mathrm{d}t + \int_0^1 \sqrt{4 + 9t^2} \, \mathrm{d}t + 2 \int_0^1 t \, \mathrm{d}t$$
$$\approx 8{,}3086,$$

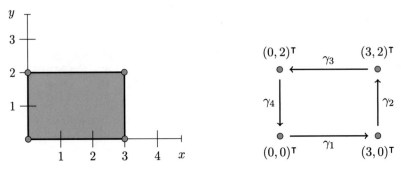

Abb. 25.2 Darstellung des Rechtecks und der vier Randkurven $\gamma_1, \ldots, \gamma_4 : [0, 1] \to \mathbb{R}^2$

wobei wir jeweils die übliche Definition

$$\int_{\gamma_j} f \, ds = \int_0^1 f(\gamma_j(t)) \|\dot{\gamma}_j(t)\|_2 \, dt$$

für $j \in \{1, \ldots, 4\}$ verwendet haben.

(c) Zunächst gelten mit einer kleinen Rechnung

$$f(\gamma(t)) = \sin^2(t) + \cos^2(t) + t^2 \quad \text{und} \quad \dot{\gamma}(t) = (-\sin(t), \cos(t), 1)^\mathsf{T}$$

für $t \in [0, 2\pi]$. Mit der bekannten trigonometrischen Identität $\sin^2(t) + \cos^2(t) = 1$ für $t \in \mathbb{R}$ erhalten wir damit insgesamt

$$\int_{\gamma} f \, ds = \int_0^1 \left(\sin^2(t) + \cos^2(t) + t^2\right) \sqrt{\sin^2(t) + \cos^2(t) + 1} \, dt$$

$$= \sqrt{2} \int_0^1 1 + t^2 \, dt$$

$$= \sqrt{2} \left(\frac{t^3}{3} + t\right) \Big|_0^1$$

$$= \frac{4\sqrt{2}}{3}.$$

Lösung Aufgabe 181

(a) Wir betrachten das Vektorfeld $F : \mathbb{R}^3 \to \mathbb{R}^3$ mit

$$F(x_1, x_2, x_3) = \frac{1}{1 + x_1^2 + x_2^2} \begin{pmatrix} -x_2 \\ x_1 \\ 0 \end{pmatrix}$$

und die Kurve $\gamma : [0, 1] \to \mathbb{R}^3$ mit $\gamma(t) = (r\cos(t), r\sin(t), 0)^{\mathsf{T}}$. Mit der Identität $\sin^2(t) + \cos^2(t) = 1$ für $t \in \mathbb{R}$ folgen

$$F(\gamma(t)) = \left(-\frac{r\sin(t)}{1 + r^2}, \frac{r\cos(t)}{1 + r^2}, 0\right)^{\mathsf{T}} \quad \text{und} \quad \dot\gamma(t) = (-r\sin(t), r\cos(t), 0)^{\mathsf{T}}$$

für $t \in [0, 2\pi]$. Damit folgt (Skalarprodukt im $\mathbb{R}^3$, vgl. auch Aufgabe 33) $\langle F(\gamma(t)), \dot\gamma(t)\rangle = r^2/(1 + r^2)$ und somit

$$\int_\gamma F \cdot \mathrm{d}s = \int_0^{2\pi} \langle F(\gamma(t)), \dot\gamma(t)\rangle \, \mathrm{d}t = \frac{r^2}{1 + r^2} \int_0^{2\pi} 1 \, \mathrm{d}t = \frac{2\pi r^2}{1 + r^2}.$$

(b) Für alle $t \in [0, 2\pi]$ folgen mit einer kleinen Rechnung zunächst

$$F(\gamma(t)) = (\sin(t), -\cos(t), 1)^{\mathsf{T}} \quad \text{und} \quad \dot\gamma(t) = (-\sin(t), \cos(t), 1)^{\mathsf{T}}$$

sowie

$$\langle F(\gamma(t)), \dot\gamma(t)\rangle = -\sin^2(t) - \cos^2(t) + 1 = 1 - (\sin^2(t) + \cos^2(t)) = 0.$$

Damit gilt offensichtlich

$$\int_\gamma F \cdot \mathrm{d}s = \int_0^{2\pi} \langle F(\gamma(t)), \dot\gamma(t)\rangle \, \mathrm{d}t = 0.$$

(c) Wir bestimmen zunächst die Verbindungsstrecke $\gamma : [0, 1] \to \mathbb{R}^3$ der beiden Punkte $(1, 0, 1)^{\mathsf{T}}$ und $(1, 0, 2\pi)^{\mathsf{T}}$. Diese ist für $t \in [0, 1]$ gegeben durch

$$\gamma(t) = t(1, 0, 1)^{\mathsf{T}} + (1 - t)(1, 0, 2\pi)^{\mathsf{T}} = (1, 0, 2\pi + (1 - 2\pi)t)^{\mathsf{T}}$$

(vgl. Abb. 25.3). Weiter folgen mit einer kleinen Rechnung $\dot\gamma(t) = (0, 0, 1 - 2\pi)$, $F(\gamma(t)) = (0, 2\pi + (1 - 2\pi)t, -1)^{\mathsf{T}}$ und $\langle F(\gamma(t)), \dot\gamma(t)\rangle = 2\pi - 1$ für $t \in [0, 1]$, womit wir insgesamt

$$\int_\gamma F \cdot \mathrm{d}s = \int_0^1 \langle F(\gamma(t)), \dot\gamma(t)\rangle \, \mathrm{d}t = \int_0^1 2\pi - 1 \, \mathrm{d}t = 2\pi - 1$$

erhalten.

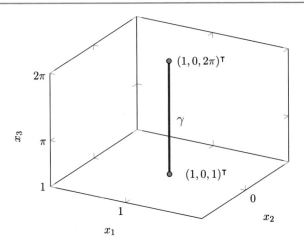

Abb. 25.3 Darstellung der Verbindungsstrecke der beiden Punkte $(1, 0, 1)^\mathsf{T}$ und $(1, 0, 2\pi)^\mathsf{T}$

Lösung Aufgabe 182

(a) Die Länge des Weges $\gamma\ :\ [0, 1]\ \rightarrow\ \mathbb{R}^2$ mit $\gamma(t) = (t, (e^t + e^{-t})/2)^\mathsf{T} = (t, \cosh(t))^\mathsf{T}$ lässt sich gemäß

$$L(\gamma) = \int_0^1 \|\dot\gamma(t)\|_2 \, dt = \int_0^1 \sqrt{1 + \sinh^2(t)} \, dt = \int_0^1 \cosh(t) \, dt = \sinh(1)$$

berechnen. Dabei haben wir verwendet, dass $\cosh^2(t) - \sinh^2(t) = 1$ für $t \in [0, 1]$ gilt.

(b) Zur Berechnung des Kurvenintegrals 2. Art bemerken wir zunächst, dass $\dot\gamma(t) = (1, \sinh(t))^\mathsf{T}$, $F(\gamma(t)) = (t, \cosh(t))^\mathsf{T}$ und $\langle F(\gamma(t)), \dot\gamma(t)\rangle = t + \sinh(t)\cosh(t)$ für jedes $t \in [0, 1]$ gelten. Somit folgt

$$\int_\gamma F \cdot ds = \int_0^1 \langle F(\gamma(t)), \dot\gamma(t)\rangle \, dt = \int_0^1 t + \sinh(t)\cosh(t) \, dt.$$

Das Integral auf der rechten Seite lässt sich mit Hilfe von partieller Integration bestimmen. Wegen $\sinh'(t) = \cosh(t)$ und $\cosh'(t) = \sinh(t)$ für $t \in [0, 1]$ folgt

$$\int_0^1 \sinh(t)\cosh(t) \, dt = \cosh^2(t)\Big|_0^1 - \int_0^1 \sinh(t)\cosh(t) \, dt,$$

also

$$\int_0^1 \sinh(t)\cosh(t) \, dt = \frac{\cosh^2(x)}{2}\Big|_0^1 = \frac{\cosh^2(1) - 1}{2},$$

(vgl. auch den Trick (19.1) aus der Lösung von Aufgabe 1), sodass wir insgesamt

$$\int_\gamma F \cdot ds = \int_0^1 t \, dt + \int_0^1 \sinh(t) \cosh(t) \, dt = \frac{1}{2} + \frac{\cosh^2(1) - 1}{2} = \frac{\cosh^2(1)}{2}$$

erhalten.

Lösung Aufgabe 183

(a) Im Folgenden untersuchen wir das Vektorfeld $F : \mathbb{R}^3 \to \mathbb{R}^3$ mit

$$F(x_1, x_2, x_3) = (3x_1^2 x_2, \, x_1^3 + x_3, \, x_2 + 1)^\mathsf{T}.$$

Um zu entscheiden, ob F ein Gradientenfeld ist, werden wir die (dreidimensionalen) Integrabilitätsbedingungen

$$\partial_{x_j} F_k(x_1, x_2, x_3) = \partial_{x_k} F_j(x_1, x_2, x_3)$$

für $j, k \in \{1, 2, 3\}$ und $(x_1, x_2, x_3)^\mathsf{T} \in \mathbb{R}^3$ überprüfen. Wegen

$$\partial_{x_2} F_1(x_1, x_2, x_3) = 3x_1^2, \qquad \partial_{x_1} F_2(x_1, x_2, x_3) = 3x_1^2,$$
$$\partial_{x_3} F_1(x_1, x_2, x_3) = 0, \qquad \partial_{x_1} F_3(x_1, x_2, x_3) = 0,$$
$$\partial_{x_3} F_2(x_1, x_2, x_3) = 1, \qquad \partial_{x_2} F_3(x_1, x_2, x_3) = 1$$

und da die Menge $\mathbb{R}^3$ sternförmig ist – die Integrabilitätsbedingungen sind also sowohl notwendig als auch hinreichend – können wir direkt ablesen, dass die es sich bei F um ein Gradientenfeld handelt.

Anmerkung Die dreidimensionalen Integrabilitätsbedingungen sind natürlich äquivalent zu $\mathrm{rot}(F) = \mathbf{0}$.

(b) Aus Teil (a) dieser Aufgabe wissen wir bereits, dass F ein (stetig differenzierbares) Gradientenfeld ist. Somit existiert eine Potentialfunktion $G : \mathbb{R}^3 \to \mathbb{R}$ mit $F(x_1, x_2, x_3) = \nabla G(x_1, x_2, x_3)$ für alle $(x_1, x_2, x_3)^\mathsf{T} \in \mathbb{R}^3$. Da jede Kreiskurve $\gamma : [0, 2\pi] \to \mathbb{R}^3$ auf einer dreidimensionalen Kugel mit Radius $r > 0$ automatisch geschlossen ist, also $\gamma(0) = \gamma(2\pi)$ erfüllt, folgt gemäß dem Hauptsatz der Kurventheorie (!)

$$\int_\gamma F \cdot ds \stackrel{(!)}{=} G(\gamma(2\pi)) - G(\gamma(0)) = 0.$$

Man kann sich hier also jegliche Rechnung sparen.

Lösung Aufgabe 184

(a) Wir untersuchen das Vektorfeld $F : \mathbb{R}^2 \setminus \{(0,0)^\top\} \to \mathbb{R}^2$ mit

$$F(x_1, x_2) = \left(-\frac{x_2}{x_1^2 + x_2^2}, \frac{x_1}{x_1^2 + x_2^2}\right)^\top.$$

Dann gilt für alle $(x_1, x_2)^\top \in \mathbb{R}^2 \setminus \{(0,0)^\top\}$ mit der Quotientenregel gerade

$$\partial_{x_2} F_1(x_1, x_2) = \partial_{x_2}\left(-\frac{x_2}{x_1^2 + x_2^2}\right) = -\frac{x_1^2 - x_2^2}{(x_1^2 + x_2^2)^2}$$

sowie

$$\partial_{x_1} F_2(x_1, x_2) = \partial_{x_2}\left(\frac{x_1}{x_1^2 + x_2^2}\right) = \frac{x_2^2 - x_1^2}{(x_1^2 + x_2^2)^2} = -\frac{x_1^2 - x_2^2}{(x_1^2 + x_2^2)^2},$$

das heißt, die Integrabilitätsbedingungen sind erfüllt.

(b) Um nachzuweisen, dass es keine stetig differenzierbare Funktion $G : \mathbb{R}^2 \setminus \{(0,0)^\top\} \to \mathbb{R}$ mit $F = \nabla G$ gibt, können wir uns äquivalent überlegen, dass die Funktion $F : \mathbb{R}^2 \setminus \{(0,0)^\top\} \to \mathbb{R}^2$ kein Gradientenfeld ist. Dazu genügt es einen geschlossenen und stetig differenzierbaren Weg $\gamma : [a, b] \to \mathbb{R}^2$ derart zu finden, dass das Kurvenintegral 2. Art $\int_\gamma F \cdot \mathrm{d}s$ nicht verschwindet. Wir betrachten dazu die Kreiskurve $\gamma : [0, 2\pi] \to \mathbb{R}^2$ mit $\gamma(t) = (\cos(t), \sin(t))^\top$. Wegen $\dot{\gamma}(t) = (-\sin(t), \cos(t))^\top$ und

$$\langle F(\gamma(t)), \dot{\gamma}(t) \rangle = \frac{\sin^2(t)}{\sin^2(t) + \cos^2(t)} + \frac{\cos^2(t)}{\sin^2(t) + \cos^2(t)} = 1$$

für $t \in [0, 2\pi]$ folgt schließlich wie gewünscht

$$\int_\gamma F \cdot \mathrm{d}s = \int_0^{2\pi} \langle F(\gamma(t)), \dot{\gamma}(t) \rangle \, \mathrm{d}t = \int_0^{2\pi} 1 \, \mathrm{d}t = 2\pi.$$

Wir haben somit gezeigt, dass F kein Gradientenfeld sein kann, womit es insbesondere in $\mathbb{R}^2 \setminus \{(0,0)^\top\}$ keine Potentialfunktion G zu F geben kann.

Anmerkung Sie sollten beachten, dass die Menge $\mathbb{R}^2 \setminus \{(0,0)^\top\}$ nicht sternförmig ist. Daher sind die Integrabilitätsbedingungen nicht hinreichend.

Lösung Aufgabe 185

(a) Die Arbeit W ist genau dann vom Weg unabhängig, wenn das Kraftfeld $F :$ $\mathbb{R}^2 \to \mathbb{R}^2$ mit $F(x, y) = (2xy, x^2 + 3y^2)^\mathsf{T}$ ein Gradientenfeld ist (Hauptsatz der Kurventheorie beachten). Wir untersuchen daher, ob die zweidimensionalen Integrabilitätsbedingungen erfüllt sind. Diese sind aber sofort erfüllt, denn mit einer kleinen Rechnung folgen $\partial_y F_1(x, y) = 2x$ und $\partial_x F_2(x, y) = 2x$ für alle $(x, y)^\mathsf{T} \in \mathbb{R}^2$.

(b) Die Bestimmung eines Potentials (Stammfunktion) $G : \mathbb{R}^2 \to \mathbb{R}$ mit $\nabla G = F$ in $\mathbb{R}^2$ ist nicht sonderlich schwer. Die Existenz einer solchen Funktion ist durch Teil (a) dieser Lösung gesichert. Dabei ist der $\mathbb{R}^2$ offensichtlich sternförmig, sodass die Integrabilitätsbedingungen notwendig und hinreichend für die Existenz eines Potentials sind. Dazu müssen wir lediglich die Gleichung $\partial_x G = F_1$ unbestimmt integrieren und schließlich mit Hilfe von $\partial_y G = F_2$ die unbestimmte Funktion bestimmen:

$$G(x, y) = \int \partial_x G(x, y) \, dx = \int F_1(x, y) \, dx = x^2 y + c(y)$$

und

$$\partial_y G(x, y) = x^2 + c'(y) = x^2 + 3y^2 = F_2(x, y).$$

Dabei ist $c : \mathbb{R} \to \mathbb{R}$ eine zunächst unbestimmte stetig differenzierbare Funktion. Aus der zweiten Gleichung können wir jedoch

$$c(y) = \int c'(y) \, dy = \int 3y^2 \, dy = y^3$$

ablesen, womit wir insgesamt $G(x, y) = x^2 y + y^3$ für $(x, y)^\mathsf{T} \in \mathbb{R}^2$ erhalten.

(c) Wir berechnen nun die verrichtete Arbeit W, also das Kurvenintegral $\int_\gamma F \cdot ds$. Gehen wir hier naiv vor, das heißt, wir berechnen die Ausdrücke $\dot{\gamma}(t) = (\cos(t) - t \sin(t), 1)^\mathsf{T}$ und

$$\langle F(\gamma(t)), \dot{\gamma}(t) \rangle = \left\langle \begin{pmatrix} 2t^2 \cos(t) \\ t^2 \cos^2(t) + 3t^2 \end{pmatrix}, \begin{pmatrix} \cos(t) - t \sin(t) \\ 1 \end{pmatrix} \right\rangle$$

$$= 3t^2 \cos^2(t) - 2t^3 \sin(t) \cos(t) + 3t^2$$

für $t \in [0, 2\pi]$, so folgt

$$W = \int_\gamma F \cdot ds = \int_0^{2\pi} 3t^2 \cos^2(t) - 2t^3 \sin(t) \cos(t) + 3t^2 \, dt.$$

Das Integral auf der rechten Seite ist zwar nicht kompliziert zu berechnen, aber dennoch sehr aufwendig – man kann mit mehrfacher partieller Integration zeigen, dass der Wert des Integrals $16\pi^3$ beträgt. Beachten wir jedoch, dass wir aus Teil (a) dieser Aufgabe wissen, dass die Arbeit vom Weg unabhängig ist, so können wir die Kurve γ durch jede andere (stetig differenzierbare) Kurve ersetzen, die die beiden Punkte $(0,0)^\mathsf{T}$ und $(2\pi, 2\pi)^\mathsf{T}$ verbindet um damit W zu bestimmen. Wir wählen daher die direkte Verbindungsstrecke $\tilde{\gamma} : [0, 2\pi] \to \mathbb{R}^2$ mit $\tilde{\gamma}(t) = (t,t)^\mathsf{T}$. Damit folgt wegen $\dot{\tilde{\gamma}}(t) = (1,1)^\mathsf{T}$ für $t \in [0, 2\pi]$ ohne großen Aufwand

$$W = \int_{\tilde{\gamma}} F \cdot \mathrm{ds} = \int_0^{2\pi} \langle F(\tilde{\gamma}(t)), \dot{\tilde{\gamma}}(t) \rangle \, \mathrm{d}t = \int_0^{2\pi} 6t^2 \, \mathrm{d}t = 2t^3 \Big|_0^{2\pi} = 16\pi^3.$$

Lösungen Integrationstheorie und Integralsätze

26

Lösung Aufgabe 186 Wir betrachten die stetige Funktion $f : [0, 1]^2 \to \mathbb{R}$ mit $f(x, y) = xy$ sowie für beliebiges $n \in \mathbb{N}$ die äquidistante Zerlegung

$$\mathcal{Z}_n = \left\{ (x_j, y_k)^\mathsf{T} \in [0, 1]^2 \mid j, k \in \{0, \ldots, n\} \right\}$$

von $[0, 1]^2$ mit $x_j = j/n$ und $y_k = k/n$ für $j, k \in \{0, \ldots, n\}$. Dadurch wird das Quadrat $[0, 1]^2$ in n^2 viele Teilquadrate der Form $Q_{jk} = [x_{j-1}, x_j] \times [y_{k-1}, y_k]$ mit den Seitenlängen $1/n$ und Volumen $\mathrm{vol}(Q_{jk}) = 1/n^2$ zerlegt. Im Folgenden bezeichnen wir weiter mit

$$Q_n = \left\{ Q_{jk} \subseteq [0, 1]^2 \mid j, k \in \{1, \ldots, n\} \right\}$$

die Menge aller n^2 Teilquadrate von $[0, 1]^2$, die sich mit den Zerlegungspunkten aus $\mathcal{Z}_n$ wie oben dargestellt bilden lassen. Ähnlich wie im eindimensionalen Fall [3, Aufgaben 186 und 187] sehen wir sofort, dass die Funktion f das Infimum und Supremum (sogar Minimum und Maximum) über jedem Teilquadrat Q_{jk} jeweils am linken unteren beziehungsweise rechten oberen Eckpunkt des Quadrats Q_{jk} annimmt. Somit gelten für alle $j, k \in \{1, \ldots, n\}$ gerade

$$m_{jk} = \inf_{(x,y)^\mathsf{T} \in Q_{jk}} f(x, y) = f(x_{j-1}, y_{k-1}) = \frac{(j-1)(k-1)}{n^2}$$

sowie

$$M_{jk} = \sup_{(x,y)^\mathsf{T} \in Q_{jk}} f(x, y) = f(x_j, y_k) = \frac{jk}{n^2}.$$

© Der/die Autor(en), exklusiv lizenziert an Springer-Verlag GmbH, DE, ein Teil von Springer Nature 2022
N. Hebestreit, *Übungsbuch Analysis II*, https://doi.org/10.1007/978-3-662-65832-1_26

Damit lassen sich die Untersumme $\underline{S}(f, \mathcal{Z}_n)$ und die Obersumme $\overline{S}(f, \mathcal{Z}_n)$ für jedes $n \in \mathbb{N}$ wie folgt bestimmen:

$$
\begin{aligned}
\underline{S}(f, \mathcal{Z}_n) &= \sum_{Q \in \mathcal{Q}_n} \mathrm{vol}(Q) \inf_{(x,y)^\mathsf{T} \in Q} f(x, y) \\
&= \sum_{j=1}^{n} \sum_{k=1}^{n} \mathrm{vol}(Q_{jk}) \inf_{(x,y)^\mathsf{T} \in Q_{jk}} f(x, y) \\
&= \frac{1}{n^4} \sum_{j=1}^{n} \sum_{k=1}^{n} (j-1)(k-1).
\end{aligned}
$$

Die Doppelsumme lässt sich nun auf Grund ihrer besonderen Gestalt als Produkt von zwei gewöhnlichen Summen schreiben, deren Summenwerte sich dann direkt mit der Gaußschen Summenformel (!) [3, Aufgabe 31 (a)] berechnen lassen:

$$
\begin{aligned}
\frac{1}{n^4} \sum_{j=1}^{n} \sum_{k=1}^{n} (j-1)(k-1) &= \frac{1}{n^4} \left(\sum_{j=1}^{n} (j-1) \right) \left(\sum_{k=1}^{n} (k-1) \right) \\
&\stackrel{(!)}{=} \frac{1}{n^4} \frac{n(n-1)}{2} \frac{n(n-1)}{2} \\
&= \frac{(n-1)^2}{4n^2}.
\end{aligned}
$$

Wir erhalten somit $\underline{S}(f, \mathcal{Z}_n) = (n-1)^2/(4n^2)$ für jedes $n \in \mathbb{N}$. Mit einer ähnlichen Rechnung lässt sich auch die Obersumme bestimmen:

$$
\begin{aligned}
\overline{S}(f, \mathcal{Z}_n) &= \sum_{Q \in \mathcal{Q}_n} \mathrm{vol}(Q) \sup_{(x,y)^\mathsf{T} \in Q} f(x, y) \\
&= \frac{1}{n^4} \sum_{j=1}^{n} \sum_{k=1}^{n} jk \\
&= \frac{1}{n^4} \left(\sum_{j=1}^{n} j \right) \left(\sum_{k=1}^{n} k \right) \\
&\stackrel{(!)}{=} \frac{(n+1)^2}{4n^2}.
\end{aligned}
$$

Da aber offensichtlich

$$
\lim_{n \to +\infty} \underline{S}(f, \mathcal{Z}_n) = \lim_{n \to +\infty} \frac{(n-1)^2}{4n^2} = \frac{1}{4} \quad \text{und} \quad \lim_{n \to +\infty} \overline{S}(f, \mathcal{Z}_n) = \lim_{n \to +\infty} \frac{(n+1)^2}{4n^2} = \frac{1}{4}
$$

gelten, folgt aus dem Riemannschen Integrabilitätskriterium, dass die Funktion f über dem Quadrat $[0, 1]^2$ integrierbar ist mit

$$\iint_{[0,1]^2} f(x, y)\, d(x, y) = \frac{1}{4}.$$

Anmerkung Dass das Doppelintegral wirklich den Wert $1/4$ besitzt kann man wie folgt mit dem Satz von Fubini für stetige Funktionen bestätigen:

$$\iint_{[0,1]^2} f(x, y)\, d(x, y) = \int_0^1 \left(\int_0^1 xy\, dx \right) dy = \int_0^1 \frac{y}{2}\, dy = \frac{1}{4}.$$

Lösung Aufgabe 187

(a) Die Funktion $f : \mathbb{R}^2 \to \mathbb{R}$ ist beschränkt, denn für alle $(x, y)^\mathsf{T} \in \mathbb{R}^2$ gilt $f(x, y) \leq 1$. Somit ist f wie gewünscht Riemann-integrierbar.

(b) Die Funktion $g : \mathbb{R}^2 \to \mathbb{R}$ ist zwar nicht beschränkt, aber offensichtlich als Komposition stetiger Funktionen ebenfalls stetig. Mit Aufgabe 189 folgt somit, dass die Funktion g Riemann-integrierbar ist.

Lösung Aufgabe 188 Dass die Funktion $f : [0, 1]^2 \to \mathbb{R}$ mit

$$f(x, y) = \begin{cases} 0, & y \in \mathbb{Q} \\ x, & y \in \mathbb{R} \setminus \mathbb{Q} \end{cases}$$

nicht über $[0, 1]^2$ Riemann-integriebar ist, können wir uns ähnlich wie in [3, Aufgabe 188] überlegen. Wir verwenden dazu für jedes $n \in \mathbb{N}$ die Zerlegung

$$\mathcal{Z}_n = \left\{ (x_j, y_k)^\mathsf{T} \in [0, 1]^2 \mid j, k \in \{0, \ldots, n\} \right\}$$

mit $x_j = j/n$ und $y_k = k/n$ für $j, k \in \{0, \ldots, n\}$ aus Aufgabe 186 und bezeichnen mit Q_{jk} das Teilquadrat $[x_{j-1}, x_j] \times [y_{k-1}, y_k]$. Dann gilt

$$\inf_{(x,y)^\mathsf{T} \in Q_{jk}} f(x, y) = 0,$$

denn das Intervall $[y_{k-1}, y_k]$ enthält natürlich mindestens eine gebrochen-rationale Zahl und die Funktion f ist auf Q_{jk} positiv. Die Untersumme $\underline{S}(f, \mathcal{Z}_n)$ ist somit für jedes $n \in \mathbb{N}$ gleich Null. Weiter folgt

$$\sup_{(x,y)^\mathsf{T} \in Q_{jk}} f(x, y) = f\left(\frac{j}{n}, \frac{k}{n} \right) = \frac{j}{n},$$

sodass für jedes $n \in \mathbb{N}$ mit einer kleinen Rechnung

$$\overline{S}(f, \mathscr{Z}_n) = \sum_{Q \in Q_n} \mathrm{vol}(Q) \sup_{(x,y)^\mathsf{T} \in Q} f(x, y)$$

$$= \sum_{j=1}^{n} \sum_{k=1}^{n} \mathrm{vol}(Q_{jk}) \sup_{(x,y)^\mathsf{T} \in Q_{jk}} f(x, y)$$

$$= \frac{1}{n^3} \sum_{j=1}^{n} \sum_{k=1}^{n} j = \frac{1}{n^2} \sum_{j=1}^{n} j = \frac{n+1}{2n}$$

folgt. Dabei haben wir verwendet, dass das Volumen $\mathrm{vol}(Q_{jk})$ jedes Quadrats aus der Gesamtheit aller möglichen Quadrate Q_n gerade $1/n^2$ beträgt und (Gaußsche Summenformel) $\sum_{j=1}^{n} j = n(n+1)/2$ gilt [3, Aufgabe 31 (a)]. Wählen wir schließlich $\varepsilon = 1/3$, so gilt für jedes $n \in \mathbb{N}$ gerade

$$\overline{S}(f, \mathscr{Z}_n) - \underline{S}(f, \mathscr{Z}_n) = \frac{n+1}{2n} > \frac{n}{2n} = \frac{1}{2} > \varepsilon.$$

Dies zeigt, dass das Riemannsche Integrabilitätskriterium verletzt ist, womit wir wie gewünscht bewiesen haben, dass die Funktion nicht Riemann-integrierbar ist.

Lösung Aufgabe 189 Das d-dimensionale Quader $[a, b] = [a_1, b_1] \times \ldots \times [a_d, b_d]$ ist bekanntlich eine kompakte Teilmenge des $\mathbb{R}^d$. Da die Funktion $f : [a, b] \to \mathbb{R}$ nach Voraussetzung stetig ist, ist diese beschränkt und sogar gleichmäßig stetig. Sei nun $\varepsilon > 0$ beliebig gewählt. Dann gibt es wegen der gleichmäßigen Stetigkeit eine Zahl $\delta > 0$ derart, dass $|f(x) - f(y)| < \varepsilon/\mathrm{vol}([a, b])$ für alle $x, y \in [a, b]$ mit $\|x - y\|_\infty < \delta$ gilt. Sei nun $\mathscr{Z}$ eine Zerlegung von $[a, b]$ in (abgeschlossene) und disjunkte Teilquader, deren Kantenlängen echt kleiner als δ sind. Da jedes Teilquader $Q \in \mathscr{Z}$ ebenfalls kompakt ist, nimmt die stetige Funktion gemäß dem Satz von Weierstraß (vgl. Aufgabe 107) ihr Minimum und Maximum auf Q an, das heißt, es gibt zwei Stellen $\underline{x}_Q, \overline{x}_Q \in Q$ mit

$$f(\underline{x}_Q) = \min_{x \in Q} f(x) \quad \text{und} \quad f(\overline{x}_Q) = \max_{x \in Q} f(x).$$

Da die Kantenlängen jedes Quaders nach Konstruktion echt kleiner als δ sind, gilt somit insbesondere $\|\underline{x}_Q - \overline{x}_Q\|_\infty < \delta$ und folglich $|f(\underline{x}_Q) - f(\overline{x}_Q)| < \varepsilon/\mathrm{vol}([a, b])$. Mit diesen Überlegungen erhalten wir schließlich wie gewünscht

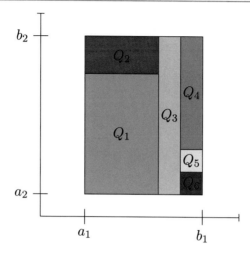

Abb. 26.1 Zerlegung des zweidimensionalen Quaders $[a, b] = [a_1, b_1] \times [a_2, b_2]$ in sechs Teilquader

$$
\begin{aligned}
\overline{S}(f, \mathcal{Z}) - \underline{S}(f, \mathcal{Z}) &= \sum_{Q \in \mathcal{Z}} \text{vol}(Q) \left(\max_{x \in Q} f(x) - \min_{x \in Q} f(x) \right) \\
&\leq \sum_{Q \in \mathcal{Z}} \text{vol}(Q) \left| f(\overline{x}_Q) - f(\underline{x}_Q) \right| \\
&< \frac{\varepsilon}{\text{vol}([a, b])} \sum_{Q \in \mathcal{Z}} \text{vol}(Q) \\
&= \varepsilon,
\end{aligned}
$$

also $\overline{S}(f, \mathcal{Z}) - \underline{S}(f, \mathcal{Z}) < \varepsilon$. Dabei haben wir im letzten Schritt verwendet, dass die Summe aller Volumen von Teilquadern in $\mathcal{Z}$ dem Volumen von $[a, b]$ entspricht. Da $\varepsilon > 0$ beliebig gewählt war, folgt wie gewünscht mit dem Riemannschen Integrabilitätskriterium die Riemann-Integrierbarkeit der Funktion (vgl. Abb. 26.1).

Lösung Aufgabe 190 Zunächst sehen wir, dass die Funktion $f : [0, 1] \to \mathbb{R}$ mit $f(x) = x^{-1/2}$ für $x \in (0, 1]$ und $f(0) = 0$ wegen

$$
\{x \in \mathbb{R} \mid f(x) \geq \lambda\} =
\begin{cases}
(0, 1] \in \mathcal{B}([0, 1]), & \lambda > 0 \\
[0, 1] \in \mathcal{B}([0, 1]), & \lambda \leq 0
\end{cases}
$$

für jedes $\lambda \in \mathbb{R}$ messbar ist. Für $n \in \mathbb{N}$ und $k \in \{1, \ldots, 2^n\}$ definieren wir weiter das abgeschlossene Intervall $A_k^n = [(k-1)/2^n, k/2^n]$ sowie die Folge $(\varphi_n)_n$ von einfachen Funktionen (Stufenfunktionen) $\varphi_n : [0, 1] \to [0, +\infty)$ mit

$$
\varphi_n(x) = \sum_{k=1}^{2^n} f\left(\frac{k}{2^n}\right) \chi_{A_k^n}(x) = \sum_{k=1}^{2^n} \sqrt{\frac{2^n}{k}} \, \chi_{A_k^n}(x),
$$

wobei $\chi_{A_k^n} : \mathbb{R} \to \{0, 1\}$ die Indikatorfunktion der Menge A_k^n bezeichnet. Weiter gilt

$$\int_{(0,1]} \frac{1}{\sqrt{x}} \, d\lambda(x) \overset{(!)}{=} \lim_{n \to +\infty} \int_{(0,1]} \varphi_n(x) \, d\lambda(x)$$

$$= \lim_{n \to +\infty} \int_{(0,1]} \sum_{k=1}^{2^n} \sqrt{\frac{2^n}{k}} \chi_{A_k^n}(x) \, d\lambda(x)$$

$$= \lim_{n \to +\infty} \sum_{k=1}^{2^n} \sqrt{\frac{2^n}{k}} \int_{(0,1]} \chi_{A_k^n}(x) \, d\lambda(x).$$

Wegen

$$\int_{(0,1]} \chi_{A_k^n}(x) \, d\lambda(x) = \int_{A_k^n} 1 \, d\lambda(x) = \lambda(A_k^n) = \frac{1}{2^n}$$

(Länge des Intervalls) folgt schließlich

$$\int_{(0,1]} \frac{1}{\sqrt{x}} \, d\lambda(x) = \lim_{n \to +\infty} \sum_{k=1}^{2^n} \sqrt{\frac{2^n}{k}} \lambda(A_k^n) = \lim_{n \to +\infty} \frac{1}{\sqrt{2^n}} \sum_{k=1}^{2^n} \frac{1}{\sqrt{k}} \overset{(!!)}{=} 2.$$

Wir haben somit wie gewünscht gezeigt, dass die Funktion f Lebesgue-integrierbar ist. Zum Schluss sollten wir kurz erklären, warum die Schritte (!) und (!!) gerechtfertigt sind:

(a) In der Umformung (!) haben wir den sogenannten Satz von der monotonen Konvergenz (auch bekannt als Satz von Beppo Levi) verwendet. Das ist möglich, da für jedes $n \in \mathbb{N}$ die Funktion $\varphi_n : [0, 1] \to [0, +\infty)$ messbar ist und die monotone Funktionenfolge $(\varphi_n)_n$ nach Konstruktion gegen f konvergiert.

(b) Wir überlegen uns noch kurz, dass

$$\lim_{n \to +\infty} \frac{1}{\sqrt{n}} \sum_{k=1}^{n} \frac{1}{\sqrt{k}} = 2$$

gilt. Dazu bemerken wir zunächst, dass für jedes $k \in \mathbb{N}$ gerade

$$\sqrt{k+1} - \sqrt{k} = \frac{(\sqrt{k+1} - \sqrt{k})(\sqrt{k+1} + \sqrt{k})}{\sqrt{k+1} + \sqrt{k}} = \frac{1}{\sqrt{k+1} + \sqrt{k}}$$

(dritte binomische Formel verwenden) und somit

$$\sqrt{k+1} - \sqrt{k} < \frac{1}{2\sqrt{k}} < \sqrt{k-1} - \sqrt{k}$$

gilt. Sei nun $n \in \mathbb{N}$ beliebig. Da die linke Ungleichung für jede natürliche Zahl $k \in \mathbb{N}$ gültig ist, können wir über diese Ungleichung summieren und erhalten (Teleskopsumme)

$$2 - \frac{2}{\sqrt{n}} < \frac{2(\sqrt{n+1}-1)}{\sqrt{n}} = \frac{2}{\sqrt{n}}\sum_{k=1}^{n}\sqrt{k+1} - \sqrt{k} < \frac{1}{\sqrt{n}}\sum_{k=1}^{n}\frac{1}{\sqrt{k}}. \quad (26.1)$$

Genauso folgt bei Summation über die rechte obige Ungleichung (Teleskopsumme)

$$\frac{1}{\sqrt{n}}\sum_{k=1}^{n}\frac{1}{\sqrt{k}} < \frac{2}{\sqrt{n}}\sum_{k=1}^{n}\sqrt{k-1} - \sqrt{k} = \frac{2\sqrt{n}}{\sqrt{n}} = 2. \quad (26.2)$$

Gehen wir nun in den Ungleichungen (26.1) und (26.2) zum Grenzwert $n \to +\infty$ über, so folgt die Behauptung.

Anmerkung Der Satz von der monotonen Konvergenz liefert bereits die Messbarkeit der Funktion f, da der Grenzwert messbarer Funktionen ebenfalls messbar ist.

Lösung Aufgabe 191 Die Funktion $f : [0, +\infty) \to \mathbb{R}$ mit

$$f(x) = \begin{cases} \frac{\sin(x)}{x}, & x > 0 \\ 1 & x = 0 \end{cases}$$

ist bekanntlich stetig [3, Aufgabe 192 (a)] und damit messbar. Die Funktion $|f|$ ist jedoch nicht Lebesgue-integrierbar, denn wir werden zeigen, dass der Positivteil $f^+ = \max\{f, 0\}$ nicht Lebesgue-integrierbar ist, also

$$\int_{[0,+\infty)} f^+(x)\, \mathrm{d}\lambda(x)$$

nicht endlich ist. Da die Sinusfunktion auf jedem Intervall $[2n\pi, (2n+1)\pi)$ positiv ist (vgl. Abb. 1.1) gilt nach Definition des Positivteils von f

$$f^+(x) = \begin{cases} \frac{\sin(x)}{x}, & x \in [2n\pi, (2n+1)\pi) \\ 0, & \text{sonst} \end{cases}$$

für $n \in \mathbb{N}_0$ und weiter

$$\begin{aligned}
\int_{[0,+\infty)} f^+(x)\, \mathrm{d}\lambda(x) &= \sum_{n=0}^{+\infty}\int_{2n\pi}^{(2n+1)\pi}\frac{\sin(x)}{x}\, \mathrm{d}\lambda(x) \\
&\geq \sum_{n=0}^{+\infty}\int_{2n\pi}^{(2n+1)\pi}\frac{\sin(x)}{(2n+1)\pi}\, \mathrm{d}\lambda(x) \\
&= \frac{2}{\pi}\sum_{n=0}^{+\infty}\frac{1}{2n+1}.
\end{aligned}$$

Die Reihe auf der rechten Seite ist jedoch divergent, denn wegen

$$\sum_{n=0}^{+\infty} \frac{1}{2n+1} \geq \sum_{n=0}^{+\infty} \frac{1}{2n+2} = \frac{1}{2} \sum_{n=0}^{+\infty} \frac{1}{n+1} = \frac{1}{2}\left(1 + \sum_{n=1}^{+\infty} \frac{1}{n}\right)$$

ist die harmonische Reihe eine divergente Minorante (Minorantenkriterium für Reihen). Dies zeigt wie gewünscht, dass f^+ und folglich $|f|$ nicht Lebesgue-integrierbar über $[0, +\infty)$ ist.

Lösung Aufgabe 192 Wir überlegen uns zuerst, dass das Lebesgue-Maß der Menge $[0, 1] \cap \mathbb{Q} \in \mathcal{B}(\mathbb{R})$ Null ist. Da die gebrochen-rationalen Zahlen $\mathbb{Q}$ bekanntlich abzählbar sind, finden wir eine Abzählung $(a_n)_n \subseteq [0, 1] \cap \mathbb{Q}$ mit $[0, 1] \cap \mathbb{Q} = \bigcup_{n=1}^{+\infty}\{a_n\}$. Wegen der σ-Additivität von λ folgt somit wegen $\lambda(\{a_n\}) = 0$ für jedes $n \in \mathbb{N}$ gerade

$$\lambda([0, 1] \cap \mathbb{Q}) = \lambda\left(\bigcup_{n=1}^{+\infty}\{a_n\}\right) = \sum_{n=1}^{+\infty} \lambda(\{a_n\}) = 0$$

und somit $\lambda([0, 1] \cap \mathbb{Q}) = 0$. Wir bemerken weiter, dass sich die Dirichlet-Funktion als $f(x) = \chi_{[0,1]\cap\mathbb{Q}}(x)$ für $x \in [0, 1]$ schreiben lässt, wobei $\chi_{[0,1]\cap\mathbb{Q}}$ die charakteristische Funktion der Menge $[0, 1] \cap \mathbb{Q}$ bezeichnet. Somit folgt

$$\int_{[0,1]} f(x)\,d\lambda(x) = \int_{[0,1]} \chi_{[0,1]\cap\mathbb{Q}}(x)\,d\lambda(x) = \int_{[0,1]\cap\mathbb{Q}} 1\,d\lambda(x) = \lambda([0, 1] \cap \mathbb{Q}) = 0.$$

Lösung Aufgabe 193 Wir bemerken zunächst, dass wir ohne Einschränkung $f \geq 0$ annehmen können. Da $f : [a, b] \to \mathbb{R}$ Riemann-integrierbar ist, existieren nach Definition zwei Folgen $(g_n)_n$ und $(h_n)_n$ von Treppenfunktionen mit $g_n \leq f \leq h_n$ in $[a, b]$ und

$$\lim_{n\to+\infty} \int_{[a,b]} g_n(x)\,d\lambda(x) = \lim_{n\to+\infty} \int_{[a,b]} h_n(x)\,d\lambda(x) = \int_a^b f(x)\,dx.$$

Die beiden Folgen können so gewählt werden, dass $(g_n)_n$ monoton wachsend und $(h_n)_n$ monoton fallend ist, das heißt, es gelten $g_n \leq g_{n+1}$ und $h_n \geq h_{n+1}$ für alle $n \in \mathbb{N}$ – notfalls betrachtet man nämlich die modifizierten Folgen $(\tilde{g}_n)_n$ und $(\tilde{h}_n)_n$ mit $\tilde{g}_n = \max_{1\leq j\leq n} g_j$ beziehungsweise $\tilde{h}_n = \min_{1\leq j\leq n} g_j$. Da beide Folgen monoton und beschränkt sind, konvergieren sie punktweise gegen messbare Grenzfunktionen $g, h : [a, b] \to \mathbb{R}$ mit

$$g(x) = \lim_{n\to+\infty} g_n(x) \quad \text{und} \quad h(x) = \lim_{n\to+\infty} h_n(x).$$

Gemäß dem Satz von der monotonen Konvergenz folgen daher

$$\int_a^b f(x)\,dx = \lim_{n\to+\infty} \int_{[a,b]} g_n(x)\,d\lambda(x) = \int_{[a,b]} g(x)\,d\lambda(x) \qquad (26.3)$$

und

$$\int_a^b f(x)\,\mathrm{d}x = \lim_{n \to +\infty} \int_{[a,b]} h_n(x)\,\mathrm{d}\lambda(x) = \int_{[a,b]} h(x)\,\mathrm{d}\lambda(x). \tag{26.4}$$

Da $g_n \le h_n$ für $n \in \mathbb{N}$ gilt, erhalten wir $h - g \ge 0$ und somit wegen den beiden Gleichungen (26.3) und (26.4)

$$\begin{aligned}
\int_{[a,b]} h(x) - g(x)\,\mathrm{d}\lambda(x) &= \int_{[a,b]} h(x)\,\mathrm{d}\lambda(x) - \int_{[a,b]} g(x)\,\mathrm{d}\lambda(x) \\
&= \int_a^b f(x)\,\mathrm{d}x - \int_a^b f(x)\,\mathrm{d}x \\
&= 0.
\end{aligned}$$

Dies bedeutet $h - g = 0$ fast überall in $[a, b]$. Wegen $g \le f \le h$ erhalten wir somit $f = g = h$ fast überall in $[a, b]$, womit wir gezeigt haben, dass f messbar ist. Da die Funktion f aber nach Voraussetzung beschränkt ist, folgt wie gewünscht die Integrierbarkeit über $[a, b]$. Dass das Riemann- und Lebesgue-Integral übereinstimmen können wir schließlich aus Gleichung (26.3) oder (26.4) ablesen.

Anmerkung Das Resultat zeigt, dass man das Lebesgue-Integral als eine Erweiterung des Riemann-Integrals verstehen kann.

Lösung Aufgabe 194 Zur Übersicht unterteilen wir die Lösung dieser Aufgabe in zwei Teile.

(a) Die Funktion $f : [1, 3] \times [0, 1] \to \mathbb{R}$ mit $f(x, y) = 2x - 7y^2$ ist offensichtlich stetig. Mit dem Satz von Fubini für stetige Funktionen lässt sich das zweidimensionale Integral wie folgt schreiben:

$$\begin{aligned}
&\iint_{[1,3] \times [0,1]} 2x - 7y^2\,\mathrm{d}\lambda^2(x, y) \\
&= \int_0^1 \left(\int_1^3 2x - 7y^2\,\mathrm{d}\lambda(x) \right) \mathrm{d}\lambda(y) = \int_1^3 \left(\int_0^1 2x - 7y^2\,\mathrm{d}\lambda(y) \right) \mathrm{d}\lambda(x).
\end{aligned}$$

Dabei müssen wir in diesem speziellen Szenario die Grenzen der iterierten Integrale nicht weiter anpassen, da wir über das zweidimensionale Rechteck $[1, 3] \times [0, 1]$ integrieren. Mit einer kleinen Rechnung folgt für das erste innere Integral für jedes $y \in [0, 1]$ gerade

$$\int_1^3 2x - 7y^2\,\mathrm{d}\lambda(x) = \left(x^2 - 7y^2 x \right) \Big|_1^3 = 9 - 21y^2 - \left(1 - 7y^2 \right) = 8 - 14y^2$$

und somit weiter

$$\int_0^1 \left(\int_1^3 2x - 7y^2 \, d\lambda(x) \right) d\lambda(y) = \int_0^1 8 - 14y^2 \, d\lambda(y) = \left(8y - \frac{14y^3}{3} \right) \bigg|_0^1 = \frac{10}{3}.$$

Insgesamt erhalten wir damit also gerade

$$\iint_{[1,3]\times[0,1]} 2x - 7y^2 \, d\lambda^2(x,y) = \frac{10}{3}.$$

Alternativ könnten wir natürlich auch das zweite iterierte Integral berechnen. Für jedes $x \in [1, 3]$ gilt

$$\int_0^1 2x - 7y^2 \, d\lambda(y) = \left(2xy - \frac{7y^3}{3} \right) \bigg|_0^1 = 2x - \frac{7}{3}$$

und somit weiter

$$\int_1^3 \left(\int_0^1 2x - 7y^2 \, d\lambda(y) \right) d\lambda(x) = \int_1^3 2x - \frac{7}{3} \, d\lambda(x) = \left(x^2 - \frac{7x}{3} \right) \bigg|_1^3 = \frac{10}{3},$$

womit wir die obige Rechnung bestätigen können.

(b) Die Funktion $f : [1, 2] \times [0, 1] \times [3, 4] \to \mathbb{R}$ mit $f(x, y, z) = z^3/(x + 5y)^2$ ist wohldefiniert (der Nenner ist stets von Null verschieden) und natürlich als Quotient stetiger Funktionen ebenfalls stetig. Durch zweifache Anwendung des Satzes von Fubini folgt daher gerade

$$\iiint_{[1,2]\times[0,1]\times[3,4]} \frac{z^3}{(x+5y)^2} \, d\lambda^3(x,y,z)$$
$$= \int_0^1 \left(\int_1^2 \left(\int_3^4 \frac{z^3}{(x+5y)^2} \, d\lambda(z) \right) d\lambda(x) \right) d\lambda(y).$$

Es ist selbstverständlich möglich, die Reihenfolge der iterierten Integrale anders zu wählen. Jedoch bietet es sich hier gerade an zuerst bezüglich der dritten Variable zu integrieren, wie wir im Folgenden feststellen werden. Zunächst gilt für alle $(x, y)^\mathsf{T} \in [1, 2] \times [0, 1]$ mit einer kleinen Rechnung

$$\int_3^4 \frac{z^3}{(x+5y)^2} \, d\lambda(z) = \frac{1}{(x+5y)^2} \int_3^4 z^3 \, d\lambda(z) = \frac{z^4}{4(x+5y)^2} \bigg|_3^4 = \frac{175}{4(x+5y)^2}$$

und somit weiter

$$\int_0^1 \left(\int_1^2 \left(\int_3^4 \frac{z^3}{(x+5y)^2} \, d\lambda(z) \right) d\lambda(x) \right) d\lambda(y) = \int_0^1 \left(\int_1^2 \frac{175}{4(x+5y)^2} \, d\lambda(x) \right) d\lambda(y).$$

Das innere Integral auf der rechten Seite lässt sich für jedes $y \in [0, 1]$ mit der Substitution $t(x) = x + 5y$ für $x \in [1, 2]$ berechnen:

$$\int_1^2 \frac{175}{4(x+5y)^2} \, d\lambda(x) = \int_{1+5y}^{2+5y} \frac{175}{4t^2} \, d\lambda(t) = -\frac{175}{4t} \Big|_{1+5y}^{2+5y} = \frac{175}{4} \left(\frac{1}{1+5y} - \frac{1}{2+5y} \right).$$

Damit folgt weiter

$$\frac{175}{4} \int_0^1 \frac{1}{1+5y} - \frac{1}{2+5y} \, d\lambda(y) = \frac{35}{4} \big(\ln(|1+5y|) - \ln(|2+5y|) \big) \Big|_0^1 = \frac{35}{4} \ln\left(\frac{12}{7} \right),$$

wobei wir die üblichen Rechengesetze für den natürlichen Logarithmus verwendet haben (vgl. auch Aufgabe 6). Insgesamt erhalten wir schließlich

$$\iiint_{[1,2]\times[0,1]\times[3,4]} \frac{z^3}{(x+5y)^2} \, d\lambda^3(x, y, z) = \frac{35}{4} \ln\left(\frac{12}{7} \right).$$

Anmerkung Da die Integrationsbereiche der beiden Integrale lediglich zwei- beziehungsweise dreidimensionale Quader waren, lassen sich die iterierten Integral – im Gegensatz zu den Integralen in den Aufgaben 195 und 198 – besonders leicht aufstellen und man muss nicht aufwendig die Grenzen der iterierten eindimensionalen Integrale bestimmen.

Lösung Aufgabe 195 Seien $a, b, c \in \mathbb{R} \setminus \{0\}$ beliebig. Wir erinnern zunächst daran, dass eine Ebene (in Koordinatenform), die durch die drei Punkte $(a, 0, 0)^\mathsf{T}$, $(0, b, 0)^\mathsf{T}$ und $(0, 0, c)^\mathsf{T}$ geht, gemäß $(x, y, z)^\mathsf{T} \in \mathbb{R}^3 : x/a + y/b + z/c = 1$ beschrieben wird. In unserem Fall gelten also $a = 3$, $b = 4$ und $c = 2$, sodass das Tetraeder durch

$$T = \left\{ (x, y, z)^\mathsf{T} \in \mathbb{R}^3 \mid x \geq 0, \, y \geq 0, \, z \geq 0, \, \frac{x}{3} + \frac{y}{4} + \frac{z}{2} \leq 1 \right\}$$

gegeben ist. Da die Voraussetzungen des Satzes von Fubini offensichtlich erfüllt sind, gilt zunächst (eine andere Integrationsreihenfolge ist natürlich ebenfalls möglich)

$$\iiint_T 1 \, d\lambda^3(x, y, z) = \int_0^\kappa \left(\int_0^{\varphi(x)} \left(\int_0^{\psi(x,y)} 1 \, d\lambda(z) \right) d\lambda(y) \right) d\lambda(x),$$

wobei wir noch die obere Grenze $\kappa \in \mathbb{R}$ beziehungsweise die Grenzfunktionen $\varphi : \mathbb{R} \to \mathbb{R}$ und $\psi : \mathbb{R}^2 \to \mathbb{R}$ bestimmen müssen. Indem wir die (vierte) Ungleichung in der Definition von T nach z umstellen, können wir zunächst $\psi(x, y) = 2 - 2x/3 - y/2$ für $x \geq 0$ und $y \geq 0$ definieren. In der x-y-Ebene, das heißt für $z = 0$, folgt aus der Ungleichung $x/3 + y/4 \leq 1$, sodass wir durch Umstellen nach y gerade $\varphi(x) = 4 - 4x/3$ für $x \geq 0$ definieren können (vgl. Abb. 26.2). Für $y = 0$ und $z = 0$ können wir weiter $0 \leq x \leq 3$ und damit $\kappa = 3$ als obere Grenze ablesen. Mit diesen

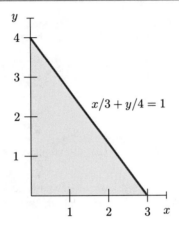

Abb. 26.2 Darstellung des Dreiecks, dass durch die x-Achse, y-Achse und die Gerade $x/3+y/4 = 1$ (rot) eingeschlossen wird

Überlegungen können wir nun die iterierten Integrale aufstellen und berechnen. Für jedes $x \geq 0$ und $y \geq 0$ gilt

$$\int_0^{\psi(x,y)} 1 \, d\lambda(z) = \int_0^{2-\frac{2x}{3}-\frac{y}{2}} 1 \, d\lambda(z) = z \Big|_0^{2-\frac{2x}{3}-\frac{y}{2}} = 2 - \frac{2x}{3} - \frac{y}{2}.$$

Damit folgt für jedes $x \geq 0$ mit einer kleinen Rechnung

$$\int_0^{\varphi(x)} \left(\int_0^{\psi(x,y)} 1 \, d\lambda(z) \right) d\lambda(y) = \int_0^{4-\frac{4x}{3}} 2 - \frac{2x}{3} - \frac{y}{2} \, d\lambda(y)$$

$$= \left(2y - \frac{2xy}{3} - \frac{y^2}{4} \right) \Big|_0^{4-\frac{4x}{3}} = \frac{4(x-3)^2}{9}.$$

Insgesamt erhalten wir damit

$$\iiint_T 1 \, d\lambda^3(x,y,z) = \frac{4}{9} \int_0^3 (x-3)^2 \, d\lambda(x) = \frac{4y^3}{27} \Big|_0^3 = 4.$$

Anmerkung Da das Tetraeder im Koordinatenursprung liegt und die Eckpunkte $A = (3,0,0)^\mathsf{T}$, $B = (0,4,0)^\mathsf{T}$ und $C = (0,0,2)^\mathsf{T}$ besitzt, lässt sich die obige Rechnung mit der Formel

$$V = \frac{|\langle A, B \times C \rangle|}{6} = \frac{1}{6} \left\langle \begin{pmatrix} 3 \\ 0 \\ 0 \end{pmatrix}, \begin{pmatrix} 0 \\ 4 \\ 0 \end{pmatrix} \times \begin{pmatrix} 0 \\ 0 \\ 2 \end{pmatrix} \right\rangle = \frac{1}{6} \left\langle \begin{pmatrix} 3 \\ 0 \\ 0 \end{pmatrix}, \begin{pmatrix} 8 \\ 0 \\ 0 \end{pmatrix} \right\rangle = \frac{3 \cdot 8 + 0 + 0}{6} = 4$$

bestätigen.

Lösung Aufgabe 196 Die Funktion $f : \mathbb{R}^2 \to \mathbb{R}$ mit $f(x, y) = y e^{-(1+x^2)y^2}$ ist offensichtlich auf $[0, +\infty) \times [0, +\infty)$ nichtnegativ. Weiter ist die Funktion stetig und damit insbesondere messbar, sodass mit dem Satz von Fubini bereits die Gleichheit der beiden iterierten Integrale, also

$$\int_0^{+\infty} \left(\int_0^{+\infty} y e^{-(1+x^2)y^2} \, d\lambda(x) \right) d\lambda(y) = \int_0^{+\infty} \left(\int_0^{+\infty} y e^{-(1+x^2)y^2} \, d\lambda(y) \right) d\lambda(x)$$

folgt. Wegen $(e^{\alpha t^2})' = 2\alpha t e^{\alpha t^2}$ für $t \in \mathbb{R}$ und $\alpha \in \mathbb{R}$ erhalten wir mit einer kleinen Rechnung für jedes $x \geq 0$

$$\begin{aligned}
\int_0^{+\infty} y e^{-(1+x^2)y^2} \, d\lambda(y) &= -\frac{1}{2(1+x^2)} \int_0^{+\infty} -2(1+x^2) y e^{-(1+x^2)y^2} \, d\lambda(y) \\
&= -\frac{e^{-(1+x^2)y^2}}{2(1+x^2)} \bigg|_0^{+\infty} \\
&= \frac{1}{2(1+x^2)}
\end{aligned}$$

und somit

$$\int_0^{+\infty} \left(\int_0^{+\infty} y e^{-(1+x^2)y^2} \, d\lambda(y) \right) d\lambda(x) = \frac{1}{2} \int_0^{+\infty} \frac{1}{1+x^2} \, d\lambda(x) = \frac{\arctan(x)}{2} \bigg|_0^{+\infty} = \frac{\pi}{4}.$$

Das zweite iterierte Integral schreiben wir als

$$\begin{aligned}
\int_0^{+\infty} \left(\int_0^{+\infty} y e^{-(1+x^2)y^2} \, d\lambda(x) \right) d\lambda(y) &= \int_0^{+\infty} e^{-y^2} \left(\int_0^{+\infty} y e^{-(xy)^2} \, d\lambda(x) \right) d\lambda(y) \\
&\overset{(!)}{=} \int_0^{+\infty} e^{-y^2} \left(\int_0^{+\infty} e^{-z^2} \, d\lambda(z) \right) d\lambda(y) \\
&= \left(\int_0^{+\infty} e^{-z^2} \, d\lambda(z) \right)^2,
\end{aligned}$$

wobei wir in (!) für festes $y \geq 0$ die Substitution $z(x) = xy$ für $x \geq 0$ mit $dz = y \, dx$, $z(0) = 0$ und $z(+\infty) = +\infty$ verwendet haben. Da wir aber bereits wissen, dass das iterierte Integral auf der linken Seite den Wert $\pi/4$ besitzt, haben wir wie gewünscht die bekannte Identität

$$\int_0^{+\infty} e^{-x^2} \, d\lambda(x) = \frac{\sqrt{\pi}}{2}$$

bewiesen (vgl. auch Aufgabe 205).

Lösung Aufgabe 197 Wir berechnen zunächst das zweite iterierte Riemann-Integral

$$\int_0^1 \left(\int_0^1 f(x_1, x_2) \, dx_2 \right) dx_1.$$

Den Wert des anderen Integrals erhalten wir dann mit einem einfachen Symmetrie-argument. Für $x_1 \in (0, 1]$ gilt wegen $x_1^2 - x_2^2 = 2x_1^2 - (x_1^2 + x_2^2)$ für jedes $x_2 \in [0, 1]$ gerade

$$\int_0^1 \frac{x_1^2 - x_2^2}{(x_1^2 + x_2^2)^2}\, dx_2 = \int_0^1 \frac{2x_1^2}{(x_1^2 + x_2^2)^2}\, dx_2 - \int_0^1 \frac{x_1^2 + x_2^2}{(x_1^2 + x_2^2)^2}\, dx_2$$

$$= \int_0^1 \frac{2x_1^2}{(x_1^2 + x_2^2)^2}\, dx_2 - \int_0^1 \frac{1}{x_1^2 + x_2^2}\, dx_2.$$

Wir berechnen nun die beiden Integrale auf der rechten Seite getrennt. Zunächst folgt mit der Substitution $z(x_2) = x_2/x_1$ für $x_2 \in [0, 1]$ mit $dz = 1/x_1\, dx_2$, $z(0) = 0$ und $z(1) = 1/x_1$

$$\int_0^1 \frac{2x_1^2}{(x_1^2 + x_2^2)^2}\, dx_2 = \int_0^1 \frac{2x_1^2}{x_1^4 \left(1 + (x_2/x_1)^2\right)^2}\, dx_2 = \frac{2}{x_1} \int_0^{\frac{1}{x_1}} \frac{1}{(1 + z^2)^2}\, dz$$

und weiter

$$\frac{2}{x_1} \int_0^{\frac{1}{x_1}} \frac{1}{(1 + z^2)^2}\, dz \overset{(!)}{=} \frac{2}{x_1} \left(\frac{\arctan(z)}{2} - \frac{z}{2(1 + z^2)} \right) \Bigg|_0^{\frac{1}{x_1}} = \frac{1}{x_1} \arctan\left(\frac{1}{x_1}\right) - \frac{1}{1 + x_1^2}.$$

Die Gleichung (!) erhalten wir, indem wir geschickt $1 = (1 + z^2) - z^2$ schreiben, das Integral als Differenz von zwei Integralen schreiben und partielle Integration verwenden. Weiter folgt mit dem Resultat in [3, Aufgabe 201] oder mit der Substitution $z(x_2) = x_2/x_1$ für $x_2 \in [0, 1]$ mit $dz = 1/x_1\, dx_2$

$$\int_0^1 \frac{1}{x_1^2 + x_2^2}\, dx_2 = \frac{1}{x_1} \arctan\left(\frac{1}{x_1}\right),$$

womit wir insgesamt

$$\int_0^1 \frac{x_1^2 - x_2^2}{(x_1^2 + x_2^2)^2}\, dx_2 = \frac{1}{x_1} \arctan\left(\frac{1}{x_1}\right) - \left(\frac{1}{x_1} \arctan\left(\frac{1}{x_1}\right) - \frac{1}{1 + x_1^2} \right) = \frac{1}{1 + x_1^2}$$

erhalten. Folglich gilt somit wegen $\arctan(1) = \pi/4$

$$\int_0^1 \left(\int_0^1 \frac{x_1^2 - x_2^2}{(x_1^2 + x_2^2)^2}\, dx_2 \right) dx_1 = \int_0^1 \frac{1}{1 + x_1^2}\, dx_1 = \arctan(x_1) \Bigg|_0^1 = \frac{\pi}{4}.$$

Da aber für alle $(x, y)^\mathsf{T} \in [0, 1]^2$ gerade $f(x, y) = -f(y, x)$ gilt, folgt wegen der Symmetrie der Funktion f mit einer analogen Rechnung

$$\int_0^1 \left(\int_0^1 \frac{x_1^2 - x_2^2}{(x_1^2 + x_2^2)^2}\, dx_1 \right) dx_2 = -\frac{\pi}{4}.$$

Obwohl die iterierten Integral verschieden sind, stellt diese Beobachtung keinen Widerspruch zum Satz von Fubini für stetige Funktionen dar, denn die Funktion f ist im Nullpunkt unstetig.

Lösung Aufgabe 198 Zunächst bemerken wir, dass die Funktion $f : \mathbb{R}^2 \to \mathbb{R}$ wohldefiniert ist, da es keinen Punkt $(x, y)^\mathsf{T} \in \mathbb{R}^2$ gibt, der gleichzeitig $0 < x < y < 1$ und $0 < y < x < 1$ erfüllt. Dies kann man beispielsweise geometrisch einsehen, denn die Ungleichungen beschreiben zwei disjunkte (offene) Dreiecke im $\mathbb{R}^2$ – die Eckpunkte des ersten Dreiecks lauten $(0, 0)^\mathsf{T}$, $(1, 0)^\mathsf{T}$ und $(1, 1)^\mathsf{T}$ während die des Zweiten $(0, 0)^\mathsf{T}$, $(0, 1)^\mathsf{T}$ und $(1, 1)^\mathsf{T}$ lauten. Wir berechnen nun das erste iterierte Integral. Dabei ist zu beachten, dass die Funktion f außerhalb von $(0, 1) \times (0, 1)$ konstant Null ist. Somit gilt für $y \in (0, 1)$

$$
\begin{aligned}
\int_{-\infty}^{+\infty} f(x, y) \, d\lambda(x) &= \int_0^1 f(x, y) \, d\lambda(x) \\
&= \int_0^y \frac{1}{y^2} \, d\lambda(x) - \int_y^1 \frac{1}{x^2} \, d\lambda(x) = \frac{x}{y^2} \Big|_0^y + \frac{1}{x} \Big|_y^1 = 1
\end{aligned}
$$

und damit gerade

$$
\int_{-\infty}^{+\infty} \left(\int_{-\infty}^{+\infty} f(x, y) \, d\lambda(x) \right) d\lambda(y) = \int_0^1 1 \, d\lambda(y) = 1.
$$

Das zweite Integral berechnen wir ähnlich. Für $x \in (0, 1)$ gilt

$$
\begin{aligned}
\int_{-\infty}^{+\infty} f(x, y) \, d\lambda(y) &= \int_0^1 f(x, y) \, d\lambda(y) \\
&= \int_x^1 \frac{1}{y^2} \, d\lambda(y) - \int_0^x \frac{1}{x^2} \, d\lambda(y) = -\frac{1}{y} \Big|_x^1 - \frac{y}{x^2} \Big|_0^x = -1
\end{aligned}
$$

und somit

$$
\int_{-\infty}^{+\infty} \left(\int_{-\infty}^{+\infty} f(x, y) \, d\lambda(y) \right) d\lambda(x) = -1.
$$

Wir haben somit gezeigt, dass die beiden iterierten Integrale existieren, jedoch nicht übereinstimmen. Gemäß dem Satz von Fubini kann die Funktion demnach nicht über $\mathbb{R}^2$ Lebesgue-integrierbar sein.

Lösung Aufgabe 199 Das Prinzip von Cavalieri ist im Prinzip ein Spezialfall des Satzes von Fubini. Dem Beweis des Satzes folgend ist daher klar, dass die Menge A_y für jedes $y \in \mathbb{R}^q$ eine λ^p-messbare Menge und die Funktion $\mathbb{R}^q \to \overline{\mathbb{R}}$ mit $y \mapsto \lambda^p(A_y)$ messbar ist. Da die Menge A nach Voraussetzung messbar ist, ist auch die charakteristische Funktion $\chi_A : \mathbb{R}^{p+q} \to \{0, 1\}$ messbar und der Satz von Fubini (!) impliziert wie gewünscht

$$\lambda^{p+q}(A) = \int_{\mathbb{R}^{p+q}} \chi_A(x, y) \, d\lambda^{p+q}(x, y) \overset{(!)}{=} \int_{\mathbb{R}^q} \left(\int_{\mathbb{R}^p} \chi_A(x, y) \, d\lambda^p(x) \right) d\lambda^q(y)$$

$$= \int_{\mathbb{R}^q} \left(\int_{\mathbb{R}^p} \chi_{A_y}(x) \, d\lambda^p(x) \right) d\lambda^q(y)$$

$$= \int_{\mathbb{R}^q} \lambda^p(A_y) \, d\lambda^q(y).$$

Dabei haben wir im vorletzten Schritt verwendet, dass für alle $(x, y)^\mathsf{T} \in \mathbb{R}^{p+q}$ genau dann $(x, y)^\mathsf{T} \in A$ gilt, falls $x \in A_y$.

Lösung Aufgabe 200 Zur Übersicht unterteilen wir die Lösung dieser Aufgabe in zwei Teile.

(a) Für $y \in \mathbb{R}$ definieren wir zunächst den Querschnitt $A_y = \left\{ x \in \mathbb{R} \mid (x, y)^\mathsf{T} \in A \right\}$. Da sich die Funktionen $\mathbb{R} \to \mathbb{R}$ mit $y \mapsto y^2$ und $y \mapsto 2 - y$ an der Stelle $y = 1$ schneiden, erhalten wir zunächst

$$A_y = \begin{cases} [y^2, 2 - y], & y \in [0, 1] \\ \emptyset, & \text{sonst.} \end{cases}$$

Wir verwenden hier also gerade, dass es keine Zahl $x \in \mathbb{R}$ mit $y^2 \leq x \leq 2 - y$ geben kann, falls $y > 1$ gilt. Somit lässt sich der Flächeninhalt der Menge A mit Hilfe des Prinzips von Cavalieri (!) wie folgt bestimmen:

$$\lambda^2(A) \overset{(!)}{=} \int_{\mathbb{R}} \lambda(A_y) \, d\lambda(y) = \int_0^1 2 - y - y^2 \, d\lambda(y) = \left(2y - \frac{y^2}{2} - \frac{y^3}{3} \right) \Big|_0^1 = \frac{7}{6}.$$

Dabei entspricht $\lambda(A_y)$ für jedes $y \in [0, 1]$ gerade der Länge des Intervalls $[y^2, 2 - y]$.

(b) Im Folgenden bezeichnen wir mit $\overline{B}_r(\mathbf{0}) = \{(x, y)^\mathsf{T} \in \mathbb{R}^2 \mid \|(x, y)^\mathsf{T}\|_2 \leq r\}$ wie üblich die abgeschlossene Euklidische Kugel mit Mittelpunkt $\mathbf{0} \in \mathbb{R}^2$ und Radius $r > 0$. Für $z \in \mathbb{R}$ definieren wir den Querschnitt $B_z = \{(x, y)^\mathsf{T} \in \mathbb{R}^2 \mid (x, y, z)^\mathsf{T} \in B\}$. Indem wir die Menge B als $B = \{(x, y, z)^\mathsf{T} \in \mathbb{R}^3 \mid \|(x, y)^\mathsf{T}\|_2 \leq (1 - z)/2, \ 0 \leq z \leq 1/2\}$ umschreiben, sehen wir sofort, dass

$$B_z = \begin{cases} \overline{B}_{(1-z)/2}(\mathbf{0}), & z \in [0, 1/2] \\ \emptyset, & \text{sonst} \end{cases}$$

gilt. Wegen $\lambda^2(B_z) = \pi(1 - z)^2/4$ (Flächeninhalt einer Kreisscheibe) erhalten wir somit mit dem Prinzip von Cavalieri (!)

$$\lambda^3(B) \stackrel{(!)}{=} \int_{\mathbb{R}} \lambda^2(B_z)\, d\lambda(z) = \frac{\pi}{4} \int_0^{\frac{1}{2}} (1-z)^2 \, d\lambda(z) = \frac{\pi}{4} \left(z - z^2 + \frac{z^3}{3} \right) \Big|_0^{\frac{1}{2}} = \frac{7\pi}{96}.$$

Das Volumen der Menge B beträgt somit circa $0{,}07772$ Volumeneinheiten.

Lösung Aufgabe 201 Der Rotationskörper der stetigen Funktion $f : [a,b] \to [0, +\infty)$ um die x-Achse ist gerade die dreidimensionale Menge

$$R = \left\{ (x, y, z)^\mathsf{T} \in \mathbb{R}^3 \mid \sqrt{x^2 + y^2} \leq f(z), \ a \leq z \leq b \right\}.$$

Definieren wir nun für $z \in \mathbb{R}$ die Querschnittsmenge $R_z = \{(x, y)^\mathsf{T} \in \mathbb{R}^2 \mid (x, y, z)^\mathsf{T} \in R\}$, so gilt offensichtlich $R_z = \overline{B}_{f(z)}(\mathbf{0})$ falls $z \in [a, b]$ gilt und $R_z = \emptyset$ andernfalls. Der Flächeninhalt der zweidimensionalen Kreisscheibe $\overline{B}_{f(z)}(\mathbf{0})$ beträgt natürlich $\pi(f(z))^2$, sodass mit dem Prinzip von Cavalieri (!) wie gewünscht die bekannte Identität

$$V_{\mathrm{rot}}(f) = \lambda^3(R) \stackrel{(!)}{=} \int_{\mathbb{R}} \lambda^2(R_z) \, d\lambda(z) = \int_{\mathbb{R}} \lambda^2\big(\overline{B}_{f(z)}(\mathbf{0})\big) \, d\lambda(z) = \int_a^b \pi(f(z))^2 \, d\lambda(z)$$

folgt.

Lösung Aufgabe 202 Im Folgenden wollen wir für $d \in \mathbb{N}$ das Volumen beziehungsweise das Lebesgue-Maß $V_d = \lambda^d(\overline{B}_1^d(\mathbf{0}))$ der d-dimensionalen Euklidischen Einheitskugel $\overline{B}_1^d(\mathbf{0}) = \{x \in \mathbb{R}^d \mid \|x\|_2 \leq 1\}$ bestimmen. Wir werden dazu mit dem Prinzip von Cavalieri eine Rekursionsformel für V_d beweisen und dann die iterative Folge mit einem Induktionsprinzip auswerten. Zur Übersicht unterteilen wir die Lösung dieser Aufgabe in mehrere Teile:

(a) Zunächst untersuchen wir wegen $\mathbb{R}^d \cong \mathbb{R}^{d-1} \times \mathbb{R}$ (Isomorphie) für beliebiges $t \in [-1, 1]$ den Querschnitt

$$\begin{aligned}
\overline{B}_1^d(\mathbf{0}) \cap \big(\mathbb{R}^{d-1} \times \{t\}\big) &= \left\{ (x, t)^\mathsf{T} \in \mathbb{R}^d \mid (x, t)^\mathsf{T} \in \overline{B}_1^d(\mathbf{0}) \right\} \\
&= \left\{ (x, t)^\mathsf{T} \in \mathbb{R}^d \mid x_1^2 + \ldots + x_{d-1}^2 + t^2 \leq 1 \right\} \\
&= \left\{ x \in \mathbb{R}^{d-1} \mid \|x\|_2 \leq \sqrt{1 - t^2} \right\} \\
&= \overline{B}_{\sqrt{1-t^2}}^{d-1}(\mathbf{0}),
\end{aligned}$$

das heißt, der Querschnitt ist gerade eine Kugel im $\mathbb{R}^{d-1}$ mit Radius $r = \sqrt{1 - t^2}$.

(b) Wir erinnern zunächst daran, dass für jede lineare und bijektive Abbildung $\varphi : \mathbb{R}^{d-1} \to \mathbb{R}^{d-1}$ und jede Borelmenge $A \subseteq \mathbb{R}^{d-1}$ die Bildmenge $\varphi(A)$ ebenfalls eine Borelmenge ist und $\lambda^{d-1}(\varphi(A)) = |\det(\varphi)|\lambda^{d-1}(A)$ gilt. Setzen wir $r = \sqrt{1 - t^2}$ für $t \in [-1, 1]$, dann ist die Abbildung $\varphi : \mathbb{R}^{d-1} \to \mathbb{R}^{d-1}$ mit $\varphi(x) =$

rx offensichtlich linear und bijektiv und es gilt $\det(J_\varphi(x)) = r^{d-1}$ für $x \in \mathbb{R}^{d-1}$ (Funktionaldeterminante). Wir erhalten somit

$$\varphi\left(\overline{B}_1^{d-1}(\mathbf{0})\right) = r\,\overline{B}_1^{d-1}(\mathbf{0}) = \overline{B}_r^{d-1}(\mathbf{0})$$

und

$$\lambda^{d-1}\left(\overline{B}_r^{d-1}(\mathbf{0})\right) = r^{d-1}\lambda^{d-1}\left(\overline{B}_1^{d-1}(\mathbf{0})\right) = (1-t^2)^{\frac{d-1}{2}}V_{d-1}.$$

(c) Mit den Überlegungen aus den Teilen (a) und (b) folgt nun mit dem Prinzip von Cavalieri

$$V_d = \left(\lambda^{d-1} \otimes \lambda\right)\!\left(\overline{B}_1^{d}(\mathbf{0})\right) \overset{\text{(a)}}{=} \int_{-1}^{1} \lambda^{d-1}\left(\overline{B}_{\sqrt{1-t^2}}^{d-1}(\mathbf{0})\right) \mathrm{d}\lambda(t) \overset{\text{(b)}}{=} V_{d-1}\int_{-1}^{1}(1-t^2)^{\frac{d-1}{2}}\,\mathrm{d}\lambda(t),$$

also gerade

$$V_d = V_{d-1}I_d \tag{26.5}$$

für

$$I_d = \int_{-1}^{1}(1-t^2)^{\frac{d-1}{2}}\,\mathrm{d}\lambda(t).$$

(d) Wir bestimmen nun für jedes $d \in \mathbb{N}$ den Wert des Integrals I_d. Dazu substituieren wir zunächst $t(x) = \sin(x)$ für $x \in [-1,1]$ und erhalten dann mit der Identität $\sin^2(x) + \cos^2(x) = 1$ für $x \in \mathbb{R}$ [3, Aufgabe 67]

$$I_d = \int_{-1}^{1}(1-t^2)^{\frac{d-1}{2}}\,\mathrm{d}\lambda(t) = \int_{-\frac{\pi}{2}}^{\frac{\pi}{2}} \cos^d(x)\,\mathrm{d}\lambda(x).$$

Das Integral kann nun mit den selben Techniken wie in [3, Aufgabe 200] bestimmt werden. Mit partieller Integration kann man dabei $d\,I_d = (d-1)I_{d-2}$ für $d \geq 2$ nachweisen. Natürlich gelten $I_0 = \pi$ und $I_1 = 2$, sodass wir mit Hilfe von vollständiger Induktion (iteratives Einsetzen)

$$I_{2d+1} = \frac{2d}{2d+1}I_{2d-1} = \frac{2d(2d-2)}{(2d+1)(2d-1)}I_{2d-3} = \ldots = \frac{2d(2d-2)\cdot\ldots\cdot 2}{(2d+1)(2d-1)\cdot\ldots\cdot 3}I_1$$

und

$$I_{2d} = \frac{2d-1}{2d}I_{2d-2} = \frac{(2d-1)(2d-3)}{2d(2d-2)}I_{2d-4} = \ldots = \frac{(2d-1)(2d-3)\cdot\ldots\cdot 3}{2d(2d-2)\cdot\ldots\cdot 2}I_0$$

erhalten. Alternativ lassen sich die obigen Ausdrücke auch für $d \geq 2$ mit der sogenannten Doppelfakultät als

$$I_{2d+1} = 2\cdot\frac{(2d)!!}{(2d+1)!!} \quad \text{und} \quad I_{2d} = \pi\cdot\frac{(2d-1)!!}{(2d)!!}$$

schreiben.

(e) Mit den Resultaten der vorherigen Schritte und Formel (26.5) folgen somit mit einer kleinen Rechnung

$$V_{2d+1} = V_1 \cdot \frac{(2\pi)^d}{(2d+1)!!} = \frac{2^{d+1}\pi^d}{(2d+1)!!}$$

und

$$V_{2d} = V_2 \cdot \frac{2^d\pi^{d-1}}{(2d)!!} = \frac{(2\pi)^d}{(2d)!!}.$$

Dabei haben wir natürlich verwendet, dass $V_1 = 2$ und $V_2 = \pi$ gelten. Wegen $3!! = 3$ können wir mit Hilfe der obigen Formel insbesondere das Volumen der dreidimensionalen Einheitskugel bestimmen, das $V_3 = 2^2\pi/3!! = 4\pi/3$ beträgt.

Lösung Aufgabe 203

(a) Wir beweisen nun, dass die Polarkoordinatenabbildung

$$\Psi : (0, +\infty) \times (-\pi, \pi) \to \mathbb{R}^2 \setminus \left\{(x, y)^\mathsf{T} \in \mathbb{R}^2 \mid x \le 0,\ y = 0\right\}$$

mit $\Psi(r, \varphi) = (r\cos(\varphi), r\sin(\varphi))^\mathsf{T}$ ein C^1-Diffeomorphismus ist. Zur Vereinfachung der Schreibweise definieren wir dafür die beiden Mengen $U = (0, +\infty) \times (-\pi, \pi)$ und $V = \mathbb{R}^2 \setminus \{(x, y)^\mathsf{T} \in \mathbb{R}^2 \mid x \le 0,\ y = 0\}$.

(α) Wir überlegen uns nun, dass die Abbildung Ψ wohldefiniert und bijektiv, also injektiv und surjektiv ist. Ist nämlich $(r, \varphi)^\mathsf{T} \in U$ beliebig, so ist entweder $\varphi \ne 0$ und damit wegen $r > 0$ auch $r\sin(\varphi) \ne 0$ oder $\varphi = 0$ und somit $r\cos(\varphi) = r > 0$. Somit gilt also stets $\Psi(r, \varphi) \in V$, das heißt, die Abbildung ist wohldefiniert. Sei nun $(x, y)^\mathsf{T} \in V$ beliebig gegeben, also entweder $x > 0$ oder $y \ne 0$. In jedem Fall ist damit $r = \sqrt{x^2 + y^2} > 0$ und mit einer kleinen Rechnung folgt $(x/r)^2 + (y/r)^2 = 1$. Wegen $(y/r)^2 \ge 0$ folgt somit insbesondere $|x/r| \le 1$. Hingegen muss stets $x/r \ne -1$ gelten, denn andernfalls würde dies wegen der obigen Gleichung zu $y/r = 0$, also wegen $r > 0$, zu $x < 0$ und $y = 0$ führen, was wegen $(x, y)^\mathsf{T} \in V$ nicht möglich ist. Somit gilt $y = 0$ genau dann, wenn $x/r = 1$ ist, womit wir stets einen eindeutig bestimmten Winkel $\varphi \in (-\pi, \pi)$ mit $\cos(\varphi) = x/r$ und $\mathrm{sign}(\varphi) = \mathrm{sign}(y)$ finden. Wegen $\sin^2(\varphi) + \cos^2(\varphi) = 1$ folgt damit

$$\sin(\varphi) = \mathrm{sign}(\sin(\varphi))\sqrt{\sin^2(\varphi)} = \mathrm{sign}(y)\sqrt{1 - \cos^2(\varphi)}.$$

Da aber natürlich $\mathrm{sign}(y)|y| = y$ gilt, vereinfacht sich die Gleichung schließlich zu

$$\sin(\varphi) = \mathrm{sign}(y)\sqrt{1 - \left(\frac{x}{r}\right)^2} = \mathrm{sign}(y)\sqrt{\left(\frac{y}{r}\right)^2} = \frac{y}{r},$$

das heißt, es gilt $\Psi(r, \varphi) = (x, y)^\mathsf{T}$. Wir haben somit wie gewünscht gezeigt, dass Ψ surjektiv ist. Für die Injektivität seien zunächst $(r, \varphi)^\mathsf{T}, (s, \psi)^\mathsf{T} \in U$ mit $\Psi(r, \varphi) = (x, y)^\mathsf{T} = \Psi(s, \psi)$. Wieder folgt mit der trigonometrischen Identität

$$s^2 = s^2(\sin^2(\psi) + \cos^2(\psi)) = x^2 + y^2 = r^2,$$

also wegen $r, s > 0$ gerade $r = s$. Folglich erhalten wir damit aber auch $\sin(\varphi) = y/r = y/s = \sin(\psi)$ und $\cos(\varphi) = x/s = x/r = \cos(\psi)$. Wegen der Voraussetzung $\varphi, \psi \in (-\pi, \pi)$ folgt aus $\cos(\varphi) = \cos(\psi)$ zunächst erst $\varphi = \pm\psi$. Damit ist aber auch $\sin(\varphi) = \sin(\pm\psi) = \pm\sin(\varphi)$ und schließlich $\varphi = \psi$. Dies zeigt aber gerade $(r, \varphi)^\mathsf{T} = (s, \psi)^\mathsf{T}$, womit wir wie gewünscht bewiesen haben, dass die Abbildung Ψ injektiv und weiter bijektiv ist.

(β)   Zum Schluss begründen wir noch kurz, dass Ψ ein C^1-Diffeomorphismus ist. Offensichtlich ist Ψ stetig differenzierbar. Weiter gilt aber auch für alle $(r, \varphi)^\mathsf{T} \in U$

$$J_\Psi(r, \varphi) = \begin{pmatrix} \cos(\varphi) & -r\sin(\varphi) \\ \sin(\varphi) & r\cos(\varphi) \end{pmatrix}$$

und folglich gerade

$$\det(J_\Psi(r, \varphi)) = r(\sin^2(\varphi) + \cos^2(\varphi)) = r > 0.$$

Die Jakobi-Matrix von Ψ ist somit invertierbar und $\Psi : U \to V$ ein C^1-Diffeomorphismus [2, 7.7 Theorem].

Anmerkung Da die Menge V (isomorph) mit $\mathbb{C} \setminus (-\infty, 0]$ identifiziert werden kann, redet man bei V häufig von der sogenannten *geschlitzten Ebene*.

(b) Im Folgenden werden wir das Doppelintegral

$$\iint_A f(x, y)\, d\lambda^2(x, y)$$

über der Menge $A = \{(x, y)^\mathsf{T} \in \mathbb{R}^2 \mid x^2 + y^2 < 9\}$ mit Hilfe des Transformationssatzes und dem Satz von Fubini bestimmen. Dabei ist die Funktion $f : \mathbb{R}^2 \to [0, +\infty)$ gemäß $f(x, y) = x^2 + xy + y^2$ definiert. Wir verwenden dazu die Polarkoordinatenabbildung

$$\Psi : U \to \mathbb{R}^2 \setminus N \quad \text{mit} \quad \Psi(r, \varphi) = (r\cos(\varphi), r\sin(\varphi))^\mathsf{T}$$

aus Teil (a) dieser Lösung, wobei wir erneut $U = (0, 3) \times (-\pi, \pi)$ und $N = \{(x, y)^\mathsf{T} \in \mathbb{R}^2 \mid x \leq 0, \ y = 0\}$ setzen. Da Ψ ein C^1-Diffeomorphismus mit

$\Psi(U) = A \setminus N$ und N eine Lebesgue-Nullmenge (!) ist, folgt gemäß dem Transformationssatz (!!) zunächst

$$\iint_A f(x,y)\,d\lambda^2(x,y) \overset{(!)}{=} \iint_{A \setminus N} f(x,y)\,d\lambda^2(x,y)$$

$$= \iint_{\Psi(U)} f(x,y)\,d\lambda^2(x,y)$$

$$\overset{(!!)}{=} \iint_U f(\Psi(r,\varphi))|\det(J_\Psi(r,\varphi))|\,d\lambda^2(r,\varphi),$$

das heißt, die Funktion f ist genau dann auf der Bildmenge $\Psi(U)$ Lebesgue-integrierbar, wenn $f(\Psi)|\det(J_\Psi)|$ auf U integrierbar ist. Wir berechnen nun das transformierte Integral auf der rechten Seite. Für alle $(r,\varphi)^\mathsf{T} \in U$ folgen mit einer kleinen Rechnung

$$f(\Psi(r,\varphi)) = f(r\cos(\varphi), r\sin(\varphi))$$

$$= r^2(\sin^2(\varphi) + \cos^2(\varphi)) + r^2\sin(\varphi)\cos(\varphi) = r^2 + r^2\sin(\varphi)\cos(\varphi)$$

und $J_\Psi(r,\varphi) = r$ (vgl. Teil (a) dieser Lösung). Wir erhalten somit

$$\iint_U f(\Psi(r,\varphi))|\det(J_\Psi(r,\varphi))|\,d\lambda^2(r,\varphi) = \iint_{(0,3)\times(-\pi,\pi)} r^3 + r^3\sin(\varphi)\cos(\varphi)\,d\lambda^2(r,\varphi).$$

Da $U \to [0,+\infty)$ mit $(r,\varphi)^\mathsf{T} \mapsto r^3 + r^3\sin(\varphi)\cos(\varphi)$ eine nichtnegative und messbare (stetige) Funktion ist, lässt sich das Integral wie folgt mit dem Satz von Fubini berechnen:

$$\iint_{(0,3)\times(-\pi,\pi)} r^3 + r^3\sin(\varphi)\cos(\varphi)\,d\lambda^2(r,\varphi)$$

$$= \int_{-\pi}^{\pi}\left(\int_0^3 r^3 + r^3\sin(\varphi)\cos(\varphi)\,d\lambda(r)\right)d\lambda(\varphi)$$

$$= \left(\int_{-\pi}^{\pi} 1 + \sin(\varphi)\cos(\varphi)\,d\lambda(\varphi)\right)\left(\int_0^3 r^3\,d\lambda(r)\right)$$

$$= \frac{81\pi}{2},$$

wobei wir im letzten Schritt $\int_{-\pi}^{\pi}\sin(\varphi)\cos(\varphi)\,d\lambda(\varphi) = 0$ verwendet haben. Insgesamt erhalten wir also

$$\iint_A f(x,y)\,d\lambda^2(x,y) = \frac{81\pi}{2}.$$

Lösung Aufgabe 204 Zur Übersicht wird die Lösung dieser Aufgabe in mehrere
Abschnitte unterteilt.

(a) Wir bemerken zunächst, dass der Integrand $f : A \to \mathbb{R}$ mit $f(x, y) = x^2/(2y^3)$
    wohldefiniert ist (keine Division durch Null), da für jedes Element $(x, y)^\mathsf{T} \in A$
    insbesondere $y \neq 0$ gilt. Dies können wir mit Hilfe der vierten Ungleichung in
    der Definition von A sehen, denn wäre $y = 0$, so würde aus $y \geq 3x^2$ gerade
    $x = 0$ folgen, was nach Definition der Menge nicht möglich ist.

(b) Mit den formalen Substitutionen $u = y/x$ und $v = y/x^2$ können wir die Menge
    A wie folgt umschreiben (vgl. Abb. 26.3):

$$A = \left\{ (x, y)^\mathsf{T} \in \mathbb{R}^2 \setminus \{(0, 0)^\mathsf{T}\} \mid \frac{y}{x} \leq 2,\ 1 \leq \frac{y}{x},\ \frac{y}{x^2} \leq 2,\ 1 \leq \frac{y}{x^2} \right\}$$
$$= \left\{ (u, v)^\mathsf{T} \in \mathbb{R}^2 \mid 1 \leq u \leq 2,\ 1 \leq v \leq 2 \right\}$$
$$= [1, 2]^2.$$

Weiter folgen (formal) mit einer kleinen Rechnung – hier werden x und y als
Funktionen in u und v aufgefasst –

$$x = \frac{y/x}{y/x^2} = \frac{u}{v} \quad \text{und} \quad y = \frac{(y/x)^2}{y/x^2} = \frac{u^2}{v}$$

sowie

$$\det \begin{pmatrix} \partial_u x & \partial_v x \\ \partial_u y & \partial_v y \end{pmatrix} = \det \begin{pmatrix} 1/v & -u/v^2 \\ 2u/v & -u^2/v^2 \end{pmatrix} = -\frac{u^2}{v^3} - \left(-\frac{2u^2}{v^3} \right) = \frac{u^2}{v^3}.$$

Mit dem Transformationssatz (!) und dem Satz von Fubini (!!) folgt somit wegen
$x^2/(2y^3) = v/(2u^4)$ gerade

$$\iint_A \frac{x^2}{2y^3}\, \mathrm{d}\lambda^2(x, y) \overset{(!)}{=} \iint_{[1,2]^2} \frac{v}{2u^4} \cdot \frac{u^2}{v^3}\, \mathrm{d}\lambda^2(u, v)$$
$$= \frac{1}{2} \iint_{[1,2]^2} \frac{1}{u^2 v^2}\, \mathrm{d}\lambda^2(u, v)$$
$$\overset{(!!)}{=} \frac{1}{2} \int_1^2 \frac{1}{v^2} \left(\int_1^2 \frac{1}{u^2}\, \mathrm{d}\lambda(u) \right) \mathrm{d}\lambda(v)$$
$$= \frac{1}{2} \left(\int_1^2 \frac{1}{u^2}\, \mathrm{d}\lambda(u) \right)^2$$
$$= \frac{1}{2} \left(-\frac{1}{u} \Big|_1^2 \right)^2$$
$$= \frac{1}{8}.$$

(c) Zum Schluss sollten wir uns noch kurz klarmachen, warum das formale Vorgehen aus Schritt (b) gerechtfertigt ist. Zunächst haben wir die Menge A mit Hilfe der Substitutionen $u = y/x$ und $v = y/x^2$ formal zu $[1, 2]^2$ umgeschrieben. Genauer gesagt, haben wir $\Phi(A) = [1, 2]^2$ gezeigt, wobei die Abbildung $\Phi : A \to [-1, 1]^2$ durch $\Phi(x, y) = (y/x, y/x^2)^{\mathsf{T}}$ gegeben ist. Weiter kann man zeigen, dass Φ die Menge A bijektiv auf das Quadrat $[1, 2]^2$ abbildet und die Umkehrabbildung $\Phi^{-1} : [1, 2]^2 \to A$ durch $\Phi^{-1}(u, v) = (u/v, u^2/v)^{\mathsf{T}}$ gegeben ist. Für die weiteren Überlegungen müssen wir beachten, dass Isomorphismen lediglich auf offenen Mengen definiert sind – die Mengen A und $[1, 2]^2$ sind aber nicht offen. Dazu setzen wir

$$A' = \mathrm{int}(A) = \left\{ (x, y)^{\mathsf{T}} \in \mathbb{R}^2 \mid y < 2x, \ x < y, \ y < 2x^2, \ x^2 < y \right\}$$

und definieren die bijektive Abbildung $\Psi : A' \to (1, 2)^2$ mit $\Psi = \Phi^{-1}$. Wegen

$$\det(J_\Psi(u, v)) = \begin{pmatrix} \partial_u \Psi_1(u, v) & \partial_v \Psi_1(u, v) \\ \partial_u \Psi_2(u, v) & \partial_v \Psi_2(u, v) \end{pmatrix} = \begin{pmatrix} 1/v & -u/v^2 \\ 2u/v & -u^2/v^2 \end{pmatrix} = \frac{u^2}{v^3} \neq 0$$

für alle $(u, v)^{\mathsf{T}} \in A'$ ist Ψ sogar ein Diffeomorphismus von A' nach $(1, 2)^2$. Da der Rand von A eine Lebesgue-Nullmenge ist, gilt

$$\iint_A f(x, y) \, d\lambda^2(x, y) = \iint_{A'} f(x, y) \, d\lambda^2(x, y)$$

für $f : \{(x, y)^{\mathsf{T}} \in \mathbb{R}^2 \mid y \neq 0\} \to \mathbb{R}$ mit $f(x, y) = x^2/(2y^3)$. Die Transformationsformel (!) liefert somit gerade

$$\iint_A f(x, y) \, d\lambda^2(x, y) \overset{(!)}{=} \iint_{(1,2)^2} f(\Psi(u, v)) |\det(J_\Psi(u, v))| \, d\lambda^2(u, v)$$

$$= \iint_{[1,2]^2} \frac{v}{2u^4} \cdot \frac{u^2}{v^3} \, d\lambda^2(u, v).$$

Dabei haben wir im letzten Schritt erneut verwendet, dass der Rand des Quadrats $[1, 2]^2$ ebenfalls eine Lebesgue-Nullmenge ist. Da die stetige Funktion f insbesondere messbar ist und $f > 0$ auf $[1, 2]^2$ gilt, können wir das obige Integral mit dem Satz von Fubini (!!) berechnen. Mit diesem folgt dann

$$\frac{1}{2} \iint_{[1,2]^2} \frac{1}{u^2 v^2} \, d\lambda^2(u, v) \overset{(!!)}{=} \frac{1}{2} \int_1^2 \frac{1}{v^2} \left(\int_1^2 \frac{1}{u^2} \, d\lambda(u) \right) d\lambda(v)$$

$$= \frac{1}{2} \left(\int_1^2 \frac{1}{u^2} \, d\lambda(u) \right) \left(\int_1^2 \frac{1}{v^2} \, d\lambda(v) \right)$$

$$= \frac{1}{2} \left(\int_1^2 \frac{1}{u^2} \, d\lambda(u) \right)^2.$$

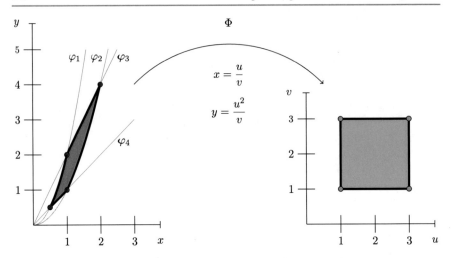

Abb. 26.3 Darstellung der Menge A (rot), die durch die vier Funktionen $\varphi_1, \varphi_2, \varphi_3, \varphi_4$: $(0, +\infty) \to \mathbb{R}$ mit $\varphi_1(x) = 2x^2$, $\varphi_2(x) = 2x$, $\varphi_3(x) = x^2$ und $\varphi_4(x) = x$ eingeschlossen wird sowie das Quadrat $[1, 2]^2$ (grün)

Anmerkung Der Beweis, dass die Abbildung $\Phi : A' \to (1, 2)^2$ mit $\Phi^{-1}(x, y) = (y/x, y/x^2)^\mathsf{T}$ bijektiv ist, ist nicht weiter kompliziert, aber ein wenig aufwendig (vgl. beispielsweise auch die Lösung von Aufgabe 203 (a)). Ein guter *Indikator*, dass Φ bijektiv ist beziehungsweise die vorgeschlagene Substitutionen erlaubt sind, ist dass sich bei der formalen Berechnung von Φ^{-1} in Teil (b) dieser Lösung und der Anwendung des Transformationssatzes in (!) alle (x, y)-Variablen als (u, v)-Variablen umschreiben lassen.

Lösung Aufgabe 205 Zur Übersicht unterteilen wir die Lösung dieser Aufgabe in mehrere Teile:

(a) In Schritt (α) haben wir lediglich die Definition des Integrals I verwendet und das Produkt $I^2 = I \cdot I$ ausgeschrieben.

(b) Für Schritt (β) müssen wir uns kurz überlegen, dass das Integral I endlich ist, denn dann folgt wegen der Linearität des Integrals gerade

$$\left(\int_0^{+\infty} e^{-x^2}\, dx\right)\left(\int_0^{+\infty} e^{-y^2}\, dy\right) = \int_0^{+\infty} e^{-x^2}\left(\int_0^{+\infty} e^{-y^2}\, dy\right) dx.$$

Wir schreiben dazu geschickt

$$I = \int_0^{+\infty} e^{-x^2}\, dx = \int_0^1 e^{-x^2}\, dx + \int_1^{+\infty} e^{-x^2}\, dx.$$

Dabei ist das erste Integral auf der rechten Seite endlich, denn die Menge $[0, 1]$ ist kompakt und der Integrand ist eine stetige Funktion. Für das zweite Integral kann man verwenden, dass wegen $x \geq 1$ gerade $x^2 \geq x$ und somit $e^{-x^2} \leq e^{-x}$ folgen. Weiter erhalten wir mit einer kleinen Rechnung

$$\int_1^{+\infty} e^{-x^2} \, dx \leq \int_1^{+\infty} e^{-x} \, dx = -e^{-x} \Big|_0^{+\infty} = \frac{1}{e} - \lim_{\alpha \to +\infty} e^{-\alpha} = \frac{1}{e},$$

sodass auch das zweite Integral gemäß dem Majorantenkriterium für Integrale (absolut) konvergent ist.

(c) Wir überlegen uns nun, dass Schritt (γ) gerechtfertigt ist. Zunächst schreiben wir

$$\int_0^{+\infty} e^{-x^2} \left(\int_0^{+\infty} e^{-y^2} \, dy \right) dx = \lim_{n \to +\infty} \int_0^n e^{-x^2} \left(\int_0^n e^{-y^2} \, dy \right) dx.$$

Da die Funktion $f : \mathbb{R}^2 \to \mathbb{R}$ mit $f(x, y) = e^{-(x^2+y^2)}$ stetig ist, folgt gemäß dem Satz von Fubini gerade

$$\int_0^n e^{-x^2} \left(\int_0^n e^{-y^2} \, dy \right) dx = \iint_{[0,n] \times [0,n]} e^{-(x^2+y^2)} \, d(x, y)$$

für alle $n \in \mathbb{N}$, sodass wir beim Übergang zum Grenzwert $n \to +\infty$ wie behauptet

$$\int_0^{+\infty} e^{-x^2} \left(\int_0^{+\infty} e^{-y^2} \, dy \right) dx = \iint_{[0,+\infty) \times [0,+\infty)} e^{-(x^2+y^2)} \, d(x, y)$$

erhalten.

(d) Wir begründen zum Schluss die verbleibenden Schritte (δ) und (ε). Definieren wir für jedes $n \in \mathbb{N}$ den Viertelkreis im ersten Quadranten

$$B_n^+(\mathbf{0}) = \left\{ (x, y)^\mathsf{T} \in \mathbb{R}^2 \mid x^2 + y^2 < n^2, \ x \geq 0, \ y \geq 0 \right\},$$

so gilt wegen $\bigcup_{n \in \mathbb{N}} B_n^+(\mathbf{0}) = [0, +\infty) \times [0, +\infty)$ offensichtlich

$$\iint_{[0,+\infty) \times [0,+\infty)} e^{-(x^2+y^2)} \, d(x, y) = \lim_{n \to +\infty} \iint_{B_n^+(\mathbf{0})} e^{-(x^2+y^2)} \, d(x, y).$$

Wir berechnen nun für jedes $n \in \mathbb{N}$ das Integral auf der rechten Seite. Dazu führen wir die Polarkoordinatenfunktion $\Psi : (0, n) \times (0, \pi/2) \to \mathbb{R}^2 \setminus N$ mit $N = \{(x, y)^\mathsf{T} \in \mathbb{R}^2 \mid x \leq 0, \ y = 0\}$ und $\Psi(r, \varphi) = (r \cos(\varphi), r \sin(\varphi))^\mathsf{T}$ ein (vgl. auch Aufgabe 203). Da es sich bei den Mengen $B_n^+(\mathbf{0})$ lediglich um Viertelkreise handelt, variiert der Winkel φ zwischen 0 und $\pi/2$. Mit dem Transformationssatz folgt somit wegen $\det(J_\Psi(r, \varphi)) = r$ und $\sin^2(\varphi) + \cos^2(\varphi) = 1$ für $\varphi \in (0, \pi/2)$

$$\iint_{B_n^+(0)} e^{-(x^2+y^2)} \, d(x, y) = \iint_{(0,n) \times (0, \frac{\pi}{2})} r e^{-r^2(\sin^2(\varphi) + \cos^2(\varphi))} \, d(r, \varphi)$$

$$= \iint_{(0,n) \times (0, \frac{\pi}{2})} r e^{-r^2} \, d(r, \varphi).$$

Das Integral auf der rechten Seite lässt sich nun erneut mit dem Satz von Fubini berechnen. Damit folgt wegen $(e^{-t^2})' = -2t e^{-t^2}$ für $t \in \mathbb{R}$

$$\iint_{(0,n) \times (0, \frac{\pi}{2})} r e^{-r^2} \, d(r, \varphi) = \int_0^{\frac{\pi}{2}} \left(\int_0^n r e^{-r^2} \, dr \right) d\varphi$$

$$= \int_0^{\frac{\pi}{2}} \left(-\frac{e^{-r^2}}{2} \Big|_0^n \right) d\varphi = \frac{\pi}{2} \left(\frac{1}{2} - \frac{e^{-n^2}}{2} \right),$$

womit wir insgesamt

$$\int_0^{\frac{\pi}{2}} \left(\int_0^{+\infty} r e^{-r^2} \, dr \right) d\varphi = \lim_{n \to +\infty} \iint_{(0,n) \times (0, \frac{\pi}{2})} r e^{-r^2} \, d(r, \varphi)$$

$$= \lim_{n \to +\infty} \frac{\pi}{2} \left(\frac{1}{2} - \frac{e^{-n^2}}{2} \right)$$

$$= \frac{\pi}{4},$$

also $I^2 = \pi/4$ erhalten.

Lösung Aufgabe 206

(a) Die Menge $A = \{(x, y)^\mathsf{T} \in \mathbb{R}^2 \mid 1 \leq x^2 + 2y^2, \ x^2 + y^2 \leq 1\}$ beschreibt eine zweidimensionale Kreisscheibe mit Mittelpunkt $(0, 0)^\mathsf{T}$ und Radius 1, aus der das Innere der Ellipse $(x, y)^\mathsf{T} \in \mathbb{R}^2 : x^2 + 2y^2 = 1$ herausgeschnitten wurde. Die Menge A ist damit sowohl zur x-Achse als auch zur y-Achse symmetrisch. Wir betrachten nun die vier Mengen

$$A_1 = \{(x, y)^\mathsf{T} \in A \mid x > 0, \ y \geq 0\}, \qquad A_2 = \{(x, y)^\mathsf{T} \in A \mid x \leq 0, \ y > 0\},$$
$$A_3 = \{(x, y)^\mathsf{T} \in A \mid x < 0, \ y \leq 0\}, \qquad A_4 = \{(x, y)^\mathsf{T} \in A \mid x \geq 0, \ y < 0\},$$

also den Schnitt von A mit jeweils einem der vier Quadranten (vgl. Abb. 26.4). Offensichtlich gilt $A = A_1 \cup A_2 \cup A_3 \cup A_4$. Weiter folgen $xy^3 \geq 0$ für $(x, y)^\mathsf{T} \in A_1$ und $(x, y)^\mathsf{T} \in A_3$ beziehungsweise $xy^3 \leq 0$ für $(x, y)^\mathsf{T} \in A_2$ und $(x, y)^\mathsf{T} \in A_4$, sodass wir schließlich mit einem einfachen Symmetrieargument

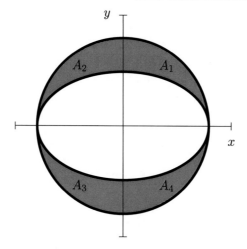

Abb. 26.4 Darstellung der Menge $A = A_1 \cup A_2 \cup A_3 \cup A_4$

$$\iint_A xy^3 \, d\lambda^2(x, y) = \iint_{A_1} xy^3 \, d\lambda^2(x, y) + \iint_{A_2} xy^3 \, d\lambda^2(x, y)$$
$$+ \iint_{A_3} xy^3 \, d\lambda^2(x, y) + \iint_{A_4} xy^3 \, d\lambda^2(x, y)$$
$$= \iint_{A_1} xy^3 \, d\lambda^2(x, y) - \iint_{A_1} xy^3 \, d\lambda^2(x, y)$$
$$+ \iint_{A_3} xy^3 \, d\lambda^2(x, y) - \iint_{A_3} xy^3 \, d\lambda^2(x, y)$$
$$= 0$$

erhalten. Dass dabei wirklich

$$\iint_{A_2} xy^3 \, d\lambda^2(x, y) = - \iint_{A_1} xy^3 \, d\lambda^2(x, y)$$

gilt (den anderen Zusammenhang zeigt man analog), kann man sich natürlich wieder mit dem Transformationssatz überlegen. Dazu muss man lediglich beachten, dass $\Psi : \text{int}(A_1) \rightarrow \text{int}(A_2)$ mit $\Psi(x, y) = (-x, y)^\mathsf{T}$ ein C^1-Diffeomorphismus mit $\det(J_\Psi(x, y)) = -1$ für $(x, y)^\mathsf{T} \in \text{int}(A_1)$ ist. Damit folgt wie gewünscht

$$\iint_{A_2} xy^3 \, d\lambda^2(x, y) = \iint_{\Psi(A_1)} xy^3 \, d\lambda^2(x, y)$$

$$= \iint_{A_1} \Psi_1(x, y)\Psi_2^3(x, y) |\det(J_\Psi(x, y))| \, d\lambda^2(x, y)$$

$$= -\iint_{A_1} xy^3 \, d\lambda^2(x, y).$$

(b) Die Menge A, das heißt, das Parallelogramm mit den Eckpunkten $a^1 = (1, 1)^\mathsf{T}$, $a^2 = (3, 3)^\mathsf{T}$, $a^3 = (4, 2)^\mathsf{T}$ und $a^4 = (6, 4)^\mathsf{T}$ ist in Abb. 26.5 dargestellt. Die Idee dieser Lösung ist es nun ein Koordinatentransformation Ψ so zu konstruieren, dass das Bild $\Psi(A)$ ein Rechteck im $\mathbb{R}^2$ ist. Das transformierte Integral über das Rechteck lässt sich dann problemlos mit Hilfe des Satzes von Fubini berechnen. Zur Konstruktion der Transformation Ψ ist es zunächst ratsam jede der vier Seiten des Parallelogramms als (Teilstück des) Graphen einer Geraden zu beschreiben. Wir können ablesen, dass die Gerade $\varphi^{1,2} : \mathbb{R} \to \mathbb{R}$, die durch die Punkte a^1 und a^2 geht, eine Steigung von 1 besitzt und die y-Achse im Nullpunkt schneidet. Somit folgt $\varphi^{1,2}(x) = x$ für $x \in \mathbb{R}$. Auf gleiche Weise können wir auch die Geradengleichungen für die verbleibenden Funktionen $\varphi^{3,4}, \varphi^{2,4}, \varphi^{1,3} : \mathbb{R} \to \mathbb{R}$ aufstellen, die $\varphi^{3,4}(x) = x-2$, $\varphi^{2,4}(x) = x/3+2$ und $\varphi^{1,3}(x) = x/3+2/3$ für $x \in \mathbb{R}$ lauten (vgl. Abb. 26.6). Damit lässt sich das Parallelogramm äquivalent schreiben als

$$A = \left\{ (x, y)^\mathsf{T} \in \mathbb{R}^2 \mid \varphi^{1,2}(x) \geq y, \ \varphi^{2,4}(x) \geq y, \ \varphi^{1,3}(x) \leq y, \ \varphi^{3,4}(x) \leq y \right\}$$

$$= \left\{ (x, y)^\mathsf{T} \in \mathbb{R}^2 \mid x - y \geq 0, \ x - 3y \geq -6, \ x - 3y \leq -2, \ x - y \leq 2 \right\}.$$

Wegen dieser Darstellung der Menge A untersuchen wir nun die lineare Transformation $\Psi : A \to \mathbb{R}^2$ mit $\Psi(x, y) = (x - y, 3y - x)^\mathsf{T}$ beziehungsweise $\Psi(x, y) = \left(\begin{smallmatrix} 1 & -1 \\ -1 & 3 \end{smallmatrix} \right)(x, y)^\mathsf{T}$ (Matrix-Schreibweise). Für diese kann man aus der

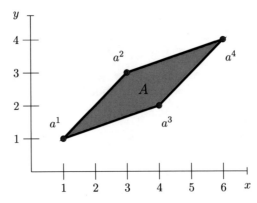

Abb. 26.5 Darstellung des Parallelogramms A mit Eckpunkten $a^1 = (1, 1)^\mathsf{T}$, $a^2 = (3, 3)^\mathsf{T}$, $a^3 = (4, 2)^\mathsf{T}$ und $a^4 = (6, 4)^\mathsf{T}$

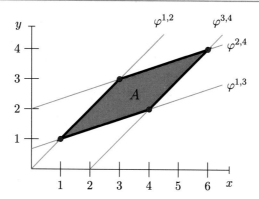

Abb. 26.6 Darstellung des Parallelogramms A, das durch die vier Geraden $\varphi^{1,2}$, $\varphi^{3,4}$, $\varphi^{2,4}$ und $\varphi^{1,3}$ eingeschlossen wird

obigen Darstellung von A gerade $\Psi(A) = [0, 2] \times [2, 6]$ ablesen, das heißt, das Bild ist ein Rechteck im $\mathbb{R}^2$ (vgl. Abb. 26.7). Da $\det\left(\begin{smallmatrix} 1 & -1 \\ -1 & 3 \end{smallmatrix}\right) = 4$ gilt, definiert Ψ eine Bijektion von A auf $[0, 2] \times [2, 6]$. Folglich bildet die Umkehrabbildung $\Psi^{-1} : [0, 2] \times [2, 6] \to \mathbb{R}^2$ mit

$$\Psi^{-1}(x, y) = \begin{pmatrix} 1 & -1 \\ -1 & 3 \end{pmatrix}^{-1} \begin{pmatrix} x \\ y \end{pmatrix} = \begin{pmatrix} 3/4 & 1/4 \\ 1/4 & 1/4 \end{pmatrix} \begin{pmatrix} x \\ y \end{pmatrix} = \begin{pmatrix} 3x/4 + y/4 \\ x/4 + y/4 \end{pmatrix}$$

das Rechteck $[0, 2] \times [2, 6]$ auf das Parallelogramm A ab. Offensichtlich ist Ψ nicht die einzige Transformation, die die Menge A auf ein Rechteck abbildet. Beispielsweise ist $\Psi^* : A \to \mathbb{R}^2$ mit

$$\Psi^*(x, y) = \begin{pmatrix} 1 & -1 \\ -1 & 3 \end{pmatrix} \begin{pmatrix} 1/2 & 0 \\ 0 & 1/4 \end{pmatrix} \begin{pmatrix} x \\ y \end{pmatrix} + \begin{pmatrix} 0 \\ -2 \end{pmatrix} = \begin{pmatrix} x/2 - y/4 \\ -x/2 + 3y/4 - 2 \end{pmatrix},$$

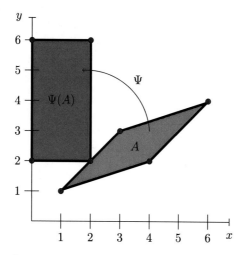

Abb. 26.7 Transformation des Parallelogramms A auf ein Rechteck

eine affine Abbildung, die A zunächst auf das Rechteck $[0, 2] \times [2, 6]$ abbildet, dann die Seiten dieses zum Quadrat $[0, 1] \times [2, 3]$ staucht und anschließend auf der y-Achse zum Einheitsquadrat $[0, 1] \times [0, 1]$ verschiebt. Zur Berechnung des zweidimensionalen Integrals

$$\iint_A x - y \, d\lambda^2(x, y).$$

werden wir nun den oben definierten C^1-Diffeomorphismus $\Psi^{-1} : [0, 2] \times [2, 6] \to \mathbb{R}^2$ mit $\Psi^{-1}([0, 2] \times [2, 6]) = A$ verwenden. Dass es sich dabei um einen C^1-Diffeomorphismus handelt folgt aus unseren Vorüberlegungen und $\det(J_{\Psi^{-1}}(x, y)) = 1/8$ für alle $(x, y)^\mathsf{T} \in [0, 2] \times [2, 6]$ – streng genommen ist Ψ^{-1} lediglich ein Diffeomorphismus zwischen $(0, 2) \times (2, 6)$ und int(A). Der Transformationssatz (!) liefert somit wegen $\Psi_1^{-1}(x, y) = 3x/4 + y/4$ und $\Psi_2^{-1}(x, y) = x/4 + y/4$

$$\iint_A x - y \, d\lambda^2(x, y) = \iint_{\Psi^{-1}([0,2]\times[2,6])} x - y \, d\lambda^2(x, y)$$

$$\stackrel{(!)}{=} \iint_{[0,2]\times[2,6]} \left(\Psi_1^{-1}(x, y) - \Psi_2^{-1}(x, y) \right) |\det(J_{\Psi^{-1}}(x, y))| \, d\lambda^2(x, y)$$

$$= \frac{1}{8} \iint_{[0,2]\times[2,6]} \frac{3x}{4} + \frac{y}{4} - \left(\frac{x}{4} + \frac{y}{4} \right) d\lambda^2(x, y)$$

$$= \frac{1}{16} \iint_{[0,2]\times[2,6]} x \, d\lambda^2(x, y).$$

Das Integral können wir nun schließlich ähnlich wie in Aufgabe 204 mit dem Satz von Fubini (!!) berechnen:

$$\frac{1}{16} \iint_{[0,2]\times[2,6]} x \, d\lambda^2(x, y) \stackrel{(!!)}{=} \frac{1}{16} \int_0^2 \left(\int_2^6 x \, d\lambda(y) \right) d\lambda(x) = \frac{1}{16} \int_0^2 4x \, d\lambda(x) = \frac{1}{2}.$$

(c) Wir untersuchen zunächst die Menge A, die durch die drei Geraden $y = x/2$, $y = 2x$ und $x + y = 2$ eingeschlossen wird. Ähnlich wie in Teil (b) dieser Aufgabe gilt (vgl. Abb. 26.8)

$$A = \left\{ (x, y)^\mathsf{T} \in \mathbb{R}^2 \mid \frac{x}{2} \leq y, \ 2x \geq y, \ x + y \leq 3 \right\}$$

$$= \left\{ (x, y)^\mathsf{T} \in \mathbb{R}^2 \mid 2y - x \geq 0, \ 2x - y \geq 0, \ x + y \leq 3 \right\}.$$

Somit wird A durch die Transformation $\Phi : A \to \mathbb{R}^2$ mit $\Phi(x, y) = (2y - x, 2x - y)^\mathsf{T}$ auf das Dreieck $\Phi(A) = \{(x, y)^\mathsf{T} \in \mathbb{R}^2 \mid x \geq 0, \ y \geq 0, \ x + y \leq 3\}$ abgebildet. Wir können nun ähnlich wie in Teil (b) vorgehen und mit dem Transformationssatz das Integral der Funktion $f : \mathbb{R}^2 \to \mathbb{R}$ mit $f(x, y) = x + y$ über der Menge A zu bestimmen. Wir wollen jedoch noch einen alternativen Lösungsweg verfolgen, der es ermöglicht, das Einheitsdreieck $A' = \{(x, y)^\mathsf{T} \in$

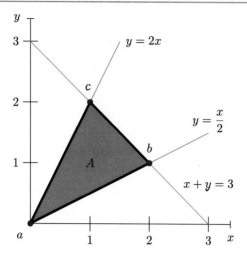

Abb. 26.8 Darstellung des Dreiecks A, das durch die Geraden $y = x/2$, $y = 2x$ und $x + y = 3$ eingeschlossen wird

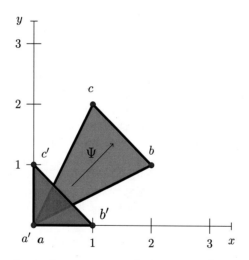

Abb. 26.9 Transformation des Standarddreiecks $A' = \{(x, y)^\mathsf{T} \in \mathbb{R}^2 \mid x \geq 0, \ y \geq 0, \ x + y \leq 1\}$ (blau) auf das Dreieck A (rot)

$\mathbb{R}^2 \mid x \geq 0, \ y \geq 0, \ x + y \leq 1\}$ auf jedes beliebige Dreieck mit den Eckpunkten $a = (a_1, a_2)^\mathsf{T}$, $b = (b_1, b_2)^\mathsf{T}$, und $c = (c_1, c_2)^\mathsf{T}$ zu transformieren. Dies leistet die Abbildung $\Psi : A' \to A$ mit

$$\Psi(x, y) = \begin{pmatrix} a_1 + (b_1 - a_1)x + (c_1 - a_1)y \\ a_2 + (b_2 - a_2)x + (c_2 - a_2)y \end{pmatrix} = \begin{pmatrix} 2x + y \\ x + 2y \end{pmatrix},$$

die A' bijektiv auf A abbildet (vgl. Abb. 26.9). Wegen

$$\det(J_\Psi(x, y)) = \det \begin{pmatrix} 2 & 1 \\ 1 & 2 \end{pmatrix} = 4 - 1 = 3$$

für $(x, y)^\mathsf{T} \in A'$ ist Ψ sogar ein C^1-Diffeomorphismus, sodass schließlich mit der Transformationsformel (!) sowie dem Satz von Fubini (!!)

$$
\begin{aligned}
\iint_A x + y \, d\lambda^2(x, y) &= \iint_{\Psi(A')} f(x, y) \, d\lambda^2(x, y) \\
&\overset{(!)}{=} \iint_{A'} f(\Psi(x, y)) |\det(J_\Psi(x, y))| \, d\lambda^2(x, y) \\
&= \iint_{A'} 9(x + y) \, d\lambda^2(x, y) \\
&\overset{(!!)}{=} \int_0^1 \left(\int_0^{1-x} 9(x + y) \, d\lambda(y) \right) d\lambda(x) \\
&= \frac{9}{2} \int_0^1 1 - x^2 \, d\lambda(x) \\
&= 3
\end{aligned}
$$

folgt. Dabei haben wir in der obigen Rechnung verwendet, dass $f(\Psi(x, y)) = \Psi_1(x, y) + \Psi_2(x, y) = 3(x + y)$ für jedes $(x, y)^\mathsf{T} \in A'$ gilt.

(d) Das Volumen einer dreidimensionalen Kugel mit Radius $r = 2$ ist offensichtlich unabhängig von der Lage der Kugel. Diese elementare Beobachtung kann man sich beispielsweise mit dem Transformationssatz überlegen. Wir können somit im Folgenden das Volumen der (zentrierten) Kugel $\overline{B}_2(\mathbf{0})$ mit Mittelpunkt $\mathbf{0} = (0, 0, 0)^\mathsf{T}$ und Radius $r = 2$ bestimmen. Diese ist gegeben durch $\overline{B}_2(\mathbf{0}) = \{(x, y, z)^\mathsf{T} \in \mathbb{R}^3 \mid x^2 + y^2 + z^2 \leq 4\}$. Weiter genügt es lediglich den Teil von $\overline{B}_2(\mathbf{0})$ zu betrachten, der im ersten Orthanten liegt, also

$$
\begin{aligned}
\overline{B}_2^+(\mathbf{0}) &= \overline{B}_2(\mathbf{0}) \cap [0, +\infty)^3 \\
&= \{(x, y, z)^\mathsf{T} \in \mathbb{R}^3 \mid x \geq 0, \ y \geq 0, \ z \geq 0, \ x^2 + y^2 + z^2 \leq 4\}.
\end{aligned}
$$

Am Ende müssen wir unser Ergebnis lediglich noch mit 8 multiplizieren. Das Volumen von $\overline{B}_2^+(\mathbf{0})$ werden wir nun mit Hilfe von Kugelkoordinaten $\Psi : (0, \pi/2) \times (0, \pi/2) \times (0, 2) \to \mathbb{R}^3$ mit

$$\Psi(r, \theta, \varphi) = \big(r \sin(\theta) \cos(\varphi), r \sin(\theta) \sin(\varphi), r \cos(\theta)\big)^\mathsf{T}$$

berechnen. Dabei läuft der Winkel θ von 0 bis $\pi/2$ und erzeugt so bei konstantem anderen Winkel φ und konstantem Radius r einen Viertelkreis. Auf gleiche Weise durchläuft φ das Intervall $(0, \pi/2)$ und erzeugt dabei eine Kreisschale. Da der Radius r schließlich von 0 bis 2 läuft, wird auf diese Weise die gesamte

Kreisschale $\overline{B}_2^{+}(\mathbf{0})$ ausgefüllt. Weiter gilt für jedes $(r, \theta, \varphi)^{\mathsf{T}} \in (0, \pi/2) \times (0, \pi/2) \times (0, 2)$ mit einer kleinen Rechnung

$$J_{\Psi}(r, \theta, \varphi) = \begin{pmatrix} \sin(\theta)\cos(\varphi) & r\cos(\theta)\cos(\varphi) & -r\sin(\theta)\sin(\varphi) \\ \sin(\theta)\sin(\varphi) & r\cos(\theta)\sin(\varphi) & r\sin(\theta)\cos(\varphi) \\ \cos(\theta) & -r\sin(\theta) & 0 \end{pmatrix}.$$

Mit der Identität $\sin^2(x) + \cos^2(x) = 1$ für $x \in \mathbb{R}$ können wir leicht zeigen, dass

$$\det(J_{\Psi}(r, \theta, \varphi)) = r^2 \sin(\theta)$$

(vgl. auch Aufgabe 123) und somit $\det(J_{\Psi}(r, \theta, \varphi)) \neq 0$ für alle $(r, \theta, \varphi)^{\mathsf{T}} \in (0, \pi/2) \times (0, \pi/2) \times (0, 2)$ gilt, was insbesondere zeigt, dass Ψ ein C^1-Diffeomorphismus von $(0, \pi/2) \times (0, \pi/2) \times (0, 2)$ nach $\overline{B}_2^{+}(\mathbf{0})$ ist. Mit der Transformationsformel und dem Satz von Fubini folgt schließlich

$$\begin{aligned} \lambda^3(\overline{B}_2^{+}(\mathbf{0})) &= \iiint_{\overline{B}_2^{+}(\mathbf{0})} 1 \, d\lambda^3(x, y, z) \\ &= \iiint_{(0,\frac{\pi}{2}) \times (0,\frac{\pi}{2}) \times (0,2)} r^2 \sin(\theta) \, d\lambda^3(r, \theta, \varphi) \\ &= \int_0^{\frac{\pi}{2}} \left(\int_0^{\frac{\pi}{2}} \left(\int_0^2 r^2 \sin(\theta) \, d\lambda(r) \right) d\lambda(\theta) \right) d\lambda(\varphi) \\ &= \frac{8}{3} \int_0^{\frac{\pi}{2}} \left(\int_0^{\frac{\pi}{2}} \sin(\theta) \, d\lambda(\theta) \right) d\lambda(\varphi) \\ &= \frac{8}{3} \int_0^{\frac{\pi}{2}} 1 \, d\lambda(\varphi) \\ &= \frac{4\pi}{3}, \end{aligned}$$

womit das Volumen der Kugel A gerade

$$\lambda^3(A) = \lambda^3(\overline{B}_2(\mathbf{0})) = 8 \cdot \lambda^3(\overline{B}_2^{+}(\mathbf{0})) = \frac{32\pi}{3}$$

beträgt.

Anmerkung Mit der bekannten Volumenformel $V = 4\pi r^3/3$ kann man für $r = 2$ das obige Ergebnis sofort bestätigen.

Lösung Aufgabe 207

(a) Wir bestimmen zuerst das geschlossene Kurvenintegral per Hand. Dazu müssen wir beachten, dass es sich bei der Menge A um den Einheitskreis handelt, dessen Rand wir bekanntlich durch $\gamma : [0, 2\pi] \to \mathbb{R}^2$ mit $\gamma(t) = (\cos(t), \sin(t))^\mathsf{T}$ parametrisieren können. Damit folgt nach Definition (Kurvenintegral 2. Art, vgl. Aufgabe 181)

$$\oint_{\partial A} F \cdot ds = \oint_\gamma F \cdot ds = \int_0^{2\pi} \langle F(\gamma(t)), \dot\gamma(t) \rangle \, dt.$$

Beachten wir nun weiter, dass $\gamma_1(t) = \cos(t)$, $\dot\gamma_1(t) = -\sin(t)$, $\gamma_2(t) = \sin(t)$ und $\dot\gamma_2(t) = \cos(t)$ für $t \in [0, 2\pi]$ gelten, so folgt wegen $F_1(x, y) = xy$ und $F_2(x, y) = x - y$ für $(x, y)^\mathsf{T} \in \mathbb{R}^2$ schließlich mit einer kleinen Rechnung

$$\begin{aligned}
\oint_{\partial A} F \cdot ds &= \int_0^{2\pi} F_1(\gamma_1(t), \gamma_2(t))\dot\gamma_1(t) + F_2(\gamma_1(t), \gamma_2(t))\dot\gamma_2(t) \, dt \\
&= \int_0^{2\pi} -\cos(t)\sin^2(t) + (\cos(t) - \sin(t))\cos(t) \, dt \\
&= \int_0^{2\pi} \cos^2(t) \, dt - \int_0^{2\pi} \sin^2(t)\cos(t) \, dt - \int_0^{2\pi} \sin(t)\cos(t) \, dt \\
&= \pi.
\end{aligned}$$

Dabei haben wir zur Berechnung der letzten drei Integrale die folgenden bekannten Resultate [3, Aufgabe 196] verwendet, die man sich beispielsweise mit Hilfe von partieller Integration oder einer geeigneten Substitution herleiten kann:

$$\int_0^{2\pi} \cos^2(t) \, dt = \frac{1}{2}(t + \sin(t)\cos(t)) \Big|_0^{2\pi} = \pi$$

sowie

$$\int_0^{2\pi} \sin^2(t)\cos(t) \, dt = \frac{\sin^3(t)}{3} \Big|_0^{2\pi} = 0, \qquad \int_0^{2\pi} \sin(t)\cos(t) \, dt = -\frac{\cos^2(t)}{2} \Big|_0^{2\pi} = 0.$$

(b) Im zweiten Schritt berechnen wir das Kurvenintegral mit Hilfe des Satzes von Green. Dieser besagt, dass

$$\oint_{\partial A} F \cdot ds = \iint_A \partial_x F_2(x, y) - \partial_y F_1(x, y) \, d\lambda^2(x, y)$$

gilt – wir müssen somit lediglich ein zweidimensionales Lebesgue-Integral berechnen. Bestimmen wir weiter die partiellen Ableitungen $\partial_x F_2(x, y) = 1$ und $\partial_y F_1(x, y) = x$ für $(x, y)^\mathsf{T} \in \mathbb{R}^2$, so folgt direkt

$$\iint_A \partial_x F_2(x, y) - \partial_y F_1(x, y) \, d\lambda^2(x, y) = \iint_A 1 - x \, d\lambda^2(x, y).$$

Da der Integrationsbereich A eine Kreisscheibe ist, bietet es sich an (vgl. auch Aufgabe 203) Polarkoordinaten zur Berechnung des obigen Integrals zu verwenden. Wir betrachten also den C^1-Diffeomorphismus $\Psi : (0, 1) \times (-\pi, \pi) \to \mathrm{int}(A)$ mit $\Psi(r, \varphi) = (r \cos(\varphi), r \sin(\varphi))^\mathsf{T}$ und $\det(J_\Psi(r, \varphi)) = r$ für $(r, \varphi)^\mathsf{T} \in (0, 1) \times (-\pi, \pi)$. Mit dem Transformationssatz (!) und dem Satz von Fubini (!!) folgt somit gerade

$$\iint_A 1 - x \, d\lambda^2(x, y) \overset{(!)}{=} \iint_{(0,1)\times(-\pi,\pi)} r(1 - r \cos(\varphi)) \, d\lambda^2(r, \varphi)$$

$$\overset{(!!)}{=} \int_{-\pi}^{\pi} \left(\int_0^1 r - r^2 \cos(\varphi) \, d\lambda(r) \right) d\lambda(\varphi)$$

$$= \int_{-\pi}^{\pi} \frac{1}{2} - \frac{\cos(\varphi)}{3} \, d\lambda(\varphi)$$

$$= \pi,$$

was das Ergebnis aus Teil (a) dieser Aufgabe bestätigt.

Lösung Aufgabe 208 Da der Rand von A, hier also das Bild der Kurve γ, geschlossen und positiv parametrisiert ist und das zweidimensionale Vektorfeld $F : \mathbb{R}^2 \to \mathbb{R}^2$ mit $F(x, y) = (F_1(x, y), F_2(x, y))^\mathsf{T} = (y^2, y^2 - x^2)^\mathsf{T}$ stetig differenzierbar ist, folgt gemäß dem Satz von Green

$$\oint_\gamma F \cdot ds = \iint_A \partial_x F_2(x, y) - \partial_y F_1(x, y) \, d\lambda^2(x, y) = -2 \iint_A x + y \, d\lambda^2(x, y).$$

Das zweidimensionale Integral auf der rechten Seite werden wir nun mit Hilfe des Transformationssatzes berechnen. Zunächst gilt (vgl. die Lösung von Aufgabe 34 für $p = +\infty$ und Abb. 26.10)

$$A = \left\{ (x, y)^\mathsf{T} \in \mathbb{R}^2 \mid \|(x, y)^\mathsf{T}\|_\infty \leq 2 \right\} = \left\{ (x, y)^\mathsf{T} \in \mathbb{R}^2 \mid |x| + |y| \leq 2 \right\}$$

und somit mit einer Fallunterscheidung für die auftretenden Beträge

$$A = \left\{ (x, y)^\mathsf{T} \in \mathbb{R}^2 \mid x + y \leq 2, \, -x + y \leq 2, \, -x - y \leq 2, \, x - y \leq 2 \right\}$$

$$= \left\{ (x, y)^\mathsf{T} \in \mathbb{R}^2 \mid x + y \leq 2, \, y - x \leq 2, \, x + y \geq 2, \, y - x \geq 2 \right\}.$$

Alternativ kann man die Menge A auch in jedem der vier Quadranten untersuchen, um die obige Darstellung zu erhalten. Die neue Darstellung von A motiviert die

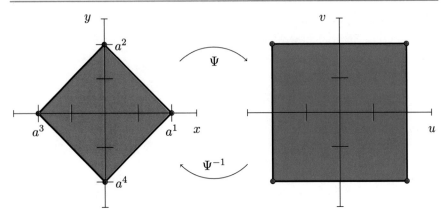

Abb. 26.10 Darstellung der Transformationen Ψ und Ψ^{-1} zwischen den Mengen A und $[-2, 2]^2$

Substitutionen $u = x + y$ und $v = y - x$ beziehungsweise die Transformation $\Psi : A \to [-2, 2]^2$ mit $\Psi(x, y) = (x + y, y - x)^\mathsf{T}$ (vgl. Abb. 26.10). Um den Transformationssatz verwenden zu können, benötigen wir jedoch einen Abbildung von $[-2, 2]^2$ nach A. Dies leistet gerade die Inverse von Ψ, die wir nun bestimmen werden. Dazu kann man beispielsweise die formalen Rechnungen

$$x = \frac{x + y}{2} - \frac{y - x}{2} = \frac{u}{2} - \frac{v}{2} \quad \text{und} \quad y = \frac{x + y}{2} + \frac{y - x}{2} = \frac{u}{2} + \frac{v}{2}$$

nutzen und somit $\Psi^{-1} : [-2, 2]^2 \to A$ gemäß $\Psi^{-1}(u, v) = (u/2 - v/2, u/2 + v/2)^\mathsf{T}$ definieren oder man verwendet

$$\Psi^{-1}(u, v) = \begin{pmatrix} \Psi_1^{-1}(u, v) \\ \Psi_2^{-1}(u, v) \end{pmatrix} = \begin{pmatrix} 1 & 1 \\ -1 & 1 \end{pmatrix}^{-1} \begin{pmatrix} u \\ v \end{pmatrix} = \frac{1}{2} \begin{pmatrix} 1 & -1 \\ 1 & 1 \end{pmatrix} \begin{pmatrix} u \\ v \end{pmatrix} = \begin{pmatrix} u/2 - v/2 \\ u/2 + v/2 \end{pmatrix}.$$

Dass es sich hierbei wirklich um die Inverse von Ψ handelt kann man leicht nachrechnen. Weiter ist Ψ^{-1} wegen

$$\det(J_{\Psi^{-1}}(u, v)) = \det(J_\Psi^{-1}(u, v)) = \frac{1}{2}$$

ein C^1-Diffeomorphismus von $(-2, 2)^2$ nach $\text{int}(A)$ und der Integrand $f : \mathbb{R}^2 \to \mathbb{R}$ mit $f(x, y) = x + y$ stetig, womit alle Voraussetzungen des Transformationssatzes erfüllt sind. Da der Rand von A eine λ^2-Nullmenge ist folgt

$$-2 \iint_A f(x, y) \, d\lambda^2(x, y) = -2 \iint_{\Psi^{-1}(A)} f(\Psi_1^{-1}(u, v), \Psi_2^{-1}(u, v)) \, |\det(J_\Psi^{-1}(u, v))| \, d\lambda^2(u, v)$$

$$= -\iint_{[-2, 2]^2} u \, d\lambda^2(u, v),$$

wobei wir $f(\Psi_1^{-1}(u, v), \Psi_2^{-1}(u, v)) = u/2 - v/2 + u/2 + v/2 = u$ für $(u, v)^\mathsf{T} \in [-2, 2]^2$ verwendet haben. Mit dem Satz von Fubini folgt

$$-\iint_{[-2,2]^2} u \, d\lambda^2(u, v) = -\int_{-2}^{2} \left(\int_{-2}^{2} u \, d\lambda(u) \right) d\lambda(v) = 0$$

und somit insgesamt

$$\oint_\gamma F \cdot ds = 0.$$

Anmerkung In diesem Beispiel ist die Berechnung des Kurvenintegrals mit dem Satz von Green genauso aufwendig wie die direkte Berechnung. Schreibt man nämlich $\gamma = \gamma^{1,2} \oplus \gamma^{2,3} \oplus \gamma^{3,4} \oplus \gamma^{4,1}$, wobei $\gamma^{j,k}$ für $j, k \in \{1, 2, 3, 4\}$ die Verbindungslinie von zwei verschiedenen Eckpunkten a^j und a^k steht, so folgt mit einer kleinen Rechnung

$$\oint_{\gamma^{1,2}} F \cdot ds = -\oint_{\gamma^{3,4}} F \cdot ds \quad \text{und} \quad \oint_{\gamma^{2,3}} F \cdot ds = -\oint_{\gamma^{4,1}} F \cdot ds$$

Die vier Kurven lassen sich dabei ähnlich wie in Aufgabe 180 (b) aufstellen. Insgesamt folgt damit also

$$\oint_\gamma F \cdot ds = \oint_{\gamma^{1,2}} F \cdot ds + \oint_{\gamma^{2,3}} F \cdot ds + \oint_{\gamma^{3,4}} F \cdot ds + \oint_{\gamma^{4,1}} F \cdot ds = 0.$$

Lösung Aufgabe 209 Die Sektorformel von Leibniz ist eine direkte Konsequenz aus dem Greenschen Satz. Wir betrachten dazu das stetig differenzierbare Vektorfeld $F : \mathbb{R}^2 \to \mathbb{R}^2$ mit $F(x, y) = (F_1(x, y), F_2(x, y))^\mathsf{T} = (-y, x)^\mathsf{T}$. Mit dem Satz von Green (!) folgt dann

$$\frac{1}{2} \int_{\partial A} x \, dy - y \, dx = \frac{1}{2} \int_{\partial A} F \cdot ds \overset{(!)}{=} \frac{1}{2} \iint_A \partial_x F_2(x, y) - \partial_y F_1(x, y) \, d\lambda^2(x, y).$$

Indem wir die partiellen Ableitungen auf der rechten Seite berechnen, erhalten wir somit wie gewünscht

$$\frac{1}{2} \int_{\partial A} x \, dy - y \, dx = \frac{1}{2} \iint_A 2 \, d\lambda^2(x, y) = \lambda^2(A).$$

Lösung Aufgabe 210 Offensichtlich handelt es sich bei der Menge A um ein Jordan-Gebiet, dessen Rand sich durch die beiden Kurven $\gamma_1, \gamma_2 : [0, 1] \to \mathbb{R}^2$ mit $\gamma_1(t) = (t, t^4)^\mathsf{T}$ und $\gamma_2(t) = (1 - t, 1 - t)^\mathsf{T}$ parametrisieren lässt. Mit der Sektorformel von Leibniz (vgl. Aufgabe 209) folgt

$$\lambda^2(A) = \frac{1}{2} \int_{\partial A} x \, dy - y \, dx = \frac{1}{2} \int_{\gamma_1 \oplus \gamma_2} x \, dy - y \, dx.$$

Wir müssen somit lediglich das Kurvenintegral 2. Art auf der rechten Seite bestimmen. Wegen $\dot{\gamma}_1(t) = (1, 4t^3)^\mathsf{T}$ für $t \in [0, 1]$ folgt mit der Schreibweise aus Aufgabe 209

$$\int_{\gamma_1} x\,dy - y\,dx = \int_{\gamma_1} F \cdot ds = \int_0^1 \langle F(\gamma_1(t)), \dot{\gamma}_1(t) \rangle \, dt = \int_0^1 3t^4 \, dt = \frac{3}{5}.$$

Das Vektorfeld F ist dabei durch $F : \mathbb{R}^2 \to \mathbb{R}^2$ mit $F(x, y) = (-y, x)^\mathsf{T}$ gegeben. Analog erhalten wir wegen $\langle F(\gamma_2(t)), \dot{\gamma}_2(t) \rangle = 0$ für $t \in [0, 1]$ gerade

$$\int_{\gamma_2} x\,dy - y\,dx = \int_{\gamma_2} F \cdot ds = \int_0^1 \langle F(\gamma_2(t)), \dot{\gamma}_2(t) \rangle \, dt = 0$$

und somit insgesamt

$$\lambda^2(A) = \frac{1}{2} \int_{\gamma_1 \oplus \gamma_2} x\,dy - y\,dx = \frac{1}{2}\left(\frac{3}{5} + 0\right) = \frac{3}{10}.$$

Anmerkung Da die Menge A ein Normalengebiet (schlichtes Gebiet) ist, folgt mit dem Satz von Fubini

$$\lambda^2(A) = \iint_A 1 \, d\lambda^2(x, y) = \int_0^1 \left(\int_{x^4}^x 1 \, d\lambda(y) \right) d\lambda(x) = \int_0^1 x - x^4 \, d\lambda(x) = \frac{3}{10}.$$

Lösung Aufgabe 211 Bei der Fläche $A = \{(x, y, z)^\mathsf{T} \in \mathbb{R}^3 \mid x^2 + y^2 = 2z, z \le 2\}$ handelt es sich um ein nach oben geöffnetes Paraboloid. Der (orientierte) Rand ∂A beschreibt somit eine Kreisscheibe mit Radius $r = 2$, die in der Ebene $(x, y, z)^\mathsf{T} \in \mathbb{R}^3 : z = 2$ liegt.

(a) Wir berechnen zunächst das Kurvenintegral 2. Art per Hand. Wegen den obigen Vorüberlegungen lässt sich der Rand von A durch die (verschobene) Kreiskurve $\gamma : [0, 2\pi] \to \mathbb{R}^3$ mit $\gamma(t) = (2\cos(t), 2\sin(t), 2)^\mathsf{T}$ parametrisieren. Nach Definition des Kurvenintegrals 2. Art (vgl. Aufgabe 181) erhalten wir somit

$$\oint_{\partial A} F \cdot ds = \int_0^{2\pi} \langle F(\gamma(t)), \dot{\gamma}(t) \rangle \, dt = -\int_0^{2\pi} 24\sin^3(t) + 16\cos^3(t) \, dt,$$

denn für alle $t \in [0, 2\pi]$ gelten

$$F(\gamma(t)) = \begin{pmatrix} 12\sin^2(t) \\ -8\cos^2(t) \\ 4\sin(t) \end{pmatrix} \quad \text{und} \quad \dot{\gamma}(t) = \begin{pmatrix} -2\sin(t) \\ 2\cos(t) \\ 0 \end{pmatrix}.$$

Wegen $\int_0^{2\pi} \sin^3(t) \, dt = 0$ und $\int_0^{2\pi} \cos^3(t) \, dt = 0$ folgt somit insgesamt

$$\int_{\partial A} F \cdot ds = 0.$$

(b) Gemäß dem Stokesschen Integralsatz gilt

$$\oint_{\partial A} F \cdot ds = \oiint_A \langle \mathrm{rot}(F), N \rangle \, dS_2,$$

das heißt, wir müssen nun ein vektorielles Oberflächenintegral berechnen. Die Rotation $\mathrm{rot}(F) : \mathbb{R}^3 \to \mathbb{R}^3$ des Vektorfeldes $F : \mathbb{R}^3 \to \mathbb{R}^3$ mit $F(x, y, z) = (3y^2, -x^2 z, yz)^\mathsf{T}$ lautet

$$\mathrm{rot}(F)(x, y, z) = \begin{pmatrix} \partial_y F_3(x, y, z) - \partial_z F_2(x, y, z) \\ \partial_z F_1(x, y, z) - \partial_x F_3(x, y, z) \\ \partial_x F_2(x, y, z) - \partial_y F_1(x, y, z) \end{pmatrix} = \begin{pmatrix} x^2 + z \\ 0 \\ -2xz - 6y \end{pmatrix}.$$

Das Paraboloid A lässt sich durch die Abbildung $\Psi : [0, 2] \times [-\pi, \pi] \to \mathbb{R}^3$ mit $\Psi(r, \varphi) = (r \cos(\varphi), r \sin(\varphi), r^2/2)^\mathsf{T}$ parametrisieren. Das Oberflächenintegral ist dabei wie folgt definiert:

$$\oiint_A \langle \mathrm{rot}(F), N \rangle \, dS_2 = \iint_{[0,2] \times [-\pi, \pi]} \langle \mathrm{rot}(F(\Psi(r, \varphi))), N(r, \varphi) \rangle \, d\lambda^2(r, \varphi).$$

Dabei sind für jedes $(r, \varphi)^\mathsf{T} \in [0, 2] \times [-\pi, \pi]$ die Vektoren $\partial_r \Psi(r, \varphi)$ und $\partial_\varphi \Psi(r, \varphi)$ Spannvektoren der Tangentialebene im Punkt $\Psi(r, \varphi)$, das heißt, das Kreuzprodukt $N(r, \varphi) = \partial_r \Psi(r, \varphi) \times \partial_\varphi \Psi(r, \varphi)$ steht senkrecht auf den beiden Vektoren $\partial_r \Psi(r, \varphi)$ und $\partial_\varphi \Psi(r, \varphi)$. Mit einer kleinen Rechnung erhalten wir für alle $(r, \varphi)^\mathsf{T} \in [0, 2] \times [-\pi, \pi]$ gerade $\partial_r \Psi(r, \varphi) = (\cos(\varphi), \sin(\varphi), r)^\mathsf{T}$, $\partial_\varphi \Psi(r, \varphi) = (-r \sin(\varphi), r \cos(\varphi), 0)^\mathsf{T}$ und das Normalenfeld

$$N(r, \varphi) = \begin{pmatrix} \cos(\varphi) \\ \sin(\varphi) \\ r \end{pmatrix} \times \begin{pmatrix} -r \sin(\varphi) \\ r \cos(\varphi) \\ 0 \end{pmatrix} = \begin{pmatrix} -r^2 \cos(\varphi) \\ r^2 \sin(\varphi) \\ r \end{pmatrix}.$$

Setzen wir dies in das Integral auf der rechten Seite ein und berechnen das Skalarprodukt, so erhalten wir schließlich mit dem Satz von Fubini

$$\iint_{[0,2] \times [-\pi, \pi]} \langle \mathrm{rot}(F(\Psi(r, \varphi))), N(r, \varphi) \rangle \, d\lambda^2(r, \varphi)$$

$$= -\iint_{[0,2] \times [-\pi, \pi]} \frac{3r^4}{2} \cos(\varphi) + r^4 \cos^3(\varphi) + 6r^2 \sin(\varphi) \, d\lambda^2(r, \varphi)$$

$$= \int_0^2 \left(\int_{-\pi}^\pi \frac{3r^4}{2} \cos(\varphi) + r^4 \cos^3(\varphi) + 6r^2 \sin(\varphi) \, d\lambda(\varphi) \right) d\lambda(r)$$

$$= 0,$$

wobei wir (erneut) $\int_{-\pi}^\pi \sin(\varphi) \, d\lambda(\varphi) = 0$, $\int_{-\pi}^\pi \cos(\varphi) \, d\lambda(\varphi) = 0$ und $\int_{-\pi}^\pi \cos^3(\varphi) \, d\lambda(\varphi) = 0$ verwendet haben. Wir können somit wie erwartet das Ergebnis aus Teil (a) dieser Lösung bestätigen.

Lösung Aufgabe 212 Sei im Folgenden $R > 0$ beliebig gewählt. Da $A_R = \overline{B}_R(0) \cap \mathbb{R} \times \mathbb{R} \times [0, +\infty)$ ein glattes Flächenstück und das Vektorfeld $F : \mathbb{R}^3 \to \mathbb{R}^3$ mit $F(x, y, z) = (4y, 2x, -z^2)^\mathsf{T}$ stetig differenzierbar ist, liefert der Rotationssatz von Stokes gerade

$$\oiint_{A_R} \langle \mathrm{rot}(F), N \rangle \, dS_2 = \oint_{\partial A_R} F \cdot ds,$$

wobei ∂A_R die Oberfläche der oberen Halbkugel A_R ist. Bei der Oberfläche handelt es sich offensichtlich um einen Kreis in der x-y-Ebene mit Mittelpunkt $(0, 0, 0)^\mathsf{T}$ und Radius R. Eine Parametrisierung von ∂A_R ist also gerade $\gamma : [0, 2\pi] \to \mathbb{R}^3$ mit $\gamma(t) = (R\cos(t), R\sin(t), 0)^\mathsf{T}$. Damit erhalten wir für das Kurvenintegral 2. Art

$$\begin{aligned}
\int_{\partial A_R} F \cdot ds &= \int_0^{2\pi} \langle F(\gamma(t)), \dot{\gamma}(t) \rangle \, dt \\
&= \int_0^{2\pi} \left\langle \begin{pmatrix} 4R\sin(t) \\ 2R\cos(t) \\ 0 \end{pmatrix}, \begin{pmatrix} -R\sin(t) \\ R\cos(t) \\ 0 \end{pmatrix} \right\rangle \, dt \\
&= 2R^2 \int_0^{2\pi} \cos^2(t) - 2\sin^2(t) \, dt \\
&= 2R^2(\pi - 2\pi),
\end{aligned}$$

also $I(R) = -2\pi R^2$. Beachten Sie, dass $\int_0^{2\pi} \sin^2(t) \, dt = \int_0^{2\pi} \cos^2(t) = \pi$ gilt [3, Aufgabe 196].

Lösung Aufgabe 213 Bei der Fläche A handelt es sich um ein Dreieck mit den Eckpunkten $(1, 0, 0)^\mathsf{T}$, $(0, 1, 0)^\mathsf{T}$ und $(0, 0, 1)^\mathsf{T}$. Bezeichnen wir die geschlossene Randkurve mit γ, so lässt sich die verrichtete Arbeit durch $W = \int_\gamma F \cdot ds$ berechnen. Wegen dem Satz von Stokes genügt es äquivalent das Integral

$$\oiint_A \langle \mathrm{rot}(F), N \rangle \, dS_2$$

zu bestimmen. Dies ist aber besonders einfach, denn für alle $(x, y, z)^\mathsf{T} \in \mathbb{R}^3$ gilt

$$\mathrm{rot}(F)(x, y, z) = \begin{pmatrix} \partial_y F_3(x, y, z) - \partial_z F_2(x, y, z) \\ \partial_z F_1(x, y, z) - \partial_x F_3(x, y, z) \\ \partial_x F_2(x, y, z) - \partial_y F_1(x, y, z) \end{pmatrix} = \begin{pmatrix} xz - xz \\ yz - yz \\ z^2/2 - z^2/2 \end{pmatrix} = \begin{pmatrix} 0 \\ 0 \\ 0 \end{pmatrix},$$

womit wir insgesamt $W = 0$ erhalten. Die verrichtete Arbeit ist also Null.

Anmerkung Die verrichtete Arbeit W lässt sich natürlich auch ohne den Rotationssatz von Stokes berechnen. Wegen $\mathrm{rot}(F) = 0$ handelt es sich bei F um ein Gradientenfeld. Da die Kurve γ stückweise stetig differenzierbar und geschlossen ist, liefert der Hauptsatz der Kurventheorie, dass das Kurvenintegral 2. Art Null ist.

Lösung Aufgabe 214 Wir berechnen zunächst die Divergenz des Vektorfeldes F : $\mathbb{R}^3 \to \mathbb{R}^3$ mit $F(x, y, z) = (2xz, xyz, -z^2)^{\mathsf{T}}$. Mit einer kleinen Rechnung folgt

$$\text{div}(F)(x, y, z) = \partial_x F_1(x, y, z) + \partial_y F_2(x, y, z) + \partial_z F_3(x, y, z) = 2z + xz - 2z = xz$$

für $(x, y, z)^{\mathsf{T}} \in \mathbb{R}^3$. Der Gaußsche Integralsatz liefert somit gerade

$$\oiint_{\partial A} \langle F, N \rangle \, \mathrm{d}S_2 = \iiint_A \text{div}(F)(x, y, z) \, \mathrm{d}\lambda^3(x, y, z)$$

$$= \iiint_{[0,1]^3} xz \, \mathrm{d}\lambda^3(x, y, z)$$

$$\overset{(!)}{=} \int_0^1 \left(\int_0^1 \left(\int_0^1 xz \, \mathrm{d}\lambda(y) \right) \mathrm{d}\lambda(x) \right) \mathrm{d}\lambda(z)$$

$$= 1,$$

wobei wir in (!) zweimal den Satz von Fubini angewandt haben um das Dreifachintegral geschickt umzuschreiben.

Anmerkung Ohne den Integralsatz von Gauß hätten wir sechs Oberflächenintegrale berechnen müssen – je eines für jede Würfelseite. Das ist zwar nicht sonderlich kompliziert, aber doch sehr aufwendig.

Lösung Aufgabe 215 Wir betrachten das stetig differenzierbare Vektorfeld F : $\mathbb{R}^3 \to \mathbb{R}^3$ mit

$$F(x_1, x_2, x_3) = \begin{pmatrix} x_1 + x_2 \\ x_2 + x_3 \\ x_1 + x_3 \end{pmatrix}$$

und die Menge

$$A = \left\{ (x_1, x_2, x_3)^{\mathsf{T}} \in \mathbb{R}^3 \mid x_1^2 + x_2^2 \leq 9, \ 0 \leq x_3 \leq 9 - x_1^2 - x_2^2 \right\}.$$

Zur Übersicht unterteilen wir die Lösung dieser Aufgabe in zwei Teile:

(a) Die Menge A beschreibt ein elliptisches Paraboloid, dessen Grundfläche eine Kreisscheibe in der x_1-x_2-Ebene mit Radius $r = 3$ und Mittelpunkt $(0, 0, 0)^{\mathsf{T}}$ ist und sich in positiver x_3-Richtung weiter verschlankt (vgl. Abb. 26.11). Zur Berechnung des Oberflächenintegrals müssen wir somit die Bodenkreisfläche B und die Paraboloidenoberfläche O geeignet parametrisieren und die beiden entsprechenden Integrale bestimmen. Eine Parametrisierung der Bodenkreisfläche ist offensichtlich durch $\Psi_B : (0, 3) \times (0, 2\pi) \to \mathbb{R}^3$ mit

$$\Psi_B(r, \varphi) = \begin{pmatrix} r \cos(\varphi) \\ r \sin(\varphi) \\ 0 \end{pmatrix}$$

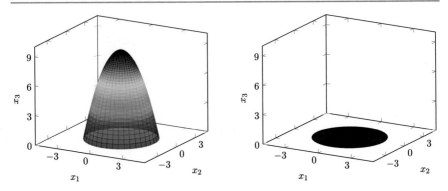

Abb. 26.11 Darstellung der Paraboloidenoberfläche (links) und Bodenkreisfläche in der x_1-x_2-Ebene (rechts)

gegeben. Wegen (Kreuzprodukt der partiellen Ableitungen, vgl. Aufgabe 33 (b))

$$\partial_r \Psi_B(r, \varphi) \times \partial_\varphi \Psi_B(r, \varphi) = \begin{pmatrix} \cos(\varphi) \\ \sin(\varphi) \\ 0 \end{pmatrix} \times \begin{pmatrix} -r\sin(\varphi) \\ r\cos(\varphi) \\ 0 \end{pmatrix} = \begin{pmatrix} 0 \\ 0 \\ r \end{pmatrix}$$

und

$$F(\Psi_B(r, \varphi)) = \begin{pmatrix} r\cos(\varphi) + r\sin(\varphi) \\ r\sin(\varphi) \\ r\cos(\varphi) \end{pmatrix}$$

für $(r, \varphi)^\mathsf{T} \in (0, r) \times (0, \varphi)$ folgt zunächst nach Definition des (vektoriellen) Oberflächenintegrals

$$\oiint_{\partial B} \langle F, N \rangle \, dS_2 = \iint_{(0,3)\times(0,2\pi)} \langle F(\Psi_B(r, \varphi)), \partial_r \Psi_B(r, \varphi) \times \partial_\varphi \Psi_B(r, \varphi) \rangle \, d\lambda^2(r, \varphi)$$

$$= \iint_{(0,3)\times(0,2\pi)} r^2 \cos(\varphi) \, d\lambda^2(r, \varphi).$$

Das verbleibende Integral können wir nun mit Hilfe des Satzes von Fubini bestimmen:

$$\iint_{(0,3)\times(0,2\pi)} r^2 \cos(\varphi) \, d\lambda^2(r, \varphi) = \left(\int_0^3 r^2 \, d\lambda(r) \right) \left(\int_0^{2\pi} \cos(\varphi) \, d\lambda(\varphi) \right) = 0.$$

Die Paraboloidenoberfläche O können wir durch $\Psi_O : (0, 3) \times (0, 2\pi) \to \mathbb{R}^3$ mit

$$\Psi_O(r, \varphi) = \begin{pmatrix} r\cos(\varphi) \\ r\sin(\varphi) \\ 9 - r^2 \end{pmatrix}$$

parametrisieren. Die ersten zwei Komponenten beschreiben einen Kreis mit Radius r, der gemäß der dritten Komponente in x_3-Richtung verschoben und dabei bei zunehmenden Radius r verkleinert wird. Ähnlich wie im vorherigen Teil folgt somit wegen

$$\partial_r \Psi_O(r,\varphi) \times \partial_\varphi \Psi_O(r,\varphi) = \begin{pmatrix} \cos(\varphi) \\ \sin(\varphi) \\ -2r \end{pmatrix} \times \begin{pmatrix} -r\sin(\varphi) \\ r\cos(\varphi) \\ 0 \end{pmatrix} = \begin{pmatrix} 2r^2\cos(\varphi) \\ 2r^2\sin(\varphi) \\ r \end{pmatrix}$$

und

$$F(\Psi_O(r,\varphi)) = \begin{pmatrix} r\sin(\varphi) + r\cos(\varphi) \\ r\sin(\varphi) + 9 - r^2 \\ r\cos(\varphi) + 9 - r^2 \end{pmatrix}$$

für $(r,\varphi)^\mathsf{T} \in (0,r) \times (0,2\pi)$ gerade mit einer kleinen Rechnung

$$\oiint_{\partial O} \langle F, N \rangle \, dS_2 = \iint_{(0,3) \times (0,2\pi)} \langle F(\Psi_O(r,\varphi)), \partial_r \Psi_O(r,\varphi) \times \partial_\varphi \Psi_O(r,\varphi) \rangle \, d\lambda^2(r,\varphi)$$

$$= \iint_{(0,3) \times (0,2\pi)} r^3 + 9r + (18r^2 - 2r^4)\sin(\varphi)$$

$$+ r^2\cos(\varphi) + 2r^3\sin(\varphi)\cos(\varphi) \, d\lambda^2(r,\varphi),$$

wobei wir die bekannte Identität $\sin^2(\varphi) + \cos^2(\varphi) = 1$ für $\varphi \in (0,2\pi)$ verwendet haben um den Integranden ein wenig zu vereinfachen. Wegen

$$\int_0^{2\pi} \sin(\varphi) \, d\lambda(\varphi) = 0, \qquad \int_0^{2\pi} \cos(\varphi) \, d\lambda(\varphi) = 0, \qquad \int_0^{2\pi} \sin(\varphi)\cos(\varphi) \, d\lambda(\varphi) = 0$$

folgt schließlich mit dem Satz von Fubini (!)

$$\oiint_{\partial O} \langle F, N \rangle \, dS_2 \stackrel{(!)}{=} 2\pi \int_0^3 r^3 + 9r \, d\lambda(r) = 2\pi \left(\frac{r^4}{4} + \frac{9r^2}{2} \right) \bigg|_0^3 = \frac{243\pi}{2}.$$

Summieren wir also beide Oberflächenintegrale, so erhalten wir insgesamt

$$\oiint_{\partial A} \langle F, N \rangle \, dS_2 = \oiint_{\partial B} \langle F, N \rangle \, dS_2 + \oiint_{\partial O} \langle F, N \rangle \, dS_2 = \frac{243\pi}{2}.$$

(b) Nun berechnen wir das Oberflächenintegral mit dem Satz von Gauß. Wir berechnen zunächst die Divergenz des Vektorfeldes. Für alle $(x_1, x_2, x_3)^\mathsf{T} \in \mathbb{R}^3$ gilt offensichtlich

$$\operatorname{div}(F)(x_1, x_2, x_3) = \partial_{x_1} F(x_1, x_2, x_3) + \partial_{x_2} F(x_1, x_2, x_3) + \partial_{x_3} F(x_1, x_2, x_3) = 3.$$

Damit folgt weiter

$$\iiint_A \operatorname{div}(F)(x) \, d\lambda^3(x) = 3 \iiint_A 1 \, d\lambda^3(x)$$

$$\stackrel{(!)}{=} 3\pi \int_0^9 9 - r \, d\lambda(r) = 3\pi \left(9r - \frac{r^2}{2} \right) \bigg|_0^9 = \frac{243\pi}{2},$$

wobei wir in (!) verwendet haben, dass sich die Menge A als Rotationskörper der Funktion $f : [0, 9] \to \mathbb{R}$ mit $f(r) = \sqrt{9 - r}$ schreiben lässt (vgl. auch Aufgabe 201).

Die Ergebnisse unserer Berechnungen sind natürlich nicht überraschend, denn gemäß dem Gaußschen Integralsatz gilt

$$\iiint_A \operatorname{div}(F) \, d\lambda^3 = \oiint_{\partial A} \langle F, N \rangle \, dS_2.$$

Lösung Aufgabe 216 Der Fluss des Vektorfeldes $F : \mathbb{R}^3 \to \mathbb{R}^3$ mit $F(x, y, z) = (x, xy, z^2)^\mathsf{T}$ durch den Zylinder A ist gegeben durch (vektorielles Oberflächenintegral)

$$\oiint_{\partial A} \langle F, N \rangle \, dS_2.$$

Da die Menge A offensichtlich kompakt (beschränkt und abgeschlossen) und F stetig differenzierbar ist, ist das Oberflächenintegral gemäß dem Integralsatz von Gauß äquivalent zu

$$\iiint_A \operatorname{div}(F)(x, y, z) \, d\lambda^3(x, y, z) = \iiint_A 1 + x + 2z \, d\lambda^3(x, y, z),$$

wobei wir $\operatorname{div}(F)(x, y, z) = 1 + x + 2z$ für $(x, y, z)^\mathsf{T} \in \mathbb{R}^3$ gerechnet haben. Da A ein Zylinder ist (vgl. Abb. 8.2), nutzen wir Zylinderkoordinaten $\Psi : (0, 4) \times (0, 2\pi) \times (0, 8) \to \mathbb{R}^3$ mit

$$\Psi(r, \varphi, z) = \begin{pmatrix} r \cos(\varphi) \\ r \sin(\varphi) \\ z \end{pmatrix}.$$

Dabei ist zu beachten, dass die Grundfläche von A eine Kreisscheibe mit Radius 4 ist, während die Höhe des Zylinders 8 beträgt. Wegen

$$\det(J_\Psi(r, \varphi, z)) = \det \begin{pmatrix} \cos(\varphi) & \sin(\varphi) & 0 \\ -r \sin(\varphi) & r \cos(\varphi) & 0 \\ 0 & 0 & 1 \end{pmatrix} = r \sin^2(\varphi) + r \cos^2(\varphi) = r$$

vereinfacht sich das Integral wie folgt mit dem Transformationssatz (!) und dem Satz von Fubini (!!):

$$
\begin{aligned}
\oiint_A 1 + x + 2z \, d\lambda^3(x, y, z) &\overset{(!)}{=} \iiint_{(0,4)\times(0,2\pi)\times(0,8)} r + r^2 \cos(\varphi) + 2rz \, d\lambda^3(r, \varphi, z) \\
&\overset{(!!)}{=} \int_0^8 \left(\int_0^4 \left(\int_0^{2\pi} r + r^2 \cos(\varphi) + 2rz \, d\lambda(\varphi) \right) d\lambda(r) \right) d\lambda(z) \\
&= 2\pi \int_0^8 \left(\int_0^4 r(1 + 2z) \, d\lambda(r) \right) d\lambda(z) \\
&= 16\pi \int_0^8 1 + 2z \, d\lambda(z) \\
&= 1152\pi.
\end{aligned}
$$

Lösung Aufgabe 217 Seien stets $a, b, c > 0$ die Halbachsen des Ellipsoiden $E(a, b, c)$.

(a) Mit dem Gaußschen Integralsatz lässt sich das Integral sehr leicht bestimmen. Die Divergenz des Vektorfeldes $F : \mathbb{R}^3 \to \mathbb{R}^3$ mit $F(x, y, z) = (x, y, z)^{\mathsf{T}}$ ist offensichtlich konstant 3. Mit dem Satz von Gauß (!) folgt daher

$$
\begin{aligned}
I(a, b, c) &= \oiint_{\partial E(a,b,c)} \langle F, N \rangle \, dS_2 \\
&\overset{(!)}{=} \iiint_{E(a,b,c)} \operatorname{div}(F)(x, y, z) \, d\lambda^3(x, y, z) \\
&= 3 \iiint_{E(a,b,c)} 1 \, d\lambda^3(x, y, z) \\
&= 3\lambda^3(E(a, b, c)) \\
&= 4\pi abc.
\end{aligned}
$$

Dabei haben wir im letzten Schritt verwendet, dass das Volumen $\lambda^3(E(a, b, c))$ des Ellipsoiden gerade $4\pi abc/3$ beträgt.

b) Wir berechnen nun das Oberflächenintegral per Hand. Nach Definition gilt

$$
\oiint_{\partial E(a,b,c)} \langle F, N \rangle \, dS_2 = \iint_A \langle F(\Psi(\theta, \varphi)), N(\theta, \varphi) \rangle \, d\lambda^2(\theta, \varphi),
$$

wobei $\Psi : A \to \mathbb{R}^3$ eine geeignete reguläre Parametrisierung des Ellipsoiden $E(a, b, c)$ ist und $N : A \to \mathbb{R}^3$ mit $N(\theta, \varphi) = \Psi_\theta(\theta, \varphi) \times \Psi_\varphi(\theta, \varphi)$ das Normalenfeld bezeichnet. In diesem Fall ist $A = (0, \pi) \times (-\pi, \pi)$ und die Oberfläche des Ellipsoiden kann für $(\theta, \varphi)^{\mathsf{T}} \in A$ durch

$$
\Psi(\theta, \varphi) = \begin{pmatrix} a \sin(\theta) \cos(\varphi) \\ b \sin(\theta) \sin(\varphi) \\ c \cos(\theta) \end{pmatrix}
$$

parametrisiert werden. Die partiellen Ableitung von Ψ lauten

$$\partial_\theta \Psi(\theta, \varphi) = \begin{pmatrix} a\cos(\theta)\cos(\varphi) \\ b\cos(\theta)\sin(\varphi) \\ -c\sin(\theta) \end{pmatrix} \quad \text{und} \quad \partial_\varphi \Psi(\theta, \varphi) = \begin{pmatrix} -a\sin(\theta)\sin(\varphi) \\ b\sin(\theta)\cos(\varphi) \\ 0 \end{pmatrix},$$

sodass wir mit einer kleinen Rechnung (Kreuzprodukt der partiellen Ableitungen)

$$N(\theta, \varphi) = \begin{pmatrix} a\cos(\theta)\cos(\varphi) \\ b\cos(\theta)\sin(\varphi) \\ -c\sin(\theta) \end{pmatrix} \times \begin{pmatrix} -a\sin(\theta)\sin(\varphi) \\ b\sin(\theta)\cos(\varphi) \\ 0 \end{pmatrix} = \begin{pmatrix} bc\sin(\theta)\cos(\varphi) \\ ac\sin(\theta)\sin(\varphi) \\ ab\cos(\theta) \end{pmatrix}$$

für alle $(\theta, \varphi)^\mathsf{T} \in A$ erhalten. Somit folgt

$$\begin{aligned} I(a, b, c) &= \iint_A \langle F(\Psi(\theta, \varphi)), N(\theta, \varphi)\rangle \, d\lambda^2(\theta, \varphi) \\ &= abc \iint_{(0,\pi)\times(-\pi,\pi)} \sin^3(\theta)\cos^3(\varphi) + \sin^3(\theta)\sin^2(\varphi) + \sin(\theta)\cos^2(\theta) \, d\lambda^2(\theta, \varphi) \\ &= abc \iint_{(0,\pi)\times(-\pi,\pi)} \sin^3(\theta) + \sin(\theta)\cos^2(\theta) \, d\lambda^2(\theta, \varphi) \\ &= abc \iint_{(0,\pi)\times(-\pi,\pi)} \sin(\theta) \, d\lambda^2(\theta, \varphi). \end{aligned}$$

Dabei haben wir ähnlich wie in der Lösung von Aufgabe 123 den Integranden zweimal mit Hilfe der trigonometrischen Identität $\sin^2(x) + \cos^2(x) = 1$ für $x \in \mathbb{R}$ vereinfacht. Das verbleibende Integral können wir nun wie folgt mit dem Satz von Fubini (!) bestimmen:

$$\begin{aligned} abc \iint_{(0,\pi)\times(-\pi,\pi)} \sin(\theta) \, d\lambda^2(\theta, \varphi) &\overset{(!)}{=} abc \int_0^\pi \left(\int_{-\pi}^\pi \sin(\theta) \, d\lambda(\varphi) \right) d\lambda(\theta) \\ &= 2\pi abc \int_0^\pi \sin(\theta) \, d\lambda(\theta) \\ &= 4\pi abc. \end{aligned}$$

Die obige Rechnung bestätigt somit wie gewünscht das Ergebnis aus Teil (a) dieser Lösung.

Lösungen Gewöhnliche Differentialgleichungen

Lösung Aufgabe 218 Seien stets $a, b, y_0 \in \mathbb{R}$ beliebige Konstanten mit $a, b, y_0 > 0$ und $a > by_0$. Um zu zeigen, dass die differenzierbare Funktion $y : \mathbb{R} \to \mathbb{R}$ mit

$$y(x) = \frac{1}{\frac{b}{a} + \left(\frac{1}{y_0} - \frac{b}{a}\right)e^{-ax}}$$

eine Lösung der logistischen Differentialgleichung ist, müssen wir zunächst die erste Ableitung bestimmen. Mit der Quotienten- oder Kettenregel für differenzierbare Funktionen folgt für jedes $x \in \mathbb{R}$ gerade

$$y'(x) = \frac{\left(\frac{a}{y_0} - b\right)e^{-ax}}{\left(\frac{b}{a} + \left(\frac{1}{y_0} - \frac{b}{a}\right)e^{-ax}\right)^2}.$$

Weiter gilt mit einer kleinen Rechnung

$$
\begin{aligned}
ay(x) - by^2(x) &= \frac{a}{\frac{b}{a} + \left(\frac{1}{y_0} - \frac{b}{a}\right)e^{-ax}} - \frac{b}{\left(\frac{b}{a} + \left(\frac{1}{y_0} - \frac{b}{a}\right)e^{-ax}\right)^2} \\
&= \frac{a\left(\frac{b}{a} + \left(\frac{1}{y_0} - \frac{b}{a}\right)e^{-ax}\right) - b}{\left(\frac{b}{a} + \left(\frac{1}{y_0} - \frac{b}{a}\right)e^{-ax}\right)^2} \\
&= \frac{\left(\frac{a}{y_0} - b\right)e^{-ax}}{\left(\frac{b}{a} + \left(\frac{1}{y_0} - \frac{b}{a}\right)e^{-ax}\right)^2}.
\end{aligned}
$$

© Der/die Autor(en), exklusiv lizenziert an Springer-Verlag GmbH, DE, ein Teil von Springer Nature 2022
N. Hebestreit, *Übungsbuch Analysis II*, https://doi.org/10.1007/978-3-662-65832-1_27

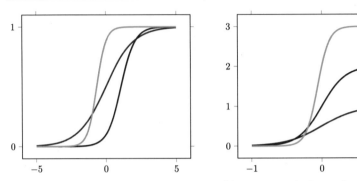

(a) Darstellung der logistischen Funktion für $a = 1$, $b = 1$, $y_0 = 1/2$ (rot), $a = 2$, $b = 2$, $y_0 = 1/10$ (blau) und $a = 3$, $b = 3$, $y_0 = 7/8$ (grün)

(b) Darstellung der logistischen Funktion für $a = 4$, $b = 4$, $y_0 = 1/2$ (rot), $a = 6$, $b = 3$, $y_0 = 1$ (blau) und $a = 12$, $b = 4$, $y_0 = 2$ (grün)

Abb. 27.1 Darstellung von Lösungskurven der logistischen Differentialgleichung für verschiedene Parameter $a, b, y_0 \in \mathbb{R}$

für jedes $x \in \mathbb{R}$, sodass wir schließlich wegen

$$y(0) = \frac{1}{\frac{b}{a} + \left(\frac{1}{y_0} - \frac{b}{a}\right)} = y_0$$

direkt ablesen können, dass y eine Lösung der logistischen Differentialgleichung $y'(x) = ay(x) - by^2(x)$, $x \in \mathbb{R}$, $y(0) = y_0$ ist (vgl. Abb. 27.1).

Lösung Aufgabe 219 Die Funktion $y : \mathbb{R} \to \mathbb{R}$ mit $y(x) = \arctan(\sin(x))$ ist offensichtlich differenzierbar und es gilt (Kettenregel verwenden) $y'(x) = \cos(x)/(1 + \sin^2(x))$ für $x \in \mathbb{R}$. Damit ist bereits

$$y'(x) = \frac{\cos(x)}{1 + \sin^2(x)}, \ x \in \mathbb{R}$$

eine, wenngleich auch sehr einfache, Differentialgleichung, die von der Funktion y gelöst wird. Mit Hilfe verschiedener trigonometrischen Formeln kann man zeigen, dass

$$\cos^2(\arctan(\sin(x))) = \frac{1}{1 + \sin^2(x)}$$

für jedes $x \in \mathbb{R}$ gilt. Wir sehen somit, dass die Funktion damit auch eine Lösung der Differentialgleichung

$$y'(x) = \cos(x) \cos^2(y(x)), \ x \in \mathbb{R}$$

ist.

Lösung Aufgabe 220 Zur Übersicht unterteilen wir den Beweis des Existenzsatzes für autonome Differentialgleichungen in zwei Teile:

(a) **Existenz einer Lösung.** Gemäß dem Hauptsatz der Differential- und Integralrechnung ist die Funktion

$$F : [a, b] \to \mathbb{R} \quad \text{mit} \quad F(x) = \int_{x_0}^{x} f(t) \, dt$$

eine Stammfunktion der Funktion $f : [a, b] \to \mathbb{R}$. Insbesondere gilt $F' = f$ in
$[a, b]$ und somit $y'(x) = f(x)$ für alle $x \in [a, b]$. Wegen $F(x_0) = 0$ haben wir
somit bewiesen, dass die Funktion $y : [a, b] \to \mathbb{R}$ mit $y(x) = y_0 + \int_{x_0}^{x} f(t) \, dt$
eine Lösung des Anfangswertproblems ist.

(a) **Eindeutigkeit.** Wir zeigen nun mit einem Widerspruchsbeweis, dass die Lösung
des Anfangswertproblems eindeutig ist. Angenommen es gibt eine weitere Funk-
tion $\tilde{y} : [a, b] \to \mathbb{R}$ mit $\tilde{y} \neq y$, die das Anfangswertproblem löst. Dann gilt für
$x \in [a, b]$ gerade

$$\tilde{y}'(x) - y'(x) = f(x) - f(x) = 0,$$

sodass aus dem Mittelwertsatz der Differentialrechnung (Konstanzkriterium, [3,
Aufgabe 148]) die Existenz einer Zahl $c \in \mathbb{R}$ mit $\tilde{y}(x) = y(x) + c$ für alle $x \in$
$[a, b]$ folgt. Da aber wegen der Anfangsbedingung $c = \tilde{y}(0) - y(0) = y_0 - y_0 = 0$,
also $c = 0$ folgt, zeigt dies, dass die beiden Funktionen $\tilde{y}$ und y in ganz $[a, b]$
übereinstimmen. Das ist aber ein Widerspruch, da wir $\tilde{y} \neq y$ angenommen haben.
Dies zeigt wie behauptet, dass das Anfangswertproblem eine eindeutige Lösung
besitzt.

Lösung Aufgabe 221

(a) Zur Übersicht unterteilen wir die Lösung dieses Aufgabenteils in zwei Teile.

(α) Zunächst überlegen wir uns, dass das Anfangswertproblem

$$y'(x) = y(x)/(1 + x^2), \ x \in \mathbb{R}, \qquad y(1) = 2$$

eine eindeutige Lösung besitzt. Wir setzen dazu $I = \mathbb{R}$ und $J = (0, +\infty)$
und betrachten die beiden stetigen Funktionen $f : I \to \mathbb{R}$ und $g : J \to$
$\mathbb{R} \setminus \{0\}$ mit $f(x) = 1/(1 + x^2)$ und $g(y) = y$ (vgl. den Lösungshinweis
zu dieser Aufgabe). Definieren wir $x_0 = 1$ und $y_0 = 2$, so ist das Anfangswertproblem offensichtlich von der Form

$$y'(x) = f(x)g(y(x)), \ x \in I, \qquad y(x_0) = y_0.$$

Somit folgen wegen $\arctan(1) = \pi/4$

$$F(x) = \int_{x_0}^{x} f(t) \, dt = \int_{1}^{x} \frac{1}{1 + t^2} \, dt = \arctan(x) - \frac{\pi}{4}$$

und

$$G(y) = \int_{y_0}^{x} \frac{1}{g(t)} \, dt = \int_{2}^{y} \frac{1}{t} \, dt = \ln(y) - \ln(2)$$

für alle $x \in I$ und $y \in J$. Weiter gilt wegen $\lim_{x \to \pm\infty} \arctan(x) = \pm\pi/2$ gerade $F(I') = (-3\pi/4, \pi/4)$ für $I' = \mathbb{R}$. Analog folgt aus $\lim_{y \to 0^+} \ln(y) = -\infty$ und $\lim_{y \to +\infty} \ln(y) = +\infty$ gerade $G(J) = \mathbb{R}$, womit wir schließlich $F(I') \subseteq G(J)$ erhalten. Wenden wir nun den Satz über die Trennung der Variablen an (eine Formulierung finden Sie in dem Lösungshinweis zu dieser Aufgabe), so haben wir schließlich wie gewünscht gezeigt, dass das Anfangswertproblem in $I' = \mathbb{R}$ eine eindeutige Lösung besitzt.

(β)   Wir bestimmen nun die Lösung des Anfangswertproblems. Wegen $G(y) = \ln(y) - \ln(2)$ für $y \in (0, +\infty)$ sehen wir direkt, dass die Umkehrfunktion $G^{-1} : \mathbb{R} \to \mathbb{R}$ durch $G^{-1}(x) = \exp(x + \ln(2)) = 2\exp(x)$ gegeben ist. Damit lautet die eindeutige Lösung $y : \mathbb{R} \to \mathbb{R}$ des Anfangswertproblems gerade

$$y(x) = (G^{-1} \circ F)(x) = 2\exp\left(\arctan(x) - \frac{\pi}{4}\right).$$

(b) Wir bestimmen die Lösung des Anfangswertproblems $y'(x) - y(x) = 0$, $x \in \mathbb{R}$, $y(0) = 2$ mit Hilfe der Merkregel (vgl. den Hinweis zu dieser Aufgabe). Zunächst gilt wegen $y' - y = 0$ gerade $y'/y = 1$ und daher

$$\ln(|y|) = \int \frac{1}{y} \, dy = \int 1 \, dx = x + c$$

mit einer zunächst unbestimmten Konstante $c \in \mathbb{R}$. Für $y \geq 0$ können wir die Gleichung zunächst zu $y = \exp(x + c)$ umstellen. Im Fall $y < 0$ folgt $\ln(|y|) = \ln(-y)$ und somit $y = -\exp(x+c)$, sodass insgesamt $y(x) = \tilde{c}\exp(x)$ mit $\tilde{c} \in \mathbb{R}$ für jedes $x \in \mathbb{R}$ folgt. Wegen der Anfangsbedingung $y(0) = \tilde{c}\exp(0) = \tilde{c} = 2$ ist die Lösung des Anfangswertproblems somit gerade die Funktion $y : \mathbb{R} \to \mathbb{R}$ mit $y(x) = 2\exp(x)$.

(c) Schreiben wir die Differentialgleichung zunächst formal als $y'/\sqrt{1 - y^2} = 1$, so folgt

$$\arcsin(y) = \int \frac{1}{\sqrt{1 - y^2}} \, dy = \int 1 \, dx = x + c$$

und weiter $y = \sin(x + c)$ für eine Konstante $c \in \mathbb{R}$. Eine Lösung der Differentialgleichung ist somit gerade $y : (-\pi/2 - c, \pi/2 - c) \to \mathbb{R}$ mit $y(x) = \sin(x+c)$.

(d) Wir bemerken zunächst, dass sich die Differentialgleichung wegen $y' = xy^2 + x = x(1 + y^2)$ formal als $y'/(1 + y^2) = x$ schreiben lässt. Damit folgt gerade

$$\arctan(y) = \int \frac{1}{1 + y^2}\, dy = \int x\, dx = \frac{x^2}{2} + c$$

für eine Konstante $c \in \mathbb{R}$. Umstellen liefert weiter $y = \tan(x^2/2+c)$, das heißt, die Funktion $y : \{x \in \mathbb{R} \mid -\pi/2 < x^2/2+c < \pi/2\} \to \mathbb{R}$ mit $y(x) = \tan(x^2/2+c)$ ist eine Lösung der Differentialgleichung.

Lösung Aufgabe 222 Den Inhalt des Tanks können wir durch die Funktion $I : [0, +\infty) \to \mathbb{R}$ mit

$$I(t) = I_0 + 8t - 5t = 1000 + 3t$$

beschreiben, da dieser initial also zum Zeitpunkt $t = 0$, $I(0) = 1000\,\text{L}$ Wasser enthält und jede Minute $8\,\text{L}$ hinzugefügt und $5\,\text{L}$ abgelassen werden. Nach beispielsweise $20\,\text{min}$ enthält der Tank also genau $I(20) = 1060\,\text{L}$ Wasser. Den Salzgehalt, also die Menge des gelösten Salzes (Konzentration), beschreiben wir ebenfalls durch eine Funktion $S : [0, +\infty) \to \mathbb{R}$. Die Veränderung des Salzgehaltes zu einem Zeitpunkt $t \in [0, +\infty)$ ist gerade

$$\frac{5S(t)}{I(t)} - \frac{8S(t)}{I(t)} = -\frac{3S(t)}{I(t)} = -\frac{3S(t)}{1000 + 3t}$$

(Differenz von Zufluss- und Abflusskonzentration). Da der Tank zum Zeitpunkt $t = 0$ genau $80\,\text{kg}$ Salz enthält, genügt die Funktion S dem folgenden Anfangswertproblem:

$$S'(t) = -\frac{3S(t)}{1000 + 3t}, \quad t \in [0, +\infty), \qquad S(0) = 80.$$

Dieses können wir ähnlich wie in Aufgabe 221 mit Hilfe von Trennung der Variablen (Separationsmethode) lösen. Wir erhalten also

$$\ln(S(t)) - \ln(80) = \int_0^t \frac{S'(\tau)}{S(\tau)}\, d\tau = -\int_0^t \frac{3}{1000 + 3\tau}\, d\tau = \ln(1000) - \ln(1000 + 3t)$$

beziehungsweise mit den Logarithmusgesetzen

$$\ln\left(\frac{S(t)}{80}\right) = \ln\left(\frac{1000}{1000 + 3t}\right)$$

für $t \in [0, +\infty)$. Indem wir die obige Gleichung nach S auflösen, erhalten wir als Lösung des Anfangswertproblems gerade

$$S(t) = \frac{80.000}{1000 + 3t}.$$

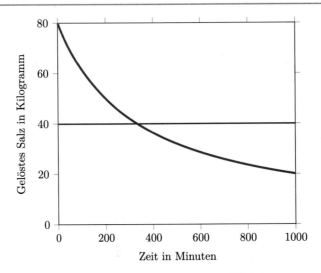

Abb. 27.2 Darstellung der Salzkonzentration $S(t)$ für $t \in [0, 1000]$ (rot)

Nachdem wir eine explizite Darstellung der Funktionen I und S hergeleitet haben, können wir die beiden Teilaufgaben problemlos lösen.

(a) Nach 3 h, also 180 min, enthält der Tank $S(180) \approx 51,95$ kg Salz.
(b) Für die zweite Frage müssen wir uns überlegen, nach wie vielen Minuten t der Salzgehalt $S(t)$ kleiner als 40 kg ist. Lösen wir die Ungleichung $S(t) \leq 40$ beziehungsweise $80.000/(1000 + 3t) \leq 40$ nach t auf, so erhalten wir $t = 1000/3$. Somit hat sich der Salzgehalt im Tank nach $t \approx 334$ min halbiert (vgl. auch Abb. 27.2).

Lösung Aufgabe 223

(a) Zur Übersicht unterteilen wir die Lösung dieser Teilaufgabe in zwei Teile: Wir überlegen uns zuerst, dass die beiden Anfangswertprobleme (9.1) und (9.2) äquivalent sind, das heißt, jede Lösung von Problem (9.1) erzeugt eine von (9.2) und umgekehrt. Im zweiten Schritt beweisen wir dann mit dem Satz von der Trennung der Variablen, dass das Anfangswertproblem (9.2) und damit auch (9.1) eine eindeutige Lösung besitzt.

   (α) **Äquivalenz der Anfangswertprobleme.** Sei zunächst $\phi : I \to \mathbb{R}$ eine Lösung des Problems (9.2). Wir überlegen uns nun, dass die Funktion $\varphi : I \to \mathbb{R}$ mit $\varphi(x) = x\phi(x)$ eine Lösung des Anfangswertproblems (9.1) ist. Mit der Produktregel für differenzierbare Funktionen folgt für jedes $x \in I$

$$\varphi'(x) = \phi(x) + x\phi'(x) \overset{(9.2)}{=} \phi(x) + x\left(\frac{f(\phi(x)) - \phi(x)}{x} \right) = f(\phi(x)) = f\left(\frac{\varphi(x)}{x} \right).$$

Weiter gilt

$$\varphi(x_0) = x_0\phi(x_0) \overset{(9.2)}{=} y_0,$$

das heißt, wir sehen direkt, dass die Funktion φ das Problem (9.1) löst. Ist umgekehrt $\varphi : I \to \mathbb{R}$ eine Lösung des Anfangswertproblems (9.1), so ist die Funktion $\phi : I \to \mathbb{R}$ mit $\phi(x) = \varphi(x)/x$ wegen (Quotientenregel verwenden)

$$\phi'(x) = \frac{x\varphi'(x) - \varphi(x)}{x^2} = \frac{\varphi'(x)}{x} - \frac{\varphi(x)}{x^2}$$
$$= \frac{1}{x}\left(\varphi'(x) - \frac{\varphi(x)}{x}\right) \overset{(9.1)}{=} \frac{f(\phi(x)) - \phi(x)}{x}$$

für $x \in I$ und $\phi(x_0) = \varphi(x_0)/x_0 = y_0/x_0$ eine Lösung des Anfangswertproblems (9.2).

(β) **Eindeutige Lösbarkeit.** Aus Teil (α) dieser Lösung wissen wir bereits, dass das Anfangswertproblem (9.1) genau dann eine Lösung besitzt, wenn Problem (9.2) eine Lösung besitzt. Es genügt daher lediglich zu beweisen, dass Problem (9.2) eine eindeutige Lösung besitzt. Dies folgt jedoch direkt aus dem Satz über die Trennung der Variablen (vgl. auch den Lösungshinweis von Aufgabe 221). Definieren wir nämlich die stetigen Funktionen $\tilde{f} : I \to \mathbb{R}$ und $\tilde{g} : \mathbb{R} \setminus \{0\} \to \mathbb{R} \setminus \{0\}$ mit $\tilde{f}(z) = f(z) - z$ und $\tilde{g}(x) = 1/x$, so ist das Anfangswertproblem (9.2) offensichtlich äquivalent zu dem (separablen) Problem

$$z'(x) = \tilde{f}(z(x))\tilde{g}(x), \ x \in I, \qquad z(x_0) = y_0/x_0$$

und der Satz über die Trennung der Variablen garantiert die Existenz eines Intervalls $I \subseteq \mathbb{R} \setminus \{0\}$ sowie einer eindeutig bestimmten Lösung $\phi : I \to \mathbb{R}$.

(b) Die stetige rechte Seite $f : \mathbb{R} \to \mathbb{R}$ des Anfangswertproblems ist offensichtlich durch $f(x) = x + \exp(-x)$ gegeben, denn damit folgt

$$y'(x) = f\left(\frac{y(x)}{x}\right) = \frac{y(x)}{x} + \exp\left(-\frac{y(x)}{x}\right).$$

Wir betrachten daher zunächst – ähnlich wie in Teil (a) dieser Lösung – das separable Problem

$$z'(x) = \frac{f(z(x)) - z(x)}{x} = \frac{\exp(-z(x))}{x}, \ x \in \mathbb{R} \setminus \{0\}, \qquad z(1) = 0.$$

Mit Hilfe der Methode der Trennung der Variablen (vgl. Aufgabe 221) folgt

$$\exp(z) - 1 = \int_0^z \exp(t)\,dt = \int_0^z \frac{1}{\exp(-t)}\,dt = \int_1^x \frac{1}{t}\,dt = \ln(x),$$

also $\exp(z) = \ln(x) + 1$ und damit $z = \ln(\ln(x) + 1)$. Dies zeigt, dass die Funktion $\phi : (\exp(-1), +\infty) \to \mathbb{R}$ mit $\phi(x) = \ln(\ln(x) + 1)$ die eindeutige Lösung des obigen Anfangswertproblems ist. Mit dem Resultat aus Teil (a) folgt somit wie gewünscht, dass $\varphi : (\exp(-1), +\infty) \to \mathbb{R}$ mit $\varphi(x) = x\phi(x) = x \ln(\ln(x) + 1)$ die eindeutige Lösung des Ausgangsproblems

$$y'(x) = \frac{y(x)}{x} + \exp\left(-\frac{y(x)}{x}\right), \quad x \in \mathbb{R} \setminus \{0\}, \qquad y(1) = 0$$

ist.

Lösung Aufgabe 224

(a) Die Differentialgleichung $y'(x) = (1 + x + y(x))^2$ lässt sich mit Hilfe der Substitution $z(x) = 1 + x + y(x)$ lösen. Mit dieser folgt nämlich $z'(x) = 1 + y'(x)$, sodass sich das obige Problem zu $z'(x) - 1 = z^2(x)$ beziehungsweise

$$\frac{z'(x)}{1 + z^2(x)} = 1$$

umschreiben lässt. Lösungen dieser separierten Differentialgleichung lassen sich wie üblich mit der Methode der Trennung der Variablen (Separationsmethode) bestimmen:

$$\arctan(z) = \int \frac{1}{1 + z^2} \, \mathrm{d}z = \int 1 \, \mathrm{d}x = x + c.$$

Hier ist $c \in \mathbb{R}$ eine beliebige Konstante. Damit ist $z(x) = \tan(x + c)$ eine Lösung des separierten Problems und folglich (Rücksubstitution beachten)

$$y(x) = z(x) - (1 + x) = \tan(x + c) - 1 - x$$

eine Lösung des Ausgangsproblems.

(b) Schreiben wir die Differentialgleichung in der Form

$$2y'(x)y(x) + 1 = y^2(x) + x,$$

so ist die linke Seite offensichtlich gerade die Ableitung der rechten Seite. Daher bietet sich die Substitution $z(x) = y^2(x) + x$ an. Wegen $z'(x) = 2y'(x)y(x) + 1$ (Produktregel beachten) erhalten wir das vereinfachte Problem $z'(x) = z(x)$. Eine allgemeine Lösung ist bekanntlich durch $z(x) = c \exp(x)$ mit einer Konstanten $c \in \mathbb{R}$ gegeben (vgl. die Lösung von Aufgabe 221 (b)), womit

$$y(x) = \pm\sqrt{z(x) - x} = \pm\sqrt{c \exp(x) - x}$$

eine Lösung der ursprünglichen Differentialgleichung ist.

Lösung Aufgabe 225

(a) Wir betrachten zunächst die lineare Differentialgleichung $y'(x) + 2y(x) = e^{-x}$. Die homogene Differentialgleichung lautet dabei $y'(x) + 2y(x) = 0$. Mit Hilfe von Trennung der Variablen können wir direkt $y_h(x) = ce^{-2x}$ für $x \in \mathbb{R}$ (homogene Lösung) mit einer Konstanten $c \in \mathbb{R}$ ablesen. Wir variieren nun die Konstante, das heißt, wir ersetzen die Konstante durch eine differenzierbare Funktion $c : \mathbb{R} \to \mathbb{R}$. Mit der Ketten- und Produktregel folgt dann

$$y'(x) = c'(x)e^{-2x} - 2c(x)e^{-2x} = (c'(x) - 2c(x))e^{-2x}.$$

Setzen wir dies in die lineare Differentialgleichung ein, so folgt

$$y'(x) + 2y(x) = (c'(x) - 2c(x))e^{-2x} + 2c(x)e^{-2x} = c'(x)e^{-2x} = e^{-x},$$

also $c'(x) = e^x$. Wir können somit $c(x) = e^x$, also $y_p(x) = c(x)e^{-2x} = e^{-x}$ (partikuläre Lösung), ablesen, womit die Lösung der Differentialgleichung

$$y_*(x) = y_h(x) + y_p(x) = ce^{-2x} + e^{-x}$$

lautet. Setzen wir schließlich die Anfangsbedingung ein, so muss zwingend $y_*(0) = c + 1 = 4$, also $c = 3$, gelten. Dies zeigt schließlich, dass $y_*(x) = 3e^{-2x} + e^{-x}$ die eindeutige Lösung des Anfangswertproblems ist.

(b) Wir bestimmen zunächst eine allgemeine Lösung der homogenen Differentialgleichung

$$y'(x) + \frac{y(x)}{x} = 0.$$

Mit Hilfe von Trennung der Variablen folgt direkt

$$\ln(|y(x)|) = \int \frac{y'(x)}{y(x)} \, dx = -\int \frac{1}{x} \, dx = -\ln(|x|) + c = \ln\left(\frac{1}{|x|}\right) + c,$$

also $y_h(x) = c/x$ für alle $x \in \mathbb{R} \setminus \{0\}$ (homogene Lösung), wobei $c \in \mathbb{R}$ eine beliebige Integrationskonstante ist. Wir ersetzen nun die Konstante durch eine differenzierbare Funktion $c : \mathbb{R} \to \mathbb{R}$ (Variation der Konstanten). Mit der Quotientenregel folgt dann

$$y'(x) = \left(\frac{c(x)}{x}\right)' = \frac{c'(x)x - c(x)}{x^2}.$$

Einsetzen in die inhomogene Differentialgleichung liefert weiter

$$\frac{c'(x)}{x} = \frac{c'(x)x - c(x)}{x^2} + \frac{c(x)}{x^2} = y'(x) + \frac{y(x)}{x} = \cos(x),$$

also $c'(x) = x\cos(x)$. Mit partieller Integration erhalten wir

$$c(x) = \int c'(x)\,dx = \int x\cos(x)\,dx = x\sin(x) + \int \cos(x)\,dx = x\sin(x) + \cos(x).$$

Damit ist $y_p(x) = c(x)/x = \sin(x) + \cos(x)/x$ die partikuläre Lösung. Die Lösung der Differentialgleichung lautet damit

$$y_*(x) = y_h(x) + y_p(x) = \frac{c}{x} + \sin(x) + \frac{\cos(x)}{x}$$

für $x \in \mathbb{R} \setminus \{0\}$.

Lösung Aufgabe 226 Die Differentialgleichung lässt sich äquivalent in der Form

$$p(x, y(x)) + q(x, y(x))y'(x) = 0$$

schreiben, wobei die Funktionen $p, q : \mathbb{R}^2 \to \mathbb{R}$ durch $p(x, y) = 2xy^3$ und $q(x, y) = 3x^2y^2$ definiert sind. Offensichtlich sind die Funktionen p und q partiell differenzierbar mit $\partial_y p(x, y) = 6xy^2$ und $\partial_x q(x, y) = 6xy^2$ für $(x, y)^\mathsf{T} \in \mathbb{R}^2$, was zeigt, dass die Differentialgleichung exakt ist. Somit existiert eine stetig differenzierbare Potentialfunktion $\Phi : \mathbb{R}^2 \to \mathbb{R}$ mit $\partial_x \Phi(x, y) = p(x, y)$ und $\partial_y \Phi(x, y) = q(x, y)$ für $(x, y)^\mathsf{T} \in \mathbb{R}^2$. Integrieren wir die beiden Gleichungen, so folgen

$$\Phi(x, y) = \int \partial_x p(x, y)\,dx = \int 2xy^3\,dx = x^2y^3 + \tilde{p}(y)$$

und analog $\Phi(x, y) = x^2y^3 + \tilde{q}(x)$ für alle $(x, y)^\mathsf{T} \in \mathbb{R}^2$, wobei $\tilde{p}, \tilde{q} : \mathbb{R} \to \mathbb{R}$ differenzierbare Funktionen sind. Gleichsetzen liefert

$$\Phi(x, y) = x^2y^3 + c$$

mit einer Konstanten $c \in \mathbb{R}$. Wir können somit weiter ablesen, dass jede Lösung $y : \mathbb{R} \setminus \{0\} \to \mathbb{R}$ der exakten Differentialgleichung $x^2y^3(x) = c$ beziehungsweise $y(x) = cx^{-2/3}$ für $x \in \mathbb{R} \setminus \{0\}$ erfüllen muss.

Lösung Aufgabe 227 Im Folgenden untersuchen wir das Anfangswertproblem

$$y'(x) = 1 + \frac{\sin(\cos(1 + y(x)))}{1 + x^2}, \quad x \in [0, 2], \qquad y(1) = 0, \qquad (27.1)$$

dessen rechte Seite durch die Funktion $f : [0, 2] \times \mathbb{R} \to \mathbb{R}$ mit

$$f(x, y) = 1 + \frac{\sin(\cos(1 + y))}{1 + x^2}$$

beschrieben wird. Offensichtlich ist die Funktion stetig, sodass wir gemäß dem Satz von Picard-Lindelöf lediglich noch die globale Lipschitz-Bedingung bezüglich der zweiten Komponenten nachweisen müssen, um die Existenz einer globalen Lösung von Problem (27.1) zu garantieren. Dies überlegen wir uns nun auf zwei verschiedene Weisen:

(a) Wir wissen, dass die trigonometrischen Funktionen Sinus und Kosinus Lipschitz-stetig (!) mit Lipschitz-Konstante $L = 1$ sind – das ist beispielsweise eine Konsequenz aus dem eindimensionalen Mittelwertsatz [3, Aufgabe 151]. Seien nun $x \in [0, 2]$ sowie $y, \tilde{y} \in \mathbb{R}$ beliebig gewählt. Dann folgt wegen $1/(1 + x^2) \le 1$ gerade

$$
\begin{aligned}
|f(x, y) - f(x, \tilde{y})| &= \left| \frac{\sin(\cos(1 + y))}{1 + x^2} - \frac{\sin(\cos(1 + \tilde{y}))}{1 + x^2} \right| \\
&\le |\sin(\cos(1 + y)) - \sin(\cos(1 + \tilde{y}))| \\
&\overset{(!)}{\le} |\cos(1 + y) - \cos(1 + \tilde{y})| \\
&\overset{(!)}{\le} |(1 + y) - (1 + \tilde{y})| \\
&= |y - \tilde{y}|,
\end{aligned}
$$

also ist f ebenfalls Lipschitz-stetig mit Konstanten $L = 1$.

(b) Alternativ können wir aber auch zeigen, dass die partielle Ableitung $\partial_y f$ beschränkt beziehungsweise äquivalent stetig ist (vgl. Aufgabe 51). Die partielle Differenzierbarkeit der Funktion f bezüglich der zweiten Variablen ist offensichtlich und mit einer kleinen Rechnung folgt

$$
\partial_y f(x, y) = -\frac{\sin(1 + y)\cos(\cos(1 + y))}{1 + x^2}
$$

für $(x, y)^\mathsf{T} \in [0, 2] \times \mathbb{R}$. Da die Sinus- und Kosinusfunktion aber im Betrag durch 1 beschränkt sind, sehen wir direkt

$$
|\partial_y f(x, y)| = \frac{|\sin(1 + y)||\cos(\cos(1 + y))|}{1 + x^2} \le \frac{1}{1 + x^2} \le 1,
$$

was wie gewünscht die Beschränktheit der partiellen Ableitung zeigt.

Lösung Aufgabe 228 Wir betrachten das Anfangswertproblem

$$
y'(x) = \sqrt{|y(x)|}, \quad x \in \mathbb{R}, \qquad y(0) = 0. \tag{27.2}
$$

Zur Übersicht unterteilen wir die Lösung dieser Aufgabe in zwei Teile.

(a) **Lösungen des Anfangswertproblems.** Offensichtlich ist die Nullfunktion y : $\mathbb{R} \to \mathbb{R}$ mit $y(x) = 0$ eine Lösung. Weiterhin gilt allgemein, dass mit jeder Lösung y auch die gespiegelte Funktion $\tilde{y} : \mathbb{R} \to \mathbb{R}$ mit $\tilde{y}(x) = -y(-x)$ eine Lösung von Problem (27.2) ist, denn für alle $x \in \mathbb{R}$ folgt mit Hilfe der Kettenregel (!) gerade

$$\tilde{y}'(x) \stackrel{(!)}{=} y'(-x) \stackrel{(27.2)}{=} \sqrt{|y(-x)|} = \sqrt{|-y(-x)|} = \sqrt{|\tilde{y}(x)|}$$

sowie $\tilde{y}(0) = -y(0) = 0$. Die obige Beobachtung reicht jedoch noch nicht aus um zu beweisen, dass das Anfangswertproblem keine eindeutige Lösung besitzt, denn die Spiegelung der Nullfunktion ist die Nullfunktion selbst. Jedoch können wir uns wegen diesen Überlegungen im Folgenden bei der Berechnung weiterer Lösungen auf nichtnegative Lösungen beschränken, das heißt, es genügt das Anfangswertproblem

$$y(x) \geq 0, \ y'(x) = \sqrt{y(x)}, \ x \in \mathbb{R}, \qquad y(0) = 0$$

zu untersuchen. Mit Hilfe von Trennung der Variablen (vgl. auch Aufgabe 221) folgt

$$2\sqrt{y} = \int_0^y \frac{1}{\sqrt{t}} \, dt = \int_0^x 1 \, dt = x.$$

Dies liefert uns die weitere Lösung $y(x) = x^2/4$, was sich leicht durch eine Probe bestätigen lässt. Durch Zusammensetzen der beiden Lösungen kann man sich aber auch überlegen, dass die Funktion $y_\alpha : \mathbb{R} \to \mathbb{R}$ mit

$$y_\alpha(x) = \begin{cases} 0, & x < \alpha \\ \left(\frac{x-\alpha}{2}\right)^2, & \alpha \leq x \end{cases}$$

für jedes $\alpha \geq 0$ eine Lösung von Problem (27.2) ist. Entsprechend löst damit gemäß unseren obigen Überlegungen auch für $\beta < 0$ die gespiegelte Funktion $y^\beta : \mathbb{R} \to \mathbb{R}$ mit

$$y^\beta(x) = \begin{cases} -\left(\frac{x-\beta}{2}\right)^2, & x > \beta \\ 0, & \beta \leq x \end{cases}$$

das Anfangswertproblem. Die beiden Lösungskurven lassen sich erneut kombinieren, womit auch $y_\gamma^\delta : \mathbb{R} \to \mathbb{R}$ mit

$$y_\gamma^\delta(x) = \begin{cases} -\left(\frac{x-\gamma}{2}\right)^2, & x < \gamma \\ 0, & \gamma \leq x \leq \delta \\ \left(\frac{x-\delta}{2}\right)^2, & x > \delta \end{cases}$$

für alle $\gamma, \delta \in \mathbb{R}$ mit $\gamma \leq 0 \leq \delta$ eine Lösung ist (vgl. Abb. 27.3). Dass es sich bei den obigen drei parametrisierten Kurven in der Tat um Lösungen des Anfangswertproblems handelt kann man leicht durch Einsetzen dieser in das Anfangswertproblem verifizieren. Dabei ist zu beachten, dass alle Funktionen in ganz $\mathbb{R}$ differenzierbar sind, was wir wie folgt einsehen können (die Differenzierbarkeit von y^β und y_γ^δ zeigt man analog): Die Funktion y_α ist natürlich bereits in $(-\infty, \alpha)$ und $(\alpha, +\infty)$ differenzierbar, sodass wir lediglich noch den Punkt $x_0 = \alpha$ untersuchen müssen. Mit einer kleinen Rechnung folgen

$$-y_\alpha{}'(\alpha) = \lim_{x \to \alpha^-} \frac{y_\alpha(x) - y_\alpha(\alpha)}{x - \alpha} = \lim_{x \to \alpha^-} \frac{0 - 0}{x - \alpha} = 0$$

und

$$+y_\alpha{}'(\alpha) = \lim_{x \to \alpha^+} \frac{y_\alpha(x) - y_\alpha(\alpha)}{x - \alpha} = \lim_{x \to \alpha^-} \frac{(x - \alpha)^2/4 - 0}{x - \alpha} = \lim_{x \to \alpha^-} \frac{x - \alpha}{4} = 0,$$

das heißt, der links- und rechtsseitige Grenzwert der Funktion y_α stimmt in $x_0 = \alpha$ überein. Somit ist y_α in ganz $\mathbb{R}$ differenzierbar.

(b) **Satz von Picard-Lindelöf.** Der Satz von Picard-Lindelöf (globale Version) lässt sich nicht auf das Anfangswertproblem (27.2) anwenden und stellt damit auch keinen Widerspruch dar, da die rechte Seite, das heißt, die Funktion $f : \mathbb{R}^2 \to \mathbb{R}$ mit $f(x, y) = \sqrt{|y|}$ nicht in der zweiten Variablen Lipschitz-stetig ist. Dies können wir ähnlich wie in der Lösung von Aufgabe 84 (b) einsehen. Für alle $x \in \mathbb{R}$ folgt für $y \geq 0$ und $\tilde{y} = 0$

$$\frac{|f(x, y) - f(x, \tilde{y})|}{|y - \tilde{y}|} = \frac{\sqrt{y}}{y} = \frac{1}{\sqrt{y}}.$$

Der obige Ausdruck lässt sich jedoch nicht uniform durch eine Konstante $L \geq 0$ nach oben abschätzen, denn der Ausdruck (rechte Seite beachten) wird beliebig groß, wenn y gegen Null geht.

Lösung Aufgabe 229 Unter den Voraussetzungen des Existenzsatzes von Picard-Lindelöf [6, Satz 2.8] lässt sich das Picard-Lindelöfsche Iterationsverfahren wie folgt angeben: Für jede Funktion $p_0 \in C(I, \mathbb{R})$ (Startwert der Folge) konvergiert die Funktionenfolge $(p_n)_n \subseteq C(I, \mathbb{R})$ mit

$$p_{n+1}(x) = y_0 + \int_{x_0}^x f(t, p_n(t))\, dt$$

für $t \in I$ und $n \in \mathbb{N}$ gleichmäßig auf I gegen die eindeutige Lösung des Anfangswertproblems

$$y'(x) = f(x, y(x)), \; x \in I, \qquad y(x_0) = y_0.$$

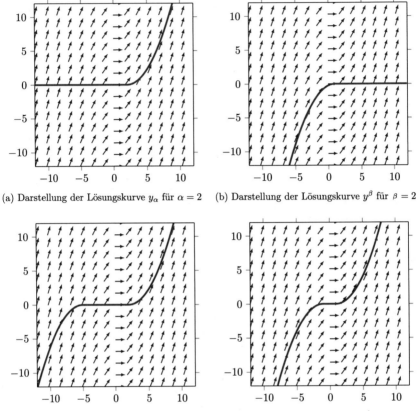

(a) Darstellung der Lösungskurve y_α für $\alpha = 2$ (b) Darstellung der Lösungskurve y^β für $\beta = 2$

(c) Darstellung der Lösungskurve y_γ^δ für $\gamma = -5$ und $\delta = 2$ (d) Darstellung der Lösungskurve y_γ^δ für $\gamma = -1$ und $\delta = 1$

Abb. 27.3 Darstellung des Richtungsfelds (blau) und verschiedener Lösungskurven (rot) des Anfangswertproblems (27.2)

In dieser Aufgabe sind also $I = [-1, 1]$, $x_0 = 0$, $y_0 = 1$ und die Funktion $f :$ $I \times \mathbb{R} \to \mathbb{R}$ durch $f(x, y) = \lambda x y$ gegeben. Die Funktion f genügt offensichtlich der globalen Lipschitz-Bedingung, da

$$|f(x, y) - f(x, \tilde{y})| = |\lambda x y - \lambda x \tilde{y}| \leq \lambda |x||y - \tilde{y}| \leq \lambda |y - \tilde{y}|$$

für alle $x \in I$ und $y, \tilde{y} \in \mathbb{R}$ gilt. Die Folge $(p_n)_n \subseteq C(I, \mathbb{R})$ mit

$$p_{n+1}(x) = y_0 + \int_{x_0}^x f(t, p_n(t)) \, \mathrm{d}t = 1 + \lambda \int_0^x t p_n(t) \, \mathrm{d}t$$

konvergiert somit gleichmäßig gegen die eindeutige Lösung $y : I \to \mathbb{R}$ mit $y(x) = \exp(\lambda x^2/2)$ des Anfangswertproblems (Trennung der Variablen verwenden). Wir bestimmen nun die ersten vier Iterationen p_0, p_1, p_2, p_3 der Folge, wobei wir $p_0 = 1$

setzen:

$$p_1(x) = 1 + \lambda \int_0^x t p_0(t)\, dt = 1 + \lambda \int_0^x t\, dt = 1 + \frac{\lambda x^2}{2},$$

$$p_2(x) = 1 + \lambda \int_0^x t p_1(t)\, dt = 1 + \lambda \int_0^x t\left(1 + \frac{\lambda t^2}{2}\right) dt = 1 + \frac{\lambda x^2}{2} + \frac{\lambda^2 x^4}{8},$$

$$p_3(x) = 1 + \lambda \int_0^x t p_2(t)\, dt = 1 + \lambda \int_0^x t\left(1 + \frac{\lambda x^2}{2} + \frac{\lambda^2 x^4}{8}\right) dt = 1 + \frac{\lambda x^2}{2} + \frac{\lambda^2 x^4}{8} + \frac{\lambda^3 x^6}{48}.$$

Induktiv folgt somit also gerade für jedes $n \in \mathbb{N}$ und $x \in I$

$$p_n(x) = 1 + \frac{\lambda x^2}{2} + \ldots + \frac{\lambda^n x^{2n}}{2^n n!} = \sum_{j=0}^{n} \frac{\lambda^j x^{2j}}{2^j j!} = \sum_{j=0}^{n} \frac{(\lambda x^2/2)^j}{j!}.$$

Das Picard-Lindelöfsche Iterationsverfahren konvergiert damit wie erwartet gleichmäßig gegen die eindeutige Lösung

$$\exp\left(\frac{\lambda x^2}{2}\right) = \sum_{j=0}^{+\infty} \frac{(\lambda x^2/2)^j}{j!}$$

(Reihendarstellung der Exponentialfunktion beachten) des Anfangswertproblems.

Teil IV
Übungsklausuren

Übungsklausuren Übersicht

28

Der vierte Teil dieses Buches enthält fünf Übungsklausuren mit verschiedenen Aufgaben und Aufgabentypen aus der Analysis II. Beachten Sie bitte, dass es sich bei diesen Klausuren nicht um *echte* Klausuren handelt, das heißt, diese wurden in der vorliegenden Form noch nicht gestellt und sind eigens für dieses Buch entworfen worden. Die folgende Tabelle enthält einige Informationen über die Klausuren, die Ihnen zur Orientierung dienen sollen – Sie können sich also überlegen, welche Klausur für Sie geeignet und relevant ist ohne diese vorher einsehen zu müssen.

N. Hebestreit, *Übungsbuch Analysis II*, https://doi.org/10.1007/978-3-662-65832-1_28

Klausur	Max. Zeit	Hilfsmittel	Methoden, Begriffe und Resultate
A	90 min	Keine	Metrischer Raum, offene Menge, kompakte Menge, Maximumsnorm, surjektive Funktion, injektive Funktion, lokal invertierbare Funktion, Umkehrfunktion (inverse Funktion), Anfangswertproblem, Wellengleichung, mehrdimensionaler Mittelwertsatz, mehrdimensionale Kettenregel
B	120 min	Keine	Sternförmige Menge, wegzusammenhängende Menge, konvexe Menge, kompakte Menge, Minkowski-Summe, abgeschlossene Menge, Fixpunktsatz von Banach, metrischer Raum, Vollständigkeit, differenzierbare Funktion, stetige Funktion, Satz von Lagrange, Vektorfeld, Oberflächenintegral, Integralsatz
C	120 min	Keine	Lokales Extremum, zweimal differenzierbare Funktion, Hesse-Matrix, konvergente Folge, Norm, abgeschlossene Menge, Rand einer Menge, kompakte Menge, beschränkte Menge, offene Menge, metrischer Raum, Häufungspunkt, unendliche Menge, Menge der beschränkten Folgen, Metrik, stetige Funktion, differenzierbare Funktion, Satz von Lagrange, Vektorfeld, Gradientenfeld, Kurvenintegral 2. Art, Länge einer Kurve
D	90 min	Keine	Abgeschlossene Menge, beschränkte Menge, offene Menge, konvexe Menge, kompakte Menge, wegzusammenhängende Menge, sternförmige Menge, stetige Funktion, Homogenität vom Grad 2, Bild einer Funktion, differenzierbare Funktion, partiell differenzierbare Funktion, Schraubenlinie, Länge einer Kurve, Schwerpunkt einer Kurve, Arbeit, Potential (Stammfunktion), Raum der stetigen Funktionen, Cauchy-Schwarz-Ungleichung, metrischer Raum, offene Kugel, abgeschlossene Kugel, Abschluss einer Menge
E	60 min	Keine	Eindimensionales Riemann-Integral, Jakobi-Matrix, Hesse-Matrix, Taylorpolynom erster Ordnung, Anfangswertproblem, Oberflächenintegral, Gaußscher Divergenzsatz

Übungsklausur Analysis II (A)

Name: Matrikelnummer:

Vorname: Studiengang:

Die Bearbeitungszeit für die Klausur beträgt 75 min. Es sind keine Hilfsmittel, das heißt, keine (programmierbaren) Taschenrechner, Computer, Aufzeichnungen der Vorlesung etc. erlaubt. Geben Sie bei allen Antworten einen Beweis beziehungsweise ein Gegenbeispiel an.

Aufgabe	1	2	3	4	5	6 (Zusatz)	Summe
Mögliche Punkte	4	5	9	5	5	5	$28 + 5$
Erzielte Punkte							

Aufgabe 1 (4 Punkte) Seien (M, d) ein metrischer Raum, $O \subseteq M$ eine offene und $C \subseteq M$ eine kompakte Menge. Beweisen Sie, dass dann die Menge $C \setminus O$ ebenfalls kompakt ist.

Aufgabe 2 (5 Punkte) Beweisen Sie, dass die Maximumsnorm $\| \cdot \|_\infty : \mathbb{R}^d \to \mathbb{R}$ mit $\|x\|_\infty = \max_{1 \le j \le d} |x_j|$ eine Norm auf $\mathbb{R}^d$ definiert.

Aufgabe 3 (9 Punkte) Gegeben sei die Funktion $f : \mathbb{R}^2 \to \mathbb{R}^2 \setminus \{(0, 0)^\mathsf{T}\}$ mit

$$f(x, y) = (e^x \sin(y), e^x \cos(y))^\mathsf{T}.$$

(a) Zeigen Sie, dass die Funktion f surjektiv aber nicht injektiv ist.
(b) Beweisen Sie, dass die Funktion f lokal invertierbar ist.

© Der/die Autor(en), exklusiv lizenziert an Springer-Verlag GmbH, DE, ein Teil von Springer Nature 2022
N. Hebestreit, *Übungsbuch Analysis II*, https://doi.org/10.1007/978-3-662-65832-1_29

(c) Berechnen Sie $(f^{-1})'(x, y)$ für $(x, y)^\mathsf{T} \in \mathbb{R}^2 \setminus \{(0, 0)^\mathsf{T}\}$.

Aufgabe 4 (5 Punkte) Berechnen Sie die Lösung des folgenden Anfangswertproblems:

$$xy'(x) = y(x) - 2, \ x \in \mathbb{R}, \qquad y(1) = 0.$$

Aufgabe 5 (5 Punkte) Sei $u \in C^2(\mathbb{R}, \mathbb{R})$ beliebig. Zeigen Sie, dass dann für jedes $\xi \in \mathbb{R}$ die Funktion $f_\xi : \mathbb{R}^2 \to \mathbb{R}$ mit $f_\xi(t, x) = u(\xi t - x)$ eine Lösung der zweidimensionalen Wellengleichung

$$\partial_t \partial_t f_\xi(t, x) = \xi^2 \partial_x \partial_x f_\xi(t, x)$$

für $(t, x)^\mathsf{T} \in \mathbb{R}^2$ ist.

Aufgabe 6 (Zusatz, 5 Punkte) Für zwei Vektoren $x, y \in \mathbb{R}^d$ sei das Geradensegment $S = \{x + ty \in \mathbb{R}^d \mid t \in (0, 1)\}$ gegeben. Sei weiter $f : \mathbb{R}^d \to \mathbb{R}$ eine stetig differenzierbare Funktion. Beweisen Sie mit dem mehrdimensionalen Mittelwertsatz, dass es $z \in S$ mit

$$f(x + y) - f(x) = \langle \nabla f(z), y \rangle$$

gibt.

Lösung Übungsklausur Analysis II (A) 30

Lösung Aufgabe 1 Die Aufgabe lässt sich auf verschiedene Weise lösen. Wir präsentieren daher zwei Lösungsmöglichkeiten:

(a) Die Menge $C \setminus O$ ist offensichtlich als Komplement der offenen Menge abgeschlossen **(1 Punkt)**. Somit sehen wir, dass wegen $C \setminus O = C \cap (M \setminus O)$ **(1 Punkt)** die Menge $C \setminus O$ als abgeschlossene Teilmenge der kompakten Menge C selbst kompakt ist **(2 Punkte)**.

(b) Alternativ können wir uns auch (äquivalent) überlegen, dass die Menge $C \setminus O$ überdeckungskompakt ist **(1 Punkt)**. Sei dazu $A = (A_\lambda)_{\lambda \in \Lambda}$ eine offene Überdeckung von $C \setminus O$. Folglich ist auch $B = A \cup O$ eine offene Überdeckung der kompakten Menge C **(1 Punkt)**. Wir finden somit eine endliche Teilüberdeckung $B' \subseteq B$ mit $C \subseteq B'$ **(1 Punkt)**. Damit ist $B' \setminus O$ aber wegen $C \setminus O \subseteq B' \setminus O$ eine endliche Teilüberdeckung von $C \setminus O$. Wir haben somit wie gewünscht gezeigt, dass die Menge $C \setminus O$ überdeckungskompakt ist **(1 Punkt)**.

Anmerkung Selbstverständlich müssen Sie lediglich einen Beweis für diese Aufgabe entwickeln.

Lösung Aufgabe 2 Wir müssen beweisen, dass die Funktion $\|\cdot\|_\infty : \mathbb{R}^d \to \mathbb{R}$ mit $\|x\|_\infty = \max_{1 \le j \le d} |x_j|$ den folgenden drei Norm-Axiomen genügt: Definitheit, absolute Homogenität und Dreiecksungleichung.

(a) **Definitheit.** Ist $x = 0$ der Nullvektor im $\mathbb{R}^d$, das heißt, für alle $j \in \{1, \ldots, d\}$ gilt $x_j = 0$, so lesen wir direkt $\|x\|_\infty = 0$ ab. Gelte nun umgekehrt $\|x\|_\infty = 0$ für ein $x \in \mathbb{R}^d$. Da nach Definition der Abbildung $\|\cdot\|_\infty$ stets $\|x\|_\infty \ge |x_j| \ge 0$ gilt, folgt damit bereits $x_j = 0$ für alle $j \in \{1, \ldots, d\}$. Dies zeigt die Definitheit **(1 Punkt)**.

© Der/die Autor(en), exklusiv lizenziert an Springer-Verlag GmbH, DE, ein Teil von
Springer Nature 2022
N. Hebestreit, *Übungsbuch Analysis II*, https://doi.org/10.1007/978-3-662-65832-1_30

(b) **Absolute Homogenität.** Wegen $\max(\lambda A) = \lambda \max(A)$ für $A \subseteq \mathbb{R}$ und $\lambda \geq 0$
folgt direkt die absolute Homogenität (**1 Punkt**).

(c) **Dreiecksungleichung.** Seien $x, y \in \mathbb{R}^d$ beliebig gewählt. Aus der gewöhnlichen
Dreiecksungleichung folgt für alle $j \in \{1, \ldots, d\}$ (**1 Punkt**)

$$|x_j + y_j| \leq |x_j| + |y_j|,$$

womit wir beim Übergang zum Maximum wie gewünscht

$$\|x + y\|_\infty = \max_{1 \leq j \leq d} |x_j + y_j|$$
$$\leq \max_{1 \leq j \leq d} \left(|x_j| + |y_j|\right)$$
$$\leq \max_{1 \leq j \leq d} |x_j| + \max_{1 \leq j \leq d} |y_j| = \|x\|_\infty + \|y\|_\infty$$

(**2 Punkte**) erhalten.

Aus den Teilen (a), (b) und (c) folgt, dass $\| \cdot \|_\infty$ eine Norm im $\mathbb{R}^d$ definiert.

Lösung Aufgabe 3

(a) Zur Übersicht unterteilen wir die Lösung dieses Teils in zwei Abschnitte:

(α) Zunächst überlegen wir uns, dass die Funktion f nicht injektiv ist. Da der
Sinus und Kosinus 2π-periodische Funktionen sind, folgt (**1 Punkt**)

$$f(1, 1) = \begin{pmatrix} e \sin(1) \\ e \cos(1) \end{pmatrix} = \begin{pmatrix} e \sin(2\pi + 1) \\ e \cos(2\pi + 1) \end{pmatrix} = f(1, 2\pi + 1).$$

Da natürlich $(1, 1)^\mathsf{T} \neq (1, 2\pi + 1)^\mathsf{T}$ gilt, haben wir wie gewünscht gezeigt,
dass f nicht injektiv sein kann.

(β) Sei nun $(u, v)^\mathsf{T} \in \mathbb{R}^2 \setminus \{(0, 0)^\mathsf{T}\}$ beliebig gewählt. Um zu zeigen, dass die
Funktion f surjektiv ist müssen wir $(x, y)^\mathsf{T} \in \mathbb{R}^2$ mit $f(x, y) = (u, v)^\mathsf{T}$
beziehungsweise $e^x \sin(y) = u$ und $e^x \cos(y) = v$ finden. Dies leisten
gerade $y = \arctan(u/v)$ und $x = \ln(u^2 + v^2)/2$ (**1 Punkt**), denn mit einer
kleinen Rechnung erhalten wir wegen

$$e^x = e^{\ln(u^2+v^2)/2} = \sqrt{u^2 + v^2},$$
$$\sin(y) = \sin\left(\arctan\left(\frac{u}{v}\right)\right) = \frac{u/v}{\sqrt{1 + (u/v)^2}} = \frac{u}{\sqrt{u^2 + v^2}},$$
$$\cos(y) = \cos\left(\arctan\left(\frac{u}{v}\right)\right) = \frac{1}{\sqrt{1 + (u/v)^2}} = \frac{v}{\sqrt{u^2 + v^2}}$$

wie gewünscht **(1 Punkt)**

$$e^x \sin(y) = \sqrt{u^2 + v^2} \, \frac{u}{\sqrt{u^2 + v^2}} = u$$

und

$$e^x \cos(y) = \sqrt{u^2 + v^2} \, \frac{v}{\sqrt{u^2 + v^2}} = v.$$

Anmerkung Quadriert man die Gleichungen $e^x \sin(y) = u$ und $e^x \cos(y) = v$ und addiert diese, so erhält man

$$e^{2x} \sin^2(y) + e^{2x} \cos^2(y) = e^{2x}(\sin^2(y) + \cos^2(y)) = e^{2x} = u^2 + v^2$$

und somit $x = \ln(\sqrt{u^2 + v^2}) = \ln(u^2 + v^2)/2$. Dividiert man hingegen die beiden obigen Gleichungen, so erhält man

$$\frac{e^x \sin(y)}{e^x \cos(y)} = \tan(y) = \frac{u}{v},$$

also $y = \arctan(u/v)$.

(b) Für diesen Teil werden wir uns überlegen, dass alle Voraussetzungen des Umkehrsatzes (Satz von der inversen Funktion, Satz von der Umkehrfunktion) erfüllt sind. Dazu müssen wir uns überlegen, dass die Funktion f stetig differenzierbar ist und die Jakobi-Matrix J_f in jedem Punkt des $\mathbb{R}^2$ invertierbar (regulär) ist **(1 Punkt)**. Da f offensichtlich partiell differenzierbar ist und die partiellen Ableitungen stetig sind, müssen wir nur noch die Invertierbarkeit der Jakobi-Matrix prüfen. Für $(x, y)^\mathsf{T} \in \mathbb{R}^2$ lautet diese gerade **(1 Punkt)**

$$J_f(x, y) = \begin{pmatrix} e^x \sin(y) & e^x \cos(y) \\ e^x \cos(y) & -e^x \sin(y) \end{pmatrix}.$$

Somit folgt **(1 Punkt)**

$$\det(J_f(x, y)) = \det \begin{pmatrix} e^x \sin(y) & e^x \cos(y) \\ e^x \cos(y) & -e^x \sin(y) \end{pmatrix}$$
$$= -e^{2x}\big(\sin^2(y) + \cos^2(y)\big) = -e^{2x} \neq 0$$

in $\mathbb{R}^2$, womit die Matrix J_f invertierbar ist.

(c) Aus Teil (b) dieser Aufgabe wissen wir bereits, dass f invertierbar ist (Umkehrsatz verwenden). Zu jedem $(x, y)^\mathsf{T} \in \mathbb{R}^2$ finden wir somit eine Umgebung $U \subseteq \mathbb{R}^2$ von $(x, y)^\mathsf{T}$ und eine Umgebung $V \subseteq \mathbb{R}^2 \setminus \{(0, 0)^\mathsf{T}\}$ von $f(x, y)$ derart, dass die Inverse $f^{-1} : V \to U$ stetig differenzierbar ist und (**1 Punkt**)

$$J_{f^{-1}}(u, v) = (J_f(x, y))^{-1}$$

für $(x, y)^\mathsf{T} \in U$ und $(u, v)^\mathsf{T} = f(x, y)$ gilt. Die Jakobi-Matrix der inversen Funktion f^{-1} entspricht also in einer Umgebung gerade der Inversen der Jakobi-Matrix von f. Für $(x, y)^\mathsf{T} \in U$ folgt somit wegen $f^{-1}(u, v) = (x, y)^\mathsf{T}$ gerade (**2 Punkte**)

$$
\begin{aligned}
J_{f^{-1}}(u, v) = (J_f(x, y))^{-1} &= \begin{pmatrix} e^x \sin(y) & e^x \cos(y) \\ e^x \cos(y) & -e^x \sin(y) \end{pmatrix}^{-1} \\
&= e^{-2x} \begin{pmatrix} e^x \sin(y) & e^x \cos(y) \\ e^x \cos(y) & -e^x \sin(y) \end{pmatrix} \\
&= \frac{1}{u^2 + v^2} \begin{pmatrix} u & v \\ v & -u \end{pmatrix},
\end{aligned}
$$

wobei wir erneut die Bezeichnungen aus Teil (a) verwendet haben.

Anmerkung Für jede invertierbare Matrix $A \in \mathbb{R}^{2 \times 2}$ mit $A = \begin{pmatrix} a & b \\ c & d \end{pmatrix}$ gilt folgende nützliche Rechenregel für die Inverse A^{-1}:

$$A^{-1} = \begin{pmatrix} a & b \\ c & d \end{pmatrix}^{-1} = \frac{1}{\det(A)} \begin{pmatrix} d & -b \\ -c & a \end{pmatrix} = \frac{1}{ad - bc} \begin{pmatrix} d & -b \\ -c & a \end{pmatrix}.$$

Lösung Aufgabe 4 Bei dem Anfangswertproblem

$$xy'(x) = y(x) - 2, \quad x \in \mathbb{R}, \qquad y(1) = 0$$

handelt es sich um eine lineare Differentialgleichung erster Ordnung. Im Folgenden werden wir mit Hilfe von Variation der Konstanten eine Lösung bestimmen. Dazu betrachten wir zunächst die homogene Differentialgleichung

$$xy'(x) = y(x),$$

dessen Lösung wegen (Trennung der Variablen verwenden)

$$\ln(|y(x)|) = \int \frac{y'(x)}{y(x)} \, \mathrm{d}x = \int \frac{1}{x} \, \mathrm{d}x = \ln(|x|) + c$$

gerade $y_h(x) = cx$ mit einer Konstanten $c \in \mathbb{R}$ lautet (**1 Punkt**). Wir variieren nun die Konstante, das heißt, ersetzen diese durch eine stetig differenzierbare Funktion $c : \mathbb{R} \to \mathbb{R}$, um die Lösung der inhomogenen Differentialgleichung zu berechnen.

Zunächst folgt mit der Produktregel $y'(x) = (c(x)x)' = c'(x)x + c(x)$ **(1 Punkt)** und somit (Einsetzen in die ursprüngliche Differentialgleichung)

$$x\big(c'(x)x + c(x)\big) \overset{(!)}{=} c(x)y(x) - 2$$

für $x \in \mathbb{R}$. Wir können somit $c'(x) = -2/x^2$ ablesen **(1 Punkt)** und erhalten weiter

$$c(x) = \int c'(x)\,dx = -\int \frac{2}{x^2}\,dx = \frac{2}{x} + \tilde{c}$$

mit einer Konstanten $\tilde{c} \in \mathbb{R}$. Insgesamt erhalten wir die Lösung **(1 Punkt)**

$$y_*(x) = \left(\frac{2}{x} + \tilde{c}\right)x = \tilde{c}x + 2.$$

Wegen der Anfangsbedingung $y_*(1) = 0$ folgt $\tilde{c} = -2$ und schließlich $y_*(x) = 2 - 2x$ **(1 Punkt)**.

Lösung Aufgabe 5 Seien stets $(t, x)^\mathsf{T} \in \mathbb{R}^2$ sowie $\xi \in \mathbb{R}$ beliebig. Mit der Kettenregel **(1 Punkt)** folgen $\partial_t u(\xi t - x) = \xi u(\xi t - x)$ und $\partial_t \partial_t u(\xi t - x) = \xi^2 u(\xi t - x)$ **(1 Punkt)**. Dabei haben wir verwendet, dass die Ableitung von $\mathbb{R} \to \mathbb{R}$, $t \mapsto \xi t - x$ lediglich ξ ist **(1 Punkt)**. Analog folgen $\partial_x u(\xi t - x) = -u(\xi t - x)$ und $\partial_x \partial_x u(\xi t - x) = u(\xi t - x)$ **(1 Punkt)**. Die Funktion f_ξ ist damit offensichtlich eine Lösung der Wellengleichung **(1 Punkt)**.

Lösung Aufgabe 6 Seien $x, y \in \mathbb{R}^d$ beliebig. Wir definieren die Funktion $g : [0, 1] \to \mathbb{R}$ mit **(1 Punkt)**

$$g(t) = f(x + ty).$$

Diese ist in $[0, 1]$ stetig und in $(0, 1)$ differenzierbar **(1 Punkt)**. Weiter gelten $g(0) = f(x)$ und $g(1) = f(x+y)$. Mit der mehrdimensionalen Kettenregel sehen wir weiter, dass

$$g'(t) = \langle \nabla f(x + ty), y \rangle$$

für $t \in (0, 1)$ gilt **(1 Punkt)**. Gemäß dem Mittelwertsatz (!) für eindimensionale Funktionen existiert somit eine Stelle $\xi \in (0, 1)$ mit **(1 Punkt)**

$$f(x + y) - f(x) = g(1) - g(0) = \frac{g(1) - g(0)}{1 - 0} \overset{(!)}{=} \langle \nabla f(x + \xi y), x + y - x \rangle = \langle \nabla f(z), y \rangle,$$

wobei wir $z = x + \xi y$ **(1 Punkt)** gesetzt haben. Wir haben somit wie gewünscht die behauptete Gleichung bewiesen.

Name: Matrikelnummer:

Vorname: Studiengang:

Die Bearbeitungszeit für die Klausur beträgt 120 min. Es sind keine Hilfsmittel, das heißt, keine (programmierbaren) Taschenrechner, Computer, Aufzeichnungen der Vorlesung etc. erlaubt. Insgesamt können 46 Punkte erreicht werden. Geben Sie bei allen Antworten einen Beweis beziehungsweise ein Gegenbeispiel an.

Aufgabe	1	2	3	4	5	6	Summe
Mögliche Punkte	8	9	8	7	7	7	46
Erzielte Punkte							

Aufgabe 1 (8 Punkte) Seien B^1 und B^2 zwei abgeschlossene Kugeln im $\mathbb{R}^3$ mit $B^1 \cap B^2 \neq \emptyset$. Entscheiden Sie (mit Begründung), ob dann die Vereinigung $B^1 \cup B^2$ der beiden Kugeln

 (a) sternförmig,   (b) wegzusammenhängend,   (c) konvex,   (d) kompakt

ist.

Aufgabe 2 (9 Punkte) Seien $A, B \subseteq \mathbb{R}^d$ zwei beliebige nichtleere Mengen und bezeichne

$$A + B = \left\{ x + y \in \mathbb{R}^d \mid x \in A, \ y \in B \right\}$$

© Der/die Autor(en), exklusiv lizenziert an Springer-Verlag GmbH, DE, ein Teil von
Springer Nature 2022
N. Hebestreit, *Übungsbuch Analysis II*, https://doi.org/10.1007/978-3-662-65832-1_31

die sogenannte Minkowski-Summe. Beweisen Sie die folgenden Aussagen:

(a) Ist A offen, so ist $A + B$ ebenfalls offen.
(b) Ist A kompakt und B abgeschlossen, dann ist $A + B$ abgeschlossen.
(c) Sind A und B kompakt, dann ist auch $A + B$ kompakt.

Aufgabe 3 (8 Punkte)

(a) Formulieren Sie den Fixpunktsatz von Banach.
(b) Gegeben sei der metrische Raum (M, d) mit $M = (0, +\infty)$ und der Metrik $d : M \times M \to \mathbb{R}$ mit $d(x, y) = |\ln(x/y)|$. Zeigen Sie mit dem Banachschen Fixpunktsatz, dass die Gleichung

$$x \in M : \qquad x = \sqrt{x}$$

eine eindeutige Lösung besitzt.

Aufgabe 4 (7 Punkte)

(a) Geben Sie an, wie die Differenzierbarkeit einer Funktion $f : \mathbb{R}^d \to \mathbb{R}^k$ in einem Punkt $x_0 \in \mathbb{R}^d$ definiert ist.
(b) Untersuchen Sie die Funktion $f : \mathbb{R}^d \setminus \{0\} \to \mathbb{R}^d$ mit

$$f(x) = \frac{x}{\|x\|_2^2}$$

auf Stetigkeit und Differenzierbarkeit.

Aufgabe 5 (7 Punkte) Bestimmen Sie mit dem Satz von Lagrange sowohl Minimum als auch Maximum der Funktion $f : \mathbb{R}^2 \to \mathbb{R}$ mit $f(x, y) = xy$ unter der Nebenbedingung $(x, y)^\mathsf{T} \in \mathbb{R}^2 : x^2 + y^2 = 1$.

Aufgabe 6 (7 Punkte) Gegeben sei das Vektorfeld $F : \mathbb{R}^3 \to \mathbb{R}^3$ mit

$$F(x, y, z) = \left(2x(x^2 + y^2 + z^2), 2y(x^2 + y^2 + z^2), 2z(x^2 + y^2 + z^2)\right)^\mathsf{T}.$$

Bezeichne weiter $\partial \overline{B}_5(0)$ die Oberfläche der dreidimensionalen Kugel $\overline{B}_5(0)$ mit Radius $r = 5$ und Mittelpunkt $0 = (0, 0, 0)^\mathsf{T}$. Bestimmen Sie mit einem geeigneten Integralsatz das Oberflächenintegral

$$I = \oiint_{\partial \overline{B}_5(0)} \langle F, N \rangle \, \mathrm{d}S_2,$$

wobei $N \in \mathbb{R}^3$ der äußere Normaleneinheitsvektor ist.

Lösung Übungsklausur Analysis II (B)

32

Lösung Aufgabe 1

(a) Die Menge $B^1 \cup B^2$ ist sternförmig (**1 Punkt**). Die Kugeln B^1 und B^2 sind bekanntlich sternförmig. Dabei ist jeder Punkt der Kugel auch ein Sternzentrum dieser. Insbesondere ist daher jeder Punkt aus $B^1 \cap B^2$ ein Sternzentrum der Mengen B^1 sowie B^2 und damit auch von $B^1 \cup B^2$, womit die Vereinigung sternförmig ist (**1 Punkt**).

(b) Die Menge $B^1 \cup B^2$ ist wegzusammenhängend (**1 Punkt**). Da sternförmige Mengen wegen Aufgabe 110 wegzusammenhängend sind, folgt aus Teil (a) dass $B^1 \cup B^2$ wegzusammenhängend ist (**1 Punkt**).

(c) Die Menge $B^1 \cup B^2$ ist im Allgemeinen nicht konvex, denn die Verbindungsstrecke der Nordpole von B^1 und B^2 liegt nicht vollständig in $B^1 \cup B^2$ (**1 Punkt**). Wir betrachten dazu die beiden Mengen $B^1 = \overline{B}_1(x') = \{x \in \mathbb{R}^3 \mid \|x - x'\|_2 \leq 1\}$ und $B^2 = \overline{B}_1(x'') = \{x \in \mathbb{R}^3 \mid \|x - x''\|_2 \leq 1\}$ mit $x' = (1, 1, 1)^\mathsf{T}$ und $x'' = (-1, 1, 1)^\mathsf{T}$. Dann liegt der Mittelpunkt

$$x^M = \frac{1}{2} \begin{pmatrix} 1 \\ 1 \\ 2 \end{pmatrix} + \frac{1}{2} \begin{pmatrix} -1 \\ 1 \\ 2 \end{pmatrix} = \begin{pmatrix} 0 \\ 1 \\ 2 \end{pmatrix}$$

wegen $\|x^M - x'\|_2 \geq \sqrt{2}$ und $\|x^M - x''\|_2 \geq \sqrt{2}$ nicht in $B^1 \cup B^2$, obwohl die Nordpole $(1, 1, 2)^\mathsf{T}$ und $(-1, 1, 2)^\mathsf{T}$ offensichtlich zu $B^1 \cup B^2$ gehören (**1 Punkt**).

(d) Die Menge $B^1 \cup B^2$ ist kompakt (**1 Punkt**). Die abgeschlossenen Kugeln sind bekanntlich wegen dem Satz von Heine-Borel kompakte Teilmengen des $\mathbb{R}^3$. Da die Vereinigung endlich vieler kompakter Mengen wegen Aufgabe 103 ebenfalls kompakt ist, ist damit auch $B^1 \cup B^2$ kompakt (**1 Punkt**).

© Der/die Autor(en), exklusiv lizenziert an Springer-Verlag GmbH, DE, ein Teil von
Springer Nature 2022
N. Hebestreit, *Übungsbuch Analysis II*, https://doi.org/10.1007/978-3-662-65832-1_32

Lösung Aufgabe 2

(a) Wir bemerken zunächst, dass wir

$$A + B = \bigcup_{b \in B} (A + \{b\})$$

schreiben können. Da jede beliebige Vereinigung offener Mengen wieder offen ist, müssen wir uns daher lediglich überlegen, dass die Menge $A + \{b\}$ für jedes $b \in B$ offen ist **(1 Punkt)**. Seien also $b \in B$ sowie $x \in A + \{b\}$ beliebig. Somit gibt es $a \in A$ mit $x = a + b$. Da die Menge A nach Voraussetzung offen ist, finden wir $\varepsilon > 0$ mit $B_\varepsilon(a) \subseteq A$ **(1 Punkt)**. Somit folgt aber auch trivialer Weise $B_\varepsilon(a) + \{b\} \subseteq A + \{b\}$, also ist x ein innerer Punkt von $A + \{b\}$ **(1 Punkt)**. Dies zeigt, dass die Menge $A + \{b\}$ offen ist. Folglich ist auch $A + B$ offen.

(b) Wir zeigen, dass die Menge $A + B$ (Folgen-)abgeschlossen ist. Sei dazu $(x_n)_n \subseteq A + B$ eine beliebige konvergente Folge mit $\lim_n x_n = x$ und $x \in \mathbb{R}^d$. Somit gibt es Folgen $(a_n)_n \subseteq A$ und $(b_n)_n \subseteq B$ mit $x_n = a_n + b_n$ für $n \in \mathbb{N}$ **(1 Punkt)**. Da A nach Voraussetzung kompakt ist, gibt es eine Teilfolge $(a_{n_j})_j$ mit $\lim_j a_{n_j} = a$ und $a \in A$. Folglich ist auch die Teilfolge $(b_{n_j})_j$ wegen $b_{n_j} = x_{n_j} - a_{n_j}$ für $j \in \mathbb{N}$ (Differenz von zwei konvergenten Folgen) konvergent **(1 Punkt)**. Es gibt also $b \in B$ mit $\lim_j b_{n_j} = b$. Die Rechengesetze für konvergente Folgen implizieren schließlich

$$\lim_{j \to +\infty} x_{n_j} = \lim_{j \to +\infty} (a_{n_j} - b_{n_j}) = a + b$$

und (Eindeutigkeit des Grenzwertes beachten) $x = a + b$. Da die Teilfolge $(x_{n_j})_j$ beliebig ist, konvergiert die gesamte Folge $(x_n)_n$ gegen $x \in A + B$ **(1 Punkt)**. Somit ist die Menge $A + B$ wie gewünscht abgeschlossen.

(c) Sei $(x_n)_n \subseteq A + B$ eine beliebige Folge. Wir finden somit zwei Folgen $(a_n)_n \subseteq A$ und $(b_n)_n \subseteq B$ mit $x_n = a_n + b_n$ für alle $n \in \mathbb{N}$ **(1 Punkt)**. Da A und B kompakt sind, existieren konvergente Teilfolgen $(a_{n_j})_j$ und $(b_{n_k})_k$, die gegen Elemente $a \in A$ und $b \in B$ konvergieren **(1 Punkt)**. Indem wir, falls nötig, erneut zu einer Teilfolge $(a_{n_l})_l$ beziehungsweise $(b_{n_l})_l$ übergehen, folgt schließlich

$$\lim_{l \to +\infty} x_{n_l} = \lim_{l \to +\infty} a_{n_l} + b_{n_l} = a + b$$

(1 Punkt). Wir haben somit wie gewünscht gezeigt, dass $(x_n)_n$ eine konvergente Teilfolge besitzt, deren Grenzwert in $A + B$ liegt. Somit ist die Menge $A + B$ kompakt.

Lösung Aufgabe 3

(a) Eine mögliche Formulierungen (vgl. auch Aufgabe 46) des Banachschen Fixpunktsatzes **(3 Punkte)** lautet wie folgt:

(Fixpunktsatz von Banach). Seien A eine nichtleere und abgeschlossene Teilmenge des vollständigen metrischen Raums (M, d) sowie $T : A \to A$ eine τ-kontraktive Abbildung, das heißt, es gibt $\tau \in [0, 1)$ mit

$$d(T(x), T(y)) \leq \tau d(x, y)$$

für alle $x, y \in A$. Dann gelten die folgenden Aussagen:

(α) Die Abbildung T besitzt genau einen Fixpunkt $x \in A$ mit $T(x) = x$.
(β) Die rekursive Folge $(x_n)_n \subseteq A$ mit $x_{n+1} = T(x_n)$ für $n \in \mathbb{N}_0$ konvergiert für jeden beliebigen Startwert $x_0 \in A$ gegen den Fixpunkt von T.

(b) Wir bemerken zunächst, dass die Gleichung äquivalent zum Fixpunktproblem

$$x \in M : \quad T(x) = x$$

ist, wobei die Abbildung $T : M \to M$ durch $T(x) = \sqrt{x}$ definiert ist. Um den Fixpunktsatz von Banach anwenden zu können, müssen wir uns somit noch davon überzeugen, dass der metrische Raum (M, d) vollständig und T eine τ-Kontraktion mit $\tau \in [0, 1)$ ist **(1 Punkt)**. Der Raum ist tatsächlich vollständig, denn ist $(x_n)_n \subseteq M$ eine beliebige Cauchy-Folge, so finden wir zu jedem $\varepsilon > 0$ nach Definition eine natürliche Zahl $N \in \mathbb{N}$ mit

$$d(x_n, x_m) = \left| \ln\left(\frac{x_n}{x_m}\right) \right| = |\ln(x_n) - \ln(x_m)| < \varepsilon$$

für alle $n > m \geq N$. Insbesondere zeigt die obige Ungleichung, dass die logarithmierte Folge $(\ln(x_n))_n$ eine Cauchy-Folge im vollständigen metrischen Raum $(\mathbb{R}, \rho)$ ist **(1 Punkt)**, wobei $\rho : \mathbb{R} \times \mathbb{R} \to \mathbb{R}$ mit $\rho(x, y) = |x - y|$ die Standardmetrik bezeichnet. Somit konvergiert (!) die Folge $(\ln(x_n))_n$ bezüglich ρ gegen ein Element $y \in \mathbb{R}$. Wir überlegen uns nun, dass $(x_n)_n$ somit bezüglich der Metrik d gegen $x = \exp(y)$ konvergiert:

$$\lim_{n \to +\infty} d(x_n, x) = \lim_{n \to +\infty} |\ln(x_n) - \ln(x)| = \lim_{n \to +\infty} |\ln(x_n) - y| \overset{(!)}{=} 0.$$

Wir haben somit wie gewünscht gezeigt, dass jede Cauchy-Folge in M konvergiert, das heißt, (M, d) ist ein vollständiger metrischer Raum **(1 Punkt)**. Zum Schluss müssen wir die Kontraktionseigenschaft der Abbildung T beweisen. Dies können wir jedoch leicht einsehen, denn für alle $x, y \in M$ folgt mit Hilfe der Logarithmusgesetze **(2 Punkte)**

$$d(T(x), T(y)) = \left| \ln\left(\frac{\sqrt{x}}{\sqrt{y}}\right) \right| = |\ln(\sqrt{x}) - \ln(\sqrt{y})| = \frac{1}{2}|\ln(x) - \ln(y)| = \frac{1}{2}d(x, y).$$

Somit sind alle Voraussetzungen des Banachschen Fixpunktsatzes erfüllt und das obige Fixpunktproblem besitzt eine eindeutige Lösung.

Anmerkung. Beachten Sie bitte, dass die Aufgabe nicht zu zeigen verlangt, dass die Abbildung d eine Metrik auf M definiert.

Lösung Aufgabe 4

(a) Eine Funktion $f : \mathbb{R}^d \to \mathbb{R}^k$ heißt in einem Punkt $x_0 \in \mathbb{R}^d$ differenzierbar, falls es eine Abbildung $A \in \mathcal{L}(\mathbb{R}^d, \mathbb{R}^k)$ mit

$$\lim_{x \to x_0} \frac{f(x) - f(x_0) - A(x - x_0)}{\|x - x_0\|_2} = 0$$

gibt (**2 Punkte**).

Anmerkung. Selbstverständlich können Sie auch eine der äquivalenten Formulierungen aus Aufgabe 130 angeben. Da der Raum der linearen und stetigen Abbildungen von $\mathbb{R}^d$ nach $\mathbb{R}^k$ isomorph zum Raum der Matrizen $\mathbb{R}^{k \times d}$ ist, kann man die Abbildung A in der obigen Definition mit einer Matrix identifizieren.

(b) Wir wissen bereits, dass die Normfunktion $\| \cdot \|_2$ stetig ist (**1 Punkt**) (vgl. Aufgabe 64). Somit ist die Funktion $f : \mathbb{R}^d \setminus \{0\} \to \mathbb{R}$ als Komposition stetiger Funktionen ebenfalls stetig (**1 Punkt**). Wir bemerken weiter, dass sich die Funktion für $x \in \mathbb{R}^d \setminus \{0\}$ schreiben lässt als

$$f(x) = (f_1(x), \ldots, f_d(x))^\mathsf{T} = \left(\frac{x_1}{x_1^2 + \ldots + x_d^2}, \ldots, \frac{x_d}{x_1^2 + \ldots + x_d^2} \right)^\mathsf{T}.$$

Mit der Quotientenregel folgt (**1 Punkt**)

$$\partial_{x_j} f_k(x) = \frac{2 x_k^2}{\left(x_1^2 + \ldots + x_d^2 \right)^2} = \frac{2 x_k^2}{\|x\|_2^4}$$

für alle $j, k \in \{1, \ldots, d\}$ mit $j \neq k$ und (**1 Punkt**)

$$\partial_{x_j} f_j(x) = \frac{x_1^2 + \ldots + x_d^2 + 2 x_j^2}{\left(x_1^2 + \ldots + x_d^2 \right)^2} = \frac{\|x\|_2^2 + 2 x_j^2}{\|x\|_2^4}$$

für $j \in \{1, \ldots, d\}$ und $x \in \mathbb{R}^d \setminus \{0\}$. Wir sehen somit direkt, dass alle partiellen Ableitungen stetig sind, womit die Funktion f differenzierbar ist (**1 Punkt**).

Lösung Aufgabe 5 Wir definieren zunächst die Funktion $g : \mathbb{R}^2 \to \mathbb{R}$ durch $g(x, y) = x^2 + y^2 - 1$ sowie $N = \{(x, y)^\mathsf{T} \in \mathbb{R}^2 \mid g(x, y) = 0\}$. Die Menge N beschreibt also die Nebenbedingung unter der wir Minimum und Maximum der Zielfunktion $f : \mathbb{R}^2 \to \mathbb{R}$ mit $f(x, y) = xy$ bestimmen wollen. Es ist bekannt, dass

N kompakt und f stetig ist (**1 Punkt**). Der Satz von Weierstraß (vgl. Aufgabe 107) besagt somit, dass

$$\min_{(x,y)^\mathsf{T} \in N} f(x,y) \quad \text{und} \quad \max_{(x,y)^\mathsf{T} \in N} f(x,y)$$

existieren (**1 Punkt**). In anderen Worten: Die Funktion f besitzt Minimum und Maximum unter der Nebenbedingung N. Zur Bestimmung dieser werden wir den Satz von Lagrange verwenden, den wir anwenden können, da $f, g \in C^1(\mathbb{R}^2, \mathbb{R})$ gelten und der Gradient von g nicht auf der Menge N verschwindet. Wir führen daher weiter die sogenannte Lagrange-Funktion $L : \mathbb{R}^3 \to \mathbb{R}$ mit $L(x, y, \lambda) = f(x,y) + \lambda g(x,y)$ ein (**1 Punkt**). Dann folgen für alle $(x, y, \lambda)^\mathsf{T} \in \mathbb{R}^3$ mit einer kleinen Rechnung

$$\partial_x L(x, y, \lambda) = y + 2\lambda x,$$
$$\partial_y L(x, y, \lambda) = x + 2\lambda y,$$
$$\partial_\lambda L(x, y, \lambda) = x^2 + y^2 - 1$$

(**1 Punkt**), sodass notwendiger Weise $y + 2\lambda x = 0$, $x + 2\lambda y = 0$ und $x^2 + y^2 = 1$ gelten. Addieren wir die ersten beiden Gleichungen, so folgt

$$y + 2\lambda x + x + 2\lambda y = (1 + 2\lambda)(x + y) = 0, \tag{32.1}$$

also entweder $x = -y$ oder $\lambda = -1/2$ (**1 Punkt**). Dabei gilt im Fall $\lambda = -1/2$ wegen der ersten Gleichung gerade $x = y$, sodass wir aus Gleichung (32.1) schließlich $x = \pm y$ erhalten. Setzen wir dies in die Nebenbedingung ein, so folgen $x = \pm 1/\sqrt{2}$ und $y = \pm 1/\sqrt{2}$. Insgesamt erhalten wir damit die folgenden vier kritischen Stellen: $p^1 = (-1/\sqrt{2}, -1/\sqrt{2})^\mathsf{T}$, $p^2 = (-1/\sqrt{2}, 1/\sqrt{2})^\mathsf{T}$, $p^3 = (1/\sqrt{2}, -1/\sqrt{2})^\mathsf{T}$ und $p^4 = (1/\sqrt{2}, 1/\sqrt{2})^\mathsf{T}$ (**1 Punkt**). Wegen

$$f\left(\frac{1}{\sqrt{2}}, \frac{1}{\sqrt{2}}\right) = f\left(-\frac{1}{\sqrt{2}}, -\frac{1}{\sqrt{2}}\right) = \frac{1}{2}$$

und

$$f\left(-\frac{1}{\sqrt{2}}, \frac{1}{\sqrt{2}}\right) = f\left(\frac{1}{\sqrt{2}}, -\frac{1}{\sqrt{2}}\right) = -\frac{1}{2}$$

liegt in den Punkten p^1 und p^4 ein Maximum sowie in p^2 und p^3 ein Minimum vor (**1 Punkt**).

Lösung Aufgabe 6 Da das Vektorfeld $F : \mathbb{R}^3 \to \mathbb{R}^3$ offensichtlich stetig differenzierbar und die dreidimensionale (abgeschlossene) Kugel $\overline{B}_5(0)$ kompakt ist, erhalten wir mit dem Integralsatz von Gauß gerade (**1 Punkt**)

$$I = \oiint_{\partial \overline{B}_5(0)} \langle F, N \rangle \, dS_2 = \iiint_{\overline{B}_5(0)} \operatorname{div}(F)(x, y, z) \, d\lambda^3(x, y, z).$$

Wir müssen also lediglich ein Volumenintegral (beziehungsweise ein dreidimensionales Lebesgue-Integral) berechnen. Die Divergenz von F hat in dieser Aufgabe eine hübsche Darstellung, denn für alle $(x, y, z)^\mathsf{T} \in \mathbb{R}^3$ gilt (**1 Punkt**)

$$
\begin{aligned}
\mathrm{div}(F)(x, y, z) &= \partial_x F_1(x, y, z) + \partial_y F_2(x, y, z) + \partial_z F_3(x, y, z) \\
&= 2(x^2 + y^2 + z^2) + 4x^2 + 2(x^2 + y^2 + z^2) + 4y^2 + 2(x^2 + y^2 + z^2) + 4z^2 \\
&= 6(x^2 + y^2 + z^2).
\end{aligned}
$$

Zur Berechnung des Integrals

$$
I = 6 \iiint_{\overline{B}_5(0)} x^2 + y^2 + z^2 \, d\lambda^3(x, y, z)
$$

bietet es sich an Kugelkoordinaten zu verwenden. Diese sind durch die Abbildung

$$
\Psi : (0, 5) \times (0, 2\pi) \times (0, \pi) \to \mathbb{R}^3 \text{ mit } \Psi(r, \theta, \varphi) = (r\cos(\theta)\sin(\varphi), r\sin(\theta)\sin(\varphi), r\cos(\varphi))^\mathsf{T}
$$

gegeben (**1 Punkt**). Da wir wissen, dass $\det(J_\Psi(r, \theta, \varphi)) = -r^2 \sin(\varphi)$ (**1 Punkt**) für $(r, \theta, \varphi)^\mathsf{T} \in (0, 5) \times (0, 2\pi) \times (0, \pi)$ gilt (vgl. die Lösung von Aufgabe 123), folgt mit dem Transformationssatz (!) und dem Satz von Fubini (!!) wegen (**1 Punkt**)

$$
\begin{aligned}
F(\Psi(r, \theta, \varphi)) &= r^2 \cos^2(\theta)\sin^2(\varphi) + r^2 \sin^2(\theta)\sin^2(\varphi) + r^2 \cos^2(\varphi) \\
&= r^2 \sin^2(\varphi)\left(\sin^2(\theta) + \cos^2(\theta)\right) + r^2 \cos^2(\varphi) \\
&= r^2 \sin^2(\varphi) + r^2 \cos^2(\varphi) \\
&= r^2
\end{aligned}
$$

für $(r, \theta, \varphi)^\mathsf{T} \in (0, 5) \times (0, 2\pi) \times (0, \pi)$ gerade (**2 Punkte**)

$$
\begin{aligned}
&\iiint_{\overline{B}_5(0)} x^2 + y^2 + z^2 \, d\lambda^3(x, y, z) \\
&\overset{(!)}{=} \iiint_{(0,5)\times(0,2\pi)\times(0,\pi)} F(\Psi(r, \theta, \varphi)) |\det(J_\Psi(r, \theta, \varphi))| \, d\lambda^3(r, \theta, \varphi) \\
&= \iiint_{(0,5)\times(0,2\pi)\times(0,\pi)} r^4 \sin(\varphi) \, d\lambda^3(r, \theta, \varphi) \\
&\overset{(!!)}{=} \int_0^\pi \left(\int_0^{2\pi} \left(\int_0^5 r^4 \sin(\varphi) \, d\lambda(r) \right) d\lambda(\theta) \right) d\lambda(\varphi) \\
&= 2500\pi.
\end{aligned}
$$

Insgesamt erhalten wir also $I = 6 \cdot 2500\pi = 15.000\pi$.

Übungsklausur Analysis II (C)

33

Name: Matrikelnummer:

Vorname: Studiengang:

Die Bearbeitungszeit für die Klausur beträgt 120 min. Es sind keine Hilfsmittel, das heißt, keine (programmierbaren) Taschenrechner, Computer, Aufzeichnungen der Vorlesung etc. erlaubt. Geben Sie bei allen Antworten einen Beweis beziehungsweise ein Gegenbeispiel an.

Aufgabe	1	2	3	4	5	6	Summe
Mögliche Punkte	16	6	6	8	8	9	
Erzielte Punkte							

Aufgabe 1 (16 Punkte) Entscheiden Sie mit Begründung, ob die folgenden Aussagen wahr oder falsch sind.

(a) Die Funktion $f : \mathbb{R}^d \to \mathbb{R}$ mit $f(x) = x_1 \exp(x_2^2 + \ldots + x_d^2)$ besitzt keine lokalen Extrema.

(b) Sei $f : \mathbb{R}^d \to \mathbb{R}$ zweimal differenzierbar. Dann ist die Hesse-Matrix $H_f(x)$ stets in jedem Punkt $x \in \mathbb{R}^d$ symmetrisch.

(c) Ist $(x^n)_n \subseteq \mathbb{R}^d$ eine konvergente Folge, so gilt

$$\lim_{n \to +\infty} \left\| x^n \right\|_2 = \left\| \lim_{n \to +\infty} x^n \right\|_2 .$$

(d) Ist $A \subseteq \mathbb{R}^d$ eine abgeschlossene Menge und gibt es $M \geq 0$ mit $\|x\|_2 \leq M$ für alle $x \in A$, so ist die Menge A kompakt.

N. Hebestreit, *Übungsbuch Analysis II*, https://doi.org/10.1007/978-3-662-65832-1_33

(e) Eine Menge $A \subseteq \mathbb{R}^d$ ist genau dann kompakt, wenn ihr Rand ∂A kompakt ist.

(f) Die Menge $A = \{(x, y, z)^\mathsf{T} \in \mathbb{R}^3 \mid x^2 + y^2 - z^2 = 1\}$ ist beschränkt.

(g) Sind $A, B \subseteq \mathbb{R}^d$ offene Mengen, so ist auch $A \cap B$ offen.

(h) Es gibt keine nichtleere Teilmenge des $\mathbb{R}^d$, die sowohl offen als auch abgeschlossen bezüglich der Euklidischen Metrik ist.

Aufgabe 2 (6 Punkte) Seien (M, d) ein metrischer Raum und $A \subseteq M$ eine beliebige Menge mit Häufungspunkt. Beweisen Sie, dass A nicht endlich ist.

Aufgabe 3 (6 Punkte) Sei M die Menge aller beschränkten reellen Folgen. Zeigen Sie, dass die Abbildung $d : M \times M \to \mathbb{R}$ mit

$$d(x, y) = \sup_{n \in \mathbb{N}} |x_n - y_n|$$

für reelle Folgen $x = (x_n)_n$ und $y = (y_n)_n$ eine (wohldefinierte) Metrik auf M definiert.

Aufgabe 4 (8 Punkte) Gegeben sei die Funktion $f : \mathbb{R}^2 \to \mathbb{R}$ mit

$$f(x, y) = \begin{cases} 0, & y > x \\ xy, & y \le x. \end{cases}$$

(a) Untersuchen Sie die Funktion f auf Stetigkeit.

(b) Untersuchen Sie, ob die Funktion im Nullpunkt $(0, 0)^\mathsf{T}$ differenzierbar ist.

Aufgabe 5 (8 Punkte)

(a) Ermitteln Sie mit dem Satz von Lagrange das Maximum der Funktion $f : (0, +\infty)^d \to \mathbb{R}$ mit $f(x) = x_1 \cdot \ldots \cdot x_d$ unter der Nebenbedingung $x \in \mathbb{R}^d :$ $x_1 + \ldots + x_d = 1$. Sie müssen dabei nicht begründen, warum ein Maximum existiert.

(b) Folgern Sie dann die (verallgemeinerte) Ungleichung zwischen dem geometrischen und arithmetischen Mittel: Für jedes $d \in \mathbb{N}$ und $x_1, \ldots, x_d \ge 0$ gilt

$$\sqrt[n]{x_1 \cdot \ldots \cdot x_d} \le \frac{x_1 + \ldots + x_d}{d}.$$

Aufgabe 6 (9 Punkte) Gegeben sei das Vektorfeld $F : \mathbb{R}^3 \to \mathbb{R}^3$ mit

$$F(x_1, x_2, x_3) = (x_1 + x_3, -x_2 - x_3, x_1 - x_2 + 1)^\mathsf{T}.$$

(a) Entscheiden Sie, ob F ein Gradientenfeld ist und bestimmen Sie gegebenenfalls eine Stammfunktion.

(b) Berechnen Sie das Kurvenintegral

$$\int_\gamma F \cdot \mathrm{ds}$$

längs der Kurve $\gamma : [0, \pi] \to \mathbb{R}^3$ mit $\gamma(t) = (\cos^2(t), \sin^2(t), 1)^\mathsf{T}$.

(c) Welche Länge hat γ?

Lösung Übungsklausur Analysis II (C) 34

Lösung Aufgabe 1

Anmerkung Beachten Sie bitte, dass die Verweise auf die verschiedenen Aufgaben in diesem Buch lediglich zur Orientierung und Recherchemöglichkeit dienen.

(a) Die Aussage ist richtig **(1 Punkt)**. Damit ein lokales Extremum an einer Stelle $x \in \mathbb{R}^d$ vorliegen kann, muss notwendiger Weise $\nabla f(x) = \mathbf{0}$ gelten. Jedoch sehen wir sofort, dass

$$\partial_{x_1} f(x) = \exp(x_2^2 + \ldots + x_d^2) > 0$$

für $x \in \mathbb{R}^d$ gilt. Der Gradient von f verschwindet also in keinem Punkt des $\mathbb{R}^d$ **(1 Punkt)**.

(b) Die Aussage ist im Allgemeinen falsch **(1 Punkt)**. Die Funktion $f : \mathbb{R}^2 \to \mathbb{R}$ mit

$$f(x_1, x_2) = \begin{cases} x_1 x_2 \frac{x_1^2 - x_2^2}{x_1^2 + x_2^2}, & x_1^2 + x_2^2 > 0 \\ 0, & (x_1, x_2)^\mathsf{T} = (0, 0)^\mathsf{T} \end{cases}$$

aus Aufgabe 126 ist zweimal differenzierbar, aber es gelten

$$\partial_{x_1} \partial_{x_2} f(0, 0) \neq \partial_{x_2} \partial_{x_1} f(0, 0),$$

womit die Hesse-Matrix $H_f(0, 0)$ nicht symmetrisch ist. Die Aussage wird aber richtig, wenn die Funktion zweimal stetig differenzierbar ist. Dann folgt aus dem Satz von Schwarz, dass die Hesse-Matrix symmetrisch ist **(1 Punkt)**.

© Der/die Autor(en), exklusiv lizenziert an Springer-Verlag GmbH, DE, ein Teil von Springer Nature 2022
N. Hebestreit, *Übungsbuch Analysis II*, https://doi.org/10.1007/978-3-662-65832-1_34

Anmerkung Es kann hier auf ein explizites Gegenbeispiel verzichtet werden. Es muss jedoch erklärt werden, dass die Symmetrie der Hesse-Matrix wegen dem Satz von Schwarz gegeben ist, falls $f \in C^2(\mathbb{R}^2, \mathbb{R})$ gilt – die Stetigkeit der zweiten partiellen Ableitungen ist also entscheidend.

(c) Die Aussage ist richtig (**1 Punkt**), denn wir wissen aus Aufgabe 64, dass jede Norm-Funktion und damit insbesondere auch $\| \cdot \|_2$ (Euklidische Norm) stetig ist (**1 Punkt**).

(d) Die Aussage ist richtig (**1 Punkt**). Da es eine Zahl $M \geq 0$ mit $\|x\|_2 \leq M$ für alle $x \in A$ gibt, ist A beschränkt. Da die Menge zudem als abgeschlossen vorausgesetzt ist, folgt aus dem Satz von Heine-Borel bereits die Kompaktheit der Menge A (**1 Punkt**).

(e) Die Aussage ist im Allgemeinen falsch (**1 Punkt**). Wir betrachten dazu die Menge

$$A = \mathbb{R}^d \setminus B_1(0) = \left\{ x \in \mathbb{R}^d \mid \|x\|_2 \geq 1 \right\}.$$

Der Rand von A ist gerade $\partial A = \{ x \in \mathbb{R}^d \mid \|x\|_2 = 1 \}$ und somit kompakt. Jedoch ist die Menge A nicht kompakt (Satz von Heine-Borel), da sie unbeschränkt ist (**1 Punkt**).

(f) Die Aussage ist falsch (**1 Punkt**). Die Folge $((x_n, y_n, z_n)^\mathsf{T})_n$ mit $(x_n, y_n, z_n)^\mathsf{T} = (1, n, n)^\mathsf{T}$ liegt offensichtlich vollständig in A, aber wegen

$$\lim_{n \to +\infty} \|(x_n, y_n, z_n)^\mathsf{T}\|_1 = \lim_{n \to +\infty} |x_n| + |y_n| + |z_n| = \lim_{n \to +\infty} (2n + 1) = +\infty$$

ist die Menge A unbeschränkt (**1 Punkt**).

(g) Die Aussage ist richtig (**1 Punkt**). Sei dazu $x \in A \cap B$ beliebig gewählt. Da die Mengen A und B offen sind, finden wir $\varepsilon' > 0$ und $\varepsilon'' > 0$ so, dass die offenen Kugeln $B_{\varepsilon'}(x)$ und $B_{\varepsilon''}(x)$ vollständig in A beziehungsweise B liegen. Setzen wir nun $\varepsilon = \min\{\varepsilon', \varepsilon''\}$, so liegt $B_\varepsilon(x)$ in $A \cap B$ (**1 Punkt**). Somit ist x ein innerer Punkt von $A \cap B$ und daher wie behauptet offen.

(h) Die Aussage ist falsch (**1 Punkt**). Der gesamte Raum $\mathbb{R}^d$ ist sowohl offen als auch abgeschlossen (**1 Punkt**).

Lösung Aufgabe 2 Wir bezeichnen mit $a \in A$ den Häufungspunkt der Menge A, das heißt, jede Umgebung von a enthält (nach Definition) mindestens einen von a verschiedenen Punkt aus A (**2 Punkte**). Da a ein Häufungspunkt von A ist, finden wir also zu $\varepsilon_1 = 1$ ein Element $x_1 \in M$ mit $x_1 \in B_{\varepsilon_1}(a) = \{x \in M \mid d(x, a) < \varepsilon_1\}$ und $x_1 \neq a$ (**2 Punkte**). Genauso finden wir zu $\varepsilon_2 = d(x_1, a)/2$ ein Element $x_2 \in B_{\varepsilon_2}(a)$ mit $x_2 \neq a$ und $x_2 \neq x_1$ (**1 Punkt**). Das so beschriebene Vorgehen lässt sich nun induktiv fortsetzen, wodurch wir beliebig viele verschiedene Elemente in A konstruieren können. Somit kann die Menge nicht nur endlich viele Elemente besitzen (**1 Punkt**).

Lösung Aufgabe 3 Zur Übersicht unterteilen wir die Lösung dieser Aufgabe in zwei Teile:

(a) Wir überlegen uns kurz, dass die Abbildung $d : M \times M \to \mathbb{R}$ mit $d(x, y) = \sup_{n \in \mathbb{N}} |x_n - y_n|$ wohldefiniert ist, das heißt, für alle beschränkten Folgen $x, y \in M$ gilt $d(x, y) < +\infty$. Dies ist nicht weiter schwer, denn es gibt wegen der Beschränktheit der beiden Folgen zwei Zahlen $C, C' \in \mathbb{R}$ mit $|x_n| \leq C$ und $|y_n| \leq C'$ für alle $n \in \mathbb{N}$. Wegen

$$|x_n - y_n| \leq |x_n| + |y_n| \leq C + C'$$

ist damit auch die Differenzfolge beschränkt und es folgt beim Übergang zum Supremum wie gewünscht $d(x, y) \leq C + C' < +\infty$ (**1 Punkt**).

(b) Wir weisen nun nach, dass die Abbildung d allen drei Metrik-Axiomen genügt:

(α) **Positive Definitheit.** Sind $x, y \in M$ beliebig, so folgt $|x_n - y_n| \geq 0$ für alle $n \in \mathbb{N}$ und damit auch $d(x, y) \geq 0$. Im Fall $x = y$ können wir zudem direkt ablesen, dass dann bereits $d(x, y) = 0$ gilt. Für die umgekehrte Implikation seien nun $x, y \in M$ zwei beschränkte Folgen mit $d(x, y) = 0$ beziehungsweise $\sup_{n \in \mathbb{N}} |x_n - y_n| = 0$. Dies bedeutet aber gerade $|x_n - y_n| = 0$ für alle $n \in \mathbb{N}$ und folglich $x = y$. Somit ist die Abbildung d positiv definit (**1 Punkt**).

(β) **Symmetrie.** Da die Standardmetrik $\rho : \mathbb{R} \times \mathbb{R} \to \mathbb{R}$ mit $\rho(x, y) = |x - y|$ symmetrisch ist, folgt für alle $x, y \in M$ wegen $|x_n - y_n| = |y_n - x_n|$ für $n \in \mathbb{N}$ direkt $d(x, y) = d(y, x)$ (**1 Punkt**).

(γ) **Dreiecksungleichung.** Seien nun $x, y, z \in M$ beliebig gewählte Folgen. Mit der Dreiecksungleichung der Standardmetrik ρ folgt für alle $n \in \mathbb{N}$

$$|x_n - z_n| = |(x_n - y_n) + (y_n - z_n)| \leq |x_n - y_n| + |y_n - z_n|$$

(**1 Punkt**) und somit beim Übergang zum Supremum über alle natürlichen Zahlen

$$\begin{aligned} d(x, z) &= \sup_{n \in \mathbb{N}} |x_n - z_n| \\ &\leq \sup_{n \in \mathbb{N}} (|x_n - y_n| + |y_n - z_n|) \\ &\leq \sup_{n \in \mathbb{N}} |x_n - y_n| + \sup_{n \in \mathbb{N}} |y_n - z_n| = d(x, y) + d(y, z). \end{aligned}$$

Anmerkung Selbstverständlich können Sie in den Teilen (α), (β) und (γ) auch lediglich auf die grundlegenden Eigenschaften der Betrags-Funktion $| \cdot | : \mathbb{R} \to \mathbb{R}$ aus der Analysis I verweisen.

Lösung Aufgabe 4

(a) Die Funktion $f : \mathbb{R}^2 \to \mathbb{R}$ ist offensichtlich in den beiden Bereichen $A_1 = \{(x, y)^{\mathsf{T}} \in \mathbb{R}^2 \mid x < y\}$ und $A_2 = \{(x, y)^{\mathsf{T}} \in \mathbb{R}^2 \mid x > y\}$ stetig (**1 Punkt**). Wir müssen somit nur noch den verbleibenden Bereich

$$A_3 = \mathbb{R}^2 \setminus (A_1 \cup A_2) = \left\{ (x, y)^\mathsf{T} \in \mathbb{R}^2 \mid x = y \right\}$$

untersuchen. Dort ist die Funktion ebenfalls stetig **(1 Punkt)**, denn ist $(x, y)^\mathsf{T} \in A_3$ beliebig und $((x_n, y_n)^\mathsf{T})_n \subseteq A_3$ eine Folge mit $\lim_n (x_n, y_n)^\mathsf{T} = (x, y)^\mathsf{T}$, so folgt wegen $x_n = y_n$ für alle $n \in \mathbb{N}$ – die gesamte Folge liegt ja gerade in der Menge A_3 – wie gewünscht **(1 Punkt)**

$$\lim_{n \to +\infty} f(x_n, y_n) = \lim_{n \to +\infty} f(x_n, x_n) = \lim_{n \to +\infty} x_n^2 = x^2 = f(x, x) = f(x, y).$$

Somit ist f in ganz $\mathbb{R}^2$ stetig.

(b) Um die Differenzierbarkeit der Funktion f nachweisen oder widerlegen zu können, benötigt man einen Kandidaten für die Ableitungsmatrix, hier also für $J_f(0, 0)$. Wir überlegen uns kurz, dass die Funktion im Nullpunkt partiell differenzierbar ist **(1 Punkt)**. Wegen $f(0, 0) = 0$ und $f(t, 0) = 0$ für $t > 0$ folgt

$$\partial_x^+ f(0, 0) = \lim_{t \to 0^+} \frac{f(t, 0) - f(0, 0)}{t} = \lim_{t \to 0^+} \frac{0 - 0}{t} = 0$$

und wegen $f(0, t) = 0$ für $t < 0$ analog $\partial_x^- f(0, 0) = 0$. Insgesamt folgt damit **(1 Punkt)**

$$\partial_x f(0, 0) = \partial_x^+ f(0, 0) = \partial_x^- f(0, 0) = 0.$$

Mit einer ähnlichen Rechnung erhalten wir ebenso $\partial_y f(0, 0) = 0$, das heißt, es gilt

$$J_f(0, 0) = \nabla f(0, 0) = (\partial_x f(0, 0), \partial_y f(0, 0))^\mathsf{T} = (0, 0)^\mathsf{T}.$$

Um nachzuweisen, dass f im Nullpunkt differenzierbar ist, müssen wir beispielsweise **(1 Punkt)**

$$\lim_{(x,y)^\mathsf{T} \to (0,0)^\mathsf{T}} \frac{f(x, y) - f(0, 0) - \langle J_f(0, 0), (x, y)^\mathsf{T} - (0, 0)^\mathsf{T} \rangle}{\|(x, y)^\mathsf{T} - (0, 0)^\mathsf{T}\|_2} = 0$$

(vgl. Aufgabe 130) beziehungsweise äquivalent (Zähler und Nenner vereinfachen)

$$\lim_{(x,y)^\mathsf{T} \to (0,0)^\mathsf{T}} \frac{f(x, y)}{\sqrt{x^2 + y^2}} = 0$$

nachweisen. Wegen $0 \le (x^2 + y^2)/2$ und $xy \le (x^2 + y^2)/2$ für $x, y \in \mathbb{R}$ erhalten wir für alle $(x, y)^\mathsf{T} \in \mathbb{R}^2 \setminus \{(0, 0)^\mathsf{T}\}$ gerade **(1 Punkt)**

$$\frac{f(x, y)}{\sqrt{x^2 + y^2}} \le \frac{x^2 + y^2}{2\sqrt{x^2 + y^2}} = \frac{1}{2}\sqrt{x^2 + y^2}.$$

Wir sehen also, dass der obige Grenzwert in der Tat erfüllt ist (vgl. auch die Lösung von Aufgabe 129). Somit ist f in $(0, 0)^\mathsf{T}$ differenzierbar (**1 Punkt**).

Anmerkung Wegen Aufgabe 131 folgt aus Teil (b) dieser Teilaufgabe bereits die Stetigkeit der Funktion. Die Differenzierbarkeit der Funktion kann man aber natürlich auch beweisen, indem man sich kurz überlegt, dass die partiellen Ableitungen stetig sind.

Lösung Aufgabe 5

(a) Wir definieren die stetig differenzierbaren Funktionen $g : \mathbb{R}^d \to \mathbb{R}$ und $L : (0, +\infty)^d \times \mathbb{R} \to \mathbb{R}$ mit $g(x) = x_1 + \ldots + x_d - 1$ und

$$L(x, \lambda) = f(x) + \lambda g(x) = x_1 \cdot \ldots \cdot x_d + \lambda(x_1 + \ldots + x_d - 1).$$

Wegen $\nabla g(x) = (1, \ldots, 1)^\mathsf{T}$ für $x \in \mathbb{R}^d$ ist gemäß dem Satz von Lagrange jedes Maximum von L ein Maximum der Funktion f unter der Nebenbedingung $x \in \mathbb{R}^d : g(x) = 0$ (**1 Punkt**). Wir bestimmen nun das Maximum von L. Aus der notwendigen Bedingung $\nabla L = \mathbf{0}$ erhalten wir zunächst für alle $(x, \lambda)^\mathsf{T} \in (0, +\infty)^d \times \mathbb{R}$ und $j \in \{1, \ldots, d\}$ die $d + 1$ notwendigen Gleichungen

$$\partial_{x_j} L(x, \lambda) = x_1 \cdot \ldots \cdot x_{j-1} \cdot x_{j+1} \cdot \ldots \cdot x_d + \lambda = 0,$$
$$\partial_\lambda L(x, \lambda) = x_1 \cdot \ldots \cdot x_d - 1 = 0$$

(**1 Punkt**). Dabei können wir direkt $\lambda = 0$ ausschließen (**1 Punkt**), denn in diesem Fall würde die erste Gleichung gerade $x_1 \cdot \ldots \cdot x_d = 0$ implizieren, was nicht möglich ist. Multiplizieren wir die erste Gleichung für jedes $j \in \{1, \ldots, d\}$ mit $x_j > 0$, so folgt mit Hilfe der zweiten Gleichung $x_1 \cdot \ldots \cdot x_d + \lambda x_j = 1 + \lambda x_j = 0$, also $x_j = -1/\lambda$ (**1 Punkt**). Einsetzen in die Nebenbedingung liefert schließlich $\lambda = -d$ und somit $x_j = 1/d$ für $j \in \{1, \ldots, d\}$. Damit liegt in $x^M = (1/d, \ldots, 1/d)^\mathsf{T}$ ein Maximum der Funktion f unter der Nebenbedingung $x \in \mathbb{R}^d : g(x) = 0$ vor (**1 Punkt**).

Anmerkung Dass es sich bei dieser kritischen Stelle wirklich um ein Maximum handelt kann man entweder durch eine geometrische Betrachtung der Funktion f bestätigen oder nachweisen, dass die Determinante der (geränderten) Hesse-Matrix $H_L(x^M, -d)$ negativ definit ist.

(b) Die Ungleichung zwischen dem geometrischen und arithmetischen Mittel ist offenbar automatisch erfüllt, wenn $x_j = 0$ für mindestens einen Index $j \in \{1, \ldots, d\}$ gilt. In diesem Fall ist die linke Seite der Ungleichung nämlich Null während die rechte Seite strikt positiv ist. Es ist daher ausreichend $x_1, \ldots, x_d > 0$ zu betrachten. Offensichtlich genügt dann der Vektor

$$x = \left(\frac{x_1}{x_1 + \ldots + x_d}, \ldots, \frac{x_d}{x_1 + \ldots + x_d} \right)^\mathsf{T}$$

der Nebenbedingung $g(x) = 0$, da die Summe aller Einträge 1 ergibt **(1 Punkt)**.
Mit den Überlegungen aus Teil (a) dieser Aufgabe folgt somit $f(x) \leq f(x_M)$
für $x^M = (1/d, \ldots, 1/d)^\mathsf{T}$, also **(1 Punkt)**

$$\frac{x_1 \cdot \ldots \cdot x_d}{(x_1 + \ldots + x_d)^d} \leq \left(\frac{1}{d}\right)^d$$

und schließlich wegen der Monotonie der Wurzelfunktion $[0, +\infty) \to \mathbb{R}$ mit
$x \mapsto \sqrt[d]{x}$ wie gewünscht **(1 Punkt)**

$$\sqrt[d]{x_1 \cdot \ldots \cdot x_d} \leq \frac{x_1 + \ldots + x_d}{d}.$$

Lösung Aufgabe 6

(a) Gemäß der Integrabilitätsbedingung ist das stetig differenzierbare Vektorfeld $F :$
$\mathbb{R}^3 \to \mathbb{R}^3$ genau dann ein Gradientenfeld, falls die folgenden drei Bedingungen
in $\mathbb{R}^3$ erfüllt sind:

$$\partial_{x_2} F_1 = \partial_{x_1} F_2, \qquad \partial_{x_3} F_1 = \partial_{x_1} F_3 \quad \text{und} \quad \partial_{x_3} F_2 = \partial_{x_2} F_3.$$

Mit einer kleinen Rechnung folgen für alle $(x_1, x_2, x_3)^\mathsf{T} \in \mathbb{R}^3$ gerade **(1 Punkt)**

$$\partial_{x_2} F_1(x_1, x_2, x_3) = \partial_{x_1} F_2(x_1, x_2, x_3) = 0,$$
$$\partial_{x_3} F_1(x_1, x_2, x_3) = \partial_{x_1} F_3(x_1, x_2, x_3) = -1,$$
$$\partial_{x_3} F_2(x_1, x_2, x_3) = \partial_{x_2} F_3(x_1, x_2, x_3) = -1.$$

Folglich handelt es sich in der Tat um ein Gradientenfeld **(1 Punkt)**. Wir wissen somit, dass es eine Stammfunktion $G : \mathbb{R}^3 \to \mathbb{R}$ mit $\nabla G(x_1, x_2, x_3) =$
$F(x_1, x_2, x_3)$ für $(x_1, x_2, x_3)^\mathsf{T} \in \mathbb{R}^3$ gibt. Diese werden wir nun in mehreren
Schritten bestimmen, wobei ab jetzt $(x_1, x_2, x_3)^\mathsf{T} \in \mathbb{R}^3$ beliebig ist:

(α)   Wegen $\partial_{x_1} G(x_1, x_2, x_3) = F_1(x_1, x_2, x_3)$ gilt

$$G(x_1, x_2, x_3) = \int F_1(x_1, x_2, x_3) \, dx_1 + c(x_2, x_3) = \frac{x_1^2}{2} + x_1 x_3 + c(x_2, x_3),$$

wobei $c : \mathbb{R}^2 \to \mathbb{R}$ eine zunächst unbestimmte (stetig differenzierbare)
Funktion ist **(1 Punkt)**.

(β)   Da G eine Stammfunktion von F ist, gilt natürlich ebenfalls ∂_{x_2}
$G(x_1, x_2, x_3) = F_2(x_1, x_2, x_3)$, also wegen Teil ($\alpha$) gerade $\partial_{x_2} c(x_2, x_3) =$
$-x_2 - x_3$.

(γ)   Weiter folgt

$$c(x_2, x_3) = \int \partial_{x_2} c(x_2, x_3) \, dx_2$$

$$= \int -x_2 - x_3 \, dx_2 + \tilde{c}(x_3) = -\frac{x_2^2}{2} - x_2 x_3 + \tilde{c}(x_3),$$

wobei $\tilde{c} : \mathbb{R} \to \mathbb{R}$ eine zunächst unbestimmte (stetig differenzierbare) Funktion ist **(1 Punkt)**.

(δ)   Aus den Schritten (α) und (γ) folgt **(1 Punkt)**

$$G(x_1, x_2, x_3) = \frac{x_1^2}{2} + x_1 x_3 + c(x_2, x_3) = \frac{x_1^2}{2} + x_1 x_3 - \frac{x_2^2}{2} - x_2 x_3 + \tilde{c}(x_3).$$

(ε)   Wegen $\partial_{x_3} G(x_1, x_2, x_3) = F_3(x_1, x_2, x_3)$ folgt aus Schritt (δ)

$$x_1 - x_2 + \tilde{c}'(x_3) = x_1 - x_2 + 1,$$

womit wir $\tilde{c}'(x_3) = 1$ beziehungsweise $\tilde{c}(x_3) = x_3$ ablesen können. Insgesamt erhalten wir somit **(1 Punkt)**

$$G(x_1, x_2, x_3) = \frac{x_1^2}{2} + x_1 x_3 - \frac{x_2^2}{2} - x_2 x_3 + \tilde{c}(x_3) = \frac{x_1^2}{2} + x_1 x_3 - \frac{x_2^2}{2} - x_2 x_3 + x_3.$$

Anmerkung Dass wir uns hier nicht verrechnet haben, kann man natürlich noch einmal überprüfen, indem man nachrechnet, ob $\nabla G(x_1, x_2, x_3)$ wirklich mit $F(x_1, x_2, x_3)$ übereinstimmen. Die obige Vorgehensweise kann zur Berechnung der Stammfunktion jedes dreidimensionalen Gradientenfeldes genutzt werden.

(b)   Die Berechnung des Kurvenintegrals ist sehr einfach, denn mit dem Hauptsatz der Kurventheorie folgt (ohne irgendeine Rechnung)

$$\int_\gamma F \cdot ds = G(\gamma(\pi)) - G(\gamma(0)) = 0,$$

da die stetig differenzierbare Kurve wegen $\gamma(0) = \gamma(\pi) = (1, 0, 1)^\mathsf{T}$ geschlossen ist und wir aus Teil (α) dieser Lösung wissen, dass F ein Gradientenfeld ist **(1 Punkt)**. Alternativ kann man das Kurvenintegral natürlich auch wie folgt per Hand bestimmen (vgl. auch Aufgabe 181):

$$\int_\gamma F \cdot ds = \int_0^\pi \langle F(\gamma(t)), \dot{\gamma}(t) \rangle \, dt$$

$$= \int_0^\pi \left\langle \begin{pmatrix} \cos^2(t) + 1 \\ -\sin^2(t) - 1 \\ \cos^2(t) - \sin^2(t) + 1 \end{pmatrix}, \begin{pmatrix} -2\sin(t)\cos(t) \\ 2\sin(t)\cos(t) \\ 0 \end{pmatrix} \right\rangle \, dt$$

$$= 2 \int_0^\pi \sin(t)\cos(t)(-2 - (\sin^2(t) + \cos^2(t))) \, dt$$

$$= 0,$$

wobei wir zuerst $\sin^2(t) + \cos^2(t) = 1$ für $t \in [0, \pi]$ verwendet und dann den vereinfachten Integranden partiell integriert haben [3, Aufgabe 196].

(c) Wegen $\sin^2(t) + \cos^2(t) = 1$ für $t \in [0, \pi]$ handelt es sich bei der Kurve γ um eine Gerade in der Ebene $(x_1, x_2, x_3)^\mathsf{T} \in \mathbb{R}^3 : x_3 = 1$, die die Punkte $(1, 0, 1)^\mathsf{T}$ und $(0, 1, 1)^\mathsf{T}$ verbindet (**1 Punkt**). Der Euklidische Abstand dieser Punkte ist offensichtlich $\sqrt{2}$. Da γ die Gerade zweimal durchläuft, folgt $L(\gamma) = 2\sqrt{2}$ (**1 Punkt**). Alternativ kann man die Länge der Kurve natürlich auch per Hand berechnen. Wegen $\dot{\gamma}(t) = (-2\sin(t)\cos(t), 2\sin(t)\cos(t), 0)^\mathsf{T}$ für $t \in [0, \pi]$ folgt

$$L(\gamma) = \int_0^\pi \|\dot{\gamma}(t)\|_2 \, dt = \int_0^\pi \sqrt{8\sin^2(t)\cos^2(t)} \, dt = \sqrt{8} \int_0^\pi |\sin(t)\cos(t)| \, dt.$$

Wegen $\sin(t)\cos(t) \geq 0$ für $t \in [0, \pi/2]$ und $\sin(t)\cos(t) \leq 0$ für $t \in [\pi/2, \pi]$ können wir den Integrationsbereich des obigen Integrals aufteilen und erhalten (Betrag auflösen)

$$\int_0^\pi |\sin(t)\cos(t)| \, dt = \int_0^{\frac{\pi}{2}} |\sin(t)\cos(t)| \, dt + \int_{\frac{\pi}{2}}^\pi |\sin(t)\cos(t)| \, dt$$

$$= \int_0^{\frac{\pi}{2}} \sin(t)\cos(t) \, dt - \int_{\frac{\pi}{2}}^\pi \sin(t)\cos(t) \, dt$$

$$= \left(-\frac{1}{2}\cos^2(t) \right) \Big|_0^{\frac{\pi}{2}} + \left(\frac{1}{2}\cos^2(t) \right) \Big|_{\frac{\pi}{2}}^\pi$$

$$= 1.$$

Insgesamt folgt damit also ebenfalls $L(\gamma) = \sqrt{8} = 2\sqrt{2}$.

Anmerkung Wie Sie bereits in den Teilen (b) und (c) dieser Lösung gesehen haben, ist es oft hilfreich aufwändige Rechnungen durch die Verwendung von geeigneten Resultaten oder geometrischen Anschauungen zu vermeiden.

Name: Matrikelnummer:

Vorname: Studiengang:

Die Bearbeitungszeit für die Klausur beträgt 90 min. Es sind keine Hilfsmittel, das heißt, keine (programmierbaren) Taschenrechner, Computer, Aufzeichnungen der Vorlesung etc. erlaubt. Insgesamt können 42 Punkte und 4 Zusatzpunkte erreicht werden.

Aufgabe	1	2	3	4	5	6 (Zusatz)	Summe
Mögliche Punkte	7	9	9	12	5	4	42 + 4
Erzielte Punkte							

Aufgabe 1 (7 Punkte) Ist die Menge

$$A = \left\{ x \in \mathbb{R}^3 \mid \|x\|_2 \geq 1 \right\} \cap \left\{ x \in \mathbb{R}^3 \mid x_1 = x_2 \right\}$$

(a) abgeschlossen,   (b) beschränkt,
(c) offen,   (d) konvex,
(e) kompakt,   (f) wegzusammenhängend,
(g) sternförmig?

Beantworten Sie dabei die Fragen lediglich mit *ja* oder *nein*.

Aufgabe 2 (9 Punkte) Sei $f : \mathbb{R}^d \to \mathbb{R}$ eine stetige Funktion mit $f(tx) = t^2 f(x)$ für alle $t \in \mathbb{R}$ und $x \in \mathbb{R}^d$ (Homogenität vom Grad 2) sowie $f(x) > 0$ für $x \in \mathbb{R}^d \setminus \{0\}$.

© Der/die Autor(en), exklusiv lizenziert an Springer-Verlag GmbH, DE, ein Teil von
Springer Nature 2022
N. Hebestreit, *Übungsbuch Analysis II*, https://doi.org/10.1007/978-3-662-65832-1_35

(a) Bestimmen Sie das Bild $f(\mathbb{R}^d)$.
(b) Beweisen Sie, dass es zwei Konstanten $\alpha, \beta \in \mathbb{R}$ mit

$$\alpha \|x\|_2^2 \le f(x) \le \beta \|x\|_2^2$$

   für alle $x \in \mathbb{R}^d$ gibt.
(c) Untersuchen Sie, ob die Funktion f im Nullpunkt $\mathbf{0}$ differenzierbar ist.

Aufgabe 3 (9 Punkte) Sei $g : \mathbb{R}^2 \to \mathbb{R}$ eine beschränkte Funktion. Zeigen Sie kurz, dass die Funktion $f : \mathbb{R}^2 \to \mathbb{R}$ mit

$$f(x, y) = xyg(x, y)$$

im Nullpunkt

  (a) stetig,   (b) partiell differenzierbar,   (c) differenzierbar

ist.

Aufgabe 4 (12 Punkte) Gegeben sei die Schraubenlinie $\gamma : [0, 2\pi] \to \mathbb{R}^3$ mit $\gamma(t) = (\cos(t), \sin(t), t/5)^\mathsf{T}$.

(a) Berechnen Sie die Länge von γ.
(b) Berechnen Sie den Schwerpunkt der Schraubenlinie.

Entlang der Kurve $\gamma([0, 2\pi])$ wir ein Massepunkt vom Punkt $a = (1, 0, 0)^\mathsf{T}$ zum Punkt $b = (1, 0, 2\pi/5)^\mathsf{T}$ durch das Kraftfeld $F : \mathbb{R}^3 \to \mathbb{R}^3$ mit $F(x_1, x_2, x_3) = (2x_1 + x_3, 2x_2, x_1)^\mathsf{T}$ bewegt und dabei die Arbeit $W = \int_\gamma F \cdot \mathrm{d}s$ verrichtet.

(c) Entscheiden Sie (mit Begründung), ob die Arbeit W vom Weg unabhängig ist.
(d) Bestimmen Sie, falls möglich, ein Potential von F.
(e) Berechnen Sie die verrichtete Arbeit.

Aufgabe 5 (5 Punkte) Sei $V = C([0, \pi/2], \mathbb{R})$ der Raum der stetigen Funktionen und $\langle \cdot, \cdot \rangle : V \times V \to \mathbb{R}$ mit

$$\langle f, g \rangle = \int_0^{\frac{\pi}{2}} f(x)g(x) \, \mathrm{d}x$$

das übliche Skalarprodukt in V. Schätzen Sie mit Hilfe der Cauchy-Schwarz-Ungleichung den Wert des Integrals

$$I = \int_0^{\frac{\pi}{2}} \sqrt{x \cos(x)} \, \mathrm{d}x$$

nach oben ab.

Aufgabe 6 (Zusatz, 4 Punkte) Geben Sie einen metrischen Raum sowie eine offene Kugel an, deren Abschluss nicht mit der entsprechenden abgeschlossenen Kugel übereinstimmt.

Lösung Übungsklausur Analysis II (D)

36

Lösung Aufgabe 1 Im Folgenden setzen wir

$$A_1 = \left\{ x \in \mathbb{R}^3 \mid \|x\|_2 \geq 1 \right\} \quad \text{und} \quad A_2 = \left\{ x \in \mathbb{R}^3 \mid x_1 = x_2 \right\},$$

das heißt, es gilt $A = A_1 \cap A_2$.

(a) Ja, die Menge ist abgeschlossen (**1 Punkt**). A ist als Schnitt der abgeschlossenen Mengen A_1 und A_2 selbst abgeschlossen.

(b) Nein, die Menge A ist nicht beschränkt (**1 Punkt**). Weder A_1 noch A_2 ist beschränkt. Man kann nämlich die Folge $((x_n, y_n, z_n)^\mathsf{T})_n$ mit $(x_n, y_n, z_n)^\mathsf{T} = (1, 1, n)^\mathsf{T}$ betrachten. Wegen $\|(x_n, y_n, z_n)^\mathsf{T}\|_2 = \sqrt{n+2} \geq 1$ und $x_n = y_n$ für $n \in \mathbb{N}$ liegt die unbeschränkte Folge in $A = A_1 \cap A_2$, womit A unbeschränkt ist.

(c) Nein, die Menge ist nicht offen (**1 Punkt**). Beispielsweise ist $(0, 0, 1)^\mathsf{T} \in A$ kein innerer Punkt, da für jedes $0 < \varepsilon < 1$ der Punkt $(0, 0, 1 - \varepsilon)^\mathsf{T}$ nicht in A_1 und damit auch nicht in A liegt.

(d) Nein, die Menge A ist nicht konvex (**1 Punkt**), da A_1 nicht konvex ist. Betrachtet man nämlich die beiden Punkte $(0, 0, -1)^\mathsf{T}$ und $(0, 0, 1)^\mathsf{T}$, so liegen diese offensichtlich in A. Jedoch liegt beispielsweise der Mittelpunkt $(0, 0, 0)^\mathsf{T}$ wegen $\|(0, 0, 0)^\mathsf{T}\|_2 = 0$ nicht in A_1 und damit auch nicht in A.

(e) Nein, die Menge ist nicht kompakt (**1 Punkt**). Aus Teil (b) wissen wir bereits, dass A nicht beschränkt ist, sodass die Menge wegen dem Satz von Heine-Borel auch nicht kompakt sein kann.

(f) Nein, die Menge ist nicht wegzusammenhängend (**1 Punkt**). Das liegt daran, dass es nicht möglich ist die beiden Punkte $(0, 0, -1)^\mathsf{T}$ und $(0, 0, 1)^\mathsf{T}$ durch eine stetige Funktion $f : [0, 1] \to A$ mit $f(0) = (0, 0, -1)^\mathsf{T}$ und $f(1) = (0, 0, 1)^\mathsf{T}$ zu verbinden.

© Der/die Autor(en), exklusiv lizenziert an Springer-Verlag GmbH, DE, ein Teil von Springer Nature 2022
N. Hebestreit, *Übungsbuch Analysis II*, https://doi.org/10.1007/978-3-662-65832-1_36

(g) Nein, die Menge ist nicht sternförmig (**1 Punkt**). Aus Aufgabe 110 wissen wir bereits, dass sternförmige Mengen stets wegzusammenhängend sind. Jedoch ist die Menge A wegen Teil (f) nicht wegzusammenhängend und folglich auch nicht sternförmig.

Anmerkung Beachten Sie, dass von Ihnen die Begründung der Antworten nicht verlangt wird. Diese dienen hier lediglich zur Nachvollziehbarkeit der obigen Lösungen.

Lösung Aufgabe 2

(a) Zunächst sehen wir direkt, dass aus der Homogenität $f(\mathbf{0}) = 0$ folgt. Sei nun $x \in \mathbb{R}^d \setminus \{\mathbf{0}\}$ beliebig gewählt. Wir definieren die stetige Hilfsfunktion $g : \mathbb{R} \to \mathbb{R}$ mit $g(t) = t^2 f(x)$. Wegen $f(x) > 0$ folgt offensichtlich $g(\mathbb{R}) \subseteq [0, +\infty)$ (**1 Punkt**). Ist umgekehrt $s \in [0, +\infty)$ beliebig gewählt, so finden wir wegen $g(0) = 0$ und $\lim_{t \to +\infty} g(t) = +\infty$ gemäß dem Zwischenwertsatz für stetige Funktionen stets eine Stelle $t_0 \in \mathbb{R}$ mit $g(t_0) = s$. Dies bedeutet $[0, +\infty) \subseteq g(\mathbb{R})$ (**1 Punkt**) und somit wegen der vorherigen Überlegung gerade $g(\mathbb{R}) = [0, +\infty)$. Insgesamt erhalten wir (**2 Punkte**)

$$
\begin{aligned}
f(\mathbb{R}^d) &= \left\{ f(x) \in \mathbb{R} \mid x \in \mathbb{R}^d \right\} \\
&= \{ f(\mathbf{0}) \} \cup \left\{ f(tx) \in \mathbb{R} \mid t \in \mathbb{R}, \ x \in \mathbb{R}^d \setminus \{\mathbf{0}\} \right\} \\
&= \{0\} \cup \left\{ t^2 f(x) \in \mathbb{R} \mid t \in \mathbb{R}, \ x \in \mathbb{R}^d \setminus \{\mathbf{0}\} \right\} \\
&= \{0\} \cup g(\mathbb{R}) \\
&= [0, +\infty),
\end{aligned}
$$

also $f(\mathbb{R}^d) = [0, +\infty)$.

(b) Sei erneut $x \in \mathbb{R}^d \setminus \{\mathbf{0}\}$ beliebig gewählt. Da die Funktion f homogen vom Grad 2 ist (!) folgt

$$
f(x) = f\left(\|x\|_2 \frac{x}{\|x\|_2} \right) \overset{(!)}{=} \|x\|_2^2 \, f\left(\frac{x}{\|x\|_2} \right). \tag{36.1}
$$

Wir wissen weiter, dass die Einheitssphäre

$$
S^{d-1} = \left\{ x \in \mathbb{R}^d \mid \|x\|_2 = 1 \right\} = \left\{ \frac{x}{\|x\|_2} \in \mathbb{R}^d \mid x \in \mathbb{R}^d \setminus \{\mathbf{0}\} \right\}
$$

aus Aufgabe 95 (c) kompakt ist (**1 Punkt**). Wegen dem Satz von Weierstraß (vgl. Aufgabe 107) finden wir somit zwei Konstanten $\alpha, \beta \in \mathbb{R}$ mit $\alpha \le f(x) \le \beta$ für alle $x \in S^{d-1}$ (**1 Punkt**), sodass aus Gl. (36.1) wie gewünscht $\alpha \|x\|_2^2 \le f(x) \le \beta \|x\|_2^2$ für alle $x \in \mathbb{R}^d \setminus \{\mathbf{0}\}$ folgt – hier verwenden wir erneut die Stetigkeit der Funktion f (**1 Punkt**). Die Ungleichung gilt aber wegen $f(\mathbf{0}) = 0$ auch trivialer Weise für $x = \mathbf{0}$, womit die Behauptung gezeigt ist.

(c) Die Funktion f ist in $\mathbf{0}$ differenzierbar. Wir wissen bereits, dass $f(\mathbf{0}) = 0$ gilt. Definieren wir $D_f(\mathbf{0}) = \mathbf{0}_{d \times d}$, so folgt offensichtlich (**1 Punkt**)

$$\lim_{x \to \mathbf{0}} \frac{f(x) - f(\mathbf{0}) - D_f(\mathbf{0})(x - \mathbf{0})}{\|x - \mathbf{0}\|_2} = \lim_{x \to \mathbf{0}} \frac{f(x)}{\|x\|_2}.$$

Wegen Teil (b) dieser Lösung gibt es jedoch Konstanten $\alpha, \beta \in \mathbb{R}$ mit

$$\alpha \|x\|_2 \leq \frac{f(x)}{\|x\|_2} \leq \beta \|x\|_2$$

für alle $x \in \mathbb{R}^d \setminus \{\mathbf{0}\}$. Dies impliziert (**1 Punkt**) beim Übergang zum Grenzwert (Sandwich-Kriterium beachten)

$$\lim_{x \to \mathbf{0}} \frac{f(x)}{\|x\|_2} = 0,$$

womit wir wie gewünscht nachgewiesen haben, dass die Funktion f im Nullpunkt differenzierbar ist.

Lösung Aufgabe 3

(a) Da die Funktion $g : \mathbb{R}^2 \to \mathbb{R}$ nach Voraussetzung beschränkt ist, gibt es eine Konstante $M \geq 0$ mit $|g(x, y)| \leq M$ für alle $(x, y)^\top \in \mathbb{R}^2$ (**1 Punkt**). Um die Stetigkeit im Nullpunkt nachzuweisen, bemerken wir zunächst, dass

$$|f(x, y) - f(0, 0)| = |xy||g(x, y)| \leq M|x||y| \leq \frac{M}{2}(x^2 + y^2)$$

für alle $(x, y)^\top \in \mathbb{R}^2$ gilt (**1 Punkt**). Hier verwenden wir erneut die bekannte Ungleichung $|x||y| \leq (x^2 + y^2)/2$. Damit folgt wie gewünscht

$$\lim_{(x,y)^\top \to (0,0)^\top} f(x, y) = f(0, 0)$$

sodass wir wie gewünscht die Stetigkeit in $(0, 0)^\top$ gezeigt haben (**1 Punkt**).

(b) Wegen $f(0, 0) = 0$ und $f(t, 0) = f(0, t) = 0$ für $t \in \mathbb{R}$ (dies gilt nach Definition der Funktion) folgt (**1 Punkt**)

$$\partial_x f(0, 0) = \lim_{t \to 0} \frac{f(t, 0) - f(0, 0)}{t} = \lim_{t \to 0} \frac{0 - 0}{t} = 0.$$

Mit einer analogen Rechnung erhalten wir ebenso $\partial_y f(0, 0) = 0$ (**1 Punkt**).

(c) Um zu beweisen, dass die Funktion f im Nullpunkt differenzierbar ist, müssen wir zum Beispiel

$$\lim_{(x,y)^\mathsf{T} \to (0,0)^\mathsf{T}} \frac{|f(x,y) - f(0,0) - \langle \nabla f(0,0), (x,y)^\mathsf{T} - (0,0)^\mathsf{T} \rangle|}{\sqrt{x^2 + y^2}} = 0$$

nachweisen (**1 Punkt**). Da wir in Teil (b) jedoch bereits $\nabla f(0,0) = (0,0)^\mathsf{T}$ gezeigt haben (**1 Punkt**), reduziert sich der obige Grenzwert auf der rechten Seite zu

$$\lim_{(x,y)^\mathsf{T} \to (0,0)^\mathsf{T}} \frac{|f(x,y)|}{\sqrt{x^2 + y^2}} = \lim_{(x,y)^\mathsf{T} \to (0,0)^\mathsf{T}} \frac{|xy||g(x,y)|}{\sqrt{x^2 + y^2}}$$

(**1 Punkt**). Verwenden wir nun die Abschätzung aus Teil (a) dieser Lösung, so folgt für alle $(x,y)^\mathsf{T} \in \mathbb{R}^2 \setminus \{(0,0)^\mathsf{T}\}$

$$\frac{|xy||g(x,y)|}{\sqrt{x^2 + y^2}} \leq \frac{M}{2} \frac{x^2 + y^2}{\sqrt{x^2 + y^2}} = \frac{M}{2} \sqrt{x^2 + y^2}$$

(**1 Punkt**). Da die rechte Seite aber für $(x,y)^\mathsf{T} \to (0,0)^\mathsf{T}$ gegen Null konvergiert, zeigt dies wie gewünscht die Differenzierbarkeit der Funktion f im Punkt $(0,0)^\mathsf{T}$ (**1 Punkt**).

Lösung Aufgabe 4

(a) Wegen $\dot{\gamma}(t) = (-\sin(t), \cos(t), 1/5)^\mathsf{T}$ für $t \in [0, 2\pi]$ folgt (**2 Punkte**)

$$L(\gamma) = \int_0^{2\pi} \|\dot{\gamma}(t)\|_2 \, \mathrm{d}t = \int_0^{2\pi} \sqrt{\sin^2(t) + \cos^2(t) + \frac{1}{25}} \, \mathrm{d}t = \int_0^{2\pi} \sqrt{\frac{26}{25}} \, \mathrm{d}t = \frac{2\sqrt{26}}{5}\pi.$$

Dabei haben wir $\sin^2(t) + \cos^2(t) = 1$ für $t \in [0, 2\pi]$ (trigonometrischer Pythagoras) verwendet.

(b) Der Schwerpunkt der Schraubenlinie $\gamma : [0, 2\pi] \to \mathbb{R}^3$ lautet $(x_1^S, x_2^S, x_3^S)^\mathsf{T} \in \mathbb{R}^3$ mit

$$x_j^S = \frac{\int_0^{2\pi} \gamma_j(t) \|\dot{\gamma}(t)\|_2 \, \mathrm{d}t}{\int_0^{2\pi} \|\dot{\gamma}(t)\|_2 \, \mathrm{d}t} = \frac{1}{L(\gamma)} \int_0^{2\pi} \gamma_j(t) \|\dot{\gamma}(t)\|_2 \, \mathrm{d}t$$

für $j \in \{1, 2, 3\}$ – die Koordinaten des Schwerpunktes ergeben sich also als gewichtete Kurvenintegrale. Aus Teil (a) dieser Aufgabe wissen wir bereits, dass $L(\gamma) = 2\sqrt{26}\pi/5$ und $\|\dot{\gamma}(t)\|_2 = \sqrt{26}/5$ für $t \in [0, 2\pi]$ gelten. Damit folgen (**2 Punkte**)

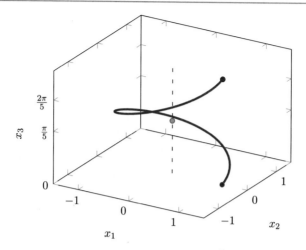

Abb. 36.1 Darstellung der Schraubenlinie $\gamma : [0, 2\pi] \to \mathbb{R}^3$ mit $\gamma(t) = (\cos(t), \sin(t), t/5)^\mathsf{T}$ (rot) und Schwerpunkt $(x_1^S, x_2^S, x_3^S)^\mathsf{T} = (0, 0, \pi/5)^\mathsf{T}$ (grün)

$$x_1^S = \frac{5}{2\sqrt{26}\pi} \int_0^{2\pi} \gamma_1(t) \|\dot{\gamma}(t)\|_2 \, dt = \frac{1}{2\pi} \int_0^{2\pi} \cos(t) \, dt = 0,$$

$$x_2^S = \frac{5}{2\sqrt{26}\pi} \int_0^{2\pi} \gamma_2(t) \|\dot{\gamma}(t)\|_2 \, dt = \frac{1}{2\pi} \int_0^{2\pi} \sin(t) \, dt = 0,$$

$$x_3^S = \frac{5}{2\sqrt{26}\pi} \int_0^{2\pi} \gamma_3(t) \|\dot{\gamma}(t)\|_2 \, dt = \frac{1}{2\pi} \int_0^{2\pi} \frac{t}{5} \, dt = \frac{\pi}{5},$$

also $(x_1^S, x_2^S, x_3^S)^\mathsf{T} = (0, 0, \pi/5)^\mathsf{T}$.

Anmerkung Das Ergebnis ist nicht weiter überraschend und hätte auch wie folgt ohne jegliche Rechnung ermittelt werden können. Die Schraubenlinie ist eine (gleichmäßig) um die x_3-Achse gedrehte Kurve, die zwischen der x_1-x_2-Ebene und der um $\kappa = 2\pi/5$ verschobenen Ebene liegt (vgl. Abb. 36.1). Somit gelten $x_1^S = x_2^S = 0$ und $x_3^S = \kappa/2 = \pi/5$.

(c) Die Arbeit W ist genau dann vom Weg unabhängig, wenn das stetig differenzierbare Vektorfeld $F : \mathbb{R}^3 \to \mathbb{R}^3$ mit $F(x_1, x_2, x_3) = (2x_1 + x_3, 2x_2, x_1)^\mathsf{T}$ ein Gradientenfeld ist. Dazu genügt es die Integrabilitätsbedingung (**1 Punkt**) zu überprüfen. Mit einer kleinen Rechnung folgen für alle $(x_1, x_2, x_3)^\mathsf{T} \in \mathbb{R}^3$

$$\partial_{x_2} F_1(x_1, x_2, x_3) = 0 = \partial_{x_1} F_2(x_1, x_2, x_3),$$

$$\partial_{x_3} F_1(x_1, x_2, x_3) = 1 = \partial_{x_1} F_3(x_1, x_2, x_3),$$

$$\partial_{x_3} F_2(x_1, x_2, x_3) = 0 = \partial_{x_2} F_3(x_1, x_2, x_3)$$

(**1 Punkt**). Die Integrabilitätsbedingung ist also erfüllt.

(d) Ein Potential, also eine Stammfunktion $G : \mathbb{R}^3 \to \mathbb{R}$ von F, können wir wie folgt in mehreren Schritten bestimmen, wobei $(x_1, x_2, x_3)^\mathsf{T} \in \mathbb{R}^3$ stets beliebig sei:

(α)   Wegen $\partial_{x_1} G(x_1, x_2, x_3) = F_1(x_1, x_2, x_3)$ gilt

$$G(x_1, x_2, x_3) = \int F_1(x_1, x_2, x_3)\,\mathrm{d}x_1 + c(x_2, x_3) = x_1^2 + x_1 x_3 + c(x_2, x_3),$$

wobei $c : \mathbb{R}^2 \to \mathbb{R}$ eine zunächst unbestimmte (stetig differenzierbare) Funktion ist.

(β)   Da G eine Stammfunktion von F ist, gilt $\partial_{x_2} G(x_1, x_2, x_3) = F_2(x_1, x_2, x_3)$, also wegen Teil ($\alpha$) gerade $\partial_{x_2} c(x_2, x_3) = 2x_2$ (**1 Punkt**).

(γ)   Weiter folgt (**1 Punkt**)

$$c(x_2, x_3) = \int \partial_{x_2} c(x_2, x_3)\,\mathrm{d}x_2 = \int 2x_2\,\mathrm{d}x_2 + \tilde{c} = x_2^2 + \tilde{c}$$

für alle $\tilde{c} \in \mathbb{R}$.

(δ)   Aus den Schritten (α) und (γ) folgt (**1 Punkt**)

$$G(x_1, x_2, x_3) = x_1^2 + x_1 x_3 + c(x_2, x_3) = x_1^2 + x_1 x_3 + x_2^2 + \tilde{c} = x_1^2 + x_1 x_3 + x_2^2,$$

wobei wir $\tilde{c} = 0$ gewählt haben.

Dass wir uns nicht verrechnet haben, also wirklich $\nabla G = F$ in $\mathbb{R}^3$ gilt, kann man gegebenenfalls noch mit einer kurzen Rechnung bestätigen.

(e) Wir berechnen nun das Kurvenintegral 2. Art:

$$
\begin{aligned}
W = \int_\gamma F \cdot \mathrm{d}s &= \int_0^{2\pi} \langle F(\gamma(t)), \dot{\gamma}(t)\rangle\,\mathrm{d}t \\
&= \int_0^{2\pi} \left\langle \begin{pmatrix} 2\cos(t) + \frac{t}{5} \\ 2\sin(t) \\ \cos(t) \end{pmatrix}, \begin{pmatrix} -\sin(t) \\ \cos(t) \\ \frac{1}{5} \end{pmatrix} \right\rangle\,\mathrm{d}t \\
&= \frac{1}{5} \int_0^{2\pi} \cos(t) - t\sin(t)\,\mathrm{d}t \\
&\overset{(!)}{=} \left. \frac{t\cos(t)}{5} \right|_0^{2\pi} \\
&= \frac{2\pi}{5}
\end{aligned}
$$

(**3 Punkte**). Dabei folgt (!) entweder aus der Beobachtung, dass $(t\cos(t))' = \cos(t) - t\sin(t)$ für $t \in [0, 2\pi]$ gilt (Produktregel für Ableitung verwenden) oder man bestimmt das Integral $\int_0^{2\pi} t\sin(t)\,\mathrm{d}t$ mit Hilfe von partieller Integration. Die verrichtete Arbeitet beträgt somit $W = 2\pi/5$.

Anmerkung Da die verrichtete Arbeit W wegen Teil (c) dieser Aufgabe unabhängig vom Weg ist, können Sie natürlich auch alternativ $W = \int_{\tilde{\gamma}} F \cdot \mathrm{d}s$ für jeden beliebigen stetig differenzierbaren Weg $\tilde{\gamma} : [0, 2\pi] \to \mathbb{R}^3$ mit $\tilde{\gamma}(0) = (1, 0, 0)^\mathsf{T}$

und $\tilde{\gamma}(2\pi) = (1, 0, 2\pi/5)^\mathsf{T}$ bestimmen. Zum Beispiel $\tilde{\gamma}(t) = (1, 0, t/5)^\mathsf{T}$ für $t \in [0, 2\pi]$ ist solch ein Weg. Für diesen gilt (ohne komplizierte Rechnungen)

$$\int_{\tilde{\gamma}} F \cdot \mathrm{d}\mathbf{s} = \int_0^{2\pi} \frac{1}{5}\,\mathrm{d}t = \frac{2\pi}{5}.$$

Lösung Aufgabe 5 Die Cauchy-Schwarz-Ungleichung besagt, dass

$$|\langle f, g \rangle| \leq \|f\|_V \|g\|_V$$

für alle $f, g \in V$ gilt (vgl. Aufgabe 58). Dabei bezeichnet $\|\cdot\|_V$ die durch das Skalarprodukt induzierte Norm, das heißt, für jede stetige Funktion $f \in V$ gilt

$$\|f\|_V = \sqrt{\langle f, f \rangle} = \left(\int_0^{\frac{\pi}{2}} f^2(x)\,\mathrm{d}x \right)^{\frac{1}{2}}$$

(2 Punkte). Zur Abschätzung des Integralwerts I definieren wir die beiden stetigen Funktionen $f, g : [0, \pi/2] \to \mathbb{R}$ mit $f(x) = \sqrt{x}$ und $g(x) = \sqrt{\cos(x)}$ **(1 Punkt)**. Die Cauchy-Schwarz-Ungleichung liefert somit wegen $I = \langle f, g \rangle$ die Abschätzung

$$|I| \leq \left(\int_0^{\frac{\pi}{2}} f^2(x)\,\mathrm{d}x \right)^{\frac{1}{2}} \left(\int_0^{\frac{\pi}{2}} g^2(x)\,\mathrm{d}x \right)^{\frac{1}{2}} = \left(\int_0^{\frac{\pi}{2}} x\,\mathrm{d}x \right)^{\frac{1}{2}} \left(\int_0^{\frac{\pi}{2}} \cos(x)\,\mathrm{d}x \right)^{\frac{1}{2}} = \frac{\pi}{\sqrt{8}}$$

(2 Punkte). Der Wert des Integrals kann damit im Betrag nicht größer als $\pi/\sqrt{8}$ sein.

Lösung Aufgabe 6 (Zusatz) Wir betrachten den metrischen Raum $(\mathbb{R}, d)$, wobei $d : \mathbb{R} \times \mathbb{R} \to \mathbb{R}$ mit

$$d(x, y) = \begin{cases} 0, & x = y \\ 1, & \text{sonst} \end{cases}$$

die diskrete Metrik ist **(1 Punkt)**. Dann gilt $B_1(0) = \{x \in \mathbb{R} \mid d(0, x) < 1\} = \{0\}$ (offene Einheitskugel), da die Metrik lediglich die Werte 0 und 1 annimmt **(1 Punkt)**. Da aber jede Teilmenge von $\mathbb{R}$ bezüglich der diskreten Metrik abgeschlossen ist (vgl. Aufgabe 26), folgt **(1 Punkt)** somit $\overline{B_1(0)} = \{0\}$ (Abschluss der Menge $B_1(0)$). Jedoch gilt $\overline{B}_1(0) = \{x \in \mathbb{R} \mid d(0, x) \leq 1\} = \mathbb{R}$ (abgeschlossene Einheitskugel), da jedes Element $x \in \mathbb{R}$ der Ungleichung $d(0, x) \leq 1$ genügt **(1 Punkt)**. Insgesamt gilt somit wie gewünscht

$$\{0\} = \overline{B_1(0)} \neq \overline{B}_1(0) = \mathbb{R}.$$

Anmerkung Verschiedene topologische Eigenschaften der diskreten Metrik können Sie beispielsweise in Aufgabe 26 finden. Beachten Sie, dass $\overline{B_1(0)}$ den Abschluss der (offenen) Kugel $B_1(0)$ bezeichnet, während $\overline{B}_1(0)$ die abgeschlossene Kugel bezeichnet – die Notationen sind in diesem speziellen Fall also ein wenig unglücklich gewählt.

Name: Matrikelnummer:

Vorname: Studiengang:

Die Bearbeitungszeit für die Klausur beträgt 60 min. Es sind keine Hilfsmittel, das heißt, keine (programmierbaren) Taschenrechner, Computer, Aufzeichnungen der Vorlesung etc. erlaubt.

Aufgabe	1	2	3	4	5	Summe
Mögliche Punkte	3	6	5	7	5	26
Erzielte Punkte						

Aufgabe 1 (3 Punkte) Berechnen Sie das eindimensionale Integral

$$\int_1^2 \frac{3}{\sqrt{x}} + \frac{2}{x^3} + \cos(1 + \pi x)\, dx.$$

Aufgabe 2 (6 Punkte) Bestimmen Sie die Jakobi-Matrix der Funktion $f : \mathbb{R}^3 \to \mathbb{R}^3$ mit

$$f(x, y, z) = \begin{pmatrix} xy\sin(z) - 2 \\ x^2 + e^y - z^2 \\ x - y\cos(2z) \end{pmatrix}$$

und die Hesse-Matrix der Funktion $g : \mathbb{R}^2 \to \mathbb{R}$ mit $g(x, y) = 6x^2 y^3$.

© Der/die Autor(en), exklusiv lizenziert an Springer-Verlag GmbH, DE, ein Teil von Springer Nature 2022
N. Hebestreit, *Übungsbuch Analysis II*, https://doi.org/10.1007/978-3-662-65832-1_37

Aufgabe 3 (5 Punkte) Bestimmen Sie das Taylorpolynom erster Ordnung bezüglich des Entwicklungspunktes $(x_0, y_0)^\mathsf{T} = (0, 0)^\mathsf{T}$ für die Funktion $f : \mathbb{R}^2 \to \mathbb{R}$ mit $f(x, y) = e^{2x+3y}$.

Aufgabe 4 (7 Punkte) Bestimmen Sie alle Lösungen der folgenden Anfangswertprobleme:

(a) $y'(x) = \frac{y(x)}{x}$, $x \in \mathbb{R} \setminus \{0\}$, $y(1) = 1$,
(b) $y'(x) + y(x) = \sin(x) + \cos(x)$, $x \in \mathbb{R}$, $y(\pi) = e^{-\pi}$.

Aufgabe 5 (5 Punkte) Gegeben seien der Zylinder

$$A = \left\{ (x, y, z)^\mathsf{T} \in \mathbb{R}^3 \mid (x - 1)^2 + (y + 1)^2 \leq 1, \ -1 \leq z \leq 3 \right\}$$

und die Funktion $F : \mathbb{R}^3 \to \mathbb{R}^3$ mit

$$F(x, y, z) = \begin{pmatrix} 1 \\ y \\ 2z \end{pmatrix}.$$

Ermitteln Sie mit Hilfe des Gaußschen Divergenzsatzes den Wert des Oberflächenintegrals

$$\oiint_{\partial A} \langle F, N \rangle \, dS_2$$

über die Außenseite ∂A des Zylinders.

Lösung Aufgabe 1 Zunächst gilt **(1 Punkt)**

$$\int_1^2 \frac{3}{\sqrt{x}} + \frac{2}{x^3} \, dx = \left(6\sqrt{x} - \frac{1}{x^2} \right) \Big|_1^2 = 6\sqrt{2} - \frac{21}{4}.$$

Mit der Substitution $y(x) = 1 + \pi x$ für $x \in [1, 2]$ **(1 Punkt)** folgt wegen $y(1) = 1 + \pi$, $y(2) = 1 + 2\pi$ und $dy = \pi \, dx$ **(1 Punkt)**

$$\int_1^2 \cos(1 + \pi x) \, dx = \frac{1}{\pi} \int_{1+\pi}^{1+2\pi} \cos(y) \, dy$$

$$= \frac{\sin(y)}{\pi} \Big|_{1+\pi}^{1+2\pi} = \frac{\sin(1 + 2\pi) - \sin(1 + \pi)}{\pi} = \frac{2\sin(1)}{\pi},$$

womit wir insgesamt (Linearität des Riemann-Integrals beachten)

$$\int_1^2 \frac{3}{\sqrt{x}} + \frac{2}{x^3} + \cos(1 + \pi x) \, dx = 6\sqrt{2} - \frac{21}{4} + \frac{2\sin(1)}{\pi}$$

erhalten.

Lösung Aufgabe 2 Zur Übersicht unterteilen wir die Lösung in zwei Teile:

(a) Sei ab jetzt immer $(x, y, z)^\mathsf{T} \in \mathbb{R}^3$ beliebig. Mit einer kleinen Rechnung folgen **(3 Punkte)**

$$\partial_x f_1(x, y, z) = y \sin(z), \quad \partial_y f_1(x, y, z) = x \sin(z), \quad \partial_z f_1(x, y, z) = xy \cos(z),$$
$$\partial_x f_2(x, y, z) = 2x, \quad \partial_y f_2(x, y, z) = e^y, \quad \partial_z f_2(x, y, z) = -2z,$$
$$\partial_x f_3(x, y, z) = 1, \quad \partial_y f_3(x, y, z) = -\cos(2z), \quad \partial_z f_3(x, y, z) = 2y \sin(2z),$$

also (Jakobi-Matrix der Funktion f)

$$J_f(x, y, z) = \begin{pmatrix} y\sin(z) & x\sin(z) & xy\cos(z) \\ 2x & e^y & -2z \\ 1 & -\cos(2z) & 2y\sin(2z) \end{pmatrix}.$$

(b) Sei nun $(x, y)^\mathsf{T} \in \mathbb{R}^2$ beliebig. Es gelten (**1 Punkt**)

$$\partial_x g(x, y) = 12xy^3, \qquad \partial_y g(x, y) = 18x^2y^2$$

und (**2 Punkte**)

$$\partial_x\partial_x g(x, y) = 12y^3, \qquad\qquad \partial_x\partial_y g(x, y) = 36xy^2,$$
$$\partial_y\partial_x g(x, y) = 36xy^2, \qquad\qquad \partial_y\partial_y g(x, y) = 36x^2y.$$

Die Hesse-Matrix der Funktion g lautet also

$$H_g(x, y) = \begin{pmatrix} 12y^3 & 36xy^2 \\ 36xy^2 & 36x^2y \end{pmatrix}.$$

Lösung Aufgabe 3 Das Taylorpolynom erster Ordnung bezüglich dem Entwicklungspunkt $(x_0, y_0)^\mathsf{T} = (0, 0)^\mathsf{T}$ ist die Funktion $T_1 : \mathbb{R}^2 \to \mathbb{R}$ mit (**2 Punkte**)

$$T_1(x, y) = f(x_0, y_0) + \langle \nabla f(x_0, y_0), (x, y)^\mathsf{T} - (x_0, y_0)^\mathsf{T} \rangle = f(0, 0) + \langle \nabla f(0, 0), (x, y)^\mathsf{T} \rangle.$$

Dabei bezeichnet $\langle \cdot, \cdot \rangle$ wie üblich das Euklidische Skalarprodukt. Wegen (**1 Punkt**)

$$\nabla f(x, y) = \big(\partial_x f(x, y), \partial_y f(x, y)\big)^\mathsf{T} = \big(2e^{2x+3y}, 3e^{2x+3y}\big)^\mathsf{T}$$

folgt somit (**2 Punkte**)

$$T_1(x, y) = 1 + \left\langle \begin{pmatrix} 2 \\ 3 \end{pmatrix}, \begin{pmatrix} x \\ y \end{pmatrix} \right\rangle = 1 + 2x + 3y$$

für alle $(x, y)^\mathsf{T} \in \mathbb{R}^2$.

Lösung Aufgabe 4

(a) Die Differentialgleichung ist separabel. Mit Hilfe von Trennung der Variablen folgt somit wegen der Anfangsbedingung $y(1) = 1$ (**1 Punkt**)

$$\ln(|y(x)|) = \ln(|y(x)|) - \ln(1) = \int_1^x \frac{y'(t)}{y(t)}\,\mathrm{d}t = \int_1^x \frac{1}{t}\,\mathrm{d}t = \ln(|x|) - \ln(1) = \ln(|x|),$$

also $y(x) = x$ für $x \in \mathbb{R} \setminus \{0\}$ (**1 Punkt**).

(b) Es handelt sich um eine lineare Differentialgleichung erster Ordnung, die wir mit dem Prinzip der Variation der Konstanten lösen werden. Eine Lösung der homogenen Differentialgleichung $y'(x) + y(x) = 0$ können wir direkt (Trennung der Variablen verwenden) bestimmen (**1 Punkt**):

$$\ln(|y(x)|) = \int \frac{y'(x)}{y(x)}\,\mathrm{d}x = -\int 1\,\mathrm{d}x = -x + c.$$

Folglich gilt $y_h(x) = c\mathrm{e}^{-x}$ (**1 Punkt**) für alle $x \in \mathbb{R}$ mit einer Konstanten $c \in \mathbb{R}$ (homogene Lösung). Wir ersetzen die Konstante nun formal durch eine (stetig differenzierbare) Funktion $c : \mathbb{R} \to \mathbb{R}$. Somit folgt (Produktregel beachten)

$$y'(x) = \left(c(x)\mathrm{e}^{-x}\right)' = c'(x)\mathrm{e}^{-x} - c(x)\mathrm{e}^{-x} = \left(c'(x) - c(x)\right)\mathrm{e}^{-x}$$

(**1 Punkt**). Einsetzen (!) in die Differentialgleichung liefert somit

$$y'(x) + y(x) = \left(c'(x) - c(x)\right)\mathrm{e}^{-x} + c(x)\mathrm{e}^{-x} = c'(x)\mathrm{e}^{-x} \overset{(!)}{=} \sin(x) + \cos(x).$$

Wir können also aus der letzten Gleichung

$$c'(x) = \mathrm{e}^{x}\left(\sin(x) + \cos(x)\right)$$

für $x \in \mathbb{R}$ ablesen. Mit partieller Integration folgt

$$\int \mathrm{e}^{x}\sin(x)\,\mathrm{d}x = \mathrm{e}^{x}\sin(x) - \int \mathrm{e}^{x}\cos(x)\,\mathrm{d}x,$$

sodass wir insgesamt

$$\begin{aligned} c(x) = \int c'(x)\,\mathrm{d}x &= \int \mathrm{e}^{x}\left(\sin(x) + \cos(x)\right)\mathrm{d}x \\ &= \int \mathrm{e}^{x}\sin(x)\,\mathrm{d}x + \int \mathrm{e}^{x}\cos(x)\,\mathrm{d}x = \mathrm{e}^{x}\sin(x) \end{aligned}$$

erhalten (**1 Punkt**). Setzen wir dies in die homogene Lösung ein, so erhalten wir die partikuläre Lösung

$$y_p(x) = c(x)\mathrm{e}^{-x} = \sin(x).$$

Die Lösung der Differentialgleichung lautet also gerade

$$y_*(x) = y_h(x) + y_p(x) = c\mathrm{e}^{-x} + \sin(x)$$

mit $c \in \mathbb{R}$. Wegen der Anfangsbedingung $y_*(\pi) = \mathrm{e}^{-\pi}$ können wir schließlich $c = 1$ ablesen (**1 Punkt**). Die Lösung des Anfangswertproblems lautet damit $y_*(x) = \mathrm{e}^{-x} + \sin(x)$ für $x \in \mathbb{R}$.

Lösung Aufgabe 5 Der Gaußsche Divergenzsatz liefert direkt **(1 Punkt)**

$$\oiint_{\partial A} \langle F, N \rangle \, dS_2 = \iiint_A \operatorname{div}(F) \, d\lambda^3.$$

Wegen $\operatorname{div}(F)(x, y, z) = 0 + 1 + 2 = 3$ für $(x, y, z)^\mathsf{T} \in \mathbb{R}^3$ **(1 Punkt)** erhalten wir weiter

$$\iiint_A \operatorname{div}(F) \, d\lambda^3 = 3 \iiint_A 1 \, d\lambda^3 = 3\lambda^3(A) = 12\pi$$

(2 Punkte). Dabei haben wir im letzten Schritt verwendet, dass das Volumen $\lambda^3(A)$ des Zylinders 4π **(1 Punkt)** beträgt – die Grundfläche des Zylinders ist ein Kreis mit Radius 1 und Flächeninhalt π während die Höhe des Zylinders 4 beträgt.

Literatur

1. Amann, Herbert; Escher, Joachim: *Analysis I*, 2. Auflage, Birkhäuser Verlag, Basel, Boston, Berlin, 2002
2. Amann, Herbert; Escher, Joachim: *Analysis II*, 1. Auflage, Birkhäuser Verlag, Basel, Boston, Berlin, 1998
3. Hebestreit, Niklas: *Übungsbuch Analysis I*, Springer Spektrum Berlin, Heidelberg, 2022
4. Königsberger, Konrad *Analysis 2*, 4. Auflage, Springer-Verlag, Berlin, Heidelberg, New York, 2004
5. Laures, Gerd; Szymik, Markus: *Grundkurs Topologie*, 2. Auflage, Springer Spektrum, Berlin, Heidelberg, 2015
6. Marx, Bernd; Vogt, Werner: *Dynamische Systeme – Theorie und Numerik*, Spektrum Akademischer Verlag, Heidelberg, 2011
7. Prüß, Jan; Wilke, Mathias: *Gewöhnliche Differentialgleichungen und dynamische Systeme*, Birkhäuser, Basel, 2011
8. Walter, Rolf: *Einführung in die Analysis 2*, de Gruyter, Berlin, New York, 2007

© Der/die Herausgeber bzw. der/die Autor(en), exklusiv lizenziert an Springer-Verlag GmbH, DE, ein Teil von Springer Nature 2022
N. Hebestreit, *Übungsbuch Analysis II*, https://doi.org/10.1007/978-3-662-65832-1

Stichwortverzeichnis

© Der/die Herausgeber bzw. der/die Autor(en), exklusiv lizenziert an Springer-Verlag GmbH, DE, ein Teil von Springer Nature 2022
N. Hebestreit, *Übungsbuch Analysis II*, https://doi.org/10.1007/978-3-662-65832-1

Printed in the United States
by Baker & Taylor Publisher Services